高等学校生物工程专业教材

生物化学
（第二版）

王艳萍　主　编

耿伟涛　副主编

中国轻工业出版社

图书在版编目（CIP）数据

生物化学/王艳萍主编 . —2 版 . —北京：中国轻工业出版社，2024. 8

高等学校生物工程专业教材

ISBN 978-7-5184-3389-6

Ⅰ.①生… Ⅱ.①王… Ⅲ.①生物化学—高等学校—教材 Ⅳ.①Q5

中国版本图书馆 CIP 数据核字（2021）第 027007 号

责任编辑：江　娟　　责任终审：唐是雯
文字编辑：狄宇航　　责任校对：吴大朋　　封面设计：锋尚设计
策划编辑：江　娟　　版式设计：砚祥志远　　责任监印：张　可

出版发行：中国轻工业出版社（北京鲁谷东街 5 号，邮编：100040）
印　　刷：三河市万龙印装有限公司
经　　销：各地新华书店
版　　次：2024 年 8 月第 2 版第 2 次印刷
开　　本：787×1092　1/16　印张：31.75
字　　数：750 千字
书　　号：ISBN 978-7-5184-3389-6　　定价：68.00 元
邮购电话：010-85119873
发行电话：010-85119832　010-85119912
网　　址：http://www.chlip.com.cn
Email：club@ chlip.com.cn
版权所有　侵权必究
如发现图书残缺请与我社邮购联系调换
241462J1C202ZBQ

第二版前言

生物化学既是现代各门生物学科的基础，又是其发展的前沿，是生命科学的精髓。由此产生了许多新兴的交叉学科，如分子遗传学、分子免疫学、分子生物学等。尽管生物化学与化学、生理学和物理学等有着密切的联系，但作为一门独立的学科，生物化学又有着自己独特的研究对象和研究内容。

近年来生物化学理论知识和实验技术发展迅速，教学手段和方式不断创新，本教材是在 2013 年第一版的基础上更新内容，重新修订再版。

为密切结合教学需要，本书首先通过绪论部分介绍了生物化学的研究内容、研究进展及展望，并将具体知识划分成 11 章，引导学生掌握以下几方面内容。

（1）生物大分子（蛋白质、核酸及酶）的结构、主要理化性质，并在分子水平上阐述其结构与功能的关系，此部分知识包括第一章蛋白质、第二章核酸、第三章酶、第四章维生素与辅酶。

（2）阐明生物大分子物质的新陈代谢、传递遗传信息的大分子的生物合成。包括糖类、脂类、蛋白质及核酸，重点阐述生物氧化与能量转换、生物体主要的代谢途径及代谢途径间的联系，此部分知识包括第五章物质的新陈代谢及生物氧化、第六章糖质及糖代谢、第七章脂质及脂代谢、第八章核酸代谢、第九章蛋白质代谢。

（3）论述代谢调节、基因表达调控原理及规律、介绍重组 DNA 技术及其应用，此部分知识包括第十章代谢调节、第十一章重组 DNA 技术。

（4）本书在论述上述生物化学章节内容的基础上，还特别系统总结归纳出生物化学中的主要名词概念，以附录形式汇总，便于学生清晰概念，加强理解，深入掌握。

（5）动画视频，为了便于学生更好地理解生物化学的理论知识，本教材特别配有视频辅助教学，对教材中的难点和抽象理论知识进行演示，手机扫码即可观看，帮助学生更好地掌握相关知识点。

本教材力求内容全面、质量精良，素材处理强调基础性、系统性、逻辑性和相关性，书中基本概念论述准确，深度适宜，紧扣生物化学的核心知识，又力求反映生物化学研究的新进展、阐明新的研究手段与原理，以达到扎实基础、开阔视野、加强学生科学素养的目的。

本教材适合作为生物技术、食品科学与工程、食品质量与安全、生物工程、发酵工程、制药工程专业及其他生命科学专业的生物化学基础课教材，也可作为与生命科学相关的学科，如化学、农学、发酵工程、环境科学等专业学生学习生物化学课程的教材或参考书。

本教材的编写受到兄弟院校同行的大力支持，并由多所高校从事生物化学一线教学的教师联合完成，他们结合教学与科研实践的多年经验，认真撰写，为本教材的编写付出了大量的劳动。本书编写分工如下：本教材的绪论、第十章、第十一章及附录由天津科技大学王艳萍编写；第一章由河北科技大学闫路娜编写；第二章由天津科技大学刘洪艳编写；

第三章、第六章、第七章编写及教材配套视频制作由天津科技大学耿伟涛完成；第四章、第五章及附录由天津科技大学白小佳编写；第八章由陕西科技大学李红心编写；第九章由天津农学院陈小强编写。全书的统稿由王艳萍和耿伟涛完成。

　　虽然作者敬业笔耕，但面对浩如烟海的文献资料，加上作者的水平和能力有限，归纳成书后疏漏和错误难免，殷切希望读者批评指正。我们将在教学和研究过程中不断修正并完善本书，使之成为广大学生成长路上无声的良师益友。

编者

2021 年 2 月 1 日

第一版前言

生物体（包括微生物、植物、动物和人等）是由各种不同的化学物质组成的，包括蛋白质、核酸、糖类、脂类、维生素等。这些物质极其复杂的化学组成、结构及化学变化，构成了千姿百态的生命现象。生物化学是利用物理、化学或生物学的原理和方法了解构成生物体物质的组成、结构、性质、功能及其物质和能量在体内的化学变化规律；同时研究这些化学变化与生物的生理机能和外界环境的关系，从分子水平探讨和揭示生命奥秘的一门学科。现代的生化理论和技术有着广泛的实用价值。

生物化学既是现代各门生物学科的基础，又是其发展的前沿，是生命科学的精髓。由此产生了许多新兴的交叉学科，如分子遗传学、分子免疫学、分子微生物学等。尽管生物化学与化学、生理学和物理学等有着密切的联系，但作为一门独立的学科，生物化学又有着自己独特的研究对象和研究内容。

为密切结合教学需要，本书首先通过绪论将生物化学的研究内容、研究进展及发展方向进行介绍、回顾和展望，并将具体知识划分成14章，引导学生掌握以下几方面内容：（1）生物大分子（蛋白质、核酸及酶）的结构、主要理化性质，并在分子水平上阐述其结构与功能的关系，此部分包括第一章氨基酸和蛋白质化学，第二章核酸和核苷酸化学，第三章酶化学，第四章维生素与辅酶；（2）物质代谢的变化（包括糖类、脂类及核酸），重点阐述生物氧化与能量转换、生物体主要的代谢途径及代谢途径间的联系，此部分包括第五章物质代谢与生物氧化，第六章糖质及糖代谢，第七章脂质及脂代谢，第八章核酸的降解和核苷酸代谢；（3）阐明传递遗传信息的大分子的生物合成，包括DNA复制、RNA转录、蛋白质翻译等，并介绍蛋白质的分解，此部分包括第九章DNA的复制与修复，第十章RNA的生物合成，第十一章蛋白质分解代谢，第十二章蛋白质的生物合成与修饰；（4）论述代谢调节、基因表达调控原理及规律、介绍重组DNA技术及其应用，此部分包括第十三章代谢调节、第十四章重组DNA技术。本书在系统论述上述生物化学章节内容的基础上，还特别系统地总结归纳出名词概念，以附录形式汇总，便于读者清晰概念，加强理解，深入掌握。

全书选材力求内容全面、质量精良，素材处理强调基础性、系统性、逻辑性和相关性，书中基本概念论述准确，深度适宜，紧扣生物化学的核心知识，又力求反映生物化学研究的新进展，阐明新的研究手段与原理，以达到扎实基础、开阔视野、加强培养学生科学素养的目的。

本书适合作为生物技术、食品科学与工程、食品质量与安全、生物工程、制药工程专业及其他生命科学专业的生物化学基础课教材，也可作为与生命科学相关的学科，如化学、农学、发酵工程、环境科学等专业学生学习生物化学课程的教材或参考书。

本教材的编写受到兄弟院校同行的大力支持，并由多所高校从事生物化学一线教学的教师联合完成，他们结合教学与科研实践，认真工作，为本书的成稿付出了大量的劳动。本书的绪论、第十三章、第十四章由天津科技大学王艳萍编写；第一章由河北科技大学李敏、闫路娜编写；第二章由天津科技大学刘洪艳编写；第三章由中国海洋大学刘晨光编写；第四章由天津科技大学曹东旭编写；第五章、第八章、附录由天津科技大学白小佳编写；第六章由山东农业大学朱传合编写；第七章由青岛农业大学孙晓红编写；第九章由陕西科技大学李红心编写；第十章由山西农业大学许女编写；第十一章由山东轻工业学院王永敏编写；第十二章由山东轻工业学院姜华编写。全书的统稿由王艳萍和李敏完成。

虽然作者敬业笔耕，但面对浩如烟海的文献资料，加上作者的水平和能力有限，归纳成书后疏漏和错误难免，殷切希望读者提出批评指正。我们将在教学和研究的过程中不断修正并完善本书，使之成为广大青年学生成长道路上无声的良师益友。

编者

2013 年 2 月

目　　录

绪　　论

一、生物化学的概念

生物体（包括微生物、植物、动物和人等）是由各种不同的化学物质组成的，包括蛋白质、核酸、糖类、脂类、维生素、激素、水和无机盐等。其中蛋白质和核酸是生命活动的主要物质基础。这些物质极其复杂的化学组成、结构及化学变化，就构成了千姿百态的生命现象。生物化学是利用物理、化学或生物学的原理和方法了解构成生物体物质的组成、结构、性质、功能及其物质和能量在体内的化学变化过程；同时研究这些化学变化与生物的生理机能和外界环境的关系，从分子水平探讨和揭示生命奥秘的一门科学。

生物化学既是现代各门生物学科的基础，又是其发展的前沿，由此产生了许多新兴的交叉学科，如分子生物学、分子遗传学、分子免疫学等。尽管生物化学与化学、生理学和物理学等有着密切的联系，但作为一门独立的学科，生物化学又有着自己独特的研究对象和研究内容。

总之，生物化学就是关于生命的化学，它是以生物体为研究对象，运用化学的原理和方法，在分子水平上研究生命中的化学本质、物质统一性、物质和能量变化规律的科学。

二、生物化学的研究对象

生物化学是以生物体为研究对象。根据研究对象可将生物化学分为动物生物化学、植物生物化学、微生物生物化学、人体生物化学等。如果研究对象不局限于动物或植物而是一般生物则称为普通生物化学；如果以生物（特别是动物）的不同进化阶段的化学特征（包括化学组成和代谢方式）为研究对象，则称为进化生物化学或比较生物化学。如果以学科来划分，它又可分为无机生物化学、有机生物化学、生理生物化学、临床生物化学等。此外，根据不同的研究对象和目的，生物化学还可有许多分支：如微生物生物化学、医学生物化学、农业生物化学、工业生物化学和食品生物化学等。生物化学是生命科学及其交叉学科的精髓，随着生物化学的发展，它所包括的领域还会不断地扩大和增加。

三、生物化学研究的主要内容

生物化学的研究内容十分广泛，涵盖了生物分子的结构和性质、酶反应机理、代谢的调控、遗传的分子基础和细胞中的能量利用等。根据生物化学的内涵，其主要研究内容可以概括为静态生物化学、动态生物化学和功能生物化学。

生物化学首先是研究构成生物体细胞、组织、器官的化学组成，研究对生化过程起主要作用的糖、核酸、蛋白质、酶、脂类、维生素、激素等的结构、性质与功能，通常称为静态生物化学。在此基础上，研究上述生物体组成成分在维持生命活动中的化学反应过程和化学变化规律，以及酶、维生素、激素等在代谢中的作用，即研究生命物质在体内的新陈代谢的内容称为动态生物化学。组成生物体的物质不断地进行着多种有规律的化学变化，即新陈代谢或物质代谢，一旦这些化学反应停止，生命即告终结。随着对生命现象和本质更深入的了解，认识到体内物质代谢主要在细胞内进行。不同类别的细胞构成了不同的组织和器官，并赋予它们不同的生理功能。研究生物分子、亚细胞、细胞、组织和器官的结构与功能的关系，从一个完整的生物机体的角度来研究其体内的化学及其化学变化就是功能生物化学。

生物化学的发展是从对生物体物质组成的了解到这些物质在生命活动中的代谢的研究，进而研究物质代谢反应与生理功能之间的关系。

四、生物化学与其他学科的关系

生物化学是生物科学的重要分支科学之一，是当代生物科学的基础和精髓，被誉为生物科学的共同语言（common language）和共同工具（common tools）。生物化学在数学、物理、化学、生物学的基础上形成和完善，形成了生物科学的基础学科；它又是其他生物学科的基础，并在此基础上形成了分子生物学、分子遗传学等现代生物学新兴学科，为现代生物科学的发展奠定了基础。21 世纪是生命科学的世纪，随着人类对生物世界的解密，生物化学将会发挥着越来越重要的作用。

（一）生物化学与化学的关系

生物化学是用物理的、化学的原理和方法研究生物体的化学现象，所以生物化学与化学特别是分析化学、有机化学以及物理化学有着密切的关系。例如，研究生物体的化学成分，必须应用化学方法或物理化学方法把它分离、提纯，研究它的性质，确定它的组成和结构并最终把它合成出来。而生物化学的物质代谢和能量代谢的研究，则需要物理化学中的热力学原理和理论作为基础。

（二）生物化学与其他生物科学的关系

生物化学的研究对象是生物体，属于生物学科的一个分支，它和生物学科的其他分支也相互联系。生理学主要研究生物体各类细胞、组织和器官的功能，以及生物体对内外环境变化的反应。它必然要涉及生物体内有机物的代谢，而有机物的代谢途径和机理正是生物化学的核心内容之一。细胞生物学研究生物细胞的形态、成分、结构和功能，包括研究组成细胞的各种化学物质的性质及其变化，而生物化学所研究的生物分子都是定位于细胞的某一部位而发挥作用的。在生物分类中，16S rDNA 及其他特殊生化成分，可以作为生物分类的依据，以弥补形态分类的不足，把分类学推向一个新高度。核酸和蛋白质的生物合成与调控即基因表达与调控是遗传学、分子生物学、分子遗传学研究的重要内容，当然也是生物化学讨论的核心内容。目前许多生物化学理论，是用微生物作为研究材料而证明的，而生物化学的理论又为研究微生物形态、分类和生理过程提供了理论基础。

分子生物学被看成是生命科学以全新的面目进入 21 世纪的带头学科，它要从生物大分子和生物膜的结构、性质和功能的关系来阐明生命过程的一些基本问题，如生物进化，遗传变异，细胞增殖、分化、转化，个体发育，衰老等。这些问题都十分复杂，需要多种学科、多种技术的协同配合，而生物化学是其基础和核心。由于遗传特征决定生命活动模式和进程，上述生物学基本问题的解决最终都与遗传相联系，因此生物体繁殖、遗传的生化机理就成了分子生物学的核心。这种将生物化学与遗传学相结合的边缘科学也称为分子遗传学或狭义的分子生物学，主要研究遗传物质（核酸）的复制、转录、表达、调控及其与其他生命活动的关系。

所有生命科学的发展都离不开生物化学的理论与技术的进步，现在以生物化学为基础的生命科学已成为 21 世纪最有前途的学科之一。

（三）生物化学与其他非生物科学的关系

生物化学是基础医学的一门必修课程，正常人体的生物化学以及疾病过程中的生物化学是医学研究的基础，生物化学与医学有着紧密的联系。生物化学也是临床医学的重要基础，从生化角度来说，代谢过程的紊乱即表现为疾病。疾病的预防、诊断、治疗和护理都离不开生物化学，疾病的发病机制也需要从分子水平上进行探究，通过分子水平对恶性肿瘤、心脑血管疾病、神经系统疾病和代谢性疾病进行研究，加深了人们对疾病本质的认识，从而提高了人们的防病能力和诊疗水平。如糖类代谢紊乱导致的糖尿病，脂类代谢紊乱导致的动脉粥样硬化，氨基酸代谢异常与肝性脑病，胆色素代谢异常与黄疸以及维生素缺乏症等都早已为世人所公认。体液中各种无机盐类、有机化合物和酶类等的检测早已成为疾病诊断的常规指标。此外，免疫学也大量应用了生化原理和技术。近年来，疾病相关基因克隆、基因芯片和蛋白质芯片在诊断和治疗中的应用，已经给临床医学的诊断和治疗带来了全新的理念。

生物化学也是营养学专业的基础课，生物化学的理论和技术已经渗透到营养科学的各个领域，为营养科学各专业课提供坚实的理论基础。人类的一切生命过程都是极其复杂的物质变化过程。维持健康的前提是合理膳食，从适宜的食物中摄取适量的营养物质。维持人体健康所需的糖类、脂类、蛋白质、维生素、水和无机盐等营养素在体内的代谢变化及生理功能是生物化学课程的重要内容。从生物化学的角度和观点来看，健康是人体内所有物质的代谢反应以正常速率进行着的一种状态。人体所有疾病和影响人类健康的因素（如心理、社会因素等），都能使体内的物质代谢出现变化或异常。从细胞水平和分子水平看，衰老过程虽存在遗传控制，但也与体内新陈代谢的衰退密切相关。例如，细胞代谢过程产生的自由基，在机体衰老或疾病时，不能被完全清除而累积，从而加速了自由基对机体的攻击性和衰老过程。如今，生化工作者正在不断地探讨和研究人体衰老过程中各种变化的特征，将为人类寻找和制定推迟衰老的措施提供科学依据。因此，运用营养生化的知识，指导人们合理膳食，甚而食疗，对抵御疾病、延缓衰老、保证身体健康有重要作用。

生物化学与药学的关系十分密切。药（物）学和药理学在很大程度上是以生物化学和生理学为基础，由于大多数药物都是通过酶催化反应进行代谢，因此要了解药物在体内如何进入细胞，在细胞内如何代谢转化，并在分子水平上讨论药物作用机制等，都必须以生物化学知识为基础。生化药物是一类用生物化学理论和技术制备的具有治疗作用的生物活性物质，比如临床上使用的环丝氨酸、5-氟尿嘧啶等抗癌药，各种疫苗和酶制剂等。

（四）生物化学与现代工业

生物化学的产生和发展源于生产实践，它的迅速进步继而又有力地推动着生产实践的发展。

在农业上，对养殖动物和种植农作物代谢过程的深刻认识，成为制定合理的饲养、栽培、品种改良等措施的依据。人们还根据家禽、家畜和农作物与病虫害和杂草在代谢和调控上的差异，设计各种农药和除草剂。此外，农产品、畜产品、水产品的贮藏、保鲜、加工业也都广泛地利用有关的生化知识。

在工业生产上，如食品、发酵、制药、生物制品及皮革生产等都需要广泛应用生物化学的理论及技术。尤其是在发酵工业中，人们一方面根据微生物合成某种产物的代谢规律，特别是它的代谢调节规律，通过控制反应条件，大量生产所需要的发酵产品或生物制品。或者利用基因工程手段来改造微生物，构建新的工程菌株以突破其限制步骤的调控，制备目标产物；另一方面发酵产物的分离提纯也必须利用生物化学的基本理论和技术手段。现代生物化学工程技术已通过发酵法成功地实现工业化生产发酵乳制品、调味品、酒精、维生素 C、氨基酸、有机酸、酶制剂、胰岛素、透明质酸、紫杉醇、δ-干扰素及生长素等生化产品。而生产出的酶制剂又有相当部分应用于医药行业和轻工业产品的加工，向市场提供了安全、高效、低毒的轻工、医药产品，例如蛋白酶制剂被用作助消化和溶血栓的药物，还用作皮革脱毛和洗涤剂的添加剂；淀粉酶和葡萄糖异构酶用以生产高果糖糖浆；纤维素酶用作饲料添加剂等。

工业革命，尤其是化学工业的开展给人类居住的环境带来了污染，严重危害人类的生存。环境净化仅靠工业大量投资以减少"三废"的排放、切除污染源是不够的，还需要加强小区微环境低成本的"三废"生物处理，变害为益，如筛选良好的微生物菌株进行转化，或微生物发酵产物（活性污泥、生物净化剂等）进行"三废"处理。这些都与生化理论和方法密切相关。此外，海洋资源的开发利用也离不开生物化学及其发展起来的生物化学工程技术。

可见，生物化学在生命科学及医学、药学、农学、食品科学、营养科学、轻工技术与工程、生物化工、环境科学、海洋科学等相关学科中处于中心地位。由于各学科研究已深入分子水平，使各学科的界限被打破，所以生物化学已渗透到各学科之中，甚至成为它们的"共同语言"。

五、生物化学发展简史

（一）我国远古及古代生物化学技术在生产生活中的应用

生物化学是 18 世纪 70 年代以后，伴随着近代化学和生理学的发展，开始逐步形成的一门独立的新兴学科，至今已有 200 多年历史。但生物化学知识的积累和应用，却可追溯到远古时代，而我国对生物化学的发展做出了重大贡献。

从公元前 15 世纪出土的青铜器、酒具来看，我国劳动人民那时已开始酿酒。《尚书》中记载：若作酒醴，尔为曲蘖。讲到酿酒必用到曲。曲（又称酒母）即微生物和酶，是促进谷物中主要成分——淀粉转化为酒的媒介物。公元前 12 世纪《周礼》中已有造酱的记载；《诗经》有饴的记载，饴就是麦芽糖，是大麦芽中的淀粉酶水解谷物中淀粉的产物。可见我国在上古时期，已使用生物体内一类很重要的有生物学活性的物质——酶，为饮食制作及加工的一种工具，这显然是酶学的萌芽时期。公元 533—544 年，北魏贾思勰著《齐民要术》中记载了我国劳动人民在制曲中利用曲的滤液进行酿造，表明对酶的作用已有初步认识，而西方到 1897 年德国人布希纳（Eduard Bücherner）才发现酵母菌滤液的发酵作用。

在医药方面，公元前 597 年《左传·宣公十二年载》中记载，麦曲（又称酵母菌）可以治疗腹疾。酿酒用的曲及中药中的神曲（可生用）均含较丰富的维生素 B_1，且具有水解糖类的酶，可用以补充维生素 B_1 的不足，亦常用以治疗胃肠疾患。至今酵母菌仍是世界上通用的健胃药。公元 4 世纪，葛洪著《肘后百一方》中载有用海藻酒治疗瘿病的方法。公元 8 世纪，唐代王焘的《外台秘要》中载有疗瘿方 36 种，其中 27 种为含碘植物。而在欧洲直到公元 1170 年才有用海藻及海绵的灰分治疗此病者的记载。唐朝初年孙思邈首先用猪肝治疗雀目，雀目又称"夜盲症"，实际上是用含维生素 A 丰富的猪肝治疗夜盲症。我国最早的眼科专著《龙木论》记载用苍术、地肤子、细辛、决明子等治疗雀目。这些药物都是含有维生素 A 原的植物。北宋沈括在《苏沈良方》中记载用皂角汁将类固醇激素，主要为睾酮，从男性尿中沉淀出来，反复熬煎制成结晶，名为秋石。皂角汁中含有皂角苷，是常用于提炼固醇类物质的试剂。可以看出人类利用动物产品，调节生理功能，治疗疾病从 10 世纪就开始了，实为内分泌学的萌芽。明代李时珍撰写的《本草纲目》共载药物 1800 余种。书中还详述人体的代谢物、分泌物及排泄物等，如人中黄（即粪）、淋石（即尿）、乳汁、月水、血液及精液等。这一巨著不但集药物之大成，对生物化学的发展也不无贡献。

此外，北宋寇宗奭所著《本草衍义》中，记载了我国劳动人民已能分离出植物蛋白以制豆腐。明末宋应星所著《天工开物·甘嗜》记载了甘蔗的栽培技术以及制糖设备和工艺过程，具有相当高的科学价值，其中用石灰澄清法处理蔗汁的工艺，迄今仍为世界公认的最经济的方法。

（二）近代生物化学的发展

在近代生物化学的发展中，欧洲一直处于领先地位。18 世纪中叶至 20 世纪初，主要研究了生物体内的化学组成。对糖、脂质、氨基酸的组成及其性质进行了较为系统的研究。18 世纪中叶法国 Lavoisier 阐明了机体呼吸的化学本质。19 世纪初 Wuhler 用人工方法由无机物氰酸铵合成尿素，是人工合成有机物的创始人。1897 年 Büchner 证明破碎酵母细胞的抽提液仍能使糖发酵，引进了生物催化剂的概念，为以后对糖的分解代谢机制的研究以及酶学研究打下了基础。随后人们对很多酶进行了分离提纯。9 年后，Harden 与 Young 又发现发酵辅酶的存在，使酶学的发展向前更推进一步。

20 世纪前半叶生物化学蓬勃发展，其中包括确定了糖代谢途径的酶促反应过程、脂肪酸 β-氧化、三羧酸循环及尿素合成途径。1926 年，Sumner 首次从半刀豆中将脲酶制备出结晶，并证明酶的化学本质是蛋白质。此后四、五年间 Nothrop 等人连续结晶了几种水解蛋白质的酶，如胃蛋白酶、胰蛋白酶等，确立了酶是蛋白质这一概念。1935 年 Schoenheimer 和 Rittenberg 应用放射性核素示踪法，深入探讨了各种物质在生物体内的化学变化，对各种物质代谢途径及其中心环节的三羧酸循环有了一定的了解。

20 世纪后半叶生物化学发展的特征是分子生物学的崛起。1945—1955 年，Sanger 用 10 年时间完成了牛胰岛素蛋白质一级结构的分析，这项工作建立了测定蛋白质氨基酸序列的方法，为蛋白质一级结构的测定打下基础，具有划时代的意义。1965 年我国首先完成了结晶牛胰岛素的人工合成。20 世纪 50 年代中期，Kendrew 和 Perutz 采用 X 光衍射法对鲸肌红蛋白和马血红蛋白进行研究，阐明了其三维空间结构，这是蛋白质研究中的又一重大贡献。1953 年，Watson 和 Crick 创造性地提出了 DNA 分子的双螺旋结构模型，使人们第一次知道了基因的结构本质，不仅为 DNA 复制机制的研究奠定了基础，从分子水平上揭示遗传现象的本质，而且开辟了分子生物学的新纪元，从分子水平上研究和改变生物细胞的基因结构及遗传特性。这是生物学历史上的重要里程碑。

20 世纪 70 年代初，基因工程学逐渐建立起来。1977 年，Sanger 完成了噬菌体 ΦX174 DNA 一级结构的分析，这是由 5375 个核苷酸组成的 DNA。这一工作对遗传物质的结构与功能的研究具有重要的意义。现已成功测定多种 DNA 和 RNA 结构。1981 年，我国首先完成了酵母丙氨酸转移核糖核酸的人工合成。1982 年，Cech 等人研究发现，四膜虫的 rRNA 前体能在完全没有蛋白质的情况下进行自我加工，催化得到 rRNA 产物，即 RNA 本身可以是一个生物催化剂，具有酶的活性。这个结果对酶的传统概念提出了挑战，显示酶并非一定是蛋白质。1997 年，英国生物胚胎学家 Ian Wilmut 通过人工诱导无性繁殖成功获得了世界第一例从成年动物细胞克隆出的哺乳动物，克隆羊"多莉（Dolly）"的诞生在细胞工程方面具有划时代的意义，标志着生物技术新时代的来临。

2003 年，中、美、日、德、法、英六国完成了"人类基因组计划"，这项被誉为生命科学的"登月"计划已完成的序列图覆盖人类基因组所含基因区域的 99%，精确率达到 99.99%。2005 年，不同人种基因组差异图谱的初步绘制，有助于进一步寻找不同种族人群的易发病变基因，将为人类健康和疾病的研究带来根本性的变革。

（三）21 世纪的生物化学发展趋势

当前随着人类基因组研究的重点正在由结构向功能转移，一个以基因组功能研究为主要内容的后基因组时代已经到来，主要任务是研究细胞全部基因的表达图式和全部蛋白图式，即"从基因组到蛋白质组"。生物化学与分子生物学的飞速发展使整个生命科学进入分子时代，同时生物信息学应运而生。因此 21 世纪生物化学必将进入一个崭新的发展阶段。

基因组学（Genomics）是通过对 DNA 序列的了解，深入研究影响个体发育和整个生物体特定序列的表达规律的学科。通过对成千上万的基因表达情况的分析比较，从基因组的整体水平上阐明生命现象和活动规律。其核心问题是基因组的多样性和进化规律、基因组的表达及其调控、模式生物体基因组研究等。这门新学科将成为在后基因组时代研究的重点，即从揭示生命的所有遗传信息转移到在整体水平上对生物功能研究。

蛋白组学（Proteomics）是以特定基因组在特定条件下所表达的全部蛋白质为研究对象，研究细胞内蛋白质及其动态变化规律的学科。通过对蛋白质动态性、时空性、可调节性，以及在细胞和生命有机体整体水平上阐明生命现象和活动规律的研究，回答某些基因的表达时间、表达量，蛋白质翻译后加工和修饰及亚细胞分布状况等问题。从提出蛋白组的概念到 1997 年第一个完整的蛋白质组数据库——"酵母蛋白数据库"的构建完成，蛋白质组学这门新兴学科将在今后的研究中不断完善，发展成为后基因组时代的带头学科。

转录组学（Transcriptomics）是指一门在整体水平上研究细胞中基因转录的情况及转录调控规律的学科。转录组学是从 RNA 水平研究基因表达的情况。转录组即一个活细胞所能转录出来的所有 RNA 的总和，是研究细胞表型和功能的一个重要手段。以 DNA 为模板合成 RNA 的转录过程是基因表达的第一步，也是基因表达调控的关键环节。所谓基因表达，是指基因携带的遗传信息转变为可辨别的表型的整个过程。与基因组不同的是，转录组的定义中包含了时间和空间的限定。同一细胞在不同的生长时期及生长环境下，其基因表达情况是不完全相同的。通过测序技术揭示造成差异的情况，已是目前最常用的手段。人类基因组包含有 30 亿个碱基对，其中大约只有 5 万个基因转录成 mRNA 分子，转录后的 mRNA 能被翻译生成蛋白质的也只占整个转录组的 40% 左右。转录组谱可以提供某种条件下某种基因表达的信息，并据此推断相应未知基因的功能，揭示特定调节基因的作用机制。通过这种基于基因表达谱的分子标签，不仅可以辨别细胞的表型归属，还可以用于疾病的诊断。例如：阿尔茨海默病（Alzheimer's Diseases，AD）中，出现神经元纤维缠结的大脑神经细胞基因表达谱就有别于正常神经元，当病理形态学尚未出现纤维缠结时，这种表达谱的差异即可以作为分子标志直接对该病进行诊断。用于转录组数据获得和分析的方法主要有基于杂交技术的芯片技术包括 cDNA 芯片和寡聚核苷酸芯片，基于序列分析的基因表达系列分析 SAGE（Serial Analysis of Gene Expression，SAGE）和大规模平行信号测序系统 MPSS（Massively Parallel Signature Sequencing，MPSS）等。

代谢组学是继基因组学和蛋白质组学之后新近发展起来的一门学科，是系统生物学的重要组成部分。代谢组学的概念来源于代谢组，代谢组学则是对某一生物或细胞在一特定生理时期内所有低分子质量代谢产物同时进行定性和定量分析的一门新学科。它是以组群指标分析为基础，以高通量检测和数据处理为手段，以信息建模与系统整合为目标的系统生物学的一个分支。基因组学和蛋白质组学分别从基因和蛋白质层面探寻生命的活动，而实际上细胞内许多生命活动是发生在代谢物层面的，如细胞信号释放（Cell Signaling），能量传递，细胞间通信等都是受代谢物调控的。因此 Bill Lasley（UC Davis）认为，"基因组学和蛋白质组学告诉你什么可能会发生，而代谢组学则告诉你什么确实发生了。"近年来代谢组学迅速发展并渗透到多项领域，比如疾病诊断、医药研制开发、营养食品科学、毒理学、环境学、植物学等与人类健康护理密切相关的领域。

生物信息学（Bioinformatics）是一门综合运用生物学、数学、物理学、信息科学以及计算机科学等诸多学科的理论方法，以互联网为媒介，数据库为载体，利用数学和计算机科学对生物学数据进行储存、检索和处理分析，并进一步挖掘和解读生物学数据的一门交叉学科。通过对 DNA 和蛋白质序列资料中各类信息进行识别、存储、分析、模拟和传输，建立由数据库、计算机网络和应用软件三大部分组成的生物信息库。随着 DNA 大规模自动测序的迅猛发展，通过生物信息学如核苷酸数据库、DNA 分析、RNA 分析、多序列比较、同源序列检索、三维结构观察与演示、进化树生成与分析等，将使人们在不同条件下研究细胞、组织及生物体的活动状态成为可能，也会在肿瘤预防、分子诊断和药物治疗、骨髓配型、控制传染病等精准医疗及大健康产业中发挥重要作用。

第一章 蛋白质

蛋白质英文"protein"，是荷兰化学家 Mulder 在 19 世纪首先使用的，来自于希腊语"proteos"，意为"第一"和"最重要的"。蛋白质占许多生物体干重的 45% 以上，是生物体结构和功能上形式种类最多，也是最活跃的一类生物大分子，几乎在一切生命过程中起着关键作用。

第一节 蛋白质概论

人们在一百多年前就开始了关于蛋白质的化学研究。蛋白质可以被酸、碱或蛋白酶催化水解。在水解过程中，蛋白质逐渐降解成相对分子质量越来越小的片段，直到最后成为多种 α-氨基酸的混合物。现已确认：蛋白质是一种复杂的有机化合物，由 20 种 α-氨基酸按一定的顺序脱水缩合连成的肽链组成。每种蛋白质是由一条或多条肽链组成的具有较稳定构象的生物大分子，相对分子质量可由数千到数千万。

一、蛋白质的分类

（一）根据蛋白质分子形状和溶解度

这是根据蛋白质分子轴比（即分子长度与直径之比）来区分的。

1. 球状蛋白质

球状蛋白质（globular protein）分子形状似球形或椭圆形。轴比小于 10，甚至接近 1：1；在水溶液中溶解性好。细胞中的大多数可溶性蛋白质，如胞质酶类和血红蛋白都属于球状蛋白质。

2. 纤维状蛋白质

纤维状蛋白质（fibrous protein）形状似纤维状，可呈细棒。轴比大于 10；具有比较简单、有规则的线性结构，不溶于水和稀盐溶液。有些纤维状蛋白质如肌球蛋白是可溶性的。这类蛋白质在生物体内主要起结构作用，如角蛋白、丝蛋白、胶原蛋白、弹性蛋白等。

3. 膜蛋白质

膜蛋白质（membrane protein）与细胞的各种膜系统结合而存在。不溶于水但能溶于去污剂溶液。

（二）根据蛋白质分子组成

1. 单纯蛋白质

单纯蛋白质（simple protein）也称简单蛋白质，是指蛋白质仅有氨基酸组成，不含其他化学成分，例如核糖核酸酶、肌动蛋白等。自然界中许多蛋白质都属于此类。单纯蛋白质可以按其溶解特性进行分类（表 1-1）。

表 1–1　　　　　　　　　　　　　　　　　简单蛋白质的分类

分类	溶解度	实例
清蛋白	可溶于水，被饱和硫酸铵溶液沉淀	动植物细胞及体液中普遍存在，如血清清蛋白、乳清蛋白、卵清蛋白
球蛋白	不溶于水，可溶于稀盐溶液，被半饱和硫酸铵溶液沉淀	动植物细胞及体液中普遍存在，如血球蛋白、大豆球蛋白、豌豆球蛋白
组蛋白	可溶于水，不溶于氨水	存在于动物细胞中，在细胞核中与 DNA 结合，如小牛胸腺组蛋白
精蛋白	可溶于水或氨水	存在于动物细胞中，如鱼精蛋白
谷蛋白	不溶于水，溶于稀酸或稀碱中	存在于动植物细胞中，常和醇溶谷蛋白结合在一起，如米谷蛋白、麦谷蛋白、玉米谷蛋白
醇溶谷蛋白	不溶于水，可溶于 70%～80% 乙醇溶液中	存在于植物细胞中，禾谷类粮食种子中含有，如小麦醇溶谷蛋白、玉米醇溶谷蛋白
硬蛋白	不溶于水、盐溶液及稀酸、稀碱溶液	存在于动物的毛、发、角、爪、筋、骨等组织中，起结缔保护功能，如胶原蛋白、角蛋白

2. 结合蛋白质

结合蛋白质亦称缀合蛋白质（conjugated protein），是指蛋白质含有除氨基酸外的其他化学成分作为其结构的一部分，这些化学成分通常称为辅基（prosthetic group）或配体（ligand）。如果辅基或配体部分是通过共价键连接于蛋白质肽链的，则必须对蛋白质进行水解才能释放它；不是与蛋白质肽链共价结合的，则只要使蛋白质变性即可把它除去。结合蛋白质可以按其辅基成分不同进行分类（表 1–2）。

表 1–2　　　　　　　　　　　　　　　　　结合蛋白质的分类

分类	实例	辅基成分
脂蛋白	血浆脂蛋白	磷脂、胆固醇、三酰甘油
磷蛋白	酪蛋白	磷酸基
黄素蛋白类	琥珀酸脱氢酶	黄素腺嘌呤二核苷酸（FAD）
	NADH 脱氢酶	黄素核苷酸（FMN）
核蛋白	腺病毒	脱氧核糖核酸（DNA）
	核糖体	核糖核酸（RNA）
血红素蛋白	血红蛋白	铁卟啉
	细胞色素 c	铁卟啉
	叶绿蛋白	镁卟啉
金属蛋白类	铁蛋白	$Fe(OH)_3$
	细胞色素氧化酶	Fe^{2+} 和 Cu^{2+}
	乙醇脱氢酶	Zn^{2+}
	丙酮酸羧化酶	Mn^{2+}

续表

分类	实例	辅基成分
糖蛋白	γ-球蛋白	己糖胺、半乳糖、甘露糖
	血清类黏蛋白	半乳糖、N-乙酰半乳糖胺、甘露糖、N-乙酰神经氨酸

（三）根据蛋白质功能

1. 活性蛋白质

它包括在生命过程中一切有活性的蛋白质及其前体，如酶、激素蛋白质、运输蛋白质、运动蛋白质、贮存蛋白质、保护或防御蛋白质、受体蛋白质、毒蛋白质、控制生长和分化的蛋白质以及膜蛋白质等。

2. 非活性蛋白质

这类蛋白质对生物体起保护或支持作用。如硬蛋白，包括胶原蛋白、角蛋白、弹性蛋白和丝心蛋白等。

二、蛋白质的生物学功能

生命是物质运动的高级形式，这种运动形式是通过蛋白质来实现的。蛋白质在生命活动中的作用，主要表现在两个方面。

（一）蛋白质是构成生物体的基本成分

人体内蛋白质含量约占人体总固体量的 45%，肌肉、内脏和血液等都以蛋白质为主要成分。高等植物细胞中和种子中也含有较多的蛋白质，如黄豆中蛋白质的含量高达40%。蛋白质是构成一切细胞和组织的重要组成成分，也是生物体形态结构的物质基础。

（二）蛋白质功能的多样性

生物界蛋白质种类估计在 $10^{10} \sim 10^{12}$ 数量级，不同蛋白质功能不同，主要表现如下。

1. 催化功能

蛋白质的一个最重要的生物功能是作为生物体新陈代谢的催化剂——酶。生物体内的各种化学反应几乎都是在相应的酶参与下进行的。目前已发现的酶绝大多数都是蛋白质。

2. 调节功能

许多蛋白质具有调节其他蛋白质生理功能的能力，这些蛋白质称为调节蛋白，如胰岛素是调节动物体内血糖代谢的一种激素；另一类调节蛋白参与基因表达的调控，它们激活或是抑制遗传信息的转录。

3. 结构功能

蛋白质是生物体形态结构的物质基础。体表和机体构架部分还具有保护、支持功能，如胶原蛋白、角蛋白、弹性蛋白和丝心蛋白等。

4. 转运功能

生命活动中所需要的许多小分子和离子是由蛋白质来输送和传递的，这些蛋白质称为转运蛋白，如 O_2 的运输由红细胞中的血红蛋白来完成；脂质的运输由载脂蛋白来完成；铁离子的运输由运铁蛋白来完成；生物膜中的蛋白质能通过渗透性屏障转运代谢物。

5. 免疫功能

生物机体产生的用以防御致病微生物或病毒的抗体（antibody）就是一种高度专一性的蛋白质，它能识别病毒、细菌以及其他外源性生命物质，并与之结合，起到防御作用，保护生物体免受伤害。

6. 运动功能

生物体的运动也由蛋白质来完成，如动物的肌肉主要成分就是蛋白质，肌肉收缩和舒张是由肌动蛋白和肌球蛋白的相对运动来实现的。

7. 贮藏功能

生物体利用蛋白质作为提供充足氮素的一种方式，如乳液中的酪蛋白、蛋类中的卵清蛋白、植物种子中的醇溶蛋白等。它们有贮藏氨基酸的作用，以备机体及其胚胎或幼体生长发育的需要。

8. 生物膜功能

生物膜的通透性、信号传递、遗传控制、生理识别、动物记忆、思维等多方面的功能都是由膜蛋白质参与完成的。

蛋白质的生物学功能极其广泛，同一种蛋白质的功能又呈现出复杂性。有人称蛋白质为"功能大分子"。可以说没有蛋白质就没有生命，所以对它的研究一直受到人们的重视。

三、蛋白质的化学组成

（一）蛋白质的元素组成

许多蛋白质已经获得结晶的纯品。根据蛋白质的元素分析，发现它们的元素组成与糖、脂质不同，除含有碳、氢、氧外，还有氮和少量的硫。有些蛋白质还含有其他一些元素，主要是磷、铁、铜、碘、锌和钼等。这些元素在蛋白质中的组成百分比如表 1-3 所示。

表 1-3 　　　　　　　　　　　　　　　　蛋白质的元素组成

元素	C	H	O	N	S	P
质量分数/%	50~55	6~8	20~23	15~18	0~3	0.4~0.9

经分析得知，蛋白质中 N 元素的含量在各种蛋白质中很相近，平均为 16%，即每 100g 蛋白质中含有 16g 氮元素。这是蛋白质元素组成的一个特点，是凯氏（Kjedahl）定氮法测定蛋白质含量的计算基础：

$$样品粗蛋白质的含量 = 样品中含氮量 \times 6.25$$

式中，6.25 被称为蛋白质系数或蛋白质因数，即 1g 氮所代表的蛋白质量（克数）。

（二）蛋白质的分子组成

蛋白质相对分子质量较大，$6000 \sim 1 \times 10^6$ 或更大一些，结构也非常复杂。为了研究其组成和结构，常将蛋白质水解成小分子。根据蛋白质的水解程度，可分为完全水解和部分水解两种情况。完全水解或称彻底水解，得到的水解产物是各种氨基酸的混合物。部分水解即不完全水解，得到的产物是各种大小不等的肽段和氨基酸。表 1-4 简略地列出了酸、碱、酶 3 种水解方法及其优缺点。

表 1-4 蛋白质的水解

水解类型	使用试剂	优点	缺点
酸水解	4mol/L H_2SO_4 或 6mol/L HCl，回流煮沸 20h 左右，可使蛋白质完全水解	不引起消旋作用，得到的为 L-氨基酸	色氨酸被破坏，丝氨酸、苏氨酸部分被分解，天冬酰胺和谷氨酰胺的酰胺基被水解下来
碱水解	5mol/L NaOH 共煮 10～20h，可使蛋白质完全水解	色氨酸稳定	产生消旋作用，产物为 D-和 L-氨基酸混合物；大多数氨基酸被破坏，精氨酸脱氨生成鸟氨酸和尿素
酶水解	需几种蛋白酶协同作用才能使蛋白质完全水解，条件温和、常温、常压和 pH2～8	无消旋作用，氨基酸不被破坏，得到的是 L-α-氨基酸	使用一种酶往往水解不彻底，中间产物（短肽）较多，需多种酶协同作用

蛋白质水解过程中，由于水解方法和条件的不同，可得到不同程度的降解物：

降解物： 蛋白质——→际——→胨——→多肽——→二肽——→氨基酸

相对分子质量： $>10^4$ $\quad$ $5×10^3$ $\quad$ $2×10^3$ $\quad$ 500～1000 $\quad$ 200 $\quad$ 100

蛋白质煮沸时可凝固，而际、胨、肽均不能；蛋白质和际可被饱和的硫酸铵和硫酸锌沉淀，而胨以下的产物均不能；胨可被磷钨酸等复盐沉淀，而肽类及氨基酸均不能，借此可将各阶段产物分开。

通过对完全水解获得的多肽或蛋白质水解液分离和定量，可得知氨基酸的种类和组成比。经过分离出来的常见氨基酸有 20 种。单纯蛋白质的水解产物均为氨基酸；结合蛋白质的水解产物除氨基酸外还含有其他化学成分（表 1-2）。

第二节 氨基酸的结构分类及性质

氨基酸（amino acid）是含有氨基和羧基的一类有机化合物的通称。根据氨基和羧基在分子中的位置不同分为 α-氨基酸和 β-氨基酸等类型。在生物体内氨基酸多以结合方式存在于蛋白质中，以自由形式存在的很少。在这些氨基酸中，参与蛋白质组成的氨基酸称为蛋白质氨基酸（或基本氨基酸），只有 20 种；在多种组织和细胞中还有不参与蛋白质组成的氨基酸，此外在某些蛋白质中存在若干种不常见的氨基酸。

一、氨基酸的结构特点

在生物界中，构成天然蛋白质的 20 种基本氨基酸具有特定的结构特点，即都是一类含有羧基并在与羧基相连的碳原子（α-碳原子，C_α 原子）上连有氨基的有机化合物，即 α-氨基酸。其结构通式为：

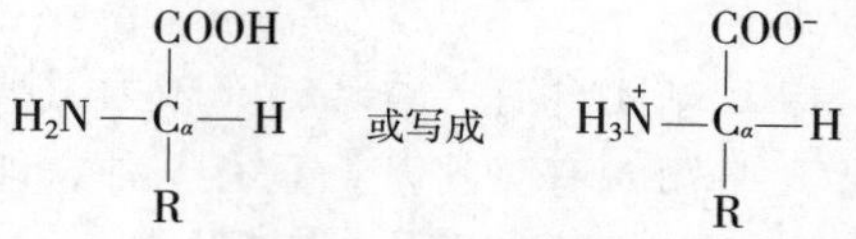

$$H_2N-C_\alpha-H$$

或写成

$$H_3\overset{+}{N}-C_\alpha-H$$

L-α-氨基酸

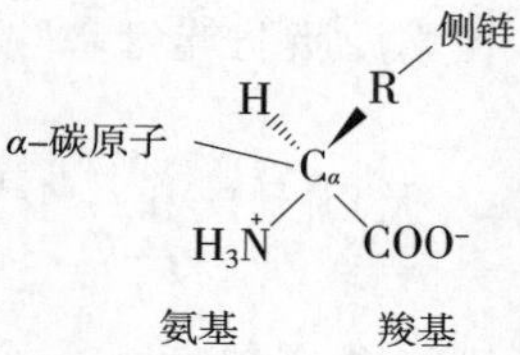

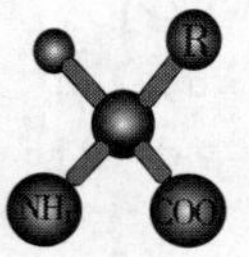

氨基酸的
球棒模型

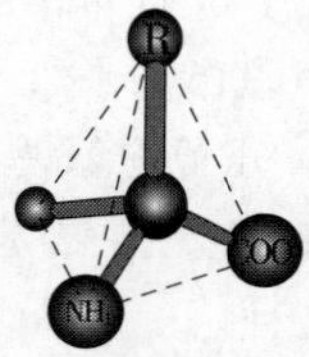

氨基酸的四面
体空间结构

式中 R 代表氨基酸的侧链基团，20 种基本氨基酸仅侧链结构或"R"基不同（表 1-5）。

目前，自然界中尚未发现蛋白质中存在氨基和羧基不连在同一个碳原子上的氨基酸。甘氨酸是结构最简单氨基酸，在侧链位置有一个氢原子。因此，甘氨酸有两个相同基团（氢原子）结合到 C_α 原子上，分子中不存在不对称碳原子，因而不存在成对的立体异构体，无旋光性。其余基本氨基酸的 C_α 原子都是不对称碳原子，所以都具有旋光性。脯氨酸的脂肪侧链键合到它的氨基上，属于 α-亚氨基酸。

根据与 C_α 原子相连的四个原子或基团在空间的排布方式不同，氨基酸可形成不同的构型。以甘油醛为标准化合物，可将氨基酸分为 L-型和 D-型。天然蛋白质水解得到的氨基酸都属于 L-型。

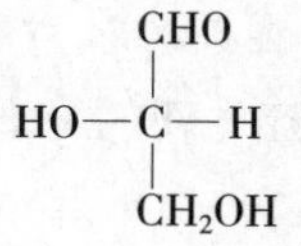

L-甘油醛

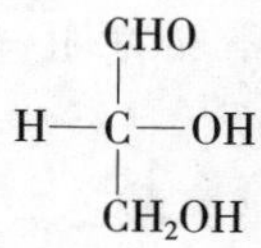

D-甘油醛

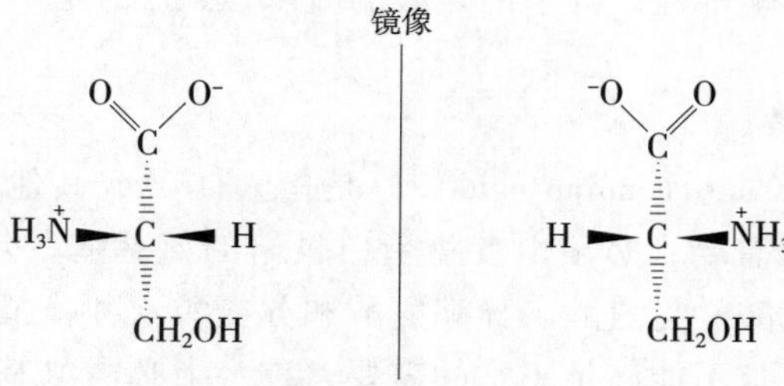

镜像

L-丝氨酸

D-丝氨酸

二、氨基酸的分类

（一）常见的蛋白质氨基酸

构成蛋白质的 20 种基本氨基酸可以按照侧链性质为基础进行划分，亦可根据人体营养需求进行划分。

13

1. 根据 R 基团的化学结构

（1）芳香族氨基酸　指 R 基团含有芳香环，有苯丙氨酸、酪氨酸和色氨酸 3 种。

（2）杂环氨基酸　指 R 基团含有咪唑基，只有 1 种，即组氨酸。

（3）杂环亚氨基酸　指 R 基团取代了 α-氨基的一个氢而形成一个杂环，只有 1 种，即脯氨酸，脯氨酸中没有自由氨基，而只含有一个亚氨基。

（4）脂肪族氨基酸　除上述氨基酸外，其余 15 种均为脂肪族氨基酸。

2. 根据氨基酸分子中氨基和羧基的数目

（1）碱性氨基酸　指氨基酸分子中含两个氨基（及以上）和一个羧基。有精氨酸、赖氨酸和组氨酸 3 种。

（2）酸性氨基酸　指氨基酸分子中含有一个氨基和两个羧基。有谷氨酸和天冬氨酸 2 种。

（3）中性氨基酸　指氨基酸分子中含一个氨基和一个羧基。有 15 种，其中包括两种天冬酰胺和谷氨酰胺。

3. 根据 R 基团的极性

（1）极性带正电荷的氨基酸　指 R 基团含有可解离的极性基团，在 pH7 时带净正电荷。有赖氨酸、精氨酸和组氨酸 3 种。

（2）极性带负电荷的氨基酸　指 R 基团含有可解离的极性基团，在 pH6~7 时带净负电荷。有天冬氨酸和谷氨酸 2 种。

（3）极性不带电的氨基酸　指 R 基团含有不解离的极性基团，能与水形成氢键。有 6 种或 7 种，包括含羟基的丝氨酸、苏氨酸和酪氨酸；含酰胺基的天冬酰胺和谷氨酰胺；含巯基的半胱氨酸。甘氨酸的 R 基团为氢，对强极性的氨基、羧基影响很小，其极性最弱，有时将它归于非极性氨基酸类。

（4）非极性氨基酸　指 R 基团含有脂肪烃链或芳香环等，有 8 种或 9 种，其中带有脂肪烃链的有丙氨酸、缬氨酸、亮氨酸和异亮氨酸；含芳香环的有苯丙氨酸和色氨酸；含硫的甲硫氨酸；含亚氨基的脯氨酸。

极性氨基酸有亲水侧链，在水中的溶解度较大，具亲水性。非极性氨基酸比极性氨基酸在水中的溶解度小，具疏水性，其中丙氨酸的疏水性最小，它介于非极性氨基酸和极性不带电氨基酸之间。

4. 根据人体营养需求

（1）必需氨基酸（essential amino acid）　是指人体（或其他脊椎动物）不能合成或合成速度远不适应机体的需要，必须由食物蛋白供给的氨基酸，包括赖氨酸、苯丙氨酸、缬氨酸、甲硫氨酸、色氨酸、亮氨酸、异亮氨酸和苏氨酸八种。精氨酸和组氨酸虽能够由人体合成，但合成的量通常不能满足正常的需要，称为半必需氨基酸。半必需氨基酸对于婴儿营养来讲也是必需的。

就植物和许多微生物而言，它们能制造 20 种基本氨基酸的碳链结构，因而组成蛋白质的氨基酸都可以合成。

（2）非必需氨基酸（nonessential amino acid）　是指人（或其他脊椎动物）自己能由简单的前体合成，不需要从食物中获得的氨基酸。20 种基本氨基酸中除必需氨基酸和半必需氨基酸外均属此类。

　　蛋白质的营养价值优劣取决于其分子中必需氨基酸的含量和比例是否与人体所需要的相近。一般说来，包含 8 种必需氨基酸的蛋白质称为完全蛋白质，而缺少一种或多种必需氨基酸的蛋白质称为不完全蛋白质或缺价蛋白质。动物性蛋白质的氨基酸组成比较完全，其中必需氨基酸的含量与比例都比较适当。而粮食中的蛋白质含量较低，而且各种粮食蛋白质往往缺少一种或几种必需氨基酸，所以动物性蛋白质的营养价值优于植物性蛋白质。但粮食是人类的主要食物，粮食中的蛋白质则是人类营养中的植物性蛋白质的主要来源，所以，探讨和改善粮食中蛋白质的营养价值就显得更加重要。另外，食物来源多源化可以起到蛋白质之间营养差异的互补，即蛋白质互补作用。

　　氨基酸的名称、结构和缩写符号见表 1-5。

表 1-5　　　　　　　　　　　　　**氨基酸的名称、结构和缩写符号**

名称	化学结构式	三字符号	单字符号
甘氨酸（glycine）	$H-\underset{\underset{NH_2}{\vert}}{CH}-COOH$	Gly	G
丙氨酸（alanine）	$CH_3-\underset{\underset{NH_2}{\vert}}{CH}-COOH$	Ala	A
缬氨酸（valine）	$CH_3-\underset{\underset{CH_3}{\vert}}{CH}-\underset{\underset{NH_2}{\vert}}{CH}-COOH$	Val	V
亮氨酸（leucine）	$CH_3-\underset{\underset{CH_3}{\vert}}{CH}-CH_2-\underset{\underset{NH_2}{\vert}}{CH}-COOH$	Leu	L
异亮氨酸（isoleucine）	$CH_3-CH_2-\underset{\underset{CH_3}{\vert}}{CH}-\underset{\underset{NH_2}{\vert}}{CH}-COOH$	Ile	I
半胱氨酸（cysteine）	$HS-CH_2-\underset{\underset{NH_2}{\vert}}{CH}-COOH$	Cys	C
甲硫氨酸（蛋氨酸，methionine）	$CH_3-S-CH_2-CH_2-\underset{\underset{NH_2}{\vert}}{CH}-COOH$	Met	M
丝氨酸（serine）	$\underset{\underset{OH}{\vert}}{CH_2}-\underset{\underset{NH_2}{\vert}}{CH}-COOH$	Ser	S
苏氨酸（threonine）	$CH_3-\underset{\underset{OH}{\vert}}{CH}-\underset{\underset{NH_2}{\vert}}{CH}-COOH$	Thr	T
天冬氨酸（aspartic acid）	$HOOC-CH_2-\underset{\underset{NH_2}{\vert}}{CH}-COOH$	Asp	D

续表

名称	化学结构式	三字符号	单字符号
谷氨酸（glutamic acid）	HOOC—CH$_2$—CH$_2$—CH—COOH 　　　　　　　　　　　| 　　　　　　　　　　　NH$_2$	Glu	E
天冬酰胺（asparagine）	H$_2$N—C—CH$_2$—CH—COOH 　　　　||　　　　　| 　　　　O　　　　　NH$_2$	Asn	N
谷氨酰胺（glutamine）	H$_2$N—C—CH$_2$—CH$_2$—CH—COOH 　　　　||　　　　　　　　| 　　　　O　　　　　　　　NH$_2$	Gln	Q
精氨酸（arginine）	H$_2$N—C—NH—CH$_2$—CH$_2$—CH$_2$—CH—COOH 　　　　||　　　　　　　　　　　　| 　　　　NH　　　　　　　　　　　NH$_2$	Arg	R
赖氨酸（lysne）	N$_2$H—CH$_2$—CH$_2$—CH$_2$—CH$_2$—CH—COOH 　　　　　　　　　　　　　　　　| 　　　　　　　　　　　　　　　NH$_2$	Lys	K
苯丙氨酸（phenylalanine）	CH$_2$—CH—COOH 　　　　| 　　　NH$_2$	Phe	F
酪氨酸（tyrosine）	HO—〇—CH$_2$—CH—COOH 　　　　　　　　| 　　　　　　NH$_2$	Tyr	Y
组氨酸（histidine）	HC＝C—CH$_2$—CH—COOH 　　　　　　　　| N　NH　　NH$_2$ \　/ C | H	His	H
色氨酸（tryptophan）	C—CH$_2$—CH—COOH ||　　　　　| CH　　　NH$_2$ N | H	Trp	W
脯氨酸（proline）	H$_2$C—CH$_2$ |　　　| H$_2$C　CH—COOH 　\　/ 　　N 　　| 　　H	Pro	P

（二）不常见的蛋白质氨基酸

有些氨基酸虽然不常见但在某些蛋白质中存在（图 1-1），它们都是在已合成的肽链上由基本氨基酸经专一酶催化的化学修饰转化而来的。

5-羟赖氨酸（5-hydroxylysine）和 4-羟脯氨酸（4-hydroxyproline）存在于结缔组织的胶原蛋白中。某些肌肉蛋白如肌球蛋白含有甲基化的氨基酸，如 3-甲基组氨酸。γ-羧基谷氨酸（γ-carboxyglutamic acid）存在于凝血酶原中，也存在于与血液凝固有关的蛋白质中。焦谷氨酸（pyoglutamic acid，p-Glu）存在于细菌紫膜质（bacteriorhodopsin）中，是

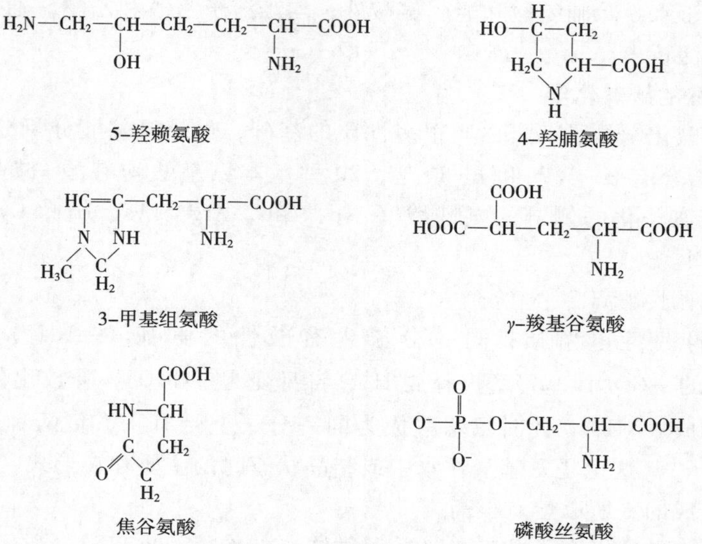

$$H_2N-CH_2-\underset{OH}{CH}-CH_2-\underset{NH_2}{CH}-COOH$$

5-羟赖氨酸

4-羟脯氨酸

3-甲基组氨酸

γ-羧基谷氨酸

焦谷氨酸

磷酸丝氨酸

图 1-1 某些不常见的蛋白质氨基酸

一种光驱动的质子泵蛋白质。某些涉及细胞生长和调节的蛋白质可以在丝氨酸、苏氨酸和酪氨酸残基的—OH上进行可逆性磷酸化；磷酸化的氨基酸还有组氨酸和精氨酸。

（三）非蛋白质氨基酸

除了参与蛋白质组成的氨基酸外，还在非蛋白质物质中发现了其他氨基酸。这些氨基酸大多是蛋白质中存在的L-型α-氨基酸的衍生物，但是有一些是β、γ、δ-氨基酸，并且也有些是D-型氨基酸（图1-2）。这些氨基酸中有一些是重要的代谢物前体或代谢中间物。

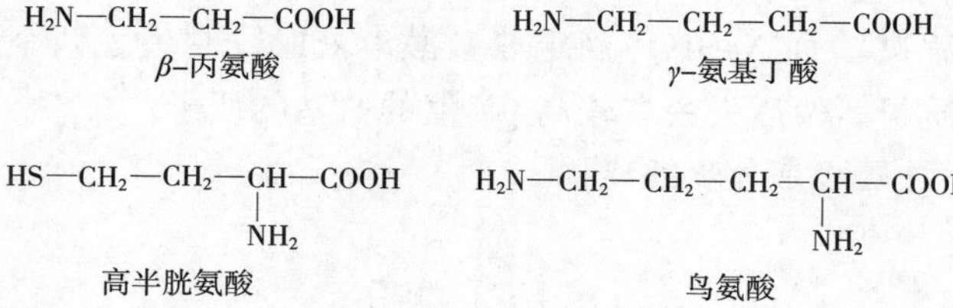

$$H_2N-CH_2-CH_2-COOH$$

β-丙氨酸

$$H_2N-CH_2-CH_2-CH_2-COOH$$

γ-氨基丁酸

$$HS-CH_2-CH_2-\underset{NH_2}{CH}-COOH$$

高半胱氨酸

$$H_2N-CH_2-CH_2-CH_2-\underset{NH_2}{CH}-COOH$$

鸟氨酸

图 1-2 某些非蛋白质氨基酸

三、氨基酸的性质

根据氨基酸侧链的性质表现出不同的物理化学性质。

（一）氨基酸的物理性质

构成蛋白质的α-氨基酸都是小分子物质，相对分子质量均没有超过1000。氨基酸为无色晶体，熔点高，大多没有确切的熔点，一般在200~300℃或更高些，加热到熔点时易分解，并放出CO_2。各种氨基酸的味道有所不同，有的无味，有的味甜，有的味苦。谷氨酸的单钠盐有鲜味，是味精的主要成分。氨基酸均能溶于强酸和强碱溶液中，除胱氨酸和酪氨酸外，均溶于水。除脯氨酸和羟脯氨酸外，均难溶于乙醇和乙醚。通常酒精能把氨基酸从其溶液中沉淀析出。

（二）氨基酸的酸碱化学

氨基酸的酸碱化学是了解蛋白质很多性质的基础，也是氨基酸分析分离工作的基础。由于 C_α 原子上结合有 α-氨基和 α-羧基，20 种基本氨基酸均有酸-碱基团（acid-base groups）。带有能离子化的侧链的氨基酸（Asp，Glu，Arg，Lys，His，Cys，Tyr）有一个附加的酸-碱基团。

1. 氨基酸的两性解离

氨基酸是弱两性电解质，同一分子含有碱性的氨基（—NH$_2$）和酸性的羧基（—COOH）。它的—COOH 基可解离释放 H^+，自身变为—COO$^-$，释放出的 H^+ 与—NH$_2$ 结合，使—NH$_2$ 变成—NH$_3^+$，此时氨基酸成为同一分子上带有正、负两种电荷的偶极离子（或称为兼性离子）。这也是氨基酸在水中或结晶状态时的主要存在形式，因此氨基酸晶体是由离子晶格组成的，所以熔点很高。

氨基酸在水中的偶极离子既起酸（质子供体）的作用，也起碱（质子受体）的作用。

$$H_3\overset{+}{N}—CH—COO^- \rightleftharpoons H_2N—CH—COO^- +H^+$$
$$\underset{R}{|} \qquad\qquad \underset{R}{|}$$

$$H_3\overset{+}{N}—CH—COO^- +H^+ \rightleftharpoons H_3\overset{+}{N}—CH—COOH$$
$$\underset{R}{|} \qquad\qquad \underset{R}{|}$$

氨基酸分子中各酸-碱基团的解离常数（pK，即可解离基团解离一半时所处的溶液 pH），可用测定滴定曲线的实验方法求得。氨基酸分子中可解离基团的解离常数表示方法为：pK_1（α-羧基），pK_2（α-氨基），pK_R（侧链基团）。

图 1-3（1）表示的是甘氨酸的滴定曲线（titration curve）。在低 pH 时（即高氢离子浓度）氨基和羧基都完全质子化，因而氨基酸呈阳离子形式 $H_3N^+CH_2COOH$［图 1-3（2）］；当用过量的强碱（如 NaOH）滴定氨基酸溶液时，它失去两个质子，首先失去有较低 pK 值的羧基的质子，然后失去有较高 pK 值的氨基的质子。

从图 1-3 可知，甘氨酸是分步解离：

第一步解离，

$$K_1 = \frac{[A^0][H^+]}{[A^+]}$$

第二步解离，

$$K_2 = \frac{[A^-][H^+]}{[A^0]}$$

当滴定至甘氨酸的 A^+ 有一半变成 A^0 时，即［A^+］=［A^0］，则 K_1 =［H^+］，两边取对数得 pK_1 =pH，这就是曲线 A 段拐点处的 α-羧基的 pK 值（pK=2.3），当滴定至甘氨酸的 A^0 有一半变成 A^- 时，即［A^-］=［A^0］，则 K_2 =［H^+］，两边取对数得 pK_2 =pH，这就是曲线 B 段拐点处的 α-氨基的 pK 值（pK=9.6）。如果利用 Handerson-Hasselbalch 公式，以及所给的 pK 等数据，即可计算出在任一 pH 条件下一种氨基酸的各种离子的比例。

$$pH = pK + \lg \frac{[\text{质子受体}]}{[\text{质子供体}]}$$

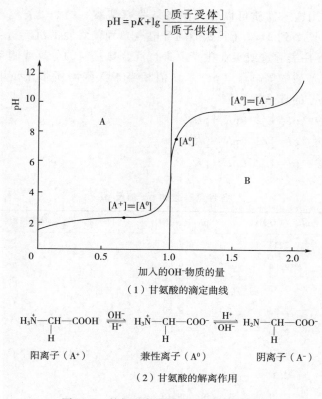

（1）甘氨酸的滴定曲线

$$\underset{\text{阳离子（A}^+\text{）}}{H_3\overset{+}{N}-CH-COOH} \underset{H^+}{\overset{OH^-}{\rightleftharpoons}} \underset{\text{兼性离子（A}^0\text{）}}{H_3\overset{+}{N}-CH-COO^-} \underset{OH^-}{\overset{H^+}{\rightleftharpoons}} \underset{\text{阴离子（A}^-\text{）}}{H_2N-CH-COO^-}$$

（2）甘氨酸的解离作用

图1-3　甘氨酸的滴定曲线与解离作用

R 基团不解离的氨基酸都具有类似甘氨酸的滴定曲线。带有可解离 R 基团的氨基酸，有 3 个 pK 值，因此滴定曲线比较复杂。各种氨基酸的解离常数（pK）是有差异的（表1-6）。20 种基本氨基酸除组氨酸外，在生理 pH 范围内（pH6～8）都没有明显的缓冲容量，因为这些氨基酸的 pK 值都不在 pH7 附近，而缓冲容量只有在接近 pK 值时才显现出来。从表1-6可知，组氨酸咪唑基的 pK 值为 6.0，在 pH7 附近有明显的缓冲作用。红细胞中运载氧气的血红蛋白由于含有较多的组氨酸残基，使得它在 pH7 左右的血液中具有显著的缓冲能力，这对红细胞在血液中起运输氧气和二氧化碳的作用来说是重要的。

2. 氨基酸的等电点（pI）

氨基酸的氨基和羧基的解离情况以及氨基酸本身带电情况随溶液的 pH 的变化而变化。当它处于酸性环境时，由于羧基结合质子而使氨基酸带正电荷，在外加电场中向负极移动；当它处于碱性环境时，由于氨基的解离而使氨基酸带负电荷，在外加电场中向正极移动；当它处于某一 pH 时，氨基酸所带正电荷和负电荷相等，即净电荷为零，在外加电场中既不向正极移动也不向负极移动。此时的 pH 称为氨基酸的等电点（isoelectric point），用 pI 表示。

$$\underset{pH<pI}{H_3\overset{+}{N}-\underset{R}{CH}-COOH} \underset{OH^-}{\overset{H^+}{\rightleftharpoons}} \underset{pH=pI}{H_3\overset{+}{N}-\underset{R}{CH}-COO^-} \underset{H^+}{\overset{OH^-}{\rightleftharpoons}} \underset{pH>pI}{H_2N-\underset{R}{CH}-COO^-}$$

由于静电作用，在等电点时，氨基酸的溶解度最小，容易沉淀。不同的氨基酸等电点不同（表1-6），利用这一性质可以分离制备某些氨基酸。例如，谷氨酸的生产，就是将微生物发酵液的 pH 调节到 3.22（谷氨酸的等电点）而使谷氨酸沉淀析出。也可以通过电泳法、离子交换法等在实验室或工业生产上进行混合氨基酸的分离或制备。

由 pK 可求出氨基酸的等电点（pI），pI 值相当于氨基酸所带正负电荷相等，净电荷为零时两侧的基团 pK 的算术平均值。

对于中性氨基酸：pI = 1/2（pK_1+pK_2）

对于酸性氨基酸：pI = 1/2（pK_1+pK_R）

对于碱性氨基酸：pI = 1/2（pK_2+pK_R）

表 1-6　　　　　　　　　　　各种氨基酸的 pK 值及 pI

氨基酸	pK_1（COOH）	pK_2（α-NH$_3^+$）	pK_R（侧链基团）	pI
甘氨酸	2.34	9.60		5.97
丙氨酸	2.34	9.69		6.02
缬氨酸	2.32	9.62		5.97
亮氨酸	2.36	9.60		5.89
异亮氨酸	2.36	9.68		6.02
半胱氨酸	1.71	8.33	10.78（—SH）	5.02
甲硫氨酸	2.28	9.21		5.75
丝氨酸	2.21	9.15		5.68
苏氨酸	2.63	10.43		6.53
天冬氨酸	2.09	9.82	3.86（β-COOH）	2.89
谷氨酸	2.19	9.67	4.25（γ-COOH）	3.22
天冬酰胺	2.02	8.80		5.41
谷氨酰胺	2.17	9.13		5.65
精氨酸	2.17	9.04	12.48（胍基）	10.76
赖氨酸	2.18	8.95	10.53（ε-NH$_3^+$）	9.74
苯丙氨酸	1.83	9.13		6.48
酪氨酸	2.20	9.11	10.07（—OH）	5.66
组氨酸	1.82	9.17	6.00（咪唑基）	7.59
色氨酸	2.38	9.39		5.89
脯氨酸	1.19	10.60		6.30

（三）氨基酸的化学反应

氨基酸的化学反应主要是指它的 α-羧基和 α-氨基以及侧链上的功能团所参与的反应。下面着重讨论在蛋白质化学中具有重要意义的氨基酸化学反应（表1-7）。

1. α-氨基参加的反应

（1）与亚硝酸的反应　氨基酸的 α-氨基在室温下与亚硝酸作用生成氮气：

$$\underset{\overset{|}{R}}{R}-\overset{NH_2}{\underset{|}{CH}}-COOH +HNO_2 \longrightarrow \overset{OH}{\underset{|}{R-CH}}-COOH +N_2\uparrow+H_2O$$

产生的氮气只有一半来自氨基酸的氨基氮，另一半来自亚硝酸。在标准条件下测定生成的氮气体积，即可计算出氨基酸的量，这就是范斯莱克（Van Slyke）法测定氨基氮的基础。因为在水解过程中，蛋白质的总氮量是不变的，而氨基氮却不断上升，用氨基氮与总蛋白氮的比例可表示蛋白质的水解程度。在生产上，可用此法来进行氨基酸定量和蛋白质水解程度的测定。

（2）与酰化试剂反应　氨基酸的氨基与酰氯或酸酐在弱碱溶液中发生作用时，氨基即被酰基化。例如与苄氧甲酰氯反应：

$$\underset{\text{苄氧酰氯}}{\langle\rangle-CH_2-O-\overset{O}{\overset{||}{C}}-Cl} + \underset{\overset{|}{R}}{H_2N-CH-COONa} \xrightarrow[\text{（后酸化）}]{\text{在弱碱中}}$$

$$\underset{\text{苄氧酰氨基酸}}{\langle\rangle-CH_2-O-\overset{O}{\overset{||}{C}}-\underset{\overset{|}{H}}{N}-\underset{\overset{|}{R}}{CH}-COOH} +NaCl$$

其他酰化试剂还有叔丁氧甲酰氯、对甲苯磺酰氯、丹磺酰氯以及邻苯二甲酸酐等。这些酰化试剂在多肽和蛋白质的人工合成中被用作氨基的保护剂。丹磺酰氯还常用于多肽链 N 末端氨基酸的标记和微量氨基酸的定量测定。

（3）烃基化反应　氨基酸氨基的一个 H 原子可被烃基（环烃及其衍生物）取代，例如与 2，4-二硝基氟苯（2，4-dinitrofluorobenzene 或 1-fluoro-2，4-dinitrobenzene，简写为 DNFB 或 FDNB）在弱碱性溶液中发生亲核芳香环取代反应而生成二硝基苯基氨基酸（dinitrophenyl amino acid，简称为 DNP-氨基酸）。这个反应首先被英国的 Sanger 用来鉴定多肽蛋白质的 N 末端氨基酸。

$$\underset{\text{DNFB}}{O_2N-\langle\rangle-F} + \underset{\overset{|}{R}}{H_2N-\overset{COOH}{\underset{|}{C_\alpha}}-H} \xrightarrow{\text{在弱碱中}}$$

$$\underset{\text{DNP-氨基酸（黄色）}}{O_2N-\langle\rangle-NH-\underset{\overset{|}{R}}{\overset{COOH}{\underset{|}{C_\alpha}}}-H} +HF$$

α-氨基另一个重要的烃基化反应是与苯异硫氰酸酯（phenylisothiocyanate，缩写为 PITC）在弱碱性条件下形成相应的苯氨基硫甲酰（phenylthiocarbamoyl，缩写为 PTC）衍生物。后者在硝基甲烷中与酸（加三氟乙酸）作用发生环化，生成相应的苯乙内酰硫脲（phenylthiohydantoin，缩写为 PTH）衍生物。这些衍生物是无色的，可用层析法加以分离鉴定。这个反应首先被 Edman 用于鉴定多肽或蛋白质的 N 端氨基酸。它在多肽和蛋白质的氨基酸序列分析方面占有重要地位。

（4）脱氨基反应 氨基酸在生物体内经氨基酸氧化酶催化脱去 α-氨基而转变成酮酸，此反应在氨基酸代谢过程中占有重要地位。

$$\underset{\underset{NH_2}{|}}{R{-}CH{-}COOH} \longrightarrow \underset{\underset{O}{\parallel}}{R{-}C{-}COOH} +NH_3$$
$$\alpha-\text{酮酸}$$

（5）氨基酸的甲醛滴定 氨基酸甲醛滴定（formol titration）是测定氨基酸的一种常用方法。氨基酸虽然是一种两性电解质，既是酸又是碱，但是它却不能直接用酸、碱滴定来进行定量测定。这是因为氨基酸的酸、碱滴定终点 pH 或过高（12~13）或过低（1~2），没有适当的指示剂可被选用。

氨基酸在溶液中有如下平衡：

$$\underset{\underset{R}{|}}{H_3\overset{+}{N}{-}CH{-}COO^-} \underset{H^+}{\overset{OH^-}{\rightleftharpoons}} \underset{\underset{R}{|}}{H_2N{-}CH{-}COO^-} + H^+$$

$$\underset{\underset{NH_3^+}{|}}{R{-}CH{-}COO^-} \xrightarrow{HCHO} \underset{\underset{NHCH_2OH}{|}}{R{-}CH{-}COO^-} + H^+ \xrightarrow{HCHO} \underset{\underset{N}{|}}{R{-}CH{-}COO^-}\begin{smallmatrix} \\ CH_2OH \\ CH_2OH\end{smallmatrix}$$

当向氨基酸溶液中加入过量的甲醛，用标准氢氧化钠滴定时，由于甲醛与氨基酸中的—NH_2 作用形成羟甲基衍生物而降低了氨基酸的碱性，相对地增强了—NH_3^+ 的酸性解离，使 pH 减少 2~3 个单位。当氨基酸溶液中存在 1mol/L 甲醛时，滴定终点由 pH 12 左右移至 pH 9 附近，即酚酞指示剂的变色区域。由滴定所用的 NaOH 量就可计算出氨基酸中氨基的含量，即氨基酸的含量。

2. α-羧基参加的反应

（1）成盐和成酯反应 氨基酸的 α-羧基可以和碱作用生成盐；与重金属离子形成的盐则不溶于水。氨基酸的 α-羧基被醇酯化后，形成相应的酯。羧基被酯化后，可增强氨基的化学活性。其反应如下：

$$\underset{\underset{NH_2}{|}}{R{-}CH{-}COOH} +HCl \longrightarrow \underset{\underset{NH_3^+\cdot Cl^-}{|}}{R{-}CH{-}COOH}$$
$$\text{氨基酸盐酸盐}$$

$$\underset{\underset{NH_2}{|}}{R{-}CH{-}COOH} + NaOH \longrightarrow \underset{\underset{NH_2}{|}}{R{-}CH{-}COONa} + H_2O$$
$$\text{氨基酸钠盐}$$

$$\underset{\underset{NH_2}{|}}{R{-}CH{-}COOH} + C_2H_5OH \xrightarrow{\text{干燥HCl(气)}} \underset{\underset{NH_2}{|}}{R{-}CH{-}COOC_2H_5} + H_2O$$
$$\text{乙醇} \qquad\qquad\qquad\qquad \text{氨基酸乙酯}$$

在蛋白质人工合成中可用成酯反应将氨基酸活化。成酯反应也可用于氨基酸的分离纯化，因为各种氨基酸与醇所成的酯的沸点不同，故可进行分级蒸馏而分离。另外，在曲酒酿造中，不同氨基酸所生成的酯具有不同芳香味。

（2）脱羧基反应　在生物体内氨基酸经氨基酸脱羧酶作用，放出二氧化碳并生成相应的一级胺。

$$R—CH(NH_2)—COOH \longrightarrow \underset{一级胺}{R—CH_2—NH_2} + CO_2$$

3. α-氨基和 α-羧基共同参加的反应

（1）与茚三酮反应　茚三酮（ninhydrin）在弱酸性溶液中与 α-氨基酸共热，引起氨基酸氧化脱氨、脱羧反应，最后茚三酮与反应产物氨和还原茚三酮（hydrindantin）发生作用，生成蓝紫色物质。其反应过程见图 1-4。

此反应在氨基酸的分析中极为重要，放出的 CO_2 可用定量法加以测定，从而计算出参加反应的氨基酸量。产生的蓝紫色物质可作为比色法（包括纸层法）分析氨基酸的依据，用纸层析或柱层析把各种氨基酸分开后，利用茚三酮显色可以定性鉴定并用分光光度法在 570nm 定量测定各种氨基酸。

两个亚氨基酸——脯氨酸和羟脯氨酸，与茚三酮反应并不释放 NH_3，而直接生成亮黄色化合物，最大光吸收在 440nm 处。

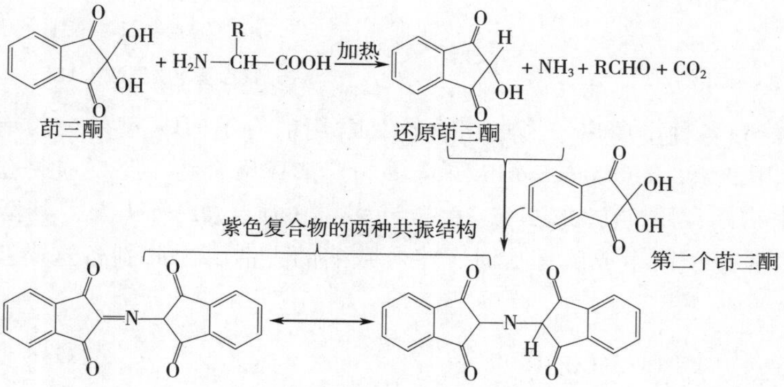

图 1-4　氨基酸与茚三酮反应的过程

（2）成肽反应　一个氨基酸的氨基可以与另一个氨基酸的羧基缩合成肽，形成的键称为肽键。多个氨基酸可按此反应方式生成长链状的肽化合物。

$$H_2N—CH(R_1)—COOH + H_2N—CH(R_2)—COOH \xrightarrow{-H_2O} H_2N—CH(R_1)—C(=O)—N(H)—CH(R_2)—COOH$$

4. 侧链 R 基参加的反应

氨基酸侧链的功能团可发生化学反应。这些性质可用于鉴别特定氨基酸，也可对蛋白质进行分子修饰从而改变蛋白质的功能。这些功能团有羟基、酚基、巯基（包括二硫键）、吲哚基、咪唑基、胍基、甲硫基以及非 α-氨基和非 α-羧基等。下面介绍半胱氨酸—SH 基和其他侧链功能团参加的化学反应。

（1）—SH 基参加的反应

①—SH 基为还原剂，很活泼，在微碱性 pH 下，—SH 基发生解离形成硫醇阴离子

（—CH$_2$—S$^-$）。此阴离子是巯基的反应形式，能与碘乙酸（ICH$_2$COO$^-$）、碘乙酰胺（ICH$_2$—CONH$_2$）、苯甲基氯（C$_6$H$_5$—CH$_2$Cl）等结合，形成相应的稳定衍生物，这些反应都可保护氨基酸—SH 不被氧化破坏。

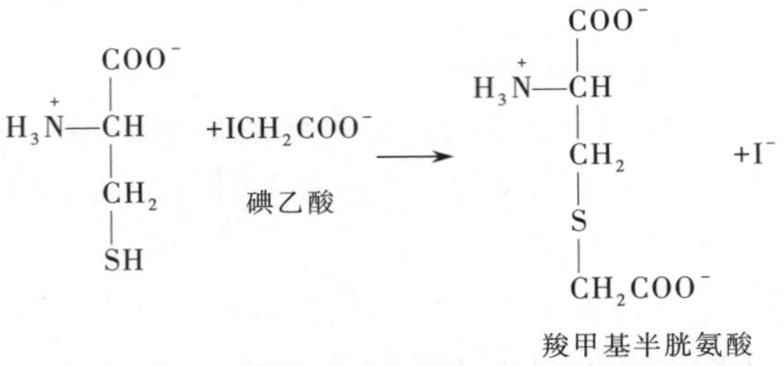

羧甲基半胱氨酸

②—SH 基能打开氮丙啶的环，生成的侧链带有正电荷，类似赖氨酸侧链结构，这对氨基酸序列测定有用。同时此反应也可用来保护肽链上的—SH 基，以防止被氧化。

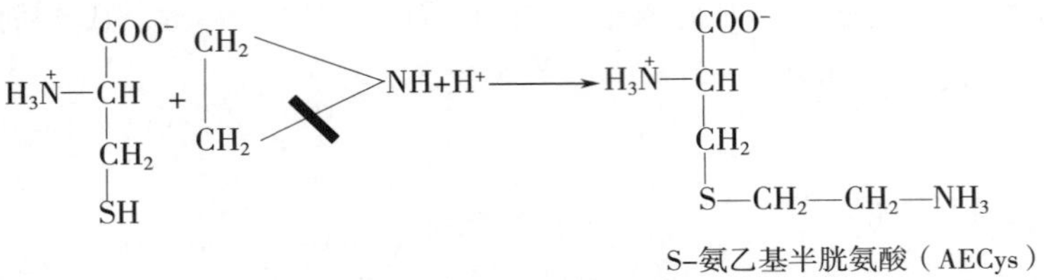

S–氨乙基半胱氨酸（AECys）

③—SH 基能和各种金属离子形成络合物，常用的有 R–Hg$^+$型的一价有机汞制剂，例如与对羟基汞苯甲酸（p–chloromercuribenzoic acid）形成络合物，此反应是蛋白质结晶学中制备重原子衍生物最常用的方法之一。由于许多蛋白质，如—SH 酶，其活性中涉及—SH基，当遇到重金属离子而生成硫醇盐时，将导致酶的失活，因此制备这类蛋白质时要避免重金属离子。

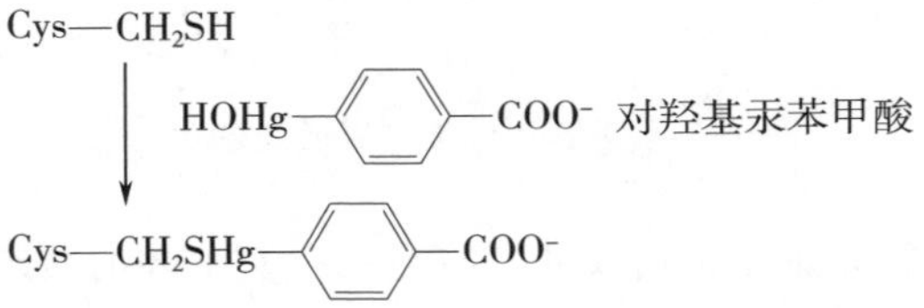

④—SH 基与二硫硝基苯甲酸（dithionitrobenzoic acid，缩写为 DTNB）发生硫醇二硫化物交换反应，反应中 1 分子的半胱氨酸引起 1 分子的硫硝基苯甲酸的释放。在 pH8.0 时，硫硝基苯甲酸在 412nm 波长处有强烈吸收，可用比色法定量测定半胱氨酸的含量。

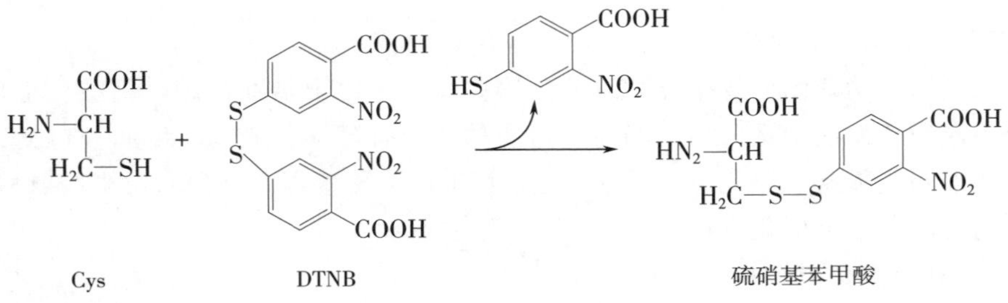

Cys　　DTNB　　硫硝基苯甲酸

⑤—SH 基易受空气或其他氧化剂氧化，一般形成两种氧化衍生物：二硫化物和磺酸。半胱氨酸空气氧化和由更强的氧化剂过甲酸（HCOOOH）处理，可得到胱氨酸（—S—S—，二硫键）和磺酸基（—SO_3H）

胱氨酸中的二硫键在稳定蛋白质的构象上起很大的作用。氧化剂和还原剂都可打开二硫键。过甲酸可以定量地打开二硫键，生成磺基丙氨酸（cysteic acid）。还原剂如巯基化合物（R—SH）也能打开二硫键，生成半胱氨酸残基及相应的二硫化物。常使用的还原剂有巯基乙醇、巯基乙酸、二硫苏糖醇等。

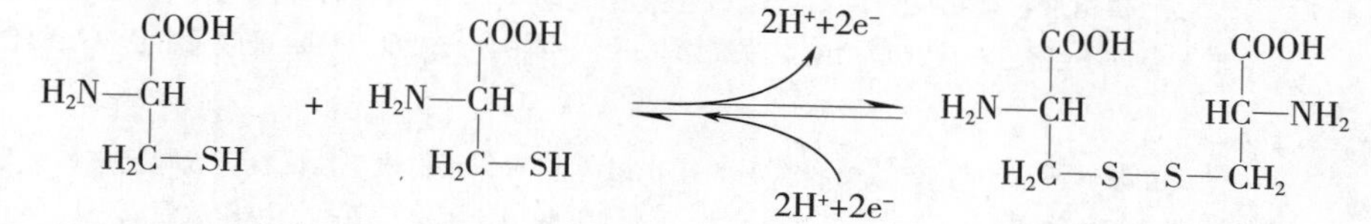

半胱氨酸　　半胱氨酸　　胱氨酸

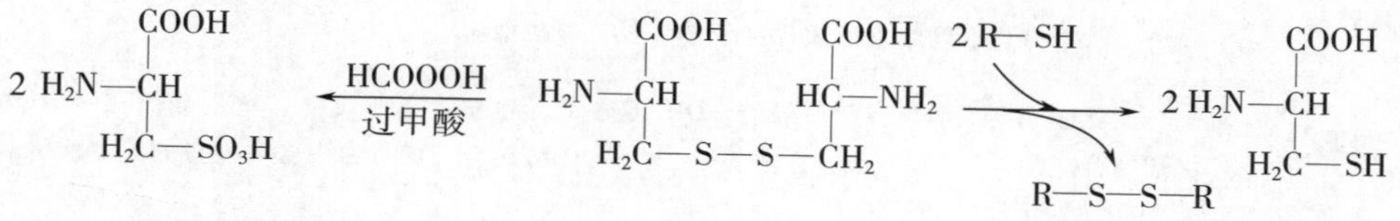

磺基丙氨酸　　胱氨酸　　半胱氨酸

由于半胱氨酸中的巯基很不稳定，极易被氧化成二硫键，因此利用还原剂巯基乙醇等打开二硫键时，需要进一步用碘乙酰胺、碘乙酸等试剂与巯基作用把它保护起来，防止它的重新氧化。

（2）其他侧链功能团参与的化学反应（表 1-7）

表 1-7　　氨基酸的重要化学反应

有关反应基团	氨基酸的化学反应	用途及重要性
α-氨基参加的反应	与 HNO_2 作用；与甲醛作用；成盐（NH_2 基与 HCl 结合）；酰基化（NH_2 的 H 被酰基代替）；烃基化（NH_2 的一个 H 被烃基取代）；脱氨（氧化脱氨）	为测定氨基氮方法的基础；测定氨基酸的一种方法；制备晶体氨基酸的依据；在人工合成肽作为 NH_2 基的保护基；用于测定肽链 N 端氨基酸；氨基酸分解代谢的重要反应
α-羧基参加的反应	成酯或盐；酰氯化；成酰胺作用；脱羧；叠氮；还原成醇	人工合成肽链保护羧基用；人工合成肽链作为活化羧基用；生物体储 NH_2—的方式；是氨基酸代谢的重要反应之一；对人工合成肽链使羧基活化；鉴定肽链末端用
苯环	与浓 HNO_3 作用产生黄色物质	可作为蛋白质定性试验，用于鉴定苯丙氨酸和酪氨酸

续表

有关反应基团	氨基酸的化学反应	用途及重要性
酚基	与 $HgNO_3$、$Hg(NO_3)_2$ 和 HNO_3 作用呈红色；能还原磷钼酸、磷钨酸，成钼蓝和钨蓝；与重氮化合物（如对氨基苯磺酸的重氮盐）重氮结合生成橘黄色化合物	为米伦（Millon）反应的基础，可供测酪氨酸用；是 Folin 反应的基础，可作蛋白质定性、定量用；为 Pauly 反应，可用于检测酪氨酸
吲哚基	与乙醛酸及浓 H_2SO_4 作用呈紫红色；能还原磷钼酸、磷钨酸，成钼蓝、钨蓝；温和条件下可使 N-溴代琥珀酰亚胺氧化	为蛋白质定性试验和测色氨酸的基础；是 Folin 反应的基础，可作蛋白质定性、定量用；可用分光光度计测定蛋白质中色氨酸的含量
胍基	在碱性溶液中与 α-萘酚和次溴酸盐作用生成红色物质	可作蛋白质定性试验（坂口反应）鉴定精氨酸用；可保护胍基，用作肽促成
咪唑基	亚胺—NH 部位可同三苯甲基或磷酸结合；与重氮化合物结合形成棕红色	有保护咪唑基的作用；可用于检测检测组氨酸检测
羟基	丝氨酸、苏氨酸、羟脯氨酸的—OH 能与酸结合成酯	生物体蛋白质中，丝氨酸侧链—OH 常与磷酸结合，酪蛋白中含有大量的丝氨酸磷酸酯
巯基	亚硝基亚铁氰酸钠反应：在稀氨溶液中与亚硝基亚铁氰酸钠反应生成红色化合物	进行半胱氨酸及胱氨酸的测定

（四）氨基酸的紫外吸收光谱

构成蛋白质的氨基酸在可见光区都没有光吸收，在红外区和远紫外区（$\lambda < 200nm$）都有光吸收。但在紫外区（$200 \sim 400nm$）只有芳香族氨基酸有吸收光的能力，因为它们的 R 基团含有共轭 π 键系统苯环。苯丙氨酸的最大光吸收波长在 257nm，酪氨酸的最大光吸收波长在 275nm，色氨酸的最大光吸收波长在 280nm。

四、氨基酸的分离、制备和用途

（一）氨基酸混合物的分析分离

目前，为了测定蛋白质的氨基酸组成或从蛋白质水解液中制取氨基酸，常用纸层析法、柱层析法和薄层层析法对氨基酸混合物进行分析分离。

层析即色层分析也称色谱（chromatography），最先由俄国植物学家 M. C. Цвет 于 1903 年提出来的。1941 年英国学者 Martin 与 Synge 提出分配层析。此后这种方法得到了很大的发展，至今已有很多种形式的分配层析，但它们的基本原理是一样的。所有的层析系统通常都是由两个相组成，一个为固定相或静相（stationary phase），一个为流动相或动相（mobile phase）。混合物在层析系统中的分离决定于该混合物的组分在这两相中的分配情况，一般用分配系数（partition 或 distribution coefficient）来描述。1891 年 Nernst 提出了分配定律（partition law）：当一种溶质在两种给定的互不相溶的溶剂中分配时，在一定温度下达到平衡后，溶质在两相中的浓度比值为一常数，即分配系数（K_d）。

$$K_d = \frac{c_A}{c_B}$$

式中 c_A 和 c_B 分别代表某一物质在互不相溶的两相，A 相（动相）和 B 相（静相）中的浓度。利用层析法分离氨基酸混合物，其先决条件是各种氨基酸成分的分配系数要有差异，一般差异越大，越容易分开。

层析系统中的固定相可以是固相、液相或固-液混合相（半液体）；流动相可以是液相或气相，它充满于固定相的空隙中，并能流过固定相。

1. 纸层析

纸层析法是利用极性和非极性氨基酸在水和有机溶剂中溶解度不同的特点，在滤纸上进行分离的方法。一般是将氨基酸混合物样品点在作为支持物的滤纸的一端，称为原点。然后放入盛有层析溶剂（含有水的有机溶剂如丁醇）的密闭玻璃缸中，把点有样品的滤纸的一端整齐地浸入层析溶剂（原点不要浸入溶剂），密闭玻璃缸，溶剂系统沿滤纸的一个方向进行展层（development，水被吸在滤纸上称为固定相，有机溶剂称为流动相）。有机溶剂即沿滤纸向相对的一端移动，当经过样品点（即原点）时，氨基酸在水相和有机相之间进行分配，一部分氨基酸离开原点，进入有机溶剂，并随有机溶剂移动进入无氨基酸的区域。这时，氨基酸又再进行分配，部分氨基酸从有机相进入水相，留于纸上，如此不断进行分配。由于不同氨基酸移动的速率不同，因而就能彼此分开。待有机相移动到接近滤纸的另一端时，取出滤纸，晾干，茚三酮显色得到层析谱，与对照的标准品比较后做定性测定。如需定量，则将显色点剪下，洗脱，比色。

氨基酸在纸上移动的速率称为迁移率（图 1-5），以 R_f 符号表示。也就是在纸层析中，从原点至氨基酸停留点的距离（X）与原点至溶剂前沿的距离（Y）之比，即 R_f。只要溶剂系统（分为酸性溶剂系统和碱性溶剂系统）、温度和滤纸型号等实验条件确定，则每种氨基酸的 R_f 值是恒定的，因而可以用来鉴别氨基酸。

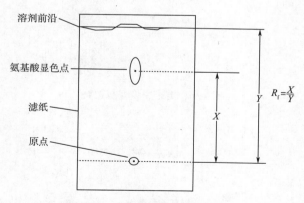

图 1-5　纸层析中的迁移率 R_f 值

上述方法是单向层析，如果样品所含氨基酸的 R_f 值较接近，则需用双向层析。即将第一次单向层析后的滤纸晾干，换一个溶剂系统，将滤纸转 90° 进行第二次层析，然后再晾干、显色、鉴定。

2. 柱层析

柱层析技术也称为柱色谱技术。柱子里先填充不溶性基质形成固定相，将蛋白质混合样品加到柱子上后用特别的溶剂洗脱，溶剂组成流动相。利用各种氨基酸的不同性质，将各种氨基酸依次洗脱，在样品从柱子上洗脱下来的过程中，根据氨基酸混合物中各组分在固定向和流动相中的分配系数不同，经过多次反复分配，将不同氨基酸组分逐一分离。

根据填充基质和样品分配交换原理不同，离子交换层析、凝胶过滤层析和亲和层析是三种经典分离层析技术。氨基酸混合物的分离常用到离子交换柱层析。

离子交换柱层析（ion-exchange column chromatography）是根据电荷性质来分离分子的，是一种用离子交换树脂作支持剂的层析法。离子交换树脂是具有酸性或碱性基团的人工合成聚苯乙烯-苯二乙烯不溶性高分子化合物。聚苯乙烯-苯二乙烯是由苯乙烯（单体）和苯二乙烯（交联剂）进行聚合和交联反应生成的具有网状结构的高聚物。它是离子交换树脂的基质（matrix），树脂一般都制成球形颗粒。带电基团是通过后来的化学反应将解离基团引入惰性支持物上形成的（图 1-6）。

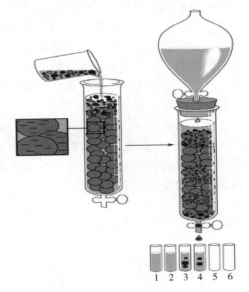

图 1-6　离子交换层析图解

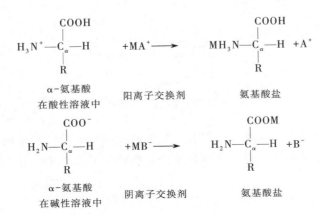

α-氨基酸　　　　阳离子交换剂　　　氨基酸盐
在酸性溶液中

α-氨基酸　　　　阴离子交换剂　　　氨基酸盐
在碱性溶液中

　　氨基酸的离子状态（即阳离子和阴离子）在一定 pH 溶液中能同离子交换剂进行离子交换。在酸性溶液中（对氨基酸的等电点而言）氨基酸本身为阳离子，能同阳离子交换剂（以 MA$^+$ 代表）交换阳离子；在碱性溶液中其本身为阴离子，能同阴离子交换剂（以 MB$^-$ 代表）交换阴离子。

　　阳离子交换树脂含有的酸性基团如—SO_3H（强酸型）或—COOH（弱酸型）可解离出 H^+。当溶液中含有其他阳离子时，如在酸性环境中的氨基酸阳离子，它们可以和 H^+ 发生交换而"结合"在树脂上。同样，阴离子交换树脂含有的碱性基团如—$N(CH_3)_3OH$（强碱型）或—NH_3OH（弱碱型）可解离出 OH^-，能和溶液里的阴离子发生交换，如和碱性环境中的氨基酸阴离子发生交换，而使之结合在树脂上。

$$
\text{树脂—SO}_3^-\cdot\text{H}^+\text{（氢型）}
$$
$$
\text{或}
$$
$$
\text{树脂—SO}_3^-\cdot\text{Na}^+\text{（钠型）}
$$

$$
+\ \text{H}_3\text{N}^+\!-\!\underset{\underset{R}{|}}{\overset{\overset{\text{COOH}}{|}}{C_\alpha}}\!-\!\text{H} \rightleftharpoons \text{树脂—SO}_3^-\cdot\text{H}_3\text{N}^+\!-\!\underset{\underset{R}{|}}{\overset{\overset{\text{COOH}}{|}}{C_\alpha}}\!-\!\text{H} + \text{或}\ \begin{matrix}\text{H}^+\\ \\ \text{Na}^+\end{matrix}
$$
$$
\text{pH}<\text{p}I
$$

$$
\text{树脂—NR}_3^+\cdot\text{OH}^-\text{（氢氧型）}
$$
$$
\text{或}
$$
$$
\text{树脂—NR}_3^+\cdot\text{Cl}^-\text{（氯型）}
$$

$$
+\ ^-\text{OOC}\!-\!\underset{\underset{R}{|}}{\overset{\overset{\text{NH}_2}{|}}{C_\alpha}}\!-\!\text{H} \rightleftharpoons \text{树脂—NR}_3^+\cdot\ ^-\text{OOC}\!-\!\underset{\underset{R}{|}}{\overset{\overset{\text{NH}_2}{|}}{C_\alpha}}\!-\!\text{H} + \text{或}\ \begin{matrix}\text{OH}^-\\ \\ \text{Cl}^-\end{matrix}
$$
$$
\text{pH}>\text{p}I
$$

　　分离氨基酸混合物经常使用强酸型阳离子交换树脂。在交换柱中，树脂先用碱处理成钠型，将氨基酸混合液（pH2～3）上柱。在 pH2～3 时，氨基酸主要以阳离子形式存在，与树脂上的钠离子发生交换而被"挂"在树脂上。氨基酸在树脂上结合的牢固程度即氨基酸与树脂间的亲和力，主要决定于它们之间的静电吸引，其次是氨基酸侧链与树脂基质聚苯乙烯之间的疏水作用。为了使氨基酸从树脂柱上洗脱下来，需要降低它们之间的亲和力，有效的方法是逐步提高洗脱剂的 pH 和盐浓度（离子强度），这样各种氨基酸将以不同的速度被洗脱下来。

　　目前已有全部自动化的氨基酸分析仪，仪器原理根据阳离子交换分离、茚三酮柱后显色，主要用于水解蛋白分析，如饲料、农产品等。也可以用于游离氨基酸的分析，如血清、尿液、组织液、植物提取液等。

3. 薄层层析

　　薄层层析（thin-layer chromatography）是利用吸附原理进行层析的方法，在玻板上的薄层吸附剂（也称支持剂）上进行，可使用的支持剂种类多，如纤维素粉、氧化铝粉等。其大体步骤是先把支持剂涂布在玻璃板上使成一个均匀的薄层，烘干，将被分析的样品和对照样品用微量吸管在薄层上点样。蒸发片刻后，将载样品的玻板浸入盛有适当溶液的容器内（图1-7），待 5～30min 氨基酸各自分开后，将玻板取出，稍干，即可用适当显色剂显色，最后进行鉴定和定量测定。此法的优点是简单、分辨率高、样品少。

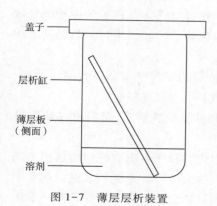

盖子

层析缸

薄层板
（侧面）

溶剂

图 1-7　薄层层析装置

（二）氨基酸的制备和用途

1. 氨基酸的制备

由于科学实验、医药卫生和工业生产各方面对氨基酸的需要日益增多，因此氨基酸的生产就显得更重要。氨基酸的生产方法有 3 种：经典的提取法、化学合成法和微生物发酵法。

提取法是指以蛋白质或含有蛋白质的物料为原料，经酸、碱或多种蛋白酶水解成氨基酸，再用适当方法分离、提纯即可得到氨基酸。早期提取法是建立在溶剂抽提、等电点结晶和沉淀剂分离的基础上。随着离子交换树脂的应用，使氨基酸的分离更为容易，简化了提炼工序，缩短了操作时间，提高了氨基酸收率。此方法的优点是原料来源丰富，投产比较容易，但产量低，成本高，"三废"较严重。提取法分离氨基酸主要经过 3 个步骤：蛋白质水解、氨基酸提取分离及结晶精制。

化学合成法是用有机合成方法制备氨基酸。其缺点是所制得的氨基酸都是外消旋产物（即 D-型和 L-型的混合物，称 DL-型），而人们需要的为 L-型。将 DL-氨基酸分开成为 D-型和 L-型又不容易，故只适用于其他方法难以制备的少数氨基酸（如苏氨酸、色氨酸和甲硫氨酸）。

微生物发酵法是在一定的条件下（如适合的培养基、温度、pH 和通风等）培养相对适宜的氨基酸生产菌即可制得大量的氨基酸。此法具有多、快、好、省的优点。现在味精厂已多改用发酵法生产谷氨酸。近年还开始用石油烃类及其化学产物如石蜡、乙酸、乙醇等进行氨基酸发酵试验，并取得了一定成果，食品加工厂的"下脚"废料也有作为氨基酸发酵原料的可能。

在以上几种方法中，发酵法生产占主导地位，提取法也占有相当地位，化学合成法倾向于氨基酸衍生物的制备。无论何种方法均有分离程序，即提纯。这也是提高氨基酸质量的关键步骤之一。目前仍有一定数量的品种如半胱氨酸、酪氨酸、羟脯氨酸、组氨酸、亮氨酸用提取方法生产，且占主要的地位。对于中国来说，具有丰富动物资源的角、骨、血、蹄、皮、毛发、羽毛及鱼鳞等，有待充分利用。近年来已综合利用的有人发、猪脚、猪毛、羊毛、丝素、丝胶、皮革边料、蚕蛹巢丝、水产品下脚料等。

2. 氨基酸的用途

氨基酸是构成蛋白质的基本单元，也是合成机体抗体、激素和酶的原料，在人体内有特殊的生理功能，是维持生命现象的重要物质。氨基酸以肽键结合而存在于各种功能与结构不同的蛋白质分子中，蛋白质是生命的基础物质，它对机体的生长、维持、防御及生理功能极为重要。

迄今，氨基酸及其衍生物的品种超过 100 种。广泛地应用于科学实验、食品、饮料、化工、农业及医药等方面。氨基酸作为药物在医疗保健事业中占有重要地位。

科学实验方面，肽的人工合成（如胰岛素、催产素和其他肽激素）、蛋白质（肽）的人工合成和代谢研究工作都需要氨基酸作材料。

医药卫生方面，由于人们对氨基酸广泛参与机体正常代谢和许多生理机能的认识不断加深，用适当比例配成的氨基酸混合液可以直接注射到人体血液中补充营养。对创伤和手术后的病人有增进抵抗力、促进康复的作用。某些氨基酸对特殊疾病还有治疗功效，如组氨酸、精氨酸、谷氨酸等对肝病有一定疗效。半胱氨酸还有抗辐射和治疗心脏机能衰弱的效果。

　　氨基酸作为某些疾病的治疗药物以及作为合成多肽类药物的中间原料，应用也较广泛。至今已能工业生产的多肽类药物有谷胱甘肽（3 肽）、促胃液素（5 肽）、催产素（9 肽）、抗利尿素（9 肽）及降钙素等已用于临床。此外，氨基酸与母体药物结合制成的前体药物，近几些年来发展也很快，它们可以改善药物的理化性质和稳定性，改善药物吸收，提高血药浓度，增进药物疗效，降低副作用与毒性。目前临床上广为应用或正在开发中的这类药物很多，如阿司匹林赖氨酸或精氨酸、茶碱赖氨酸以及非甾体抗炎药物（如消炎痛、布洛芬、酮基布洛芬）的赖氨酸或精氨酸盐等。

　　目前，氨基酸如同维生素、激素一样，已成为现今临床治疗上不可缺少的药品。

　　食品烹调方面可利用氨基酸增加香味，促进食欲。最常用的"味精"就是谷氨酸钠盐。其他如天冬氨酸、甘氨酸、丙氨酸、组氨酸、赖氨酸等也都有鲜味，可用作增鲜剂。各种"必需氨基酸"在人体和动物营养上有维持正常发育的功用，可用作食品强化剂。

　　随着生产方法的改进，价格的降低，氨基酸在工农业方面的用途日益增多。目前在国外已有人用氨基酸制造人造纤维、人造革和塑料。甘氨酸被用来防止橡胶老化。农业方面可以用氨基酸作家禽、家畜的补充饲料以改进其毛、肉品质。人们的知识在发展，科学在进步，氨基酸的应用是有广阔前途的。

第三节　蛋白质结构

　　蛋白质是由各种氨基酸通过肽键连接而成的多肽链，再由一条或一条以上的多肽链按各自特殊方式组合成具有一定空间立体构象的完整生物活性分子。

　　在 20 世纪 50 年代，丹麦科学家 Linderstrøm-Lang 曾建议将蛋白质的结构分为不同的结构层次，分别称为一级结构、二级结构、三级结构和四级结构。一级结构亦称化学结构，二、三、四级结构亦称空间结构（构象、高级结构、三维结构、立体结构）。另外，近年来在研究蛋白质构象、功能和进化中的变化时，常常引入超二级结构和结构域两个结构层次，作为蛋白质二级结构至三级结构层次的一种过渡构象层次。可以说，这些特定的结构是蛋白质行使其功能的物质基础。

一、蛋白质的一级结构

　　蛋白质的一级结构是指蛋白质分子中氨基酸的组成、排列顺序、连接方式以及多肽链的数目和关联。一级结构是蛋白质分子的最基本结构，维持一级结构的化学键为共价键，主要为肽键。随着肽链数目、氨基酸组成及其排列顺序的不同，就形成了种类繁多，功能各异的蛋白质。一级结构"关键"部分如果被破坏或特定的氨基酸组成与排列顺序的改变会直接影响蛋白质的功能。

　　（一）肽键、多肽、肽单位与肽平面

　　肽键是一个氨基酸分子中的 α-羧基与另一个氨基酸分子中的 α-氨基失水缩合而成。可用下式表示：

这样连接的两个氨基酸称为二肽，由三个氨基酸脱水缩合形成的称为三肽，以此类推。若一种肽含有少于 10 个氨基酸，则称为寡肽。超过 10 个称为多肽。多肽链上的各个氨基酸由于在互相连接的过程中"损失"了 α-氨基上的—H 和 α-羧基上的—OH，故被称为氨基酸残基。多肽链可以简略地表示为：

C_{α} 代表 α 碳原子；R_1、R_2、R_3 代表不同侧链基团

在多肽链的一端氨基酸含有尚未反应的游离氨基，称为肽链的氨基端或 N 端；而肽链的另一端的氨基酸含有一个尚未反应的羧基，称为肽链的羧基端或 C 端。一般表示多肽链时，常把 N 端放在左边，而把 C 端放在右边。一级结构的书写方式是从 N 端到 C 端，用氨基酸的 3 字母缩写符号或单字母符号连续排列。若用 3 字母符号，每个氨基酸之间用圆点隔开，用单字母表示则不用圆点隔开。

如，Lys·Leu·Cys·Phe·His 或 KLCPH

多肽链主链骨架的重复单位，即 $—C_{\alpha}—C—N—C_{\alpha}—$ 就是肽单位。它由肽键的 4 个原子和相邻的两个 α-碳原子组成。因为肽键具有部分双键性质，不能自由旋转，故肽单位是刚性平面结构，即肽单位的 6 个原子都位于同一个平面上，又称肽平面或酰胺平面（图 1-8）。把肽平面内两端的 $C_{\alpha}—N$（Φ 角）键和 $C_{\alpha}—C$（Ψ 角）键看作是能自由旋转的因素，并可以在 $0° \sim \pm 180°$ 范围内旋转，那么，通过 Φ 角和 Ψ 角的对应关系从而使侧链 R 基处于不同位置，从理论构思出各种可能的多肽链构象图，但处于生物体内的多肽链构象变化的结果是使多肽主链达到一种最稳定状态的空间构象。

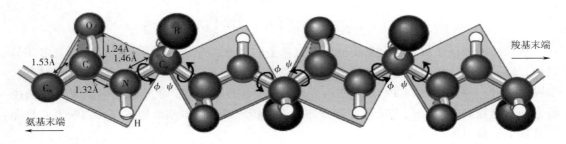

图 1-8 完全伸展的主链构象示意图

（二）二硫键

在一级结构中，氨基酸通过肽键连接成多肽链。在多肽链内和多肽链间的半胱氨酸残

基的—SH 基氧化可形成二硫键（图 1-9）。二硫键在蛋白质分子中起着稳定肽链空间结构的作用，这往往与生物活性有关。一般二硫键数目越多，蛋白质结构越稳定。

胰岛素是胰脏中胰岛 β 细胞分泌的一种相对分子质量较小的激素蛋白，由两条肽链共 51 个氨基酸组成，一条称为 A 链（二十一肽），一条称为 B 链（三十肽），在其链内和链间都存在二硫键。

（三）蛋白质一级结构的测定

1953 年，英国剑桥大学的 F. Sanger 等在世界上首次测定出了牛胰岛素的氨基酸顺序。这是生物化学领域中具有划时代意义的重大突破，他第一次展示了蛋白质具有确切的氨基酸顺序。从此由 Sanger 发展起来的这项技术被用于数百种蛋白质测序，使我们认识到每种蛋白质都具有特异而严格的氨基酸种类、数量和排列顺序的一级结构。

蛋白质测序样品要求是均一的，纯度大于 97% 以上，并且知道蛋白质的相对分子质量。一般策略可概括为以下几个步骤。

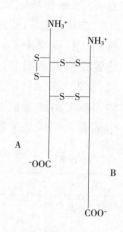

图 1-9　胰岛素中二硫键示意图

1. 测定蛋白质分子中多肽链的数目

通过测定末端氨基酸残基的摩尔数与蛋白质摩尔数之间的关系，即可确定多肽链的数目。

2. 拆分蛋白质分子的多肽链和二硫键

由多条多肽链组成的蛋白质分子，必须先进行拆分。几条多肽链借助非共价键连接在一起（寡聚蛋白质），可用 8mol/L 尿素或 6mol/L 盐酸胍处理，即可分开多肽链（亚基）。几条多肽链通过二硫键交联在一起，可在 8mol/L 尿素或 6mol/L 盐酸胍存在下，用过量的巯基乙醇处理，使二硫键还原为巯基，然后用烷基化试剂保护生成的巯基，以防止它重新被氧化。

3. 分析每一条多肽链的氨基酸组成

待测样品经酸（6mol/L HCl）和碱（5mol/L NaOH）完全水解，用氨基酸分析仪（或层析法）进行测定，计算出各氨基酸成分的分子比例。

4. 测定并确定多肽链的氨基酸序列

（1）N-末端氨基酸测定　用于 N-末端氨基酸分析的方法很多，最常用的方法有 2，4-二硝基氟苯（DNFB 或 FDNB，Sanger 试剂）法、丹磺酰氯（DNS）法、苯异硫氰酸酯（PITC，Edman 试剂）法和氨肽酶法。

（2）C-末端氨基酸测定

①肼解法：目前测定 C-末端氨基酸最重要的方法是肼解法。将多肽溶于无水肼中，100℃下进行反应，羧基末端氨基酸以游离氨基酸状释放，而其余肽链部分与肼生成氨基酸肼。这样羧基末端氨基酸可以采用抽提或离子交换层析的方法将其分出而进行分析。如果羧基末端氨基酸侧链带有酰胺（如天冬酰胺和谷氨酰胺），则肼解时不能产生游离的羧基末端氨基酸。

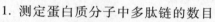

多肽　　　　　　　　　　　肼　　　　　氨基酸肼　　　羧基末端氨基酸

②羧肽酶水解法：羧肽酶可以专一性地水解羧基末端氨基酸。根据酶解的专一性不

同，羧肽酶可区分为 A、B 和 C 三种类型。研究最多、使用最广泛的是羧肽酶 A 和 B，羧肽酶 A 能水解除 Pro、Arg 和 Lys 以外的所有 C-末端氨基酸，羧肽酶 B 只能水解 Arg 和 Lys 为 C-末端残基的肽键。

③还原法：肽链 C-末端氨基酸也可用硼氢化锂还原成相应的 α-氨基醇。肽链完全水解后，代表原来 C-末端氨基酸的 α-氨基醇可用层析法加以鉴别。Sanger 早期就是用此方法鉴定胰岛素的 A、B 链的 C-末端残基。

（3）多肽链的部分裂解和肽段混合物的分离纯化　可采用两种或多种不同的断裂方法将多肽样品断裂成两套或多套肽段或肽碎片，每一套肽段进行分离、纯化，并进行氨基酸组成和末端残基分析（表 1-8）。

表 1-8　　　　　　　　　　　　常用于蛋白质肽链断裂的方法

蛋白质裂解方法	主要作用位点	备注
胰蛋白酶	R_1＝Lys、Arg，水解速度快	R_1＝AECys 能水解，速度较慢
胰凝乳蛋白酶	R_1＝Phe、Trp、Tyr，水解速度快	R_1＝Leu、Met 或 His 水解速度次之；R_2＝Pro 抑制水解
胃蛋白酶	R_1 和/或 R_2＝Phe、Trp、Tyr、Leu 以及其他疏水残基，水解速度快	R_1＝Pro 不水解
溴化氰	R_1＝Met	
羟胺	R_1＝Asn，R_2＝Gly	

①酶解法：目前用于蛋白质肽链断裂的蛋白水解酶（proteolytic enzyme）或称蛋白酶（proteinase）已有十多种。最常见的蛋白水解酶有胰蛋白酶、胰凝乳蛋白酶（旧称糜蛋白酶）、嗜热蛋白酶、胃蛋白酶等。胰蛋白酶（trypsin）是最常用的蛋白质水解酶，能专一性断裂赖氨酸或精氨酸残基的羧基参与形成的肽键；胰凝乳蛋白酶（chymotrypsin）的专一性不如胰蛋白酶，它断裂 Phe、Trp 和 Tyr 等疏水氨基酸残基的羧基端肽键。

②化学裂解法：溴化氰（CNBr）水解法能切割 Met 的羧基所形成的肽键，由于大多数蛋白质只含有很少 Met，因此溴化氰裂解产生的肽段不多。用羟胺可断裂-Asn-Gly-之间形成的肽键，但专一性不高。由于蛋白质中出现-Asn-Gly-的概率低，因此该方法适于分子量大的蛋白质序列的测定。

$$\cdots\cdots-N-C_\alpha-C'-N-C_\alpha-C'-N-C_\alpha-C'-\cdots\cdots$$

C_α 代表 α-碳原子，C'代表羧基碳原子

（4）确定肽段在多肽链中的次序　借助重叠肽确定肽段次序，即利用两套或多套肽段的氨基酸序列彼此间的交错重叠，拼凑出原来的完整多肽链的氨基酸序列。

例，所得资料：N-末端残基：H；C-末端残基：S。

酶 1 作用得第一套肽段：CYS　PS　ECVE　RLA　HCWT

酶 2 作用得第二套肽段：SEC　WTCY　VERL　APS　HC

借助重叠肽确定肽段次序：HCWTCYSECVERLAPS

5. 确定原多肽链中二硫键的位置

一般采用专一性低、切点多的胃蛋白酶，所获得的肽段较小，分离和鉴定比较容易。肽段混合物进行布朗-哈特利（Brown-Hartly）对角线电泳分离（图 1-10）。对角线电泳是把水解后的混合肽段点到滤纸中央，电泳分离后用甲酸蒸气处理，在成直角的方向进行第二次电泳。两条肽链由于含有二硫键氧化而形成的半胱氨酸残基而不在对角线处出现。在对这两条肽链进行氨基酸组成和半胱氨酸所在位置分析，由此可分析原多肽链中二硫键位置。

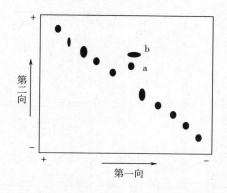

图 1-10　Brown 及 Hartly 对角线电泳图解
（图中 a，b 两个斑点是由一个二硫键断裂产生的肽段）

蛋白质氨基酸顺序的测定是进行蛋白质化学研究的基础，由 Sanger 发展起来的这项技术已被用于数百种蛋白质的测序。大量蛋白质的氨基酸顺序的信息，为人工方法合成具有生物学活性的多肽与蛋白质提供了可能。1965 年 9 月，中国科学院生物化学研究所、有机化学研究所和北京大学化学系协作，在世界上第一次人工合成了结晶牛胰岛素，这标志着人类在研究生命起源的伟大历程中迈进了一大步。

三、蛋白质的空间结构

蛋白质的空间结构（或三维结构、高级结构）是指二、三、四级结构的空间排列方式，亦可用"构象"（conformation）一词来表示，以区别于只表示小分子化合物分子中原子的简单空间排列方式的"构型"（configuration）。构型与构象是两个容易混淆的名词。构型是指在一个化合物分子内部原子的空间排列，这种排列的改变会牵涉到共价键的形成和破坏，但与氢键无关。例如单糖的 α-和 β-型、氨基酸的 D-和 L-型，都是构型。而构象是用来表示一个多肽结构中一些原子间单键转动而产生的不同空间排列，构象的改变会牵涉氢键的形成和破坏，但不涉及共价键的破坏。

蛋白质高级结构的研究方法主要以 X 射线衍射法（X-ray diffraction method）为主。此方法只能给出蛋白质的构象框架，蛋白质的相对分子质量和结构的其他细节还需借助其他辅助方法。常用的辅助方法有：重氢交换法（测 α-螺旋）、核磁共振光谱法（测氨基酸残基构象变化）、圆二色光谱法（测 α-螺旋及 β-折叠含量）、荧光偏振法（测疏水微区）、红外偏振法（测疏水区）。

（一）维系蛋白质空间结构的化学键

蛋白质一级结构的主要化学键是肽键，也有少量的二硫键，这些共价键的键能大、稳定性强。而维持蛋白质构象的化学键主要是一些非共价键或次级键。它们是蛋白质分子的主链和侧链上的极性、非极性和离子基团等相互作用而形成的。次级键的键能较小，稳定性较差，但由于数量众多，在维持蛋白质分子的空间构象中起着重要的作用。主要的次级键有氢键、疏水键、盐键和范德华力等（图1-11）。此外，二硫键在维持蛋白质构象方面也起着重要的作用。

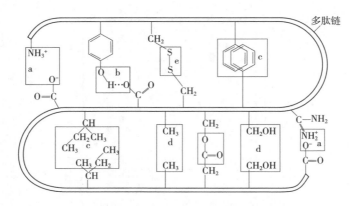

图1-11　维持蛋白质空间结构的化学键

a—盐键　b—氢键　c—疏水作用　d—范德华力　e—二硫键

（二）蛋白质的二级结构

蛋白质的二级结构主要是指多肽链借助氢键的作用，形成的沿一个方向具有规则重复的构象。氢键是肽链亚氨基上的 H 原子与肽链羧基上的 O 原子之间发生静电吸引形成的。蛋白质二级结构的主要类型有：α-螺旋、β-折叠、β-转角和无规则卷曲等。

1. α-螺旋（α-helix）

α-螺旋结构是 Pauling 和 Corey 在 1951 年提出来的。它是蛋白质主链的一种典型结构形式（图1-12），其结构的稳定性是依靠肽链内的氢键维持的。α-螺旋结构的氢键是由一个氨基酸残基的 N—H 与其上游第四个氨基酸的 C ═O 之间形成的。天然蛋白质的 α-螺旋绝大多数都是右手螺旋。纤维状蛋白和球状蛋白中均存在 α-螺旋结构。

蛋白质多肽链能否形成 α-螺旋结构以及形成的螺旋体是否稳定，与氨基酸组成和序列直接有关。如多肽链中有脯氨酸时，α-螺旋就被中断，并产生一个"结节"。这是因为脯氨酸的 α-亚氨基上氢原子参与肽键的形成后，再没有多余的氢原子形成氢键，所以在多肽链序列上有脯氨酸残基时，肽链就拐弯不再形成 α-螺旋。另外，甘氨酸残基由于没有侧链的约束，Φ 角和 Ψ 角可以取任意值，亦难以形成 α-螺旋所需的二面角。另外，如肽链中连续存在带相同电荷的氨基酸残基（如 Lys、Arg 或 Asp、Glu），同性电荷的相斥作用也会影响 α-螺旋的形成。

2. β-折叠（β-pleated structure）

这种结构也是 Pauling 等人提出来的，是一种相当伸展的肽链结构，是蛋白质中第二

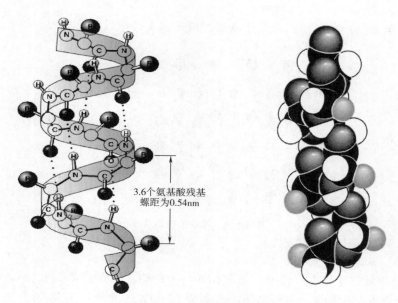

图 1-12 α-螺旋结构模型

种最常见的二级结构（图 1-13）。这种结构除了存在于纤维状蛋白质中，也存在于球状蛋白质中。在这种结构中肽链按层排列（β-片层），依靠相邻的肽链上的 N—H 与 C ═O 形成的氢键维持结构的稳定。相邻的肽链可以是反平行的［图 1-13（1）］，也可以是平行的［图 1-13（2）］，反平行结构更为稳定。

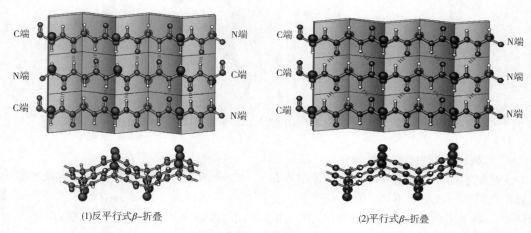

(1)反平行式β-折叠   (2)平行式β-折叠

图 1-13 β-折叠结构模型

例如存在于蚕丝和蜘蛛丝中的丝心蛋白（fibroin）（图 1-14）。丝心蛋白分子中反平行 β-折叠片以平行的方式堆积成多层结构。在这种结构中，侧链交替地分布在折叠片的两侧。丝心蛋白的一级结构分析揭示，它主要是由具有小侧链的甘氨酸、丝氨酸或丙氨酸组成，每隔一个残基就是甘氨酸。结构中相邻的 Gly 片层表面或 Ala（或 Ser）片层表面彼此连锁起来，使蚕丝所承担的张力并不直接放在多肽链的共价键上，因此使丝纤维具有很高的抗张强度。又由于堆积层之间是由非键合的范德华力维系，因而使丝具有柔软的特性。但是因为丝心蛋白的肽链已经处于相当伸展的状态，所以不能拉伸。

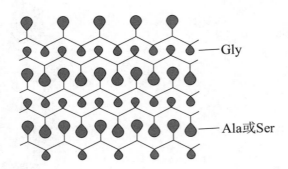

图 1-14　丝心蛋白结构

3. β-转角（β-turn）

β-转角结构是在球状蛋白质中广泛存在的一种结构。当蛋白质多肽链以 180° 回折时，这种回折部分就是 β-转角，它是由第一个氨基酸残基的 C＝O 与第四个氨基酸残基的 N—H 之间形成的氢键，产生一种环形结构（图 1-15）。由于 β-转角结构，可使多肽链走向发生改变，目前发现的 β-转角多数都处在球状蛋白分子的表面。

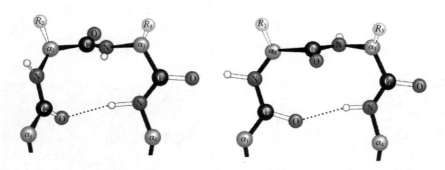

图 1-15　β-转角结构示意图

4. 无规则卷曲（random coil）

无规则卷曲是指没有一定规律的松散肽链结构。酶的活性部位多处于这种构象区域中。不同蛋白质的二级结构不同，有的相差很大，例如肌红蛋白分子的肽链中约有 75% 是 α-螺旋结构，α-角蛋白几乎全是 α-螺旋结构，而蚕丝丝心蛋白却又几乎全是 β-折叠结构。

（三）超二级结构和结构域

二级结构仅涉及多肽主链本身的盘曲、折叠。随着蛋白质化学研究的进展，目前认为在二级结构和三级结构之间应存在超二级结构（super-secondary structure）和结构域（domain）。

1973 年 M. Rossmann 提出了超二级结构的概念。超二级结构是指多肽链中相邻的二级结构单元（即 α-螺旋、β-折叠和 β-转角等）组合在一起，彼此相互作用，形成有规则的、在空间上能辨认的二级结构组合，在多种蛋白质中充当三级结构的构件。超二级结构在结构的组织层次上高于二级结构。已知的超二级结构主要有三种基本组合形式：αα，

$\beta\alpha\beta$，$\beta\beta\beta$（图 1-16）。

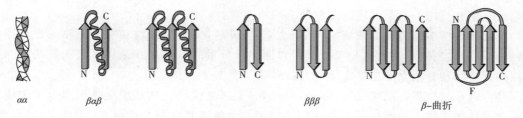

图 1-16　几种超二级结构示意图（条带表示 β-折叠链）

$\alpha\alpha$ 是一种 α 螺旋束，它经常是由两股平行或反平行排列的右手螺旋段互相缠绕而成的左手卷曲螺旋（或称超螺旋）。α 螺旋束中还发现有三股和四股螺旋。它是纤维状蛋白质如 α-角蛋白、肌球蛋白、胶原蛋白的主要结构元件（图 1-17），也存在于球状蛋白质中。球状蛋白质中的 α 螺旋束是由一条链的一级序列上邻近的 α 螺旋组成，不像纤维状蛋白质中是由几条链的 α-螺旋区缠绕而成。α-螺旋之间互相缠绕是依靠疏水侧链的疏水作用，自由能很低，结构很稳定。

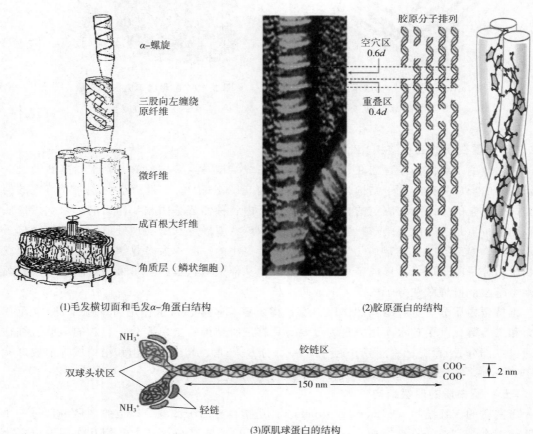

(1)毛发横切面和毛发 α-角蛋白结构

(2)胶原蛋白的结构

(3)原肌球蛋白的结构

图 1-17　蛋白质分子中的超二级结构

　　蛋白质的构象是由超二级结构装配在一起形成的，因此目前致力于了解 α-螺旋之间，β-折叠之间以及螺旋和折叠片之间相互作用的基础。在多数情况下，只有非极性残基侧链参与这些相互作用，而亲水侧链多在分子的外表面。

　　结构域是指多肽链在二级结构和超二级结构基础上进一步缠绕折叠成紧密的近似球状的结构（三维实体），它们在空间上是可以明显区分的球状区域，结构域之间靠松散的肽链连接，这种相对独立的三维实体称为结构域（图 1-18）。

　　结构域有时也指功能域（functional domain）。一般来说，功能域是蛋白质分子中能独立存在的功能单位。功能域可以是一个结构域，也可以是由两个或两个以上结构域组成，例如酵母己糖激酶（hexokinase）的功能域（活性部位）就是由两个结构域构成，并处于它们之间的交界处（图 1-19）。

图 1-18　蛋白质结构域示意图
（双结构域蛋白质）

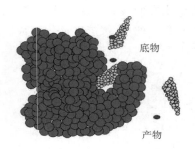

底物

产物

图 1-19　酵母己糖激酶的三级
结构（两个结构域）

（四）蛋白质的三级结构

　　蛋白质的三级结构是建立在二级结构、超二级结构乃至结构域的基础上，多肽链进一步折叠卷曲形成复杂的分子结构，称为三级结构（图 1-20）。多肽链折叠卷曲成特定的构象，这是由它的一级结构决定的，是蛋白质分子内各种侧链基团相互作用的结果。蛋白质三级结构特点是：一般都是球状蛋白，都有近似球状或椭球状的物理外形，而且整个分子排列紧密，内部有时只能容纳几个分子的水或者更小的空腔；大多数亲水性氨基酸分布在球状蛋白分子的表面上，形成亲水的分子外壳，从而使球状蛋白分子可溶于水；大多数疏水性氨基酸侧链埋藏在分子内部，形成疏水核。

　　维持蛋白质分子三级结构的作用力有：离子链、氢键、疏水作用力（疏水键）、范德华力和二硫键，其中疏水作用力更为重要。具有三级结构的蛋白质分子，它的多肽链往往是通过一部分 α-螺旋、一部分 β-折叠、一部分 β-转角、超二级结构和结构域等形成球状分子。

（五）蛋白质的四级结构

　　蛋白质的四级结构（quaternary structure）是指具有两个或两个以上的多肽链，每一条多肽链都有其完整的三级结构，称为亚基（subunit），亚基与亚基之间相互作用形成更为复杂聚合物的一种结构形式。自然界中很多蛋白质以四级结构形式存在才具有生物功能。

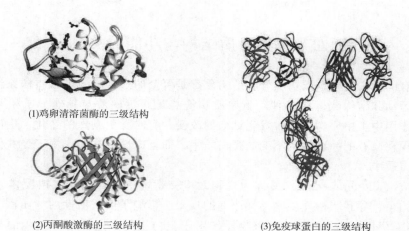

(1)鸡卵清溶菌酶的三级结构

(2)丙酮酸激酶的三级结构

(3)免疫球蛋白的三级结构

图 1-20　蛋白质三级结构示意图

无四级结构的蛋白质称为单体蛋白质，如溶菌酶、肌红蛋白等。

蛋白质亚基之间主要通过疏水作用、氢键、范德华力等作用力形成四级结构，其中最主要的是疏水作用。亚基一般只有一条多肽链，但有的亚基由两条或多条肽链组成，每个亚基中的多肽链相互间以二硫键相连。蛋白质的亚基可以是相同的，也可以是不同的。如蛋白质的亚基是相同的，则各亚基之间存在有对称性，主要有环状对称系统、二面对称系统和立方体对称系统（图 1-21）。亚基之间相互作用的方式，按亚基的种类可分为：同源多聚体和异源多聚体；按亚基的数目可分为：低聚体和多聚体。

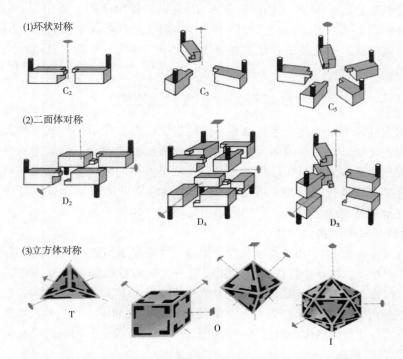

(1)环状对称

C_2　　C_3　　C_5

(2)二面体对称

D_2　　D_4　　D_3

(3)立方体对称

T　　O　　I

图 1-21　四级结构中相同亚基的几种可能的对称排列

第四节　蛋白质结构与功能的关系

大量现有的事实表明，蛋白质分子的构象都是可变的。已知的蛋白质构象运动有侧链运动、肽段运动和结构域运动 3 种。蛋白质功能总是跟蛋白质与其他分子相互作用相联系。在相互作用中蛋白质构象有时发生细微的改变，有时发生剧烈的变化。蛋白质的构象运动不仅出现在原有的一级结构不变的蛋白质中，而且广泛存在和作用于经共价和非共价修饰后的蛋白质中。

别构效应（allosteric effect）又称为变构效应，是蛋白质与配基（或配体）的结合改变蛋白质的构象，导致蛋白质生物活性改变的现象。影响蛋白质活性的物质称为别构配体或别构效应物（allosteric effector）。该物质作用于蛋白质的某些部位而发生的相互影响称为协同性（cooperativity）。抑制蛋白质活力的现象称为负协同性（negative synergy），该物质称为负效应物（negative effector）。增加蛋白质活力的现象称为正协同性（positive synergy），该物质称为正效应物（positive effector）。别构效应可分为同促效应（co-stimulatory effect）和异促效应（hetero-stimulatory effect）两类。当一个效应物分子与蛋白质分子的结合，影响另一相同的效应物分子与蛋白质的另一部位的结合则称为同促效应。若一个效应物分子和蛋白质分子的结合，影响另一不同的效应物分子与蛋白质的另一部位结合则称为异促效应。受别构效应调节的蛋白质称为别构蛋白质，如果是酶，则称为别构酶。具有别构能力的蛋白质主要是寡聚蛋白质。别构蛋白所具有的专一性和外来调节物结合的部位称为别构部位（allosteric site）。

别构部位的概念是 1963 年由法国科学家 J. 莫诺等提出来的。蛋白质-配体相互作用的瞬时性质对生命至关重要，因为它允许生物体在内、外环境发生变化时，能快速、可逆地做出反应。蛋白质上的配体结合部位和配体在大小、形状、电荷以及疏水或亲水性质方面都是互补的。

一、肌红蛋白和血红蛋白的结构与功能

随着地球大气的不断变化，生物也在不停地进化。光合作用产生氧气是大气变化的主要因素。生物进化到以氧为基础的代谢是具有高度适应性的表现，例如糖的有氧代谢比相应的厌氧过程产生更多能量。在进化过程中出现两个重要的氧结合蛋白质——肌红蛋白和血红蛋白。这样，有氧代谢过程不再受 O_2 在水中溶解度低的限制。肌红蛋白和血红蛋白是两个被研究得最透彻的蛋白质，它们是蛋白质结构与功能的范例。

（一）肌红蛋白的结构与功能

肌红蛋白（myoglobin，Mb）是哺乳动物细胞（主要是肌细胞）贮存和分配氧的蛋白质。具有肺或鳃的动物在血循环中红细胞（含血红蛋白）从肺或鳃带走 O_2。在组织中肌红蛋白接纳释放自血红蛋白的 O_2。当细胞中耗氧的细胞器（线粒体）大量需氧时，肌红蛋白便把贮存的 O_2 分配给它们。由于肌红蛋白贮存氧使潜水哺乳类如鲸、海豹和海豚能长时间地潜在水下，因而这些动物的肌肉中肌红蛋白含量十分丰富，以使它们的肌肉呈棕红色。

1. 肌红蛋白的结构

肌红蛋白的空间结构测定是由 Kendrew J. 及其同事于 1963 年完成的。他们对抹香鲸

肌红蛋白晶体的衍射图分析显示其分子呈扁平的菱形，是由一条多肽链和一个辅基血红素构成的单结构域蛋白质，有一个氧结合部位，含有 153 个氨基酸残基，相对分子质量为16700。分子中几乎 80% 的氨基酸残基都处于 α-螺旋区内，整个分子显得十分致密结实，分子内部只有一个能容纳 4 个水分子的空间。含亲水基团侧链的氨基酸残基几乎全部分布在分子的外表面，含疏水侧链的氨基酸残基几乎全部被埋在分子内部，不与水接触。在分子表面的亲水侧链基团正好与水分子结合，使肌红蛋白成为可溶性蛋白质（图 1-22）。

除去血红素的脱辅基肌红蛋白称为珠蛋白（globin），它和血红蛋白的亚基（α-珠蛋白链和 β-珠蛋白链）在氨基酸序列上具有明显的同源性，它们的构象和功能也极其相似。

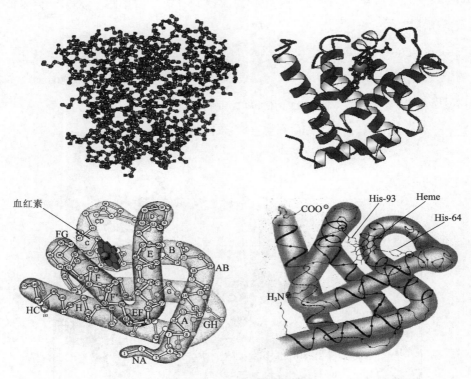

图 1-22　肌红蛋白的结构

2. 辅基血红素

蛋白质不能直接与氧发生可逆结合，但是某些过渡金属的低氧态（特别是 Fe^{2+} 和 Cu^+）具很强的结合氧倾向。在进化过程中肌红蛋白-血红蛋白家族选中了二价铁 Fe（Ⅱ）作为氧结合部位，并且由称为原卟啉Ⅸ（protoporphyrin Ⅸ）的有机分子将铁固定。原卟啉Ⅸ属于卟啉类（porphyrins），这类化合物还存在于叶绿素、细胞色素以及其他一些天然色素中。卟啉化合物有很强的着色力，血红蛋白中的铁卟啉（血红素）使血液呈红色。

原卟啉Ⅸ与 Fe 的络合物——铁原卟啉Ⅸ称为血红素（图 1-23）。血红素非共价地结合于肌红蛋白分子的疏水空穴中（图 1-24），卟啉环上的两个丙酸基伸向空穴外侧。卟啉环中心的铁原子通常是八面体配位，有 6 个配位键，其中 4 个与四吡咯环的 N 原子相连，另两个沿垂直于卟啉环面的轴分布在环面的上下，这两个键合部位分别称为第 5 和第 6 配位。铁原子可以是亚铁（Fe^{2+}）或高铁（Fe^{3+}）氧化态，相应的血红素称为亚铁血红素和高铁血红素。相应的肌红蛋白称为亚铁肌红蛋白和高铁肌红蛋白。类似的命名也用于血红蛋白。其中只有亚铁态的蛋白质才能结合 O_2。

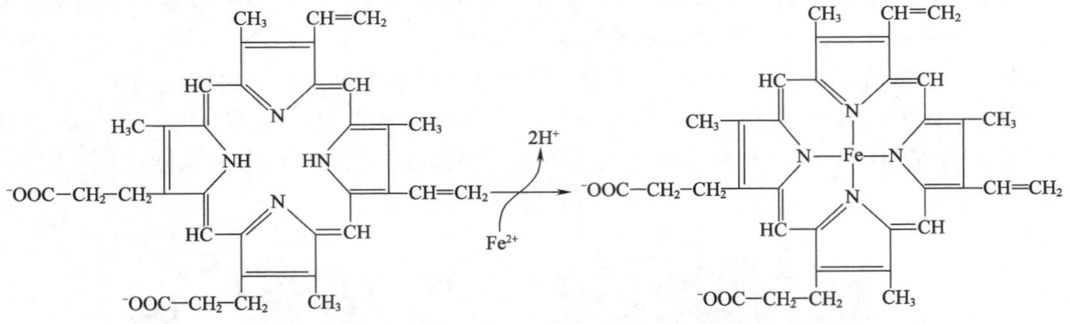

原卟啉IX   Fe-原卟啉IX（血红素）

图 1-23　原卟啉IX和血红素的结构

图 1-24　血红素结合在肌红蛋白分子的疏水穴

3. 氧与肌红蛋白的结合

肌红蛋白中血红素铁在第 5 配位键与珠蛋白第 93 位 His 残基（称近侧组氨酸）的咪唑 N 结合。当肌红蛋白结合氧变成氧合肌红蛋白（oxymyoglobin）时，第 6 配位被 O_2 分子所占据。在去氧肌红蛋白（deoxymyoglobin）中，第 6 个配位位置是空着的。在高铁肌红蛋白中氧结合部位失活，H_2O 分子代替 O_2 填充该部位，成为 Fe^{3+} 离子的第 6 个配体。在血红素基的氧结合部位一侧，还有另一个 His 残基，即第 64 位残基，称为远侧组氨酸。虽然该组氨酸残基的咪唑环与 Fe 原子距离远而不发生相互作用，但与 O_2 分子能紧密接触。被结合的 O_2 夹在远侧组氨酸咪唑环 N 和 Fe^{2+} 之间。因此氧结合部位是一个空间位阻区域（图 1-25）。一些生物学上重要的性质就出自这种位阻。如游离在溶液中的铁卟啉结合一氧化碳的能力比结合 O_2 强 25000 倍。但在肌红蛋白中的血红素对 CO 的亲和力仅比和 O_2 约大 250 倍。因此，CO 是一种很强的毒物。空气中 CO 的含量达到 0.06%～0.08% 即有中毒的危险，达到 0.1% 则能使人窒息死亡。通常情况下 O_2 分子与 Fe^{2+} 紧密接触将 Fe^{2+} 氧化成 Fe^{3+}，即亚铁血红素容易被氧化成高铁血红素。然而在肌红蛋白分子内部的疏水环境中，血红素 Fe^{2+} 则不易被氧化。当结合 O_2 时暂时性电子重排，氧被释放后铁仍处于亚铁态 Fe^{2+}，能与另一 O_2 分子结合。

　　X 射线晶体学分析揭示，O_2 的结合使得铁原子的位置与卟啉环平面的关系发生关键性改变。在去氧肌红蛋白铁中卟啉环呈圆顶状或凸形，并且 Fe^{2+} 位于卟啉环平面上方（His93）0.055nm 处。当与 O_2 结合时 Fe^{2+} 被拉回到卟啉环平面，此时离卟啉环平面只有 0.026nm，铁卟啉由圆顶状变成平面状。这一小小的位移对肌红蛋白的生物功能而言没有什么变化，但对血红蛋白而言却会显著影响到其性质。因此，肌红蛋白和血红蛋白在进化中形成的多肽微环境至少有 3 个作用：一是固定血红素基；二是保护血红素铁免遭氧化；三是为 O_2 分子提供一个合适的结合部位。一般说，辅基的功能受多肽环境的调控，在不同蛋白中有着很不相同的功能。如，同样的血红素在细胞色素 c 中是可逆的电子载体，在过氧化氢酶中催化过氧化氢转化为水和氧。

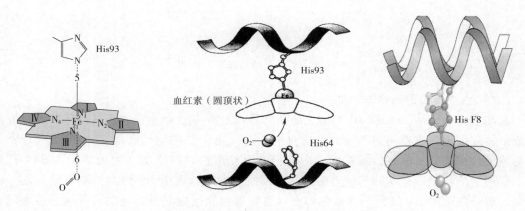

图 1-25　氧与肌红蛋白的结合及构象变化

　　肌红蛋白结合和解离 O_2 是依赖于环境中的 O_2 浓度的。其化学计量关系如下：

$$MbO_2 \rightleftharpoons Mb+O_2$$

　　式中 MbO_2 代表氧合肌红蛋白，Mb 代表去氧肌红蛋白。根据生物化学中的习惯，把氧合平衡看成解离平衡，并用 K 代表解离平衡常数，所以［MbO_2］与［Mb］浓度之比恰好与［O_2］成正比。

$$K = \frac{[Mb][O_2]}{[MbO_2]} \tag{1-1}$$

　　以氧分数饱和度（fractional saturation，Y）即 MbO_2 分子数占肌红蛋白分子总数的百分数对氧分压 p_{O_2}（用来表示［O_2］）作图，所得的曲线称为氧结合曲线或解离曲线（图 1-26），此曲线为一双曲线。

$$Y = \frac{[MbO_2]}{[MbO_2] + [Mb]} \tag{1-2}$$

根据方程（1-1）得：

$$Y = \frac{[O_2]}{[O_2] + K}$$

Y 值可用分光光度法测定，因为肌红蛋白氧合时卟啉环中电子位移引起吸收光谱改变。实验中 p_{O_2} 值可以进行调节和测量，氧分压常用 torr 作单位（1torr = 133.322Pa）。

当 $Y=1$ 时，所有肌红蛋白分子的结合部位均被 O_2 占据，即肌红蛋白被氧完全饱和。当 $Y=0.5$ 时，为肌红蛋白被氧半饱和时的分压，用 p_{50} 表示。

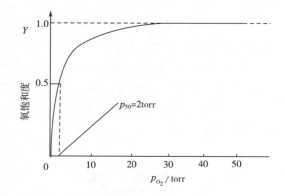

图 1-26　肌红蛋白的氧结合曲线

（二）血红蛋白的结构与功能

血红蛋白（hemoglobin，Hb）的主要功能是在血液中结合并转运氧气，存在于血液红细胞中。红细胞在成熟期间产生大量的血红蛋白（每个红细胞约含 3 亿个 Hb 分子），并失去胞内的细胞器——核、线粒体和内质网。血红蛋白以高浓度（约为质量的 34%）溶解于红细胞溶胶中。在从肺部经心脏到达外周组织的动脉血中 Hb 约为 96% 氧饱和度。在回到心脏的静脉中 Hb 仅为 64% 氧饱和度。血红蛋白除运输氧外，还能将代谢的废物 CO_2 运输到肺部排出体外，还能与 H^+ 结合维持体内生理 pH。

1. 血红蛋白结构

血红蛋白的结构研究得最为深入，利用 X 射线衍射技术证明脊椎动物的血红蛋白分子是一个四聚体，由 4 个多肽亚基组成。每个亚基都有一个血红素辅基和一个氧结合部位。四个亚基彼此相互作用，发挥单链肌红蛋白所不具有的特殊功能。每个亚基结构与肌红蛋白非常相似，呈近球状。人在不同的发育阶段血红蛋白亚基的种类（至少有 7 种基因编码）是不同的。成人血红蛋白主要是 HbA（Hb，A_1），其亚基组成为 ($\alpha_2\beta_2$)，即两条相同的 α 链和两条相同的 β 链组成（图 1-27）。血红蛋白的 α 链和 β 链与肌红蛋白在三级结构

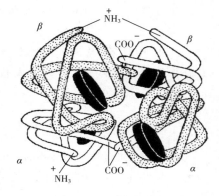

图 1-27　血红蛋白的四级结构示意图

上极为相似，这反映它们功能上的相似性：都能进行可逆的氧结合作用。但是血红蛋白是一个四聚体，它的整个结构要比肌红蛋白复杂得多。两种不同类型的亚基是获得协同性氧结合功能所必需的，并且出现了肌红蛋白所没有的新特性，即除输氧之外还能运输 CO_2 和 H^+。

2. 氧与血红蛋白的结合

X 射线晶体学分析揭示，血红蛋白的 4 个氧结合部位彼此保持一定距离，两个最近的铁离子之间的距离为 2.5nm。血红蛋白存在两种主要构象态：T 态（去氧血红蛋白）和 R 态（氧合血红蛋白）。T 态和 R 态通常用于描述别构蛋白质的两种能互换的构象。O_2 与一个处于 T 态的血红蛋白亚基结合时，O_2 分子牵引 Fe^{2+} 接近卟啉平面。这一微小的移动会传递到亚基的界面，引发构象重调，由 T 态转变为 R 态（图 1-28），此时稳定 T 态的那些相互作用被断裂，亚基的 C-末端处于几乎完全自由旋转的状态（图 1-29）。

血红蛋白是一个别构蛋白质。血红蛋白的氧合具有正协同性同促效应，即一个 O_2 的结合增加同一个 Hb 分子中其余氧结合部位对 O_2 的亲和力。这里 O_2 既是正常的配体，也是调节物。Hb 氧结合曲线是 S 形的，而不是双曲线（图 1-30）

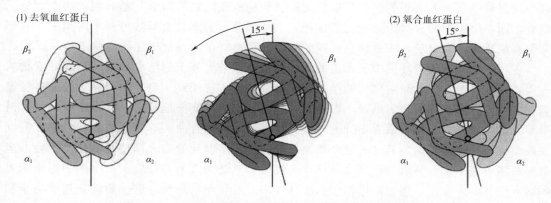

图 1-28 血红蛋白由去氧形式转变为氧合形式时亚基的移动

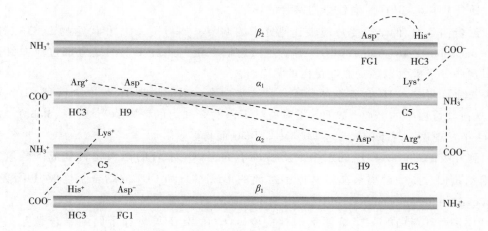

图 1-29 去氧血红蛋白中各亚基间的盐桥（离子对）

血红素与氧结合的过程是一个非常神奇的过程。首先一个氧分子与血红素四个亚基中

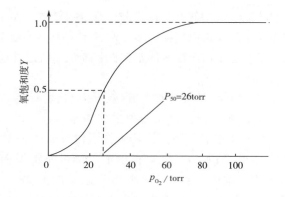

图 1-30　血红蛋白的氧结合曲线

的一个结合，与氧结合之后的珠蛋白结构发生变化，造成整个血红素结构的变化，这种变化使得第二个氧分子相比于第一个氧分子更容易结合血红素的另一个亚基，而它的结合会进一步促进第三个氧分子的结合，以此类推直到构成血红素的四个亚基分别与四个氧分子结合。而在组织内释放氧的过程也是这样，一个氧分子的离去会刺激另一个的离去，直到完全释放所有的氧分子，表现出正协同效应，使得血红蛋白与氧气的结合曲线呈 S 形。

　　在特定范围内随着环境中氧含量的变化，血红素与氧分子的结合率有一个剧烈变化的过程，生物体组织中的氧浓度和肺组织中的氧浓度恰好位于这一突变的两侧。因而在肺组织，血红素可以充分地与氧结合，在体内其他部分则可以充分地释放所携带的氧分子。而当环境中的氧气含量很高或者很低的时候，血红素的氧结合曲线非常平缓，氧气浓度的巨大波动也很难使血红素与氧气的结合率发生显著变化，因此健康人即使呼吸纯氧，血液运载氧的能力也不会有显著的提高。从这个角度讲，对健康人而言吸氧所产生的心理暗示要远远大于其生理作用。当血液内红细胞破坏过多，肝脏负荷增加，肝细胞内运送、结合和排泄出现障碍，或肝外胆道阻塞，都可引起血内胆红素浓度增高而出现黄疸。

　　3. H^+、CO_2 和 BPG 对血红蛋白结合的影响

　　血红蛋白与 O_2 的结合受环境中其他分子的调节，如 H^+、CO_2 和代谢物 2，3-二磷酸（2，3-bisposphate glycerate，BPG）等。虽然它们在蛋白质分子上的结合部位离血红基很远，但这些分子极大地影响血红蛋白的氧合性质。

　　去氧血红蛋白对 H^+ 的亲和力比氧合血红蛋白大，因此增加 H^+ 浓度（降低 pH）将提高 O_2 从血红蛋白中的释放。这种 pH 对血红蛋白的亲和力的影响称为波尔（Bohr）效应，因 1904 年发现这一现象的丹麦生理学家 C. Bohr 而得名。

　　细胞呼吸的终产物 CO_2 的水中的溶解度不大，CO_2 水合的结果将转变成碳酸氢盐和 H^+。血红蛋白分子中游离末端氨基以不解离的形式参与和 CO_2 的结合，生成氨甲酸血红蛋白（carbaminohemoglobin）和 H^+。组织中增加的 H^+ 贡献于波尔效应。

　　BPG 是血红蛋白的一个重要别构效应物。O_2 和 BPG 与血红蛋白的结合是互相排斥的。脱 BPG 的血红蛋白对 O_2 的亲和力很强。

　　4. 血红蛋白分子病

　　基因突变可引起血红蛋白的异常，并通过遗传在群体中散布，这是血红蛋白进化的基

础。但是许多突变是有害的，将产生遗传病（genetic disease）。与血红蛋白缺陷有关的疾病分为两类：一类称为血红蛋白病（hemoglobinopathy），是由于 α 或 β 链发生了变化，例如镰刀状细胞贫血病等；另一类称为地中海贫血（thalassemia），是由于缺少了 α 或 β 链，或由于突变产生了缩短了的蛋白链、不正确的氨基酸序列、转录被阻断或前体 mRNA 的不正确加工等。

镰刀状细胞贫血病（sickle-cell anemia）是血红蛋白分子突变引起的一种致死性疾病，它是最早被认识的一种分子病。这种疾病在非洲的某些地区十分流行（高达 40%）。它是由于遗传基因突变导致血红蛋白分子中 β 链上 N-末端开始的第 6 位的谷氨酸残基被缬氨酸所代替。即：

β 链	1	2	3	4	5	6	7	8

正常细胞血红蛋白 HbA：　Val—His—Leu—Thr—Pro—Glu—Glu—Lys……

镰刀状细胞血红蛋白 HbS：　Val—His—Leu—Thr—Pro—Val—Glu—Lys……

这种变化使血红蛋白分子间相互连接形成纤维状沉淀。纤维状沉淀的形成压迫细胞质膜，使它弯曲成镰刀状（图 1-31）。镰刀状细胞不像正常细胞那样平滑而有弹性，因此不易通过毛细血管。如果氧分压低，镰刀状化的程度将增加，致使某些细胞在血管中破裂形成冻胶状而限制血流。血流变慢又使组织中的氧分压进一步下降，生成更多的去氧 HbS，更加重细胞的镰刀状化，导致组织缺血，影响器官的正常功能。这也是镰刀状细胞贫血患者死亡的主要原因。

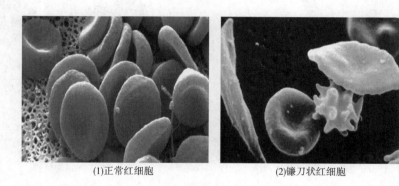

(1)正常红细胞　　　　　　　　　(2)镰刀状红细胞

图 1-31　正常红细胞与镰刀状红细胞

在血红蛋白分子的 4 条肽链的 574 个氨基酸残基中，两条 β 链中的两个谷氨酸残基被缬氨酸残基所代替即能引起如此的疾病，这就清楚地反映出蛋白质的氨基酸序列在决定二、三、四级结构及其生物功能方面的重大作用。

二、免疫球蛋白结构与功能

免疫（immunity）是人类和脊椎动物最重要的防御机制，它是生物进化过程中逐步发展并完善起来的。免疫系统能在分子水平上识别"自我"和"非我"（外物），然后破坏那些被鉴定为"非我"的实体。免疫系统以这种方式消灭病毒、细菌等病原以及对生物体造成威胁的大分子。在生理水平上，免疫系统对入侵者的反应或应答（response）是多种类型的蛋白质、分子和细胞之间的一套复杂而协调的相互作用。然而在个别蛋白质水平上，免疫反应是配体与蛋白质可逆结合的一个生化系统。

免疫球蛋白或称抗体（antibody），是一类可溶性血清糖蛋白，是血清中最丰富的蛋白质之一。抗体的组成极为复杂，是由成千上万、多种多样的免疫球蛋白（Ig）分子所组成。这些 Ig 分子在形状、大小、结构以及氨基酸的组成和排列上，既相似，又有差别。抗体具有两个显著的特点：一是高度的特异性，二是庞大的多样性。特异性是指抗体通常只能与引起它产生的相应抗原发生反应。多样性是指抗体可以被成千上万的各种抗原（天然的和人工的）引起反应。

人的免疫球蛋白有 IgG、IgA、IgM、IgD 和 IgE，其相对分子质量范围从 150000 到 950000。IgG 是血清中最基本、最丰富的一类抗体，在许多脊椎动物中仅有 IgG 类的抗体。IgG 是由 4 条多肽链组成的，两条大的链称为重链或 H 链，两条小的链称为轻链或 L 链。它们通过非共价键和二硫键连接成相对分子质量 150000 的复合体。IgG 分子的两条重链在一端彼此相互作用，在另一端分别与轻链相互作用，形成 Y 形结构（图 1-32），每一个 IgG 分子含有两个抗原结合部位，它们位于 Y 形结构的两个"臂"的顶端。如果抗原含有多于两个抗原决定簇，那么抗体可以形成引发抗原-抗体的交联晶格而沉淀（图 1-33）。

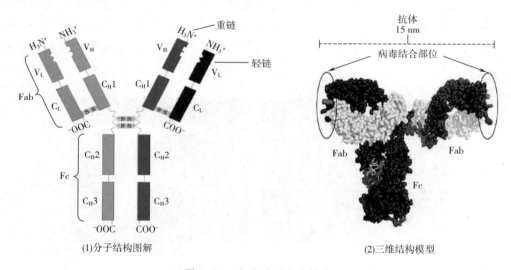

(1)分子结构图解　　　　　　　　　　　　(2)三维结构模型

图 1-32　免疫球蛋白的结构

IgG 分子的 L 链和 H 链的一级结构可根据它们的序列同源性划分为若干区域或结构域。每种免疫球蛋白的 L 链都含有可变区域（V 区，variable domain）和恒定区（C 区，comstant domain）。抗体的各恒定区之间有不少同源序列，可变区也有同源性。L 链的可变区内的氨基酸序列在各抗体之间是不同的；恒定区内的氨基酸序列在所有抗体之间几乎是一样的。同样，H 链也含可变区和恒定区。L 链、H 链的可变区都在链的 N-末端区域，在 V_L 和 V_H 区内含有高变区，它负责抗体分子对抗原的识别，是真正的抗原结合部位。可变区的其余序列相当恒定，这可能是形成特有的免疫球蛋白的结构域所要求的。IgG 分子的基部与它的两个臂的连接处称为铰链区（hinge region），长度为 30 个氨基酸残基。当用木瓜蛋白酶处理时，在铰链发生断裂，释放的基部片段称为 Fc，它通常容易结晶；释放的两个单价的臂片段称为 Fab，即抗原结合片段。当用胃蛋白酶断裂时，产生一个称为

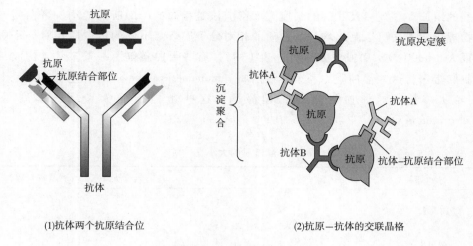

(1)抗体两个抗原结合位   (2)抗原-抗体的交联晶格

图 1-33　抗原-抗体结合

F（ab'）$_2$的二价片段和若干个小肽片段（图 1-34）。

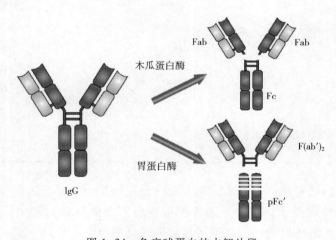

图 1-34　免疫球蛋白的水解片段

　　抗体（antibody）是一种应答抗原产生的、可与抗原特异性结合的蛋白质。抗体的主要功能是与抗原（包括外来的和自身的）相结合，从而有效地清除侵入机体内的微生物、寄生虫等异物。每种抗体与特定的抗原决定基结合。这种结合可以使抗原失活，也可能无效，但有时也会对机体造成病理性损害，如抗核抗体、抗双链 DNA 抗体、抗甲状腺球蛋白抗体等一些自身抗体的产生，对人体可造成危害。

第五节　蛋白质的理化性质

一、蛋白质分子的大小

　　蛋白质是相对分子质量很大的生物分子。对任一种给定的蛋白质来说，它的所有分子在氨基酸的组成和序列以及肽链的长度方面都应该是相同的，即所谓的均一蛋白质。利用一定的物理化学方法可以测出均一蛋白质的相对分子质量。不同的蛋白质相对分子质量变化范围很大，$6000 \sim 1 \times 10^6$ 或更大一些（表 1-9）。有些蛋白质仅由一条多肽链构成，如溶菌酶和肌红蛋白，这些蛋白质称为单体蛋白质（monomeric protein）。有些蛋白质是由两条或多条多肽链构成，如血红蛋白己糖激酶，这些蛋白质称为寡聚或多聚蛋白质（multimeric protein）。

表 1-9 　　　　　　　　　　　　　　蛋白质的大小

蛋白质	M_r	每条肽链残基（氨基酸）数/链数
胰岛素（牛）	5733	$21/\alpha_1$
		$30/\beta_1$
细胞色素 c（马）	12500	$104/\alpha_1$
核糖核酸酶（牛胰）	12640	$124/\alpha_1$
溶菌酶（卵清）	13930	$129/\alpha_1$
肌红蛋白（马）	16890	$153/\alpha_1$
谷酰胺合成酶（E. coli）	600000	$468/\alpha_{12}$
血清清蛋白（人）	68500	$550/\alpha_1$
血红蛋白（人）	64500	$141/\alpha_2$
		$146/\beta_2$
胰凝乳蛋白酶（牛胰）	22600	$13/\alpha_1$
		$132/\beta_1$
		$97/\gamma_1$

如果把寡聚蛋白质看作一个分子，那么蛋白质相对分子质量可达百万。它们虽然不是由共价键连接成的整体分子，在一定条件下可以解离，但是它们在生物体内是相当稳定的，可以从细胞或组织中以均一的甚至结晶的形式分离出来。并且，有一些蛋白质只有以这种寡聚蛋白质的形式存在时，其活性才能得到或充分得到表现。

对于简单蛋白质，用 110 除它的相对分子质量即可粗略估计其氨基酸残基的数目。蛋白质中 20 种基酸的平均相对分子质量约为 138，但在多数蛋白质中较小的氨基酸占优势。因此蛋白质中氨基酸的平均相对分子质量接近 128。又因每形成一个肽键除去一分子水（相对分子质量 18），所以氨基酸残基的平均相对分子质量约为 $128-18=110$。

二、蛋白质的胶体性质

蛋白质分子的相对分子质量大，其颗粒大小一般在 $2 \sim 20 nm$ 的范围内，属于胶体溶液质点大小范围（$1 \sim 100 nm$），有布朗运动、光散射现象、不能透过半透膜等特性。另外，蛋白质颗粒表面有许多亲水极性基团，所以蛋白质溶液是亲水胶体溶液。

蛋白质水溶液是一种稳定的亲水胶体。原因主要有两个方面：一是由于蛋白质分子表面带有许多极性基团，如氨基、羧基、羟基、酚基、巯基、咪唑基等，在一定 pH 条件下，它们都能解离为带电基团，这就使得蛋白质带有电荷。在同一种蛋白质溶液中，蛋白质颗粒带有的电荷是电性相同的，因而互相排斥，阻止了单个分子相互凝聚形成沉淀；二是由于蛋白质分子的水化作用，作为溶剂的水分子是一种极性分子，很容易被表面上分布有极性基团的蛋白质颗粒所吸引，这样就会在蛋白质颗粒表面形成水化层，这些水化层的存在也起到了把各个蛋白质颗粒彼此隔开的作用。因此蛋白质溶液是稳定的胶体溶液。

蛋白质颗粒高度分散在介质（如水）中所形成的胶体溶液称为溶胶。例如作物在田间生长、发育时期，未成熟的粮粒细胞中的原生质就是一种溶胶，此时的代谢活动最为旺盛。在粮粒成熟过程中溶胶逐渐失水而失去流动性成凝胶，代谢活动也随之减弱，这种转变过程称为蛋白质的胶凝作用。粮粒在干燥过程中，凝胶进一步失水，体积逐渐缩小，最后成为固态的胶体物质，称为干凝胶。在生物体系内，蛋白质以凝胶和溶胶的混合状态存在。蛋白质凝胶具有一定的形状和弹性，具有半固体的性质。在成熟粮油籽粒中，蛋白质的凝胶状态是粮粒能保持大量水分的主要原因。新鲜的猪肉在很高的压力下都不能把其中的水分压挤出来的原因就在于其蛋白质胶体的持水力。干燥后的粮油籽粒吸水能力很强。由干凝胶吸水体积增加形成凝胶和溶胶的过程称为蛋白质的溶胀作用。这也是贮粮易于吸湿返潮的原因之一。

三、蛋白质的两性解离和等电点

在蛋白质分子中，可解离基主要来自侧链上的基团，此外还有肽链两个末端的 α-羧基和 α-氨基。如果是结合蛋白质，则还有辅基部分所包含的可解离基，这些可解离基在特定的 pH 范围内解离而产生带正电荷或负电荷的基团。蛋白质的解离情况远比氨基酸复杂，其总解离情况可用下式表示（P 代表蛋白质分子中各氨基酸残基）。

$$pH < pI \qquad pH = pI \qquad pH > pI$$

将蛋白质分子看作是一个多价离子，其所带电荷的性质和数量是由蛋白质分子中的可解离基的种类和数目以及溶液的 pH 所决定的。对某一蛋白质来说，在某一 pH 时，它所带的正电荷与负电荷恰好相等，也即净电荷为零，在电场中既不向阳极移动，也不向阴极移动，此时溶液的 pH 称为蛋白质的等电点（pI）。在 pH 小于等电点的溶液中，蛋白质分子以阳离子形式存在，在电场中向阴极移动。相反，在 pH 大于等电点的溶液中，蛋白质分子以阴离子形式存在，在电场中向阳极移动。

在等电点的蛋白质以两性离子存在，蛋白质颗粒之间互相碰撞易形成较大颗粒而出现沉淀，故等电点时，蛋白质的溶解度最小。由于不同种类的蛋白质组成和结构有所不同，所以它们的等电点也不同。若在溶液中存在几种蛋白质，可以通过电泳法等在实验室或工业生产上常用的方法进行混合蛋白质的分离或制备。

四、蛋白质的变性作用与复性

在 20 世纪初期，蛋白质中的肽键结构尚未被普遍接受，最早的蛋白质结晶才不过刚刚完成，1929 年时任北平协和医学院教授我国生物化学家吴宪先生，在第 13 届国际生理学大会上首次提出了蛋白质变性理论。之后在进一步深入研究的基础上，他于1931 年在《中国生理学杂志》（*Chinese Journal of Physiology*）上正式提出了"蛋白质的变性说"，认为当天然蛋白质受到外界各种理化因素的影响后，使其维系空间结构的次级键受到破坏，引起蛋白质天然构象改变（使蛋白质分子从一种致密的状态变成松散的状态），从而使蛋白质的理化性质和生物活性改变或丧失，这种作用称为蛋白质的变性作用。变性后的蛋白质称为变性蛋白质。当引起蛋白质变性的各种物理或化学因素被除去后，变性蛋白质又可重新回复到原有的天然构象，这一现象称为蛋白质的复性。遗憾的是，吴宪先生的这一理论在当时未能引起重视，直到多年后才获得国际社会的认可和高度评价。

（一）可逆变性与不可逆变性

蛋白质变性后在一定条件下还可复性的现象称为可逆变性。但是大部分蛋白质变性后不能恢复其原有的各种性质，这种变性称为不可逆变性。一般认为可逆变性中蛋白质分子的三、四级结构遭到破坏，二级结构保持不变。而在不可逆变性中，蛋白质的二、三、四级结构均遭到破坏，所以不能恢复其原有的性质。例如胃蛋白酶加热至 $80 \sim 90 \, ℃$ 时，失去溶解性，也失去消化蛋白质的能力；如将温度再降低到 $37 \, ℃$，则它又可恢复溶解性与消化蛋白质的能力。但随着变性时间的增加和条件的加剧，变性程度也随之加深。

（二）导致蛋白质变性的因素

能引起蛋白质变性的因素很多，物理因素有高温、高压、超声波、剧烈振荡、搅拌、X 射线和紫外线等；化学因素如强酸、强碱、尿素、胍、去污剂、重金属盐（Hg^{2+}、Ag^{+}、Pb^{2+} 等）、三氯乙酸、浓乙醇等都能使蛋白质变性。

（三）变性蛋白质的特点

蛋白质变性后，一是生物活性丧失，这是蛋白质变性的主要特征，如酶失去催化功能、血红蛋白丧失载氧能力等。二是某些物理化学性质改变，原来在分子内部包藏侧链基团，由于结构的伸长松散而暴露出来，易与相应的试剂起化学反应；由于疏水基团外露导致溶解度降低，易形成沉淀析出；由于结构的伸长松散使蛋白结晶能力丧失；分子不对称性加大；黏度增加；紫外吸收光谱有所改变；肽键易被酶水解和消化，这也是熟食易于消化的道理。

变性蛋白质常常相互凝聚成块，这种现象称为凝固。凝固是蛋白质变性深化的表现。因此，变性程度的深浅在实际应用中具有重要意义。例如，在防治病虫害、消毒、灭菌等时，就应利用高温、高压、紫外线及高浓度有机溶剂等促进和加深蛋白质的变性；在生产制备酶制剂等有活性的蛋白质产品时，又要防止蛋白质的变性，避免不利因素的影响。

五、蛋白质的沉淀作用

蛋白质溶液的稳定性是生物机体正常新陈代谢所必需的，也是相对的、暂时的、有条件的。当条件改变时，稳定性就被破坏，蛋白质分子相聚集而从溶液中析出，这种现象称为蛋白质的沉淀作用（图 1-35）。

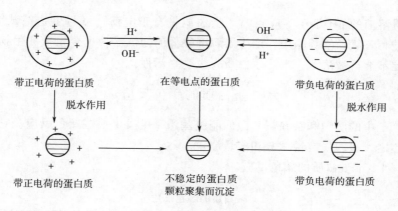

图 1-35　蛋白质的沉淀作用示意图

任何破坏水化层和带电层的因素都能使蛋白质分子聚集而沉淀，其沉淀方法主要有以下几种。

（一）等电点沉淀和 pH 的控制

不同的蛋白质具有不同的等电点，利用蛋白质在等电点时溶解度最低的原理可以把蛋白质混合物彼此分开。当蛋白质混合物的 pH 被调到其中一种蛋白质的等电点时，这种蛋白质的大部分或全部将沉淀下来，那些等电点高于或低于该 pH 的蛋白质则仍留在溶液中。这样沉淀出来的蛋白质保持着天然构象，若条件恢复能再溶解。

（二）蛋白质的盐溶和盐析

中性盐（如硫酸铵、硫酸钠、氯化钠等）对蛋白质的溶解度有显著的影响，当浓度较低时，中性盐可以增加蛋白质的溶解度，这种现象称为盐溶。当浓度较高时，中性盐降低蛋白质的溶解度，使蛋白质发生沉淀。这种现象称为盐析。

盐溶作用主要是由于蛋白质分子吸附某种盐类离子后，导致其颗粒表面同性电荷增加而彼此排斥，同时蛋白质分子与水分子间的相互作用却加强，因而溶解度提高。盐析发生的原因是大量中性盐既中和了蛋白质所带电荷，又破坏其水膜，即大量中性盐破坏了蛋白质的两个稳定因素。

盐析所需盐浓度一般较高，但不引起蛋白质变性，因此盐析法是蛋白质分离和纯化过程中最常用的方法之一。不同蛋白质盐析时所需盐浓度不同，所以在蛋白质溶液中逐渐增大中性盐的浓度，不同蛋白质就先后析出，这种方法称为分段盐析。

（三）有机溶剂沉淀蛋白质

在蛋白质溶液中加入乙醇、丙酮或甲醇等能与水互溶的有机溶剂时，由于这些溶剂的亲水性强，能破坏蛋白质颗粒上的水化层，从而降低蛋白质的溶解度。有机溶剂还可以使蛋白质的解离度降低，电荷减少，加强蛋白质颗粒之间的吸引力，使蛋白质发生沉淀。用有机溶剂沉淀的蛋白质如果作用时间过长或在高温下，则沉淀出的蛋白质失去生物活性，不能再被溶解。

（四）重金属盐和生物碱试剂沉淀蛋白质

蛋白质溶液的 pH 大于 pI 时，蛋白质带有负电荷，可与重金属离子如 Hg^{2+}、Ag^{2+}、Pb^{3+}、Fe^{3+} 等作用，产生蛋白质的重金属盐沉淀。

当蛋白质溶液的 pH 小于等电点时，蛋白质带有正电荷，可与生物碱试剂如单宁酸、苦味酸、钨酸和三氯乙酸等作用，产生溶解度很低的盐沉淀。重金属盐和生物碱剂所引起的蛋白质沉淀不能再被溶解，沉淀蛋白质失去生物活性。

六、蛋白质的颜色反应

蛋白质分子中的肽键和某些氨基酸的侧链基团，可发生一些颜色反应。它们可用于某些氨基酸的鉴定、蛋白质定性试验和定量测定。

表 1-10 列出了蛋白质的颜色反应。

表 1-10 蛋白质的颜色反应

反应名称	主要试剂	颜色	反应基团	有此反应的蛋白质或氨基酸
双缩脲反应	$NaOH+Cu_2SO_4$	紫红色	凡含有两个或两个以上肽键结构的化合物	所有蛋白质均具此反应
茚三酮反应	茚三酮	蓝色	自由氨基及羧基	α-氨基酸、所有蛋白质
黄色反应	浓硝酸及碱	黄色	苯基	用于鉴定苯丙氨酸和酪氨酸
乙醛酸反应	乙醛酸	紫色	吲哚基	色氨酸
米伦反应	$HgNO$ 及 $Hg(NO_3)_2$	红色	酚基	用于鉴定酪氨酸、酪蛋白
酚试剂反应	碱性硫酸铜及磷钨酸-钼酸	蓝色	酚基、吲哚基	酪氨酸、色氨酸
坂口反应	α-萘酚、次氯酸钠	红色	胍基	精氨酸

七、蛋白质紫外吸收性质

蛋白质由于含有芳香族氨基酸，所以也有紫外吸收能力，一般采用紫外分光光度计在 280nm 波长处测量光吸收来测定样品中蛋白质的含量。

第六节　蛋白质的分离纯化方法及原理

研究蛋白质的结构、性质和功能，首先需要得到纯的蛋白质样品。所以蛋白质的分离纯化是研究蛋白质的基础。不同的蛋白质分离纯化的条件也不相同。目前对蛋白质的制备，主要是从生物组织中提取分离。尽管随着 DNA 重组技术、遗传工程、蛋白质工程的发展，人们可以设计生产那些自然界不存在或存在量少的或人们期望的具有新性质、新功能的酶与蛋白质，但仍然离不开分离纯化的问题。

一、分离纯化的一般原则及基本步骤

（一）一般原则

所用的原料来源要方便，成本要低；目的蛋白质含量、相对活性要高；可溶性和稳定性要好；破碎细胞的条件要温和；操作过程要能除去各种杂质、脂类、核酸及毒素；所用缓冲液中物质成分要谨慎考虑，避免随意性；要考虑蛋白水解酶和核酸酶的抑制剂，抑制微生物生长的杀菌剂，蛋白质构象稳定和酶活性的还原剂及金属离子等；要建立灵敏、特异、精确的检测方法。

（二）基本步骤

1. 取材

选取含有目的蛋白质丰富的材料，并要求便于提取。

2. 组织细胞破碎

主要有机械（匀浆器、研磨等）、物理（超声波、渗透压等）、化学（碱性或酸性）和酶（溶菌酶、纤维素酶等）方法。

3. 提取

选取适当的溶剂进行。

4. 分离纯化

根据待分离蛋白质的特异理化性质设计分离纯化方法。

5. 结晶

分离提纯的蛋白质沉淀要制成晶体，结晶也是进一步纯化的步骤。结晶的最佳条件是使溶液略处于过饱和状态，可通过控制温度、加盐盐析、加有机溶剂或调节 pH 等方法来实现。

6. 鉴定和分析

对所制得的蛋白质产品还需进行蛋白质的纯度、含量、相对分子质量等理化性质的鉴定和分析测定。

二、分离纯化的基本方法

对蛋白质分离纯化的方法，是根据蛋白质的不同性质而确立的。蛋白质的性质主要包括溶解度、电荷性质、相对分子质量大小和特异亲和力等。

（一）根据溶解度不同的分离方法

根据溶解度不同的分离方法主要有盐析沉淀法、等电点沉淀法和有机溶剂沉淀法。

（二）根据电荷不同的分离方法

1. 电泳法

在外电场的作用下，带电颗粒将向着与其电性相反的电极移动，这种现象称为电泳。蛋白质溶液的 pH 不等于等电点时，蛋白质颗粒均带有电荷。由于不同蛋白质的相对分子质量不同，所带电荷的电性及多少不同，因而在电场中移动的速度也不相同。电泳技术可用于氨基酸、肽、蛋白质和核苷酸等生物分子的分析分离和制备。

目前电泳的类型很多，最常用的是凝胶电泳，凝胶电泳的支持介质有聚丙烯酰胺凝胶和琼脂糖凝胶，这两种凝胶电泳的分辨率都很高，凝胶可制成水平式和垂直式（图 1-36）。

2. 离子交换层析法

此法是利用离子交换剂作为柱层析支持物，在一定 pH 条件下将带有不同电荷的蛋白质进行分离的方法。离子交换剂可分为阳离子交换剂和阴离子交换剂。蛋白质与离子交换剂的结合是靠相反电荷间的静电吸引，其吸引的大小与溶液的 pH 有关，因为 pH 决定离子交换剂和蛋白质的电离程度。

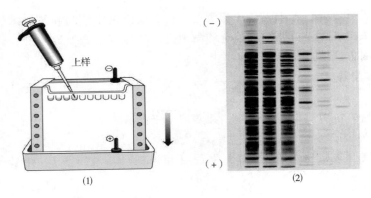

图 1-36　垂直式凝胶（1）及电泳结果（2）

　　阳离子交换剂如羧甲基纤维素（CM-纤维素）是一种弱酸性物质，具有带负电荷的固定相和带正电荷的交换相（可溶性 H^+）。当蛋白质混合物溶液的 pH 小于所含蛋白质的等电点时，各种不同的蛋白质颗粒都带有正电荷。将这种蛋白质混合溶液加入层析柱后，带正电荷的蛋白质颗粒即与 H^+ 进行离子交换而被吸附在阳离子交换剂上。带正电荷多的蛋白质与阳离子交换剂结合较强，而带正电荷少的蛋白质与阳离子交换剂结合则较弱。用不同浓度的阳离子洗脱液，如 NaCl 溶液进行梯度洗脱，通过 Na^+ 的离子交换作用，可以将带有不同正电荷的蛋白质进行分离（图 1-6）。

（三）根据分子大小不同的分离方法

1. 透析法

　　此法是利用蛋白分子不能透过半透膜，使它与其他小分子化合物，如无机盐、单糖、双糖、氨基酸、小肽以及表面活性剂等分离。常用的半透膜是由玻璃纸或高分子合成材料制成的透析袋（图 1-37）。

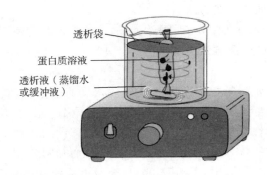

图 1-37　透析法示意图

2. 离心沉降法

　　将蛋白质溶液放在离心机的离心管内进行离心时，蛋白质颗粒在强离心力作用下（如果蛋白质的密度大于溶液的密度），蛋白质分子就会发生沉降，并与溶液分离。蛋白质颗粒的沉降速率取决于离心机转子的速度以及蛋白质颗粒的大小、密度、分子形状、溶液的密度和性质等。因此，通过控制不同的离心速度，达到分离蛋白质的目的。

3. 凝胶层析法（凝胶过滤）

此法又称为分子筛层析，所用的介质是由交联葡萄糖、琼脂糖或聚丙烯酰胺形成的凝胶颗粒。凝胶颗粒的内部是多孔的网状结构。当不同大小的蛋白质混合物通过填有凝胶颗粒的层析柱时，比凝胶网孔大的分子不能进入网孔，随着溶剂在凝胶颗粒之间的空隙向下移动，并最先流出柱外。比网孔小的分子能不同程度地自由进出凝胶颗粒网孔内外，其中比较大的分子在网孔内停留概率小，先被洗脱出来，而比较小的分子则后被洗脱出来（图1-38）。

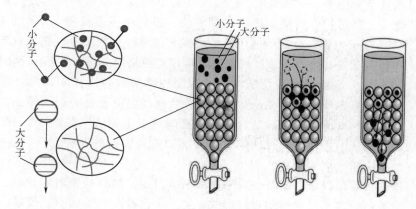

图 1-38　凝胶层析法示意图

第七节　蛋白质含量测定方法及原理

蛋白质含量测定是生物化学研究中最常用、最基本的分析方法之一。目前常用的方法有：凯氏定氮法、双缩脲法（Biuret 法）、福林酚试剂法（Lowry 法）和紫外吸收法。另外还有近年普遍使用的考马斯亮蓝法（Bradford 法）和胶体金测定法。这些方法在一般的实验手册中都有详细的叙述。

一、微量凯氏定氮法

凯氏（Kjedahl）定氮法是经典的标准方法。其原理是：根据蛋白质平均含氮量为16%。将样品与浓硫酸共热，含氮有机物即分解产生氨（消化），氨又与硫酸作用，变成硫酸铵。在强碱性条件下将氨蒸出，用加有指示剂的硼酸吸收，最后用标准酸滴定硼酸，通过标准酸的用量即可求出蛋白质中的含氮量，再根据被测定样品的蛋白质系数，计算出蛋白质含量。

二、双缩脲法（Biuret 法）

双缩脲（$NH_3CONHCONH_3$）是两个分子脲经 180℃ 左右加热，放出一个分子氨后得到的产物。在强碱性溶液中，双缩脲与 $CuSO_4$ 形成紫色络合物，称为双缩脲反应。具有两个或两个以上肽键的化合物皆有此反应。在碱性溶液中蛋白质浓度与 Cu^{2+} 形成紫色络合物，在 540nm 波长处有最大吸收峰。在一定浓度的范围内，蛋白质浓度与双缩脲反应所呈现的颜色深浅成正比，而与蛋白质分子质量及氨基酸成分无关，故可用来测定蛋白质含量。

此法的优点是较快速，不同的蛋白质产生颜色的深浅相近，以及干扰物质少；主要的缺点是灵敏度差。因此双缩脲法常用于需要快速，但并不需要十分精确的蛋白质测定。

三、福林酚试剂法（Lowry 法）

福林酚试剂法最早由 Lowry 确定了蛋白质浓度测定的基本步骤。作为蛋白质含量测定最灵敏的方法之一，是过去应用最广泛的一种方法，近年来逐渐被考马斯亮蓝法所取代。蛋白质（或多肽）分子中含有酪氨酸或色氨酸，能与福林酚试剂发生氧化还原反应，生成蓝色化合物，其颜色深浅与蛋白质浓度成正比，可用比色法（500nm 波长）测定。此法的显色原理与双缩脲方法是相同的，只是加入了第二种试剂，即福林酚试剂，以增加显色量，从而提高了检测蛋白质的灵敏度。这两种显色反应产生深蓝色的原因是：在碱性条件下，蛋白质中的肽键与 Cu^{2+} 结合生成复合物；福林酚试剂中的磷钼酸盐-磷钨酸盐被蛋白质中的酪氨酸和苯丙氨酸残基还原，产生深蓝色（钼蓝和钨蓝的混合物）。在一定的条件下，蓝色深度与蛋白质浓度成正比。

这个测定法的优点是灵敏度高，比双缩脲法灵敏得多，缺点是费时间较长，要精确控制操作时间，标准曲线也不是严格的直线形式，且专一性较差，干扰物质较多。

四、紫外吸收法

蛋白质分子中，酪氨酸、苯丙氨酸和色氨酸残基的苯环含有共轭 π 键，使蛋白质具有吸收紫外光的性质。在 280nm 处有最大吸收峰，一定浓度范围内其吸光度（即光密度值）与蛋白质浓度成正比。故可用紫外分光光度计通过比色法来测定蛋白质的含量。

核酸在 280nm 波长处也有吸收，对蛋白质测定有一定的干扰作用，但核酸的最大吸收峰在 260nm 波长处，如同时 260nm 的光吸收，通过下列公式计算可以消除其对蛋白质测定的影响。

$$\rho = 1.45 A_{280nm} - 0.74 A_{260nm}$$

式中　ρ——蛋白质质量浓度，mg/mL

　　A_{280nm}——蛋白质在 280nm 处测得的吸光度

　　A_{260nm}——蛋白质在 260nm 处测得的吸光度

此法的特点是测定蛋白质含量的准确度较差，干扰物质多，在用标准曲线法测定蛋白质含量时，对那些与标准蛋白质中酪氨酸和色氨酸含量差异大的蛋白质，有一定的误差。故该法适于用测定与标准蛋白质氨基酸组成相似的蛋白质。若样品中含有嘌呤、嘧啶及核酸等吸收紫外光的物质，会出现较大的干扰。

此外，蛋白质溶液在 238nm 的光吸收值与肽键含量成正比。利用一定波长下，蛋白质溶液的光吸收值与蛋白质浓度的正比关系，可以进行蛋白质含量的测定。

紫外吸收法简便、灵敏、快速，不消耗样品，测定后仍能回收使用。低浓度的盐，例如生化制备中常用的 $(NH_4)_2SO_4$ 等和大多数缓冲液不干扰测定。特别适用于柱层析洗脱液的快速连续检测，因为此时只需测定蛋白质浓度的变化，而不需知道其绝对值。

五、考马斯亮蓝法（Bradford 法）

1976 年由 Bradford 建立的考马斯亮蓝法（Bradford 法），其原理是：考马斯亮蓝能与蛋白质的疏水区相结合，这种结合具有高敏感性。考马斯亮蓝 G_{250} 的磷酸溶液呈棕红色，最大吸收峰在 465nm，当它与蛋白质结合形成复合物时呈蓝色，其最大吸收峰改变为 595nm。考马斯亮蓝 G_{250}-蛋白质复合物的高消光效应导致了蛋白质定量测定的高灵敏度。在一定范围内，考马斯亮蓝 G_{250}-蛋白质复合物呈色后，在 595nm 波长处吸光度与蛋白质含量呈线性关系，其颜色的深浅与蛋白质的浓度成正比，而与蛋白质的分子质量及氨基酸成分无关，因此被广泛地应用。

该方法非常灵敏，蛋白质最低检测量为 5mg，而且此法操作简便、快速，干扰物质少，因而是实验室常用的蛋白质定量方法。

考马斯亮蓝（CBG）是一种蛋白染料（图 1-39），在不同的酸碱度下变色：在酸性下是茶色，在中性下为蓝色。考马斯亮蓝 R_{250} 偏红，属于慢染，脱色脱得完全，主要用于电泳染色，尤其适用于 SDS 电泳微量蛋白质染色。考马斯亮蓝 G_{250} 偏绿，属于快染，脱色脱得不彻底，主要用于蛋白质含量测定。

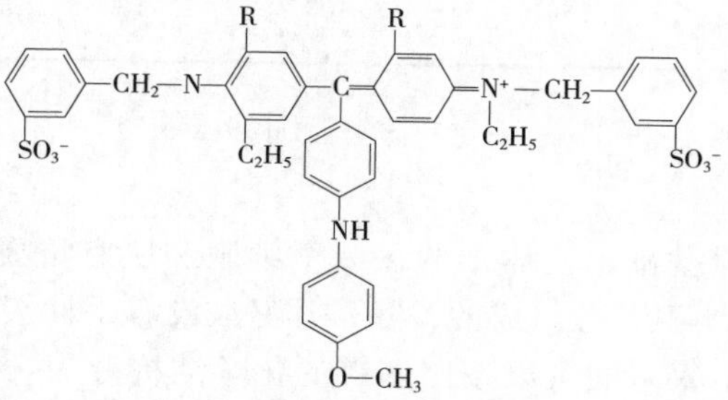

其中：R=H时，为R_{250}；R=CH_3时，为G_{250}

图 1-39　考马斯亮蓝的结构图

六、胶体金测定法

胶体金（colloidal gold）是一种带负电荷的疏水胶体，是氯金酸（chloroauric acid）的水溶胶，呈洋红色，具有高电子密度，并能与多种生物大分子结合。胶体金遇蛋白质转变为蓝色，颜色的改变与蛋白质有定量关系，可用于蛋白质的定量测定。

七、其他方法

有些蛋白质含有特殊的非蛋白质基团，如过氧化物酶含有亚铁血红素基团，可测 403nm 波长的吸光度来进行定量。含特殊金属的酶（如镉），则可追踪该金属。

目前，蛋白质含量测定方法有很多种，任一种蛋白质测定方法并不能在任何条件下适用于任何形式的蛋白质含量测定，因为一种蛋白质溶液用几种不同方法测定，有可能得出几种不同的结果。每种测定法都有其适用范围及优缺点（表 1-11），在选择方法时应考虑以下几点：实验对测定所要求的灵敏度和精确度；蛋白质的性质；溶液中存在的干扰物质；测定所要花费的时间。

表 1-11 蛋白质测定方法比较

方法	灵敏度	时间	干扰物质	用途
凯氏定氮法	灵敏度低，适于 0.2～1.0mg 氮，误差为±2%	费时 8～10h	非蛋白氮；（可用三氯乙酸沉淀蛋白质分离）	用于各类食品及标准蛋白质含量的准确测定，干扰少，费时太长
双缩脲法 （Biuret 法）	灵敏度低 1～2mg	中速 20～30min	硫酸铵；Tris 缓冲液；某些氨基酸	用于快速测定，但不太灵敏；不同蛋白质显色相似
紫外吸收法	较为灵敏 50～100μg	快速 5～10min	各种嘌呤和嘧啶，各种核苷酸	用于层析柱流出液的检测；核酸的吸收
福林酚试剂法 （Lowry 法）	灵敏度高 最低达 5μg	慢速 40～60min	硫酸铵，Tris 缓冲液，甘氨酸，各种硫醇	耗费时间长；操作要严格；计时颜色深浅随不同蛋白质变化
考马斯亮蓝法 （Bradford 法）	灵敏度最高 1～5μg	快速 5～15min	强碱性缓冲液，TritonX-100，SDS	干扰物质少；颜色稳定；颜色深浅承受不同蛋白质变化

小 结

蛋白质是生命的物质基础，机体中的每一个细胞和所有重要组成部分都有蛋白质参与。蛋白质是由 20 种基本氨基酸组成的，除了甘氨酸没有手性碳以外，其他 19 种氨基酸都至少含有一个手性碳。氨基酸可以按照侧链的化学结构分为：脂肪族、芳香族、含硫、含醇、碱性、酸性和含酰胺类氨基酸。根据各氨基酸侧链的性质，它们表现出不同的物理化学性质。

氨基酸是两性电解质，氨基酸和多肽的酸性和碱性基团的离子状态取决于 pH。2，4-二硝基氟苯、丹黄酰氯和苯异硫氰酸酯都能与氨基酸上的 α-氨基反应。茚三酮与脯氨酸反应生成黄色化合物，与其他氨基酸生成的都是紫色化合物。氨基酸的分析分离主要基于氨基酸的酸碱性质和极性大小。常用的方法有离子交换柱层级、高效液相层析（HPLC）等。

蛋白质结构水平分为四级：一级结构指的是氨基酸序列；二级结构是指在局部肽段中相邻氨基酸的空间关系；三级结构是整个多肽链的三维构象；四级结构是指能稳定结合的两条或两条以上多肽链（亚基）的空间关系。每种蛋白质具有由基因确定的、唯一的氨基酸序列，一级结构决定了蛋白质的构象。

多肽链中相邻氨基酸残基通过肽键连接，肽键具有部分双键特性，所以整个肽单位是一个极性的平面结构。由于立体上的限制，肽键的构型大都是反式构型。绕 $N—C_\alpha$ 和 $C_\alpha—C$ 键的旋转赋予了多肽链构象上的柔性。利用蛋白酶和化学试剂有选择性地水解，结合 Edman 降解可确定蛋白质的氨基酸序列。比较蛋白质的一级结构可以揭示进化关系，种属的不同常反映在它们蛋白质的一级结构的差异上。

　　蛋白质存在几种不同的二级结构，其中包括 α-螺旋、β-折叠和转角等。右手 α-螺旋是在纤维蛋白和球蛋白中发现的最常见的二级结构，每圈螺旋含有 3.6 个氨基酸残基，螺距为 0.54nm。β-折叠是另外一种常见的二级结构，分为平行和反平行式的，处于 β-折叠的多肽链是肽链的一种伸展状态。

　　在二级结构和三级结构之间还有由二级结构进一步组合形成的超二级结构和结构域。结构域又称为功能域，通常都与一种特殊的功能有关。

　　球状蛋白质按照其亚基数目，分为单体蛋白质和寡聚蛋白质（多亚基），一般具有复杂的三级结构，多肽链折叠紧凑，外形大致呈球状，分子表面往往有一个空穴，疏水氨基酸残基一般都位于球蛋白的内部。受到物理和化学处理（破坏次级键）后，蛋白质的三维结构遭到破坏，它的生物活性会丧失，这一现象称为蛋白质变性。某些变性的蛋白质在一定的条件下可以复性，自发地折叠回具有生物活性的天然构象。这也表明一个蛋白质的三级结构是由它的氨基酸序列确定的。

　　肌红蛋白是一条含有 153 个残基的多肽链，这些氨基酸残基折叠成由 8 个 α 螺旋组成的紧凑的球状结构。肌红蛋白含有一个血红素辅基，血红素能结合氧，位于蛋白质中疏水的裂隙中。血红蛋白是由 4 条肽链（两个 α 和两个 β 链）组成的。每条肽链都类似于肌红蛋白的肽链，都结合一个血红素。血红蛋白的脱氧（T）和氧合（R）构象在氧的亲和性方面有很大区别。由于结构上的相互作用是与它的三级和四级结构有关，所以血红蛋白在结合氧的过程中显示出别构效应和协同性，BPG 是一个重要的别构剂。

　　肌红蛋白的氧饱和曲线为双曲线形，而血红蛋白的氧饱和曲线是 S 形的。氧饱和曲线上的差别使得血红蛋白承担着将氧由肺运输到外周组织的任务，而肌红蛋白主要是接收血红蛋白释放的氧。CO_2 浓度的增加降低细胞内的 pH，血红蛋白结合 H^+ 和 CO_2 将导致血红蛋白对氧亲和力下降，这将有利于血红蛋白在外周组织释放氧。这种现象称为波尔效应。

　　血红蛋白分子一级结构上的轻微差别就可能导致功能上的很大不同，正常成年人血红蛋白中的 β 链的第六位的谷氨酸残基被缬氨酸取代会形成异常血红蛋白 HbS，导致镰刀形细胞贫血病。

　　可以根据蛋白质溶解度、净电荷、大小以及结合特性上的差异，从生物资源中纯化蛋白质。常用方法包括盐析沉淀、等电点沉淀和有机溶剂沉淀、离子交换层析、凝胶电泳、透析、离心沉降和凝胶层析等方法。

思考题

　1. 名词解释：蛋白质系数；单纯蛋白质；结合蛋白质；单体蛋白质；寡聚蛋白质；必需氨基酸。

　2. 蛋白质的 20 种氨基酸的结构是否都有旋光性？是否都是 L-α-氨基酸？

　3. 什么是兼性离子？什么是 pK？什么是 pI？什么是电泳？氨基酸处在 pH 大于自身 pI 的溶液中净电荷为正还是负？与电泳方向的关系如何？哪种氨基酸在生理 pH 范围内具有缓冲能力？为什么？

　4. 写出组氨酸在 pH 为 1、4、8、12 时的净电荷是怎样的？对每个 pH 来说，当电泳时，组氨酸是向阳极还是向阴极迁移？

　5. α-氨基酸的烃基化反应常用的试剂是什么？氨基酸自动分析仪是依据哪种反应原理

设计的？

6. α-氨基酸的茚三酮反应呈现的颜色是否都一样？米伦反应、坂口反应和 Pauly 反应是哪些氨基酸参与的反应？

7. 半胱氨酸的巯基都有哪些反应？常用的打开二硫键的氧化剂和还原剂是什么？

8. 哪三种氨基酸在 280nm 紫外光下有吸收峰？原因是什么？紫外吸收法测定蛋白质浓度的理论依据是什么？

9. 氨基酸纸层析和离子交换层析的原理是什么？

10. Lys，Arg，Asp，Glu，Tyr，Ala 的混合物在高 pH 条件下加到阴离子交换树脂上，用连续递减的 pH 缓冲液洗脱时，预测这些氨基酸的洗脱顺序。

11. 指出在正丁醇：醋酸：水的系统中进行纸层析时，Lys，Ala，Ile，Met 混合物中氨基酸的相对迁移率（假定水相的 pH 为 4.5）。

12. 举例说明蛋白质结构与功能的关系。

13. 研究蛋白质构象的主要方法有哪些？

14. 简述蛋白质一、二、三、四级结构。维持蛋白质二、三、四级结构的作用力分别是什么？

15. 名词解释：结构域；超二级结构；别构蛋白质；别构效应；协同效应；同促效应；异促效应。

16. 影响 α-螺旋形成的因素有哪些？

17. 胶原蛋白是一种三股螺旋蛋白，其氨基酸组成有何特点？

18. 球状蛋白结构特点有哪些？疏水侧链和亲水侧链的分布有何特点？

19. 简述肌红蛋白与血红蛋白结构。它们各有几个氧结合位？与氧结合的铁是 2 价还是 3 价？与氧亲和力有无差别？

20. 什么是蛋白质的等电点和酸碱性质？维持蛋白质胶体溶液稳定的因素有哪些？

21. 使蛋白质沉淀因素有哪些？其原理是什么？哪些方法可获得不变性的沉淀蛋白质？

22. 什么是蛋白质的变性与复性？导致蛋白质变性的因素有哪些？常用的变性剂有哪些？变性蛋白有何特点？

23. 凝胶过滤法（分子筛层析）和 SDS 聚丙烯酰胺凝胶电泳法测定蛋白质相对分子质量的原理分别是什么？

24. 蛋白质的分离纯化步骤有哪些？简述常用的纯化方法及各自原理。

25. 蛋白质含量测定的方法有哪些？其原理是什么？

26. 某蛋白质相对分子质量为 100000，用 SDS 变性剂处理后进行电泳，得到两条带，其中一条带的相对分子质量为 50000，另一条带的相对分子质量为 25000，此蛋白质若用巯基乙醇处理，再用 SDS 处理后进行电泳，结果只得到一条带相对分子质量为 25000。根据此实验结果分析该蛋白质的结构，由几个亚基组成？有几条肽链？链间如何连接？各条肽链的分子大小？

27. 有一酶分子变性后，用溴化氰降解，在降解产物中得到一个未知氨基酸顺序的九肽，试根据以下实验结果，推断出此九肽的氨基酸顺序：

（1）氨基酸分析表明，它含有 Ala、Arg、Cys、Glu、Lys、Met、Pro、Phe。

（2）用 Edman 法降解得到一个 Pro 的衍生物。

（3）用胰蛋白酶水解得到一个游离 Arg，一个二肽和一个六肽，此六肽在 pH6.4 时呈电中性状态。

（4）用胰凝乳蛋白酶降解得到一个二肽，一个三肽和一个四肽：二肽在 pH6.4 时呈负电性；分析三肽发现里面含有硫；在 pH6.4 时分析四肽，静电荷为+2，在 280nm 分析表明不含有芳香氨基酸。

第二章 核 酸

核酸是由核苷酸组成的一类含磷较多、酸性较强的高分子化合物。1869 年 Miescher 从脓细胞的细胞核中分离出了一种含磷酸的有机物，当时称为核素（nuclein），后称为核酸（nucleic acid）。在此后几十年内，研究者弄清楚了核酸的组成及在细胞中的分布。1944 年，Avery 等成功进行了肺炎球菌转化试验。1952 年，Hershey 等实验表明 DNA 可进入噬菌体内，证明 DNA 是遗传物质。1953 年，Watson 和 Crick 建立 DNA 结构的双螺旋模型，说明基因的结构、信息和功能三者间的关系，推动了分子生物学的迅猛发展。1958 年，Crick 提出遗传信息传递的中心法则。20 世纪 60 年代，RNA 研究取得了大发展（操纵子学说，遗传密码，逆转录酶）。70 年代，DNA 重组技术的建立，改变了分子生物学的面貌，并导致生物技术的兴起。80 年代，RNA 研究出现第二次高潮，包括：ribozyme（核酶）、反义 RNA、"RNA 世界"假说等。90 年代以后人类基因组计划（HGP）的实施，开辟了生命科学新纪元。近 30 年来，基因的结构以及基因的表达和调节已成为现代生物化学和分子生物学研究的中心。

第一节 概 述

一、核酸的分类

核酸分为脱氧核糖核酸（deoxyribonucleic acid，DNA）和核糖核酸（ribonucleic acid，RNA）两大类。所有生物细胞都含有这两类核酸。生物机体的遗传信息以密码形式编码在核酸分子上，表现为特定的核苷酸序列。DNA 是主要的遗传物质，通过复制而将遗传信息由亲代传给子代。RNA 与遗传信息的表达有关。DNA 和 RNA 在结构上的差异与其功能的差异相关联。DNA 通常为双链结构，含有 D-2-脱氧核糖，并由胸腺嘧啶取代 RNA 中的尿嘧啶，使 DNA 分子稳定并便于复制。RNA 为单链结构，含有 D-核糖和尿嘧啶（另外 3 种碱基两者相同），与遗传信息表达过程中的信息加工机制有关。

（一）脱氧核糖核酸

脱氧核糖核酸是遗传信息的贮存和携带者，生物的主要遗传物质。在真核细胞中，DNA 主要集中在细胞核内，线粒体和叶绿体中均有各自的 DNA。原核细胞没有明显的细胞核结构，DNA 存在于拟核区。每个原核细胞只有一个染色体，每个染色体含一个双链环状 DNA。

（二）核糖核酸

在细胞内，主要包括信使 RNA（mRNA），转运 RNA（tRNA）和核糖体 RNA（rRNA），参与遗传信息的传递和表达过程。除此之外，还含有其他种类的 RNA，例如不均一的核 RNA（hnRNA），核内小分子 RNA（snRNA）等。细胞内的 RNA 主要存在于细胞质中，少量存在于细胞核中。病毒中 RNA 本身就是遗传信息的储存者。另外在植物中还发现了一类比病毒还小得多的侵染性致病因子，称为类病毒，它是不含蛋白质的、游离的 RNA 分子。另外，还发现有些 RNA 具生物催化作用（ribozyme）。

二、核酸的生物学功能

人们对核酸的研究已成为生物化学与分子生物学研究的核心与前沿，其研究成果不仅改变了生命科学的面貌，也促进了生物技术产业的迅猛发展，充分表明这类物质具有重要的生物功能。

（一）DNA 是主要的遗传物质

1869 年，Friedrich Miesher 部分纯化了核酸并研究了它的性质，但没有给出核酸的结构和核酸作为遗传物质的证据。1944 年 O. Avery 等人通过实验证明 DNA 是携带遗传信息的分子。几年之后，A. Hershy 和 M.Chase 通过噬菌体的感染实验也证实 DNA 是遗传物质（图 2-1）。

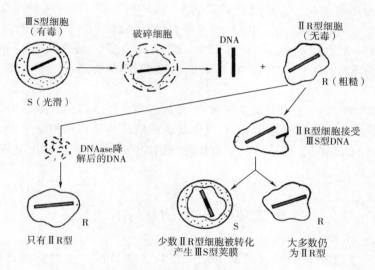

图 2-1 肺炎球菌的转化图解

1944 年，O. Avery 等人首次证明 DNA 是细菌遗传性状的转化因子。他们用有荚膜的肺炎双球菌注射老鼠致死，而无荚膜的肺炎双球菌和经热处理的有荚膜株对老鼠无害。细菌学家 Frederick Griffth 的早期研究表明，经热处理的毒性株（对老鼠无害）加到非致病株中，可以永久地将非致病株转变成有荚膜的可以致死老鼠的毒性株。由此他们得出结论：热处理的毒性株的某种转化因子进入了非毒性株，并使后者具有荚膜和毒性。随后，Avery 及其同事证明了转化因子就是 DNA。他们从热处理的毒性株中提取 DNA，尽可能地去除蛋白质，然后将 DNA 加入非致病株，非致病株永久地变成了毒性株。显然 DNA 进入了非毒性株，将毒性和荚膜形成有关的基因整合到了非毒性株的染色体上，导致这些转化菌株的所有后代都有毒性和荚膜。

然而，当时大多数生物学家都还以为 DNA 只是简单聚合物，蛋白质才是遗传物质，并没有认识到 Avery 的发现所具有的重要意义。1952 年，Hershey 和 Chase 用 ^{35}S 和 ^{32}P

标记的 T_2 噬菌体感染大肠杆菌，结果发现只有 ^{32}P 标记的 DNA 进入大肠杆菌细胞内，而 ^{35}S 标记的蛋白质仍留在细胞外。Hershey 和 Chase 的实验证明，噬菌体的 DNA 携带了噬菌体的全部遗传信息。20 世纪 50 年代初，生物学家开始接受 DNA 是遗传物质的观点。1953 年 Watson 和 Crick 提出 DNA 双螺旋结构模型，才从分子结构上阐明了其遗传功能。

（二）RNA 参与蛋白质的生物合成

真核细胞的 DNA 主要存在于细胞核中，而蛋白质的合成则发生在细胞质中的核糖体上。因此，一些不同于 DNA 的分子必须携带遗传信息从细胞核到细胞质中去。早在 20 世纪 40 年代，T. Caspersson 使用显微紫外分光光度法、J. Brachet 使用组织化学法及 Davidson 等使用化学分析法均研究了细胞中的 RNA。他们的实验表明，生长和分泌功能旺盛（正在进行蛋白质生物合成）的细胞中 RNA 含量特别丰富，并且蛋白质合成的增加伴随着细胞质中 RNA 的增加和代谢率的提高。这暗示了 RNA 可能参与蛋白质的合成。现在的研究表明，三类 RNA 共同控制着蛋白质的生物合成。过去认为蛋白质肽键的合成是由核糖体中的蛋白质所催化，并称之为转肽酶。1992 年 H. F. Noller 等证明 23S rRNA 具有核酶活性，能够催化肽键形成。rRNA 约占细胞总 RNA 的 80%，它是蛋白质的装配者并起催化作用。tRNA 占细胞总 RNA 的 15%，它是转换器，携带氨基酸并起解译作用。mRNA 占细胞总 RNA 的 3%～5%，它是信使，携带 DNA 的遗传信息并起蛋白质合成的模板作用。

20 世纪 80 年代 RNA 的研究揭示了 RNA 功能的多样性。归纳起来，RNA 有 5 类功能：控制蛋白质合成，是遗传信息由 DNA 到蛋白质的中间传递体；作用于 RNA 转录后加工与修饰；基因表达与细胞功能的调节；生物催化与细胞的其他持家功能；遗传信息的加工与进化。

第二节　核酸的化学组成

核酸是一种多聚核苷酸，它的基本结构单位是核苷酸。在对核酸的早期研究工作中，曾把注意力集中在对核酸降解产物的研究上。采用不同的降解方法，可以将核酸降解成核苷酸。核苷酸还可以进一步分解成核苷和磷酸。核苷再进一步分解生成碱基和戊糖。

核苷酸由含氮碱基、戊糖和磷酸组成（图 2-2）。

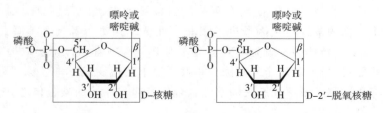

图 2-2　核苷酸的一般结构

核苷酸去掉磷酸基团的部分称为核苷（nucleoside），含氮碱基是嘧啶（pyrimidine）和嘌呤（purine）的衍生物。核苷酸中的碱基和戊糖是杂环化合物，将其上的碳原子和氮原子进行编号，以便命名和区分各种衍生物。在核苷和核苷酸中，戊糖碳原子编号加一撇，以便与碱基中的原子编号相区别。

一、嘌呤碱和嘧啶碱

核酸中的碱基分为两类：嘧啶碱和嘌呤碱。DNA 和 RNA 都含有胞嘧啶（cytosine，C）、腺嘌呤（adenine，A）和鸟嘌呤（guanine，G）。胸腺嘧啶（thymine，T）只在 DNA 中含有，尿嘧啶（uracil，U）只在 RNA 中含有。5 种碱基的结构如图 2-3 所示。

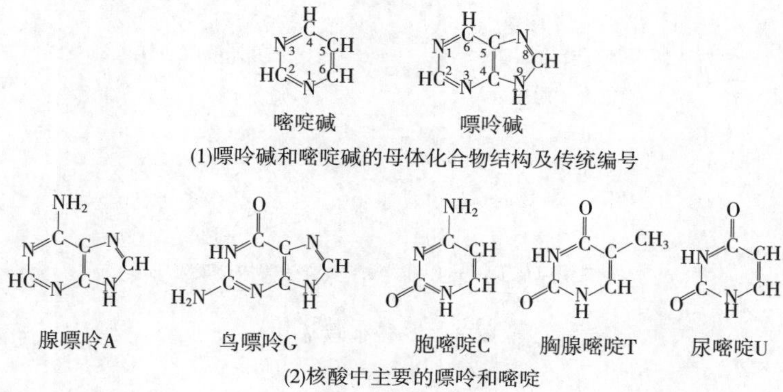

嘧啶碱　　　　　嘌呤碱

(1)嘌呤碱和嘧啶碱的母体化合物结构及传统编号

腺嘌呤A　　鸟嘌呤G　　胞嘧啶C　　胸腺嘧啶T　　尿嘧啶U

(2)核酸中主要的嘌呤和嘧啶

图 2-3　常见的嘌呤和嘧啶的结构

核酸分子中除了常见的几种嘌呤碱和嘧啶碱外，也含有一些稀有碱基（图 2-4）。DNA 中最普通的稀有碱基是碱基的甲基化产物。一些病毒中，一些碱基可能被羟基化或糖基化。这些 DNA 中修饰了的稀有碱基在不同情况下可能用于调节或保护遗传信息。RNA 中也存在着许多稀有碱基，特别是在 tRNA 中。稀有碱基的命名有些复杂。在这里通常规定，对于修饰碱基的核苷，在核苷符号的左侧以小写字母及右上角数码表示其碱基上的取代基团的性质、数目及位置，如 2-甲基腺苷表示为：m^2A。对于修饰糖环的核苷，在核苷符号右侧以小写字母表示，如 $2'-O$-甲基腺苷，写为 Am^2。

二、核苷

核苷是一种糖苷，由戊糖和碱基缩合而成。组成核酸的戊糖主要有 2 种：DNA 含有 D-2′-脱氧核糖，RNA 含有 D-核糖。在核苷酸中，两种戊糖都是 β-呋喃型。糖与碱基之间以糖苷键相连接。碱基氮原子与戊糖的 1′C 形成 $N-\beta$-糖苷键（嘌呤碱在 N-9，嘧啶碱在 N-1）。磷酸与戊糖 5′C 成酯。$N-\beta$-糖苷键形成时缩合去掉一个水分子（羟基来自戊糖，氢原子来自碱基）。如图 2-5 所示。

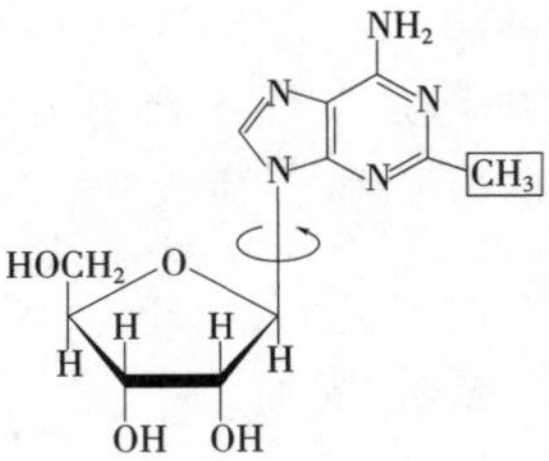

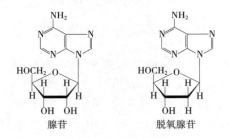

2-甲基腺苷（m²A）　　　　2′-O-甲基腺苷（Am²）

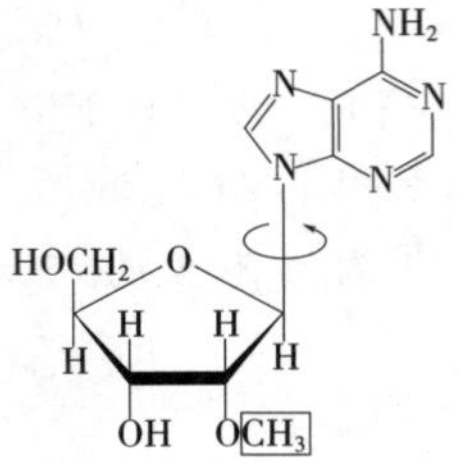

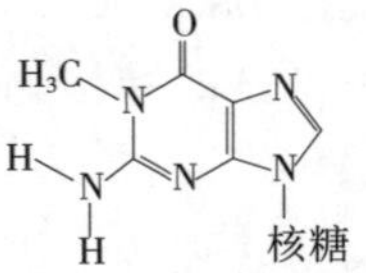

1-甲基鸟苷（m¹G）　　　　二氢尿嘧啶（D）

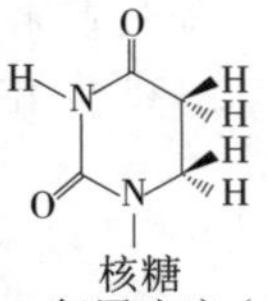

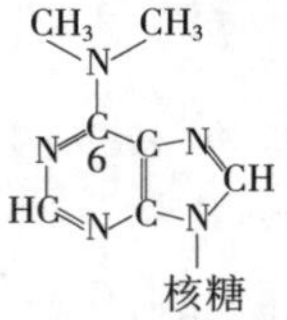

N^6，N^6-二甲基腺苷（m$_2^6$A）　　　假尿嘧啶（ψ）

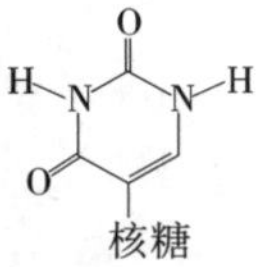

图 2-4　稀有碱基

腺苷　　　　脱氧腺苷

图 2-5　核苷的结构

三、核苷酸

（一）核苷酸的组成

核苷酸是核苷的磷酸酯。核苷含有 3 个可以被磷酸酯化的羟基（2′，3′和 5′羟基），而脱氧核苷含有 2 个这样的羟基（3′和 5′羟基）。在自然界中出现的核苷酸，磷酰基通常都是连接在 5′羟基的氧原子上，因此不做特别指定时，提到核苷酸指的都是 5′-磷酸酯。细胞中，有些核苷酸除了 5′C 之外的其他位置上也含有磷酸基团。四种主要核糖核苷酸和脱氧核糖核苷酸的结构和名称如图 2-6 所示。

核糖核苷酸通常简写为 AMP、GMP、UMP 和 CMP；脱氧核糖核苷酸通常简写为 dAMP、dGMP、dTMP 和 dCMP。核苷酸的系统命名给出了该分子中存在的磷酸基团数目，例如腺苷的 5′-单磷酸酯就称为腺苷一磷酸（adenosine monophosphate，AMP），也可简称为腺苷酸（adenylate）。

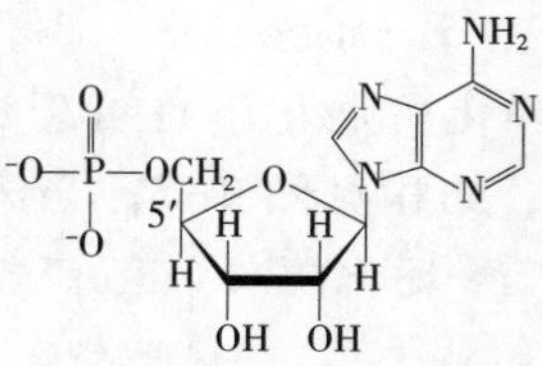

腺苷酸（AMP） 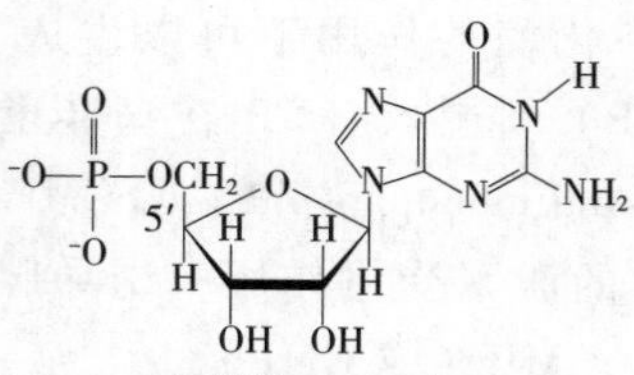　　　　　　　鸟苷酸（GMP）

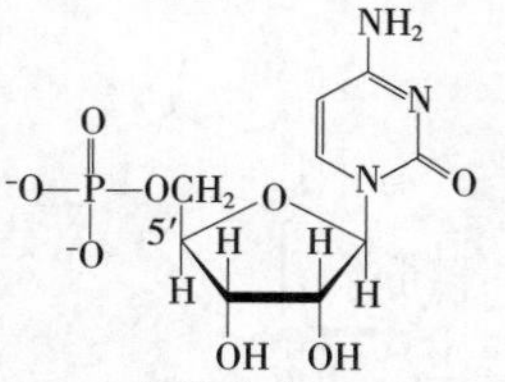

胞苷酸（CMP） 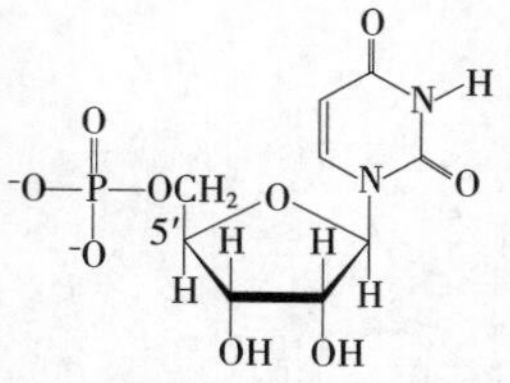　　　　　　　尿苷酸（UMP）

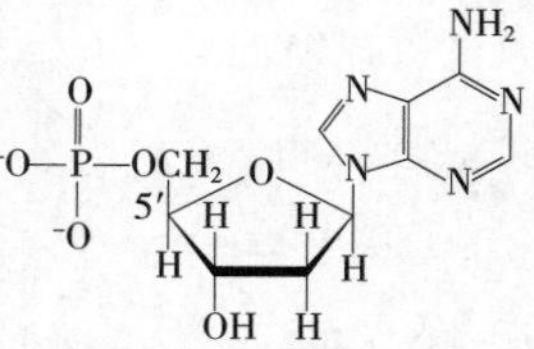

脱氧腺苷酸（dAMP） 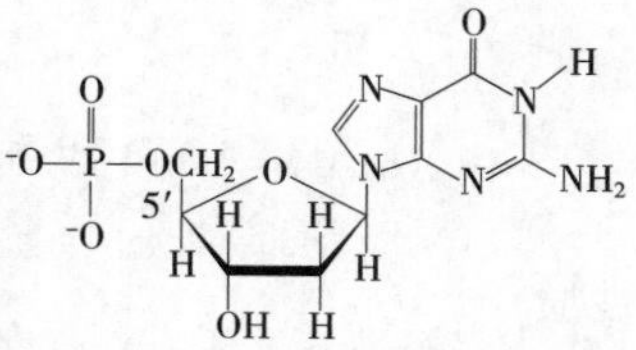　　　　　脱氧鸟苷酸（dGMP）

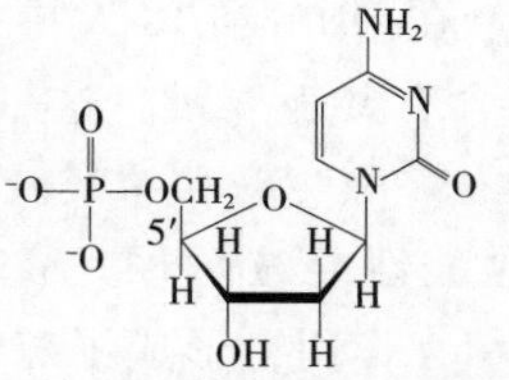

脱氧胞苷酸（dCMP） 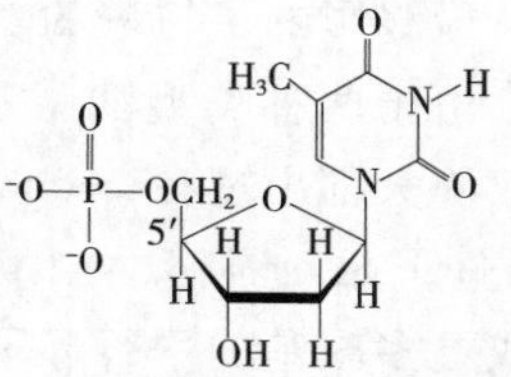　　　　　脱氧胸苷酸（dTMP）

图 2-6　核糖核苷酸和脱氧核糖核苷酸

（二）核苷酸的磷酸化

核苷一磷酸可以进一步磷酸化，形成核苷二磷酸和核苷三磷酸。例如：腺苷一磷酸（AMP）、腺苷二磷酸（ADP）、腺苷三磷酸（ATP），其结构如图 2-7 所示。

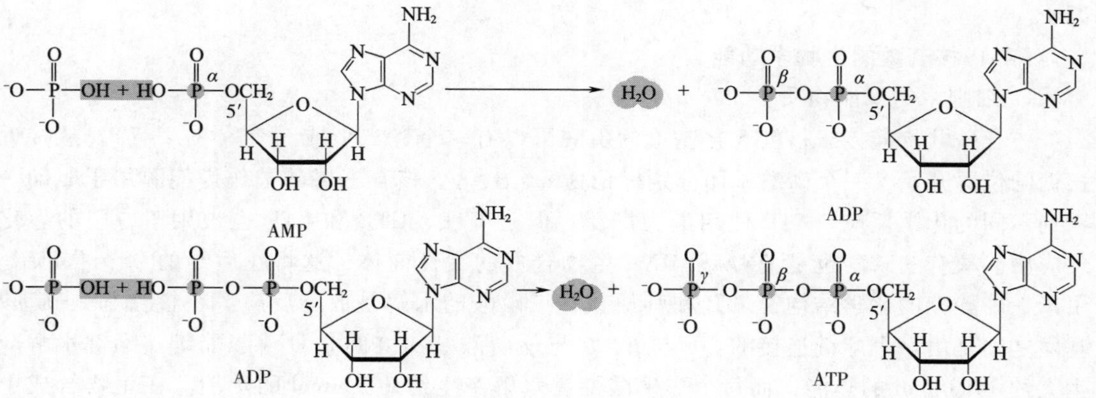

图 2-7　腺苷酸及其多磷酸化合物

ATP 在腺苷酸环化酶的作用下可以生成 3′，5′-环腺苷酸（3′，5′-cyclic adenosine monophosphate，cAMP）。同样，GTP 在鸟苷酸环化酶催化下也可生成 3′，5′-环鸟苷酸（3′，5′-cyclic guanosine monophosphate，cCMP），结构见图 2-8。当激素经血液到达靶细胞后，与靶细胞相应的激素受体作用，诱导腺苷酸环化酶（或鸟苷酸环化酶）催化 ATP（或 GTP）环化生成 cAMP（或 GMP）。

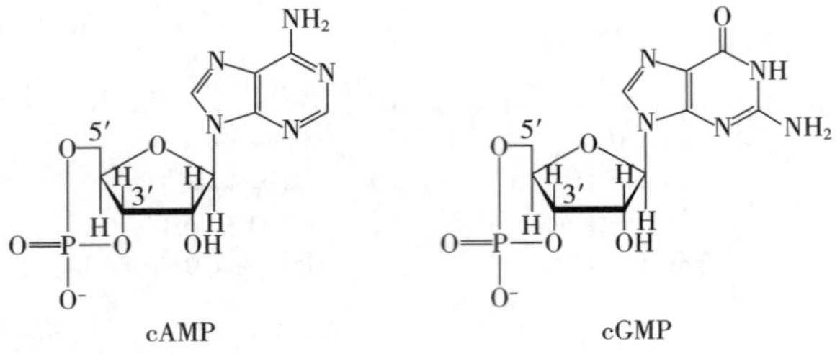

图 2-8　cAMP 和 cGMP 的结构

（三）核苷酸的性质

单独的嘧啶碱和嘌呤碱是弱碱性物质，因此称为碱基。它们具有许多化学性质，这些性质影响着核酸的结构，最终影响了核酸的功能。在 DNA 和 RNA 中，共有的嘧啶碱和嘌呤碱是高度的共轭分子。由于两种类型的碱基都含有共轭双键，这一特性使得环呈平面，具有紫外吸收，最大吸收峰大都出现在 260nm 左右。嘌呤碱和嘧啶碱是疏水性的，在细胞中 pH 接近中性，在此条件下相对不溶。当 pH 为酸性或碱性时，碱基开始电离，其在水中的溶解度增加。两个或更多碱基的平行环平面相互作用，形成了疏水堆积作用，这种作用是核酸中碱基相互作用的两种主要方式之一。碱基堆积作用涉及范德华作用力和碱基间偶极-偶极相互作用。碱基堆积有助于减少碱基与水的接触，且对于稳定核酸的三维结构也是非常重要的。由于磷酸的存在，使核苷酸具有较强的酸性。核苷酸中，碱基部分的 pK_a 值与核苷的相似，额外的两个解离常数是由磷酸碱基残基引起的。但在多核苷酸中，除了末端磷酸残基外，磷酸二酯键的磷酸残基只有一个解离常数。由于核苷酸含有磷酸和碱基，为两性电解质，它们在不同 pH 的溶液中解离程度不同，在一定条件下可形成兼性离子。

（四）核苷酸的生物学功能

1. 细胞中的携能物质

核苷酸共价连接于核糖 5′羟基上的磷酸可以有一个、二个或三个（图 2-7）。从接近核糖的位置开始，三个磷酸基团分别标记为 α、β、γ。核苷三磷酸被作为能源用于驱动一系列不同的化学反应。ATP 使用最为广泛，但是 UTP、GTP 和 CTP 也被用于专门的生化反应中。核苷三磷酸也是 DNA 和 RNA 生物合成的活性前体，这将在后续的章节中介绍。由于三磷酸酯的化学结构，ATP 和其他核苷三磷酸的水解是放能反应。在核糖和 α-磷酸基团之间是由一个酯键连接的。α 与 β，β 与 γ 磷酸基团之间是焦磷酸酯键。酯键水解产生大约 14kJ/mol 的热能，而每个焦磷酸酯键水解产生约 30kJ/mol 的热能。在生物合成中 ATP 的水解常用于驱动吸能的代谢反应，当 ATP 的水解和一个自由能增加的反应耦联时，它使反应平衡朝着形成产物的方向移动。

2. 核苷酸是许多酶的辅助因子的结构成分

腺嘌呤核苷酸可作为一些酶辅助因子结构的一部分。虽然辅助因子中的腺嘌呤核苷酸部分没有直接参与它们的催化反应，但是除去腺苷酸使得它们的活性急剧降低。例如，乙酰辅酶 A 中除去腺嘌呤核苷酸后，再作为 β-酮脂酰辅酶 A 转移酶的底物的活性会降低至百万分之一。虽然腺苷酸在酶中的必要性的详细原因未完全了解，但是部分原因是由于其可以增加酶和底物的结合能力，它既被用于催化中也被用于稳定初始酶和底物复合物。相对于辅酶 A 转移酶，核苷酸的部分像是起到结合"把柄"的作用，以帮助底物被拖进活性中心。其他一些酶中含有核苷酸结构的辅因子也可能起类似的作用。

3. 一些核苷酸是细胞通信的媒介

细胞对环境事件做出反应是由围绕它的介质中的激素和信号化合物提示的。这些细胞外化学信号（第一信使）和细胞受体的相互作用常常导致细胞内"第二信使"的产生，由它们导致细胞内部的适应性改变。第二信使常常是一种核苷酸。一个最普通的第二信使是 3′, 5′-环单磷酸腺苷（cAMP）。它是由腺苷酸环化酶从 ATP 合成的，这种腺苷酸环化酶与细胞质膜的内表面相连。除了植物界，环式 AMP 在所有细胞中都有调节功能，3′, 5′-环单磷酸鸟苷（cGMP）也存在于许多细胞中，并有调节功能。

另一种调节核苷酸是 ppGpp，它是在氨基酸饥饿期间由细菌产生的，通过抑制 rRNA 和 tRNA 分子的合成而减缓蛋白质合成。因而防止不必要的核酸生成，抑制蛋白质的合成。

第三节 核酸的分子结构

一、核酸的一级结构

DNA 和 RNA 的核苷酸是以磷酸基团为桥梁共价连接起来的，即通过 3′, 5′-磷酸二酯键将一个核苷酸的 3′-OH 与其相邻核苷酸上 5′-OH 连接。因此，核酸的共价骨架包含了交替的磷酸基团和戊糖残基，且含氮碱基作为侧链可与骨架有规律地在间隔处相连（图 2-9）。DNA 和 RNA 的骨架均为亲水性。糖残基的—OH 基团与水分子形成氢键。磷酸基团的 pK_a 约为零，完全离子化且在 pH7 时带负电荷，这些负电荷通常与蛋白质、金属离子和多胺上的正电荷发生离子反应而被中和。

所有磷酸二酯键的连接均沿着链的相同方向进行，使得每一线性的核酸链具有特异的极性，即存在具有差异的 5′端和 3′端。5′端在 5′位没有核苷酸，3′端在 3′位没有核苷酸。其他基团（多数是一个或几个磷酸基）可以出现在一端或两端。DNA 和 RNA 共价骨架中的磷酸二酯键可能会发生缓慢且不需要酶催化的水解反应。

核酸的核苷酸序列可以简化表示。图 2-9 表示一个由 4 个核苷酸构成的 DNA 片段，磷酸基团用 P 表示，脱氧核糖用直线表示，从上到下为 C-1 到 C-5。核苷酸之间通过的连接线中间有 P 为对角线，从一个核苷酸的脱氧核糖中部（C-3）到相邻核苷酸脱氧核糖底部（C-5）。通常一条单链核酸的结构按从左边的 5′端到右边的 3′端进行编号，即5′→3′的方向。更简便的表示方法有：pA-C-G-T-AOH，pApCpGpTpA，pACGTA。

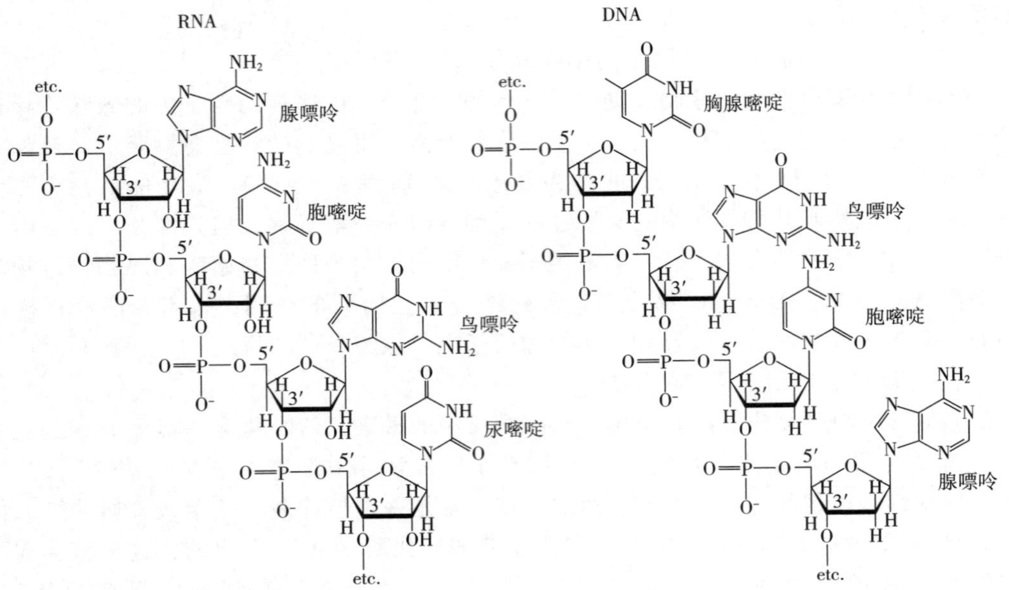

RNA　　　　　　　　　　　　　　　　DNA

图 2-9　DNA 和 RNA 的一级结构

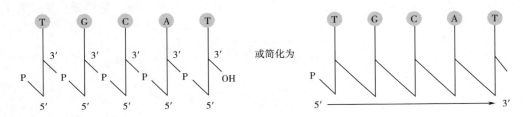

图 2-10　核酸的核苷酸序列的简化表示方法

一段短的核酸称为寡核苷酸（oligonucletide）。通常含有 50 或更少核苷酸的聚合物称为寡核苷酸，而较长的核酸则称为多聚核苷酸（polynucletide）。

二、DNA 的高级结构

（一）DNA 双螺旋结构的发现

为了研究 DNA 的结构，化学家、物理学家、生物学家和数学家们采取了各种不同的方法，积累了多方面的数据和资料，归纳起来主要有以下三点。

1. DNA 碱基组成——Chargaff 法则

DNA 结构的一个重要线索来自 Chargaff 及其同事在 20 世纪 40 年代后期的工作。他们发现 DNA 中核苷酸的碱基在不同生物 DNA 中以不同的比率存在，某些碱基的总量是密切相关的。根据这些大量不同物种中获得的数据，Chargaff 得出了以下的结论。

（1）通常不同的物种，其 DNA 碱基组成不同。

（2）同一物种的不同组织，其 DNA 碱基组成相同。

（3）在特定物种中，DNA 碱基组成不随机体年龄、营养状态或所处环境的变化而变化。

（4）在所有生物 DNA 中，不考虑种属，腺嘌呤残基的总数等于胸腺嘧啶残基的总数（即 A＝T），鸟嘌呤残基的总数等于胞嘧啶残基的总数（即 G＝C）。从这些关系可以得出，嘌呤的总数与嘧啶的总数相等，即 A＋G＝T＋C。

这些数量关系称为"Chargaff 法则"，后来被许多研究者所证实。该法则是建立 DNA 三维结构和探寻 DNA 遗传信息是如何被编码的以及如何从亲代传递到子代的关键。

2. 采用 X 射线分析 DNA

1951 年，为了更好地了解 DNA 的结构，Rosalind Franklin 和 Maurice Wilkins 采用 X 射线分析 DNA。在 20 世纪 50 年代早期，他们发现 DNA 产生一个特异性的 X 射线衍射图谱（图 2-11）。从图谱中他们了解到 DNA 分子是 1 种螺旋结构的多聚体。尤其重要的是，他们发现这一螺旋结构是由 2 条链组成的。从这一图谱推测，DNA 分子是双螺旋，在其长轴的方向上，两个碱基的距离为 0.34nm，双螺旋的螺距为 3.4nm。

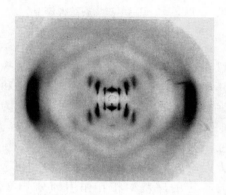

图 2-11　DNA 的 X 射线衍射图谱

3. 碱基配对

嘧啶碱和嘌呤碱最重要的功能基团是环上的氮和羰基，以及环外的氨基。氨基和羰基之间的氢键是核酸分子中碱基之间相互作用的又一重要方式。碱基之间的氢键使得 2 条核酸链可以互补结合。最重要的氢键形式是 1953 年由 Watson 和 Crick 提出的，即 A 与 T（或 U）特异配对，G 与 C 特异配对。在双链 DNA 和 RNA 中主要是这两类碱基对（base pair）。

（二）DNA 的二级结构

1. DNA 双螺旋结构特点

如何来构建出一个 DNA 分子的三维结构模型？它不仅要能够解释 X 射线衍射数据，而且还要能够解释由 Chargaff 发现的 A＝T、G＝C 关系，以及 DNA 的其他化学性质。1953 年，Watson 和 Crick 提出了 DNA 三维结构模型（图 2-12），该模型解释了所有可以提供的数据。

两条反向平行的多核苷酸链围绕同一中心轴缠绕，形成一个右手的双螺旋，即两条链均为右手螺旋，一条是 5′→3′方向，另一条是 3′→5′方向。一条链上的碱基通过氢键与另一条链上的碱基连接，形成碱基对。G 对 C 配对，A 与 T 配对（碱基互补），G 和

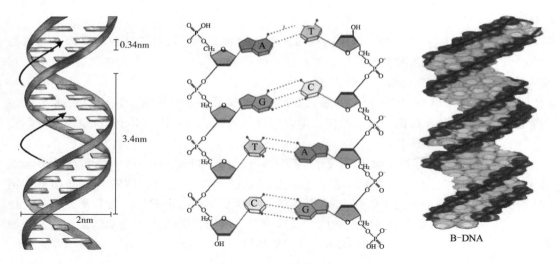

图 2-12 DNA 双螺旋结构模型

C 之间可以形成 3 个氢键，而 A 和 T 之间只能形成 2 个氢键。交替的脱氧核糖和带负电荷的磷酸基团骨架位于双螺旋的外侧，糖环平面几乎与碱基平面成直角。两条链上的嘌呤碱基与嘧啶碱基堆积在双螺旋的内部，由于它们的疏水性和近似平面的环结构而紧密叠在一起，碱基平面与螺旋的长轴垂直。双螺旋的平均直径为 2nm，相邻碱基对的距离是 0.34nm，相邻核苷酸的夹角为 36°。沿螺旋的长轴每一转含有 10 个碱基对，其螺距为 3.4nm。由于碱基对的堆积和糖-磷酸骨架的扭转，导致螺旋的表面形成了两条不等宽的沟：宽的、深的沟称为大沟；窄的、浅的称为小沟。在这些沟内，碱基对的边缘是暴露给溶剂的，所以能够与特定的碱基对相互作用的分子可以通过这些沟去识别碱基对，而不必将螺旋破坏。这对于可以与 DNA 结合并"读出"特殊序列的蛋白质特别重要。

DNA 结构双螺旋模型得到许多化学和生物学实验的支持。此外，该模型直接表明了遗传信息传递的机制。该模型的主要特点是两条链之间的互补性。正如 Watson 和 Crick 所提出的，在可以提供确凿数据之前，这种结构在理论上是可以被复制的，因为双链可以分离；每一条链可以合成自己的互补链。在每一条新链上核苷酸以特定的顺序被添加上去，而这一添加遵循上面所陈述的碱基配对原则。已经存在的链，其功能是作为引导互补链合成的模板。以上的构想通过实验得以证实，使我们对生物遗传的理解产生了革命性的发展。

该模型揭示了 DNA 作为遗传物质的稳定性特征，最有价值的是确认了碱基配对原则，这是 DNA 复制、转录和反转录的分子基础，也是遗传信息传递和表达的分子基础。该模型的提出是 20 世纪生命科学的重大突破之一，它奠定了生物化学和分子生物学乃至整个生命科学飞速发展的基石。

在 Watson 和 Crick 双螺旋模型公布之后，通过对合成的已知序列的寡核苷酸 X 射线晶体衍射图的研究发现，DNA 双螺旋可以几种不同类型的构象存在（A，B 和 Z 型 DNA 等，图 2-13），B-DNA 和 A-DNA 都是右手螺旋，而 Z-DNA 是左手双螺旋结构。

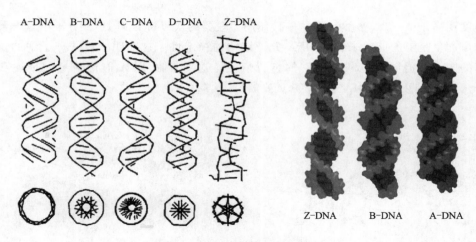

图 2-13 DNA 双螺旋的不同构象

Watson 和 Crick 的 DNA 双螺旋模型是依据 Franklin 拍摄的 DNA 晶体衍射图,而 Franklin 实验用的 DNA 晶体是纯的、标准的 B-DNA。现在人们知道,细胞内的 DNA 不是以纯的 B-DNA 形式存在的,大多数 DNA 似乎是以一种非常类似于标准 B 构象的 DNA 存在的,但在螺旋的一定区域内会出现短序列的 A-DNA。A-DNA 中的碱基相对于螺旋轴大约倾斜 20°,每一转含有 11 个碱基对,螺旋比 B-DNA 宽。Z-DNA 是左手双螺旋结构,每一转含有 12 个碱基对。此外,由于 Z-DNA 碱基对只稍微偏离螺旋轴,因而没有明显的沟。尽管可以合成 Z-DNA,但在生物体的基因组很少出现这种类型。但有事实表明,在原核和真核生物中存在一些短片段的 Z-DNA。在基因表达调控和遗传重组中,这些 Z-DNA 片段可能有重要作用,这还有待进一步的研究。不同类型 DNA 的比较见表 2-1。

表 2-1 A、B 型和 Z 型 DNA 的比较

内容	A	B	Z
外型	粗短	适中	细长
螺旋方向	右手	右手	左手
螺旋直径/nm	2.55	2.37	1.84
碱基直径/nm	0.23	0.34	0.38
碱基夹角/度	32.7	34.6	60.0
每圈碱基数	11	10.4	12
轴心与碱基对关系/nm	2.46	3.32	4.56
碱基倾角/度	19	1	9
糖苷键构象	反式	反式	C、T 反式,G 顺式
大沟	很窄很深	很宽较深	平坦
小沟	很宽、浅	窄、深	较窄很深

2. 维持 DNA 二级结构的作用力

由于 G-C 间可形成 3 对氢键,A—T 之间可形成 2 对氢键(图 2-14),所以 G—C 的

配对强度要高于 A—T。虽然氢键是一种作用力较弱的次级键，但 DNA 分子中氢键数量众多，仍可产生足够的能量来维持 DNA 分子结构的稳定性。这表明，打开分子中的氢键需要较高的能量，但同时也利于氢键的自行恢复。这对控制 DNA 遗传信息的传递和保持 DNA 分子原有的正常空间结构是十分重要的。

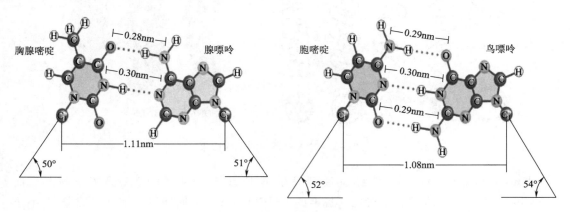

图 2-14　碱基间氢键的形成

DNA 分子中的碱基是由杂环构成的，疏水性较强，埋藏于分子内部，形成了疏水相互作用力。在水相中，轴向平行相邻的碱基平面将自发地相互靠近，从而形成了碱基堆积。通过周围水分子混乱度的增加，使整个体系的熵增加，补偿了疏水的碱基平面有序聚集所产生的熵减，从而驱动这一自发过程的进行。另外，两条链磷酸基团之间的静电排斥力是不利于 DNA 的二级结构稳定的，因此环境中正离子的存在可以中和磷酸基团所带的负电荷以稳定结构。

3. DNA 的特殊结构

尽管大量氢键和碱基堆积力很好地起到了稳定 DNA 二级结构的作用，但 DNA 在其双螺旋的纵轴上仍保留有一定的活动度，而不是完全的刚性结构。与蛋白质的 α-螺旋结构不同，上下相邻的核苷酸残基之间不存在氢键。所以 DNA 可产生一定的弯曲度。某些特定的 DNA 序列甚至可以自发地弯曲。因此除前面介绍过 DNA 的 A、B、Z 等构象外，人们还观察到 DNA 具有其他依赖核苷酸序列的特殊空间结构。它们很可能与特异调节蛋白的结合以及 DNA 的远距离相互作用等过程关系密切。例如，4 个以上的腺苷酸残基连续出现在同一条 DNA 链上，就能使 DNA 双链发生弯曲；如果是 6 个腺苷酸排列在一起，会产生 18°的弯曲，这将有助于一些蛋白质对 DNA 序列的识别与结合。下面具体介绍几种典型的 DNA 特殊结构。

（1）回文结构　这种二重对称的结构要求两条 DNA 互补链中的每一条都可发生链内互补，因此具有在核酸单链内形成发夹结构或在双链中形成十字架结构的倾向（图 2-15）。很多限制性内切酶的识别位点都有反向重复的特征。十字架结构分为茎、环两部分，茎是保持十字结构的稳定因素，环则属于不稳定因素（过大的十字架也会不稳定）。总之，它较相应的双螺旋结构稳定性差，因此常需要一些结合蛋白来增加其稳定性。S1 核酸酶能够特异性地切开 DNA 中的局部单链区，所以它可用来鉴定这种结构。回文序列在 DNA 的调控区较常见，它所形成的对称空间结构，为 DNA 结合蛋白提供了特定的识别与结合位点。

（2）H-DNA　几种不常见的 DNA 结构涉及 3 条甚至 4 条 DNA 链。这些结构种类值得研究，因为这些位置中的大多数是一些重要的位点，在 DNA 的代谢（复制、重组、转录）中，它们是起始和调控位点。含有 Watson 和 Crick 模型碱基对的核酸能形成大量的氢键，尤其是大沟中的功能基团。例如，鸟嘌呤残基与胞嘧啶残基能配对形成 G≡C，腺嘌呤残基与胸腺嘧啶残基配对形成 A＝T。嘌呤的 N-7、O^6、N^6，这些参与三股螺旋 DNA 氢键的原子通常称为 Hoogsteen 位点（Hoogsteen position），非 Watson-Crick 配对称为 Hoogsteen 配对（Hoogsteen pairing），这种不寻常的配对方式是 Karst Hoogsteen 于 1963 年首次发现的，其特点是 T—A—T，C—G—C。Hoogsteen 配对允许三股螺旋 DNA（triplex DNA）形成（图 2-16）。

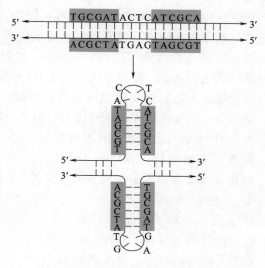

图 2-15　回文序列与十字架结构

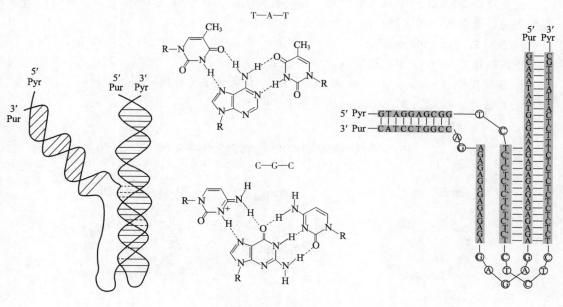

图 2-16　H-DNA

（三）DNA 的三级结构

DNA 在二级结构基础上还可以产生三级结构。DNA 的三级结构是指 DNA 分子（双螺旋）通过扭曲和折叠所形成的特定构象，包括不同二级结构单元间的相互作用、单链与二级结构单元间的相互作用以及 DNA 的拓扑特征。超螺旋是 DNA 三级结构的一种形式。

许多细菌和病毒中的 DNA 分子呈双链环状形式，常将环状 DNA 称为松弛型 DNA。假设将环状双链 DNA 中一个位置固定，而在另外某一位置捻动双螺旋，就会形成超螺旋（图 2-17），显然超螺旋是双螺旋的螺旋，也可以说是 DNA 的三级结构。

假如向右捻动（即沿原右手螺旋方向捻动），等于紧旋（所谓的"上劲"），是一种超过原有旋转状态的状态，称为过旋。由于 DNA 分子另一个位置被固定，捻动施加的力释放不掉，所以过旋给分子增加了额外的扭转张力。为了消除张力，过旋 DNA 会自动形成额外左手螺旋，这样的超螺旋称为正超螺旋（positive supercoil），如果向左捻动（即沿与原右手螺旋方向相反的方向捻动），等于解旋（所谓的"卸劲"），处于这样状态的 DNA 分子相对于松弛状态是一种旋转减少的状态，所以称为欠旋。同样，由于 DNA 分子另一个位置被固定，欠旋也给双螺旋 DNA 分子增加了额外的应力。为了消除张力，欠旋形成额外右手螺旋，这样的螺旋称为负超螺旋（negative supercoil）。

负超螺旋　　　松弛环状　　　正超螺旋

图 2-17　DNA 分子的三级结构

下面讨论环状 DNA 的一些重要的拓扑学特性（图 2-18）。

1. 连环数（linking number）

这是环状 DNA 的一个重要的特性。连环数指的是：在双螺旋 DNA 中，一条链以右手螺旋绕另一条链缠绕的次数，用字母 L 表示。

2. 扭转数（twisting number）

扭转数指 DNA 分子中的螺旋数，以 T 表示。

3. 超螺旋数（number of turns of superhelix）或缠绕数（writhing number）

以 W 表示。L、T、W 三者之间的关系为 $L = T + W$。

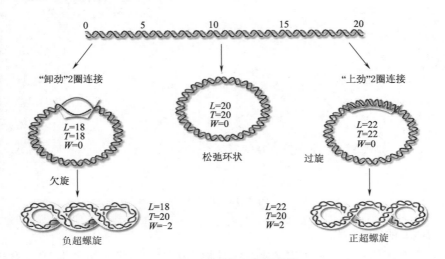

"卸劲"2圈连接　　　　　　　　　　　　　　　"上劲"2圈连接

$L=18$　　　$L=20$　　　$L=22$
$T=18$　　　$T=20$　　　$T=22$
$W=0$　　　$W=0$　　　$W=0$

松弛环状

欠旋　　　过旋

$L=18$　　　$L=22$
$T=20$　　　$T=20$
$W=-2$　　　$W=2$

负超螺旋　　　　　　　　正超螺旋

图 2-18　DNA 的拓扑学特性

三、RNA 的空间结构

RNA 多样性且复杂的功能反映了结构上的多样性，这种多样性远比在 DNA 分子中丰富得多。根据 RNA 的一些理化性质和 X 射线分析，大多数天然的 RNA 分子是以一条单链形式存在的。RNA 没有简单、规则的二级结构作为一个衡量标准，而在 DNA 中双螺旋是一个规则的二级结构。许多 RNA 的三维结构，像蛋白质一样，是复杂而独特的。弱的相互作用尤其是碱基堆积力，在稳定 RNA 结构中起重要作用，这与在 DNA 结构中作用相同。在互补序列存在的区域，主要的双螺旋结构是 A-型右手双螺旋。Z-型螺旋在实验室条件（高盐、高温条件）下可以形成。还没有发现 RNA 的 B 型。在规则的 A-型螺旋中由错配或没有配对的碱基在一条或两条链上形成的间断是常见的，并将导致凸起或中间环的形成。邻近的自身互补的碱基对之间形成双螺旋区，碱基配对的规则是 A—U、G—C。RNA 一般都存在这样的二级结构，这样的一种结构称为发夹结构或茎-环结构。当一段短的有互补序列的多核苷酸形成碱基对时，都会出现这种结构。这样的结构一般都出现在 tRNA 和 rRNA 分子中。

特殊的短碱基序列（如 UUGG）通常在 RNA 发夹的末端发现，它能形成特别紧凑且稳定的环。这种序列可能是 RNA 分子中折叠成精确三维结构的起始点。氢键是另一种维系结构稳定的重要作用，而这类氢键在标准的 Watson-Crick 碱基对中是没有的，例如，核糖 $2'$-羟基与其他基团形成的氢键。有一些特性在酵母苯丙氨酸 tRNA（这类 tRNA 负责将苯丙氨酸加到肽链上）的结构中和在两个核酶中非常明显。核酶的功能像蛋白酶一样依赖于其三维结构。

（一）转运核糖核酸（transfer RNA，tRNA）

tRNA 的主要功能是在蛋白质生物合成的过程中，起着转运氨基酸的作用。tRNA 载有激活的氨基酸，并运到核糖体，将氨基酸掺入到生长着的肽链中。tRNA 一般是由 $73 \sim 95$ 个核苷酸组成，其中含有许多修饰的碱基。自 1965 年，Holley 等人首次测出酵母丙氨酸 tRNA 的一级结构，到 1983 年已有 200 多个 tRNA（包括不同生物来源、不同器官、细胞器的同功受体 tRNA 以及校正 tRNA）的一级结构被阐明。按照 A—U、G—C 以及 G—U 碱基配对原则，除个别例外。tRNA 分子均可排布成三叶草模型的二级结构（图 2-19）。它由氨基酸臂、二氢尿嘧啶环、反密码环、额外环和 $T_{\psi}C$ 环等 5 个部分组成。

1. 氨基酸臂

它由 7 对碱基组成，富含鸟嘌呤，末端是 CCA，接受活化的氨基酸。

2. 二氢尿嘧啶环

它由 $8 \sim 12$ 个核苷酸组成，具有两个二氢尿嘧啶，故得名。通过由 $3 \sim 4$ 对碱基组成的双螺旋区（也称二氢尿嘧啶臂）与 tRNA 的其余部分相连。

3. 反密码环

它由 7 个核苷酸组成。环中部为反密码子，由 3 个碱基组成。次黄嘌呤核苷酸 I 常出现在反密码子中。反密码环通过由 5 对碱基组成的双螺旋区（反密码臂）与 tRNA 的其余部分相连。反密码子可识别信使 RNA 的密码子。

4. 额外环

它由 $3 \sim 18$ 个核苷酸组成，不同的 tRNA 具有不同大小的额外环，是 tRNA 分类的重要指标。

5. 假尿嘧啶核苷-胸腺嘧啶核糖核苷环（T$_\Psi$C 环）

它由 7 个核苷酸组成，通过由 5 对碱基组成的双螺旋区（T$_\Psi$C 臂）与 tRNA 的其余部分相连。除个别例外，几乎所有 tRNA 在此环中都含有稀有核苷 T 和 Ψ。

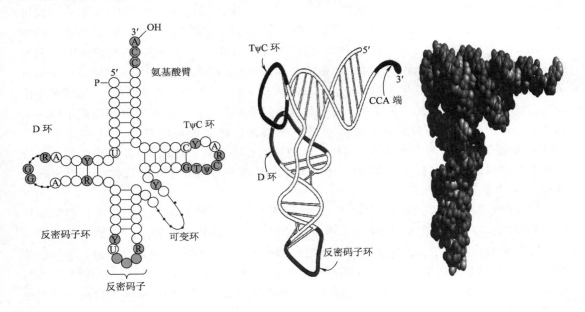

图 2-19 tRNA 的高级结构

1974 年，X 射线晶体衍射法首次测出 tRNA（酵母苯丙氨酸 tRNA）晶体的三维结构。tRNA 分子全貌像倒写的英文字母 L（图 2-19），它是在 tRNA 二级结构基础上，通过氨基酸臂与 TΨC 臂形成一个连续的双螺旋区，构成字母 L 下面的一横。而二氢尿嘧啶臂与它相垂直，与反密码臂及反密码环共同构成字母 L 的一竖。其他 tRNA 晶体的三维结构类似酵母苯丙氨酸 tRNA，只是某些参数有所不同。tRNA 在溶液中的构型与其晶体结构一致。

（二）核糖体核糖核酸（ribosome RNA，rRNA）

rRNA 是核糖体的组成成分（图 2-20）。核糖体是细胞内蛋白质和 RNA 的复合体。核糖体含有大约 60%RNA，40%蛋白质，整个核糖体由一大一小两个亚基组成。

E. coli 核糖体中含有 3 种 rRNA：5S rRNA、16S rRNA 和 23S rRNA。动物细胞核糖体中含有 4 种 rRNA：5S rRNA、5.8S rRNA、18S rRNA 和 28S rRNA。

（三）信使核糖核酸（messenger RNA，mRNA）

mRNA 编码蛋白质中的氨基酸序列，mRNA 是作为一个"信使"，它载有来自 DNA 的信息，然后进入蛋白质合成场所——核糖体，作为蛋白质合成的模板指导蛋白质的合成。mRNA 约占细胞总 RNA 的 3%。一般来说，mRNA 是细胞内最不稳定的一类 RNA。

对 RNA 分子结构和功能的分析研究是一个新兴的研究领域，正如蛋白质结构的分析一样，RNA 结构的分析同样复杂。随着人们逐渐意识到 RNA 分子具有多种功能，对 RNA 结构的了解也就显得越来越重要。

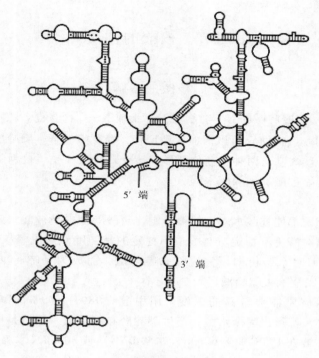

(1)16s rRNA的高级结构

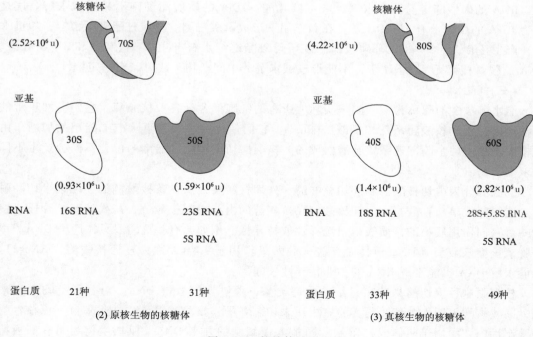

(2) 原核生物的核糖体　　　　　　　　(3) 真核生物的核糖体

图 2-20　核糖体的组成

第四节　核酸的性质

一、核酸的水解

核酸嘌呤碱的 N_9 和嘧啶碱的 N_1 与戊糖的 C_1 形成 N—C 糖苷键。嘌呤碱基和嘧啶碱基与两种戊糖（核糖和脱氧核糖）可以形成 4 种糖苷，即嘌呤核苷、嘌呤脱氧核苷、嘧啶核苷、嘧啶脱氧核苷。磷酸基与两种戊糖分别形成核糖磷酸酯和脱氧核糖磷酸酯。所有这些糖苷键和磷酸酯键都能被酸、碱和酶水解。

（一）酸水解

糖苷键和磷酸酯键都能被酸水解，但糖苷键比磷酸酯键更易被酸水解。嘌呤碱的糖苷键比嘧啶碱的糖苷键对酸更不稳定。对酸最不稳定的是嘌呤碱与脱氧核糖之间的糖苷键。DNA 在 pH1.6 于 37℃ 对水透析即可完成除去嘌呤碱，而成为无嘌呤酸；如在 pH2.8 于 100℃ 加热 1h，也可完全除去嘌呤碱。

嘧啶糖苷键的水解常需要较高的温度。用甲酸（98%~100%）密封加热至 175℃，2h，无论 DNA 或 RNA 都可以完全水解，产生嘌呤碱和嘧啶碱，缺点是尿嘧啶的回收率比较低。如改用三氟乙酸在 155℃ 加热 60min（水解 DNA）或 80min（水解 RNA），嘧啶碱的回收率显著提高。

（二）碱水解

RNA 的磷酸酯键易被碱水解，产生核苷酸。DNA 的磷酸酯键则不易被碱水解。这是因为 RNA 的核糖上有 2′—OH 基，在碱作用下形成磷酸三酯。磷酸三酯极不稳定，随机水解，产生核苷 2′，3′—OH 环磷酸酯。该环磷酸酯继续水解产生 2′-核苷酸和 3′-核苷酸。DNA 的脱氧核糖无 2′—OH 基，不能形成碱水解的中间产物，故对碱有一定抗性。

（三）酶水解

能水解核酸的酶称为核酸酶。实际上所有的细胞都含有各种核酸酶。它们参加正常的核酸代谢过程。核酸酶都是"磷酸二酯酶"，它们催化在水参与下磷酸二酯键的切断。由于核酸链是由两个酯键连系核苷酸而成的，核酸酶切割磷酸二酯键的位置不同会产生不同的末端产物。

核酸酶分为内切核酸酶和外切核酸酶。外切核酸酶只从一条核酸链的一端逐个切断磷酸二酯键释放单核苷酸。而内切核酸酶在核酸链的内部切割核酸链，产生核酸链片段。核酸酶对它们作用底物的性质表现出选择性或特异性。例如，有些核酸酶只作用于 DNA，称为脱氧核糖核酸酶（DNase），而有些核酸酶只作用于 RNA，称为核糖核酸酶（RNase）。既能水解 DNA 也能水解 RNA 的称非特异性核酸酶。

核酸限制性内切酶是分离自细菌的一类酶，能够切割双链 DNA。对分子生物学家来说，某些核酸限制性内切酶是实验室中用来切割和操作核酸的工具。这些来自于原核生物的限制性内切酶用于防御或"限制"可能入侵细胞的外来 DNA。原核生物利用它们独特的限制性内切酶把外来的 DNA 切成无感染性的片段。该类酶不能水解自己细胞的染色体 DNA，因为细胞内还有"共座"的 DNA 甲基化酶修饰相应 DNA 序列，使之得到保护。限制性内切酶有三种类型。Ⅰ型和Ⅲ型限制性内切酶水解 DNA 需要消耗 ATP，全酶中的部分亚基有通过在特殊碱基上补加甲基基团对 DNA 进行化学修饰的活性。Ⅰ型限制性内切酶在随机位点切割 DNA；Ⅲ型限制性内切酶识别双链 DNA 的特异核苷酸顺序，并在这个位点内或附近切开 DNA 双链。Ⅱ型限制性内切酶具有高度专一性，识别双链特定的位点，将两条链切开成黏性或平头末端（图 2-21）。

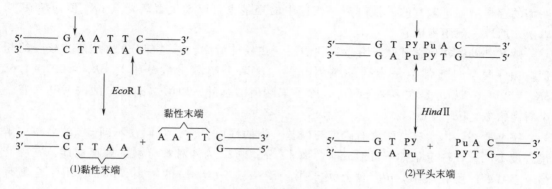

图 2-21　酶切 DNA 形成的黏性或平头末端

　　它们在所识别的特殊核苷酸顺序内或附近切割 DNA 链。这些特殊顺序就是前面介绍过的回文结构。回文结构常常含 4 个或 6 个核苷酸残基，并具有二倍对称性，即两条链以 5′→3′方向阅读顺序都一样的结构。Ⅱ型限制性内切酶已被广泛应用于 DNA 分子的克隆和序列分析，这是因为它们水解 DNA 不需要 ATP，并且也不以甲基化或其他方式修饰 DNA。

　　已知的限制性内切酶大约 4000 多种，它们的名称用三个斜体字母来表示，第一个大写字母来自菌种属名的第一字母，第二、三两个小写字母来自菌株种名的前两个字母。由于一种细菌常会有不同菌株，且一株菌可能有几种限制性内切酶，在这三个字母的后面常写明菌株名和该酶以发现次序编的号。因此，"EcoRⅠ"表明此酶来自 E. coli R 株。

二、核酸的一般性质

　　提纯的 DNA 为白色纤维状固体，RNA 为白色粉末，两者都微溶于水，不溶于一般有机溶剂。DNA 分子由于直径小而长度大，因此溶液黏度极高，RNA 分子黏度则小得多。溶液中的核酸在引力场中可以下沉，沉降速度与分子质量和分子构象有关。可用超速离心技术测定核酸的沉降常数 S（Svedberg，$1S = 10^{-13}$ 秒）和分子质量。

　　核酸是两性电解质（含碱性基团、磷酸基团），因磷酸的酸性强，常表现酸性。由于核酸分子在一定酸度的缓冲液中带有电荷，因此可利用电泳进行分离和特性研究。

三、核酸的两性解离性质

核酸的碱基、核苷和核苷酸均能发生解离。

（一）碱基的解离

　　由于嘧啶碱和嘌呤碱化合物杂环中的氮以及各取代基具有结合和释放质子的能力，所以这些物质既有碱性解离又有酸性解离的性质。胞嘧啶环所含氮原子上有一对未共用电子，可与质子结合，使═N—转变成带正电的═N⁺H—基团。此外，胞嘧啶上的烯醇式羟基与酚基很相像，具有释放质子的能力，呈酸性。因此，在水溶液中，胞嘧啶的中性分子、阳离子和阴离子之间，具有一定的平衡关系。

（二）核苷和核苷酸的解离

由于戊糖的存在，核苷中碱基的解离受到一定的影响，例如，腺嘌呤环的 pK_1' 值原为 4.15，在核苷中则降至 3.63。胞嘧啶 pK_1' 为 4.6，在核苷中则降至 4.15。pK' 值的下降说明糖的存在增强了碱基的酸性解离。核糖中的羟基也可以发生解离，其 pK_1' 值通常在 12 以上，所以一般不考虑它。

磷酸基的存在使核苷酸具有较强的酸性。在核苷酸中，碱基部分的 pK' 值与核苷的相似，额外两个解离常数是由磷酸基引起的。这两个解离常数分别是 $pK_1' = 0.7 \sim 1.6$，$pK_2' = 5.9 \sim 6.5$。但是在多核苷酸中，除了末端磷酸基外，磷酸二酯键中的磷酸基只有一个解离常数，$pK_1' = 1.5$。

综上所述，由于核苷酸含有磷酸与碱基，为两性电介质，它们在不同 pH 的溶液中解离程度不同，在一定条件下可形成兼性离子。图 2-22 为 4 种核苷酸的解离曲线。在腺苷酸、鸟苷酸、胞苷酸中，pK_1' 值是由于第一磷酸基—PO_3H_2 的解离，pK_2' 是由于含氮环 $=N^+H$— 的解离，pK_3' 则是由于第二磷酸基—PO_3H^- 的解离。从核苷酸的解离曲线可以看出，在第一磷酸基和含氮环解离曲线的交叉处，带负电荷的磷酸基正好与带正电荷的含氮环数目相等，此时的 pH 即为核苷酸的等电点。

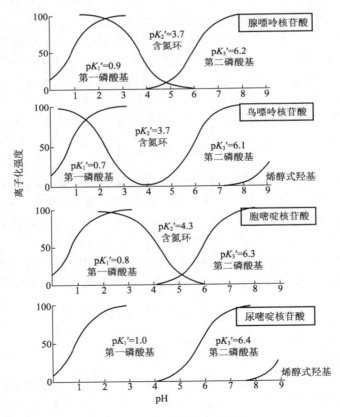

图 2-22　核苷酸的解离曲线

四、核酸的紫外吸收

嘌呤碱和嘧啶碱具有共轭双键，使碱基、核苷、核苷酸和核酸在240~290nm的紫外波段有一强烈的吸收峰，最大吸收峰在260nm附近。据此特性可定性和定量检测核酸和核苷酸。蛋白质在280nm有一吸收峰，因此利用OD_{260}/OD_{280}比值可判断核酸样品的纯度。纯DNA：OD_{260}/OD_{280}值=1.8；纯RNA：OD_{260}/OD_{280}值=2.0。当DNA样品的OD_{260}/OD_{280}值>1.8时，样品中可能含RNA；当OD_{260}/OD_{280}值<1.8时，可能含蛋白质和苯酚。对于纯的核酸样品，读出260nm的OD值即可算出含量。通常260nm处的OD值为1.0相当于50μg/mL双螺旋DNA、40μg/mL单链RNA或20μg/mL寡核苷酸。这个方法既快速又相当准确，而且不会浪费样品。对于不纯的核酸样品，可以用琼脂糖凝胶电泳分出区带后，经核酸染料染色，在紫外灯下粗略地估计其含量。

核酸的光吸收值常比其各核苷酸成分的光吸收值之和少30%~40%，这是由于有规律的双螺旋结构中碱基紧密地堆积在一起造成的（图2-23）。

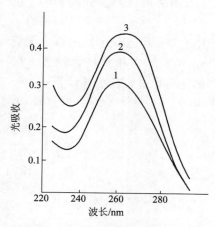

图2-23 DNA的紫外吸收光谱
1—天然DNA 2—变性DNA
3—核苷酸总吸收值

五、核酸变性、复性和杂交

（一）核酸变性与复性

DNA变性是指双螺旋区的氢键断裂，DNA变成单链结构，并且生物活性丧失的过程。DNA复性是指变性DNA在适当的条件下，两条彼此分开的单链可以重新缔合成为双螺旋结构，这一过程称为复性（图2-24）。

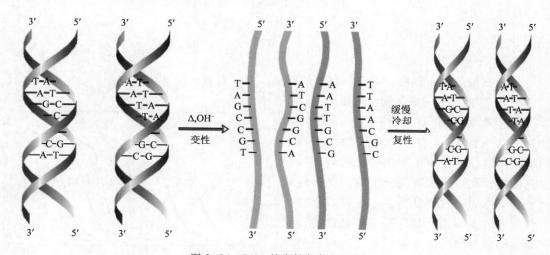

图2-24 DNA的变性与复性过程

变性DNA将失去其部分或全部的生物活性。DNA的变性并不涉及磷酸二酯键的断裂，所以其一级结构（核苷酸顺序）保持不变。能够引起DNA变性的因素很多，如热、强酸、强碱、有机溶剂、变性剂（甲醛和尿素）、射线、机械力等。RNA 只有局部的双螺旋区，所以 RNA 的变性行为所引起的性质变化没有 DNA 那样明显。利用紫外吸收的变化，可以检测核酸变性的情况。例如，天然状态的 DNA 在完全变性后，紫外吸收值（260nm 处）增加 25%～40%。而 RNA 变性后紫外吸收约增加 1.1%。当 DNA 分子从双螺旋结构变为单链状态时，它在 260nm 的紫外吸收值便增大，此现象称为增色效应。

DNA 的变性过程是突变性的，它在很窄的温度区间内完成。因此，通常把加热变性使 DNA 的双螺旋结构失去一半时的温度称为该 DNA 的熔点或熔解温度（melting temperature），用 T_m 表示。变性作用发生在一个很窄的温度范围之内（爆发式的）。T_m 也可以用吸光度值表示。

一般 DNA 的 T_m 值在 70～85℃。DNA 的 T_m 的大小与 DNA 分子中（G+C）的百分含量成正相关，测定 T_m 值可推算核酸碱基组成，并可判断 DNA 纯度。G 和 C 的含量高，T_m 值高（图 2-25）。T_m 值可反映 DNA 分子中 G-C 含量，其测定可通过经验公式计算：

$$(G+C)\% = (T_m - 69.3) \times 2.44$$

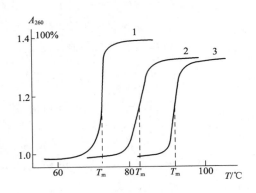

图 2-25　DNA 的 T_m 值

1—Poly d(A—T)　2—DNA　3—Poly d(G—C)

T_m 与下列因素有关。

（1）核酸的均一程度，均一性越高的样品，变性过程的温度范围越小。

（2）T_m 值与 G—C 含量成正比。

（3）T_m 值与介质离子强度成正比（图 2-26）　变性 DNA 在复性过程中由于碱基的堆积作用，核苷酸在 260nm 处的紫外吸收受到抑制，比组成双螺旋分子的两条单链或核苷酸单体的吸收要低得多，这种现象称为减色效应。DNA 复性后，一系列性质将得到恢复，但是生物活性一般只能得到部分的恢复。DNA 复性的程度、速率与复性过程的条件有关。

将热变性的 DNA 骤然冷却至低温时，

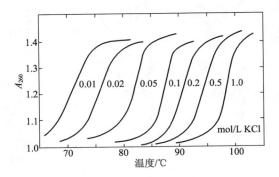

图 2-26　大肠杆菌 DNA 在不同 KCl 浓度下的熔解温度曲线

DNA 不可能复性。但是将变性的 DNA 缓慢冷却时，可以复性。分子质量越大，复性越难。浓度越大，复性越容易。此外，DNA 的复性也与它本身的组成和结构有关。

（二）核酸杂交

热变性的 DNA 单链，在复性时并不一定与同源 DNA 互补链形成双螺旋结构（图 2-27）。DNA 单链也可以与不同来源的 DNA 单链，或与有碱基配对区域的 RNA 之间，在复性时形成局部双螺旋区，称核酸分子杂交（hybridization）。

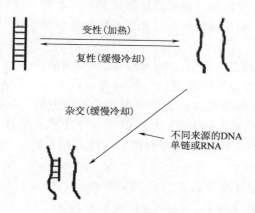

图 2-27　核酸分子杂交过程

核酸的杂交的分子基础是单链间碱基互补，这在分子生物学和遗传学的研究中具有重要意义。制备特定的探针（probe）可通过杂交技术进行基因的检测和定位研究，如 Southern 印迹法（图 2-28）。

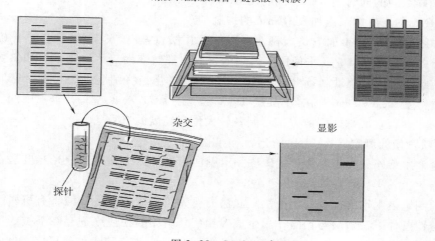

图 2-28　Southern 印迹法

第五节 核酸的研究方法

一、核酸的分离纯化

核酸研究的首要方法是分离和测定。核酸制备中共同需要注意的问题是防止核酸的降解和变性，尽量保持其在生物体内的天然状态。要制备天然状态的核酸，必须采用温和的条件，防止过酸、过碱，避免剧烈搅拌，尤其是防止核酸酶的作用。

（一）DNA 的分离

细胞中的 DNA 都是和蛋白质结合在一起的。在分离制备 DNA 的过程中，首先将 DNA 和 RNA 与蛋白质形成的复合物（核蛋白）同时提取出来，而后再将其分开。一般通用的方法是利用核糖核蛋白和脱氧核糖核蛋白在电解质溶液中溶解度的显著差别来进行分离。核蛋白溶于水和浓盐溶液（1mol/L NaCl），但不溶于生理盐溶液（0.14mol/L NaCl）。利用这一性质，可将细胞破碎后用浓盐溶液提取，然后用水将浓盐溶液稀释到 0.14mol/L，使核蛋白沉淀出来。

随后采用适当的方法分离核酸和蛋白质，从而得到核酸。常用苯酚抽提法除去蛋白质。苯酚是很强的蛋白质变性剂，用水饱和的苯酚与核蛋白一起振荡，冷冻离心。DNA 溶于上层水相，不溶性的变性蛋白质残留物位于中间界面，另一部分变性蛋白质留在酚相。如此操作反复多次以除净蛋白质。最后，将含 DNA 的水相合并，在有盐存在的条件下加 2 倍体积冷的乙醇，可将 DNA 沉淀出来。用此方法可以得到纯的 DNA。

（二）RNA 的分离

RNA 比 DNA 更不稳定，而且降解 RNA 的酶（RNase）又无处不在，因此 RNA 的分离更加困难。制备 RNA 通常需要注意三点。

（1）所有用于制备 RNA 的玻璃器皿都要经过高温焙烤，塑料用具要经过高压灭菌。不能高压灭菌的用具要用 0.1% 的焦碳酸二乙酯（DEPC）处理，再煮沸以除净 DEPC。DEPC 能使蛋白质乙基化而破坏 RNase 活性。

（2）在破碎细胞的同时加入强变性剂使 RNase 失活。

（3）在 RNA 的反应体系内加入 RNase 的抑制剂。

目前最常用的制备 RNA 的方法有两个：其一，用酸性盐/苯酚/氯仿抽提。异硫氰酸是极强烈的蛋白质变性剂，它几乎使所有遇到的蛋白质都被变性。然后用苯酚和氯仿多次除净蛋白质。此方法用于小量制备 RNA。其二，用盐/氯化铯将细胞抽提物进行密度梯度离心。蛋白质密度<1.33g/cm³，在最上层。DNA 密度在 1.71g/cm³左右，位于中间。RNA 密度>1.89g/cm³，沉在底部。用此方法可制备较大量高纯度的 RNA。

（三）核酸含量的测定

核酸含量常用紫外分光光度法、定磷法和定糖法等进行测定。紫外分光光度法在第三节进行了介绍。

定磷法的测定最常用的是钼蓝比色法。此法需要先用浓硫酸或过氯酸将有机磷水解成无机磷。在酸性条件下正磷酸与钼酸作用生成磷钼酸。磷钼酸在还原剂存在下被还原成钼蓝，其最大吸收峰在 660nm 处。在一定范围内，溶液的光吸收与磷含量成正比，据此可以计算出核酸含量。

定糖法常用的也是比色法。当 RNA 与盐酸共热时核糖转变为糠醛，它与甲基苯二酚（地衣酚）反应呈鲜绿色，最大吸收峰在 670nm 处。反应需要三氯化铁作催化剂。DNA 在酸性溶液中与二苯胺共热，其脱氧核糖可参与反应生成蓝色化合物，最大吸收峰在 595nm 处。

二、核酸序列测定

DNA 的核苷酸序列，也称为 DNA 的一级结构，由 4 种核苷酸构成。20 世纪 60 年代 R. W. Holley 首先测定了酵母 tRNA 的序列。该测序法的基本策略与蛋白质的测序相同，都是利用小片段的重叠。这种策略的工作量非常大，而且只能测定几十个核苷酸的较小分子，用来测定 DNA 的序列非常困难。目前通用的 DNA 序列测定法有两种——Maxam 和 Gilibert 提出的化学降解法和 Sanger 的双脱氧链终止法（酶法）。

其中，双脱氧链终止法是由 Sanger 于 1977 年建立的。其原理是利用 2′，3′-双脱氧核苷三磷酸（2′，3′-ddNTP，图 2-29）来终止 DNA 的复制反应。大肠杆菌 DNA 聚合酶在 DNA 复制过程中催化多核苷酸链的延伸，将单核苷酸连接在延伸链的 3′-OH 上。所以，如果掺入的底物中有 2′，3′-ddNTP，由于其 3′位缺少羟基，导致多核苷酸链的延伸终止。

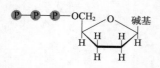

图 2-29　2′，3′-ddNTP 的结构

根据这种 DNA 合成终止的反应，设计四组 DNA 合成反应，每组反应中除了含有正常的四种脱氧核苷酸 dNTP（其中一种为 ^{32}P-标记的）、单链 DNA 模板（即待测的 DNA）、引物和 DNA 聚合酶之外，各组反应还加入一种 2′，3′-ddNTP。反应结果是：在加入 2′，3′-ddATP 的反应中，凡碰到需要 dATP 的时候，如果掺入的不是 dATP，而是 2′，3′-ddATP 时，链延伸反应即告终止，各种大小不同的片段的末端核苷酸必定为 2′，3′-ddAMP。随后，用变性凝胶电泳分离这四组反应中随机得到的大小不等的片段产物，即可从放射自显影上读出 DNA 的序列（图 2-30）。

小　结

核苷酸由含氮碱基、戊糖（核糖或脱氧核糖）及磷酸所组成。核酸是核苷酸的聚合物，分为 DNA 和 RNA。

核酸的一级结构通常指的是核苷酸序列，利用 3′，5′-磷酸二酯键连接而成的多聚核苷酸链。DNA 的空间结构模型是在 1953 年由 Watson 和 Crick 提出的。DNA 空间结构模型的建立根据主要有三方面：一是已知核酸的化学结构；二是 Chargaff 法则；三是 DNA 纤维的 X 射线分析资料。

生物体内存在四类 RNA：rRNA、tRNA、mRNA 和小的 RNA。不同类型 RNA 分子可自身回折形成局部双螺旋，并折叠产生三级结构。

核酸的碱基具有共轭双键，因而有紫外吸收性质。核酸的紫外吸收峰在 260nm 附近。核酸的变性作用是指核酸双螺旋结构被破坏，双链解开，但共价键并未断裂。变性的 DNA 在适当条件下可以复性，理化性质得到恢复。

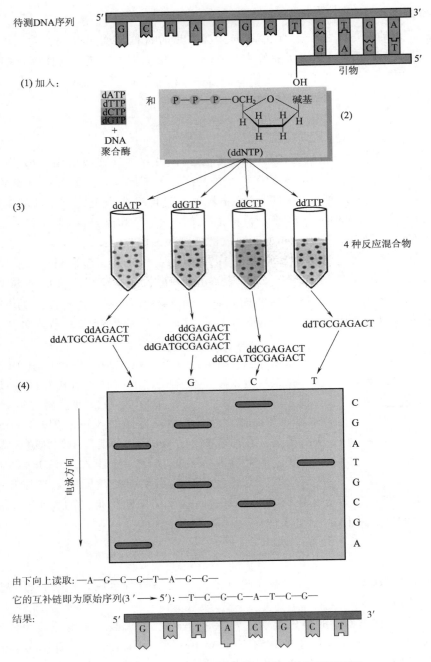

图 2-30 Sanger 双脱氧链终止法测定 DNA 序列图解

　　快速测定核酸序列的方法一般有两种，分别是 Sanger 等人提出的酶法（双脱氧链终止法）和由 Maxam 和 Gilibert 提出的化学降解法。RNA 序列测定方法与 DNA 测序法的原理是一样的。

思考题

1. DNA 和 RNA 的结构和功能在化学组成、分子结构、细胞内分布和生理功能上的主要区别是什么？

2. DNA 有哪些结构？超螺旋有何作用？

3. Watson 和 Crick 提出 DNA 双螺旋结构模型的背景和依据是什么？

4. DNA 双螺旋结构有些什么基本特点？这些特点能解释哪些最重要的生命现象？

5. 稳定 DNA 双螺旋结构的作用力是什么？

6. 比较 tRNA、rRNA 和 mRNA 的结构和功能。

7. DNA 的变性有何特点？

8. 制备核酸样品要注意什么？如何避免？

9. 终止法测定 DNA 序列的原理是什么？

第三章　酶化学

新陈代谢是生命活动的基础，是生命活动最重要的特征。而构成新陈代谢的许多复杂而有规律的物质变化和能量变化都是在酶催化下进行的。生命的生长发育、繁殖、遗传、运动、神经传导等生命活动都与酶的催化过程紧密相关，可以说，没有酶的参与，生命活动一刻也不能进行。

第一节　酶的一般概念

一、酶的定义

酶是由生物细胞产生的具有特异性的高效生物催化剂。生物体内的反应是在很温和的条件（如温和的温度、接近中性的 pH）下进行的，而同样的反应若在非生物条件下进行，则需要高温、高压、强酸、强碱等剧烈的条件。

酶发挥其催化作用并不局限于活细胞内，在许多情况下，细胞内产生的酶需分泌到细胞外或转移到其他组织器官中，如胰蛋白酶、脂酶、淀粉酶等水解酶。把由细胞内产生并在细胞内发挥作用的酶称为胞内酶，而将细胞内产生后分泌到细胞外起作用的酶称为胞外酶。

在本章节中把酶所催化的反应称作酶促反应，发生反应前的物质称为底物（substrate），而反应后生成的物质称为产物（product）。

二、酶的化学本质

早在几千年前，古人就开始利用了酶的催化作用。例如，公元前 21 世纪在我国的夏朝，人们就开始利用微生物酿酒；公元前 12 世纪利用微生物酿造酱油（蛋白酶），制造饴糖（淀粉酶）等。而对酶本质的真正认识是到 19 世纪，1833 年法国科学家 Anselme Payen 和 Jean Persoz 被认为是酶的发现者，他们从麦芽提取液中制备的粗酶可以将淀粉水解成可溶性的糖；1835—1838 年，Berzelius 提出催化作用的概念，对酶的认识与它具有催化作用的能力联系在一起。1878 年，德国科学家 Kühne 提出一个统一的名词 "enzyme" 来表示从活生物体中分离得到的酶，希腊语原意：in yeast，意思是 "在酵母中"。

然而此时人们对酶的化学本质却没有统一的认识。一部分科学家认为，酶既不是蛋白质也不是糖或脂肪，只是吸附在蛋白质表面的活性物质。1926 年，美国生物化学家 Sumner 从刀豆中提取了脲酶并获得了结晶，证明了脲酶的蛋白质性质。但直到 1930—1936 年，Northrop 和 Kunitz 制得胃蛋白酶、胰蛋白酶和胰凝乳蛋白酶结晶，并用相应的实验方法证明了酶是一种蛋白质后，酶是蛋白质的属性才被人们普遍接受。到了 20 世纪 80 年代 Thomas Cech 和 Sidney Altman 发现了具有催化活性的 RNA——RNA 酶，又打破了酶是蛋白质的传统观念。1995 年 Cuenoud 等又在体外合成了具有催化功能的 DNA。因此，目前一般认为绝大多数酶是蛋白质，仅有少数为核酸（RNA 或 DNA）。

三、酶催化作用的特点

（一）酶作为一般催化剂的特点

1. 不改变化学反应的平衡点

酶与一般催化剂一样，能使一个慢速反应转变为快速反应，并不改变化学反应的平衡点；酶本身在反应前后也不发生变化。

2. 可降低反应的活化能

包括酶在内的催化剂都能降低化学反应的活化能。

（二）酶作为生物催化剂的特点

生物体内一切生化反应都需要酶的催化才能进行，其性能远远超过非生物催化剂。

1. 酶是生物大分子，容易失活

除极个别 RNA 为催化自身反应的酶外，其余所有的酶都是蛋白质。酶易失活，使蛋白质变性因素如碱、酸、有机溶剂、高温、压力等都能使酶失去催化活力。因此，酶所催化的反应往往都是在比较温和的常温、常压和接近中性的酸碱条件下进行的。

2. 酶具有很高的催化效率

酶的催化反应速度比非催化反应速度高 $10^8 \sim 10^{20}$ 倍，比其他催化反应高 $10^7 \sim 10^{13}$ 倍，且无副反应。酶通常用转换数来表示酶的催化效率。转换数（turnover number）是指一定条件下，每秒钟每个酶分子转换底物的分子数，或每秒钟每微摩尔酶分子转换底物的分子微摩尔数。大部分酶的转换数为 1000，最大可达几十万，甚至上百万。

3. 催化具有高度的专一性

酶催化的专一性是指对参与反应的底物具有严格的选择性，即一种酶只能作用于某一类或某一种特定的物质。酶催化的专一性包括结构专一性和立体专一性。

（1）结构专一性

①绝对专一性：只作用于单一物质，对其他底物不起作用，如脲酶、生物素羧化酶、转酰基酶等。

$$NH_2—\overset{\overset{\textstyle O}{\|}}{C}—NH_2 + H_2O \xrightarrow{\text{脲酶}} 2NH_3 + CO_2$$

②相对专一性：作用于某一类物质。根据其选择情况不同又分为族专一性和键专一性。

族专一性（基团专一性）不但要求具有一定的化学键，而且对此化学键连接的两个原子基团也有一定的要求，例如肠麦芽糖酶可以水解麦芽糖及葡萄糖苷，它作用的对象不仅是糖苷键而且必须是 α-葡萄糖所形成的糖苷键。

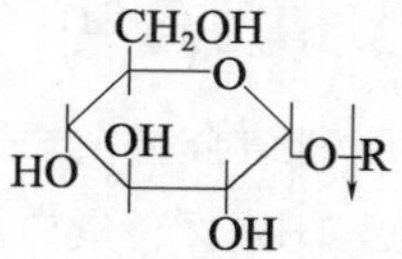

α-葡萄糖苷

键专一性只要求作用于一定的化学键，而对键两端的基团并无严格的要求。这类酶对底物的要求最低。例如，催化酯键水解的酯酶对底物 R-CO-OR′中的 R 及 R′基团都无严格的要求，能催化甘油脂类、简单脂类、丙酰和丁酰胆碱、乙酰胆碱等。

$$
\begin{array}{ccc}
\text{酯酶} & R-\overset{\overset{\displaystyle O}{\|}}{C}-O-R & \text{酯键}
\end{array}
$$

$$
\begin{array}{ccc}
\text{二肽酶} & H_2N-\underset{\underset{\displaystyle R}{|}}{CH}-\overset{\overset{\displaystyle O}{\|}}{C}-\underset{\underset{\displaystyle H}{|}}{N}-\underset{\underset{\displaystyle R}{|}}{CH}-COOH & \text{肽键}
\end{array}
$$

（2）几何异构专一性

①旋光异构专一性：这类酶只对某一种构型的化合物起作用，对其他构型无作用，例如蛋白酶，只能水解 L-氨基酸之间形成的肽键，对 D-氨基酸形成的肽键无作用。

$$
\text{L-氨基酸} \xrightarrow[\text{L-氨基酸氧化酶}]{H_2O+O_2} \alpha\text{-酮酸}+NH_3+H_2O_2
$$

②几何异构专一性：当底物有几何异构体时，酶只能作用于其中的一种。例如，延胡索酸水化酶只能催化反-丁烯二酸水化生成苹果酸，而对顺-丁烯二酸没有作用。

$$
\text{反-丁烯二酸}+H_2O \xrightarrow{\text{延胡索酸水化酶}} \text{苹果酸}
$$

$$
\text{顺-丁烯二酸}+H_2O \xrightarrow{\text{延胡索酸水化酶}} \times
$$

③能区分有机化学看来是等同的对称分子：例如，一端由 ^{14}C 标记的甘油，在甘油激酶催化下可以与 ATP 反应，但仅产生一种标记的 1-磷酸甘油。甘油分子中的 1 位和 3 位的两个—CH_2OH 基团从有机化学观点来看是完全相同的，可是酶却能区分它们。

$$
\begin{array}{c}
CH_2OH \\
| \\
HOCH \\
| \\
^{14}CH_2OH
\end{array}
+ATP
\xrightarrow{\text{甘油激酶}}
\begin{array}{c}
CH_2-O-\textcircled{P} \\
| \\
HOCH \\
| \\
^{14}CH_2OH
\end{array}
+ADP
$$

若甘油激酶不能区分两个—CH_2OH 基团，则会生成：

$$
\begin{array}{c}
CH_2-O-\textcircled{P} \\
| \\
HOCH \\
| \\
^{14}CH_2OH
\end{array}
\quad \text{和} \quad
\begin{array}{c}
CH_2OH \\
| \\
HOCH \\
| \\
^{14}CH_2-O-\textcircled{P}
\end{array}
$$

4. 酶的催化活性可以被调节控制

酶的种类很多，它的调控方式也很多，包括抑制剂调节、共价修饰调节、别构调节、反馈调节、酶原激活调节和激素调节等。

四、酶的化学组成

酶可以根据其组成分为简单蛋白质和结合蛋白质两类。有些酶的活性仅仅决定于它的蛋白质结构，这类酶属于简单蛋白质，如脲酶、蛋白酶、淀粉酶、脂肪酶等；另一些酶在结合非蛋白组分辅助因子（cofactor）后才表现出酶的活性，这类酶属于结合蛋白质，其酶蛋白与辅助因子结合后所形成的复合物称为全酶（holoenzyme），即全酶＝酶蛋白＋辅助因子。

酶的辅助因子包括金属离子及有机化合物。它们本身无催化作用，但一般在酶促反应中运输转移电子、原子或某些功能基团，如参与氧化还原或运载酰基的作用。有些蛋白也具有此种作用，称为蛋白辅酶。多数情况下，可以通过透析或其他方法将全酶中的辅助因子除去。与酶蛋白松弛结合的辅助因子称为辅酶（cofactor 或 coenzyme），如 NAD^+、FAD 等；而有些以共价键和酶蛋白牢固结合，称为辅基（prosthetic group），如金属离子、细胞色素氧化酶与铁卟啉辅基结合牢固。辅助因子弥补氨基酸基团催化强度的不足。

根据酶蛋白分子的特点又可将酶分为三类，单体酶、寡聚酶和多酶体系。单体酶只有一条多肽链，这类酶种类较少，一般是催化水解反应的酶，相对分子质量在 13000 ~ 35000，如溶菌酶、胰蛋白酶等。寡聚酶由几个甚至几十个亚基组成，这些亚基可以是相同的多肽链，也可以不同；亚基间不是共价结合，彼此很容易分开，相对分子质量在 35000 至几百万之间，如 3-磷酸甘油醛脱氢酶等。多酶体系是由几种酶彼此嵌合形成的复合体，有利于一系列反应的连续进行，其相对分子质量一般都在几百万以上，如脂肪酸合成中的脂肪酸合成酶复合体。

五、酶的国际系统分类及命名

（一）酶的分类

国际生物化学与分子生物学命名委员会根据酶所催化的化学反应的性质，将酶分为 6 大类。

1. 氧化还原酶类（oxido-reductases）

这类酶催化氧化还原反应。

（1）脱氢酶　$AH_2 + B$（辅酶）$\longleftrightarrow A + BH_2$

（2）氧化酶　$BH_2 + 1/2O_2 \longleftrightarrow B + H_2O$

2. 转移酶类（transferases）

这类酶催化功能基团的转移反应。

转移酶　$AX + B \longleftrightarrow A + BX$

3. 水解酶类（hydrolases）

这类酶催化水解反应，包括淀粉酶、核酸酶、蛋白酶及脂肪酶。

水解酶　$AB + H_2O \longleftrightarrow AOH + BH$

4. 裂解酶类（lyases，裂合酶类）

这类酶催化从底物上移去一个基团而形成双键的反应或其逆反应，包括醛缩酶、水化酶及脱氨酶等。

裂解酶　$A \longleftrightarrow B + C$

ATP 起提供能量活化反应分子的作用。

5. 异构酶类（isomerases）

这类酶催化各种同分异构体的相互转变。

异构酶　$A \longleftrightarrow B$

6. 合成酶（ligases，连接酶）

这类酶催化一切必须与 ATP 分解相耦联，并由两种物质（双分子）合成一种物质的反应。

合成酶　　A+B+ATP ⟷ C+ADP+Pi

（二） 酶的命名

1. 习惯命名法

1961 年以前使用的酶的名称都是习惯沿用的名称，命名的原则主要是根据酶作用的底物和酶催化反应的性质及类型。根据作用的底物命名的酶有淀粉酶、蛋白酶等；有时加上来源及其他特点，如胃蛋白酶、胰蛋白酶等；根据反应的性质及类型命名的酶，如水解酶、转氨酶等。有的酶结合上述两个原则来命名，如琥珀酸脱氢酶是催化琥珀酸脱氢反应的酶。

习惯命名法比较简单，但缺乏系统性和科学性，有时会出现一酶数名或一名数酶的情况。

2. 国际系统命名法

1961 年提出系统命名方法，系统名要求能确切地反映底物的化学本质及酶的催化性质。

（1） 系统名的组成　　系统名称由底物名称、构型类型和反应性质组成。

（2） 写法　　草酸氧化酶（习惯名称）的系统名称是：两个底物草酸和氧用：隔开，反应性质为"氧化"，即草酸：氧氧化酶；谷丙转氨酶（习惯名称）的系统名称是：丙氨酸：α-酮戊二酸氨基转移酶；另外，如底物之一是水可将水略去：乙酰辅酶 A 水解酶（习惯名）写成乙酰辅酶 A：水解酶（系统名）。

（3） 国际系统分类法与酶编号　　国际酶学委员会根据所催化的反应的性质把酶分成六大类，按分类序号分别用 1、2、3、4、5、6 来表示六大类酶；根据底物中被作用的基团或键的特点每一大类又可以分成若干亚类，用 1、2、3、4、5、6 来表示；亚类又可再分成亚亚类；每个酶的分类编号有 4 个数字组成用"."隔开，其中第四个数字为该酶在亚亚类中的位置。

乳酸脱氢酶的系统编号所代表的含义如下：

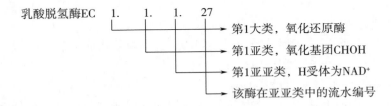

乳酸脱氢酶EC　1. 1. 1. 27
　　　　　　　　　　→ 第1大类，氧化还原酶
　　　　　　　　　　→ 第1亚类，氧化基团CHOH
　　　　　　　　　　→ 第1亚亚类，H受体为NAD⁺
　　　　　　　　　　→ 该酶在亚亚类中的流水编号

根据国际生物化学与分子生物学命名委员会的建议，每一种酶应有一个系统名称、一个习惯名称和一个系统编号。如：乳酸脱氢酶（习惯名称）、乳酸：NAD 氧化还原酶（系统名称）、EC1.1.1.27（编号）；谷丙转氨酶或丙氨酸氨基转移酶（习惯名称）、丙氨酸：酮戊二酸氨基转移酶（系统名称）、EC2.6.1.2（编号）；亮氨酸氨肽酶（习惯名称）、亮氨酸氨基肽：水解酶（系统名称）、EC3.4.1.1（编号）；6-磷酸葡萄糖异构酶（习惯名称）、6-磷酸-葡萄糖醛酮异构酶（系统名称）、EC5.3.1.9（编号）；柠檬酸合成酶（习惯名称）、柠檬酸裂合酶（系统名称）、EC4.1.3.7（编号）；酪氨酸合成酶（习惯名称）、L-酪氨酸：tRNA 连接酶（系统名称）、EC6.1.1.1（编号）。

第二节 酶的结构及其与催化功能的关系

一、酶的结构与催化功能的关系

酶分子的结构是其催化功能的物质基础，酶分子所具有的在温和条件下的高效催化活性及对底物的专一性等特点均与其本身的结构密切相关。

（一）酶的活性中心与必需基团

1. 酶的活性中心

酶分子是生物大分子，不同的酶尽管在结构和专一性甚至催化机理方面都有相当大的差异，但它们的活性部位有许多共性。研究表明，与酶的催化活性有关的结构只是酶分子中的一小部分。酶分子中能与底物结合并起催化反应的空间部位称为酶的活性中心或酶的活性部位。酶与其专一性底物的结合一般通过离子键、氢键等非共价键。酶的活性中心一旦被破坏，酶将失去其催化活性。一个酶分子的活性中心有两个功能部位：一是结合部位，由结合基团组成，它决定酶的专一性，底物靠此部位结合到酶分子上；另一个是催化部位，由催化基团组成，底物分子的化学键在此处被打断或形成新的化学键而发生一定的化学反应，它决定催化反应的性质（图 3-1）。

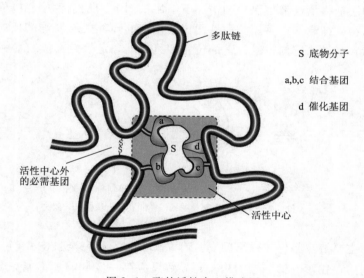

S 底物分子

a,b,c 结合基团

d 催化基团

图 3-1 酶的活性中心模式图

对简单酶来说，活性中心就是酶分子在三维结构上比较靠近的少数几个氨基酸残基或是这些残基上的某些基团。如溶菌酶的活性中心由 Glu35 和 Asp52 构成；RNaseA 的活性中心由 His12、His119 以及 Lys41 组成。对复合酶来说，它们肽链上的某些氨基酸以及辅酶或辅酶分子上的某一部分结构往往就是其活性中心的组成部分，如磷酸吡哆醛、核黄素、生物素等。

2. 酶的必需基团

虽然酶的催化作用取决于构成活性中心的几个氨基酸，但并不意味着酶分子的其他部分就不重要。酶活性中心的形成依赖于整个酶分子的结构。酶的必需基团是指在活性中心以外的某些区域，不直接与底物作用，但是酶表现出催化活性所必需的部分。必需基团与维持整个酶分子的空间构象有关。如胰凝乳蛋白酶，除活性中心的 His57、Asp102、Ser195 三个氨基酸残基外，它的 Ile16、His57、Asp102、Asp194、Ser195 是酶表现活性所必需的部分。它们维持了活性部位的正确构象。

3. 活性中心必需氨基酸的测定

测定酶活性中心组成和结构对于研究酶的结构和功能、提高酶的活性、改造和设计新酶，以及探讨酶的催化作用机制等方面具有重要意义。目前常用方法有：化学修饰法、反应动力学法、X 射线衍射法等。近年来，随着基因工程迅速发展，基因定位诱变技术已成为更具权威性的方法。这些方法各具特点，但常常是相互补充的。

（1）非特异性共价修饰　某些酶活性中心的活性基团在活性中心以外不存在或很少。这时，可选择某些非特异性试剂进行修饰。如木瓜蛋白酶有 7 个半胱氨酸残基，其中 6 个形成三对—S—S—键，另一个游离的—SH 存在于活性部位，因此采用巯基试剂如碘乙酸与之反应后就可使酶失活。但正是这种试剂的非特异性，导致它可以与不同侧链基团起反应，如碘试剂既可修饰巯基，还可修饰咪唑基和酚羟基，因此这种方法具有一定的误差。

（2）差示标记　差示标记是在非特异性修饰基础上的改进，它是在过量底物或过渡态类似物竞争性抑制剂将活性部位保护的情况下，用试剂 R 对酶活性中心以外的基团进行修饰，而后除去底物或抑制剂，再用放射性同位素标记的同种试剂 R 与酶反应，对活性部位的基团进行修饰，通过测定同位素标记的位置即可帮助确定活性部位的基团（图 3-2）。

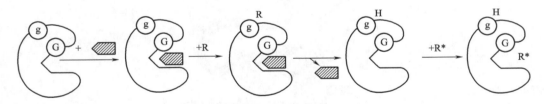

图 3-2　差示标记法图解或抑制剂

注：g 和 G 表示处于不同部位的同一基团；阴影块体代表底物

差示标记的主要缺点是保护效率问题。有时保护剂不能完全阻止 R 与 g 反应，同时也可能由于保护剂的存在影响酶分子的构象，导致反应第一步 R 与 g 不能完全结合，而在除去保护剂后还有部分 g 与 R 反应。

（3）亲和标记　亲和标记（affinity labeling）主要是利用酶与底物特异性结合的原理而发展起来的一种特异性的化学修饰法。设计一种含有特殊试剂（基团）的亲和性底物，通过亲和性底物将这种特殊试剂（基团）带到酶活性部位上，对酶活性中心的必需基团进行修饰。因此，这种试剂又称"活性部位指示剂"。例如 17β-雌二醇是 17β-脱氢酶的亲和性底物，将溴乙酰基连接到雌二醇的 16-位置上进行修饰，然后将这个化合物与酶在 25℃恒温反应，即可对活性部位中的组氨酸予以标记，经进一步的实验证实，这个组氨酸确实是催化作用所不可缺少的一个氨基酸。

（二）酶的变构部位

有些酶分子除具有与底物结合的活性部位外，还具有与非底物的化学物质结合的部位。这种部位有别于活性部位，而且与之结合的物质都对其反应速率有调节作用，故称别构部位或调节部位。与别构部位结合的物质称为调节剂或别构剂。调节剂如激活剂和抑制剂与酶的别构部位结合后，即引起酶的构象改变，从而影响酶的活性部位，改变酶的反应速率。

二、酶的高级结构与催化功能关系

在已知结构的酶分子的表面，通常有一个内陷的凹穴（或裂缝）为疏水区域（有的缝隙中也有极性残基），此凹穴正好能够容纳一个或两个小分子底物或大分子底物的一部分，一般作为酶的活性中心。酶的活性中心构象的维持是酶行使功能的基本保证。

酶分子构象的完整性是酶活力所必需的。如果酶蛋白变性，立体构象被破坏，活性中心即随之破坏，酶就失去活性。酶分子的构象不是固定不变的刚性结构，其构象的调整可以引起酶活性中心形状的变化从而调节酶的活性。底物的结合可以改变酶活性中心的构象。除此以外，在生物体内还可以通过共价修饰调节、别构调节、酶原激活和同工酶等方式改变酶分子的构象进而影响酶的催化活性。

（一）酶分子的共价修饰

酶蛋白分子上的一些基团可与某种化学基团发生可逆的共价结合，从而改变酶分子的构象，使其处于活性与非活性的互变状态。常见修饰方式主要包括磷酸化作用和去磷酸化作用。蛋白质的磷酸化主要通过蛋白激酶的催化作用，把 ATP 或 GTP 的 γ 位磷酸基转移到底物蛋白质氨基酸残基上；酶分子上可磷酸化的氨基酸残基包括 Thr、Ser、Tyr、Asp、Glu 等，通过 "P—O" 键连接；而 Lys、Arg、His 等通过 "P—N" 键连接。而蛋白质脱磷酸化则通过蛋白磷酸酶催化，使蛋白质氨基酸残基上的磷酸基团水解。蛋白质的磷酸化与脱磷酸化是生物体内的一个普遍的酶活性调控方式，如磷酸化酶 a 和磷酸化酶 b 的互变（图 3-3）。表 3-1 列举了通过共价修饰对酶活性进行调节的酶。

表 3-1	共价修饰对酶活性的调节	
酶	化学修饰类型	酶活性改变
糖原磷酸化酶	磷酸化/脱磷酸化	激活/抑制
磷酸化酶 b 激酶	磷酸化/脱磷酸化	激活/抑制
糖原合成酶	磷酸化/脱磷酸化	抑制/激活
丙酮酸脱羧酶	磷酸化/脱磷酸化	抑制/激活
磷酸果糖激酶	磷酸化/脱磷酸化	抑制/激活
丙酮酸脱氢酶	磷酸化/脱磷酸化	抑制/激活
HMG-CoA 还原酶	磷酸化/脱磷酸化	抑制/激活
HMG-CoA 还原酶激酶	磷酸化/脱磷酸化	激活/抑制
乙酰 CoA 羧化酶	磷酸化/脱磷酸化	抑制/激活
脂肪细胞甘油三酯脂肪酶	磷酸化/脱磷酸化	激活/抑制
黄嘌呤氧化酶	—SH/—S—S—	脱氢酶/氧化酶

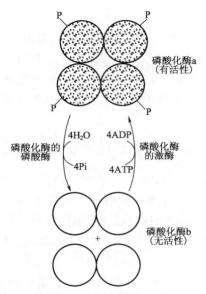

图 3-3　磷酸化酶 a 和磷酸化酶 b 的互变过程

（二）调节酶

　　酶分子中存在着一些可以与其他分子发生某种程度结合的部位，通过结合作用从而引起酶分子空间构象的变化，对酶起激活或抑制作用，称为酶的调控部位。具有别构调节效应的酶称为别构酶。这类酶与一分子底物（或调节物）结合后，其分子即产生新的构象，从而增加或降低底物分子与酶分子的其他亚基上活性部位的亲和力。

　　例如天冬氨酸转氨甲酰酶（ATCase），该酶主要参加天冬氨酸与氨甲酰磷酸转变为氨甲酰天冬氨酸的反应，该反应是天冬氨酸转变为胞苷三磷酸（CTP）的第一步反应。

$$Asp+氨甲酰磷酸\longrightarrow 氨甲酰 Asp+磷酸$$

ATCase 催化的反应如下：

1. 别构酶的结构

ATCase 由 12 个亚基组成，其中 6 个催化亚基组成 2 个三聚体（2C3），亚基的相对分子质量为 34000，每个亚基上有 1 个催化活性中心，有催化活性不与 ATP 和 CTP 结合，称为大亚基；另外 6 个调节亚基组成 3 个二聚体（3R2），亚基的相对分子质量为 17000，每个亚基上有 1 个调节部位（别构部位），能与 ATP 和 CTP 结合，无催化活性，称为小亚基。ATCase 的空间结构是一个球体，其直径为 13nm 左右，其中 3 个调节亚基二聚体位于赤道上；2 个催化亚基三聚体分别唯一位于赤道面上或下，中间有很大的空洞（图 3-4）。

图 3-4　天冬氨酸转氨甲酰酶（ATCase）结构模式

2. 别构调节与四级结构变化

别构激活剂使所有亚基向 R 型转变，而别构抑制剂使它向 T 型转化；在结构的转变中催化链被拉得彼此靠近，形成优化的活性部位。对于催 ATCase 化的反应，底物天冬氨酸与氨甲酰磷酸对 ATCase 活性有促进作用；非底物 CTP 抑制 ATCase 的活性，ATP 对该酶促进作用（图 3-5）。

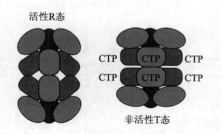

图 3-5　ATCase 别构效应 T 态与 R 态的转变

使酶发生别构效应的物质称为效应物或别构剂，包括正效应物和负效应物；其中底物对别构酶的调节作用，称为同促效应；而非底物对别构酶的调节作用称为异促效应。别构酶往往是代谢途径的调节酶。

（三）酶原的激活

体内合成的蛋白质有时不具有生物活性，经过蛋白水解酶专一性作用后，构象发生变化形成酶的活性部位，变成有活性的蛋白。这个不具生物活性的蛋白质称为前体（precursor）。如果活性蛋白质是酶，这个前体称为酶原（zymogen 或 proenzyme）。该活化过程，是生物体的一种调控机制。这种调控作用的特点，由无活性状态转变成活性状态是不可逆的。通过专一的蛋白水解作用来活化酶和蛋白质，在生物体系中是经常发生的，例如消化系统酶原的激活（图 3-6）、凝血机制等。

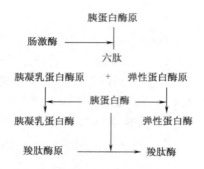

图 3-6　胰蛋白酶对各种胰脏蛋白酶原的激活作用

1. 胰凝乳蛋白酶原的激活

　　胰凝乳蛋白酶原（chymotrypsinogen）由一条含 245 个氨基酸残基的多肽链构成，由胰脏分泌出来后在肠腔中受胰蛋白酶的活化。其机制是先切断多肽链中的 Arg_{15}-Ile_{16} 之间的肽键，形成有活性的 π-胰凝乳蛋白酶（π-chymotrypsin），后者再作用于其他的 π-胰凝乳蛋白酶（自体活化），使另一分子的 π-胰凝乳蛋白酶的 Leu_{13}-Ser_{14}、Tyr_{146}-Thr_{147} 和 Asn_{148}-Ala_{149} 三个肽键断裂，游离出两个二肽（Ser_{14}-Arg_{15} 和 Thr_{147}-Asn_{148}），形成 α-胰凝乳蛋白酶（图 3-7）。

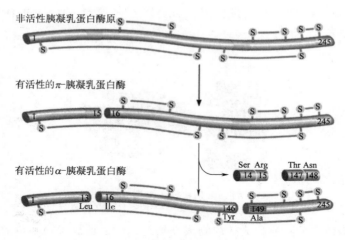

图 3-7　胰凝乳蛋白酶原的激活作用

2. 胰蛋白酶原的激活

　　胰蛋白酶原是由胰腺细胞合成酶原，分泌到小肠腔后在 Ca^{2+} 作用下被活化剂激活，构象变化成活性形式，活化剂是肠激酶或胰蛋白酶。构象变化的具体过程如图 3-8所示。

（四）同工酶

　　同工酶是指催化相同的化学反应，但其分子结构、理化性质和免疫性能等方面都存在明显差异的一组酶。同工酶存在于同一种属或同一个体的不同组织中，也可存在于同一组织和细胞中。例如，乳酸脱氢酶催化如下反应：

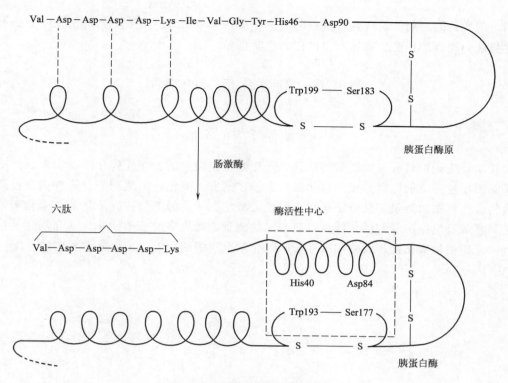

图 3-8　胰蛋白酶原的激活作用

$$\underset{\substack{\text{乳酸}}}{\underset{\substack{CH_3}}{HO-\overset{\textstyle COOH}{\underset{\textstyle |}{C}}-H}} + \underset{\substack{\text{氧化型辅酶 I}}}{NAD^+} \xrightleftharpoons[\text{pH8.8~9.8}]{\text{LDH pH7.4~7.8}} \underset{\substack{\text{丙酮酸}}}{\underset{\substack{CH_3}}{\overset{\textstyle COOH}{\underset{\textstyle |}{C}}=O}} + \underset{\substack{\text{还原型辅酶 I}}}{NADH+H^+}$$

但乳酸脱氢酶有 5 种类型，分别由两类亚基组成：心肌型（H）和骨骼肌型（M），全酶四个亚基五种类型，LDH1 心肌占优势；LDH5 骨骼肌占优势（图 3-9）。

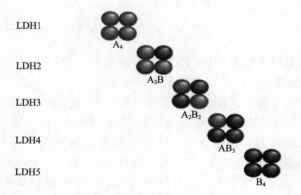

图 3-9　乳酸脱氢酶的五种不同类型

同工酶普遍存在于各类生物中，对个体发育、细胞分化、形态遗传、代谢调节有重要作用。因此，同工酶的研究具有重要的理论和实践意义。如，同工酶分析在农业上已被用于优势杂交组合的预测，临床上也已作为诊断指标。

第三节　酶催化反应的机制

一、酶促反应的本质

化学反应是由具有一定能量的活化分子相互碰撞发生的。在任何化学反应中，反应物分子必须超过一定的能阈，成为活化的状态，才能发生变化，形成产物。这种提高低能分子达到活化状态的能量，使分子从初态转变为激活态所需的能量称为活化能。催化剂的作用主要是降低反应所需的活化能，以致相同的能量能使更多的分子活化，从而加速反应的进行。无论何种催化剂，其作用都在于降低化学反应的活化能，加快化学反应的速度（图3-10）。

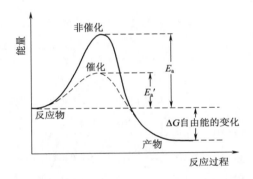

图 3-10　催化过程与非催化过程的自由能的变化

酶能显著地降低活化能，故能表现为高度的催化效率。一个可以自发进行的反应，其反应终态和始态的自由能的变化（$\Delta G'$）为负值。这个自由能的变化值与反应中是否存在催化剂无关。

二、酶的催化机制

酶的催化作用的机制包括酶如何同底物结合及酶如何能使反应加快两个内容。

（一）酶同底物的结合——中间产物学说

中间产物学说能较好地解释酶为什么能降低反应的活化能。该学说认为：在催化某一反应时，酶（E）首先与底物（S）可逆地结合生成一种不大稳定的酶-底物复合物即中间产物（ES），ES 再分解生成产物（P）并释放出游离态酶形成（E）。这样就使得没有酶存在时的一步反应分成两步进行了。这两步反应所需要的活化能都比原来一步反应时低。

酶之所以降低反应活化能是由于酶与底物生成中间物从而改变了反应途径所致。形成过渡态中间复合物是酶催化反应的关键。已有不少间接和直接的证据证明中间产物学说的正确性。

有关中间复合物学说证据如下。

1. 理论证据

用中间复合物学说推导出的酶促反应动力学方程（米氏方程）与实验数据极为相符。

2. 直接证据

寻找过渡态中间复合物［ES］，这是一种极不稳定的物质，寿命只有 $10^{-12} \sim 10^{-10}$s，正常情况下是找不到的，通过低温处理（－50℃），使［ES］的寿命延长至 2d，弹性蛋白酶，切片的电镜照片以及 X 光衍射图都证明了［ES］的存在。

（二）酶同底物结合方式的解释

首先是 Emil Fischer 提出的锁钥学说，继而发展为 D. E. Koshland Jr. 的诱导契合理论。

1. 锁钥学说

酶活性中心的构象与底物的结构（外形）正好互补，就像锁和钥匙一样是刚性匹配的，这里把酶的活性中心比作锁，底物比作钥匙。在此理论的基础上还衍生出一个三点附着学说，专门解释酶的立体专一性。这一学说已经过时，但是解释得很形象（图 3-11）。

该学说的缺陷是无法解释多数酶促反应的可逆反应，S ⟷ P，因为产物和底物在结构上是不同的，这就产生了一只钥匙开 2 把锁的情况，是不合理的。

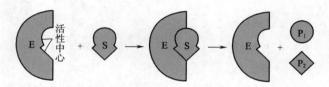

图 3-11 酶与底物结合的"锁与钥匙"模型

2. 诱导契合理论

这是为了修正锁钥学说的不足而提出的一种理论。它认为，酶的活性中心与底物的结构不是刚性互补而是柔性互补。当酶与底物靠近时，底物能够诱导酶的构象发生变化，使其活性中心变得与底物的结构互补。就好像手与手套的关系一样。该理论已得到实验上的证实，电镜照片证实酶"就像是长了眼睛一样"（图 3-12）。

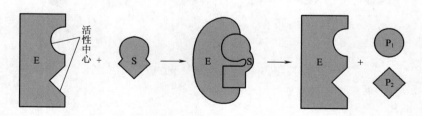

图 3-12 酶与底物结合的诱导模型

（三）酶具有高催化效率的因素

在一个化学反应中，只有自由能降低的反应才能进行。可见过渡态的形成和活化能的降低是反应进行的关键步骤。任何有助于过渡态形成和稳定的因素都有利于酶行使其高效催化。目前知道的与酶的高效催化有关的因素如下所述。

1. 底物与酶的靠近及定向

由于化学反应速度与反应的浓度成正比，若在反应系统的某一局部区域，底物浓度增高则反应速度也随之增高。提高反应速度的最主要方法是使底物分子进入酶的活性中心区域，即大大提高活性中心区域的底物有效浓度。当专一性底物与活性中心结合时，酶蛋白会发生一定的构象变化，使反应所需要的酶中的催化基团与结合基团正确地排列并定位，以便能与底物契合，使底物分子可以靠近和定向于酶，这样活性中心的底物浓度才能大大提高（图 3-13，图 3-14）。

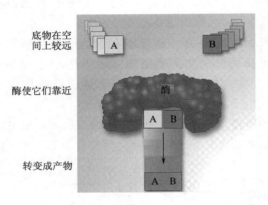 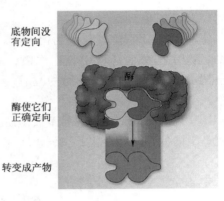

图 3-13　靠近作用示意图　　　　图 3-14　定向作用示意图

2. 酶使底物分子中的敏感键发生变形，从而促使底物中的敏感键更易于断裂

酶分子中的某些基团或离子可以使底物分子内敏感键中的某些基团的电子云密度增高或降低，产生电子张力，使敏感键的一端更加敏感，更易于发生反应（图 3-15）。

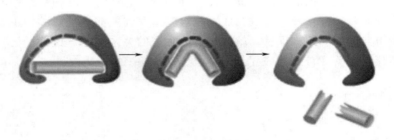

图 3-15　底物形变示意图

3. 共价催化

某些酶以另一种方式来提高催化反应的速度，即共价催化。这种方式是底物与酶形成一个反应活性很高的共价中间物，这个共价中间物很容易变成过渡态，因此反应的活化能大大降低，底物可以越过较低的能阈而形成产物（图 3-16）。例如基团 X 从 A-X 转移到基团 B 上就是经过 ES 复合物 X-E。

$$A-X+E = A+X-E \qquad X-E+B = E+X-B$$

Ser195
B:
HO
R²—N—C—R¹
H
O
胰凝乳蛋白酶
BH
Ser195
O
C
O
R¹
+
R²—NH₂

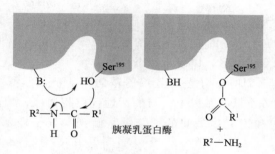

图 3-16 共价催化的机制

4. 酸碱催化

酸碱催化剂是有机反应最普遍最有效的催化剂。狭义的酸碱催化剂是指 H^+和 OH^-，由于酶反应的最适 pH 一般接近中性，因此 H^+和 OH^-的催化在酶反应中的作用是比较有限的。另一种广义的酸碱催化剂指的是质子供体及质子受体的催化，发生在细胞内的多数酶反应都是广义的酸碱催化（图 3-17）。

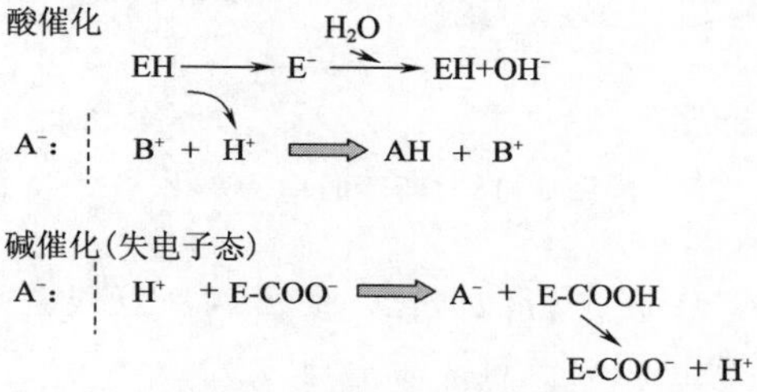

酸催化
H₂O
EH → E⁻ → EH+OH⁻
A⁻:
B⁺ + H⁺ ⇒ AH + B⁺
碱催化(失电子态)
A⁻:
H⁺ + E-COO⁻ ⇒ A⁻ + E-COOH
E-COO⁻ + H⁺

图 3-17 酸碱催化示意图

5. 酶活性中心是低介电区域

某些酶的活性中心穴内相对来说是非极性的，因此酶的催化基团被低介电环境所包围，在某些情况下，还可能排除高极性的水分子，这样底物分子的敏感键和酶的催化基团之间就会有很大的反应力，这是有助于加速酶反应的。

6. 金属离子催化

近三分之一已知酶的活性需要金属离子存在，根据金属离子和蛋白质结合的强度可将金属酶分为两类。

（1）金属酶 含紧密结合的金属离子多属于过渡金属离子，如 Fe^{2+}，Fe^{3+}，Cu^{2+}，Zn^{2+}，Mn^{2+}或 Co^{2+}。

（2）金属激活酶 含松散结合的金属离子，通常为碱和碱土金属离子，如 Na^+，K^+，Mg^{2+}或 Ca^{2+}。

金属离子以三种形式参与催化过程：①通过结合底物为反应定向；②通过可逆改变金属离子的氧化态调节氧化还原反应；③通过稳定或屏蔽负电荷。

（四）催化反应机制的实例

1. 溶菌酶

（1）溶菌酶结构 相对分子质量 14.6×10^3，129 个氨基酸组成的单链蛋白质，四对二硫键；空间结构上酶分子呈椭圆形，α-螺旋占 25%，某些区域存在伸展的 β-折叠片；分子表面有较深的裂缝，大小可容纳 6 个单糖分子，分子内部几乎全部为疏水性的；活性中心具有 Glu^{35} 和 Asp^{52}，位于裂缝的两侧不同的微环境中，Glu 处于非极性区，以质子化形式存在，Asp 处于 pH5.0 极性区，以离子状态存在。

（2）酶催化的机制　酶的底物是 N-乙酰氨基葡糖、N-乙酰氨基葡糖乳酸的共聚物或几丁质。底物长度要求 6 个糖残基以上，与酶活性部位相适应；酶活性中心的 Glu 和 Asp 参与水解作用，将第四和第五残基间的糖苷键水解，水分子羟基结合 C_1，催化具体机理为：

①底物进入活性中心，酶活性中心空间效应和 Asp 的作用下，诱导并使第四（D）残基由椅式变为半椅式，形成过渡态构象（图 3-18）。

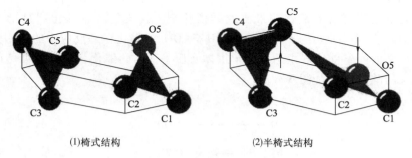

(1)椅式结构　　　　　　(2)半椅式结构

图 3-18　糖环的构象变化

②Glu^{35} 的羧基提供一个 H^+，进行酸催化，使得四、五残基间 1，4 糖苷键断裂，D 残基 C_1 与氧原子分开，并形成正碳离子过渡态。

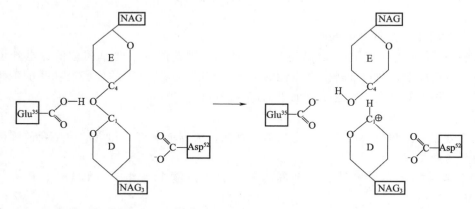

③D 残基正碳离子过渡态与溶剂中 OH^- 结合。

2. 丝氨酸蛋白酶

丝氨酸蛋白酶家族以一个特定的 Ser 残基作为必需的催化基团，该家族成员包括胰蛋白酶、胰凝乳蛋白酶、弹性蛋白酶、凝血酶、枯草杆菌蛋白酶、纤溶酶和组织纤溶酶原激活剂等。

（1）丝氨酸蛋白酶的催化三联体结构　其中参与消化作用的丝氨酸蛋白酶有三种：胰蛋白酶、胰凝乳蛋白酶、弹性蛋白酶。它们在一级结构和三维结构上非常相似，但对底物有不同的专一性。

三种酶的催化部位完全一样，即在丝氨酸附近的氨基酸顺序相似，具有共同的催化三联体结构。其活性中心 Ser、His 和 Asp 相邻，相互间通过氢键作用，催化蛋白质水解。在无底物时，His^{57} 未质子化，当 Ser^{195} 羟基氧原子对底物进行亲核攻击时，His^{57} 接受羟基质子，Asp^{102} 的 COO^- 能稳定过渡态中 His^{57} 的正电荷形式，此外 Asp^{102} 定向 His^{57} 并保证从 Ser^{195} 接受一个质子。咪唑基成为 Ser，Asp 间的桥梁（图 3-19）。

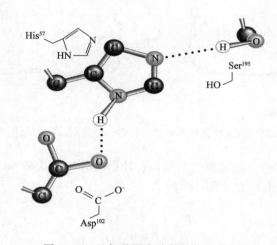

图 3-19　丝氨酸蛋白酶的催化三联体

底物专一性的差别是其结合部位结构的差别造成的，如胰蛋白酶在结合部位的底部有天冬氨酸，非极性口袋可以深入带电荷的赖氨酸和精氨酸；胰凝乳蛋白酶的结合部位其非极性口袋提供芳香族大的非极性的脂肪酸；弹性蛋白酶的结合部位在较浅的口袋两侧被两个较大的缬氨酸苏氨酸挡住，只能让丙氨酸等小分子进入（图 3-20）。

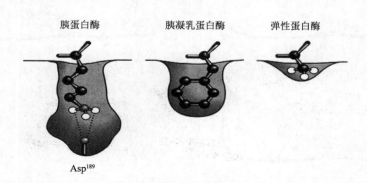

图 3-20　胰蛋白酶、胰凝乳蛋白酶和弹性蛋白酶底物结合口袋

（2）丝氨酸蛋白酶的催化机制

①第一阶段——水解反应的酰化阶段：Ser-OH 攻击酰胺键，敏感键断裂，胺氮获得咪唑基氢，羧化部分连到丝氨酸羟基上，胺端释放（R-NH$_2$）（图 3-21）。

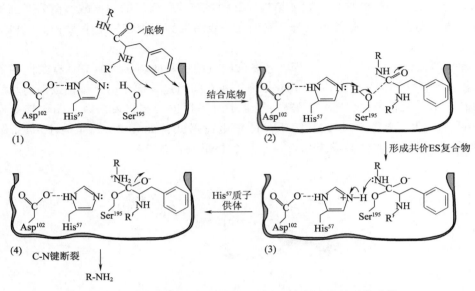

图 3-21 胰凝乳蛋白酶的反应机制——水解反应的酰化阶段

②第二阶段——水解反应的脱酰基阶段：His 吸收 H$_2$O 攻击 Ser 的羧化部分，酯键断裂释放底物，酶恢复自由状态（图 3-22）。

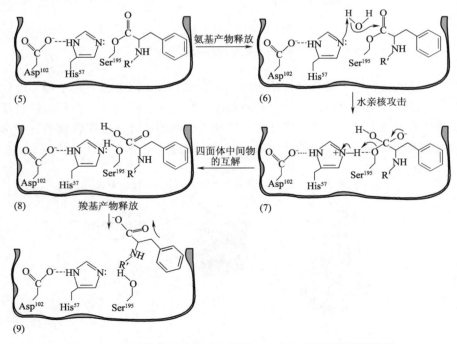

图 3-22 胰凝乳蛋白酶的反应机制——水解反应的脱酰基阶段

（3）丝氨酸蛋白酶的趋异进化和趋同进化　通过基因突变，从同一个祖先取得不同的专一性，称为趋异进化，如丝氨酸蛋白酶的不同的专一性，可能是通过一个共同的祖先进化而来。趋同进化，如丝氨酸蛋白酶、枯草杆菌蛋白酶一级结构很不相同，其在进化过程中是独立发生的，其三维结构相差较大，但活性中心相似，具有相同的催化三联体结构，称丝氨酸蛋白酶异源的"趋同进化"。

第四节　酶的反应动力学

一、底物浓度对反应速度的影响

早在 1902 年，Henri 在研究蔗糖酶（sucrase）催化蔗糖分解时，已发现酶催化反应对底物有饱和现象。在一定的酶浓度下如将初速度（v）对底物浓度（[S]）作图，可以看到当底物浓度较低时，反应速度与底物浓度呈正比，表现为一级反应（first order reaction）；随着底物浓度的增加，反应速度不再按正比升高，在这一段，反应表现为混合级反应（mixed order reaction）。如果继续加大底物浓度，曲线表现为零级反应（zero order reaction），此时，尽管底物浓度不断加大，反应速度却不再上升，趋向一个极限，说明酶已被底物饱和（saturation）（图 3-23）。所有的酶都有此饱和现象，但各自达到饱和时所需的底物浓度并不相同，甚至差异很大。

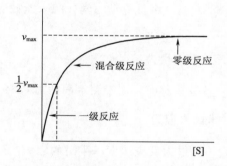

图 3-23　底物浓度对酶催化反应初速度的影响

曾有各种假说来解释上述现象，其中比较合理的是"中间产物"学说。按此学说认为：酶与底物先络合成一个复合物，此中间产物也被人们看作为稳定的过渡态物质。然后络合物再进一步分解，成为产物和游离态酶。

（一）米氏公式的推导

1913 年 Michaelis 和 Menten 根据中间产物学说推导出一个数学表达式，表示了底物浓度与酶反应速度的定量关系，通常称为米氏方程，如下所示：

$$E+S \xrightleftharpoons[]{K_S} ES \xrightleftharpoons[]{} E+P, \quad v = \frac{v_{max}[S]}{K_s + [S]}$$

1925 年 Briggs 和 Haldane 提出稳态理论，对米氏方程做了一项很重要的修正，根据："稳态平衡"理论反应分二步进行。

$$E+S \underset{k_2}{\overset{k_1}{\rightleftharpoons}} ES \underset{k_4}{\overset{k_3}{\rightleftharpoons}} E+P$$

$$\frac{d[ES]}{dt} = k_1([E]-[ES]) \cdot ([S]-[ES]) \qquad \text{①}$$

$$-\frac{d[ES]}{dt} = k_2[ES] + k_3[ES] \qquad \text{②}$$

在反应初期，ES 形成时一般 $[S] \gg [E]$，$[ES]$ 非常小，$([S]-[ES]) \approx [S]$；K_4 非常小，忽略不计，达到稳态平衡时，$[ES]$ 不变，生成和分解量相等，此时酶的催化速度：

$$v = k_3 [ES] \qquad \text{③}$$

最大反应速度：

$$v_{max} = k_3 [E] \qquad \text{④}$$

平衡时，①＝②，$k_1([E]-[ES]) \cdot [S] = k_2[ES] + k_3[ES]$，$\dfrac{([E]-[ES])[S]}{[ES]} = \dfrac{k_2+k_3}{k_1}$，设定 $K_m = \dfrac{k_2+k_3}{k_1}$（米氏常数），得 $\dfrac{([E]-[ES])[S]}{[ES]} = K_m$，化简为 $[ES] = \dfrac{[E][S]}{K_m+[S]}$，代入 ③ $v = k_3[ES]$ 得方程 $v = \dfrac{k_3[E][S]}{K_m+[S]}$，将 ④ $v_{max} = k_3[E]$ 代入得方程 $v = \dfrac{V_{max}[S]}{K_m+[s]}$

（1）当 $[S] \ll K_m$ 时，米氏方程为：

$v = \dfrac{v_{max} \cdot [S]}{K_m}$ 或 $v = K[S]$，属一级反应动力学，酶未能被底物完全饱和，不适于测定酶活力。

（2）当 $[S] \gg K_m$ 时，米氏方程为：

$v = \dfrac{v_{max} \cdot [S]}{[S]}$ 即 $v = v_{max}$，零级反应，适于测定酶活力。

（3）当 $[S] = K_m$ 时，米氏方程为：

$v = \dfrac{v_{max} \cdot [S]}{[S]+[S]} = \dfrac{v_{max}}{2}$ K_m，为最大反应速度一半时的底物浓度。

（二）动力学参数的意义

1. 米氏常数的意义

（1）K_m 值是酶的特征常数　K_m 值只与酶本身性质有关，而与酶浓度无关，每种底物有一个特定的 K_m 值，且对一定 pH、温度和离子强度而言（表 3-2）。

（2）$K_m = k_2/k_1 + k_3/k_1$　当 $k_3 \ll k_2$ 时，$K_m = k_2/k_1 = K_s$，$1/K_m$ 值可近似表示酶对底物的亲和力，K_m 值最小的底物为酶的最适底物或天然底物；否则，$K_m = K_s + k_3/k_1$，k_3/k_1 为转化比率。

（3）K_m 值实际用途　若已知某个酶的 K_m，就可以算出在某一底物浓度时，其反应速度相当于 v_{max} 的百分率；计算出任何底物浓度下酶活性部位被底物饱和数 $f_{ES} = v/v_{max} = [S]/(K_m+[S])$。

（4）K_m 值可以帮助确定某一代谢反应的方向和途径　当一系列不同的酶催化连锁反应时，确定各种酶的 K_m 及相关底物浓度，可有助于寻找限速步骤。酶工程与代谢工程中

改造酶的 K_m 调控代谢途径（强化则降低 K_m，弱化则提升 K_m）。

2. v_{max} 和 K_3（K_{cat}）的意义

v_{max} 对特定底物也是一个特征常数，pH、温度和离子强度等也影响 v_{max}，$v=K_3$ [ES]，[S] 很大时，酶完全饱和，$v_{max}=K_3$ [E_0]，K_3 表示当酶被底物饱和时每秒钟每个酶分子转换底物的分子数，称为转换数，通称催化常数 K_{cat}。

（1）当 [S] $>>K_m$，酶被完全饱和，$v=K_{cat}$[E_0]。

（2）当 [S] $=K_m$，$v=1/2k_{cat}$[E_0]。

（3）当 [S] $<<K_m$，酶被部分饱和，$v=\left(\dfrac{K_{cat}}{K_m}\right)\cdot$ [E_0] [S]，K_{cat}/K_m 表示酶对不同底物的催化效率或称酶的专一性常数。体内条件下真实反应速度。

比较不同酶的催化效率或同一种酶不同底物的转换数最好的方法是比较它们的 k_{cat}/K_m，这一参数被称为特异性常数（specificity constant），是 E+S 转变为 E+P 的速度常数。当 [S] $<<K_m$，$v_0=(K_{cat}/K_m)\times$[E_0] [S]。常数的单位是二级速度常数：L/（mol·s）s。E 和 S 在溶液中扩散到一起的速率决定了 K_{cat}/K_m 存在一个上限，这种扩散控制极限为 10^8 到 10^9 L/（mol·s）。许多酶都在这个范围附近，不同的 K_{cat} 和 K_m 值可以产生最大的比值。

表 3-2　　　　　　　　　　　　　　一些酶对底物的 K_m 值

酶	底物	K_m/（mol/L）
己糖激酶（脑）	ATP	4.0×10^{-4}
	D-葡萄糖	5.0×10^{-5}
	D-果糖	1.5×10^{-3}
碳酸酐酶	HCO_3^-	2.6×10^{-2}
胰凝乳蛋白酶	甘氨酰酪氨酰甘氨酸	1.1×10^{-1}
	N-苯甲酰酪氨酰胺	2.5×10^{-3}
β-半乳糖苷酶	D-半乳糖	4.0×10^{-3}
过氧化氢酶	H_2O_2	2.5×10^{-2}
溶菌酶	己-N-乙酰-2-葡萄糖胺	6.0×10^{-3}

（三）利用作图法测定 K_m 和 v_{max}

从酶的 $v-$ [S] 图上可以得到 v_{max}，再从 $v_{max}/2$ 可求得相应的 [S]，即 K_m 值。但实际上即使用很大的底物浓度，也只能得到趋近于 v_{max} 的反应速度，而达不到真正的 v_{max}，因此测不到准确的 K_m。为了得到准确的 K_m 值，可以把米氏方程的形式加以改变，使之成为直线方程，易于用作图法得到 K_m 值。

1. Lineweaver-Burk 双倒数作图法

米氏方程可以改写为：

$$\frac{1}{v}=\frac{K_m}{v_{max}}\left(\frac{1}{[S]}\right)+\frac{1}{v_{max}}，以 \frac{1}{[S]} 对 \frac{1}{v} 作图$$

实验时可以选择不同的 [S] 测定对应的 v，求出两者的倒数，以 $1/v$ 对 $1/$ [S] 作图，绘出直线，外推至与横轴相交，横轴截距 $-x$ 即为 $1/K_m$ 值，$K_m=-1/x$。此法因为方便而应用最广。缺点是实验点过分集中在直线的左下方，低浓度 S 的实验点变为倒数后误差较大，偏离直线较远，影响 K_m 和 v_{max} 的准确性（图 3-24）。

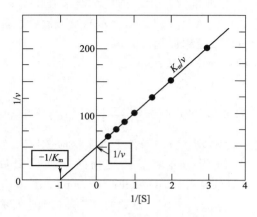

图 3-24　双倒数作图法

2. Eadie-Hofstee 作图法

米氏方程可以改写为：

$$v = v_{max} - K_m \frac{v}{[S]} ，以 \frac{v}{[S]} 对 v 作图$$

其纵轴截距为 v_{max}，斜率为$-K_m$（图 3-25）。

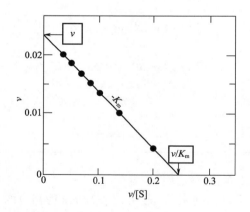

图 3-25　Eadie-Hofstee 作图法

3. Hanes-Woolf 作图法

米氏方程可以改写为：

$$\frac{[S]}{v} = \left(\frac{1}{v_{max}}\right)[S] + \frac{K_m}{v_{max}} ，以 [S]/v \sim [S] 作图$$

得一直线，其横轴截距为$-K_m$，斜率为 $1/v_{max}$（图 3-26）。

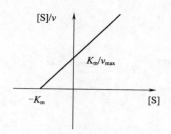

图 3-26　Hanes-Woolf 作图法

4. Eisenthal 和 Cornish-Bowden 直线作图法

米氏方程可以改写为：

$$v_{max} = v + \frac{v}{[S]} \cdot K_m$$

把 [S] 标在横轴的负半轴上，测得的 v 标在纵轴上，并将两点连线，交点坐标为 (K_m, v_{max})。其优点是不需要计算可以直接读 v_{max} 和 K_m（图 3-27）。

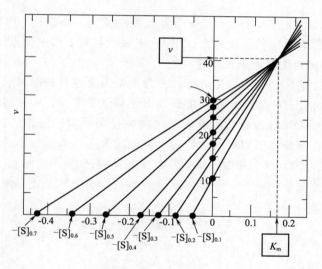

图 3-27　直线作图法

二、酶浓度对反应速度的影响

在酶促反应中，如果底物浓度足够大，可以使酶饱和，则反应速度与酶浓度成正比，这种正比关系也可以由米氏方程推导出来：

$$v = \frac{v_{max}[S]}{K_m + [S]}, \ \text{而} \ v_{max} = K_3[E]$$

所以

$$v = \frac{K_3[S]}{[S] + K_m}[E]$$

当 [S] 维持不变时，v 与 [E] 成正比（图 3-28）。

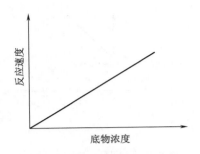

图 3-28　酶浓度对反应速度的影响

三、温度对酶促反应速度的影响

温度对酶反应速度有很大的影响，有一个最适温度。在最适温度的两侧反应速度都比较低，是钟形曲线（图 3-29）。从温血动物中提取的酶最适温度一般在 30~40℃，植物酶的最适温度略高，在 40~50℃；从细菌中分离到的某些酶如 TaqDNA 聚合酶最适温度可达 70℃。

在达到最适温度之前提高温度可以增加酶促反应速度，每提高 10℃，此反应速度与原来的反应速度之比称为反应的温度系数，用 Q_{10} 来表示。对于许多酶来说 Q_{10} 多为 1~2，即每增高 10℃，酶反应速度为原来反应速度的 1~2 倍。

温度对酶促反应速度的影响有两方面：一方面是当温度升高时，反应速度也加快，这与一般化学反应一样；另一方面，随温度升高而使酶逐步变性，即通过减少有活性的酶而降低酶的反应速度。酶反应的最适温度就是这两种过程平衡的结果，在低于最适温度时，前一种效应为主，在高于最适温度时，则后一种效应为主，酶活性迅速丧失，反应速度很快下降。大部分酶在 60℃ 以上变性，少数能耐受较高温度。

最适温度不是特征物理常数，不是固定值。酶在干燥条件下比在潮湿条件下对温度的耐受力要高。

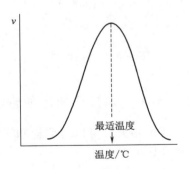

图 3-29　温度对酶促反应速度的影响

四、pH 对酶促反应速度的影响

大部分酶的活力受其环境 pH 的影响，在一定 pH 下，酶反应具有最大速度，高于或低于此值，反应速度下降，通常称此 pH 为酶反应的最适 pH（optimum pH）。最适 pH 有时因底物种类、浓度及缓冲液成分不同而不同。而且多与酶的等电点不一致，因此，酶的最适 pH 并不是一个常数，只有在一定条件下才有意义。动物酶的最适 pH 多在 6.5~8.0；植物酶及微生物酶多在 4.5~6.5（图 3-30）。

pH 影响酶活力的原因主要如下。

（一）过酸、过碱

过酸、过碱会影响酶蛋白的构象，甚至使酶变性而失活。

（二）pH 的改变影响酶活性

当 pH 的改变不很剧烈时，酶虽不变性，但活力受影响。因为 pH 会影响底物分子的解离状态，也会影响酶分子的解离状态，最适 pH 与酶活性中心结合底物的基团及参与催化的基团的 pK 值有关，往往只有一种解离状态最有利于与底物结合，在此 pH 下酶活力最高；也可能影响到中间产物 ES 的解离状态。总之都会影响到 ES 的形成，从而降低酶活力。

pH 影响分子中另一些基团的解离，这些基团的离子化状态与酶的专一性及酶分子中活性中心的构象有关。

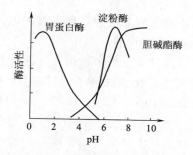

图 3-30　pH 对酶促反应速度的影响

五、激活剂对酶促反应的影响

凡是能提高酶活性的物质都称为激活剂（activator），包括金属离子、无机离子和简单有机化合物等。按分子大小，激活剂可分为三类。

（一）无机离子

无机离子对酶的作用分两种，一是作为酶的辅助因子，二是作为激活剂如 K、Na^+、Mg^{2+}、Zn^{2+}、Fe^{2+}、Ca^{2+} 等；阴离子一般不显作用，但也有激活剂的例子，如动物唾液中的 α-淀粉酶受 Cl^- 激活，还有氢离子。激活剂对酶的作用具有一定的选择性，即一种激活剂对某种酶能够起激活作用，而对另一种酶可能起抑制作用。有时离子之间有拮抗现象，例如 Na^+ 抑制 K^+ 的激活作用，Mg^{2+} 激活的酶常被 Ca^{2+} 所抑制。有时金属离子之间也可以相互替代，如 Mg^{2+} 作为激酶等的激活剂，也可以被 Mn^{2+} 取代。另外，激活剂的浓度对其作用也有影响。

（二）中等大小的有机分子

某些还原剂如半胱氨酸等能激活某些酶，使酶中的二硫键还原成硫氢基，从而提高酶活性；此外，EDTA 能除去酶中重金属杂质，从而解除重金属离子对酶的抑制作用。

（三） 具有蛋白质性质的大分子物质

这类激活剂是指可对某些无活性的酶原起作用的酶。

六、抑制剂对酶促反应的影响

酶分子与配体结合后，常引起酶活性改变。使酶活性降低或完全丧失的配体，称为酶的抑制剂。酶抑制与酶失活是两个不同概念。抑制剂虽然可使酶失活。但它并不明显改变酶的结构，也就是说酶尚未变性，去除抑制剂后，酶活性又可恢复。失活可以是一时的抑制，也可以是永久性的变性失活。

（一） 抑制作用类型

1. 不可逆抑制作用

抑制剂与酶蛋白上基团共价结合，使之失活，不能用超滤透析的方法去除，实质是酶的修饰抑制。

根据选择性不同，不可逆抑制又分为专一性和非专一性两种。专一性（选择性）抑制剂是一些具有专一化学结构并带有一个活泼基团的类底物。当其与酶结合时，活泼的化学基团可与酶活性中心残基或辅基发生共价修饰而使酶失活。这类专一性抑制剂在研究酶结构和功能上有重要意义，常用以确定酶活性中心和必需基团，如 TPCK（L-苯甲磺酸苯丙氨酰氯甲酮）、DFP（二异丙基氟磷酸）等。

非专一性不可逆抑制剂可对酶分子上每个结构残基进行共价修饰而导致酶失活。这类抑制剂主要是一些修饰氨基酸残基的化学试剂，可与氨基、羟基、胍基、酚羟基等反应，如烷化巯基的碘代乙酸等，重金属 Hg^{2+}、Pb^{2+}、Cu^{2+}，三价砷等。

2. 可逆抑制作用

可逆性抑制剂与酶的结合以解离平衡为基础，属非共价结合，可通过透析等物理方法除去抑制剂、减轻或清除抑制之后，酶活性可以恢复。主要包括以下三种类型。

（1） 竞争性抑制作用　抑制剂与底物竞争酶的结合位点，从而影响底物与酶的结合。可通过增加底物浓度缓解抑制作用。

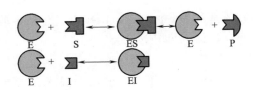

（2） 非竞争性抑制　酶可以同时与底物和抑制剂结合，两者没有竞争作用，结合位点不同，不能通过增加底物浓度来缓解抑制作用，重金属离子对酶抑制属于这种类型。

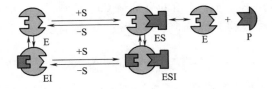

（3） 反竞争性抑制　酶只有在与底物结合后，才能与抑制剂结合，多见于多底物反应。

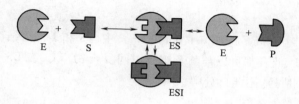

（二）可逆抑制的动力学

1. 竞争性抑制

竞争性抑制作用（competitive inhibition）是最简单的模型，由于抑制剂 I 与底物 S 结构相似，因此可竞争性结合于酶活性中心同一结合部位，而且是非此即彼、完全排斥。此类抑制中，酶不能同时和 S 又和 I 结合，即不能形成 ESI 三元复合物。

（1）速率方程 由于不能形成 ESI 三元复合物，即有 $K_i' = \infty$，上述一般方程式可改写为：

$$v = \frac{v_{\max}[S]}{K_m\left(1 + \dfrac{[I]}{K_i}\right) + [S]}$$

速度方程的双倒数方程为：

$$\frac{1}{v} = \frac{K_m}{v_{\max}}\left(1 + \frac{[I]}{K_i}\right)\frac{1}{[S]} + \frac{1}{v_{\max}}$$

（2）动力学图（图 3-31，图 3-32） 由图 3-33 可见，当固定不同抑制剂浓度时，以 $1/v$ 对 $1/[S]$ 作图，各直线交纵轴于一点，说明 $v_{\max}$ 不变，直线与横轴交点右移，说明竞争性抑制时，随 I 浓度增加，K_m 数值增大了（$1+[I]/K_i$）倍。

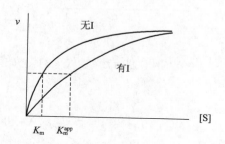

图 3-31 竞争性抑制动力学图（[S] 对 v 作图）

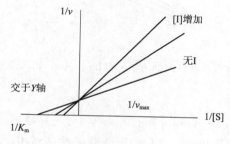

图 3-32 竞争性抑制动力学图（Lineweaver-Burk 双倒数作图）

2. 非竞争性抑制

非竞争性抑制作用（noncompetitive inhibition）中，S 和 I 与酶结合互不相关，既无竞争性，也无先后次序，两者都可以与酶及相应中间复合物（EI 或 ES）结合，但形成三元复合物（ESI 或 EIS 相同）不能再分解。

（1）速度方程 当 $K_i = K_i'$ 时，则：

$$v = \frac{v_{max}[S]}{K_m\left(1 + \dfrac{[I]}{K_i}\right) + [S]\left(1 + \dfrac{[I]}{K_i}\right)} = \frac{v_{max}[S]}{\left(1 + \dfrac{[I]}{K_i}\right)(K_m + [S])}$$

双倒数方程为：

$$\frac{1}{v} = \frac{K_m}{v_{max}}\left(1 + \frac{[I]}{K_i}\right)\frac{1}{[S]} + \frac{1}{v_{max}}\left(1 + \frac{[I]}{K_i}\right)$$

（2）动力学图（图 3-33，图 3-34） 由图 3-34 可见，各直线在横轴交于一点，说明非竞争性抑制对反应速度 v_{max} 影响最大，而不改变 K_m，[I] 越大或 K_i 越小，则抑制因子 $(1 + [I]/K_i)$ 越大，对反应抑制能力越大。非竞争性抑制在生物体内大多表现为代谢中间产物反馈调控酶的活性。

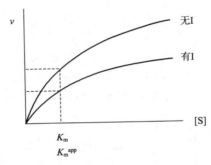

图 3-33 非竞争性抑制动力学图（[S] 对 v 作图）

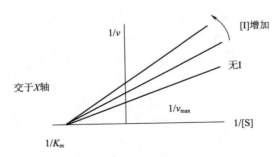

图 3-34 非竞争性抑制动力学图（Lineweaver-Burk 双倒数作图）

3. 反竞争性抑制

反竞争性抑制作用（uncompetitive inhibition）中，I 只能与 ES 结合形成无活性三元复合物 ESI，而不能与游离酶 E 结合。这种情况与竞争性抑制相反，故称为反竞争性抑制。

（1）速度方程 由于 I 不能与游离酶 E 结合，因此 $K_i = \infty$，一般反应方程式可改写为：

$$v = \frac{v_{\max}[S]}{K_m + [S]\left(1 + \dfrac{[I]}{K_i}\right)}$$

双倒数方程为：

$$\frac{1}{v} = \frac{K_m}{v_{\max}[S]} + \frac{1}{v_{\max}}\left(1 + \frac{[I]}{K_i}\right)$$

（2）动力学图（图3-35，图3-36） 从图3-37可看出，无论在纵轴上或横轴上，随［I］变化，截距均发生变化，而斜率 $v_{\max}/K_m$ 不变，随［I］增加，$v_{\max}$ 和 K_m 均降低了（1+［I］/K_i）倍，反竞争性抑制在简单系统中少见，但在多元反应系统中是常见的动力学模型。

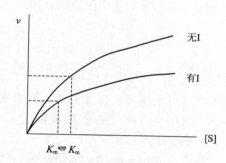

图3-35 反竞争性抑制动力学图（［S］对 v 作图）

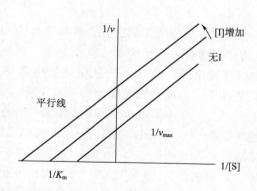

图3-36 反竞争性抑制动力学图（Lineweaver-Burk 双倒数作图）

（三）一些重要的抑制剂

1. 不可逆抑制剂

（1）非专一性不可逆抑制剂

①有机磷化合物：如称为"神经毒气"的二异丙基氟磷酸、沙林、塔崩和作为有机磷农药和杀虫剂的1605、敌百虫、敌敌畏等，它们都能强烈地抑制与神经传导有关的乙酰胆碱酯酶活性，通过与酶蛋白的丝氨酸羟基结合，破坏酶的活性中心，使酶丧失活性。

$$胆碱 + 乙酸 \xrightleftharpoons[\text{胆碱酯酶}]{\text{乙酰胆碱酶}} 乙酰胆碱$$

由于乙酰胆碱堆积，使神经处于过度兴奋状态，引起功能失调，导致中毒。如昆虫失去知觉而死亡；鱼类失去波动平衡而死；人、畜产生多种严重中毒症状以至死亡等。但其对植物无害，故可在农业、林业上用作杀虫剂。

有机磷化合物虽然是酶的不可逆抑制剂，与酶结合后不易解离，但有时可用含 —CH＝NOH 基的肟化物，或羟肟酸 R—CHNOH 化物将其从酶分子上取代下来，使酶恢复活性。故将此类化合物称为杀虫剂解毒剂，如常用的解磷啶（PAM）就是其中的一种。

②有机汞、砷化合物：这些化合物能与许多巯基酶的活性巯基结合使酶活性丧失。如氯乙烯氯砷、砒霜类、对氯汞苯甲酸等。这类抑制剂对巯基酶引起的抑制作用，可通过加入过量的巯基化合物，如半脱氨酸、还原型谷胱甘肽、二巯基丙醇、二巯基丙碘酸钠等而使酶恢复活性，解除抑制。它们常被称为巯基酶保护剂，可被用作砷、汞、重金属等中毒的解毒剂。

$$E—SH + Cl \cdot Hg\text{—}\left\langle\!\!\!\bigcirc\!\!\!\right\rangle\text{—}COOH \longrightarrow E—S—Hg\text{—}\left\langle\!\!\!\bigcirc\!\!\!\right\rangle\text{—}COOH + HCl$$

③重金属离子：重金属盐类的 Ag^+、Hg^{2+}、Pb^{2+}、Cu^{2+}、Fe^{2+}、Fe^{3+} 等对大多数酶活性都有强烈的抑制作用，在高浓度时可使酶蛋白变性失活，低浓度时可与酶蛋白的巯基、羧基和咪唑基作用而抑制酶活性。应用金属离子螯合剂如 EDTA、半胱氨酸或焦磷酸盐等将金属离子螯合，可解除其抑制，恢复酶活性。

④烷化剂：其中最主要的是含卤素的化合物，如碘乙酸、碘乙酰氨、卤乙酰苯等。它们可使酶中巯基烷化，从而使酶失活。常用作鉴定酶中巯基的特殊试剂。

$$\underset{\text{巯基酶}}{E—SH} + \underset{\text{碘乙酸}}{ICH_2COOH} \longrightarrow \underset{\text{失活的酶}}{E—S—CH_2COOH} + HI$$

⑤氰化物：氰化物能与含铁卟啉的酶，如细胞色素氧化酶中的 Fe^{2+} 结合，使酶失活而阻抑细胞呼吸。木薯、苦杏仁、桃仁、白果等都含有氰化物，以及工业污水和试剂中的氰化物等进入体内，均可造成严重中毒。临床上抢救氰化物中毒病人时，常先注射亚硝酸钠，使部分 $HbFe^{2+}$ 氧化生成 $HbFe^{3+}$，而夺取与细胞色素氧化酶（Cyt a3）结合的 CN^-，生成 $HbFe^{3+}\text{-}CN^-$，再注射硫代硫酸钠，将由 $HbFe^{3+}\text{-}CN^-$ 中的 CN^- 逐步释放，在肝脏硫氰生成酶的催化下转变为无毒的硫氰化物，随尿排出，从而解除其抑制。

（2）专一性不可逆抑制剂

①K_s 型不可逆抑制剂（亲和试剂）：具有底物类似结构，可和酶结合，其带有的活泼基团能与酶分子的必需基团反应，抑制酶的活性。由于其与酶的结合程度取决于 K_s，因此称为 K_s 型不可逆抑制剂。

它们具有和底物类似的结构，是通过对酶的亲和力来对酶进行修饰的。它们能与特定的酶结合，它们的结构中还带有一个活泼的化学基团可以与酶分子中的必需基团起反应使酶活力受到抑制。因而亲和标记剂只对底物结构与其相似的酶有抑制作用，显示其有专一性。如：L-苯甲磺酰赖氨酰氯甲酮（TLCK）是胰蛋白酶的亲和标记剂，而 L-苯甲磺酰苯丙氨酰氯甲酮（TPCK）则是胰凝乳蛋白酶的亲和标记剂。

②K_{cat} 型不可逆抑制剂（自杀性底物）：是一类酶的天然底物的衍生物或类似物，在它们的结构中含有一种化学活性基团，当酶把它们作为底物结合时，其潜在的化学基团能被

解开或激活，并与酶的活性部位发生共价结合，使结合物停留在某种状态，从而不能分解成产物，使酶不可逆失活，酶因而致"死"，此过程称为酶的自杀，这类底物称为自杀底物（suicide substrate）。

炔类化合物（如 N，N-二甲基炔丙胺）是以 FMN（黄素单核苷酸）、FAD（黄素腺嘌呤二核苷酸）为辅基的单胺氧化酶的 K_{cat} 型不可逆抑制剂；在与酶结合后受到酶的黄素辅基氧化后，反过来共价修饰酶的黄素辅基，导致酶活性的不可逆抑制。

2. 可逆抑制剂

（1）磺胺类药物 多数病原菌在生长时不能利用现成的叶酸，而只能利用对氨基苯甲酸合成二氢叶酸（DHF），后者再转化成四氢叶酸（THF），参与核酸合成。

磺胺类药物设计的结构由于和对氨基苯甲酸相似，因此可竞争性结合细菌的二氢叶酸合成酶，从而抑制了细菌生长所必需的二氢叶酸合成，使细菌核酸合成受阻，从而抑制了细菌的生长和繁殖。而动物和人能从食物中直接利用叶酸，故其代谢不受磺胺影响。

H_2N—⬡—$COOH$　　　　H_2N—⬡—SO_2NHR

对氨基苯甲酸　　　　　　　　对氨基苯磺酰胺

（2）嘧啶类似物 主要是通过竞争性抑制作用妨碍癌细胞 DNA 生成。已设计的抗癌药物如 5-氟尿嘧啶（5-FU），由于氟的原子半径与氢原子半径相似，氟化物体积与原化合物几乎相等，加之 C—F 键的稳定性，特别是在代谢中不易分解，能在分子水平代替正常代谢物，欺骗性地进入生物大分子中而导致"致死合成"。5-氟尿嘧啶在体内转变为 5-氟尿嘧啶核苷（5-FUR）再进一步形成 5-氟尿嘧啶核苷酸（5-FURP）和 5-氟尿嘧啶脱氧核苷酸（d-5FUDRP）挤入 DNA（图 3-37）。但 5-FU 抗癌的主要作用，是由于 d-5FUDRP 是尿嘧啶脱氧核苷酸类似物，可竞争性抑制胸腺嘧啶核苷酸合成酶。该酶的正常作用是将尿嘧啶脱氧核苷酸转变成胸腺嘧啶脱氧核苷酸。由于该酶受到抑制，尿嘧啶脱氧核苷酸不能进行甲基化形成胸腺嘧啶脱氧核苷酸，从而影响癌细胞 DNA 合成。

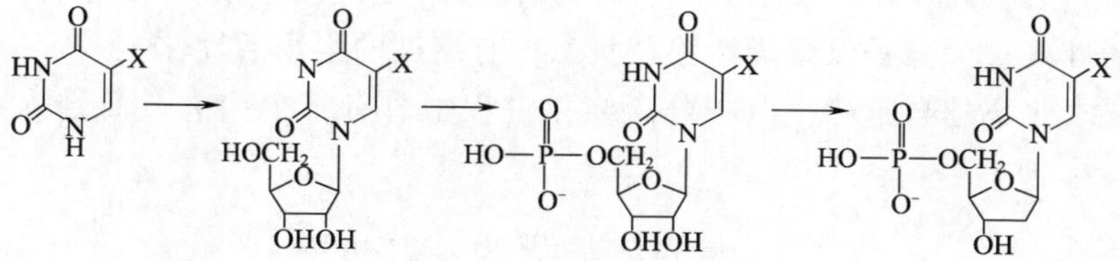

图 3-37 尿嘧啶的转化

X=H 表示尿嘧啶；X=F 表示 5-氟尿嘧啶

七、酶的别构效应动力学

别构酶所催化的反应，其反应动力学不符合米氏方程，低浓度的作用物即对反应速度有很大影响。体内的代谢物（作用物）浓度一般较低，即使如此，其浓度稍有变化，即可能对反应速度产生很大影响。

由于别构酶有协同效应，[S] 对 v 的动力学曲线是 S 形曲线（正协同）或表观双曲线（负协同）。协同效应有正负之分，S 形曲线表明酶结合一分子底物（或调节物）后，酶的构象发生了变化，这种新的构象大大地促进了对后续底物分子的结合，表现为正协同效应。与此相反，表观双曲线表明，新构象不利于与后续底物或调节物结合，为负协同效应。负协同效应可以使酶的反应速率对外界环境中底物浓度的变化不敏感（图3-38）。由于别构酶不符合米氏方程，因此被别构酶催化反应达到最大反应速度一半时的底物浓度，在别构酶不称为K_m，而改称$K_{0.5s}$。

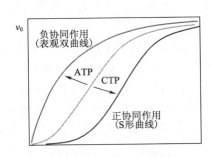

图3-38 ATCase的别构效应——ATP是激活剂而CTP是抑制剂

第五节 酶的分离、纯化、活力测定及保存

一、酶的分离纯化的目的和要求

酶分离纯化的主要目的是研究酶的性质、作用、反应动力学、结构与功能的关系、阐明代谢途径；作为生化试剂和药物。

首先是纯度要求，主要取决于研究目的和应用上的要求。如研究蛋白质和一级结构，空间结构，一级结构与功能的关系的蛋白质制剂、工具酶和标准蛋白、酶法分析的酶制剂，都要求均一；工业、医药方面应用的酶和蛋白质制剂，达到一定纯度即可，不要求均一。

其次是活性要求大分子保持天然构象状态，有高度的生物活性。

最后是要求收率越高越好，但在分离纯化过程中总有不少损失，而且提纯步骤越多，损失越大。

二、酶分离纯化的一般步骤

首先应进行生物材料的前处理，将酶蛋白从原来的组织细胞中以溶解状态释放出来，并保持原来的天然状态和生物活性，常用的破碎方法有：机械破碎法、渗透破碎法、交替冻融、超声波法、酶消化法等。

其次进行粗分级，这类方法的特点是样品处理量大，要做到既能除杂质，又能浓缩，主要包括沉淀、吸附、超过滤、透析、冷冻干燥等方法。

最后选择细分级方法进一步提纯目标酶蛋白，这类方法的特点是样品处理规模较小，但分辨率高，通常采取层析等方法。需要注意的是，每一步完成后通过以下几种方法进行鉴定：测定回收到的总蛋白量；测定回收到的酶总活性；凝胶电泳以测定目标酶和杂蛋白条带的变化。

三、酶活力测定方法及酶分离纯化路线的确定

（一）酶活力测定方法

酶活力测定就是测定一定量的酶，在单位时间内产物（P）的生成（增加）量或底物（S）的消耗（减少）量。即测定时确定三种量：加入一定量的酶；一定时间间隔；物质的增减量。具体物质量的测定，据被测定物质的物理化学性质通过定量分析法测定。常用的方法有光谱分析法、化学法、放射性化学法等。

1. 光谱分析法，主要包括分光光度法与荧光光度法

（1）分光光度法　酶将产物转变为（直接或间接）一个可用分光光度法测出的化合物。该法要求酶的底物和产物在紫外或可见光部分光吸收不同（图3-39）。

该方法的优点是：简便、迅速、准确，一个样品可多次测定，有利于动力学研究。可检测到 10^{-9}mol/L 水平的变化。

例：人血清乳酸脱氢酶活力的测定。

$$L-乳酸+NAD^+ \xrightarrow{\text{乳酸脱氢酶}} 丙酮酸+NADH+H^+$$

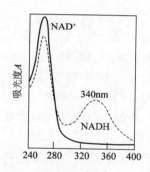

图3-39　NAD^+ 和 NADH 的光吸收曲线

（2）荧光法（fluorometry）　酶将产物转变为（直接或间接）一个可用荧光光度法测出的化合物。此方法要求酶反应的底物或产物有荧光变化。酶蛋白分子中的 Tyr、Trp、Phe 残基以及一些辅酶、辅基，如 NADH、NADPH、FMN、FAD 等都能发出荧光。该方法的主要优点是灵敏度很高，可以检测 10^{-12}mol/L 水平的样品。

例：乙醇脱氢酶的活力测定。

$$乙醇+NAD^+ \xrightarrow{\text{乙醇脱氢酶}} 乙醛+NADH+H^+$$

2. 化学法

此法利用化学反应使产物变成一个可用某种物理方法测出的化合物，然后再反过来算出酶的活性。有离子选择性电极法、微电子电位法、电流法等。其中，离子选择性电极法要求在酶反应中必须伴随有离子浓度的变化或气体的变化（如 O_2、CO_2、NH_3 等）。

例：葡萄糖氧化酶活性的测定。

$$葡萄糖+O_2+H_2O \xrightarrow{\text{葡萄糖氧化酶}} 葡糖酸+H_2O_2$$

3. 放射性化学法

此法用同位素标记的底物，经酶作用后生成含放射性的产物，在一定时间内，生成的

放射性产物量与酶活性成正比。

（二）酶分离纯化路线的确定

在酶的纯化过程中都应测定留用以及准备弃去部分中所含酶的总活力和比活力，以了解经过某一步后酶的回收率、纯化倍数，从而决定这一步骤的取舍。

$$总活力 = 活力单位数/mL × 总体积（mL）$$
$$比活力 = 活力单位数/mg 蛋白（氮）= 总活力单位数/总蛋白（氮）毫克数$$
$$纯化倍数 = 每次比活力/第一次比活力$$
$$回收率 = 每次总活力/第一次总活力$$

四、酶的保存

通常将纯化后的酶溶液经透析除盐后冰冻干燥得到酶粉，低温下可较长时间保存。或将酶溶液用饱和硫酸铵溶液反透析后在浓盐溶液中保存。不能保存稀的酶溶液。

第六节 酶工程

一、基本概念

酶工程的原始定义，主要是指自然酶制剂在工业上的大规模应用。近年来，由于酶在工业、医学和科研中应用的迅速发展，DNA 重组技术的巨大进步，蛋白质结晶学研究积累了大量的结构参数资料，和结构与功能的关系的资料，也由于电子计算机技术的渗透，因而促成了现代酶工程的诞生。它是围绕着酶所特有的催化性能，使其在工业、农业、医药保健事业以及其他方面发挥作用的。

酶工程是酶学基本原理与化学工程技术、基因重组技术有机结合的结果。它的长远目标是要通过遗传设计，应用基因重组技术，创造新的超自然的酶分子。

酶工程的主要研究内容有：自然酶的进一步开发和大规模应用，通过化学和遗传学的修饰，进一步探求酶的结构与功能的关系；大力改善工业、农业、医学和科研用酶制剂的热稳定性、对氧的稳定性、对重金属的稳定性、对 pH 的稳定性，提高催化效率；改变反应的最适 pH 等；研究设计制造优质的超自然酶；研制模拟酶催化功能的催化剂。目的是获得高活力、高稳定性及高应用潜力的酶。

以上内容，从解决问题的手段来看，可以概括为化学和生物学两个大类型，分别称为化学酶工程和生物酶工程，下面分别予以简要介绍。

二、化学酶工程

化学酶工程亦可称初级酶工程（primary enzyme engineering），指自然酶、化学修饰酶、固定化酶和人工酶（即模拟酶功能的催化剂）的研究和应用，它主要是由酶学与化学工程技术相互渗透和结合而形成的。

（一）自然酶的开发应用

在自然界中已发现的酶有万余种，小批量生产的商品酶有 800 多种，大规模生产和应用的酶仅 20~30 种。自然酶的来源是微生物、动物和植物，其中以微生物为主，动植物来源的酶次之，工业酶制剂更是以微生物来源为主。目前遗传工程中研究过的各种限制性核酸内切酶、连接酶等已超过 1000 种，绝大多数都来源于原核细胞。

自然酶的开发，必须考虑酶源丰富、应用前景广阔的原则。这里的酶源丰富，有两层含意：一是分离制取酶的物种自然资源丰富，包括易于扩大种养繁殖的动植物、微生物；二是选作分离酶的组织器官中，酶浓度相对较高。对于医药和科研上需要的特殊用途的酶的开发，可另当别论。有时将不惜重金，以探求稀有的酶。

酶制剂的大规模的工业应用，主要受到两条限制：一是酶离开生物的生理环境以后，往往变得不稳定，且工业用酶的反应条件与生理条件差别很大，不易充分发挥它的催化效率；二是自然酶的分离提纯技术常较烦琐、复杂，因而酶制剂生产成本高、价格贵。在基因工程未出现和技术水平还较低的时期，人们已在寻求用各种化学修饰和固定化的方法，来改善酶在工业应用时的各种性质。

（二）酶的化学修饰

在酶工程中，酶的化学修饰，其目的主要在于加强酶的稳定性；对于医学上的治疗用酶，还有一个目的，是降低或消除酶分子的免疫原性。在基础酶学研究中，化学修饰法是探讨酶活性中心性质的重要手段。从应用角度考虑，常用下述三种途径对酶蛋白进行化学修饰，以改善其性能。

1. 修饰酶的功能基团

酶分子中的可离解基团如氨基、羧基、羟基、巯基、咪唑基等，都是可能修饰的基团。为了改善酶的稳定性，通过脱氨基作用，消除酶分子表面氨基酸的电荷；通过碳化二亚胺反应，以改变侧链基的性质；通过酰化反应以改变侧链羟基性质。这些修饰反应可稳定酶分子有利的催化活性现象；提高抗变性的能力，例如抗白血病药物天冬酰胺酶，经修饰后可使其在血浆中的稳定性提高数倍，因而延长了疗效。

2. 酶分子内或分子间的交联应用

某些双功能试剂如二异硫氰酸酯（S＝C＝N—N＝C＝S）、戊二醛（OHC—CH_2—CH_2—CH_2—CHO）其分子两端的功能基团（如醛基），可与酶分子中或分子间肽链的两个游离氨基分别发生反应，使它们交联起来。例如交联后的人 α-半乳糖苷酶 A，其热稳定性和抗蛋白酶的性能都有明显增加，但酶活性不丧失。

3. 酶与高分子化合物结合

酶与某些蛋白质、多糖、聚乙二醇（PEG）等高分子化合物结合后，可以增加酶的稳定性。例如 α-淀粉酶在 65℃ 时的半衰期为 2.5min。当其与葡聚糖结合后，半衰期延长至 63min。白血病治疗素（Leukenon）对急性淋巴细胞白血病有良好治疗作用，此药就是经聚乙二醇改造过的酶。目前美国 Enzon 公司已用 PEG 技术改善了 30 多种酶，预计将有一些药用改良酶应市。

4. 开发非水介质中酶的催化反应

近十多年来，人们对酶在有机相中的反应开展了大量的研究。按溶剂体系的组成和特点，目前主要有四种溶剂体系。

（1）水-水溶性溶剂体系　水和有机溶剂是互溶的，形成均一体系，加入有机溶剂的目的在于提高底物或产物的浓度，改变酶反应的动力学本质。在该体系中，完成了青霉素酰化酶催化对-羟基苯甘氨酸甲酯与 6-PAP 合成羟氨苄青霉素的反应、过氧化物酶催化酚聚合的反应。

（2）水-水不溶性溶剂两相体系　要求底物在水和有机溶剂中的溶解度尽可能大，而产物在水中的溶解度要小，有机溶剂在水中的溶解度尽可能小，以减少有机溶剂对酶的变性和抑制作用。已进行了酶催化氧化还原、环氧化、异构化，酶交换、肽及酯的高效合成等反应。

（3）质相胶团体系　由两性化合物在占优势的有机相中形成的包围水滴的体系。酶在质相胶团中的活力一般都有所提高，有利于疏水底物的催化反应，已进行了脂水解、酯合成、转酯、肽合成等反应。

（4）单相有机溶剂体系　不存在单独的水相，只是在酶分子周围存在着一层水分子膜，以维持酶催化反应所必行的构象。已进行了大量的脂水解、酯合成、转酯、RS-醇拆分、肽合成以及修饰酶、固定化酶在有机溶剂体系中的反应等研究。

（三）酶的固定化

1. 固定化酶的含义

酶是高效性的、专一性强的生物催化剂，但是酶在水溶液中，一般很不稳定，作为催化剂，酶液只能一次性起作用，若是用于医药或是化学分析，酶必须很纯，如此一次性使用，必然耗资巨大。为了克服这种缺点，人们开始探索将水溶性酶与不溶性载体联结起来，使之成为不溶于水的酶的衍生物，又能保持或大部分保持原酶固有的活性，在催化反应中不易随水流失。这样制备的酶，曾被称为水不溶酶（water insoluble enzyme）、固相酶体（solid phase enzyme）等。后来发现，一些包埋在凝胶内或置于超滤装置中的酶，本身仍是可溶的，只是被限定在有限空间不能自由流动而已。因此，1971年第一届国际酶工程会议上，正式建议采用"固定化酶"（immobilized enzyme）这一名称。所以，固定化酶是指经物理或化学方法处理，使酶变成不易随水流失即运动受到限制，而又能发挥催化作用的酶制剂。

2. 制备方法

（1）吸附法　包括物理吸附法和离子交换吸附法（图3-40）。

(1)物理吸附法　　(2)离子交换吸附法

图3-40　固定化酶的制备方法——物理吸附法与离子交换吸附法

①物理吸附法：各种物理吸附法使用的载体，通常都有巨大的比表面，因而存在巨大的表面剩余能，能够吸附其他物质，其中包括酶。这种吸附作用选择性不强，吸附不牢。

②离子交换吸附法：这是一种电性吸附。常用的载体有：DEAE-纤维素，CM-纤维素，DEAE葡聚糖凝胶，还有TEAE-纤维素，ECTEDLA-纤维素，AmerliteIRA-93、410、900，纤维素-柠檬酸盐，IR-50、120、200，Dowex-50等。这类载体一般每克可吸收50~

150mg 蛋白。

（2）包埋法　将酶分子包埋于凝胶的网眼中或半透性的聚合物膜腔中，以达到固定化的目的的方法，即称包理法。主要有格子包埋法和微囊型包埋法（图3-41）。

格子包埋法是指应用凝胶对酶进行包埋，常用的凝胶有聚丙烯酰胺凝胶、硅橡胶、卡拉胶，还有人用过大豆蛋白质、合成纤维、聚氯乙烯（PVC）。

微囊型包埋法是以超滤用的半透膜包裹含酶的液滴而成。它大多用于医疗。例如天冬酰胺酶，就可以做成囊型酶使用。

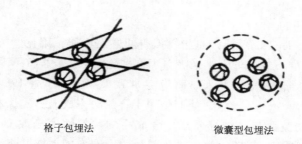

格子包埋法　　　　　　　微囊型包埋法

图3-41　固定化酶的制备方法——格子包埋法和微囊型包埋法

（3）载体耦联法（共价法）　此法是将酶分子的必需基团经共价键与载体结合的方法（图3-42）。就蛋白质而言，可供反应的非必需侧链基团有—NH、—OH、—COOH、—SH$_2$、酚环、咪唑基、吲哚基等。就载体而言，常用的载体，有多羟基聚合物（如纤维素、葡萄糖凝胶、琼脂糖等）和多胺基聚合物（如聚丙烯酰胺凝胶，多聚氨基酸）。还有一些其他的载体，如聚苯乙烯、尼龙、多孔玻璃等。这些载体的功能基团有：芳香氨基、羟基、羧基、羧甲基和氨基等。

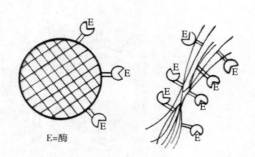

E=酶

图3-42　固定化酶的制备方法——载体耦联法

（4）交联法　利用双功能或多功能试剂，使酶分子之间或酶蛋白与其他惰性蛋白之间发生交联，凝集成网状结构，而成固定化酶，此即交联法（图3-43）。

双功能和多功能试剂，功能基团相同的，例如戊二醛、二重氮联苯胺-2，2′-二磺酸、4，4′-二氟-3，3′-二硝基二苯砜等，为"同型"双（多）功能试剂。功能基团不相同者如1，5-二氟-2，4-二硝基苯、甲苯-2-异氰酸-4-异硫氰酸盐等，为"杂型"双（多）功能试剂。戊二醛是应用最广的双功能试剂，它与酶的游离氨基反应，形成ScMH碱而使酶分子交联。

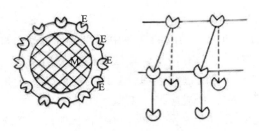

图 3-43　固定化酶的制备方法——交联法

（四）人工酶的研制

所谓人工酶（artificial enzyme）是指模拟酶的催化功能，用化学方法合成的一类有机催化剂。这类催化剂的研制，近十年来吸引了许多化学家、化学工程师和生化工程师，现已用半合成法和全合成法制成一些人工酶。例如 E. T. Kaiser 小组 1984 年成功地合成了一种黄素木瓜蛋白酶（flavor-papain），他们是用半合成法完成的。先从木瓜汁中分离出蛋白酶，然后用 8-溴乙酰黄素与之结合而成。合成后的酶特性完全改变，它已不是蛋白酶，而是一种黄素氧化还原酶，其催化效率是黄素酶的一千倍。它是目前已知的最高效率的半合成酶，已达到了已知天然黄素氧化还原酶的最高活力。

全合成酶不是蛋白质类大分子；而一些小分子有机物，其中环糊精（cyclodextrin 简称 CD）是受到人们青睐的模型分子（图 3-44）。β-环糊精（含有 7 个葡萄糖残基）的包结复合作用，具有酰基转移酶催化效率，已制成能利用 α-酮酸和磷酸吡哆胺合成氨基酸的人工转氨酶，将环糊精接上咪唑基，所得双咪唑基 β-CD 具有核糖核酸酶 A 的催化性质，甚至反应的最适 pH 都几乎与 RNase A 相同。根据胰凝乳蛋白酶活性部位由 Ser^{195}、His^{57} 和 Asp^{102} 组成的特性，设计合成的接上咪唑基、苯甲酸基和羟基的 β-CD，也表现了该酶催化的某些特征。

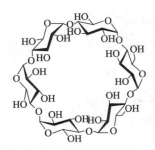

图 3-44　环糊精结构示意图

总之，化学酶工程方兴未艾，潜力很大，不仅是现阶段酶工程的主体；而且将对许多学科发展起到强有力的推动作用，对生化工程、化学工程、催化理论的发展，也会做出应有的贡献。

三、生物酶工程

生物酶工程又称高级酶工程，它是酶学和以基因重组技术为主的现代分子生物学技术相结合的产物。自从基因工程技术于 20 世纪 70 年代问世以来，酶学进入了一个十分重要的发展时期。它的基础研究和应用领域正在发生革命性的变化，生物酶工程的诞生充分体现了基因工程对酶学的巨大影响。生物酶工程主要包括三个方面。

（1）用基因工程技术大量生产酶（克隆酶）。

（2）修饰酶基因，产生遗传修饰酶（突变酶）。

（3）设计新酶基因，合成自然界不曾有的新酶（图 3-45）。

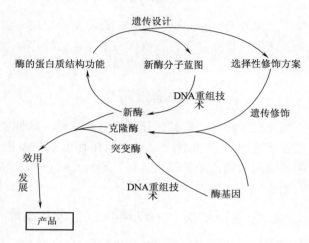

图 3-45　生物酶工程示意图

第七节　酶在工业上的应用

酶作为一种生物催化剂，由于其反应条件温和、高效、专一性强，在工业上已有广泛的应用。目前，酶在工业上主要用于食品发酵、淀粉加工、纺织、制革、洗涤剂及医药等方面，但可以预计今后在有机合成、环境保护上也将发挥重要的作用。目前工业上应用的酶制剂主要集中在食品工业。例如淀粉加工、酿造、乳品制造业、焙烤业合计约占酶销售量的 60%，洗涤剂用酶约占 35%，其他 5%。酶制剂所属酶类，以水解酶为主，其中各种蛋白酶约占总量的 60%，糖酶（如 α-淀粉酶等）占 30%。近年来脂酶和酯酶的开发利用，正日益受到重视。异构酶中的葡萄糖异构酶是产量最大的工业酶之一，其生产和应用，发展很快，在医药方面，作为药用的酶有 70 余种，诊断用酶 50 余种，国外已有 27 种酶纳入药典，批准生产。值得注意的是，酶法已在向塑料工业和合成纤维工业的生产渗透，这是一个新的动向。例如美国和日本，已有人设想以葡萄糖为原料，经氧化产生葡萄糖醛酮，再用酶法（环化酶等）使其转变为环氧乙烷，提供合成纤维之用。

目前，先进国家的酶制剂品种的开发，主要集中在五方面。

一、食品加工用酶

生产上常用到一些生产低聚糖的酶类，如葡萄糖转苷酶（生产异麦芽低聚糖），果糖基果糖转移酶（生产乳果糖），β-葡萄糖糖苷酶（生产半乳寡聚糖）。

二、饲料用酶

饲料用酶的重点产品是植酸酶。植酸酶有两种类型，即 3 位型植酸酶和 6 位型植酸酶，它们的作用类型都一样，只是特异性位点有差异。

三、纺织用酶

这里特别要提到的是原果胶酶（protopectinase）的开发与利用。它既可以除去对皮肤有刺痛作用的原果胶质，又可以提高染色性，改善高温高碱的操作环境，减少废液对环境的污染。

四、洗涤剂用酶

这个领域中主要研究开发 4 种酶，即碱性丝氨酸型蛋白酶、碱性脂肪酶、碱性纤维素酶和淀粉酶。研究重点在于通过蛋白质手段改善其催化性能或用基因工程方法提高其产量。另外，洗涤剂用酶的应用领域已经扩展到洁具、厨具及其他相关领域，生产也逐步由专业酶制剂转向洗涤剂生产厂。

五、临床诊断用酶、治疗用酶、化妆品用酶

这些酶依然是受到重视的领域，其开发风险较大，成功后经济效益也较高，这部分开发基本都由相关企业独自开发。

小　　结

生物体的各种生物化学变化都是在酶的催化下进行的。一般认为酶的化学本质绝大多数是蛋白质，仅有少数为核酸。酶作为生物催化剂除了具有一般催化剂的特点外，还具有其自身的特点，如酶具有高效的催化效率、酶易失活、酶的催化具有专一性和酶具有调节性等。根据酶的化学组成，可分为单纯蛋白质和结合蛋白质，结合蛋白质由酶蛋白和辅酶组成。根据所催化的反应，酶可分为六大类，即氧化还原酶类、转移酶类、水解酶类、裂合酶类、异构酶类、连接酶类。按规定每一种酶应有一个系统名称、一个习惯名称和一个系统编号。

对简单酶来说，活性中心就是由酶分子在三维结构上比较靠近的少数几个氨基酸残基或是这些残基上的某些基团组成的。对复合酶来说，它们肽链上的某些氨基酸以及辅酶或辅酶分子上的某一部分结构往往就是其活性中心的组成部分。酶的活性是受各种因素调节的，主要有共价修饰、别构调节、酶原激活和同工酶等方式。酶催化反应的机制是降低活化能，中间复合物学说很好地解释了酶降低反应活化能的原因。与酶催化反应效率有关的因素主要有：酶与底物的靠近与定向作用；酸碱催化；酶使底物分子中的敏感键发生的变形作用；共价催化；酶活性中心是低介电区域等。

酶促反应动力学主要内容是研究酶促反应速率及其影响因素。主要讨论底物浓度、抑制剂、pH、温度及激活剂对酶促反应速率的影响。米氏方程是根据中间复合物学说推导出来的描述底物浓度对酶促反应速度影响的动力学方程式。米氏常数（K_m）是酶的特征常数。酶促反应速度受抑制剂的影响，根据抑制剂与酶的作用方式及抑制剂是否可逆，将

抑制作用分为可逆抑制作用和不可逆抑制作用。根据可逆抑制剂与底物的关系分为竞争性抑制、非竞争性抑制及反竞争性抑制 3 类。pH、温度及激活剂都会对酶促反应速率产生重要的影响。

　　酶的分离纯化是研究酶学的基础。在酶的制备过程中，每一步都要测定酶的催化活力和比活力，以了解酶的回收率及纯化倍数，判定酶的提纯效果。酶工程是酶学基本原理与化学工程技术、基因重组技术以及生物信息学等学科有机结合而形成的应用技术，是生物技术的主要分支。根据研究和解决问题的手段不同，将酶工程分为化学酶工程和生物酶工程。酶在工业上已有广泛的应用，主要用于食品发酵、淀粉加工、纺织、制革、洗涤剂及医药等方面，今后在有机合成、环境保护上也将发挥重要的作用。

思考题

1. 什么是酶？请说明酶的化学本质。
2. 酶作为生物催化剂有何特点？
3. 何谓酶分子的必需基团？其作用如何？常见的必需基团有哪些？
4. 什么是酶的活性中心？有何特点？
5. 酶降低反应活化能、实现高效率的重要因素是什么？
6. 解释酶的催化机理。
7. 别构酶有何特点？调节机制是怎样的？
8. 国际酶委会把酶分为哪几类？写出其催化反应通式。
9. 什么是酶的专一性？有哪些类型？
10. 什么是固定化酶？有何优点？如何制备固定化酶？
11. 什么是米氏方程？K_m 的意义是什么？如何求米氏常数？
12. 什么是酶的最适 pH？pH 如何影响酶的活力？
13. 什么是酶的最适温度？温度如何影响酶促反应速度？
14. 什么是酶的抑制作用？可逆抑制作用和不可逆抑制作用有什么区别？又怎样区别？
15. 竞争性抑制、非竞争性抑制和反竞争性抑制作用的主要区别是什么？它们在酶促反应中会使 v_{max} 和 K_m 值发生什么变化？
16. 天冬氨酸转氨甲酰酶催化的反应，其反应速度与底物浓度的关系呈 S 形曲线，为什么？
17. 有机磷农药为何能杀死害虫？
18. 酶制剂应该在什么条件下保存？为什么？
19. 酶的分离纯化一般经过哪些步骤？应注意哪些问题？

第四章　维生素与辅酶

维生素（vitamin）是人和动物维持正常的生理功能所必需的一类小分子有机化合物。这类物质由于体内不能合成或合成量不足，所以必须由外界供给。维生素不参与机体内各种组织器官的组成，也不能为机体提供能量，它们主要以辅酶形式参与细胞的物质代谢和能量代谢过程，缺乏时会引起机体代谢紊乱，导致相应的疾病，称为维生素缺乏症。

第一节　概述

人体必须从食物中获取各种营养物质以维持机体的正常生命活动，这些营养物质统称为营养素。如果缺乏某些营养素，机体就会出现功能障碍，甚至危及生命。所以，人体需要获得合理的营养素，才能够保证身体健康，增强抵抗力，防止疾病的发生。

一、基本营养要素

（一）七大营养素

食品营养素包括七大类：糖类、蛋白质、脂类、维生素、水、膳食纤维和矿物质，这些营养素分别为机体提供能量（糖类、脂类）、调节物质代谢（如维生素和矿物质）并构成机体的结构成分（如蛋白质），其中水、矿物质和维生素都是不可缺少的营养素。

（二）矿物质

矿物质即无机盐，包括机体所需要的常量元素和微量元素。人体内已经发现的化学元素有 50 多种，除 C、H、O、N 主要以有机化合物的形式出现外，其余各种元素无论其存在的形式如何、含量多少，统称为矿物质。其中含量较多的钙、镁、钠、钾、氯、磷、硫 7 种元素，占人体总灰分的 60%~80%，称为常量元素。

（三）水

水是维持生命的重要物质，在溶解生化分子的过程中发挥重要作用。水是一种最理想的溶剂，许多生命物质都溶解在水中。因此，水为生命活动提供了环境，给体内各组织细胞输送必需的营养物质和代谢产物。同时，水又可以直接参与生命活动的过程，例如，光合作用需要水的分解，呼吸作用又有氢和氧结合成水的过程。

二、维生素的概念及生理功能

（一）维生素的概念

维生素是参与生物生长发育和代谢所必需的一类微量有机物，即维生素是维持正常生命过程所必需的一类有机物质，需要量很少，但对维持健康十分重要。由于最早分离出来的维生素 B_1 是一种胺类（amine），故对这类物质取名为 Vitamine，即生命胺的意思。中文旧名为维他命，后又改为维生素。随后其他各种维生素又相继发现，但并非都属于胺类，因此将原名词字尾的 e 去掉，改为 Vitamin，简式用 V 表示，如维生素 A 简式用 V_A

表示。

维生素是在生活实践中发现，并进一步从营养缺乏病的研究中深入认识的。Wagnerhe 和 Flokers（1964）将维生素的研究大致分为三个历史阶段。

第一阶段：用特定食物治疗某些疾病。早在 6、7 世纪，我国已经有关于脚气病（Beriberi）的记载，认识到这是一种食米地区的疾病，并用富含维生素 B_1 的糠皮进行治疗。现在知道由于食米地区的人们长期食用精磨的米，弃去了含有丰富维生素 B_1 的米糠，因而会生脚气病。当时还记载有"雀目症"用猪肝治疗。如今知道"雀目症"即夜盲症（night blindness），是缺乏维生素 A 引起的，而肝脏含有丰富的维生素 A，故能治疗此病。18 世纪欧洲航海的人已经知道吃新鲜的水果和蔬菜可以治疗坏血病。这是由于坏血病是缺乏维生素 C 引起的，古时航海的人由于长期吃不到新鲜的蔬菜而得此病。

第二阶段：用动物诱发缺乏病。1987 年，荷兰医生 Eijikman 观察到给小鸡饲喂精米会出现类似于人的脚气病的多发性神经炎；若补充糙米或米糠可预防这种疾病。Boas 发现饲喂的大鼠发生一种严重皮炎、脱毛和神经肌肉机能异常的综合症，用肝脏可治疗这种疾病。1907 年，Holst 和 Frohlich 报道了实验诱发的豚鼠坏血病。

第三阶段：人和动物必需营养因子的发现。1881 年，Lunin 研究发现含有乳蛋白、碳水化合物、脂类、食盐和水分的高纯合饲粮不能满足动物的营养需求，认为可能与某些未知成分的缺乏有关。1912 年，Hopkins 报道人和动物需要某些必需营养因子才能维持正常的生命活动，若缺乏会导致疾病。同年，Funk 通过对因日粮而诱发的疾病的研究，成功地分离出抗脚气病因子，命名为"Vitamines"。1929 年，Eijikman 和 Hopkins 因在维生素研究领域的重大贡献而获诺贝尔生理学/医学奖。Hodgkin 用 X 射线晶体学阐明了维生素 B_{12} 的化学结构而获 1964 年诺贝尔化学奖。

对人和动物来讲，自身往往不能合成维生素，所需维生素一般要外界供给。随着对维生素的研究，人们很自然便会想到这样一个问题：植物或微生物是否也像动物一样需要维生素？经过研究，发现植物和微生物中也有需要维生素的现象。因此，所有的生物无论是高等动物、高等植物还是微生物，它们都需要维生素，只不过有些生物自身能合成，有些生物自身不能合成，或者有些生物的某些部位能合成而某些部位不能合成罢了。

（二）维生素的特点

1. 生物对维生素的需要量是非常小的

由于人类对维生素的需要量每天往往只有几毫克或几微克，所以通常称维生素为微量营养素。例如正常人每天需要维生素 A 0.8~1.7mg，维生素 B_1 1~2mg，维生素 D 10~20μg，维生素 B_{12} 2~6μg。当然，人类对维生素的需要量不是绝对的，在某些特殊情况下需要量也会相应改变，例如维生素 B_1 和维生素 B_2 的需要量随着食物中总热量的增加而增多，一般为 0.5~0.6mg/kcal（1kcal＝4.184kJ），又如孕妇及授乳者需要较多的维生素 A、维生素 B_1、维生素 B_2、维生素 C 和维生素 D。

2. 维生素既不是构成组织的基础物质，也不是能源物质，但在代谢中起调节作用

维生素在生物细胞内的作用不同于糖类、脂肪和蛋白质，它不是作为碳源、氮源或能源物质，不是用来供能或构成生物体的组成成分，在体内含量很少，但作用很大，是代谢过程所必需的。目前已知绝大多数维生素是作为辅酶或辅基的组成成分，它们以辅酶或辅基的形式参与生物体内各种酶促反应。也有少数维生素还具有一些特殊的生理功能。因此

当生物缺乏某种维生素时，代谢就不能正常进行，影响生物正常的生命活动和生长发育，甚至发生疾病，临床表现出各种症状，这种由于缺乏维生素所引起的疾病称为维生素缺乏症。

3. 各种生物对维生素的需要情况不同

例如维生素 D 对人和动物成骨作用很重要，但植物并不需要它。大、小白鼠能合成维生素 C，故在饲料中不需要加入维生素 C，而人和豚鼠不能合成，必须从食物中摄取。因此各种生物对维生素的需要情况是由两方面因素决定的，一方面是在代谢过程中是否需要，另一方面是自身能否合成。

人所需要的各种维生素广泛存在于食物中，除了营养不良、饮食单调或食物保存加工不当可造成维生素缺乏外，某些疾病或其他特殊原因也能引起维生素不足和缺乏。例如肠炎及肝、胆病可阻碍维生素的吸收；长期口服抗菌素可抑制肠道菌的生长，从而引起维生素 K、生物素、叶酸、泛酸等维生素的缺乏；妊娠、哺乳、强体力劳动、高温操作等对总热量的需要的增加，因而维生素 B_1 和维生素 B_2 的需要量也相应增加，如不及时补给，往往也会引起维生素缺乏症。因此，维生素有重要的应用价值，在医疗上一般可用于防治维生素不足引起的疾病。如维生素 A、维生素 D 可防治婴儿佝偻病，维生素 C 可治疗坏血病或牙出血，复合维生素 B 可用于治疗厌食和脚气病等。但是，维生素并不是"补品"，人体每天需要量有一定范围，多吃并不一定有好处。若使用不当，反而会导致疾病。例如，长期大量使用维生素 A 和维生素 D 会引起中毒，口服维生素 C 过多可破坏膳食中的维生素 B_{12} 而引起贫血。所以维生素的合理使用很重要。维生素不仅与医学密切相关，而且对发酵工业也很重要，在微生物培养和发酵时需要某些维生素作为生长因子。

（三）维生素的生理功能

维生素对机体的生长和生理机能的调节起着十分重要的作用，其生理功能主要体现为调节酶活性及代谢活性。绝大多数维生素通过辅酶或辅基的形式参与生物体内的酶反应体系，调节酶活性及代谢活性。大多数水溶性维生素（B 族和 C 族维生素）直接作为辅酶（如生物素），或者作为辅酶的前体。其他维生素，如维生素 A、维生素 E 和维生素 D 没有辅酶的功能，但具有一些特殊的生理功能。事实上，有些维生素的确切代谢作用尚未得到完全阐明。

第二节　维生素的命名及分类

一、维生素的命名

维生素的命名尚无统一标准，一般有几种不同的命名方法。在维生素发现早期，因对它们了解甚少，一般按其先后顺序和英文名称命名，如 A、B、C、D、E、K 等；有的按其化学本质命名，如维生素 B_1 因分子结构中含有硫和氨基称为硫胺素，维生素 B_2 为核黄素等；有的按其生理功能命名，如维生素 B_1 为抗脚气病维生素，维生素 C 为抗坏血酸；后来人们根据维生素在脂类溶剂或水中溶解性特征将其分为两大类：脂溶性维生素（fat-soluble vitamins）和水溶性维生素（water-soluble vitamins）。前者包括维生素 A、D、E、K，后者包括 B 族维生素和维生素 C。

还有一些化合物按其性质和特点不应归入维生素，但商业上仍以维生素命名，如维生素 B_{13} 实际上是乳清酸，它是人体内可合成的代谢产物，参与嘧啶核苷酸的合成。

二、维生素的分类

维生素都是小分子有机物，它们在化学结构上无共性，有脂肪族、芳香族、脂环族、杂环和甾类化合物等，但它们在体内所起的作用以及多数生物体不能自行合成这两点是相同的，所以将其归为一类。习惯上根据维生素的溶解性将其分为两大类：水溶性维生素和脂溶性维生素。

（一）水溶性维生素

水溶性维生素包括 B 族维生素（B_1 硫胺素、B_2 核黄素、B_5 烟酸和烟酰胺、B_6 吡哆素、B_3 泛酸、B_7 生物素、B_{11} 叶酸等）和维生素 C。B 族维生素所包括的各种维生素在化学结构和生理功能上彼此无关，但分布及溶解性大致相同，是一类极为重要的维生素。它们的衍生物多为辅酶或辅基，在酶促反应中起着极为重要的作用。

（二）脂溶性维生素

脂溶性维生素主要包括维生素 A、D、E、K。脂溶性维生素易溶于有机溶剂而不溶于水，在体内有一定量的贮存（主要在肝脏）。由于在生物体中常与脂类共存，因而，脂溶性维生素的消化和吸收都与脂类有关，常因脂类吸收障碍而影响其吸收，甚至会引起缺乏症。

第三节 水溶性维生素和辅酶

一、维生素 B_1 与焦磷酸硫胺素（TPP）

（一）维生素 B_1 的结构

维生素 B_1 是最早被人们提纯的维生素，1896 年由荷兰科学家 Eijkman 首先发现，1910 年由波兰化学家 Funk 从米糠中提取和提纯。维生素 B_1 是白色粉末，易溶于水，遇碱易分解。它的生理功能是能增进食欲，维持神经正常活动等，缺少它会得脚气病、神经性皮炎等，因此又称抗脚气病维生素。

维生素 B_1 在植物中分布广泛，主要存在于种子的外皮和胚芽中，例如在米糠、麦麸、蛋黄、牛奶、番茄等食物中含量丰富，而酵母中的维生素 B_1 含量最多。此外，瘦肉、白菜和芹菜中含量也较丰富。维生素 B_1 目前已能由人工合成，纯品常以盐酸盐的形式存在。

维生素 B_1 分子中含有硫及氨基，故又称为硫胺素。维生素 B_1 的化学结构包含嘧啶环和噻唑环，即由含有一个氨基的嘧啶环和一个含有硫的噻唑环构成的化合物，在体内常以焦磷酸硫胺素（TPP）形式存在（图 4-1）。

（二）维生素 B_1 的功能

维生素 B_1 的主要功能是以辅酶的方式参加糖的分解代谢。在机体中，硫胺素常以硫胺硫酸酯（TP）或焦磷酸硫胺素（TPP）的形式存在。维生素 B_1 在一切活体组织中可经硫胺素激酶催化与 ATP 作用转化成焦磷酸硫胺素（TPP）：

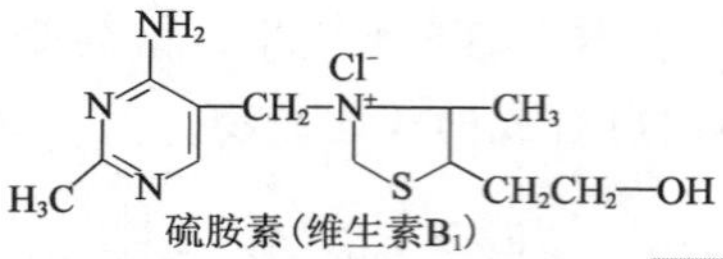

图 4-1　维生素 B$_1$ 和 TPP 化学结构

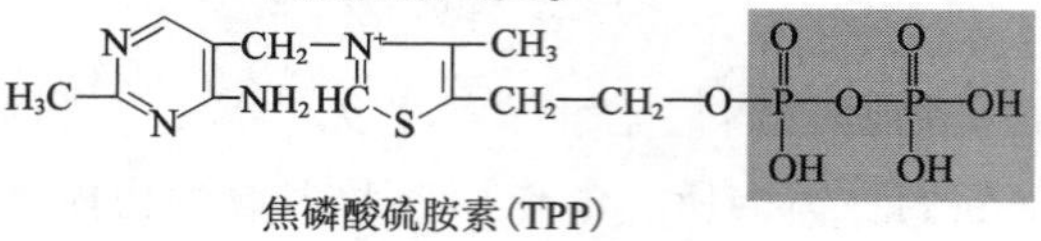

$$硫胺素+ATP \xrightarrow[硫胺素激酶]{Mg^{2+}} 焦磷酸硫胺素+AMP$$

硫胺素的衍生物 TPP 是一个重要的辅酶，其功能有：作为脱羧酶的辅酶，参与一些 α-酮酸的脱羧反应，是脱羧酶、丙酮酸脱氢酶系和 α-酮戊二酸脱氢酶系的辅酶。在醇发酵过程中，它作为脱羧酶的辅酶；在糖分解代谢过程中，它作为丙酮酸脱氢酶系和 α-酮戊二酸脱氢酶系的辅酶分别参加丙酮酸及 α-酮戊二酸的氧化脱羧作用（详见糖代谢章）。TPP 还作为转酮醇酶的辅酶，参加磷酸戊糖代谢途径的转酮醇反应（见糖代谢的 HMP 途径）。

维生素 B$_1$ 的另一作用是促进动物幼体的发育，包括促进胃肠蠕动，增加消化液分泌，从而增进食欲。维生素 B$_1$ 还有保护神经系统的作用，因为它能促进糖代谢，供给神经系统活动所需的能量，同时又能抑制胆碱酯酶的活性，使神经传导所需的乙酰胆碱不被破坏，保持神经的正常传导功能。

正是由于维生素 B$_1$ 与糖代谢的关系密切，人体缺乏维生素 B$_1$ 时，糖代谢受阻，丙酮酸积累，表现出食欲不振，皮肤麻木，四肢乏力和神经系统损伤等症状，临床上称为脚气病。

二、维生素 B$_2$ 和黄素辅酶 FMN、FAD

（一）维生素 B$_2$ 的结构

维生素 B$_2$ 又名核黄素。1879 年英国化学家布鲁斯首先从乳清中发现，1933 年美国化学家哥尔倍格从牛奶中提取，1935 年德国化学家柯恩合成了它。维生素 B$_2$ 是橙黄色针状晶体，味微苦，水溶液有黄绿色荧光，在碱性或光照条件下极易分解。人体缺少维生素 B$_2$ 易患口腔炎、皮炎、微血管增生症等。维生素 B$_2$ 大量存在于谷物、蔬菜、牛乳和鱼等食物中。

维生素 B$_2$ 是一种含有核糖醇基的黄色物质，故又名核黄素，其本质是核糖醇和 6，7-二甲基异咯嗪的缩合物。核黄素在体内的活性形式有两种，即黄素单核苷酸（FMN）和黄素腺嘌呤二核苷酸（FAD）。结构如图 4-2 所示。

（二）维生素 B$_2$ 的功能

在细胞中，维生素 B$_2$ 参与组成了氧化还原酶的两种重要辅酶：黄素单核苷酸（FMN）和黄素腺嘌呤二核苷酸（FAD）。维生素 B$_2$ 在机体内与 ATP 作用转化为核黄素磷酸（即核黄素与磷酸结合生成 FMN），即黄素单核苷酸（FMN）。后者再经 ATP 作用进一步磷酸化（FMN 与一分子 AMP 缩合生成 FAD），即产生黄素腺嘌呤二核苷酸（FAD）：

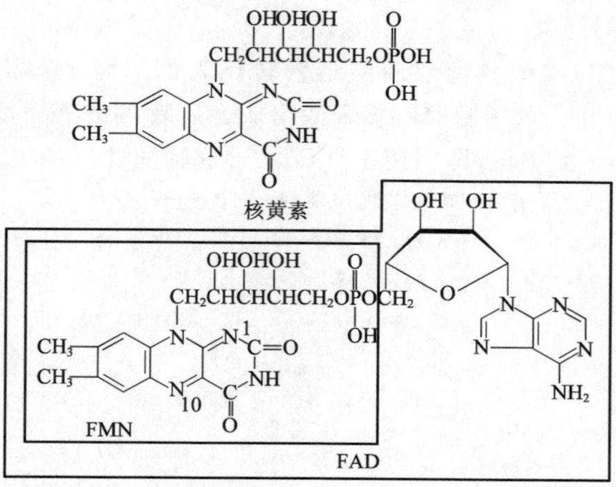

图 4-2 维生素 B_2、FMN 和 FAD 化学结构

$$核黄素 + ATP \longrightarrow FMN + ADP$$
$$FMN + ATP \longrightarrow FAD + PPi$$

FMN 和 FAD 都和酶蛋白紧密结合，作为脱氢酶黄素酶的辅基，这些酶的制剂显黄色，故常称为黄酶，FMN、FAD 常被称为黄素辅酶。

在核黄素异咯嗪环的 N_1 和 N_{10} 之间有一对活泼的共轭双键，很容易发生可逆的加氢或脱氢反应，因此 FMN 和 FAD 存在氧化型和还原型两种形式：氧化型为 FMN 和 FAD；还原型为 $FMNH_2$ 和 $FADH_2$。在细胞氧化反应中，FMN 和 FAD 常作为一类脱氢酶黄素酶的辅基，通过氧化态与还原态的互变，促进底物脱氢或起递氢体的作用，广泛参与体内多种氧化还原反应，对糖、脂和氨基酸的代谢都很重要。以 FAD 为辅基的酶有琥珀酸脱氢酶，脂酰辅酶 A 脱氢酶等；以 FMN 或 FAD 为辅基的酶有 L-氨基酸氧化酶等。

由于 FMN、FAD 广泛参与体内各种氧化还原反应，因此维生素 B_2 能促进糖、脂肪和蛋白质的代谢，对维持皮肤、黏膜和视觉的正常机能均有一定的作用。当缺乏维生素 B_2 时，组织呼吸减弱，代谢强度降低，主要症状为口角炎、舌炎、结膜炎和视物模糊等。核黄素在自然界分布很广，小麦、青菜、黄豆、动物的肝和心等都含有丰富的维生素 B_2。绿色植物、某些细菌和霉菌能合成核黄素，但动物自身不能合成，必须由食物供给。

三、维生素 PP 与辅酶 I、辅酶 II

（一）维生素 PP 的结构

维生素 PP 即维生素 B_3，又称为抗癞皮病维生素，包括尼克酸（烟酸）和尼克酰胺（烟酰胺）两种结构形式，二者皆为吡啶衍生物，尼克酸（烟酸）为吡啶-3-羧酸，尼克酰胺为烟酸的酰胺，但在体内主要以尼克酰胺的形式存在，尼克酸是尼克酰胺的前体。在生物体内其活性形式是烟酰胺腺嘌呤二核苷酸（nicotinamide adenine dinucleotide，NAD）和烟酰胺腺嘌呤二核苷酸磷酸（nicotinamide adenine dinucleotide phosphate，NADP）（图 4-3）。它们是许多脱氢酶的辅酶，在糖酵解、脂肪合成及呼吸作用中发挥重要的生理功能。烟酸广泛存在于动植物体内，酵母、肝脏、瘦肉、牛乳、花生、黄豆中含量丰富，谷物皮层和胚芽中含量也较高。

（二）维生素 PP 的功能

烟酸在生物体内可与磷酸核糖焦磷酸结合转化为烟酰胺-腺嘌呤二核苷酸（NAD），由一分子烟酰胺核苷酸和一分子腺嘌呤核苷酸组成，后者再被 ATP 磷酸化即产生烟酰胺-腺嘌呤二核苷酸磷酸（NADP），即辅酶Ⅰ（Co Ⅰ）和辅酶Ⅱ（Co Ⅱ）。

$$烟酸+磷酸核糖焦磷酸+ATP \longrightarrow NAD$$
$$NAD+ATP \longrightarrow NADP+ADP$$

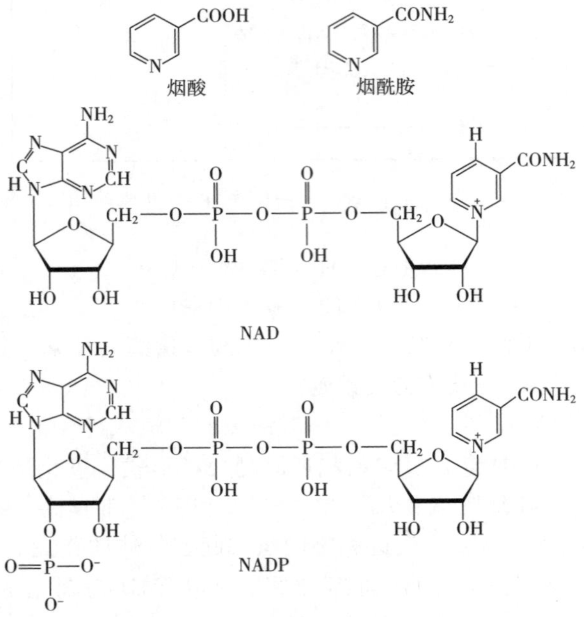

图 4-3　维生素 B_3（烟酸及烟酰胺）、NAD 及 NADP 的化学结构

NAD、NADP 结构基本相同，差别仅在于 NADP 的核糖 2′位多一个磷酸。烟酸和烟酰胺环上的 3、4 位碳间的双键可以被还原，因此有氧化型和还原型两种形式：氧化型用 NAD^+、$NADP^+$ 表示；还原型用 NADH 和 NADPH 或 $NADH+H^+$ 和 $NADPH+H^+$ 表示。

NAD^+（辅酶Ⅰ）、$NADP^+$（辅酶Ⅱ）作为不需氧脱氢酶的辅酶，在氧化还原反应中作为氢的受体和供体，起着传递氢的作用。如：

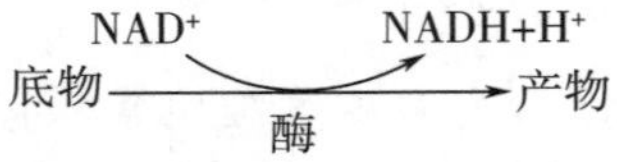

目前已知，以 NAD^+ 和 $NADP^+$ 为辅酶的脱氢酶很多，有些酶以 NAD^+ 或 $NADP^+$ 为辅酶均可，也有一些酶较为特异，其辅酶只可能是其中的一种。一般而言，NAD^+ 常用于产能分解代谢，如醇脱氢酶、异柠檬酸脱氢酶、磷酸甘油脱氢酶、乳酸脱氢酶、3-磷酸甘油醛脱氢酶等（TCA 循环）。$NADP^+$ 则较多地和还原性的合成反应有关，作为供氢体，如作为 HMP 途径的相关酶的辅酶。NAD^+ 是呼吸链中的重要一环，在多数情况下底物脱氢先交给 NAD^+，使其成为 $NADH+H^+$，然后经过呼吸链传递，最后交给 O_2，产生能量。

尼克酰胺分布很广，人体一般不缺乏，除了由食物直接供给外，在体内还可以由色氨酸转变为尼克酸。玉米中缺乏色氨酸，长期主食玉米会造成尼克酸缺乏症，称为癞皮病，主要表现为皮炎、腹泻及痴呆。

四、泛酸与辅酶 A

（一）泛酸的结构

泛酸即维生素 B_5，又名遍多酸，因在自然界分布广泛而得名。泛酸是由 β-丙氨酸与 α，γ-二羟-β，β-二甲基丁酸缩合而成（图 4-4）。分子中含有 β-丙氨酸和一个肽键。

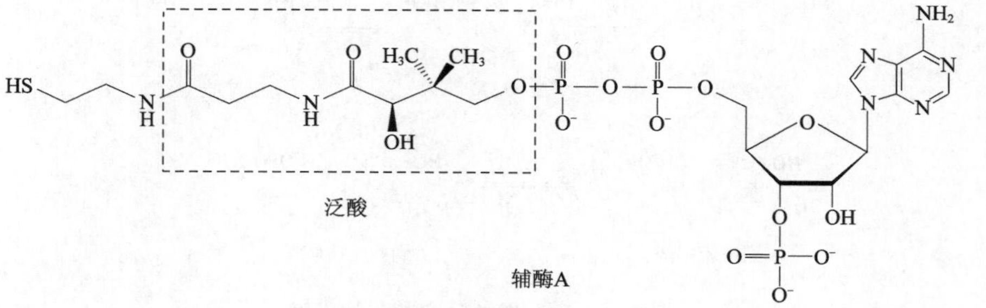

图 4-4 泛酸及其组成的辅酶 A

（二）泛酸的功能

1. 泛酸在体内作为酰基的载体，主要以辅酶 A 的形式参与代谢

泛酸是辅酶 A 的组成成分。辅酶 A 简写为 CoA，是由等分子的泛酸、氨基乙硫醇、焦磷酸和 3′-AMP 组成（图 4-4）。辅酶 A 主要起传递酰基的作用，接受和放出酰基，是各种酰化反应中的辅酶。由于携带酰基的部位在—SH 基上，故通常以 CoASH 表示，当携带乙酰基时称乙酰辅酶 A，携带脂酰基时为脂酰辅酶 A。例如在糖代谢中作为硫锌酸转酰基酶的辅酶，参与丙酮酸氧化脱羧反应生成乙酰 CoA，进入 TCA 循环。在脂类分解代谢中，脂肪酸氧化的第一步就是酰化成脂酰 CoA，然后再进行 β-氧化。在氨基酸代谢中有些氨基酸转化为相应的酮酸后，也必须在辅酶 A 的参与下结合成脂酰辅酶 A，才能进一步进行分解代谢。因此，泛酸对体内糖、脂肪及蛋白质的代谢极为重要。此外，辅酶 A 还参与体内一些重要物质如乙酰胆碱、胆固醇、肝糖原等的合成，并且能调节血浆脂蛋白和胆固醇的含量。

2. 作为酰基载体蛋白（ACP）的辅基，参与脂肪酸合成代谢

近年来发现在细胞内有一定的泛酸，是以 4′-磷酸泛酰巯基乙胺的形式与蛋白结合，这是泛酸的另一种活性形式，这种蛋白称为脂酰载体蛋白（acyl carrier protein，ACP），在脂肪酸的合成代谢中起非常重要的作用。

以上事实说明泛酸在生物细胞的代谢中具有极为重要的作用。泛酸广泛分布在各种食物中，特别是酵母、肝、肾、蛋黄、小麦、米糠、花生中含量尤为丰富，在蜂王浆（royal jelly）中含量最多。人类肠道中的细菌可以合成泛酸，所以尚未发现泛酸缺乏症。但辅酶 A 对厌食、乏力等症状有明显疗效，故其可广泛用作各种疾病的辅助药物，如白细胞减少症、功能性低热、各种肝炎及冠状动脉硬化等，与 ATP、胰岛素一起用作能量合剂。

五、维生素 B$_6$ 与磷酸吡哆素

（一）维生素 B$_6$ 的结构

维生素 B$_6$ 即吡哆素，又称为抗皮炎维生素，具有抗皮肤发炎的功能。其化学结构（图4-5）是吡啶的衍生物，包括三种结构类似的物质，即吡哆醇、吡哆醛和吡哆胺。在体内这三种物质可以相互转化。

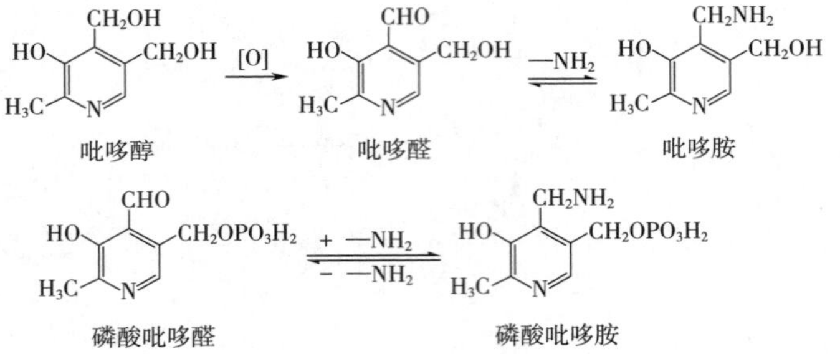

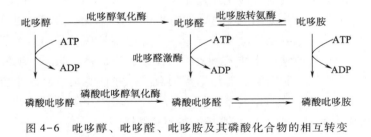

图 4-5　吡哆素及其磷酸化衍生物

维生素 B$_6$ 的分布较广，酵母、肝脏、鱼、肉、蛋类及花生中含量丰富，动物组织中多以吡哆醛和吡哆胺的形式存在，植物组织中多以吡哆醛的形式存在。某些动植物和微生物能合成维生素 B$_6$。

维生素 B$_6$ 在生物体内都是以磷酸酯的形式存在，即在 5 位的醇基上连接一分子磷酸，经磷酸化作用转变为相应的磷酸吡哆醛（PLP）、磷酸吡哆胺（PMP）和磷酸吡哆醇，它们之间也可以相互转变（图 4-6），最后都以活性较强的磷酸吡哆醛和磷酸吡哆胺的形式存在于组织中，参加转氨作用。

图 4-6　吡哆醇、吡哆醛、吡哆胺及其磷酸化合物的相互转变

（二）维生素 B$_6$ 的功能

磷酸吡哆醛和磷酸吡哆胺与氨基酸代谢关系密切，它们在氨基酸的转氨基作用、脱羧作用和消旋作用中起着辅酶的作用。因此，当人食用较多蛋白质类食品时，对维生素 B$_6$ 的需要量也就相应地增多。它们与酶蛋白紧密结合，成为酶活性中心的一部分，其辅酶作用主要有以下几种。

1. 作为转氨酶的辅酶（磷酸吡哆醛和磷酸吡哆胺）

在转氨基作用中，磷酸吡哆醛和磷酸吡哆胺是转氨酶的辅酶。在转氨酶的催化下，磷酸吡哆醛可以作为氨基的载体，参与氨基酸和 α-酮酸的转氨基作用。作用时，

磷酸吡哆醛先接受 α-氨基酸的氨基，形成磷酸吡哆胺，然后再把氨基转移到另一个 α-酮酸的 α-碳原子上，使之成为相应的氨基酸，而本身又恢复成磷酸吡哆醛。在氨基酸的转氨基反应中，与转氨酶紧密结合的磷酸吡哆醛，实际上是一个暂时的氨基中间传递体。

$$H_2N—\underset{R_1}{CH}—COOH \qquad \overset{H—C=O}{\underset{P}{}} \qquad H_2N—\underset{R_2}{CH}—COOH$$

转氨酶

$$O=\underset{R_1}{C}—COOH \qquad H—\underset{P}{C}—NH_2 \qquad O=\underset{R_2}{C}—COOH$$

2. 作为脱羧酶的辅酶（磷酸吡哆醛）

在氨基酸的脱羧反应中，磷酸吡哆醛是许多氨基酸脱羧酶的辅酶，可使氨基酸脱羧形成相应的胺，并放出 CO_2。氨基酸的脱羧反应机制还没有完全弄清，可能是由于磷酸吡哆醛的醛基与 $\alpha-NH_2$ 先形成希夫碱中间产物，后者有利于从氨基酸移去 CO_2 生成胺。

维生素 B_6 在动植物界分布很广，酵母、肝脏、鱼、肉、蛋类及花生中含量丰富。同时，肠道细菌也可以合成维生素 B_6 供人体需要，所以人类一般很少发生维生素 B_6 缺乏病。若缺乏维生素 B_6 可产生呕吐、中枢神经兴奋、低色素性贫血等症状，故维生素 B_6 常用于治疗呕吐、动脉粥样硬化等病。

六、维生素 B_7

（一）维生素 B_7 的结构

维生素 B_7 又称维生素 H、生物素，是一种含 S 维生素。自然界中存在的生物素至少有两种：α-生物素（存在于蛋黄中）和 β-生物素（存在于肝脏中）。它们的生理功用相同，基本化学结构也相同（图 4-7），都是噻吩环与尿素相结合而成的环状化合物，侧链上有一个戊酸或异戊酸。不同之处是 α-生物素带有异戊酸侧链，β-生物素有戊酸侧链。

（二）维生素 B_7 的功能

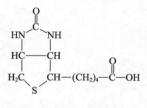

图 4-7 生物素

维生素 B_7（生物素）是作为羧化酶的辅酶或辅基参与细胞内固定 CO_2 的反应，与细胞内 CO_2 的固定或羧化作用有关。维生素 B_7 是很多需要 ATP 的羧化酶的辅基，并与酶蛋白紧密结合，如丙酮酸羧化酶、乙酰辅酶 A 羧化酶等（详见糖代谢章节）。在羧化反应中，它作为—COO^- 的载体起作用，将羧基短暂地结合到生物素双环的 N 原子上，然后再去羧化底物。生物素与糖、脂肪、蛋白质和核酸的代谢密切相关，因为这些物质代谢中均有产生或利用 CO_2 的反应。

生物素对某些微生物如酵母菌、细菌等的生长有强烈的促进作用。动物缺乏生物素时毛发脱落、皮肤发炎。人和动物因肠道中有些微生物能合成，故一般不会缺乏。吃生鸡蛋清过多或长期口服抗菌素，容易患生物素缺乏症，表现为鳞屑状皮炎、抑郁等。这是因为未煮熟的鸡蛋清中有一种抗生物素的蛋白质，能与生物素结合而使生物素不能被肠壁吸收。

七、叶酸和叶酸辅酶

（一）叶酸的结构

叶酸（folic acid）即维生素 B_{11}。在 1926 年就有生化工作者开始注意到叶酸是微生物和某些高等动物必需的营养素，1941 年将其分离提纯并命名为叶酸（因广泛存在于植物的叶片而得名），1948 年分子结构被完全确定并人工合成。

叶酸又称蝶酰谷氨酸（PGA），由蝶啶、对氨基苯甲酸及 L-谷氨酸三个部分组成（图4-8）。

（二）叶酸的功能

生物体内，叶酸主要以四氢叶酸的形式存在。叶酸在叶酸还原酶的催化下，以NADPH 为供氢体，经过两步加氢还原作用，先生成 7，8-二氢叶酸，再生成 5，6，7，8-四氢叶酸，其结构见图 4-8。四氢叶酸是细胞内一碳基团代谢的辅酶，又称为辅酶 F，缩写符号：CoF 或 THFA 或 FH_4。它在各种生物合成的反应中，起转移和利用一碳基团的作用，如嘌呤、嘧啶核苷酸的合成，丝氨酸与甘氨酸互变等。FH_4 分子中的第 5 和第 10 位 N原子是一碳基团的结合位点，可结合的一碳基团有：甲基（$—CH_3$）、亚甲基$—CH_2—$、甲酰基 $H—C≡O$、甲川基$≡CH—$、羟甲基$—CH_2OH$ 或甲酰亚胺基$—CH≡NH$ 等。

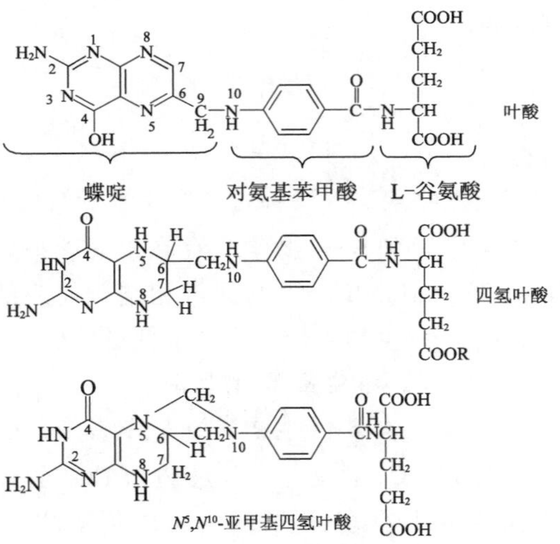

图 4-8　叶酸及四氢叶酸

植物和大多数微生物都能合成叶酸。某些不能自行合成的微生物则需要现成的叶酸作为生长因子，显然是由于四氢叶酸能促进蛋白质的生物合成。人体和哺乳动物不能合成叶酸，但肠道微生物可以合成。绿叶蔬菜、肝、酵母等中含叶酸丰富，故人体一般不会发生叶酸缺乏症。但由于叶酸间接与核酸和蛋白质的生物合成有关，缺乏时可引起多种疾病，如人会出现恶性贫血等。

八、维生素 B_{12} 和辅酶 B_{12}

（一）维生素 B_{12} 的结构

维生素 B_{12} 又称钴氨素，是一种抗恶性贫血因子，具有控制恶性贫血的效果，它的发现是多年研究恶性贫血症的结果。1948 年首次从肝脏中分离出来，是一种含有钴的红色晶体。它是维生素中唯一含有金属元素的化合物，化学结构复杂（图 4-9），由一个咕啉核和一个拟核苷酸两部分组成。咕啉核中心有一个三价钴原子，钴原子上可连接不同的基团。维生素 B_{12} 的结构中钴原子上连接的是氰基，称为氰钴胺素。此外，钴原子还可以连接羟基、甲基等。如果钴与腺苷的 $5'$ 位连接，就称为 $5'$-脱氧腺苷钴胺素或辅酶 B_{12}。

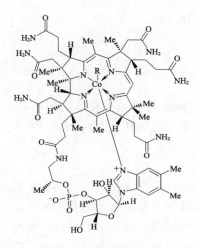

图 4-9 维生素 B_{12}

氰钴胺素（维生素 B_{12}）：R＝—CN；羟钴胺素：R＝—OH

甲基钴胺素（甲基 B_{12}）：R＝—CH₃；$5'$-脱氧腺苷钴胺素（维生素 B_{12}）：R＝$5'$-脱氧腺苷

（二）维生素 B_{12} 的功能

维生素 B_{12} 通常以辅酶的形式参与代谢。目前已知维生素 B_{12} 辅酶参与的酶促反应有两类：①辅酶 B_{12} 作为变位酶的辅酶，如甲基丙二酰单酰辅酶 A 变位酶的辅酶；②维生素 B_{12} 的另一种辅酶形式为甲基钴胺素（维生素 B_{12} 中的钴与甲基相连），它参与生物合成中的甲基化作用和叶酸代谢，是 N^5-甲基四氢叶酸转甲基酶的辅酶，参与体内一碳基团的代谢，是生物合成蛋白质和核酸的必需因素，如胆碱和甲硫氨酸等化合物的生物合成。胆碱是乙酰胆碱和卵磷脂的组成成分，乙酰胆碱和卵磷脂分别是神经传递介质和生物膜的基本结构物质。因此，维生素 B_{12} 对神经功能有特殊的重要性。

维生素 B_{12} 对红细胞的成熟起重要作用，可能和维生素 B_{12} 参与 DNA 的合成有关。缺乏时会造成恶性贫血。

植物和动物均不能合成维生素 B_{12}，只有某些微生物能合成。因而人和动物主要靠肠道细菌合成。同时，动物的肝、肾、鱼、肉、蛋类等食品富含维生素 B_{12}，所以人体一般不缺乏。

九、维生素 C

（一）维生素 C 的结构

维生素 C 又称抗坏血酸，可预防坏血病，它实质上是一种己糖衍生物，是烯醇式的己糖酸内酯（图 4-10）。维生素 C 与糖类相似，有 D、L 型之分，但只有 L-型具有生理功能。由于分子中 2 位与 3 位碳原子之间烯醇式羟基上的氢容易解离，故抗坏血酸具有酸性。

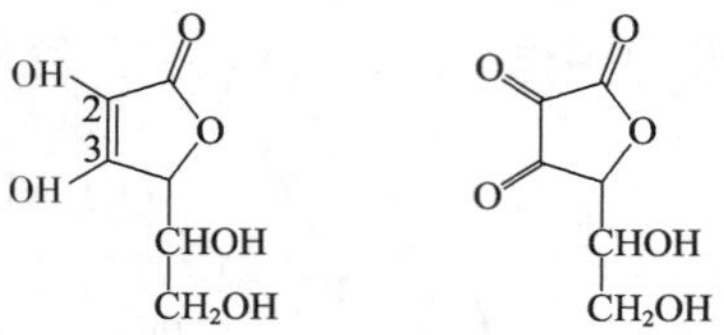

图 4-10　L-抗坏血酸（左）及脱氢抗坏血酸（右）的结构

维生素 C 主要存在于水果和蔬菜中。猕猴桃、刺梨和番石榴中含量高；柑橘类、番茄、辣椒及某些浆果中也较丰富。动物性食品中，只有牛奶和肝脏中含有少量维生素 C。维生素 C 不稳定，容易被氧化。

（二）维生素 C 的功能

维生素 C 有氧化型和还原型两种存在形式，且两者都具有生物活性。维生素 C 在体内参加氧化还原反应时，二者可以相互转化，起传递氢的作用。它的生理功能是多方面的：维生素 C 是重要的氢供体，可保护含巯基的酶的活性，可作为还原剂维持细胞中许多化合物的还原态；维生素 C 能促进胶原蛋白及黏多糖的合成，因而可促进伤口愈合；可促进羟化酶的活性，参加一些重要的羟化反应，如前胶原分子中赖氨酸及脯氨酸残基经羟化后才能成为胶原分子。胶原分子之间交联为正常的胶原纤维，参加构成骨及毛细血管等结缔组织，所以这些结缔组织的生成和完好保持都需要维生素 C。维生素 C 能促进三价铁离子的吸收，维生素 C 的还原性能将胃中的铁还原为二价亚铁，利于吸收；维生素 C 能提高胆固醇氧化酶的活力，促进胆固醇的氧化分解；维生素 C 还可抑制低密度脂蛋白的氧化修饰。

植物及绝大多数动物均可在自身体内合成维生素 C。但是人、灵长类及豚鼠则因缺乏将 L-古洛酸转变成为维生素 C 的酶类，不能合成维生素 C，故必须从食物中摄取，缺乏维生素 C 时，则会发生坏血病。这时，由于细胞间质生成障碍而出现出血、牙齿松动、伤口不易愈合、易骨折等症状。

十、硫辛酸

（一）硫辛酸的结构

硫辛酸是酵母等的生长因子，虽然常常被列入 B 族维生素，但却不是一种维生素，而是一种能参与酰基转移反应的辅酶。硫辛酸是一个含硫的八碳酸，在 6、8 位 C 上有二硫键相连，又称 6，8-二硫辛酸。硫辛酸有氧化型和还原型（二氢硫辛酸）两种形式（图4-11）。

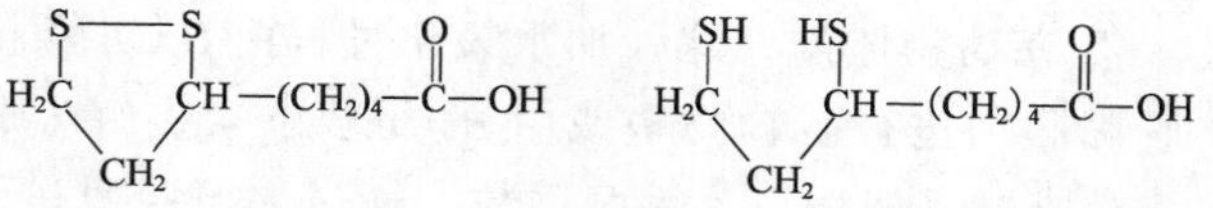

图 4-11 硫辛酸（左）及二氢硫辛酸（右）的结构

在食物中，硫辛酸常与维生素 B_1 同时存在。硫辛酸是微生物和原生动物的生长限制因子，人体能自行合成，在肝脏及酵母细胞中含量较高。

（二）硫辛酸的功能

硫辛酸是 α-酮酸氧化脱羧酶系的辅酶，主要通过其羧基和酶蛋白中赖氨酸的 ε-氨基形成酰胺键，从而以硫辛酰胺的形式作为酶的辅基来起传递氢和乙酰基的作用。它可能与焦磷酸硫胺素 TPP 起协同作用。

硫辛酸具有抗脂肪肝和降低胆固醇的作用。还原型硫辛酸对含有巯基的酶具有保护作用，临床上用于汞、砷等的解毒。

第四节 脂溶性维生素

一、维生素 A

（一）维生素 A 的结构

维生素 A 又称为视黄醇，是具有脂环的不饱和醇，由一个 β-白芷酮、两个异戊烯单位和一个伯醇基构成（图 4-12）。维生素 A 有 A_1 和 A_2 两种形式，维生素 A_1 为视黄醇，维生素 A_2 为脱氢视黄醇。维生素 A_1 是一种脂溶性淡黄色片状结晶，熔点 64℃，维生素 A_2 熔点 17~19℃，通常为金黄色油状物。维生素 A_2 的化学结构与 A_1 的区别只是在 β-白芷酮环的 3，4 位上多一个双键。维生素 A 分子中有不饱和键，化学性质活泼，在空气中易被氧化，或受紫外线照射而破坏，失去生理作用，故维生素 A 制剂应在棕色瓶内避光保存。

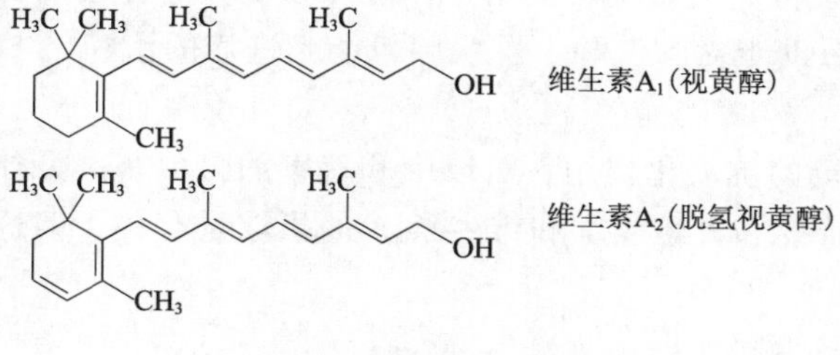

图 4-12 维生素 A 的结构

维生素 A 只存在于动物性食品中，鱼肝油中含量最多。维生素 A_1 在海水鱼肝脏中含量丰富，维生素 A_2 在淡水鱼肝脏中含量丰富。许多植物如胡萝卜、番茄、绿叶蔬菜、玉米等富含类胡萝卜素物质，如 α、β、γ-胡萝卜素、隐黄质、叶黄素等。其中有些类胡萝卜素具有与维生素 A_1 相同的环结构，在体内可转变为维生素 A，故称为维生素 A 原。β-胡萝卜素含有两个维生素 A_1 的环结构，转换率最高。一分子 β-胡萝卜素，加两分子水可生成两分子维生素 A_1。在动物体内，这种加水氧化过程由 β-胡萝卜素-15，15′-加氧酶催化，主要在动物小肠黏膜内进行。食物中或由 β-胡萝卜素裂解生成的维生素 A 在小肠黏膜细胞内与脂肪酸结合成酯，然后掺入乳糜微粒，通过淋巴吸收进入体内。动物的肝脏为储存维生素 A 的主要场所，当机体需要时再释放入血液中。

（二）维生素 A 的功能

维生素 A（包括类胡萝卜素）是复杂机体必需的一种营养素，它以不同方式几乎影响机体中的一切组织细胞。尽管是最早发现的维生素，但有关它的生理功能至今尚未完全揭开。

1. 维持视觉

维生素 A 可促进视觉细胞内感光色素的形成。全反式视黄醛可以被视黄醛异构酶催化为 4-顺-视黄醛，4-顺-视黄醛可以和视蛋白结合成为视紫红质（rhodopsin）。视紫红质遇光后，其中的 4-顺-视黄醛变为全反视黄醛，并因构象的变化引起对视神经的刺激作用，引发视觉。而遇光后的视紫红质不稳定，迅速分解为视蛋白和全反视黄醛，重新开始整个循环过程。维生素 A 可调节眼睛适应外界光线强弱的能力，以降低夜盲症和视力减退的发生，维持正常的视觉反应，并有助于对多种眼疾（如眼球干燥与结膜炎等）的治疗。维生素 A 对视力的作用是被最早发现，也是被了解最多的功能。

2. 促进生长发育

视黄醇也具有相当于类固醇激素的作用，可促进糖蛋白的合成。促进生长、发育，强壮骨骼，维护头发、牙齿和牙床的健康。

3. 维持上皮结构的完整与健全

视黄醇和视黄酸可以调控基因表达，减弱上皮细胞向鳞片状的分化，增加上皮生长因子受体的数量。因此，维生素 A 可以调节上皮组织细胞的生长，维持上皮组织的正常形态与功能，保持皮肤湿润，防止皮肤黏膜干燥角质化，进而保护皮肤不易受细菌伤害，有助于对粉刺、脓包、疖疮、皮肤表面溃疡等症的治疗；有助于祛除老年斑；能保持组织或器官表层的健康。缺乏维生素 A 会使上皮细胞的功能减退，导致皮肤弹性下降，干燥粗糙，失去光泽。

4. 加强免疫能力

维生素 A 有助于维持免疫系统功能正常，能加强机体对传染病特别是呼吸道感染及寄生虫感染的抵抗力；有助于对肺气肿、甲状腺机能亢进症的治疗。

5. 清除自由基

维生素 A 也有一定的抗氧化作用，可以中和有害的自由基。另外，许多研究显示皮肤癌、肺癌、喉癌、膀胱癌和食道癌都和维生素 A 的摄取量有关，但这些研究的可靠性仍待临床证实。

二、维生素 D

（一）维生素 D 的结构

维生素 D 因为有抗佝偻病的作用，故又称为抗佝偻病维生素。维生素 D 是固醇类化合物，即环戊烷多氢菲的衍生物（图 4-13）。已知的维生素 D 主要有 D_2、D_3、D_4、D_5，它们具有同样的核心结构，区别在侧链 R 上。其中，维生素 D_2、D_3 的活性最高，D_2 又称为麦角钙化醇，D_3 又称为胆钙化醇。

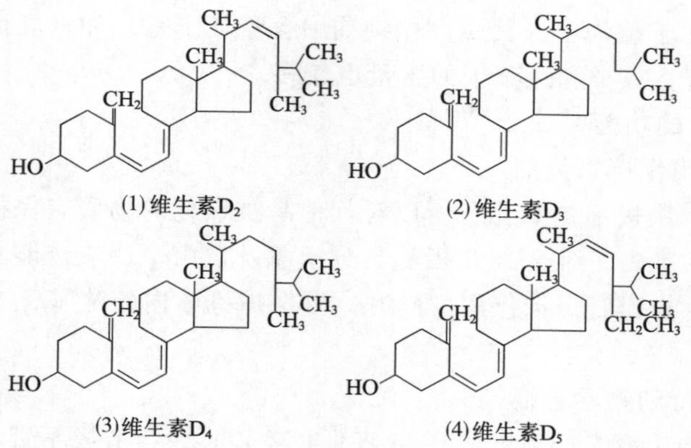

图 4-13 维生素 D 的结构

人可从动物性食物（肝、奶、蛋黄）中摄取维生素 D_3，但不能满足需要。人体内可由胆固醇转变为 7-氢胆固醇，再经日光或紫外线照射后转变为维生素 D_3。植物性食物中含有的麦角固醇也可经紫外线照射后转变为维生素 D_2。这些可转变为维生素 D 的物质被称作维生素 D 原。维生素 D 原在动植物中均存在，动物的肝、肾及蛋黄、牛奶中的含量都较高，鱼肝油中含量最丰富。

（二）维生素 D 的功能

维生素 D 的主要功能是调节钙、磷代谢，维持血液中正常的钙、磷浓度，促进骨骼正常发育。维生素 D_2、D_3 在体内并不具有生物活性，它在体内主要以 1，25-二羟胆钙化醇发挥作用，调节钙、磷代谢，促进钙、磷吸收。研究证明，维生素 D 是通过对 RNA 的影响，诱导钙的载体蛋白的生物合成，从而促进钙、磷吸收的。

缺少维生素 D 的婴儿，钙、磷代谢能力弱，骨骼、牙齿不能正常发育，临床表现为手足搐弯，严重者导致佝偻病。成人缺少维生素 D 可导致软骨病。

三、维生素 E

（一）维生素 E 的结构

维生素 E 又称为生育酚，为苯并二氢吡喃的衍生物（图 4-14）。天然存在的维生素 E 有多种不同的分子结构，主要是苯环上取代基的数目和位置不同。据此，可将维生素 E 分为 α，β，γ，δ，ζ，η 等六种，其中 α，β，γ，δ 四种有生理活性。这几种异构体具有相同的生理功能，以 α-生育酚最重要。母育酚（一种人工合成的维生素 E 类似物）的苯并二氢吡喃环上可有一到多个甲基取代物。甲基取代物的数目和位置不同，其生物活性也不同。其中 α-生育酚活性最大。

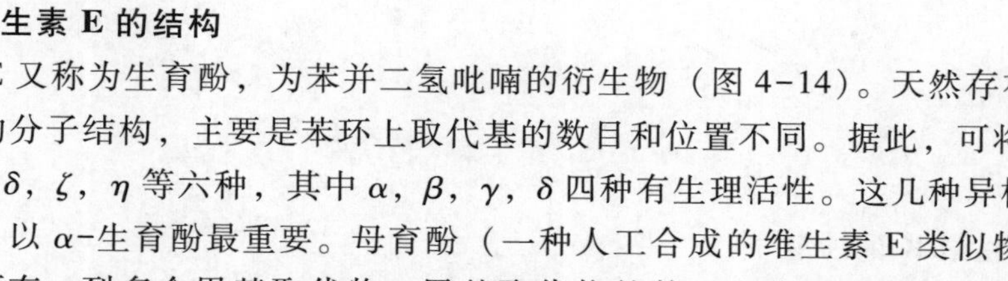

图 4-14 生育酚异构体的结构

维生素 E 多存在于植物中，其中以植物油中含量较丰富，如麦胚油、棉籽油、大豆油和玉米油中含量丰富，豆类和蔬菜中的含量也较多。

（二）维生素 E 的功能

1. 维生素 E 常用作抗氧化剂

维生素 E 在空气中极易被氧化，所以对其他易被氧化的物质有保护作用，在食品上可用作抗氧化剂。在细胞中，维生素 E 极易与分子氧及自由基反应，能防止磷脂中的不饱和脂肪酸被氧化，对生物膜有保护作用。同时，可保护机体内的巯基化合物和巯基酶等免遭氧化损伤。

2. 维生素 E 能抗动物不育症

维生素 E 对动物生育是必需的，在缺乏维生素 E 时，会造成不育。临床上常用于防治先兆流产和更年期疾病。

3. 维生素 E 的抗衰老、增强免疫力功能

近年来又发现维生素 E 有抗衰老的功能。维生素 E 可以消除自由基，具有抗癌、改善皮肤弹性、防止色素沉着、抗衰老等作用。

四、维生素 K

（一）维生素 K 的结构

维生素 K 是具有异戊二烯类侧链的萘醌类化合物，有 K_1、K_2 之分（图 4-15）。维生素 K_1 主要存在于植物和动物肝脏中，维生素 K_2 是人体肠道细菌代谢的产物。因为维生素 K 有促进凝血的功能，故又称为凝血维生素。

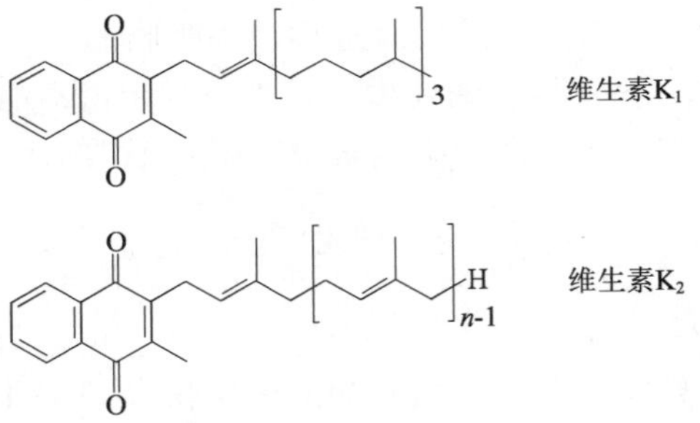

图 4-15　维生素 K 的结构

（二）维生素 K 的功能

维生素 K 最主要的功能是参与凝血。维生素 K 可促进凝血因子的合成，并使凝血酶原转变为凝血酶，凝血酶又促使纤维蛋白原转变为纤维蛋白，从而加速血液凝固。如果缺乏维生素 K，血液中凝血酶原含量降低，凝血时间延长，会导致皮下、肌肉及肠道出血，或受伤后血液不凝。

维生素 K 在体内还可能延缓皮质激素在肝脏内的分解。另外，维生素 K 还可能作为电子传递体的一部分，参加氧化磷酸化过程。维生素 K 具有醌式结构，能被还原成氢醌，是某些微生物呼吸链的组成成分，位于黄酶和细胞色素之间，参与生物氧化。

人体维生素 K 的来源有两个途径，依靠食物补充和肠道微生物合成。食物中，绿色蔬菜、动物肝脏和鱼类含有较多维生素 K，其次是牛奶、麦麸、大豆等。

小　　结

本章主要介绍生物体中维生素的概念、命名和分类，常见水溶性维生素和脂溶性维生素的结构、相应的辅酶及其生理功能。

思考题

1. 什么是维生素？维生素有哪些共同特点？
2. 维生素按其溶解性分为几类？
3. 举例说明常见的水溶性维生素对应的辅酶及其在生物体代谢过程中的重要作用。
4. 维生素 A、D、E、K 分别具有哪些生理功能？

第五章　物质的新陈代谢及生物氧化

生物体的一切生理现象，诸如生长、发育、繁殖、机械运动乃至思维活动、静息状态的呼吸作用等都是代谢反应的结果。新陈代谢是生命最基本的特征，有生命存在，新陈代谢的过程就存在，新陈代谢一旦停止，死亡即来临。

生物的一切活动（包括内部的脏器活动和各种合成作用以及个体的生命活动）皆需要能量。能量的来源为糖、脂、蛋白质在体内的氧化。糖、脂、蛋白质等有机物质在活细胞内氧化分解，产生 CO_2、H_2O 并释放能量的过程称为生物氧化。生物氧化实际上是需氧细胞呼吸作用中的一系列氧化还原作用。

生物氧化虽有加氧、脱氢和失电子的不同形式，但从氧化的基本概念来看，生物氧化与体外的物质氧化不同，如生物氧化是在活细胞内进行，由酶催化，反应条件温和，是在体温、生理 pH 条件下进行的过程；包括的化学反应虽多，但分步进行，顺序性极强，有灵敏的自动调节和对体内外环境高度适应性；释放的能量主要以 ATP 及肌酸磷酸形式储存起来，供需要时使用。

总之，生物氧化是生物新陈代谢的重要基本反应之一，没有生物氧化，体内的有机物质即无法进行代谢，生物体就不能构成自己的细胞组织及取得生命所需的能量。

第一节　新陈代谢概述

一、新陈代谢的一般概念

新陈代谢简称代谢，是活细胞中进行的所有化学反应的总称。新陈代谢是生物最基本的特征之一，是物质运动的一种形式。

狭义的代谢是指细胞内所发生的有组织的酶促反应过程，称为中间代谢。这是代谢活动的主体，也是代谢研究的主要内容。广义的代谢泛指生物活体内外不断进行的物质交换过程，包括消化、吸收、中间代谢及排泄等作用过程。

消化作用是活细胞在胞外对大分子营养物质进行酶促降解的生化过程。作为营养物质的外源生物大分子，只有在胞外经过酶促降解成其单体小分子，才能被细胞吸收，进入中间代谢。动物体内有专门的消化器官完成消化。微生物的消化作用则由分泌到细胞外的酶和细胞膜上的表面酶催化完成。

生物体是一个开放体系。在其一生中，一直与外界环境发生着复杂的联系。生物体的生长发育、运动、思维活动等，无一不是通过机体的新陈代谢来实现的。以人体为例，人体内的水（指代谢水），每过一周就有一半被新的水分子所代替；人体中的蛋白质每 80 天就有一半被更新；其中肝脏、血浆内的蛋白质 10 天就更新一半。组成人体的原子，经过一年之后，98% 都可以得到更新。

营养物质进入体内后，总是与体内原有的物质混合起来，经过某种化学变化，使体内的各种结构能够生长、发育、修补和更新；同时将产生的废物排出体外，即变成环境物质。这就是生物与环境之间的物质交换过程，一般称为物质代谢或新陈代谢。不同的生物，其营养物质不同，代谢途径不同，但基本的代谢过程十分相似。研究代谢过程可以说是从分子水平上进一步探讨生命的奥妙和规律。

二、新陈代谢的内容

（一）物质代谢和能量代谢

新陈代谢的内容包括物质代谢和能量代谢两个方面。前者侧重讨论各种生物活性物质（如糖、脂、蛋白质及核酸等）在细胞内发生酶促转化的途径及调控机理，包括细胞自身原有分子的分解和新分子的合成。能量代谢着重讨论光能或化学能在细胞中向生物能（ATP）转化的原理和过程，以及生命活动对能量的利用。能量代谢和物质代谢是同一过程的两个方面。能量代谢与物质代谢同时存在，不存在无物质代谢的能量代谢，也不存在无能量代谢的物质代谢。能量转化寓于物质转化过程之中，物质代谢必然伴有能量转化，或者放能，或者吸能。

（二）同化作用和异化作用

新陈代谢包括同化作用和异化作用两个方面的代谢过程。生物有机体把从环境中摄取的物质，经一系列的化学反应转变为自身物质的过程，称为同化过程或同化作用，即从环境到体内，由小分子合成大分子物质的过程。因此，同化作用是一个吸能过程。生物体内的物质经一系列的化学反应最终变为排泄物的过程称为异化过程或异化作用，即从体内到环境，由大分子物质转变为小分子物质的过程，它是一个释放能量的过程。

合成代谢指生物体内一切物质的合成作用，它属于同化作用的范畴；分解代谢指生物体内一切物质的分解作用，它属于异化作用的范畴。同化作用和异化作用经常处于矛盾之中，一方面的存在以另一方面的存在为前提条件。在生物体内，没有同化作用，就没有异化作用，反之亦然。在同一时间内，生物体内旧的物质在分解而新的物质在合成。生物体内的物质，如蛋白质、糖类和脂类等的代谢变化统称为物质代谢，它包括分解代谢和合成代谢。

生命的一切活动必须靠能量来启动，而能量来自体内有机物质的氧化分解。能量包括热能和自由能，后者对生物体有特别重要的意义。能量代谢包括需能反应和放能反应，同化作用是需要能量的物质代谢，异化作用是释放能量的物质代谢。

（三）中间代谢

生物体内外环境之间的物质交换过程应包括三个阶段：消化吸收、中间代谢和排出废物。如动物将消化吸收的营养物质和体内原有的物质不分彼此地进行利用，一方面进行分解代谢，从中获取能量；一方面进行组织的更新和建造。通常把消化吸收的营养物质和体内原有的物质在一切组织和细胞中进行的各种化学变化称为中间代谢。生物化学重点研究中间代谢。

在代谢研究中，人们常用食物的卡价来衡量某种食物在供能方面的情况。食物的卡价指单位质量的营养物质氧化产生的总能量，以 kcal（1kcal = 4.184kJ）计算。实验测知，糖类物质的卡价为 4.1，脂肪的卡价为 9.7，蛋白质的卡价为 5.7；由于蛋白质在体内氧化的终产物除了二氧化碳和水外，还会产生尿素并排出体外。尿素进一步氧化分解产生的

1.3kcal 的能量应属于丢失的能量，蛋白质的卡价应为 4.4。

同化作用和异化作用、分解代谢和合成代谢、物质代谢和能量代谢及它们之间的相互关系如图 5-1 所示。

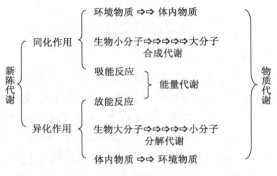

图 5-1　新陈代谢关系图

（四）　生物的营养类型

自然界中的生物根据其利用的碳源和能源，可分为不同的营养类型。

1. 自养生物与异养生物

碳源是为细胞生物合成提供碳素营养的物质。有些生物利用无机物二氧化碳作为碳源，这类生物称为自养生物。有些生物需要现成的有机物作为碳源，称为异养生物。

2. 光能自养型、化能自养型、光能异养型和化能异养型

生物体能够利用的能源主要有光能和化学能。根据不同生物对能源的要求，自养生物又可分为光能自养型和化能自养型，异养生物又可分为光能异养型和化能异养型。光能营养型是直接利用光能，通过光合磷酸化作用合成 ATP，化能营养型是利用现成有机物或无机物，通过氧化磷酸化反应合成 ATP。

目前，发酵生产中开发利用的微生物基本上都是化能异养型，通过发酵分解有机物取得能量，维持代谢平衡，通过其代谢活动积累发酵产品。

3. 需氧生物、厌氧生物和兼性生物

不同生物对分子氧的依赖关系也有很大区别，据此可分为需氧生物、厌氧生物和兼性生物。需氧生物是在有氧条件下才能维持代谢的生物，其代谢活动需要以分子氧作为有机物氧化反应的电子受体。厌氧生物是在无氧的环境中生活的，以无机物或有机物为电子受体，不能用 O_2 作为电子受体，而且分子氧对厌氧生物会有毒害作用。兼性生物在有氧、无氧条件下都能生存，有氧时利用氧，无氧时能利用某些氧化型有机物作为电子受体。大多数异养细胞，特别是高等生物细胞都是兼性的，只要有氧存在，就优先利用氧，将燃料分子充分氧化，最大限度地取得能量。

三、新陈代谢的发生过程

（一）　代谢途径的概念

无论物质代谢还是能量代谢，分解代谢还是合成代谢，一般都是由多种酶催化的连续反应过程。所谓代谢途径就是细胞中由相关酶类组成的完成特定代谢功能的连续反应体

系。细胞中具有某种代谢途径也就是指具有其酶系。不同代谢途径所具有的相同的中间产物称为公共中间产物。通过公共中间产物可实现途径间的互相联系，调节代谢物质的流向，维持细胞中各种物质的代谢平衡。

（二）分解代谢的一般过程

几乎所有生物都具有分解利用有机物的能力，总览有机营养物质（糖、脂、蛋白质等）分解代谢的发生过程，可以分为四个阶段。

1. 第一阶段是生物大分子的降解阶段

外源生物大分子通过消化作用降解，内源生物大分子通过胞内酶催化降解，分解为其单体分子，即多糖分解为己糖或戊糖，蛋白质分解为氨基酸，脂肪分解为甘油和脂肪酸等。这些降解反应途径都很短，仅有几种酶催化，不产生可利用的能量。

降解各种生物大分子的酶类都不止一种。单由一种酶一般不能将生物大分子完全降解成单体。如果生物体不能分泌使某种生物大分子完全降解的多组分酶系，它就不能独立地利用这种大分子作为营养源。例如人体和高等动物不产生纤维素酶，因此，不能消化纤维素。酿酒酵母不能分泌淀粉糖化酶，因而需要有黑曲霉或其他产糖化酶的微生物先将淀粉原料分解为葡萄糖，才能供其发酵生产酒精。

2. 第二阶段是单体分子初步分解阶段

细胞都具有特定的分解代谢途径，分别将单糖、氨基酸、脂肪酸等单体分子进行不完全分解，例如葡萄糖的酵解途径（EMP）、脂肪酸的 β-氧化降解、氨基酸氧化脱氨分解等。各种单体分子不管其结构和性质差别多大，经过第二阶段的有关代谢途径都能巧妙地被降解成少数几种中间产物，如丙酮酸和乙酰 CoA。因此，第二阶段起到了把多形性的底物分子向一体化结构集中的作用，为最后纳入同一代谢途径进行完全分解创造了条件。

在不完全降解过程中有部分能量释放，可为细胞提供少量 ATP 和一定数量的还原型辅酶。

各种单体分子除了生成乙酰 CoA 的分解途径之外，还有其他降解途径。例如糖的 HMP、ED 途径等。各种降解途径都有其特定的生理意义，有的还与某些发酵产品的生成和积累有密切关系。

3. 第三阶段是乙酰基完全分解阶段

三羧酸循环途径是各种营养物质分解所生成的乙酰基集中燃烧的公共途径。经过三羧酸循环，乙酰基完全分解，碳原子氧化成二氧化碳，并有少量能量释放，生成 ATP。大量的化学能以氢原子对 2H（$2H^+ + 2e^-$）的形式（如还原型辅酶分子）送入呼吸链进行氧化放能，三羧酸循环在中间代谢中处于特别重要的地位。

4. 第四阶段是氢的燃烧阶段

这是有机物氧化分解的最后一个环节，主要包括电子传递过程和氧化磷酸化作用。在线粒体内膜上由多种色素蛋白组成的呼吸链是使一、二阶段生成的氢原子对（$2H^+ + 2e^-$）完全氧化的组织体系，也是细胞中有机物氧化分解释放能量的主要部位。例如葡萄糖有氧分解 90% 以上的化学能是在呼吸链阶段释放的，其中 40% 以上的能量通过伴随发生的氧化磷酸化反应转化为 ATP 的高能磷酸键，供生命活动需要。细胞所需 ATP 主要由这里供应。

（三）合成代谢的一般过程

合成代谢以蛋白质、多糖、脂类和核酸合成过程为主体，可以分为三个阶段：原料准备阶段、单体分子合成阶段、生物大分子合成阶段。

不同生物类群的生物合成能力有所不同，所用的原材料和能量来源也不尽相同。但是，一切活细胞都需要自行合成本身所需要的种种生物大分子。生物合成所需的碳源、氮源、能量和还原力（NADPH）主要通过分解代谢供应。从这个意义上讲，分解代谢可以视为合成代谢的原料准备阶段。

分解代谢的第二、三阶段都可为合成异质性单体分子提供素材和还原力。一种供应丰富的单体分子，不论是单糖、脂肪酸或者是氨基酸，在细胞内既可直接用于生物大分子的合成，也可分解，参加异质性转化，即由一种营养物质转化为细胞的其他物质。特别是单糖分解生成的丙酮酸、乙酰 CoA，HMP 途径的多种中间产物以及三羧酸循环的中间产物，可分别作为氨基酸、脂肪酸、核苷酸等单体分子生物合成的前体。有的异质性转化还需要某些无机物参加，例如微生物利用糖的分解代谢中间产物合成氨基酸时，需要有无机氮参加。

自养生物所需要的单糖、脂肪酸、氨基酸、核苷酸等各种单体分子及其他生理活性物质，生物自身都能合成。高等动物和人体有几种氨基酸和脂肪酸及维生素等生理活性物质，自身不能合成，需要靠从食物中供给。微生物的生物合成能力差别很大，大多数类群都能合成自身所需要的单体分子。有些微生物缺乏合成某些单体分子的能力，这些自身不能合成的单体分子称为其生长限制因子，必须由外界供给。对于异养生物而言，分解代谢是生物合成的先决条件，充足的营养源能为生物合成供应必需的原料和能量。

在单体分子、能量和还原力都具备的条件下，细胞都能进行生物大分子的合成。核酸和蛋白质分子的合成需要由核酸作模板。脂类和多糖的生物合成虽然不需要模板，但参加合成反应的酶仍是 DNA 指导合成的。生物大分子的合成同样受代谢调节机制的调节。

除了营养贮存物质之外，一般正常生理状态下的生物合成都遵循细胞经济学的原理，用多少，合成多少。合成途径的启、闭、快、慢都受细胞调节系统调节。

四、新陈代谢的研究方法

代谢研究方法的选择，要考虑研究的对象和所要解决的问题。代谢的研究方法很多，主要有以下几种。

（一）同位素示踪法

同位素示踪法也称为体内水平的代谢研究。原子序数相同、化学性质相同，但质量不同的元素称为同位素。同位素有稳定同位素和放射性同位素两种。天然同位素都是稳定同位素。放射性同位素的核能够自己发生变化，放出带有电荷的粒子或不带电荷的射线。稳定同位素和放射性同位素都可用于代谢研究，但放射性同位素要比稳定同位素应用方便些。

对于所有的元素，都能用人工的方法得到它们的放射性同位素；放射性同位素都有一定的半衰期。生物化学研究中常用的放射性同位素有：氚（^{1}H，半衰期为 12 年）、碳 14（^{14}C，半衰期为 5100～5730 年）、磷 32（^{32}P，半衰期为 14d）、碘 131（^{131}I，半衰期为 8d）、钙 45（^{45}Ca，半衰期为 152d）和硫 35（^{35}S，半衰期为 88d）。

同位素示踪法简便、灵敏度高、特异性强，是物质代谢研究中十分重要的方法。

（二）酶抑制剂和拮抗物的应用

酶抑制剂和拮抗物的应用也称为体外水平的代谢研究。由于代谢反应都是酶促反应，使用某种酶的抑制剂或抗代谢物，观察某一反应被抑制后的结果，从而推测某物质的代谢变化。这些实验一般在体外进行，所以称为体外水平的代谢研究。

（三）整体水平的代谢研究

如 Knoop 以活的动物犬为实验对象，给犬喂不同碳原子数的脂肪酸后分析它的排泄物成分，提出了脂肪酸 β-氧化作用的学说。

（四）器官水平代谢研究

对排尿素动物尿素合成部位的研究中，切除动物的肝脏，发现动物血液中的氨基酸水平和血氨水平均升高，而尿中尿素含量下降，动物不久即死亡。切除肾脏却无此现象，说明肝脏与尿素合成有关。

（五）细胞、亚细胞水平的代谢研究

新陈代谢所包括的所有反应几乎都是酶催化的过程。将组织匀浆液进行差速离心或密度梯度离心，可分离到不同的亚细胞成分；由于不同的亚细胞成分所含有的酶系不同（表 5-1）、功能不同，因而发现了糖类物质、脂类物质的分解代谢主要是在线粒体中进行的，而脂肪酸的合成主要是在胞浆中进行的。

表 5-1 　　　　　　　　　　　　　**一些亚细胞成分及所含的酶系**

亚细胞成分	所含的酶
线粒体	细胞色素氧化酶、琥珀酸-Q 还原酶、NADH 脱氢酶、三羧酸循环酶系、脂肪酸氧化酶系等
细胞核	DNA 聚合酶、RNA 聚合酶和连接酶等
微粒体	甲基化酶、羟化酶（混合功能氧化酶）等
过氧化物酶体	过氧化氢酶、尿酸氧化酶等
溶酶体	水解酶类如磷酸酶、核糖核酸酶、溶菌酶、磷脂酶、脂肪酶等

第二节　生物氧化概述

生物都靠能量维持生存。维持生命活动的能量主要有两个来源：①光能（太阳能），植物和某些藻类通过光合作用将光能转变成生物能；②化学能，动物和大多数的微生物通过生物氧化作用将有机物质（糖、脂肪、蛋白质等）存储的化学能释放出来，并转变成生物能。

一、生物氧化的概念

有机物质在生物体内的氧化作用，称为生物氧化（biological oxidation）。生物氧化通常需要消耗氧，所以又称为呼吸作用。在需氧的生物氧化过程中，有机物质最终被氧化成 CO_2 和水，并释放出能量。需氧的生物氧化实际上是需氧细胞呼吸作用中的一系列氧化-还原反应，是在细胞或组织中发生的，所以又称为细胞氧化或细胞呼吸，有时也称为组织呼吸。生物氧化并不是某一物质单独的代谢途径，而是营养物质分解氧化的共同的代谢过程。生物氧化也包括机体对药物与毒物的氧化分解过程。

二、生物氧化的类型

生物氧化并不是一定要在有氧的条件下才能够进行，在无氧条件下也可以进行。生物氧化包括有氧氧化和无氧氧化两种类型，它们之间的主要区别是氧化过程中电子的受体不同。

在有氧条件下，需氧生物和兼性好氧生物以氧作为最终电子受体，所进行的氧化过程称为有氧氧化。有氧氧化中氧作为最终电子受体。如一分子葡萄糖彻底氧化成二氧化碳和水，要失去 12 对电子，这 12 对电子的最终受体是 6 个氧分子，生成 6 个二氧化碳和水。在无氧条件下，厌氧生物和兼性好氧生物最终的电子受体不是氧，而是分解代谢中产生的某种中间产物，或者是某些外源性电子受体，如硝酸盐、亚硝酸盐等。这种不需要氧参与的生物氧化过程称为无氧氧化。即无氧氧化中以一些氧化性物质作为最终的电子受体，实际上是发酵过程，如以葡萄糖为碳源进行的乙醇发酵是以乙醛作为最终电子受体形成发酵产物——乙醇。

需氧生物的某些细胞或组织在某种条件下也能进行无氧氧化。如在剧烈运动时，由于氧气的供给相对不足，造成动物的肌肉细胞处于相对的厌氧条件，葡萄糖不能彻底氧化成二氧化碳和水，而是进行了乳酸发酵。即葡萄糖氧化过程失去的电子是以其代谢的中间产物丙酮酸作为最终受体，形成两个乳酸分子。电子只在分子内的碳原子之间传递，能量的利用率很低，大部分能量还保存在发酵产物——乳酸分子中。

三、生物氧化的特点

生物氧化是发生在生物体内的氧化-还原反应，它具有自然界物质发生氧化-还原反应的共同特征，这主要表现在被氧化的物质总是失去电子，而被还原的物质总是得到电子，并且物质被氧化时总伴随能量的释放。有机物在生物体内完全氧化和在体外燃烧在化学本质上是相同的。例如 1mol 的葡萄糖在体内氧化和在体外燃烧都是产生 CO_2 和 H_2O，放出的总能量都是 2867.5kJ。即氧化作用释放的能量等于这一物质所含化学能与其氧化产物所含的化学能之差，放出的总能量的多少与该物质氧化的途径无关，只要在氧化后所生成的产物相同，放出的总能量必然相同。但是，由于生物氧化是在活细胞内进行的，故它与有机物在体外燃烧有许多不同之处。

（1）有机物在体外燃烧时需要高温，而生物氧化是在细胞内复杂的酶促反应过程，是在一系列酶的催化下、在恒温恒压的温和条件下进行的反应。

（2）有机物在空气中燃烧时，CO_2 和 H_2O 的生成是空气中氧直接与碳、氢原子结合的产物。而有机物在细胞中氧化时，CO_2 是在代谢过程中经脱羧反应释放出来的，H_2O 的生成则往往是将有机代谢物脱下的氢传递给辅酶，电子经一系列的传递体后才传递给氧，进而氧与质子结合而生成水。

（3）有机物在体外燃烧产生大量的光和热，且能量是骤然放出的。与此相反，生物氧化所产生的能量是逐步发生、分次释放的。这种逐步分次的放能方式，不会引起体温的突然升高，而且生物氧化过程与 ATP 合成相耦联，将产生的能量转化至高能化合物三磷酸腺苷（ATP）中，使放出的能量得到最有效的利用。

（4）生物氧化过程受到生物体精确的调节控制。这种调控决定了生物体中生物氧化速率能正好满足生物体对 ATP 的需要。

（5）生物氧化在细胞内进行，其中真核生物的生物氧化发生在线粒体中，而原核生物则在细胞膜上，线粒体的特殊结构及其特殊的酶系统，都为生物氧化提供了便利的条件。

第三节　生物氧化的过程

需氧生物细胞内糖、脂肪、氨基酸等物质在氧化分解途径中所形成的还原型辅酶，包括 $NADH+H^+$ 和 $FADH_2$，通过电子传递途径，使其再重新氧化。在这个过程中，还原型辅酶上的氢以质子形式脱下，其电子沿着一系列的电子传递体转移（称为电子传递链），最终转移到分子氧，使氧激活，质子和离子型氧（激活后的氧）结合生成水。在电子传递过程中释放的能量则使 ADP 和无机磷结合形成 ATP。ATP 是生物体内最重要的高能中间物，参与体内众多的需能反应。

生物氧化是在一系列氧化-还原酶催化下分步进行的。每一步反应，都由特定的酶催化。生物氧化过程主要包括如下几种氧化方式。

一、脱氢氧化反应

在生物氧化中，脱氢反应占有重要地位。它是许多有机物质生物氧化的重要步骤。催化脱氢反应的是各种类型的脱氢酶。

二、脱羧氧化生成二氧化碳

根据脱羧氧化生成二氧化碳时是否同时脱氢，可分为直接脱羧和氧化脱羧；又可根据分子中脱羧的位置分为 α-脱羧和 β-脱羧。详见本章第十节。

三、氧直接参加的氧化反应

这类反应包括：加氧酶催化的加氧反应和氧化酶催化的生成水的反应。

（一）有机分子加氧反应

此反应中加氧酶能够催化氧分子直接加入有机分子中。例如：

$$CH_4+NADH+H^++O_2 \xrightarrow{\text{甲烷单加氧酶}} CH_3-OH+NAD^++H_2O$$

（二）生成水的反应

此反应中氧化酶主要催化以分子氧为电子最终受体的氧化反应，接受生物氧化中有机物分子失去的质子和电子，反应产物为水。这一过程往往需要一系列的电子传递过程，并伴随着 ATP 的生成。

第四节　生物氧化过程中的能量

一、自由能的概念

自由能是指一个化合物分子结构中所固有的能量，是一种能在恒温恒压下做功的能量。一种物质 A 自由能的含量是不能用实验方法测得的。但是在一个化学反应中，当 A 转化为 B 时：

$$A \rightleftharpoons B$$

其自由能的变化（ΔG），即 A 转化为 B 时所得到的最大的可利用的能量是可以测定的。如果产物 B 自由能的含量（G_B）比反应物 A 自由能的含量（G_A）小，则 ΔG 为负值，即：

$$\Delta G = G_B - G_A = 负值 \quad （当 G_A > G_B 时）$$

当 ΔG 为负值时，便意味着反应进行时自由能降低。同样，当 B 逆转为 A 时，自由能则增加，即 ΔG 为正值。实验证明：当自由能降低（即 ΔG 为负）时，反应能自发地进行；反之，则必须采取某种方式供给能量才能推动反应进行。ΔG 为负值的反应称为"放能反应"（exogonic reaction），而 ΔG 为正值的反应则称为"吸能反应"（endogonic reaction）。

实验还证明，虽然在某一过程中 ΔG 为负值，但与反应的速率无关。例如，葡萄糖可被 O_2 氧化成 CO_2 和 H_2O，其方程式如下：

$$C_6H_{12}O_6 + 6O_2 \longrightarrow 6CO_2 + 6H_2O$$

此反应的 ΔG 是一个很大的负值（约为 2870kJ/mol），但是这一相当大的 ΔG 与反应速率没有关系。当有催化剂存在时，葡萄糖在一弹式量热计（bomb calorimeter）中可在几秒钟内发生氧化。在大多数生物体中，上述反应可在数分钟到数小时内完成。但是把葡萄糖放在玻璃瓶中，即使有空气也可以存放数年而不氧化。

现在的化学理论认为，决定一个反应的反应速率的因子是这一过程的活化能（activation energy）。由 A 转化为 B 的反应进行时，必须经过一个中间物或活化的复合物（即 A^*），而由 A 转化为 A^* 必须消耗能量，如果所需的能量不大，即此反应具有较低的活化能，则反应容易进行。如果所需的能量很大，则只有少量 A 能转化为 B。必须供给足够的能量以克服此反应的能量障碍，才能使反应顺利进行。催化剂（包括酶在内）的作用就是降低其活化能而使反应能够进行。

二、氧化还原电位和自由能变化

在氧化磷酸化作用中，$NADH + H^+$ 和 $FADH_2$ 的电子转移势能（electron transfer potential）可转化成 ATP 的磷酸基团转移势能（phosphate group transfer potential）。磷酸基团的转移势能可以用磷酸化合物水解时的 $\Delta G^{0'}$ 表示。而电子转移势能可用 $E^{0'}$（即氧化还原电位）表示。如果一种物质存在氧化态（X）和还原态（X^-），这 X 和 X^- 就称为氧还对（redox couple）。所以，在标准状态（即 1mol 的氧化剂，1mol 的还原剂，1mol 的 H^+ 和 101.325kPa 的 H_2）下，负氧化还原电位表示一种物质对电子的亲和力比 H_2 低，而正氧化还原电位则表示一种物质与电子的亲和力比 H_2 高。因此，一种强还原剂（如 $NADH + H^+$）有一个负的氧化还原电位，而一种强氧化剂（如 O_2）有一个正的氧化还原电位。生物中一些重要氧化还原对的氧化还原电位见表 5-2，从反应物的氧化还原电位 $E^{0'}$ 可以计算出一个氧化还原反应的自由能变化（ΔG）。

表 5-2　　　　　　　　　　　　　　　一些反应的标准氧化还原电位

还原剂	氧化剂	n	$E^{0'}/V$
琥珀酸+CO_2	α-酮戊二酸	2	-0.67
乙醛	乙酸	2	-0.60
铁氧还蛋白（还原态）	铁氧还蛋白（氧化态）	1	-0.43
H_2	$2H^+$	2	-0.42
NADH+H^+	NAD^+	2	-0.32
NADPH+H^+	$NADP^+$	2	-0.32
硫辛酸（还原态）	硫辛酸（氧化态）	2	-0.29
乙醇	乙醛	2	-0.20
乳酸	丙酮酸	2	-0.19
琥珀酸	延胡索酸	2	0.03
细胞色素 b（Fe^{2+}）	细胞色素 b（Fe^{3+}）	1	0.07
抗坏血酸	脱氢抗坏血酸	2	0.08
泛醌（还原态）	泛醌（氧化态）	2	0.10
细胞色素 c（Fe^{2+}）	细胞色素 c（Fe^{3+}）	1	0.22
H_2O	1/2 O_2+$2H^+$	2	0.82
谷胱甘肽（还原态）	谷胱甘肽（氧化态）	2	-0.23

例如，丙酮酸被 NADH+H^+还原的反应如下：

（1）丙酮酸+NADH+H^+ $\Longleftrightarrow$ 乳酸+NAD^+

其中 NAD^+：NADH+H^+对的氧化还原电位为 0.32V，而丙酮酸：乳酸对的氧化还原电位为 0.19V，可写成：

（2）丙酮酸+$2H^+$+2e $\longrightarrow$ 乳酸　　　　$E^{0'}=-0.19V$

（3）NAD^++$2H^+$+2e $\longrightarrow$ NADH+H^+　　　$E^{0'}=-0.32V$

由（2）减（3）即可得反应（1）的 $E^{0'}=-0.19-(-0.32)=+0.13V$

$\Delta G^{0'}$与氧化还原电位 $E^{0'}$的关系如下：

$$\Delta G^{0'}=-nFE^{0'}$$

上式　n——转移的电子数

　　　F——法拉第的卡当量 [96.4kJ/（V·mol）]

　　　$E^{0'}$——单位为 V

　　　$\Delta G^{0'}$——单位为 kJ/mol

这样，我们就可以计算出丙酮酸被 NADH+H^+还原时的 $\Delta G^{0'}$，即标准自由能的变化。丙酮酸还原时的 $n=2$，所以

$$\Delta G^{0'}=-2\times96.40\times0.13$$
$$=-25.06kJ/mol$$

从公式 $\Delta G^{0'}=-nF E^{0'}$可看出，$E^{0'}$为正值时，$\Delta G^{0'}$为负值，表示为放能反应。

另一个例子是 NADH+H^+完全氧化并生成 H_2O，其反应如下：

（1）1/2O_2+$2H^+$+$2e^-$ $\Longleftrightarrow$ H_2O　　　$E^{0'}=+0.82V$

（2）$NAD^+ + 2H^+ + 2e^- \rightleftharpoons NADH + H^+$　　$E^{0\prime} = -0.32V$

以（1）～（2）即得（3）：

（3）$1/2O_2 + NADH + H^+ \rightleftharpoons H_2O + NAD^+$　　$E^{0\prime} = 1.14V$

此反应的自由能变化为：

$$\begin{aligned}\Delta G^{0\prime} &= -nFE^{0\prime}\\ &= -2\times96.40\times1.14\\ &= -219.79\text{kJ/mol}\end{aligned}$$

三、高能键与高能化合物

高能键是指结构不稳定，很容易发生水解或者基团转移，同时能够释放出 20.9kJ/mol 以上自由能（$\Delta G^{0\prime}<-20.9$kJ/mol）的化学键，用符号“～”表示。

生物化学中所用的“高能键”的含义和化学中使用的“键能”含义是完全不同的。化学中“键能”的含义是指断裂一个化学键所需要提供的能量，断键输入的能量越多键就越稳定；而在生物化学上，高能键是指水解反应或基团转移反应中的标准自由能变化（$\Delta G^{0\prime}$），水解时释放的自由能越多，这个键就越不稳定，越容易被水解而断裂。高能化合物与低能化合物是相对而言的。

生物体内重要的高能键有高能磷酸键和高能硫酯键。

四、高能化合物

分子中含有高能键的化合物称为高能化合物。

（一）高能化合物的类型

机体内高能化合物的种类很多，根据其键型的特点，可将高能化合物分为以下几种类型。

1. 氧磷键型（—O～P）

属于这种键型的化合物很多，又可分成几类。

（1）酰基磷酸化合物

1，3-二磷酸甘油酸

乙酰-磷酸

氨甲酰磷酸

（2）焦磷酸化合物

无机焦磷酸

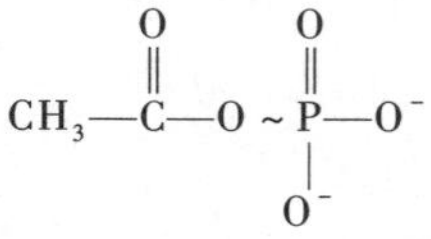

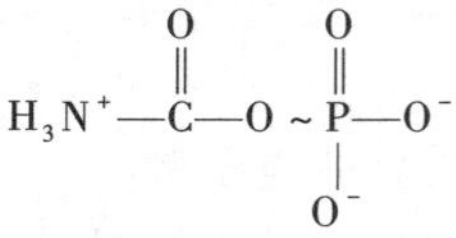

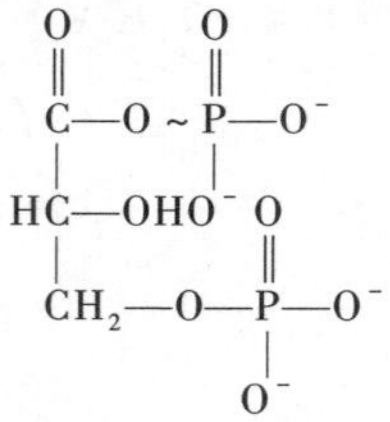

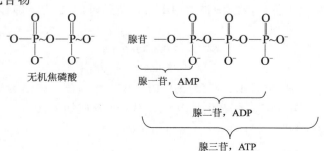

（3）烯醇式磷酸化合物

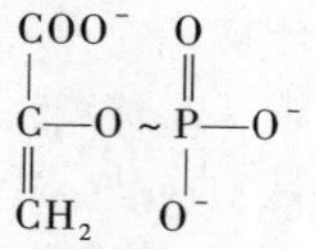

磷酸烯醇式丙酮酸

2. 氮磷键型

如胍基磷酸化合物。

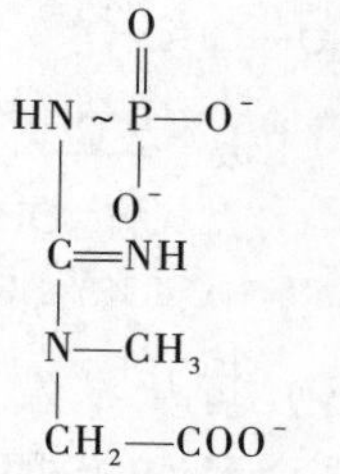

磷酸肌酸 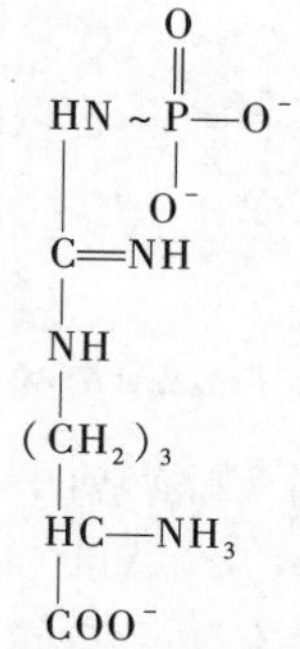　　　磷酸精氨酸

3. 硫酯键型

如活性硫酸基。

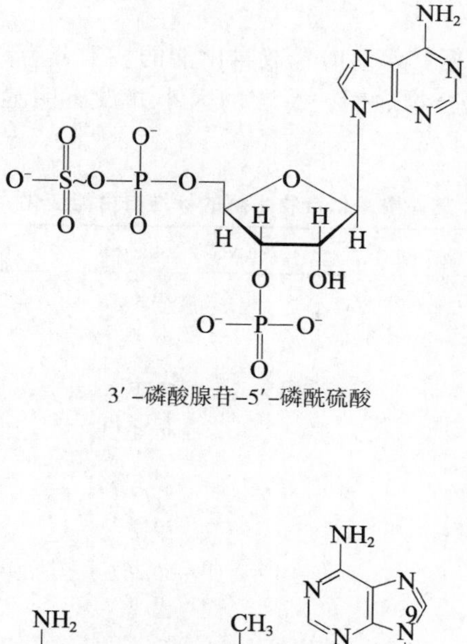

3′-磷酸腺苷-5′-磷酰硫酸

4. 甲硫键型

如活性甲硫氨酸。

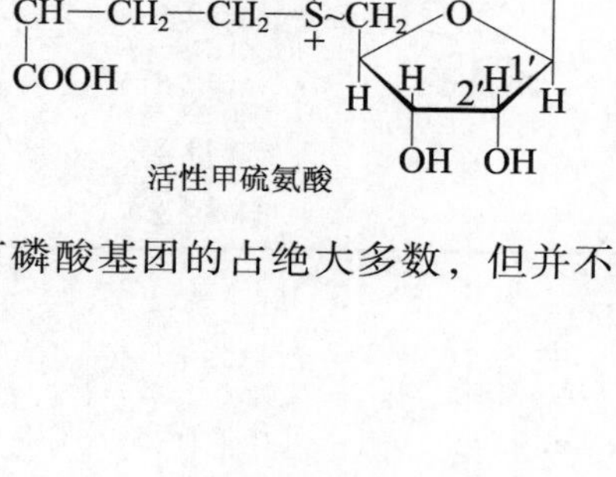

活性甲硫氨酸

以上高能化合物中，含有磷酸基团的占绝大多数，但并不是所有含磷酸基团的化合物

都属于高能磷酸化合物。例如，6-磷酸葡萄糖、甘油磷脂等化合物，水解时每摩尔只能释放出 12.54kJ 的能量，属于低能磷酸化合物。

（二）高能磷酸化合物 ATP

磷酸基团水解时能释放出大量自由能（$\Delta G^{0'} < -20.9$kJ/mol）的化合物称为高能磷酸化合物。三磷酸腺苷就是这类化合物的典型代表。

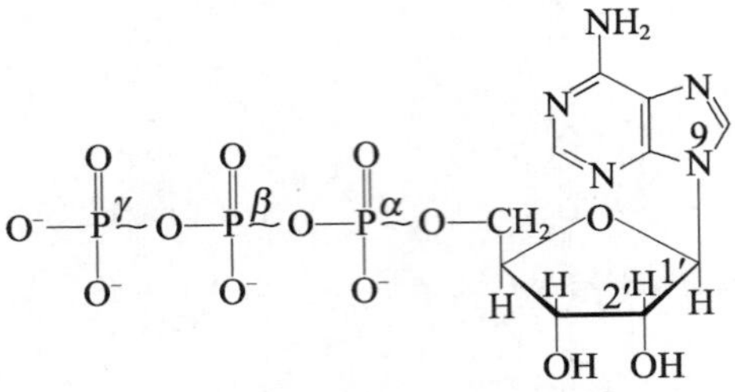

三磷酸腺苷ATP（"~"代表水解时产生高能的键）

三磷酸腺苷结构中的两个磷酸基团（β，γ）可从 γ 端依次移去而生成二磷酸腺苷（ADP）和一磷酸腺苷（AMP）。ATP 的前两个磷酸基团（β，γ）水解时各释放出 30.5kJ/mol能量，所以 ATP 含有两个高能磷酸键，是高能磷酸化合物。ATP 的第三个磷酸基团（α）水解时仅释放出 14.2kJ/mol 能量，不是高能键。

1. ATP 的特殊作用

ATP 在一切生物的生命活动中都起着重要作用，在细胞的细胞核、细胞质和线粒体中都有 ATP 存在。

细胞中的磷酸化合物根据其水解时释放自由能的多少分为高能磷酸化合物和低能磷酸化合物。但在不同的磷酸化合物之间，$\Delta G^{0'}$ 的大小并没有明显的高能和低能的界限（表 5-3）。

表 5-3 　　　　　　　　　　　　**某些磷酸化合物水解的标准自由能变化**

化合物	$\Delta G^{0'}$／（kJ/mol）	磷酸基团转移势能 $\Delta G^{0'}$／（kJ/mol）
磷酸烯醇式丙酮酸	−61.9	61.9
3-磷酸甘油酸	−49.3	49.3
磷酸肌酸	−43.1	43.1
乙酰磷酸	−42.3	42.3
磷酸精氨酸	−32.2	32.2
ATP（→ADP+Pi）	−30.5	30.5
ADP（→AMP+Pi）	−30.5	30.5
AMP（→腺苷+Pi）	−14.2	14.2
1-磷酸葡萄糖	−20.9	20.9
6-磷酸果糖	−15.9	15.9
6-磷酸葡萄糖	−13.8	13.8
1-磷酸甘油	−9.2	9.2

表 5-3 所列磷酸化合物中，ATP 的自由能变化值正处在中间位置。在 ATP 以上的任何一种磷酸化合物都倾向于将它的磷酸基团转移给在它以下的磷酸受体分子。例如，ADP 能接受在 ATP 以上的磷酸基团。同样，ATP 倾向于将其磷酸基团转移给在它以下的受体。表 5-3 清晰表明了不同磷酸化合物其磷酸基团转移的热力学趋势或转移势能的大小（一般用无方向的正值表示）。

ATP 在磷酸化合物中所处的位置具有重要的意义，它在细胞的酶促磷酸基团转移中是一个"共同中间体"。ADP 可以接受在它以上的化合物的磷酸基团，所形成的 ATP 可将磷酸基团转移给其他的受体，形成在 ATP 以下的磷酸化合物。ATP 作为磷酸基团共同中间传递体的作用如图 5-2 表示。

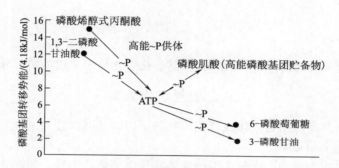

图 5-2　ATP 作为磷酸基团共同中间传递体示意图

注：磷酸肌酸为高能磷酸基团贮备物；6-磷酸葡萄糖，3-磷酸甘油酸为低能磷酸基团受体。
磷酸基团由高能磷酸供体通过 ATP-ADP 系统转至低能磷酸受体，转移的方向是由高能化合物转移到低能化合物。
磷酸基团转移势能的测定条件为标准状况。

2. ATP 不是能量的贮存形式

需要指出的是，ATP 是能量的携带者和转运者，但并不是能量的贮存者。起贮存能量作用的物质称为磷酸原，在脊椎动物中是磷酸肌酸。当 ATP 浓度较高时，肌酸即通过酶的作用直接接受 ATP 的高能磷酸基团形成磷酸肌酸；当 ATP 浓度低时，磷酸肌酸又将高能磷酸基团转移给 ADP。磷酸肌酸只通过这唯一的途径转移其磷酸基团，因此它是 ATP 高能磷酸基团的贮存库。肌肉中磷酸肌酸的含量比 ATP 高 3~4 倍，足以使 ATP 处于相对稳定的浓度水平。无脊椎动物则以磷酸精氨酸作为磷酸原。

3. 其他磷酸核苷酸化合物

体内有些合成反应不一定直接利用 ATP 供能，而可以用其他三磷酸核苷。如 UTP 用于多糖合成、CTP 用于磷脂合成、GTP 用于蛋白质合成等。但物质氧化时释放的能量通常是必须先合成 ATP，然后 ATP 可使 UDP、CDP 或 GDP 生成相应的 UTP、CTP 或 GTP，而 ATP 又转化为 ADP。体内能量的转移、贮存和利用如图 5-3 所示。

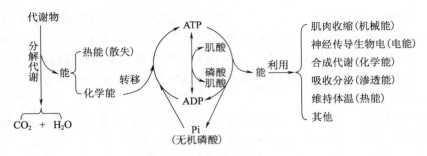

图 5-3 体内能量的转移、贮存和利用

第五节 生物氧化酶类

体内催化氧化反应的酶有许多种，按照其催化氧化反应方式不同可分为三大类。

一、脱氢氧化酶类

这一类中依据其反应的受氢体或氧化产物的不同，又可以分为三种。

1. 氧化酶类（oxidases）

氧化酶直接作用于底物，以氧作为受氢体或受电子体，生成产物是水。氧化酶均为结合蛋白质，辅基常含有 Cu^{2+}，如细胞色素氧化酶、酚氧化酶、抗坏血酸氧化酶等。抗坏血酸氧化酶可催化下述反应：

$$抗坏血酸 + 1/2 O_2 \xrightarrow{抗坏血酸氧化酶} 脱氢抗坏血酸 + H_2O$$

2. 需氧脱氢酶类（aerobic dehydrogenases）

需氧脱氢酶以 FAD 或 FMN 为辅基，以氧为直接受氢体，产物为 H_2O_2 或超氧离子（O_2^-），某些色素如亚甲基蓝（methylene blue，MB）、铁氰化钾 $[K_3Fe(CN)_6]$、二氯酚靛酚可以作为这类酶的人工受氢体。如 D-氨基酸氧化酶（辅基 FAD）、L-氨基酸氧化酶（辅基 FMN）、黄嘌呤氧化酶（辅基 FAD）、醛脱氢酶（辅基 FAD）、单胺氧化酶（辅基 FAD）、二胺氧化酶等。需氧脱氢酶类催化的反应如下：

$$\begin{array}{ccc} 胺 & \diagdown \!\!\! \diagup & O_2 + H_2O \\ 醛 & \diagup \!\!\! \diagdown & H_2O_2 + NH_3 \end{array} \qquad \begin{array}{ccc} 次黄嘌呤（或黄嘌呤） & \diagdown \!\!\! \diagup & H_2O + O_2 \\ 黄嘌呤（或尿酸） & \diagup \!\!\! \diagdown & H_2O_2 \end{array}$$

单胺氧化酶（含FAD） 　　　　　　黄嘌呤氧化酶（含FAD、Mo、Fe^{3+}）

粒细胞中 NADH 氧化酶和 NADPH 氧化酶也是需氧脱氢酶，它们催化下述反应：

$$NAD(P)H + H^+ + 2O_2 \xrightarrow{NAD(P)H氧化酶} NAD(P)^- + 2O_2^- + H^+$$

超氧离子在超氧化物歧化酶（superoxide dismutase，SOD）催化下生成 H_2O_2 与 O_2：

$$O_2^- + O_2^- + H^+ \xrightarrow{SOD} H_2O_2 + O_2$$

3. 不需氧脱氢酶类（anaerobic dehydrogenases）

这是人体内主要的脱氢酶类，其直接的氢受体不是 O_2，而只能是某些辅酶（NAD^+、$NADP^+$）或辅基（FAD、FMN），辅酶或辅基还原后又将氢原子传递至线粒体氧化呼吸链，最后将电子传给氧生成水，在此过程中释放出来的能量使 ADP 磷酸化生成 ATP，如 3-磷酸甘油醛脱氢酶、琥珀酸脱氢酶、细胞色素体系等。不需氧脱氢酶类催化的反应如下：

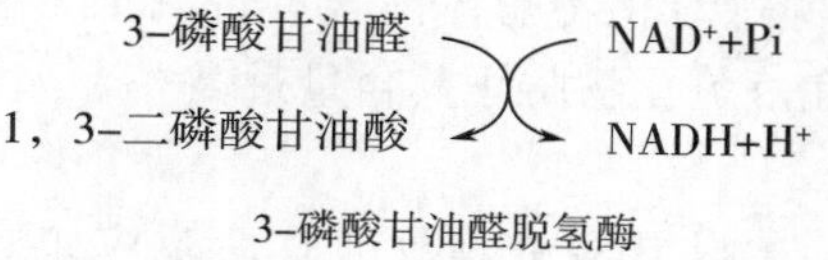

3-磷酸甘油醛　　　　NAD$^+$+Pi
1，3-二磷酸甘油酸　　NADH+H$^+$
3-磷酸甘油醛脱氢酶

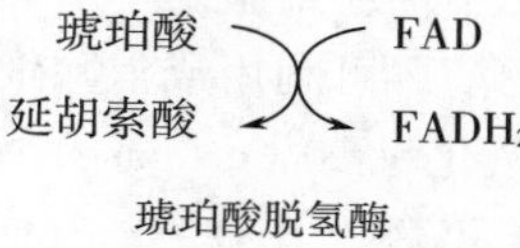

琥珀酸　　　FAD
延胡索酸　　FADH$_2$
琥珀酸脱氢酶

二、加氧酶类

加氧酶（oxygenases）催化加氧反应。根据向底物分子中加入氧原子的数目，又可分为单加氧酶（monooxygenase）和双加氧酶（dioxygenase）。

1. 单加氧酶

单加氧酶又称为多功能氧化酶、混合功能氧化酶（mixed function oxidase）、羟化酶（hydroxylase）。此酶催化 O_2 分子中的一个原子加到底物分子上使之羟化，另一个氧原子被 NADPH+H$^+$ 提供的氢还原生成水，在此氧化过程中无高能磷酸化合物生成，反应如下：

$$RH+NADPH+H^+ +O_2 \xrightarrow{\text{单加氧酶}} ROH+NADP+H_2O$$

单加氧酶实际上是含有黄素酶及细胞色素的酶体系，常常是由细胞色素 P450、NADPH、细胞色素 P450 还原酶、NADP$^+$ 和磷脂组成的复合物。细胞色素 P450 是一种以血色素为辅基的 b 族细胞色素，其中的 Fe^{3+} 可被 $Na_2S_2O_3$ 等还原为 Fe^{2+}，还原型的细胞色素 P450 与 CO 结合后在 450nm 有最大吸收峰，故名细胞色素 P450，它的作用类似于细胞色素 aa$_3$，能与氧直接反应，将电子传递给氧，因此也是一种终末氧化酶。

单加氧酶主要分布在肝、肾组织微粒体中，少数单加氧酶也存在于线粒体中，主要参与类固醇激素（性激素、肾上腺皮质激素）、胆汁酸盐、胆色素、活性维生素 D 的生成和某些药物、毒物的生物转化过程。单加氧酶可受底物诱导，而且细胞色素 P450 基质特异性低，一种基质提高单加氧酶的活性之后便可同时加快几种物质的代谢速度，这与体内的药物代谢关系十分密切，例如以苯巴比妥作诱导物，可以提高机体代谢胆红素、睾酮、氢化可的松、香豆素、洋地黄毒苷的速度，临床用药时应予考虑。

2. 双加氧酶

此酶催化 O_2 分子中的两个原子分别加到底物分子中构成双键的两个碳原子上的反应，如色氨酸-2，3-双加氧酶（色氨酸氧化酶）催化下述反应：

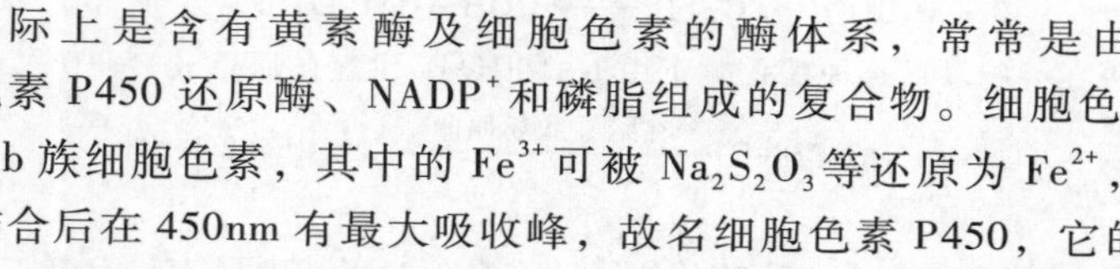

三、过氧化氢酶和过氧化物酶

前面所述的需氧脱氢酶和超氧化物歧化酶催化的反应中有 H_2O_2 生成。过氧化氢具有一定的生理作用，粒细胞和吞噬细胞中的 H_2O_2 可杀死吞噬的细菌，甲状腺上皮细胞和粒细胞中的 H_2O_2 可使 I 氧化生成 I_2，进而使蛋白质碘化，与甲状腺素的生成有关。但是

H_2O_2 也可使巯基酶和蛋白质氧化失活，还能氧化生物膜上磷脂分子中的多不饱和脂肪酸，损伤生物膜结构、影响生物膜的功能，此外 H_2O_2 还能破坏核酸和黏多糖。人体某些组织如肝、肾、中性粒细胞及小肠黏膜上皮细胞中的过氧化物酶体内含有过氧化氢酶（触酶）和过氧化物酶，可利用或消除细胞内的 H_2O_2 和过氧化物防止其含量过高。

1. 过氧化氢酶（catalase）

此酶催化两个 H_2O_2 分子的氧化还原反应，生成 H_2O 并释放出 O_2。反应如下：

$$H_2O_2 + H_2O_2 \xrightarrow{\text{过氧化氢酶}} 2H_2O + O_2$$

过氧化氢酶的催化效率极高，每个酶分子在 0℃ 每分钟可催化 264 万个过氧化氢分子分解，因此人体一般不会发生 H_2O_2 的蓄积中毒。

2. 过氧化物酶（peroxidase）

此酶催化 H_2O_2 或过氧化物直接氧化酚类或胺类物质。反应如下：

$$R + H_2O_2 \longrightarrow RO + H_2O \quad \text{或} \quad RH_2 + H_2O_2 \longrightarrow R + 2H_2O$$

某些组织的细胞中还有一种含硒（Se）的谷胱甘肽过氧化物酶（glutathione peroxidase），可催化下述反应：

$$H_2O_2 + 2G\text{-}SH \longrightarrow 2H_2O + GSSG$$

$$ROOH + 2G\text{-}SH \longrightarrow ROH + GSSG + H_2O$$

生成的 GSSG 又可在谷胱甘肽还原酶催化下由 $NADPH + H^+$ 供氢还原生成 G-SH：

$$GSSH + NADPH + H^+ \xrightarrow{\text{谷胱甘肽还原酶}} NADP^+ + 2G\text{-}SH$$

第六节　呼吸链的概念、类型及组成

一、呼吸链的概念

呼吸链由存在于膜上的一系列电子传递体组成。通过生物氧化的分解代谢过程，代谢物脱下的成对氢原子（$H = H^+ + e^-$）通过由酶和辅助因子所组成的一系列传递体所催化的连锁反应逐步传递，最终与被激活的氧分子结合生成水。由于参与这一系列催化作用的酶和辅酶一个接一个地构成了链状反应，因此，这一系列酶和辅酶称为呼吸链（respiratory chain），又称为电子传递链（electron transfer chain）。

这些传递体包括递氢体和递电子体，同时还需要多种酶的参与。凡参与呼吸链传递氢原子或电子的辅酶、辅基，分别称为递氢体或递电子体。

呼吸链在原核细胞中存在于质膜上，在真核细胞中存在于线粒体的内膜上。呼吸链的概念要点见二维码 5-1 讲解。

二、呼吸链的组成成分

以真核细胞为例，呼吸链由四种蛋白复合体（复合体Ⅰ、Ⅱ、Ⅲ和Ⅳ），一个单体蛋白（细胞色素 c），一个有机物分子（泛醌，又称辅酶Q）组成。单体蛋白细胞色素 c 存在于线粒体内膜外侧，其他成分是线粒体内膜的成分。真核生物呼吸链及其组分如图 5-4 所示。

二维码 5-1

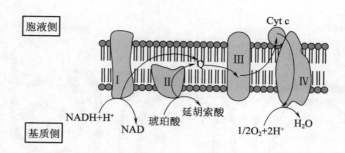

图 5-4 真核生物呼吸链及其组分示意图

（一）NADH-辅酶 Q 氧化还原酶（复合体 I）

NADH-辅酶 Q 氧化还原酶简称 NADH-Q 还原酶，即复合体 I，是一种与铁硫蛋白结合成复合物的黄素蛋白，它的活性部分含有辅基 FMN 和铁硫蛋白。它的作用是催化 NADH 的氧化脱氢以及辅酶 Q 的还原，所以它既是一种脱氢酶，也是一种还原酶。哺乳动物中的复合体 I 是一个巨大的 L 形聚合物，它包括 42 个不同的亚基，并形成一个相对分子质量近 10^6 的巨大分子复合物。

NADH-Q 还原酶所催化的反应如下：

$$NADH+H^+ +E\text{-}FMN \rightleftharpoons NAD^+ +E\text{-}FMNH_2$$

在这个反应中，与 NADH-Q 还原酶结合牢固的辅基 FMN（辅基与酶蛋白的结合较牢固，所以不能从一个酶移动到另一个酶来传送电子，但是可以作为辅助因子之一，在电子转移的催化过程中将电子传递给另一个电子受体）接受 NADH 上的氢原子，使氧化型的黄素核苷酸变成还原型的黄素核苷酸，可用下列结构式表示：

FMN/FAD $\quad +2H \rightleftharpoons \quad$ FMNH$_2$/FADH$_2$

NADH-Q 还原酶除有一个黄素核苷酸 FMN 辅基外，还有铁硫蛋白的铁-硫中心。铁硫蛋白是一种与电子传递有关的非血红素铁蛋白，铁硫蛋白的分子中含非卟啉铁和对酸不稳定的硫。铁-硫中心内铁原子的价态变化（$Fe^{2+} \rightleftharpoons Fe^{3+}$）可将电子从 NADH-Q 还原酶的 $FMNH_2$ 辅基上脱下转移给该酶的下一个电子传递体 CoQ。

已知的铁硫蛋白有三种存在形式：第一类是单个铁原子四面与蛋白质中的半胱氨酸的硫结合［图 5-5（1）］；第二类是 Fe_2S_2，含有两个铁原子与两个无机硫原子，并含有四个半胱氨酸［图 5-5（2）］；第三类是 Fe_4S_4，含有四个铁原子与四个无机硫原子，并含有四个半胱氨酸［图 5-5（3）］。

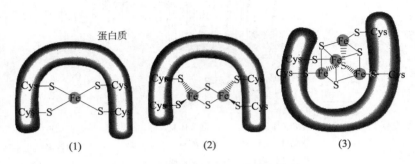

图 5-5　铁硫蛋白的三种存在形式

综上所述，复合体 I 的辅助因子包括递氢体（即传递电子也传递质子）FMN 及单递电子体（只传递电子）铁硫中心。研究表明，复合体 I 每传递一对电子，将伴随 4 个质子从基质侧被转移到膜间隙。

（二）辅酶 Q（CoQ）

辅酶 Q 又称为泛醌，是脂溶性化合物，游离存在于线粒体内膜，并被认为能在膜内运动，在较大的、相对不能移动的各复合体之间穿梭传递电子。它是一个带有长的异戊二烯疏水侧链的醌类化合物，结构式如下：

$$H_3CO \quad \quad O \quad \quad CH_3$$
$$CH_3$$
$$H_3CO \quad \quad O \quad \quad (CH_2-C=CH_2)_nH$$

哺乳动物细胞内的泛醌含有 10 个异戊二烯单位，所以又称为辅酶 Q_{10}。其他细胞中的辅酶 Q，有的侧链由 6 个，有的侧链由 8 个异戊二烯单位构成。

$$E-FMNH_2 + 辅酶 Q \Longrightarrow E-FMN + 辅酶 QH_2$$

辅酶 Q 发生氧化还原反应时在氧化型（泛醌）与还原型（二氢泛醌）之间相互转变，结构变化如下：

$$CH_3O \quad O \quad CH_3 \quad +2H \Longrightarrow \quad CH_3O \quad OH \quad CH_3$$
$$CH_3O \quad O \quad R \quad \quad CH_3O \quad OH \quad R$$

辅酶 Q 不只接受 NADH 脱氢酶的氢，还接受线粒体其他脱氢酶脱下的氢，如琥珀酸脱氢酶、脂酰辅酶 A 脱氢酶以及其他黄素酶类脱下的氢。所以辅酶 Q 在电子传递链中处于中心地位。由于辅酶 Q 在呼吸链中是一个和蛋白质结合不紧的辅酶，因此它在黄素蛋白类和细胞色素类之间能够作为一种特别灵活的载体而起作用。

（三）琥珀酸-辅酶 Q 氧化还原酶（复合体 II）

琥珀酸-辅酶 Q 氧化还原酶是嵌在线粒体内膜的酶蛋白，由几条多肽组成，其中两个多肽构成琥珀酸脱氢酶，在柠檬酸循环中催化琥珀酸氧化为延胡索酸。复合体 II 提供了将来自琥珀酸的低能电子传到 FAD，再转移到泛醌生成氢醌的途径。$FADH_2$ 作为该酶的辅基，在传递电子时并不与酶分离，只是将电子传递给琥珀酸脱氢酶的铁硫中心，电子经过铁硫中心又传递给辅酶 Q，从而进入了电子传递链。

综上所述，复合体 Ⅱ 的辅助因子包括递氢体（既传递电子也传递质子）FAD 及单递电子体（只传递电子）铁硫中心。研究表明，通过复合物 Ⅱ 进行的电子传递并不伴随质子的跨膜转移，但是该反应的重要意义在于：保证 $FADH_2$ 上的具有相对较高转移势能的电子进入电子传递链。

（四）辅酶 Q–细胞色素 c 氧化还原酶（复合体Ⅲ）

1925 年，Keilin 发现昆虫的飞翔肌中含有一种物质，参与营养物质氧化过程中的氧化还原反应，因它有颜色，故命名为细胞色素（Cytochromes，Cyt）。现已知道，细胞色素是一类含有血红素辅基的电子传递蛋白。各种细胞色素的血红素辅基结构略有不同，它们与蛋白质多肽链连接的方式也不同。根据所含血红素辅基还原状态时的吸收光谱的差异而将细胞色素分为若干种类。迄今发现的细胞色素有 30 多种，但在细胞内参与生物氧化的细胞色素有 a、b、c 三大类（图 5-6）。在呼吸链中，它们负责将电子从 CoQ 传递到氧，其作用机制是通过铁卟啉中铁原子的氧化还原（$Fe^{2+} \rightleftharpoons Fe^{3+}$）而往复传递电子，因而属于电子传递体，且为单电子传递体。

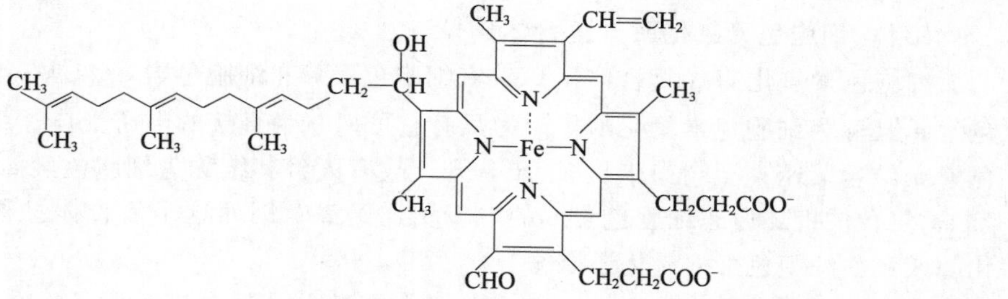

(1)细胞色素a辅基

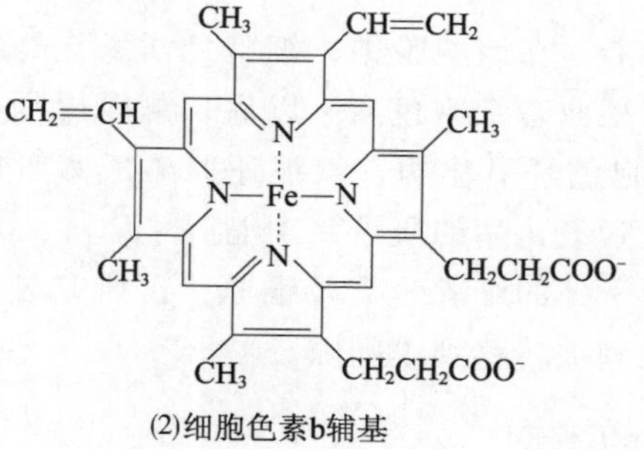

(2)细胞色素b辅基

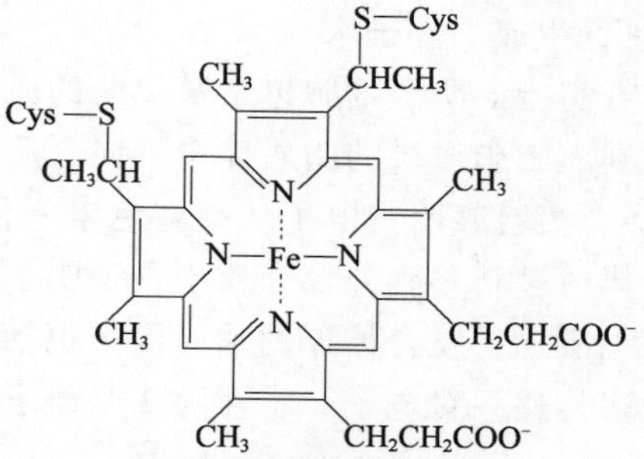

(3)细胞色素c辅基

图 5-6 细胞色素 a、b、c 辅基结构

在高等动物的线粒体内膜上常见的细胞色素有五种，它们是：细胞色素 b、c_1、c、a、a_3。线粒体中的细胞色素绝大部分和内膜紧密结合，只有细胞色素 c 结合较松，易于分离纯化，结构较清楚。细胞色素 c 和 c_1 的血红素辅基与蛋白质的两个半胱氨酸残基侧链通过

硫酯键相连。

细胞色素类在呼吸链中传递电子的顺序是：Cyt b $\longrightarrow$ Cyt c_1 $\longrightarrow$ Cyt c $\longrightarrow$ Cyt a $\longrightarrow$ Cyt a_3。

辅酶 Q-细胞色素 c 氧化还原酶（复合体Ⅲ）含有细胞色素 b、细胞色素 c_1 和一个 Fe—S 蛋白，可能还有其他蛋白。当 $CoQH_2$ 提供它的两个电子给呼吸链的下一个成员细胞色素 b 时，质子被释放到溶液中，细胞色素 b 接受电子，其血红素辅基中的铁由 3 价变为 2 价。在这个复合体中，电子由细胞色素 b 经由铁硫中心再到细胞色素 c_1（该复合体可进一步将电子传递给下一个传递体-游离的细胞色素 c，催化细胞色素 c 的氧化反应）。

综上所述，复合体Ⅲ的辅助因子包括单递电子体（只传递电子）的细胞色素及铁硫中心。研究表明，复合体Ⅲ每传递一对电子，将伴随 4 个质子从基质侧被转移到膜间隙。

（五）细胞色素 c

细胞色素 c 是唯一的可溶性细胞色素，它的相对分子质量很小（相对分子质量为 13000），是当前了解最透彻的细胞色素蛋白质。

细胞色素 c 是一个外周膜蛋白，位于线粒体内膜外侧的表面上，被认为能沿着膜运动，在较大的、相对不能移动的各复合体之间穿梭传递电子。细胞色素 c 可与复合体Ⅲ结合，在复合体Ⅲ的催化下，接受一个电子，并经自身的铁原子价数的变化将接受的电子传递给呼吸链的下一个成员——复合体Ⅳ。

（六）细胞色素氧化酶（复合体Ⅳ）

细胞色素氧化酶（复合体Ⅳ）含有细胞色素 a 和细胞色素 a_3，是一个跨膜蛋白。细胞色素 a_3 又称为细胞色素氧化酶，因为只有它可以氧为直接的电子受体；细胞色素 a 和细胞色素 a_3 结合紧密，至今尚未将 a、a_3 分开，故有人将其统称为细胞色素 aa_3 复合体。细胞色素 aa_3 复合体把还原态细胞色素 c 的电子传递给氧，因而这个复合体又称为细胞色素 c 氧化酶或亚铁细胞色素 c 氧化还原酶。

细胞色素 a 和细胞色素 a_3 分子中除了含有铁外，都含有铜原子。在电子传递过程中，分子中的铜原子可发生 1 价和 2 价的互变（$Cu^+ \Longrightarrow Cu^{2+}$），使电子最终传给氧，使氧激活，与质子结合生成水。因此，细胞色素氧化酶可传递 2 个电子（来自于 2 分子细胞色素 c）到氧，生成 1 分子水。

已有实验证明了细胞色素氧化酶的质子泵功能。在该实验中，细胞色素氧化酶纯化后被整合到人工脂双层的脂质体中。向介质中加入还原态细胞色素 c 以后，测得周围介质的 pH 下降。实验表明：电子从细胞色素 c 传到细胞色素氧化酶，氧被还原生成水，质子也从脂质体内被转移到外部介质中，证明了细胞色素氧化酶的质子泵功能。

综上所述，复合体Ⅳ的辅助因子包括单递电子体的细胞色素及铜原子。研究表明，复合体Ⅳ每传递一对电子，将伴随 2 个质子从基质侧被转移到膜间隙。

三、呼吸链的类型

代谢物上的氢原子被脱氢酶激活脱落后，经过一系列的传递体，最后传递给被激活的氧分子而生成水。

在具有线粒体的生物中，典型的呼吸链有两种，即 NADH 氧化呼吸链和琥珀酸氧化呼吸链。这是根据代谢物上脱下氢的初始受体不同而区分的。

（一） NADH 氧化呼吸链

在相应的以 NAD^+ 或 $NADP^+$ 为辅酶的脱氢酶（该类酶均为不需氧脱氢酶，即不以氧为直接受氢体）作用下，代谢物上的氢被脱下，该酶的辅酶 NAD^+ 或 $NADP^+$ 接受脱下的氢，从而转变为还原型的 $NADH+H^+$ 或 $NADPH+H^+$。电子从 NADH 传到氧是通过复合体 I、辅酶 Q、复合体 III、细胞色素 c、复合体 IV 的联合作用实现的（图 5-7）。

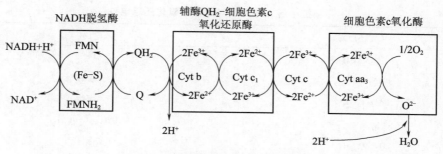

图 5-7　NADH 氧化呼吸链组分示意图

（二） 琥珀酸氧化呼吸链

在相应的以 FAD 为辅酶的脱氢酶（该类酶均为不需氧脱氢酶，即不以氧为直接受氢体）作用下，代谢物上的氢被脱下，该酶的辅酶 FAD 接受脱下的氢，从而转变为还原型的 $FADH_2$。电子从 $FADH_2$ 传到氧是通过复合体 II、辅酶 Q、复合体 III、细胞色素 c、复合体 IV 的联合作用实现的（图 5-8）。

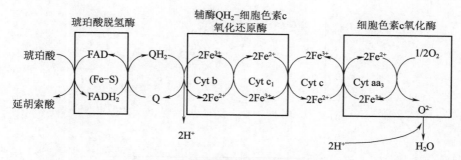

图 5-8　琥珀酸氧化呼吸链组分示意图

由上述可知，两条电子传递链的起始不同，但复合体 I 和复合体 II 都将电子传递给辅酶 Q，至此两条链汇合到一起（图 5-9）。

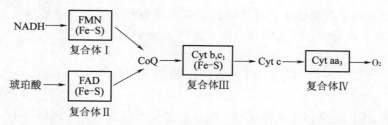

图 5-9　两种典型的呼吸链：NADH 和琥珀酸氧化呼吸链及其电子载体组合

四、呼吸链中各个递氢体与电子传递体的排列顺序

呼吸链中各个递氢体与电子传递体的位置是根据各个氧化还原对的标准氧化还原电位从低到高排列的（表5-4），这个序列与它们对电子亲和力的增加顺序相吻合，从而得到呼吸链中各个递氢体与电子传递体的排列顺序（图5-10）。

表 5-4   **呼吸链中各氧化还原对的标准氧化还原电位**

氧化还原对	$E^{0'}/V$
$NAD^+/NADH+H^+$	−0.32
$FMN/FMNH_2$	−0.30
$FAD/FADH_2$	−0.06
$Cyt\ b\ Fe^{3+}/Fe^{2+}$	−0.04（或 0.10）
$Q_{10}/Q_{10}H_2$	0.07
$Cyt\ c_1\ Fe^{3+}/Fe^{2+}$	0.22
$Cyt\ c\ Fe^{3+}/Fe^{2+}$	0.25
$Cyt\ a\ Fe^{3+}/Fe^{2+}$	0.29
$Cyt\ a_3\ Cu^{2+}/Cu^+$	0.55
$1/2\ O_2/H_2O$	0.82

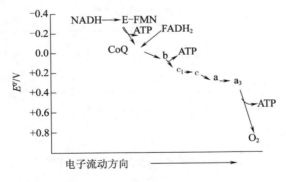

图 5-10 呼吸链电子传递次序

电子传递体从 NADH（−0.32V）到氧（+0.82V）按照还原性电势大小的顺序排列，由图5-10可以看出，呼吸链电子载体的标准势能是逐步下降的，电子流动的方向朝向分子氧。其中几个自由能明显变化的位点正是 ATP 合成的位点。

第七节　氧化磷酸化作用

氧化磷酸化作用是细胞生命活动的基础，是主要的能量来源。现已证明，线粒体内膜是能量传递系统的重要部位，在讨论氧化磷酸化时，有必要弄清线粒体的结构要点。

一、线粒体的结构

　　各种类型的细胞都有其特有的线粒体数目和特性，如鼠肝细胞大约有 800 个线粒体。细胞内线粒体的位置常处于需要 ATP 的结构附近，或处于细胞进行氧化作用所需要的燃料附近。又如昆虫飞翔肌细胞的线粒体，就是沿肌原纤维规则地排列，这使形成的 ATP 分子很容易被取用。线粒体常靠近细胞质内的脂肪滴，而脂肪滴正是氧化作用的重要来源。线粒体的形状也随细胞不同而异。

　　线粒体有两层膜，外膜平滑稍有弹性，内膜有许多向内折叠的嵴（图 5-11）。嵴的数目和结构随细胞的不同而异。嵴的存在有利于增加内膜的面积。内膜的嵴和嵴之间构成分隔。内膜内部包围的线粒体内部有液体基质，呈胶状，约含有 50% 蛋白质；有的基质构成网状，明显地附着在内膜的内表面上。当呼吸进行时，基质的体积和结构都不断地发生变化。与电子传递及氧化磷酸化作用有关的各种酶类都分布在线粒体内膜上。

图 5-11　细胞线粒体的膜结构

二、细胞内 ATP 的生成方式

　　细胞内 ATP 的生成有两种方式，即底物水平磷酸化（substrate-level phosphorylation）和氧化磷酸化（oxidative phosphorylation）。尤其是后者，它是需氧生物获得 ATP 的主要方式。

（一）底物水平磷酸化

　　当营养物质在代谢过程中经过脱氢、脱羧、分子重排和烯醇化反应，产生高能磷酸基团或高能键后，直接将高能磷酸基团转移给 ADP 生成 ATP；或水解产生的高能键，并将释放的能量用于 ADP 与无机磷酸反应，生成 ATP。以这样方式生成 ATP 的过程称为底物水平磷酸化。如：

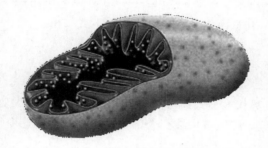

　　底物水平磷酸化生成 ATP 不需要经过呼吸链的传递过程，也不需要消耗氧气，也不利用线粒体的 ATP 酶系统。因此，生成 ATP 的速度比较快，但是生成量不多。在机体缺氧或无氧条件下，底物水平磷酸化无疑是一种生成 ATP 的快捷和便利的方式。例如糖酵

解途径中生成的 2 分子 ATP 就是以底物水平磷酸化的方式产生的。

（二）氧化磷酸化

机体内营养物质的氧化分解，多数情况下是在氧气充足的条件下进行的。因此，氧化磷酸化是产生 ATP 的主要方式。底物脱下的氢经过呼吸链的依次传递，最终与氧结合生成 H_2O，这个过程所释放的能量用于 ADP 的磷酸化反应（ADP+Pi）生成 ATP。这样，底物的氧化作用与 ADP 的磷酸化作用通过能量相耦联。ATP 的这种生成方式称为氧化磷酸化（oxidative phosphorylation），或称氧化磷酸化耦联。

三、氧化磷酸化作用的部位

实验证明，当电子沿着呼吸链进行传递时就会发生磷酸化作用。但是，在什么部位发生磷酸化呢？根据呼吸链中电子传递体的 $E^{0'}$ 值，可以证明呼吸链中的磷酸化部位。电子传递过程如下：

$$NAD^+ \longrightarrow FMN \longrightarrow 辅酶\ Q \longrightarrow Cyt\ b \longrightarrow Cyt\ c_1 \longrightarrow Cyt\ c \longrightarrow Cyt\ aa_3 \longrightarrow O_2$$

在电子传递过程中，其自由能的变化可以根据下式算出：

$$\Delta G^{0'} = -nF\Delta E^{0'}$$

式中　n——传递电子数

　　　　F——法拉第常数，$96.5 kJ/(mol \cdot V)$

将标准氧化-还原电势代入上式即可求得，而且自由能有较大变化的部位即是氧化-还原电位有较大变化的部位。呼吸链中在三个部位有较大的自由能变化（图 5-12）。

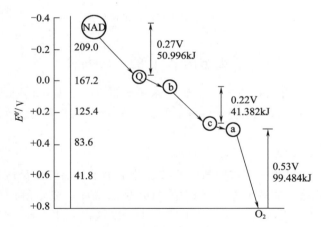

图 5-12　呼吸链中电子对传递时自由能的下降和 ATP 生成的关系

注：三个用箭头标出的部位所释放的自由能都足以使 ADP 和无机磷酸形成 ATP。

这三个部位每一步释放的自由能都足以保证由 ADP 和无机磷酸形成 ATP。这三个部位分别是：NADH 和辅酶 Q 之间的部位；细胞色素 b 和细胞色素 c 之间的部位；细胞色素 a 和 O_2 之间的部位。

四、氧化磷酸化的耦联机理

在正常的生理条件下，电子传递与磷酸化紧密地耦联，但是电子在从一个中间载体到另一个中间载体的传递过程中究竟怎样促使 ADP 磷酸化成 ATP 的？这其中的分子机理仍不是很清楚。目前有三种假说来解释氧化磷酸化的耦联机理。这三种假说，一是化学耦联假说；二是构象耦联假说；三是化学渗透耦联假说。现将这三种假说的主要内容分别介绍如下：

（一）化学耦联假说

这一假说是 E. C. Slater 于 1953 年提出来的，是用来解释氧化磷酸化耦联机制的最早的一个假说。该假说认为电子传递和 ATP 生成的耦联是通过一系列连续的化学反应而形成一个高能共价中间物，这个中间物在电子传递中形成，随后又裂解，将其能量供给 ATP 的合成。但是人们并未从呼吸链中找到实际的例子，它也不能解释为什么线粒体内膜的完整性对氧化磷酸化是必要的。

（二）构象耦联假说

该假说是由 P. Boyer 提出来的。他认为电子沿呼吸链传递，使线粒体内膜蛋白质组分发生了构象变化而形成一种高能状态，这种高能状态将能量传递给 F_0F_1ATP 酶分子而使之激活，也转变为高能态。F_0F_1ATP 酶的复原即将能量提供给 ATP 的合成，并从酶上游离下来。

这一假说实质上与化学耦联假说相似，只不过认为电子传递所释放的自由能不是贮存在高能化学中间物上，而是贮存在蛋白质的立体构象中。

（三）化学渗透假说

化学渗透假说（chemiosmotic hypothesis）是由英国生物化学家 Peter Mitchell 于 1961 年提出的，是普遍为人们所公认的氧化磷酸化耦联机制。二维码 5-2 是该假说的要点讲解。

（1）呼吸链中的氢和电子的传递体以复合物的形式，按照一定的顺序排列在线粒体内膜上，氧化与磷酸化的耦联依赖于线粒体内膜的完整性。

二维码 5-2

（2）底物脱下的氢在通过呼吸链传递的时候，氢和电子传递体发挥了类似质子"泵"的作用，将 H^+ 从线粒体的基质中通过内膜转运到膜间隙中，造成了 H^+ 的跨膜电化学浓度差。据测定，每转运一对电子，有 5 对质子从线粒体的基质中转运到膜间隙里。因此，膜间隙侧的质子浓度高，为正电荷，而基质一侧质子浓度低，为负电荷。质子的电位差和浓度差将驱动 H^+ 向线粒体内回流并合成 ATP 的。

（3）当"泵"出到膜间隙中的 H^+ 顺着浓度梯度通过位于线粒体的 F_0F_1-ATP 酶重新转运回线粒体内腔基质中时，在 ATP 酶的催化下，ADP 与 Pi 发生磷酸化反应，生成 ATP（图 5-13）。

化学渗透耦联假说和许多实验结果是相符合的，是目前能较圆满解释氧化磷酸化作用机制的一种学说。例如，现已发现氧化磷酸化作用确实需要线粒体内膜保持完整状态；线粒体内膜对 H^+、OH^-、K^+、Cl^- 离子是不通透的；电子传递链确能将 H^+ 排出到内膜外，形成可测定的跨内膜电化学梯度，而 ATP 的形成又伴随着 H^+ 向膜内的转移运动；增加线粒体内膜外侧酸性可导致 ATP 合成，而如果向线粒体内膜加入可使质子通过的物质，从而减少内膜两侧的质子浓度梯度，结果造成电子虽可传递但 ATP 生成减少；破坏 H^+ 浓度梯度的形成必然同时破坏氧化磷酸化作用的进行等。

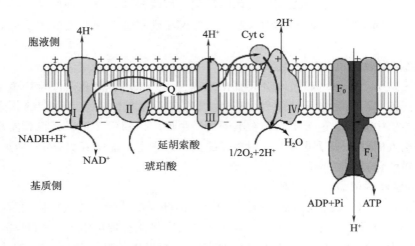

图 5-13　NADH 氧化呼吸链中电子传递复合体 Ⅰ、Ⅲ 和 Ⅳ 有质子泵功能

五、ATP 合酶的工作机制

（一）ATP 合酶的结构

ATP 合酶（ATP synthetase，图 5-14），分子质量 500ku，位于真核生物线粒体内膜的基质侧。分为球形的 F_1（头部）和嵌入膜中的 F_0（基部）。F_1 由 5 种多肽亚基组成 $\alpha_3\beta_3\varepsilon\delta\gamma$ 复合体，有三个合成 ATP 的催化位点（每个 β 亚基一个）。F_0 由三种多肽亚基组成 ab_2c_{12} 复合体，嵌入内膜，a 亚基有两个质子半通道，12 个 c 亚基组成一个环形质子通道，质子从内膜外侧通过 a 亚基的一个质子半通道，进入 c 亚基组成的环形质子通道，再进入内膜内侧的 a 亚基质子半通道，从而由膜间隙流回基质。

α 和 β 单位交替排列，状如橘瓣。γ 贯穿 $\alpha\beta$ 复合体（相当于发电机的转子），并与 F_0 接触，ε 帮助 γ 与 F_0 结合。δ 与 F_0 的两个 b 亚基形成固定 $\alpha\beta$ 复合体的结构（相当于发电机的定子）。

ATP 合酶可以利用质子动力势合成 ATP，转运质子，属于 F 型质子泵。每个肝细胞线粒体通常含 15000 个 ATP 合酶，每个酶每秒钟可产生 100 个 ATP。

（二）ATP 合酶工作的构象耦联假说

1979 年，Boyer P. 提出构象耦联假说，一些有力的实验证据使这一学说得到广泛的认可。其要点如下（图 5-15）。

（1）ATP 酶利用质子动力势，产生构象的改变，改变与底物的亲和力，催化 ADP 与 Pi 形成 ATP。

（2）F_1 具有三个催化位点，但在特定的时

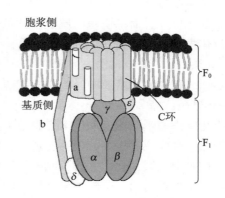

图 5-14　ATP 合酶的结构示意图

间，三个催化位点的构象不同，因而与核苷酸的亲和力不同。在 L 构象（loose），ADP、Pi 与酶疏松结合在一起；在 T 构象（tight），底物（ADP、Pi）与酶紧密结合在一起，在这种情况下可将两者加合在一起；在 O 构象（open），ATP 与酶的亲和力很低，被释放出去。

（3）质子通过 F_0 时，引起 c 亚基构成的环旋转，从而带动 γ 亚基旋转，由于 γ 亚基的端部是高度不对称的，它的旋转引起 β 亚基 3 个催化位点构象的周期性变化（L、T、O），不断将 ADP 和 Pi 加合在一起，形成 ATP。

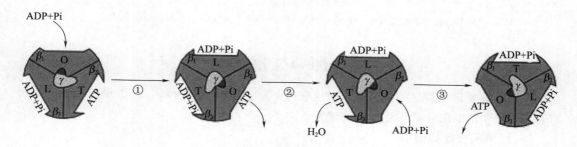

图 5-15　ATP 合酶工作的构象耦联假说示意图

六、P/O 值（磷氧比）

电子传递过程是产能的过程，而生成 ATP 的过程是贮能的过程。呼吸链中电子传递和 ATP 的形成在正常细胞内总是相耦联的，可以用 P/O 值（磷氧比）来表示电子传递与 ATP 生成之间的关系。P/O 值即是呼吸链每消耗一个氧原子所用去的磷酸分子数或生成 ATP 的分子数。

近年来很多实验结果都证明，以 NADH 作为电子供体时，测得的 P/O 值大于 2，以琥珀酸作为电子供体时，测得的 P/O 值大于 1。所以 P/O 值不一定是整数。例如：β-羟基丁酸经过 NADH 氧化呼吸链途径的 P/O 值为 2.4～2.6，产生的 ATP 数目为 2.5；而琥珀酸经过琥珀酸氧化呼吸链途径的 P/O 值为 1.7，产生的 ATP 数目为 1.5。

因此，虽然电子转移伴随着 ATP 的合成，但不能仅以 P/O 值作为 ATP 生成数的依据，而应考虑一对电子从 NADH 或 $FADH_2$ 传递到氧的过程中，有多少质子从线粒体基质泵出，以及有多少质子必须通过 ATP 合酶返回基质以用于 ATP 的合成，这样才能从本质上确定 ATP 的生成数量。

目前被广泛接受的观点是：ATP、ADP 和无机磷酸通过线粒体内膜的转运是由 ATP-ADP 载体和磷酸转位酶催化的，已知每合成 1 个 ATP 需要 3 个质子通过 ATP 合酶。与此同时，把 1 个 ATP 分子从线粒体基质转运到胞液需要消耗 1 个质子，所以每形成 1 个分子的 ATP 就需要 4 个质子的流动。因此，如果一对电子通过 NADH 氧化电子传递链可泵出 10 个质子，则可形成 2.5 个 ATP 分子；如果一对电子通过琥珀酸氧化电子传递链有 6 个质子泵出，则可形成 1.5 个 ATP 分子。

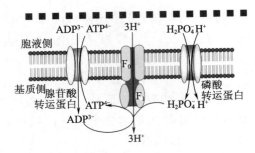

图 5-16　真核生物线粒体中生成 1 分子 ATP 的过程

注：需要磷酸输入和 ATP 输出，将消耗 3+1＝4 个 H^+ 回流入线粒体基质中。

七、氧化磷酸化的抑制

一些影响氧化磷酸化的试剂可以根据它们的不同影响方式分成三种类型：电子传递抑制剂、解耦联剂和氧化磷酸化作用抑制剂。

（一）电子传递抑制剂

能够阻断呼吸链中某一部位电子传递的物质称为电子传递抑制剂。利用专一性电子传递抑制剂选择性地阻断呼吸链中某个传递步骤，再测定呼吸链中各组分的氧化-还原态情况，是研究电子传递链顺序的一种重要方法。

1. 常见的抑制剂

（1）鱼藤酮、安密妥、杀粉蝶菌素　作用是阻断电子由 NADH 向 CoQ 的传递。它们的结构如下：

鱼藤酮

安密妥

杀粉蝶菌素

（2）抗霉素 A　由链霉素分离出来的抗菌素，能抑制电子从细胞色素 b 到细胞色素 c_1 的传递，它的结构如下：

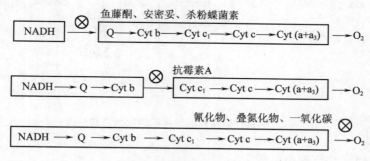

抗霉素 A

（3）氰化物、叠氮化物、CO 等　有阻断电子由细胞色素 aa_3 传至氧的作用。

2. 几种电子传递抑制剂的作用部位（图 5-17）

图 5-17　电子传递抑制剂的作用部位

（二）解耦联剂

在氧化磷酸化过程中，底物的脱氢氧化与 ADP 的磷酸化是通过能量进行耦联的。某些物质能够解除这个耦联过程，失掉它们的紧密联系，其结果是底物的脱氢氧化继续进行，同样有电子的传递和氧气的消耗，同样有能量的释放，但却不能利用所释放的能量进行 ADP 的磷酸化，即不能生成 ATP。即它只抑制 ATP 的形成过程，不抑制电子传递过程，使电子传递所产生的自由能都变为热能。这类试剂使电子传递失去正常的控制，造成过分地利用氧和燃料底物，而能量得不到储存。这种作用称为解耦联作用（uncoupling）。具有解耦联作用的物质称为解耦联剂（uncoupler）。

解耦联剂在代谢研究中是一种非常有用的手段。解耦联效应也被生物所利用，如在冬眠动物和适应寒冷的哺乳动物中，它是一种能够产生热以维持体温的方法。这些动物的棕色脂肪组织线粒体内膜上存在解耦联蛋白，可使线粒体内膜对 H^+ 的通透性改变，产生膜的"漏洞"，电子传递过程中线粒体内膜外侧高浓度的质子通过解耦联蛋白回归线粒体内膜内侧，消除质子浓度梯度，造成 ATP 不能形成。这样使得生物氧化作用与产生 ATP 的磷酸化作用解耦联。解耦联蛋白作用方式如图 5-18 所示。

现已发现多种解耦联剂，它们大多是一些带有酸性基团的芳香环类。典型的解耦联剂是 2，4-二硝基苯酚（2，4-dinitrophenol，DNP），其他一些酸性芳香族化合物也有作用。由于解耦联剂对底物水平磷酸化的作用没有影响，这就使得这些解耦联剂对于氧化磷酸化的研究成为很有用的试剂。DNP 作为解耦联剂的作用机理是：DNP 对电子的传递没有抑制作用，但是它能消除产生 ATP 合成所需的质子推动力。因为 DNP 是一种亲脂的弱酸性化合物，它能以中性的状态穿过线粒体脂质双分子层的内膜。当存在跨膜的质子梯度时，它在膜的酸性侧结合质子，成为一种中性的不带电荷的状态，通过扩散穿过膜，并在膜的碱性侧释放出质子，从而瓦解跨膜的质子梯度。

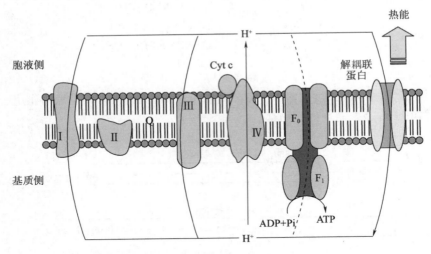

图 5-18 棕色脂肪组织线粒体解耦联蛋白作用机制

（三）氧化磷酸化作用抑制剂

氧化磷酸化抑制剂是指一些对电子传递及 ADP 磷酸化均有抑制作用的物质。动物细胞中典型的氧化磷酸化作用抑制剂为寡霉素。寡霉素（oligomycin）可结合 ATP 合酶的 F_0 单位，阻止质子从 F_0 质子通道回流，抑制 ATP 合酶活性。由于线粒体内膜两侧质子电化学梯度增高影响呼吸链质子泵的功能，继而抑制电子传递。这是由于动物线粒体 F_1 含有寡霉素敏感蛋白（oligomycin sensitive conferring protein，OSCP）亚基，位于 ATP 合酶的 F_0 与 F_1 之间，使 ATP 合酶在寡霉素存在时不能生成 ATP。

第八节 线粒体外 NADH、H^+ 的氧化方式

真核生物线粒体的内膜与其外膜的渗透性是完全不同的，外膜能完全透过相对分子质量大至 10000 的分子，而内膜却有很大的选择性。糖酵解代谢中 3-磷酸甘油醛的氧化脱氢发生在细胞质，并产生还原型 NADH，那么这个在细胞质中生成的 NADH 又如何通过线粒体内膜中的电子传递链而重新被氧化成 NAD^+ 呢？现在已经证明，NADH 本身不能直接通过线粒体内膜，而 NADH 上的电子可以通过两种穿梭的间接途径而进入电子传递链，即 α-磷酸甘油穿梭系统、苹果酸-天冬氨酸穿梭系统。

原核生物的电子传递链存在于原生质膜上，因此无须穿梭过程。

一、α-磷酸甘油穿梭系统

脑细胞和骨骼肌细胞中主要存在 α-磷酸甘油穿梭系统（图 5-19）。

已知胞液和线粒体内部存在 α-磷酸甘油脱氢酶，但它们的辅酶不同。胞液中的 α-磷酸甘油脱氢酶以 NAD^+ 为辅酶，可催化磷酸二羟丙酮加氢还原为 α-磷酸甘油，后者能自由进入线粒体。进入线粒体内的 α-磷酸甘油在线粒体 α-磷酸甘油脱氢酶的催化下脱氢，又

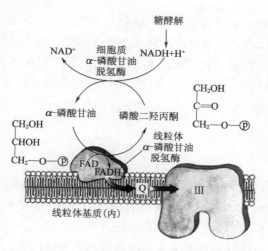

图 5-19　α-磷酸甘油-磷酸二羟丙酮穿梭系统

转变为磷酸二羟丙酮，脱下的氢由该酶的辅酶 FAD 接受。FAD 接受脱下的 2 个氢转变为还原型的 $FADH_2$。这样胞液中的 $NADH+H^+$ 便间接地转变为线粒体内的 $FADH_2$，可进入琥珀酸氧化呼吸链彻底氧化。

二、苹果酸-天冬氨酸穿梭系统

肝细胞和心肌细胞中主要存在苹果酸-天冬氨酸穿梭系统（图 5-20）。在苹果酸脱氢酶的作用下，草酰乙酸接受 $NADH+H^+$ 中的 2 个氢转变为苹果酸；苹果酸进入线粒体后，在苹果酸脱氢酶的作用下又转变为草酰乙酸。苹果酸脱下的氢被苹果酸脱氢酶的辅酶 NAD 接受，NAD^+ 接受 2 个氢变为 $NADH+H^+$，这样胞液中的 $NADH+H^+$ 就生成了线粒体内的 $NADH+H^+$，后者可进入呼吸链氧化。为了维持胞液中草酰乙酸的水平，草酰乙酸必须返

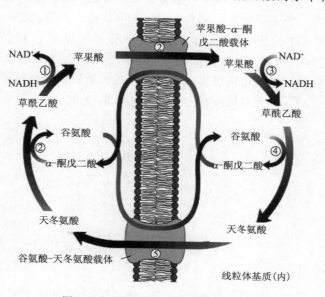

图 5-20　苹果酸-天冬氨酸穿梭系统

185

回胞液，但草酰乙酸不能自由进出线粒体。线粒体中存在谷草转氨酶，可催化谷氨酸和草酰乙酸之间的氨基转换作用，使草酰乙酸转变为天冬氨酸，然后离开线粒体进入胞液；胞液中也存在谷草转氨酶，可催化天冬氨酸和 α-酮戊二酸之间的氨基转换作用，使天冬氨酸又转变为草酰乙酸。这样，胞液中的 NADH+H$^+$ 就转变成了线粒体中的 NADH+H$^+$，可进入 NADH 呼吸链彻底氧化。

第九节　能荷

　　ATP 在细胞的能量转换中起着重要的作用。在细胞内存在着三种腺苷酸，即 AMP、ADP 和 ATP，称为腺苷酸库。在细胞中 ATP、ADP 和 AMP 在某一时间的相对数量控制着细胞的代谢活动。Atkinson（1968）提出了能荷（energy charge）的概念。他认为能荷是细胞中高能磷酸状态的一种数量上的量度，能荷的大小可以说明生物体中 ATP-ADP-AMP 系统的能量状态。能荷可用下式表示：

$$能荷 = \frac{[ATP] + 0.5\,[ADP]}{[ATP] + [ADP] + [AMP]}$$

　　可见能荷的大小决定于 ATP 和 ADP 的多少。能荷的数值可以从 0 到 1.0，即当细胞中全部的 AMP 和 ADP 都转化成 ATP 时，能荷为 1.0。在细胞以较快的速度进行磷酸化（合成 ATP），而生物合成反应又很少进行时，才会出现这种情况，此时腺苷酸系统中可利用态的高能磷酸键数量最多；当腺苷酸化合物都呈 ADP 状态时，能荷为 0.5，系统中含有一半的高能磷酸键；当所有的 ATP 和 ADP 都转化为 AMP 时，则能荷等于 0，此时腺苷酸系统中不存在高能化合物。

　　Atkinson 还证明：能荷高时能够抑制生物体内 ATP 的生成，但却促进 ATP 的利用，也就是说高的能荷能够促进合成代谢而抑制分解代谢。能荷小时，生成 ATP 的速率高，生物可以通过高分子化合物的降解以产生能量；当能荷逐渐增加时，此途径代谢水平就下降，即分解代谢减弱。当能荷低时，ATP 的利用速率就低，而随着能荷的增加，ATP 利用的相对速率就增加。这说明生物体内 ATP 的利用和生成有自我调节与控制的能力（图 5-21）。我们还可以看到，这两条曲线相交于 0.9 处，显然这些分解代谢与合成代谢能将生物体内能荷的数量控制在相当狭窄的范围之内。所以说，细胞中的能荷与 pH 一样是可以缓冲的。根据测定，大多数细胞中的能荷在 0.8~0.95。

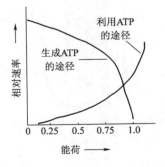

图 5-21　能荷对 ATP 生成途径（分解代谢）和 ATP 利用途径（合成代谢）相对速率的影响

细胞中的能荷可通过 ATP、ADP 和 AMP 对一些酶进行变构调节。例如，ATP-ADP 系统调节糖酵解的主要部位是在 6-磷酸果糖和 1，6-二磷酸果糖相互转化处。

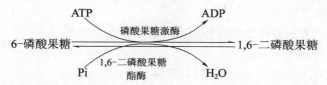

催化此反应的磷酸果糖激酶是变构酶，受 ATP 强烈的抑制，被 AMP 所激活。反之，1，6-二磷酸果糖磷酸酯酶则受 ATP 的激活和被 AMP 所抑制。另外，在三羧酸循环中，当细胞的能荷等于 1.0 时，高水平的 ATP 和低水平的 AMP 会降低柠檬酸合成酶和异柠檬酸脱氢酶的活性，使三羧酸循环的活性降低，从而减少呼吸作用，以达到调节生成 ATP 数量的目的。

总之，能荷的大小由 ATP、ADP 和 AMP 的相对数量决定，它在代谢中起控制作用。高能荷能抑制 ATP 的生成（分解代谢）途径而激活 ATP 利用（合成代谢）的途径。

第十节　生物氧化过程中 CO_2 的产生

生物氧化中生成的 CO_2 并不是有机物分子中的碳原子和氧直接化合的结果，而是来源于有机酸的脱羧基作用。根据脱羧基作用形式的不同又可以分为以下几类。

一、单纯脱羧

氧化代谢的中间产物羧酸在脱羧酶的催化下，直接从分子中脱去羧基，不伴有氧化反应。

（一）单纯 α-脱羧作用

例如丙酮酸在丙酮酸脱羧酶的催化下，直接脱羧生成乙醛和二氧化碳。反应如下：

$$CH_3-\overset{\overset{O}{\|}}{C}-COOH \xrightarrow{\text{丙酮酸脱羧酶}} CH_3-\overset{\overset{O}{\|}}{C}H-CO_2$$

（二）单纯 β-脱羧作用

磷酸烯醇式丙酮酸羧激酶催化草酰乙酸脱羧反应，生成磷酸烯醇式丙酮酸和二氧化碳。反应如下：

$$\begin{array}{l} COO^- \\ | \\ C=O \\ | \\ CH_2 \\ | \\ COOH \end{array} + GTP \xrightarrow{\text{磷酸烯醇式丙酮酸羧激酶}} \begin{array}{l} COO^- \\ | \\ C-O \sim \textcircled{P} \\ \| \\ CH_2 \end{array} + GDP + CO_2$$

二、氧化脱羧

氧化代谢中产生的有机羧酸在氧化脱羧酶系的催化下，在脱羧的同时，也发生脱氢氧化作用。

（一）α-氧化脱羧作用

例如丙酮酸氧化脱羧生成乙酰辅酶 A 和二氧化碳，同时脱氢。反应如下：

$$CH_3-\overset{\overset{\text{O}}{\|}}{C}-COOH + NAD^+ + CoA-SH \xrightarrow{\text{丙酮酸脱氢酶复合体}} CH_3-\overset{\overset{\text{O}}{\|}}{C}-SCoA + NADH_2 + CO_2$$

（二）β-氧化脱羧作用

苹果酸酶催化苹果酸脱羧生成丙酮酸，同时脱氢。反应如下：

$$\underset{\overset{|}{COOH}}{CH_2}-\overset{\overset{OH}{|}}{CH}-COOH + NADP^+ \xrightarrow{\text{苹果酸酶}} CH_3-\overset{\overset{\text{O}}{\|}}{C}-COOH + CO_2 + NADPH_2$$

小　结

生物氧化是营养物质在体内氧化分解产生能量的共同的代谢过程。生物氧化同一般的氧化反应相比有其自己的特点：其反应过程是在生物细胞内进行的，有水的环境，pH 近中性，低温（体温）下进行反应，反应过程所释放的能量是逐步释放的，并且可以转化为可以利用的化学能。生物氧化的产物包括 CO_2、H_2O 和能量（ATP）。

生物氧化中 ATP 的生成有两种方式：底物磷酸化和氧化磷酸化。底物磷酸化是当底物经过脱氢、脱羧、烯醇化或分子重排等反应时，产生高能键，再将其转移到 ADP 上产生 ATP。氧化磷酸化是底物脱下的氢经过电子传递链的传递，最终与 O_2 结合生成 H_2O 的过程中所释放的能量与 ADP 的磷酸化进行耦联生成 ATP。

CO_2 的生成主要是在各种脱羧酶或脱氢酶的催化下，以脱羧反应的形式进行的。H_2O 的生成主要是在各种脱氢酶的催化下，通过 NAD^+（$NADP^+$）和 FAD 的携带，经过由各种递氢体和电子传递体的顺次传递，最终与 O_2 结合而生成的。真核生物生物氧化的场所是线粒体。原核生物的电子传递链位于细胞膜上。真核生物胞液中生成的 NADH 不能直接透过线粒体内膜而进入线粒体内，但可以通过磷酸穿梭或苹果酸穿梭的方式进入线粒体，参加呼吸链的传递，最终与 O_2 结合生成 H_2O。

氧化磷酸化耦联的次数可以用 P/O 值来测定。P/O 值是指：当底物脱下的一对 H 沿呼吸链传递，消耗 1 个氧原子时用于 ADP 磷酸化所需要的无机磷酸中的磷原子的数目。目前被人们普遍接受的 ATP 的生成机制是"化学渗透学说"：当底物脱下的 H 被传递体传递的时候，被解离为 H^+ 和电子，H^+ 被"泵"出线粒体进入胞液，产生 $[H^+]$ 梯度，其中就蕴藏着能量。当这些 H^+ 再度被位于线粒体内膜上的"三分子体"转运回到线粒体内时，在 F_0F_1-ATP 酶的催化下应用 $[H^+]$ 梯度中所蕴藏的能量，使 ADP 与 Pi 反应产生 ATP。真核生物中以 NADH 为首的呼吸链的 P/O 值为 2.5，以 $FADH_2$ 为首的呼吸链的 P/O 值为 1.5。原核生物中以 NADH 为首的呼吸链的 P/O 值为 3，以 $FADH_2$ 为首的呼吸链的 P/O 值为 2。

有些物质能够抑制呼吸链中某一些传递体的传递作用，使得整个呼吸链受到阻断，称为呼吸链的抑制作用。

ATP 的能量居于细胞内众多物质的中间水平，因此，它既可以由能量较高的物质获得能量，又可以向能量较低的物质传递能量，所以被称为能量"货币"，在大多情况下，生理活动所需要的能量都是由 ATP 直接提供的。

思考题

1. 试说明物质在体内氧化和体外氧化的主要异同点。

2. 什么是高能键？什么是高能化合物？

3. 如何理解生物体内的能量代谢是以 ATP 为中心的？

4. 什么是电子传递链？构成电子传递链的复合体有哪些？如何确定电子传递链的排列顺序？

5. 简要总结细胞色素的主要特点。

6. 电子传递与氧化磷酸化作用是如何耦联起来的？

7. 抑制氧化磷酸化作用的因素有哪些？其作用原理是什么？

8. 细胞质中生成的 $NADH+H^+$ 在不同组织如何氧化成 H_2O？生成 ATP 的数目有何不同？

第六章　糖质及糖代谢

糖类是重要的生物大分子之一，是生物体维持生命活动所需能量的主要来源，是合成其他化合物的基本原料，是生物体的主要结构成分，也是生物体内细胞识别的信息分子。本章主要讨论糖质及糖代谢，包括糖的概念及分类、糖代谢、糖的无氧分解、糖的有氧氧化、糖降解的其他途径、糖的合成代谢、糖代谢在工业上的应用——柠檬酸发酵及其调控机制举例、糖代谢途径的相互关系等。

第一节　糖的基础知识

一、糖的概念及分类

（一）糖的概念

糖即碳水化合物，是一类化学本质为多羟基醛或多羟基酮及其缩聚物和某些衍生物的有机化合物的总称。主要由 C、H、O 三种元素构成，而且分子组成符合 $(CH_2O)_n$ 或 $C_n(H_2O)_m$ 两种通式。但少数单糖并不符合上述通式，如鼠李糖（$C_6H_{12}O_5$）和核糖（$C_5H_{10}O_4$）等，而一些符合该通式的则不一定是糖类物质，如甲醛（CH_2O）、乙酸（$C_2H_4O_2$）和乳酸（$C_3H_6O_3$），因此，用碳水化合物表述糖类物质并不准确。

（二）糖的分类

糖类根据所含单体的数目分为单糖、寡糖、多糖、结合糖及糖的衍生物。

单糖（monosaccharide）从结构上定义为多羟基酮或醛，它是构成寡糖和多糖的基本单位，是不能被水解成更小糖单位的糖类。每种单糖又可分为醛糖（含一个醛基）和酮糖（含一个酮基）。核糖（ribose）、脱氧核糖（deoxyribose）、半乳糖（galactose）、葡萄糖（glucose）和果糖（fructose）为几种重要的单糖。

寡糖是由 2~10 个单糖通过糖苷键连接而成的糖类物质。要把一个寡糖与其他寡糖区分开来需要考虑以下四个方面：参与组成的单糖单位、参与成键的碳原子位置、参与成键的每一异头碳羟基的构型、单糖单位的次序（如果不是同一种单糖残基）。寡糖可分为二糖、三糖等，自然界中最为普遍的寡糖是二糖。常见双糖主要有麦芽糖、乳糖、蔗糖、纤维二糖等。

多糖（polysaccharide）是 20 个以上单糖残基的聚合物，包括同多糖（homopolysaccharide）和杂多糖（heteropolysaccharide）。同多糖（又称均一性多糖）由一种单糖分子缩合而成，如淀粉、糖原、纤维素、半纤维素、几丁质（壳多糖）、琼脂等；杂多糖（又称非均一性多糖）由两种或两种以上的单糖分子缩合而成，如黏多糖、肽聚糖、透明质酸等。

结合糖（复合糖，糖缀合物，glycoconjugate）是由糖和非糖物质共价结合而成的复合物，包括肽多糖、糖蛋白、蛋白多糖和糖脂等。

糖的衍生物有糖醇、糖酸、糖胺、糖苷。

二、糖在生物体中的作用

糖类是生物体中非常重要的有机化合物，其最主要的生理功能是提供生命活动所需的能量。糖类物质的种类和功能具有多样性的特点。

（一）糖类物质可以作为生物体重要的结构成分

植物中含有大量的纤维素、半纤维素和果胶物质等，这些物质是植物细胞壁的主要构成成分。淀粉是植物体的重要储存成分。肽聚糖是细菌细胞壁的结构多糖。昆虫和甲壳类动物外壁的主要成分为壳多糖。蛋白聚糖和糖蛋白是结缔组织、软骨和骨的基质，糖蛋白和糖脂是构成细胞膜的主要成分。

（二）糖类物质为生物体提供主要能源

糖是一切生物体生命活动的主要能量来源，糖类物质通过在生物体内的分解代谢释放能量。淀粉和糖原等可以作为生物体内能量贮存的糖类，植物体内重要的多糖是淀粉，植物细胞通过把淀粉降解为葡萄糖提供能量。糖原是动物体内的重要能源物质，有"动物淀粉"之称。

（三）糖类物质在生物体内可以转变为其他物质

有些糖及其某些中间代谢产物可以为合成其他生物分子（如氨基酸、核苷酸、类固醇和脂肪酸等）提供碳骨架。

（四）糖类物质可以作为细胞识别的信号分子

细胞间的信号传递首先发生在细胞的最外层。这种细胞的最外层由质膜、糖脂或糖蛋白结合而成。糖蛋白是一类在生物体中分布很广的复合糖，其糖链起着信息分子的作用。随着分离、分析技术和分子生物学的发展，近 20 年来对这些寡糖链的结构和功能有了更深的认识。发现细胞识别、免疫保护、代谢调控、受精机制、发育、癌变、衰老、器官移植等生命过程都与糖蛋白的糖链息息相关。

三、单糖

（一）单糖的结构

1. 单糖的链状结构

经元素组成分析和相对分子质量测定，确定了葡萄糖的分子式为 $C_6H_{12}O_6$，具有一个醛基和 5 个羟基。经结构分析确定葡萄糖属于己醛糖，为 2，3，4，5，6-五羟己醛。果糖的分子式也是 $C_6H_{12}O_6$，属于己酮糖，为 1，3，4，5，6-五羟-2-己酮。它们的开链式结构如图 6-1 所示。

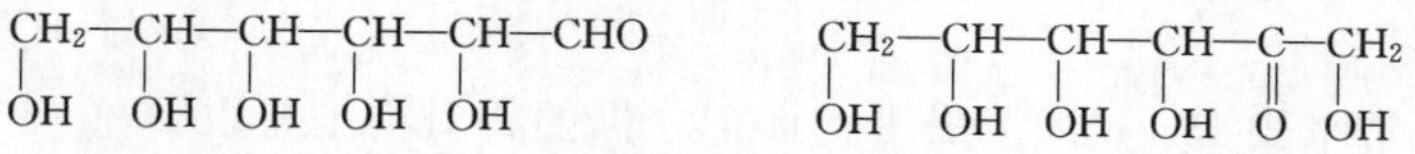

$$CH_2-CH-CH-CH-CH-CHO \qquad CH_2-CH-CH-CH-C-CH_2$$
$$\ \ OH\ \ OH\ \ OH\ \ OH\ \ OH \qquad\quad OH\ \ OH\ \ OH\ \ OH\ \ O\ \ OH$$

图 6-1　己醛糖（左）和己酮糖（右）的非立体链状结构

（1）单糖的旋光性　当光波通过尼科尔棱镜时，通过的只是沿某一平面振动的光波，其他的光波都被阻断，这种光称为平面偏振光；这种现象与棱镜的结构组成有关。当这种平面偏振光通过旋光物质时，光的偏振面会发生旋转，这种性质称为旋光性。若光的偏振面向右旋转则该物质称为右旋光性（以"＋"表示）。反之，则称为左旋光性（以"－"表示）。凡是具有旋光性的物质，其分子都是不对称分子，与其镜像不能重叠，称为手性分子。

单糖是否具有旋光性，与其分子结构有关。如果分子内部结构是对称的即不含有手性碳原子，就没有旋光性；反之就有旋光性。

偏振面被旋光性物质所旋转的角度称为旋光度，通常用"α"表示，用 $[\alpha]_D^T$ 表示比旋光度。

$$[\alpha]_D^T = \frac{\alpha_D^T}{cl}$$

T——测定时的温度

D——钠光波波长

l——样品管长度，以分米表示

c——物质浓度，为每毫升溶液中所含旋光物质克数

比旋光度像物质的熔点、密度、沸点一样，是旋光性物质的物理常数，可对糖做定性鉴别或定量测定。

（2）单糖的构型　单糖除二羟丙酮外都含有手性碳原子，因此都有旋光异构体，根据 2^n（n 为手性碳原子数目）可以计算出单糖旋光异构体的数目。例如，甘油醛只含有一个不对称碳原子，因此，它有两个旋光异构体，组成一对对映体。只测定单糖的化学式是不够的，还需要确定它的立体构型。单糖的构型可用 R、S 法标记，称为绝对构型。应用 RS 表示法的第一步是确定与每个手性碳原子直接相连的 4 个取代基的优先顺序，顺序规则的基础是原子序数高的原子比原子序数低的优先性大。第二步是旋转手性四面体碳，是那个优先性最小的取代基离开观察者最远，另外三个取代基按优先性大小的顺序，面向观察者。最后一步，看一看，面向观察者的三个取代基按顺时针方向为 R 构型，逆时针为 S 构型（图 6-2）。

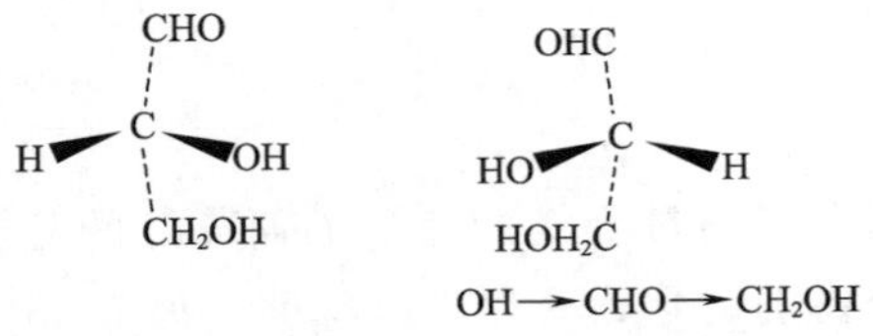

图 6-2　R-甘油醛和 S-甘油醛

注：D 和 L 是指构型，是以甘油醛为标准。

糖类的构型常采用 D、L 标记法进行标记，糖的相对构型是以 D-（+）甘油醛和 L-（-）甘油醛为标准进行比较而确定的，手性碳原子上的羟基处于右侧的为 D 型糖处于左侧的为 L 型糖（图 6-3）。并不表示旋光方向；旋光方向常以（+）和（-）表示，旋光方向及其数值可用旋光仪测得。构型与旋光方向是两回事，应区别清楚，例如 D-（-）-果糖是代表左旋的 D-型果糖。

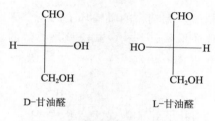

D-甘油醛　　　　　　　　L-甘油醛

图 6-3　D-甘油醛和 L-甘油醛

2. 单糖的环状结构

虽然葡萄糖的开链结构能解释许多反应，但不能解释一些实验现象。例如，葡萄糖有两种不同的结晶，其比旋度和熔点都不相同，一种是从低于 30℃ 的乙醇中结晶出来的葡萄糖，熔点为 146℃，新配制的水溶液经测定比旋光度增为 +112°，此溶液经放置后比旋光度会随时间的推移而逐渐下降，达到平衡后固定于 +52.5° 维持不变。另一种是从 98℃ 的吡啶中结晶出来的葡萄糖，熔点为 150℃，新配制的水溶液比旋光度为 +18.7°，此溶液放置后比旋光度随时间的推移逐渐上升，也达到 +52.5° 后维持不变。这种旋光度自行改变的现象称为变旋现象。显然葡萄糖的开链结构无法解释这类现象。通过物理和化学方法证明，结晶状态的单糖是以环状结构存在的。对于 D-葡萄糖，主要是 C_5 的羟基与 C_1 的羰基能发生成环反应，这样形成的环是六元环，这种反应称为半缩醛反应，能够形成两种六元环状半缩醛。α-D-(+)-葡萄糖和 β-D-(+)-葡萄糖就是前述比旋光度和熔点不同的两种结晶葡萄糖。葡萄糖的环状结构和开链结构的互相变换可以解释变旋光现象（图6-4）。平衡混合物中，α-型约占 36%，β-型约占 64%，而含游离醛基的开链葡萄糖占不到 0.005%。

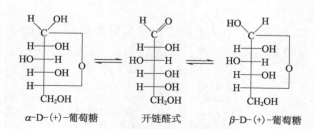

α-D-(+)-葡萄糖　　　　开链醛式　　　　β-D-(+)-葡萄糖

图 6-4　D-葡萄糖的变旋平衡

上述葡萄糖环状结构是用 Fischer 投影式表示的。鉴于上述环状结构，这种过长氧桥不符合实际情况，为了形象地表达糖的氧环结构，英国学者哈沃斯（Haworth）提出用平面六元环的透视式代替 Fischer 投影式。

在哈沃斯式中（图6-5），成环的原子在同一平面上，粗线表示环平面向前的一边，细线表示向后的一边。不必写出成环的碳元素符号，也可略去连在手性碳原子上的 H。单糖形成环状结构时，原来的羰基转变成羟基时形成两种不同构型（α 或 β）的同分异构体。原来在直链碳链左边的羟基，处于环平面上方；原来在直链碳链右边的羟基，处于环平面下方。这种羰基碳上形成的差向异构体成为称为异头物，如在 D-型糖中，半缩醛羟基处于环下者为 α-型，处于环上者为 β-型。然而，Haworth 式把环当作平面，把原子和原子团垂直地排布在环的上、下方，仍然不能真实地反映出糖的立体结构。环己烷能够扭曲成两种不同的构象：船式和椅式。葡萄糖的吡喃环上的 5 个碳原子不在一个平面上，相当于环己烷的一个亚甲基被氧原子取代，其构象式应该是类似的。葡萄糖的船式构象极不稳定，只有椅式构象能稳定存在（图 6-6）。

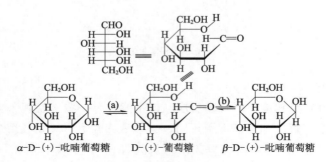

图 6-5　D-葡萄糖开链投影式改写为哈沃斯式的过程

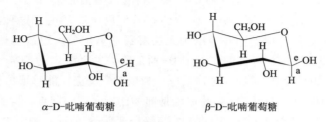

α-D-吡喃葡萄糖　　　　　　β-D-吡喃葡萄糖

图 6-6　葡萄糖的两种椅式构象

3. 单糖构型表示方法

1891 年费歇尔（E. Fischer）首先对糖进行了系统的研究，提出了 Fischer 投影式并确定了葡萄糖的结构。葡萄糖的构型如图 6-7 所示。

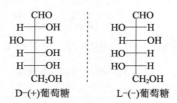

图 6-7　葡萄糖的构型

糖的构型一般用 Fischer 投影式表示，但为了书写方便，也可以简写。其中葡萄糖构型常见的几种表示方法如图 6-8 所示。

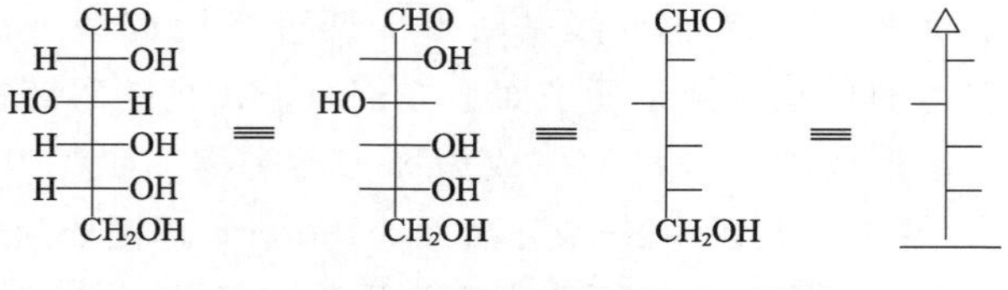

图 6-8　葡萄糖构型常见表示方法

用投影式表示旋光异构体虽方便，但不如透视式清楚。透视式是用楔型线表示指向纸平面的键，虚线表示指向纸平面后面的键，手性碳原子和实线键处于纸面内。如 D-(+)葡萄糖可表示为如图 6-9 所示。应当注意的是：碳链上的几个碳原子并不在一条直线上，这可以从分子模型看出。把结构式横写更容易看出分子中各原子团之间的立体关系。

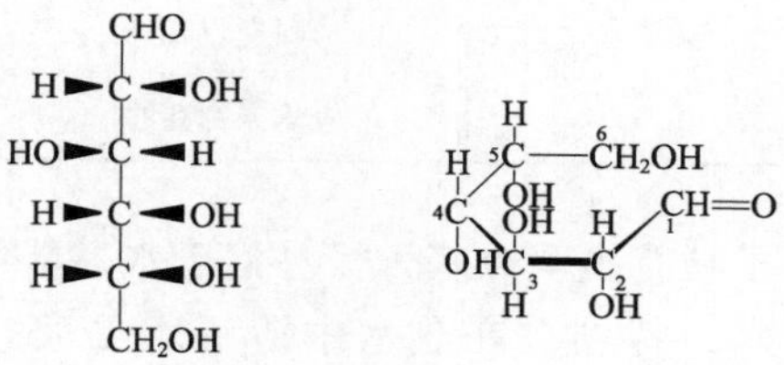

图 6-9　D-(+)葡萄糖的构型

（二）单糖的物理性质

单糖都是无色晶体，味甜，具有吸湿性。除丙酮糖外，所有的单糖及其衍生物都具有旋光性，而且许多单糖在水溶液中能发生变旋现象。旋光性是鉴定糖的重要标志，几种常见糖的比旋光度如表 6-1 所示。

表 6-1　　　　　　　　　　　　　　常见糖的比旋光度

名称	纯 α-异构体	纯 β-异构体	变旋后的平衡值
D-葡萄糖	+113°	+19°	+52°
D-果糖	−21°	−113°	−91°
D-半乳糖	+151°	+53°	+84°
D-甘露糖	+30°	−17°	+14°
D-乳糖	+90°	+35°	+55°
D-麦芽糖	+168°	+112°	+136°
D-纤维二糖	+72°	+16°	+35°

单糖和二糖都具有甜味，"糖"的名称由此而来。不同的糖，甜度各不相同。单糖的甜度大小通常以蔗糖作为参考物比较而得，以它为 100，果糖的相对甜度为 173，其他的天然糖均小于它，某些糖醇甜度很大，麦芽糖醇 90，木糖醇 125。下面列出某些糖和糖醇的相对甜度（表 6-2）。

表 6-2　　　　　　　　　　　　　　某些糖和糖醇的相对甜度

名称	甜度	名称	甜度
乳糖	16	麦芽糖醇	90
半乳糖	30	蔗糖	100

续表

名称	甜度	名称	甜度
麦芽糖	35	木糖醇	125
山梨醇	40	转化糖	150
木糖	45	果糖	175
甘露醇	50	阿斯巴甜	15000
葡萄糖	70	应乐果甜蛋白	20000

单糖都是白色结晶，分子具有多个羟基，极易溶于水，能够形成糖浆，除了甘油醛微溶于水，其他单糖均易溶于水，特别是在热水中溶解度更大。单糖也可以溶于乙醇、吡啶，但不可以溶于乙醚、丙酮、苯等非极性有机溶剂。

（三）单糖的化学性质

单糖为多羟基醛或多羟基酮，具有醇羟基与羰基的性质，同时也具有环状半缩醛羟基的特性。单糖主要以环状结构形式存在，但在溶液中可与开链结构进行反应，虽然开链结构的量非常少，但可通过平衡移动不断生成。因此，单糖的化学反应，有的以开链结构进行，有的以环状结构进行。由于同时具有羰基和多羟基，单糖还可以发生异构化、氧化、氨基化和脱氧等反应。

1. 单糖的互变异构化

单糖分子在稀酸中很稳定，但在碱性溶液中可以发生很多反应，产生不同产物。由于α-H 原子受到 C=O 和—OH 的双重影响变得十分活泼，在碱性条件下，单糖可转化成烯二醇式结构并达到平衡（图 6-10）。

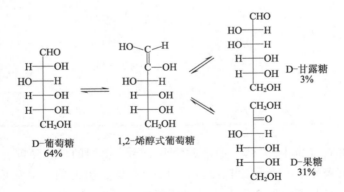

图 6-10　单糖在弱碱性条件下发生异构化的机理

在含有多个手性碳原子的旋光异构体之间，凡只有一个手性碳原子的构型不同时，互称为差向异构体。D-葡萄糖和D-甘露糖就是差向异构体，它们仅在 C_2 位构型不同，因此又互称为 C_2-差向异构体，而它们之间的相互转化称为差向异构化。

2. 单糖的氧化反应

（1）托伦试剂、斐林试剂氧化（碱性氧化）　醛糖含有游离醛基，具有还原性，可与碱性弱氧化剂发生氧化反应。所有的单糖都能被像托伦试剂（Tollens）或斐林试剂（Feiling）这样的弱氧化剂氧化，前者产生银镜，后者生成氧化亚铜的砖红色沉淀，糖分子的醛基被氧化为羧基。

$$C_6H_{12}O_6 + Ag(NH_3)_2^+OH^- \longrightarrow C_6H_{12}O_7 + Ag\downarrow$$
葡萄糖或果糖　　　　　　　　　　　　葡萄糖酸

$$C_6H_{12}O_6 + Cu(OH)_2 \longrightarrow C_6H_{12}O_7 + Cu_2O\downarrow$$
红色沉淀

凡是能被上述弱氧化剂氧化的糖，都称为还原糖。由于果糖在碱性条件下发生酮式-烯醇式互变异构，酮基不断地变成醛基，也是还原糖。

（2）溴水氧化（酸性氧化）　溴水能氧化醛糖，但不能氧化酮糖，因为酸性条件下，不会引起糖分子的异构化作用。醛糖加入溴水后稍加热，即可褪去溴水的棕红色，而酮糖与溴水无作用，可用此反应来区别醛糖和酮糖。

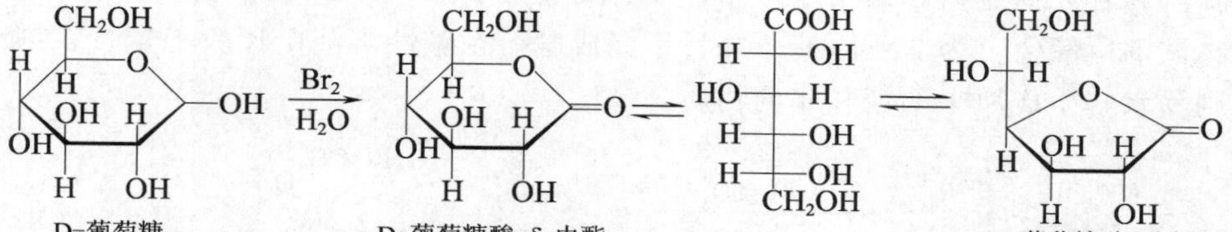

D-葡萄糖　　　　D-葡萄糖酸-δ-内酯　　　　　　D-葡萄糖酸-γ-内酯

（3）硝酸氧化　稀硝酸的氧化作用比溴水强，不仅可以把醛基氧化为羧基，而且也可以把尾基—CH_2OH 氧化为羧基，能使醛糖氧化成糖二酸。例如：

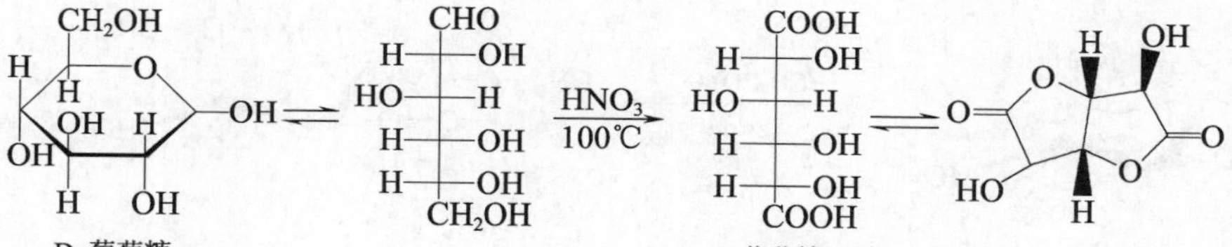

D-葡萄糖　　　　　　　　　　　　D-葡萄糖二酸　　　　内酯

（4）高碘酸氧化　有两个或更多的在相邻的碳原子上有羟基或羰基的化合物能被高碘酸所氧化，糖类像这些化合物一样也能够被高碘酸所氧化。反应定量进行，每一个 C—C 键，消耗 1 分子高碘酸。因此，此反应是研究糖类结构的重要手段之一。

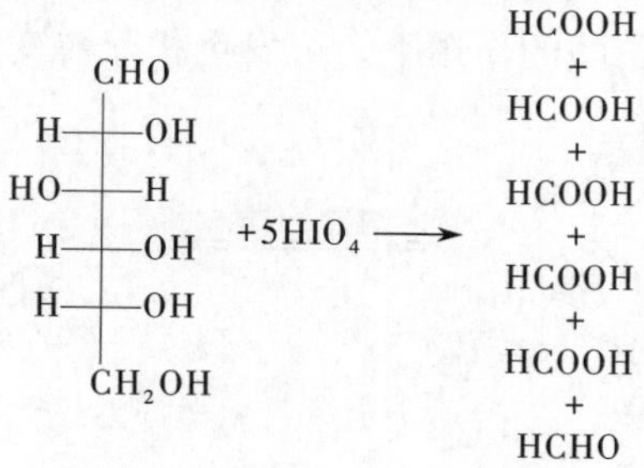

3. 成苷反应

糖分子中的活泼半缩醛（酮）羟基与其他含羟基的化合物（如醇、酚）或其他基团的作用，脱去一分子水，生成具有缩醛（酮）式衍生物称为成苷反应。其产物称为配糖物，简称为"苷"，全名为某糖某苷。其反应式如下：

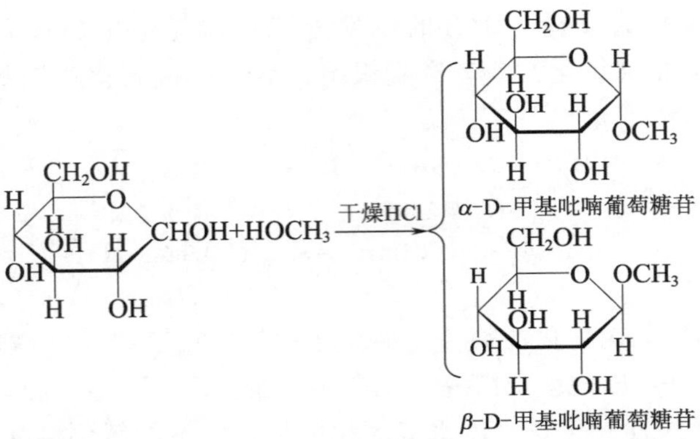

α-D-甲基吡喃葡萄糖苷

β-D-甲基吡喃葡萄糖苷

此反应为成苷反应。糖苷中提供半缩醛羟基的糖部分称为糖基。糖苷由糖和非糖部分组成，这两部分之间的连接键为糖苷键。糖的部分称为糖苷基，非糖部分称为苷元或配糖基，糖苷基和苷元通过糖苷键相连。糖苷没有变旋光现象，分子中不存在半缩醛结构。不能被斐林试剂所氧化，为非还原糖，并且不能成脎。在碱性溶液中比较稳定，在酸或酶的催化下则易水解生成原来的糖和非糖物质。

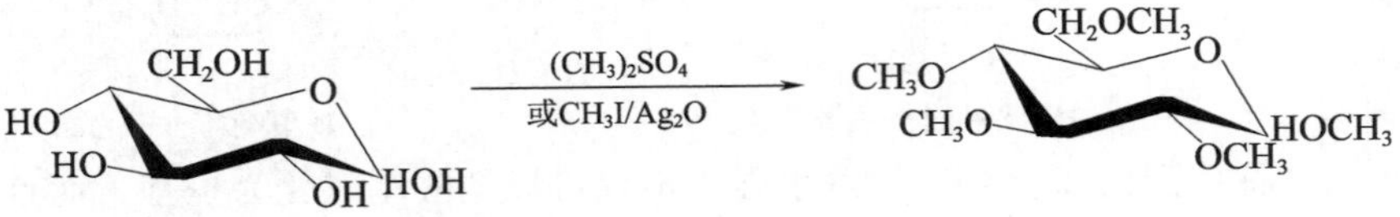

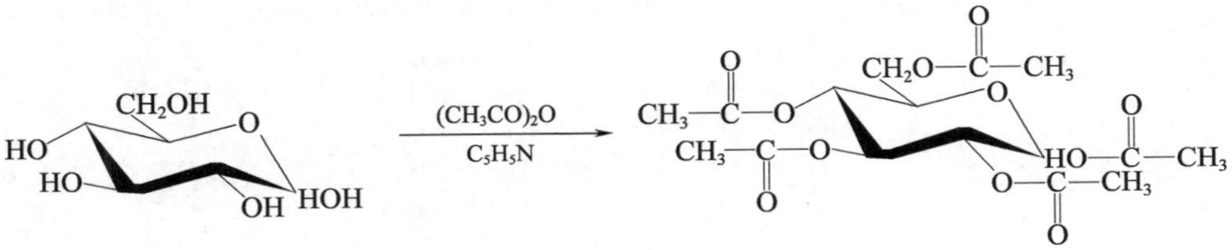

4. 成酯和成醚反应

糖分子中的羟基，除苷羟基外，均为醇羟基，故在适当试剂作用下，可生成醚或酯。

单糖环状结构中的羟基都可发生酯化。糖的磷酸酯是生物体内重要的酯，葡萄糖在代谢过程中经磷酸酯化转变为葡萄糖-6-磷酸酯（6-磷酸葡萄糖）和葡萄糖-1-磷酸酯（1-磷酸葡萄糖）。在磷酸变位酶的作用下，可发生相互转变。其反应式如下：

1-磷酸葡萄糖　　　　　　　　　　6-磷酸葡萄糖

5. 糖脎的生成

单糖能和苯肼作用生成腙，但与醛酮可以和苯肼作用不同的是，醛酮生成的腙多为晶体，不溶于水，而单糖生成的腙则溶于水。如果让单糖与过量的苯肼作用，单糖与一分子苯肼作用生成腙后，还可再与两分子苯肼作用成脎（黄色晶体），称为"糖脎"，简称为"脎"。不同糖成脎时间，结晶形状不同。糖脎和醛酮中的腙类似，都是有固定熔点的晶体，利用此反应可作糖的定性鉴定。可用于糖的定性鉴定。Fischer最初就是利用成脎反应测定单糖的结构。

D-(+)-葡萄糖　　D-葡萄糖脎

D-(-)-果糖　　D-果糖脎（葡萄糖脎）

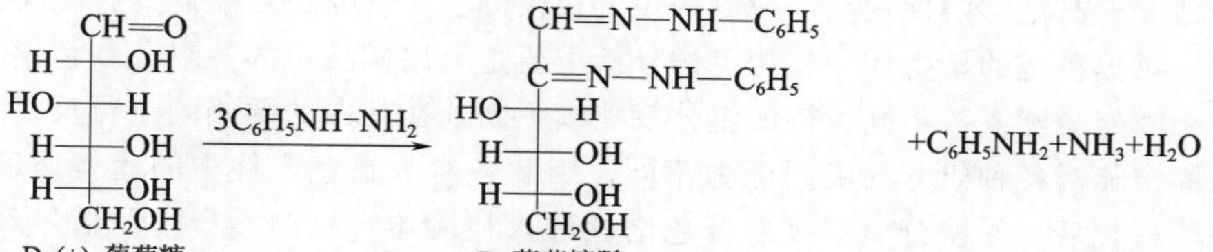

从上面反应可以看出，生成糖脎的反应只发生在 C_1、C_2 上，其他C原子不发生反应，其构型也不受影响。所以，如果仅在第二碳上构型不同而其他碳原子构型相同的差向异构体，必然生成同一个脎。例如，D-葡萄糖、D-甘露糖、D-果糖的 C_3、C_4、C_5 的构型都相同，因此它们生成同一个糖脎。

D-(+)-葡萄糖　　D-(+)-甘露糖　　D-(-)-果糖

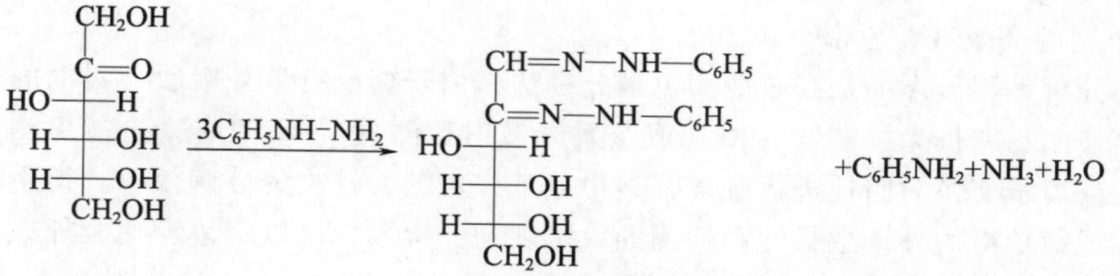

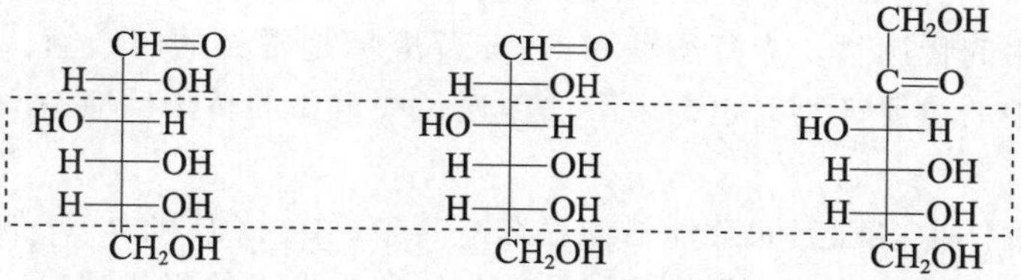

6. 呈色反应

糖经浓无机酸处理，脱水产生糠醛或糠醛衍生物。戊糖形成糠醛，己糖则形成羟甲基糠醛。在一定条件下，糠醛及其衍生物能与某些酚类、蒽酮等作用生成各种不同的有色物质。

（1）Molish反应（α-萘酚反应）　在糖的水溶液中加入 α-萘酚的乙醇溶液，沿试管壁小心地注入浓硫酸，两层液面之间可形成一个紫色环。所有的糖（包括二糖和多糖）都能与浓硫酸和 α-萘酚反应生成紫色物质，因此，可以利用该反应鉴别所有的糖。

（2）Seliwanoff反应（间苯二酚反应）　该反应是鉴定酮糖的特殊反应。酮糖与间苯二酚在浓盐酸存在下加热，两分钟内生成有红色物质；醛糖也有类似反应，但比酮糖要慢得多，且需要较高的糖浓度或需要长时间地煮沸，才能有微弱的阳性反应。

（3）蒽酮反应　糖经浓酸水解，脱水形成的糠醛或糠醛衍生物蒽酮反应生产蓝-绿色复合物。所有的糖都能与蒽酮的浓硫酸溶液作用生成蓝-绿色复合物，可以鉴别所有糖。

（4）Bial反应（甲基间苯二酚反应）　戊糖与5-甲基-1，3-苯二酚在浓盐酸作用，在 Fe^{3+} 存在下生成深蓝色沉淀物。此沉淀物溶于正丁醇。己糖虽也能发生此类反应，但生成灰绿色甚至棕色沉淀物。因此，可利用该反应鉴别戊糖与其他糖。

（四） 单糖的组分分析

1. 单糖的气相色谱分析

因为糖类没有足够的挥发性，所以采用气相色谱法分析糖类之前需要把糖类预先转化成易挥发、对热稳定的衍生物。气相色谱分析主要是利用样品中的各组分在色谱柱中的气相和固定相间的分配系数不同，待测组分就连续不断地在其中的两相间进行反复多次的分配。由于固定相对各种组分的吸附能力不同，因此各组分在色谱柱中的运行速度就不同，经过一定的柱长后，便按分离顺序离开色谱柱进入检测器，检测器产生的信号经放大后，在记录器上描绘出色谱峰，作为各组分定量和定性的依据。通过和标准单糖的峰面积和保留时间进行比较，可以确定样品中单糖的组成和含量。

2. 单糖的高效液相色谱分析

糖的分析采用最多的是高效液相色谱分析法，由于糖没有紫外吸收，对糖的直接检测往往需要使用示差折光检测器（RI）或蒸发光散射检测器（ELSD）来进行检测，经常使用氨基柱或离子交换树脂柱进行分离，其中氨基柱对糖有较高的分辨效率。衍生法可以很大程度上提高单糖的分离选择性和检测的灵敏度和分辨率，可以将单糖用紫外或荧光试剂衍生后再进行分离，采用紫外或荧光检测。

（五） 常见的单糖

生物界中最常见的单糖仅 10 余种，其中最重要的是五碳糖和六碳糖，如葡萄糖、果糖、半乳糖、核糖等。

1. 三碳糖和四碳糖

二羟丙酮和 D-甘油醛为细胞中常见的三碳糖，磷酸二羟丙酮和 3-磷酸甘油醛是糖代谢途径中重要的中间代谢物。赤藓酮糖和 D-赤藓醛糖是常见的四碳糖，4-磷酸赤藓糖是光和碳同化途径中的重要产物，也是磷酸戊糖途径中重要的转酮反应中间体。

2. 五碳糖

五碳糖在生物体中多以五元杂环结构存在。其中，D-核糖和 D-2-脱氧核糖就是比较重要的五元杂环结构五碳糖，并且是核酸及某些酶和维生素的组成成分。核糖和脱氧核糖在核酸中以 β-型的呋喃糖存在，称为 β-D-呋喃核糖和 β-D-呋喃脱氧核糖，其开链结构式和环状结构式如图 6-11 所示。5-磷酸核糖、5-磷酸木酮糖以及 5-磷酸核酮糖分别是磷酸戊糖代谢途径和光合碳循环途径的中间产物。

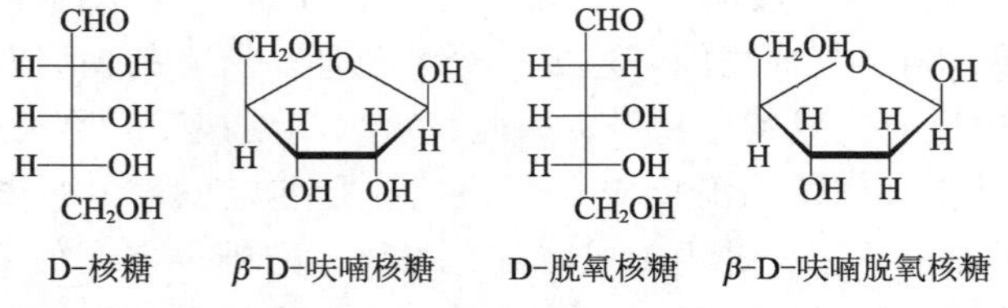

D-核糖 　 β-D-呋喃核糖 　 D-脱氧核糖 　 β-D-呋喃脱氧核糖

图 6-11 　 β-D-呋喃核糖和 β-D-呋喃脱氧核糖的开链结构式和环状结构式

3. 六碳糖

六碳糖为含有六个碳原子的糖类，广泛存在于生物体的细胞中，是单糖中最重要的糖类。依据六碳糖所含醛基或酮基的不同，可分为己醛糖和己酮糖。最重要的己醛糖为 D-葡萄糖、D-半乳糖和 D-甘露糖，重要且常见的己酮糖有 D-果糖和 D-山梨糖。葡萄糖和果糖的磷酸酯是糖代谢途径重要的中间体，不仅参与了寡聚糖和多糖的合成，而且是能量代谢的呼吸底物。

4. 七碳糖

天然的庚糖和辛糖并不多，对它们的功能了解得也比较少。D-景天庚酮糖是重要的庚糖，7-磷酸景天庚酮糖是光合作用 CO_2 固定途径的重要物质，也是细胞中磷酸戊糖途径的中间代谢物。

四、寡糖及多糖

（一）寡糖

1. 寡糖的结构

寡糖（oligosaccharide）又称低聚糖。是由 2～10 个单糖通过糖苷键相连形成的糖分子。单糖残基的上限数目并不确定，因此寡糖与多糖之间并没有严格的界限，寡糖和多糖一起被称为聚糖。根据组成寡糖的糖基数可将寡糖分为二糖、三糖和四糖等。二糖是指含有两个单糖单位的寡糖；三糖是指含有三个单糖单位的寡糖。寡糖还可以根据生成方式分为初生寡糖和次生寡糖。初生寡糖在生物体内以游离形式存在，如蔗糖、乳糖、麦芽糖和棉籽糖等。次生寡糖的结构相当复杂，多是高级寡糖。寡糖是生物体内一种重要的信息物质，在细胞之间的识别及其相互作用中起着重要作用。

2. 双糖

双糖是指两个单糖分子中的半缩醛的羟基失去一分子水，通过糖苷键连接而成的化合物。根据它们是否能被斐林试剂所氧化，可以分成还原性二糖和非还原性二糖。常见的双糖有：蔗糖、麦芽糖、乳糖、纤维二糖、异麦芽糖等。其中以蔗糖、乳糖和麦芽糖最重要。由于双糖必须先消化成单糖后才能被机体吸收与利用，因此具有实际意义和生物学功能的双糖并不多。

（1）非还原性二糖　非还原性二糖是由二分子糖的半缩醛—OH 脱水而成的。其中最主要二糖是蔗糖（sucrose），是自然界分布最广的双糖，是光合作用的主要产物，主要存在于成熟的果实中，广泛分布于植物体中，在植物体内，蔗糖主要是糖分运输的主要形式，但蔗糖一般不存在于动物体内。在甘蔗和甜菜中含量较高。它是白色晶体，分子式为 $C_{12}H_{22}O_{11}$，易溶于水，甜味高于葡萄糖。蔗糖由一分子 α-D-葡萄糖 C_1 上的半缩醛—OH 与另一分子 β-D-果糖 C_2 上的半缩醛—OH 脱水，通过 α，β-1，2-糖苷键连接而成 ［图 6-12（1）］。

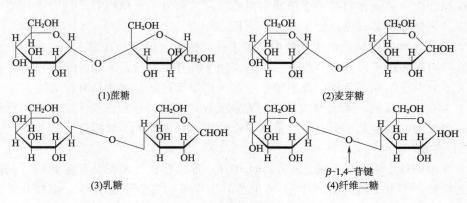

图 6-12　几种双糖结构

由于蔗糖分子中不含半缩醛羟基，它不能还原斐林等试剂，是非还原性双糖。蔗糖也无变旋现象，不能发生成苷反应。

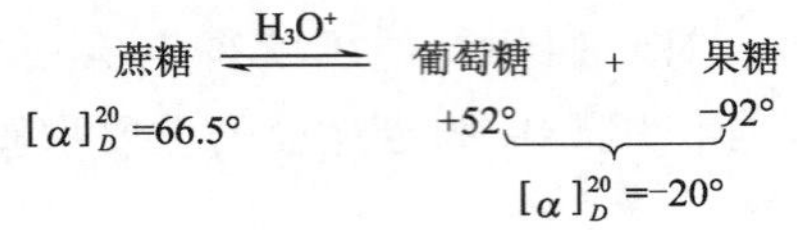

$$蔗糖 \underset{}{\overset{H_3O^+}{\rightleftharpoons}} \quad 葡萄糖 \quad + \quad 果糖$$

$$[\alpha]_D^{20}=66.5° \qquad +52° \qquad -92°$$

$$[\alpha]_D^{20}=-20°$$

图 6-13　蔗糖水解

蔗糖本身是右旋的，水解后得到的两个单糖的混合物是左旋的（图 6-13），这种水解反应前后旋光性由右旋变为左旋的过程，称为转化过程，转化后生成的等量葡萄糖和果糖称为转化糖，转化糖具有还原糖的一切性质。

（2）还原性二糖　还原性二糖是由一分子糖的半缩醛羟基与另一分子糖的醇羟基缩合而成。

①麦芽糖：麦芽糖（maltose）是白色晶体，分子式为 $C_{12}H_{22}O_{11}$，易溶于水，甜味不如蔗糖，是食用饴糖的主要成分。麦芽糖为植物淀粉经 β-淀粉酶水解后的主要产物，由一分子 α-D-葡萄糖的半缩醛—OH 与另一分子 D-葡萄糖 C_4 上的醇—OH 脱水后，通过 α-1,4-糖苷键结合而成［图 6-12（2）］。麦芽糖分子中仍有一个半缩醛羟基存在，具有还原性，能与 Benedict 等氧化性试剂反应，是还原性二糖，具有变旋光现象，并可以发生成苷、成酯反应。

②乳糖：乳糖是由 β-D-半乳糖通过 α-1，4-糖苷键连接 D-葡萄糖而形成的二糖［图 6-12（3）］。主要存在于哺乳类的乳汁中，人乳中含乳糖 5%~8%，牛乳中含乳糖 4%~6%。乳糖的甜味只有蔗糖的 70%。具有还原糖的通性。

③纤维二糖：纤维二糖属于次生寡糖，化学性质与麦芽糖相似，可由纤维素水解得到，是形成纤维素的二糖单位。纤维二糖是由两分子 β-D-葡萄糖通过 β-1，4-糖苷键连接而成［图 6-12（4）］。纤维二糖只能通过 β-葡萄糖苷酶进一步水解，不能被人体消化，也不能被酵母发酵。

3. 寡糖的性质

（1）还原性　单糖分子形成寡糖时有两种成苷方式，一种是由两个单糖分子的半缩醛羟基形成糖苷键；另一种则是一个单糖的半缩醛羟基和另一个单糖分子的非半缩醛羟基形成糖苷键，因此寡糖具有还原性，称为还原糖。

（2）旋光性和变旋性　由于寡糖中含有手性碳原子，因此具有旋光性。例如，蔗糖分子中含有不对称碳原子，具有右旋性。有些寡糖不具有变旋性，蔗糖分子中没有半缩醛羟基，因此不具有变旋性。乳糖以及麦芽糖中存在半缩醛羟基，因此具有变旋性。

（3）黏度和吸湿性　蔗糖和麦芽糖的黏度要比单糖高，一般来说聚合度大的低聚糖黏度更高。糖浆的黏度有利于提高蛋白质的发泡性质。低聚糖大多数吸湿性较小。

（二）多糖

自然界中的糖类主要以多糖（polysaccharide）形式存在。多糖又称多聚糖，是由糖苷键结合的糖链，至少要超过 10 个以上的单糖分子组成的高分子化合物，相对分子质量很大，无变旋现象，无甜味，未经水解不具有还原性，大多不溶于水，一般不能结晶。由相同的单糖分子构成的多糖称为同多糖，如淀粉、纤维素、糖原和几丁质等；以不相同的单糖分子构成的多糖称为杂多糖，如果胶、半纤维素、琼脂等。

1. 同多糖

（1）淀粉　淀粉（starch）广泛存在于自然界中，是植物生长期间贮存于细胞中的贮存多糖，是人类食物供给热量的主要成分。淀粉由许多 α-D-葡萄糖分子通过糖苷键连接而成。天然淀粉一般具有两种类型，一种是不溶于水的直链淀粉，占 10%~20%；另一种溶于水的称为支链淀粉，占 80%~90%。多数淀粉所含的直链淀粉和支链淀粉的比例大约为 1∶4。不同植物中的这两种淀粉的含量有所不同，有的植物中的淀粉全部为直链淀粉，例如豆类淀粉；有的植物中的淀粉全部为支链淀粉，例如糯米。

直链淀粉由 α-D-葡萄糖分子通过 α-1，4-糖苷键连接而成［图6-14（1）］。直链淀粉不是完全伸直的，每个直链淀粉分子的结构是线性的无分支链状结构。不溶于冷水，不能发生还原糖的一些反应，遇碘显深蓝色，可用于鉴定碘的存在。直链淀粉通常是卷曲成空心螺旋型，平均每 6 个葡萄糖单位形成一个螺旋圈［图6-14（2）］，螺旋圈的直径为 1.3nm，螺距为 0.8nm。

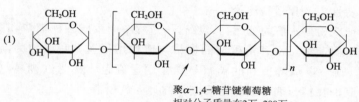

聚 α-1,4-糖苷键葡萄糖
相对分子质量在2万~200万，
含120~1200个葡萄糖单位

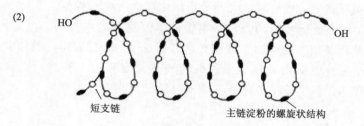

短支链　　　　主链淀粉的螺旋状结构

图6-14　直链淀粉的分子结构

支链淀粉的相对分子质量要比直链淀粉大得多，由 α-D-葡萄糖分子通过 α-1，4-糖苷键和 α-1，6-糖苷键连接而成（图6-15）。支链淀粉的结构可以分为主链和侧链两部分，其中主链由 α-D-葡萄糖分子通过 α-1，4-糖苷键连接形成；分支侧链则由 α-D-葡萄糖分子通过 α-1，6-糖苷键连接形成。支链含有 24~32 个葡萄糖残基，每个支链淀粉分子具有 50~70 个这样的支链。

一个直链淀粉分子具有两个末端，一个末端由于具有游离的半缩醛羟基因而具有还原性，被称为还原端；另外一个末端由于不具有半缩醛羟基而被称为非还原端。一个直链分子只具有一个还原端和一个非还原性，一个支链淀粉分子具有一个还原端和 $(n+1)$ 个非还原端，其中 n 为支链数。

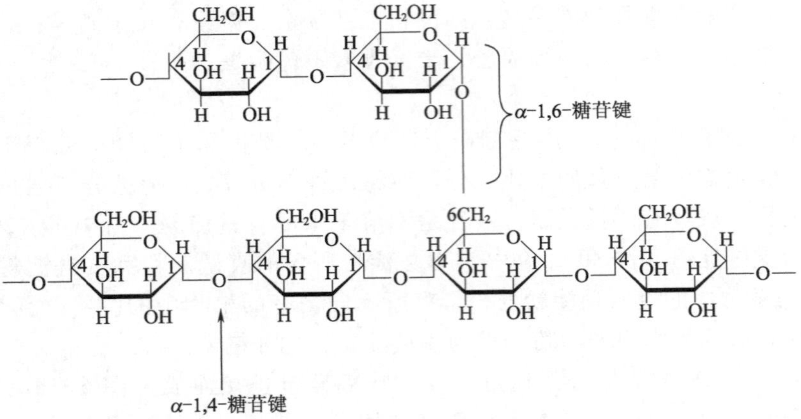

图 6-15　支链淀粉的分子结构

　　淀粉均不溶于冷水，无还原性，具右旋光性，相对密度较大，直链淀粉溶于热水后形成澄清透明的溶液，而支链淀粉吸水膨胀后呈黏胶状。在工业上，常利用淀粉悬浮液容易发生沉淀分层的特性生产和精制淀粉。

　　淀粉可被酸或淀粉酶水解为葡萄糖，在这一过程中会生成各种糊精和麦芽糖等一系列分子大小不同的中间产物。水解初生成的糊精与碘作用呈蓝紫色，称为紫糊精（30 个葡萄糖残基以上）。进一步水解得到的糊精与碘作用呈红色，称为红糊精（葡萄糖残基）。再进一步水解得到的糊精与碘不起颜色反应，称为无色糊精。

　　（2）糖原　糖原（glycogen）又称动物淀粉，是动物体内的储存多糖，是由葡萄糖结合而成的支链多糖，其糖苷链为 α-型，用于能源贮藏。糖原在动物体内的分布较广，主要存在于骨骼肌和肝脏中，然而其他大部分组织中则含有少量糖原。

　　糖原的分子结构与支链淀粉相似，基本组成单位也与淀粉相同。也是主要由 D-葡萄糖通过 α-1，4-糖苷键相互连接，支链分支点也是 α-1，6-糖苷键。糖原分子中的分支要比支链淀粉多，在主链中平均每隔 3 个葡萄糖残基就会有一个支链，支链的长度一般为 10~14 个葡萄糖残基，整个分子呈球形（图 6-16）。

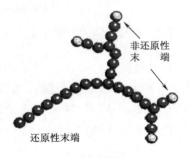

图 6-16　糖原的分子结构示意图

　　糖原经过提纯后为白色无定形粉末，易溶于热水成透明胶体溶液，无还原性，对碱耐受性比较强，遇碘显紫红色或蓝紫色。具有右旋光性，易溶于水而成为乳白色胶体溶液，在醇中溶解度小，糖原在乙醇水溶液中可沉淀析出。

（3）纤维素　纤维素（cellulose）是自然界中分布最广，含量最多的一种多糖，占植物界碳素的 50% 以上。纤维素主要以结构多糖的形式存在于植物体内，是由葡萄糖组成的大分子多糖。纤维素是植物的支撑物质，纤维素是细胞壁的主要组成成分，能使细胞具有足够的抗张韧性和刚性。棉花的纤维素含量接近 100%，为天然的最纯纤维素来源。一般木材中，纤维素占 40%~50%，还有 10%~30% 的半纤维素和 20%~30% 的木质素。

纤维素是 β-D-葡萄糖分子通过 β-1，4-糖苷键连接而形成的链状高分子化合物，没有分支结构，不形成螺旋构象，容易形成晶体。β-1，4-糖苷键连接使纤维素链采取完全伸展的构象，纤维素二糖可看成是纤维素的二糖单位，是纤维二糖的高聚物（图 6-17）。

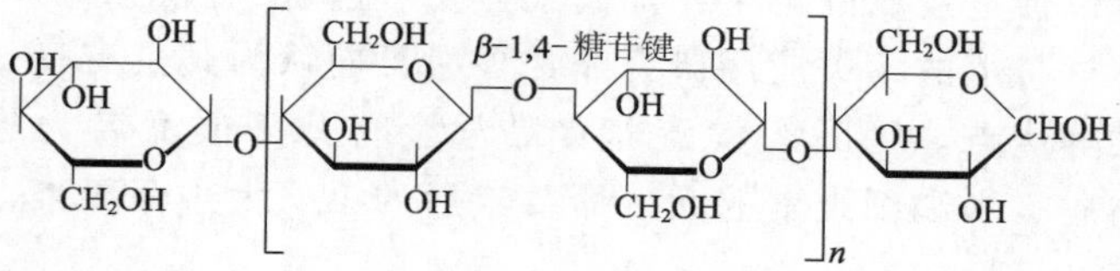

图 6-17　纤维素的分子结构

常温下，纤维素既不溶于水，也不溶于稀酸、稀碱和一般的有机溶剂，如酒精、乙醚、丙酮、苯等。纤维素结构中的 β-1，4-糖苷键对酸的水解具有较强的抵抗力，用强酸才能将其水解。在常温下，纤维素是比较稳定的，这是因为纤维素分子之间存在氢键。大多数哺乳动物的消化道不分泌能够水解 β-1，4-糖苷键的酶，因此它们不能消化纤维素。

人类膳食中的纤维素主要存在于蔬菜和谷类中，纤维素在人体内不能被直接消化吸收，也不能提供能量，但它们是很重要的膳食成分，能够促进肠道的蠕动，利于粪便排出。食物中含有一定的纤维素，能够维持正常菌群的平衡，并且纤维素能够减少胆固醇的吸收，降低血清的胆固醇，在饮食中具有特殊的应用价值。

（4）几丁质　几丁质又名甲壳胺、甲壳素、甲壳质等，是由 N-乙酰氨基葡萄糖通过 β-1，4-糖苷键连接起来的不分支的链状高分子化合物 $(C_{16}H_{26}O_{10}N_2)_n$，是一种天然黏多糖属聚多糖类，一般指节肢动物的身体表面分泌的一种物质。它广泛分布于虾蟹壳、软体动物的外壳与内骨骼，节肢动物的外骨骼及真菌、酵母菌等微生物细胞壁中。几丁质不具有毒性且可以被生物体分解，生物活性高，被视为最具有潜力的生物高分子。几丁质广泛存在于生物界，是自然界中第二丰富的多糖，仅次于纤维素，同时，也是地球上数量最大的含氮有机化合物。主要来源甲壳类动物的外壳和软体动物的骨骼以及真菌类的细胞壁等。

几丁质结构与纤维素类似（图 6-18），由 β-聚-N-乙酰葡糖胺，相对分子质量达数百万，分子中含有 H—OH 和 H—NH 键，还含有分子间氢键。几丁质为白色或灰白色无定形半透明固体，其性质比较稳定，在一般的溶剂中不容易溶解，几丁质大多不溶于水、弱酸、弱碱和一般的有机溶剂中，但可溶于浓盐酸、硝酸、硫酸，但会发生降解，但其各种衍生物在水中有较高溶解度，如去乙酰几丁质（又称几丁聚糖），甲苯磺酰甲壳素和碘化甲壳素等。

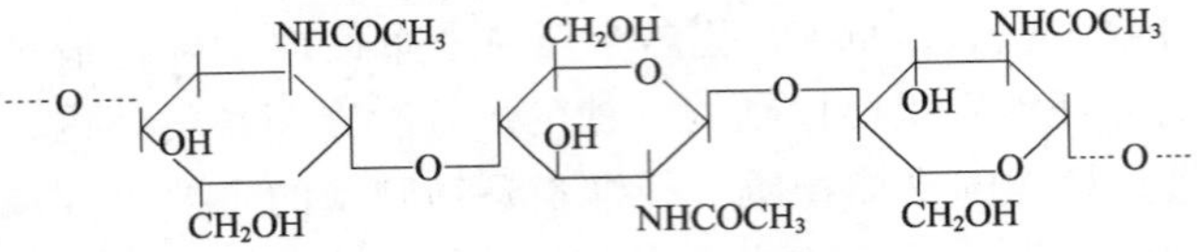

图 6-18　几丁质的分子结构

几丁质在工业和医药上具有重要的作用；几丁质可用于水和废水净化；在食品工业上也可作为重要的食品添加剂、保鲜剂和包装材料等。医药上，几丁质具有很好的人体组织相容性和生物可降解性，利用这一特性，可将它作为手术缝线。另外有一些不寻常的特性，几丁质可以促进皮肤的再生，加速人体伤口愈合，甚至成为一个单独的伤口愈合剂。在生物医学材料上的相关应用研究非常多，目前认为其具有良好的成膜性、组织相容性和可降解性等优点。国际医学营养食品学会将几丁质命名为除糖、蛋白质、脂肪、维生素、矿物质、水和纤维素七大生命要素后的第八大生命要素，因此越来越受到广泛关注。

2. 杂多糖

（1）果胶　果胶（pectin）是一种广泛存在于植物细胞壁中的酸性多糖物质，是典型的植物杂多糖，产生于高等植物初级细胞壁和细胞间质内，它是植物细胞壁的特有成分。就化学组成和生物合成而言，果胶类多糖是植物细胞壁多糖类家族中最为复杂的一员，其化学结构和分子质量在不同的植物组织中各有所不同。植物组织中的果胶物质分为原果胶、果胶和果胶酸三种。原果胶与纤维素和半纤维素结合在一起，其分子质量比果胶酸和果胶高，甲酯化程度介于二者之间，不溶于水，质地较硬，水解后生成果胶，果胶酸是 α-D-半乳糖醛酸通过 α-1，4-键连接而成的直链高分子化合物，很容易与钙起作用生成果胶酸钙的凝胶。果胶的主要成分是部分甲酯化的 α-（1，4）-D-聚半乳糖醛酸。果胶类多糖的相对分子质量介于 10000～400000，其分子结构分为光滑区与毛发区：光滑区由 α-D-半乳糖醛酸残基通过 1，4 糖苷键线性连接；毛发区由高度分支的 α-L-鼠李半乳糖醛酸组成。果胶是一类具有共同特性的寡糖和多聚糖的混合物。果胶最常见的结构是 α-1，4 连接的多聚半乳糖醛酸，在主链结构的基础上，结合着长度不同的寡聚鼠李糖和半乳糖（图 6-19）。

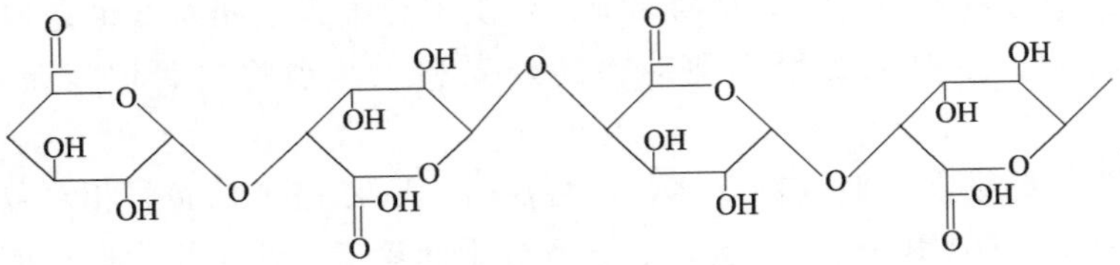

图 6-19　果胶的分子结构

果胶主要存在于浆果的果实和茎中，通常纯品果胶为白色或淡黄色粉末，略有特异气味。在 20 倍的水中几乎完全溶解，形成一种带负电荷的黏性胶体溶液，但不溶于乙醚、丙酮等有机溶剂。在不加任何试剂的条件下，果胶物质水溶液呈酸性，主要是果胶酸和半乳糖醛酸。因此，在适度的酸性条件下，果胶稳定。但在强酸、强碱条件下，果胶分子会降解。果胶根据分子结构中羧基被甲酯化程度可分为低酯和高酯两类。低酯果胶（LM）中羧基被甲酯化的比例小于 50%（一般为 20%~40%），高酯果胶中（HM）羧基甲酯化的比例大于 50%（一般为 55%~75%），如果甲酯化的比例小于 10%，这种果胶就称为果胶酸盐式果胶酸。果胶主要性能与由它们的分子质量、酯化度（DE）和乙酰化程度（DA）有着密切关系。高酯果胶与低酯果胶在果胶凝胶条件上存在很大差异。当果胶至少需含可溶性糖浓度达 55% 和 pH 接近 3 时，高酯果胶才能形成凝胶，若 pH>3.5，则不形成凝胶；对于低酯果胶，钙离子的存在才是实现凝胶的必须条件，其形成凝胶与糖的存在与否无关，主要决定于酯化度，pH（2.6~6.8）及 pH>6.8 时不形成凝胶。另外，低酯果胶凝胶几乎是达到凝胶条件就立即固化，而高酯果胶不能立刻固化，其凝胶是随时间延长而逐渐形成的。果胶在食品上可以作为胶凝剂、增稠剂、稳定剂、悬浮剂、乳化剂；也可以用于化妆品，能够防止紫外线辐射，对皮肤有保护作用；对治疗创口、美容养颜都有一定的作用。

（2）半纤维素　半纤维素（hemicellulose）是植物纤维原料的主要化学组分之一，是碱溶性的植物细胞壁多糖，即除去果胶物质后的残留物质是能被 15% 氢氧化钠溶液提取的杂多糖。半纤维素是由几种不同类型的单糖构成的异质多聚体，组成比较复杂，彻底水解后的主要成分为：木糖、阿伯糖、甘露糖和半乳糖等。

（3）琼脂　琼脂（agar）俗称洋菜、冻粉、洋粉、寒天等，是从红藻类石花菜属或者其他属的某些海藻中提取出来的一类杂糖物质。琼脂是植物胶的一种，是琼脂胶和琼脂糖的混合物。琼脂糖是由（1→3）-O-β-D-半乳糖和（1→4）-O-3，6-内醚-α-L-半乳糖交替组成的链状分子；琼脂胶由复杂的长短不一的半乳糖残基的多糖链组成，其中包含有多种取代基如硫酸基、甲基等。琼脂是无色、无固定形状的固体，不能溶于冷水而溶于热水，可形成凝胶作为微生物固体培养的良好支持物。琼脂的主链由 D-吡喃半乳糖通过 β-1，3-糖苷键交替地连接而成，每 9 个 D-吡喃半乳糖残基和一个 L-吡喃半乳糖残基通过 β-1，4-糖苷键连接形成（图 6-20）。而琼脂果胶是非凝胶部分，是琼脂糖的磺酸酯，带有硫酸酯、葡萄糖醛酸和丙酮酸醛的复杂多糖。琼脂可用作增稠剂、凝固剂、悬浮剂、乳化剂、稳定剂、保鲜剂、粘合剂和生物培养基。琼脂广泛用于制造果粒饮料、米酒饮料、果汁饮料、水晶软糖、羊羹、午餐肉、火腿肠、果冻布丁、冰淇淋、裱花蛋糕、八宝粥、凉拌菜等。琼脂在日化工业中用于牙膏、洗发露、洗面乳、化妆品、固体清香剂等。琼脂在化学工业、医学科研方面，可作培养基、药膏基及其他用途。

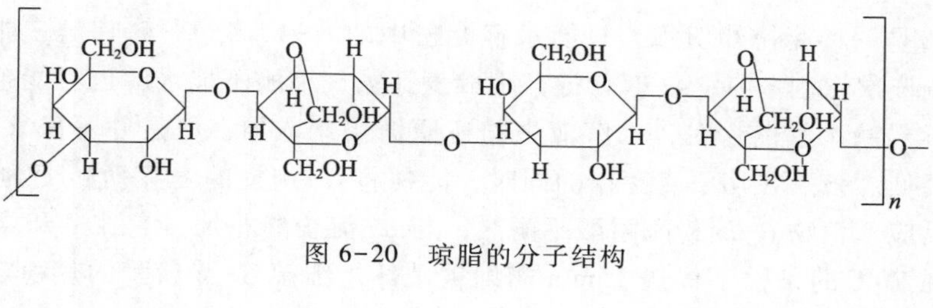

图 6-20　琼脂的分子结构

第二节 糖代谢概述

一、糖代谢的生物学意义

糖类广泛存在于生物体内，是除核酸和蛋白质之外的另一种重要生命物质。葡萄糖的多聚体构成地球生物量干重的 50% 以上，其中以植物体中最多，占其干重的 85%～95%。动物中糖类的含量虽然比较少，但其生命活动所需能量主要来自于糖类，1mol 葡萄糖完全转化成二氧化碳和水能够释放 2840kJ 能量，34% 的能量可以转变成 ATP，为各种生理活动提供所需能量。糖是构成生物体的主要成分，最主要的生理功能是提供生命活动所需的能量。

二、多糖及寡糖的降解

（一）多糖的降解

1. 淀粉的酶促降解

淀粉在淀粉酶的催化下可以通过两种途径降解，一种是水解途径，另一种是磷酸解途径。

（1）淀粉的水解　参与淀粉水解的淀粉酶有多种，主要有 α-淀粉酶和 β-淀粉酶，它们都能水解 α-1，4-糖苷键，但不能水解 α-1，6-糖苷键，其作用机理如图 6-21 所示。

①α-淀粉酶：又称为液化酶或淀粉-1，4-糊精酶，系统名称是 α-1，4-葡聚糖-4-葡聚糖水解酶。α-淀粉酶是一种内切酶，可以从淀粉分子的内部随机切割 α-1，4-糖苷键，但不能水解淀粉中的 α-1，6-葡萄糖苷及其非还原性一侧相邻的 α-1，4-糖苷键。α-淀粉酶也是一种需钙的金属酶，只有酶蛋白和 Ca^{2+} 结合后才能表现出活性，因此螯合剂 EDTA 等可以抑制该酶。

α-淀粉酶对酸比较敏感，pH 5.5～8 时相对稳定，pH<4 时容易失活，不同的微生物所产生的 α-淀粉酶的酸碱稳定范围有很大差别。α-淀粉酶的热稳定性比较好，在 70℃ 的条件下保温 15min 仍可以保持活性，并且高温 α-淀粉酶在 110℃ 时仍然可以液化成淀粉。

②β-淀粉酶：又称为糖化酶或淀粉-1，4-麦芽糖苷酶，系统名称为 α-1，4-葡萄糖基-麦芽糖基水解酶，β-淀粉酶属于巯基型酶类，主要存在于高等植物的种子中，大麦芽中尤为丰富。

β-淀粉酶是一种淀粉外切酶，只能水解淀粉中的 α-1，4-D-糖苷键，能够从淀粉分子的非还原端依次切割 α-1，4-糖苷键，生成麦芽糖，该酶不能水解也不能越过 α-1，6-糖苷键。β-淀粉酶水解淀粉时，水解液中的还原糖快速增加，但是并不像 α-淀粉酶那样使黏度迅速降低。该酶在切下麦芽糖的同时，能使将 α-构型的麦芽糖转变为 β-构型，基团发生转位反应，植物 β-淀粉酶耐酸不耐热，与 α-淀粉酶相反，它在 pH3.3 时虽然可以保持活性但在 70℃ 的条件下保温 15min 酶即被破坏。细菌 β-淀粉酶的热稳定性和酸碱稳定性因菌种的不同而差别非常大。

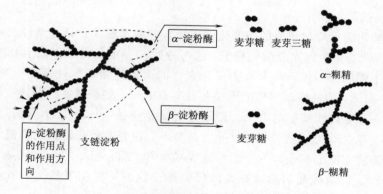

图 6-21 α-淀粉酶和 β-淀粉酶的作用机理

（2）淀粉的磷酸解 淀粉的磷酸解由淀粉磷酸化酶催化，该酶从非还原端开始，催化磷酸解 α-1，4-糖苷键，与磷酸作用裂解释放出 1-磷酸葡萄糖。该反应广泛存在于高等植物的叶片和大多数储存器官中。淀粉磷酸化酶有两种同工酶，它以二聚体或四聚体的形式存在，两个亚基的相对分子质量分别为 11 万和 9 万，但绝大多数淀粉磷酸酶以大分子质量的同工酶形式存在。淀粉磷酸化酶不能作用于 α-1，6-糖苷键，并且不能跨过分支点，只能降解到距离分支点 4 个葡萄糖基为止（图 6-22）。因此磷酸解支链淀粉所留下的剩余部分的降解，需要转移酶和脱支酶的参与，分支点由支链淀粉-6-葡聚糖水解酶去除。

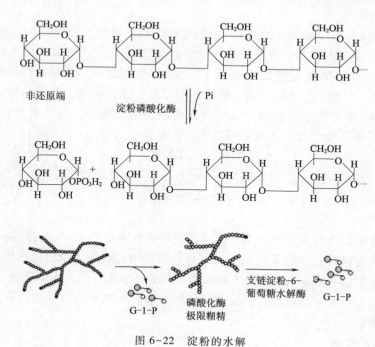

图 6-22 淀粉的水解

2. 糖原的磷酸解

糖原的结构类似于支链淀粉，具有很多分支和非还原端。糖原的降解主要是糖原非还原末端 α-1，4-糖苷键的磷酸化，这个反应由糖原磷酸化酶催化，产物为 1-磷酸葡萄糖，在细胞中进行。

糖原的磷酸化酶是降解糖原的磷酸化限速酶，有两种形式，具有活性的称为糖原磷酸化酶 a，没有活性的称为糖原磷酸化酶 b，这两种酶在一定条件可以发生相互转变。糖原磷酸化酶作用于糖原的非还原性末端距离分支点四个葡萄糖残基处停止，产物为 1-磷酸葡萄糖。1，4→1，4 葡聚糖转移酶把连接在分支点上 4 个葡萄糖基的葡聚三糖转移到同一个分支点的另一个葡聚四糖链的末端，使分支点仅留下由一个 α-1，6-糖苷键连接的葡萄糖残基。然后在脱支酶的催化下，糖原分支上的 3 个葡萄糖残基转移到主链的非还原性末端，然后脱支酶将支链上剩余的一个葡萄糖残基水解，除去糖原的分支残基，生成游离葡萄糖（图 6-23）。1-磷酸葡萄糖可在磷酸葡萄糖变位酶的作用下转变为 6-磷酸葡萄糖，可进入糖酵解途径。

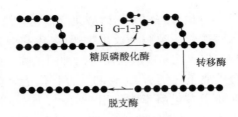

图 6-23　糖原的分解

3. 纤维素的降解

纤维素无色无味，不溶于水，能够溶于浓硫酸和浓磷酸。纤维素的组分很多，是由 β-D-葡萄糖分子通过 β-1，4-糖苷键连接而形成的多糖，基本组成单位为纤维二糖。人类和动物都不能合成纤维素酶类，因此自身都不能消化纤维素，但是纤维素能够促进肠胃蠕动，增强消化。只有反刍动物和微生物可以利用纤维素，是因为其瘤胃中含有大量的可以分泌纤维素酶，将纤维素降解为葡萄糖然后再利用的微生物。纤维素酶包括 C_1 酶，C_x 酶和 β-葡萄糖苷酶三类，这三类酶对纤维素的降解作用过程为：

$$\text{天然纤维素} \xrightarrow{C_1\text{酶}} \text{短链纤维素} \xrightarrow{C_x\text{酶}} \begin{cases} \text{葡萄糖} \\ \text{纤维二糖} \\ \text{纤维寡糖} \end{cases} \xrightarrow{\beta\text{-葡萄糖糖苷}} \text{葡萄糖}$$

4. 果胶的降解

果胶是植物细胞壁的主要成分之一，起着将相邻细胞粘着在一起的作用。果胶酶是指能够催化多聚半乳糖醛酸（即果胶酸或果胶分子）降解的酶类。依据降解作用机制，可以将果胶酶分为裂解酶和水解酶两类。水解酶类有果胶甲酯酶、外切果胶酸水解酶和内切果胶酸水解酶以及果胶水解酶四种。果胶酸外裂酶、果胶酸内裂酶、果胶外裂酶以及果胶内裂酶四种为裂解酶。

（二）寡糖的降解

1. 蔗糖的降解

在蔗糖合成酶的作用下，蔗糖和核苷二磷酸（NDP：ADP、GDP、CDP、UDP、TDP）反应，生成果糖和核苷酸葡萄糖（NDPG）。反应式如下：

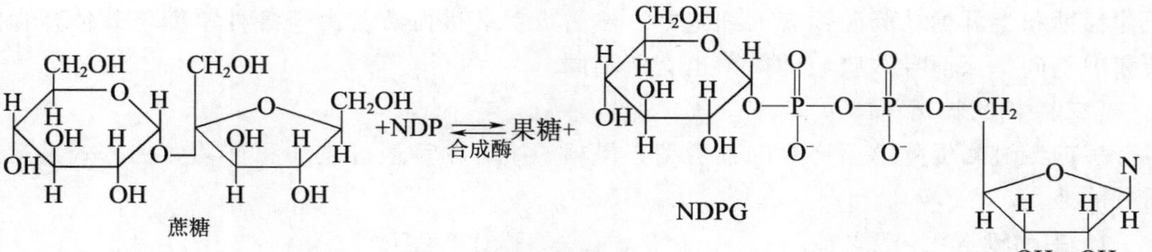

$$蔗糖+NDP \xrightarrow{\text{蔗糖合成酶}} 果糖+NDPG$$

蔗糖为非还原性糖，在蔗糖酶的催化下能够水解成葡萄糖和果糖。蔗糖是右旋糖，水解生成葡萄糖和果糖的混合液后，其旋光度发生了变化，其产物总称为转化糖，蔗糖酶也被称为转化酶。蔗糖水解时糖苷键发生断裂，自由能也发生改变，此反应不可逆。反应式如下：

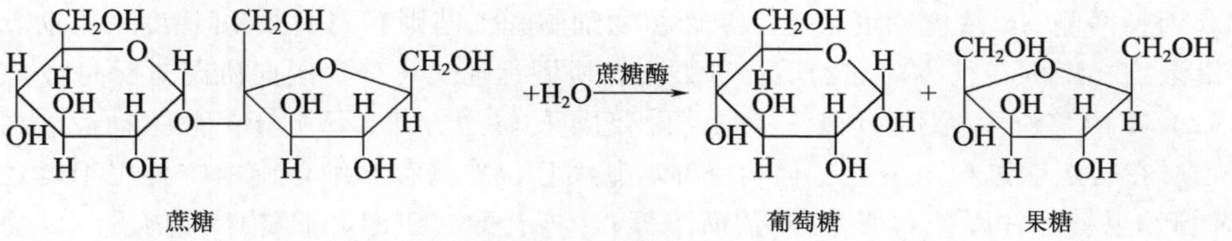

$$蔗糖+H_2O \xrightarrow{\text{蔗糖酶}} 葡萄糖+果糖$$

2. 麦芽糖的降解

植物体内麦芽糖的主要来源是淀粉的水解，麦芽糖是由两个葡萄糖分子通过 $\alpha-1,4-$ 糖苷键连接的具有还原性的二糖，在麦芽糖酶的催化下水解为两分子葡萄糖。

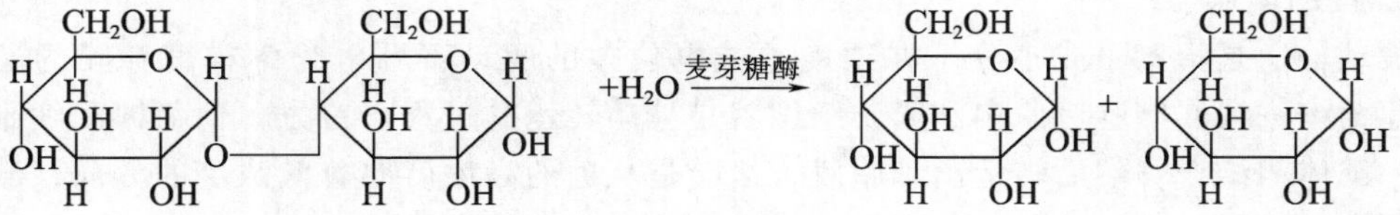

$$麦芽糖+H_2O \xrightarrow{\text{麦芽糖酶}} 2葡萄糖$$

3. 乳糖的降解

乳糖在乳糖酶的作用下水解为葡萄糖和半乳糖。有些人喝完牛奶后会感觉不适，甚至腹泻和腹胀，这是由乳糖酶缺乏所导致的不耐症引起的。

$$乳糖+H_2O \xrightarrow{\text{乳糖酶}} 葡萄糖+半乳糖$$

三、糖的吸收与转运

（一）糖的吸收

所有微生物细胞都具有吸收单糖的能力，但是糖类只有分解为单糖时才能被动物小肠上皮细胞所吸收。动物对糖的吸收主要在小肠的上段完成，而各种单糖的吸收速率有很大差别，戊糖的吸收非常慢，而己糖却很快。在己糖中，半葡萄糖和乳糖的吸收最快，果糖次之，甘露糖最慢。

单糖的吸收逆着浓度差进行，是消耗能量的主动过程，其消耗的能量来自钠泵，属于继发性主动转运。转运体蛋白是肠黏膜上皮细胞纹状缘上的一种载体蛋白，它能选择性地把葡萄糖和半乳糖从肠腔面转入细胞内，然后再扩散进血液。由于各种单糖与载体蛋白的亲和力不同，从而导致吸收的速率也有所不同。

（二）糖的转运

多糖经过酶促降解后产生的葡萄糖、果糖、半乳糖等通过主动和被动两种方式被运送到目的地。

1. 主动输送

（1）协同运输（cotransport）　该转运方式需要 Na^+ 浓度梯度，是一类靠间接提供能量完成的主动运输方式。膜两侧离子的电化学浓度梯度为物质跨膜运动提供所需要的能量，主要靠钠钾泵或质子泵来维持这种电化学势。当 Na^+ 顺电化学梯度进入膜内时，葡萄糖能利用 Na^+ 浓度梯度提供的能量，通过专一的运送载体和 Na^+ 一起进入细胞内，随后细胞膜内的 Na^+ 再通过钠钾泵被运送到膜外，使葡萄糖不断地被运送至细胞内。动物细胞中常常利用膜两侧 Na^+ 浓度梯度来驱动，而植物细胞和细菌则利用 H^+ 浓度梯度来驱动。根据离子沿浓度梯度的转移方向和物质运输方向，协同运输又可分为同向协同与反向协同。

（2）基团移位　基团移位是一种需要代谢量的输送方式，不同于一般主动运输之处是营养物质在被运输过程中发生了化学修饰。基团移位普遍存在细菌中，主要用于运送糖类（葡萄糖、果糖、甘露糖和 N-乙酰葡糖胺等）、核苷酸、丁酸和腺嘌呤等物质。以葡萄糖为例，需要经过磷酸化以后才能通过细菌的细胞膜，即以糖-磷酸的形式才能通过膜，其特点是每输入一个葡萄糖分子，就要消耗一个 ATP 的能量。运送的机制是依靠磷酸转移酶系统，即磷酸烯醇式丙酮酸（PEP）的磷酸转换酶系统（PST）。此系统由 24 种蛋白质组成，至少有 4 种蛋白质参与才能运送某一具体糖。

2. 被动输送

被动输送是指离子或小分子在浓度差或电位差的驱动下顺电化学梯度穿膜的运输方式。葡萄糖进入红细胞、肌肉和脂肪组织就是被动转运的过程。首先，葡萄糖和细胞膜上的专一载体相结合，然后转运出细胞膜，运转是从糖的高浓度向着低浓度的方向，载体的本质是蛋白质。从而，控制载体蛋白的运输，可以控制糖的代谢速率。

四、糖的中间代谢

中间代谢是机体吸收营养素成分或消化产物以后，所经历的代谢过程的主要内容。它是细胞内所发生的有组织的酶促反应过程，是代谢研究的主要内容。许多中间代谢的反应，需要对应的酶参与。反应的过程也大多包括多重步骤，并在每一步骤中都会产生相对应的代谢中间产物，简称为代谢物。

中间代谢包括物质代谢和能量代谢。物质代谢是指讨论各种活性物质在细胞内发生酶促转化的途径以及调控机理的过程。能量代谢是关于光能或化学能在细胞中向生物能转化的原理和过程，以及生命活动对能量的利用的讨论。中间代谢和能量代谢是同一过程中不同的两方面，两者相辅相成。

中间代谢也称为细胞内代谢。在中间代谢的过程中，机体通过各种反应从营养素或消化产物中获得能量和构成机体所需要的"原材料"。根据物质的转化方向，整个中间代谢可以划分为分解代谢和合成代谢两个过程，其中分解代谢是指有机物在细胞内发生分解的作用过程，主要完成获取能量和"原材料"的工作；而合成代谢是指活细胞从外环境中获取原料合成自身的结构物质，储存物质和生理活性物质以及各种次生物质的过程，主要完成利用贮能和"原材料"构成机体组成成分的任务。在分解代谢中产生的许多中间产物可以作为生物合成的原料，并且在中间代谢过程中，将伴随有一系列的酶催化反应。这种催化反应，不仅可以保证机体代谢的正常进行，而且有利于反应过程中能量的释放和接受。合成代谢和分解代谢相辅相成，有机地联系在一起。

第三节　糖的无氧氧化

一、糖酵解的概念

糖酵解过程被认为是生物最原始、最古老的获取能量的一种方式。在自然发展过程中出现的大多数较高等的生物，虽然进化为利用在有氧条件下进行生物氧化获取大量的自由能，但仍保留了这种最原始、最古老的方式。

糖酵解是指糖原或葡萄糖在组织中进行类似发酵的降解的一种反应过程。最终形成丙酮酸或乳酸，同时还伴随着部分能量，形成 ATP 以供组织利用。糖酵解过程在有氧或者无氧条件下均可进行，是一切生物体进行葡萄糖分解代谢所必须经过的共同阶段。糖酵解过程又称为 Embden-Meyerhof-Parnas 途径，简称 EMP 途径。糖酵解作用在细胞质中进行。

二、糖酵解途径

糖酵解途径（EMP 途径）是指细胞在胞浆中分解葡萄糖生成丙酮酸并伴有少量 ATP 的生成的过程。在缺氧条件下，丙酮酸被还原为乳酸则称为糖酵解。而在有氧条件下丙酮酸可以进一步氧化分解生成乙酰 CoA 并进入三羧酸循环，生成 H_2O 和 CO_2。

糖酵解过程进行的场所是细胞质，整个过程从葡萄糖到丙酮酸，共有十步反应，分别由十种酶催化。这十个步骤可以分为四个阶段：己糖的磷酸化、磷酸己糖的裂解、氧化脱氢以及 ATP 和丙酮酸的生成。

（一）己糖的磷酸化

在这一阶段中，葡萄糖经过两次磷酸化反应转化成高度活化的 1，6-二磷酸果糖形式，为裂解成 2 分子磷酸丙糖做准备。在这个阶段中总共消耗 2 分子 ATP，因此，可称为耗能的糖活化阶段，共有 3 步反应。

1. 葡萄糖磷酸化

由己糖激酶（hexokinase）催化，ATP 提供能量以及磷酸基，葡萄糖被磷酸化形成 6-磷酸葡萄糖（6-P-G），即第一个磷酸化反应。

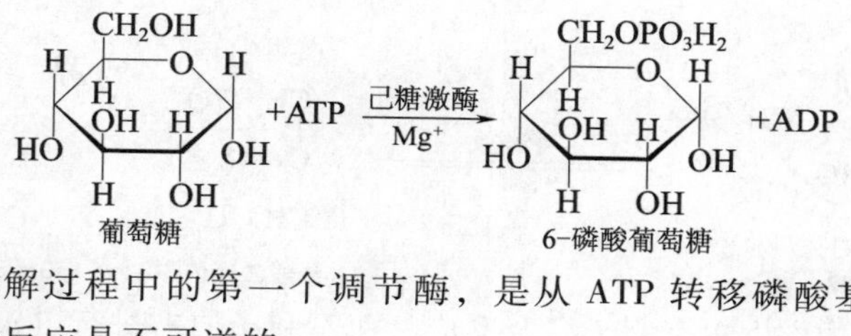

己糖激酶为糖酵解过程中的第一个调节酶，是从 ATP 转移磷酸基团到各种六碳糖上的酶，其催化的这步反应是不可逆的。

磷酸基团的转移是物质代谢中比较常见的基本反应。凡是从 ATP 转移磷酸基团到受体上的酶称为激酶（kinase），己糖激酶便是其中一例。该酶在动植物和微生物细胞中都存在，分布比较广泛，对葡萄糖有较大的亲和力但是专一性并不强。己糖激酶为别构酶，也是糖酵解过程中的第一个限速酶，该酶的活性需要 Mg^{2+}（或其他二价金属离子，如 Mn^{2+}）作为激活因子，6-P-G 和 ATP 是其变构抑制剂。葡萄糖激酶（glucokinase）实际上是己糖激酶的一种同工酶，也存在于人和动物的肝脏中，只能催化葡萄糖生成 6-P-G，不能催化其他己糖的磷酸化。

2. 6-磷酸果糖的生成

这一阶段是磷酸己糖的同分异构化反应，这步反应由磷酸葡萄糖异构酶（glucose phosphate isomerase）催化，将 6-磷酸葡萄糖异构化为 6-磷酸果糖（6-P-F），即醛糖转变为酮糖，该步反应为可逆的。

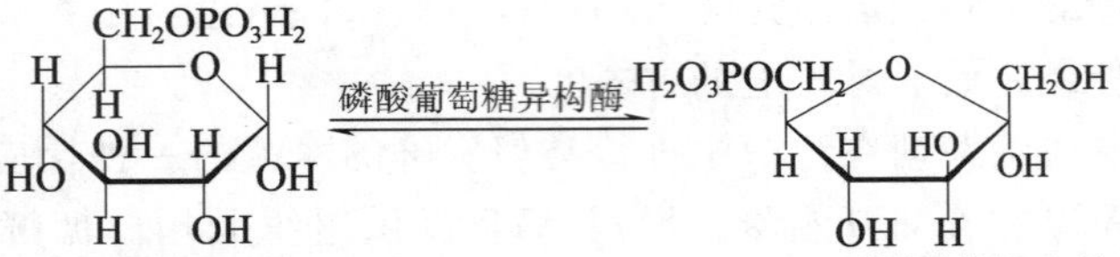

6-磷酸葡萄糖(6-P-G)　　磷酸葡萄糖异构酶　　6-磷酸果糖(6-P-F)

3. 1,6-二磷酸果糖的生成

这一阶段为第二个磷酸化反应，由磷酸果糖激酶（phosphofructokinase）催化，6-磷酸果糖被 ATP 磷酸化成 1,6-二磷酸果糖。这是糖酵解过程中的第二个不可逆反应。磷酸果糖激酶是一种变构酶，是糖酵解途径中最重要的限速酶，此酶的活力水平严格地控制着糖酵解的速率。ATP 是磷酸果糖激酶的变构抑制剂，ADP、AMP 和无机磷酸是其变构激活剂。

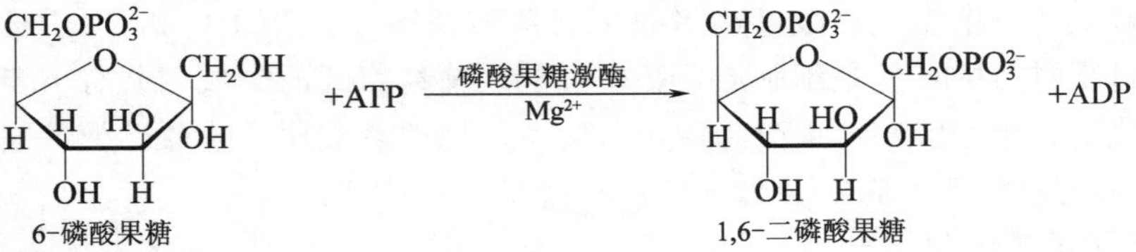

6-磷酸果糖　+ATP　磷酸果糖激酶 Mg^{2+}　1,6-二磷酸果糖　+ADP

（二）磷酸己糖的裂解

这一阶段反应是由一分子的 1,6-二磷酸果糖裂解成为 2 分子的磷酸丙糖以及磷酸丙糖之间的相互转化反应，该阶段共有 2 步反应。

1. 1,6-二磷酸果糖的裂解

醛缩酶催化 1,6-二磷酸果糖裂解，C_3 和 C_4 间的键断裂，生成 3-磷酸甘油醛和磷酸二羟丙酮。该反应为可逆反应，醛缩酶的名称取自于其逆向反应的性质，即醛醇缩合反应。

1,6-二磷酸果糖　醛缩酶　磷酸二羟丙酮　+　3-磷酸甘油醛

此反应本身在热力学上更有利于缩合反应，而不利于向右进行（$\Delta G^{0'} = +23.85\text{kJ/mol}$）。

因为 3-磷酸甘油醛在下一步的反应中不断被氧化消耗，在正常的生理条件下，使细胞中 3-磷酸甘油醛的浓度有较大的降低，从而使反应趋向裂解方向进行。

2. 磷酸丙糖的同分异构化

磷酸二羟丙酮和 3-磷酸甘油醛在磷酸丙糖异构酶的催化下可以相互转变，磷酸二羟丙酮不能继续进入糖酵解途径，然而 3-磷酸甘油醛可以直接进入糖酵解的后续反应。

$$
\begin{array}{ccc}
CH_2OPO_3H_2 & & CHO \\
| & \xrightarrow{\text{磷酸丙糖异构酶}} & | \\
C=O & & CH-OH \\
| & & | \\
CH_2OH & & CH_2OPO_3H_2 \\
\text{磷酸二羟丙酮} & & \text{3-磷酸甘油醛}
\end{array}
$$

虽然该反应的平衡趋向于磷酸二羟丙酮，但由于 3-磷酸甘油醛能有效地进入后续反应而不断被消耗利用，因此能推动异构化反应不停地向右反应。所以 1 分子 1,6-二磷酸果糖转化成了 2 分子 3-磷酸甘油醛。

（三）3-磷酸甘油酸和第一个 ATP 的生成

在第三阶段中，3-磷酸甘油醛脱氢酶催化 3-磷酸甘油醛氧化脱氢，释放能量，生成 1,3-二磷酸甘油酸，产生第一个 ATP 分子，这一反应包括 2 步反应。

1. 1,3-二磷酸甘油酸的生成

在有 NAD^+ 和 H_3PO_4 参加时，3-磷酸甘油醛脱氢酶催化 3-磷酸甘油醛进行氧化脱氢并且磷酸化，生成高能化合物 1,3-二磷酸甘油酸。

$$
\begin{array}{l}
CHO \\
| \\
CH-OH \quad +NAD^++H_3PO_4 \xrightarrow{\text{脱氢酶}} \\
| \\
CH_2OPO_3H_2 \\
\text{3-磷酸甘油醛}
\end{array}
\begin{array}{l}
O=C-O\sim PO_3H_2 \\
| \\
CH-OH + NADH + H^+ \\
| \\
CH_2OPO_3H_2 \\
\text{1,3-二磷酸甘油酸}
\end{array}
$$

这步反应是糖酵解途径中唯一的一个氧化产能步骤，并且也是磷酸化反应。这一反应中产生的高能磷酸化合物，其 C_1 上的醛基转变成了酰基磷酸，它是羧酸和磷酸的混合酸酐，这一酸酐具有转移磷酸基团的高势能。醛基的氧化为形成酸酐提供所需的能量。经过该反应，NAD^+ 被还原成为 $NADH+H^+$。

3-磷酸甘油醛脱氢酶可与 NAD^+ 牢固结合，该酶是由 4 个相同亚基组成的四聚体。亚基能特异地结合 3-磷酸甘油醛，其第 149 位半胱氨酸残基的—SH 基是活性基团。3-磷酸甘油醛脱氢酶的—SH 基可与碘乙酸发生反应，因而能够抑制 3-磷酸甘油醛脱氢酶的活性，是一种比较强的糖酵解抑制剂。

2. 3-磷酸甘油酸和第一个 ATP 的生成

这步反应由磷酸甘油酸激酶催化，将 1,3-二磷酸甘油酸分子 C_1 上的高能磷酸基团转移到 ADP 上，生成 3-磷酸甘油酸和 ATP。

$$
\begin{array}{l}
O \\
\| \\
C\sim OPO_3^{2-} \\
| \\
HC-OH \quad + ADP \xrightarrow[Mg^{2+}]{\text{磷酸甘油酸激酶}} \\
| \\
CH_2OPO_3^{2-} \\
\text{1,3-二磷酸甘油酸}
\end{array}
\begin{array}{l}
COO^- \\
| \\
HC-OH \quad + ATP \\
| \\
CH_2OPO_3^{2-} \\
\text{3-磷酸甘油酸}
\end{array}
$$

这步反应是糖酵解中第一次产生能量 ATP 的反应，3-磷酸甘油醛氧化产生的高能中间物将其高能磷酸基团转移到 ADP 上生成 ATP，这种生成 ATP 的方式是底物水平的磷酸化。因为 1 分子葡萄糖分解为 2 分子的 3-磷酸甘油酸，实际上可得到产生 2 分子 ATP，这样正好补偿了在第一阶段中由于葡萄糖的磷酸化而消耗的 2 分子 ATP。

（四）丙酮酸和第二个 ATP 的生成

第四阶段包括 3 步反应，最终产生丙酮酸和第二分子 ATP。

1. 3-磷酸甘油酸异构化为 2-磷酸甘油酸

3-磷酸甘油酸由磷酸甘油酸变位酶催化，其 C_3 上的磷酸基团转移到分子内的 C_2 上，转变成 2-磷酸甘油酸。该反应中磷酸甘油酸变位酶的催化需镁离子，2，3-二磷酸甘油酸作为辅因子或者说是必需因素。其催化作用过程为当底物 3-磷酸甘油酸与酶的活性部位结合后，原来与酶活性部位结合的磷酸基团便立即转移到底物分子上，形成一个与酶结合的二磷酸的中间产物（2，3-二磷酸甘油酸），该中间产物能立刻使酶分子的活性部位再一次磷酸化，并产生游离的 2-磷酸甘油酸。

$$
\begin{array}{ccc}
\text{COO}^- & & \text{COO}^- \\
| & \xrightarrow[\text{Mg}^{2+}]{\text{磷酸甘油酸变位酶}} & | \\
\text{HC—OH} & & \text{HC—OPO}_3^{2-} \\
| & & | \\
\text{CH}_2\text{OPO}_3^{2-} & & \text{CH}_2\text{OH} \\
\text{3-磷酸甘油酸} & & \text{2-磷酸甘油酸}
\end{array}
$$

2. 磷酸烯醇式丙酮酸的生成

在有 Mg^{2+} 或 Mn^{2+} 作辅因子的条件下，2-磷酸甘油酸由烯醇化酶（enolase）催化而脱去一分子水，生成磷酸烯醇式丙酮酸（phosphoenolpyruvate，PEP）。

$$
\begin{array}{ccc}
\text{COO}^- & & \text{COO}^- \\
| & \xrightarrow{\text{烯醇化酶}} & | \\
\text{HC—OPO}_3^{2-} & & \text{C} \sim \text{OPO}_3^{2-} \\
| & & \| \\
\text{CH}_2\text{OH} & & \text{CH}_2 \\
\text{2-磷酸甘油酸} & & \text{磷酸烯醇式丙酮酸}
\end{array}
$$

该脱水反应使分子内能量发生重新分布，其 C_2 上的磷酸基团成为高能磷酸基团，因此，磷酸烯醇式丙酮酸是含有一个超高能磷酸键的化合物，而且非常不稳定。

3. 丙酮酸和第二个 ATP 的生成

磷酸烯醇式丙酮酸在丙酮酸激酶的催化下将其磷酸基团转移到 ADP 上，生成 ATP 和烯醇式丙酮酸。而烯醇式丙酮酸很不稳定，迅速发生重排形成丙酮酸。该反应需要 Mg^{2+} 或 Mn^{2+} 的参与，并且由于其逆反应很弱，因此可被视为不可逆反应。

$$
\begin{array}{ccc}
\text{COO}^- & & \text{COO}^- \\
| & \xrightarrow[\text{Mg}^{2+}, \text{Mn}^{2+}]{\text{丙酮酸激酶}} & | \\
\text{C} \sim \text{OPO}_3^{2-} + \text{ADP} & & \text{C=O} + \text{ATP} \\
\| & & | \\
\text{CH}_2 & & \text{CH}_3 \\
\text{磷酸烯醇式丙酮酸} & & \text{丙酮酸}
\end{array}
$$

这是糖酵解途径中第二个底物水平磷酸化反应，也是第二次产生能量 ATP 的反应。并且该反应是发生在细胞质中的糖酵解的第三个不可逆反应。

（五）糖酵解途径全过程

糖酵解途径的全过程见图 6-24。糖酵解途径的讲解见二维码 6-1。

二维码 6-1

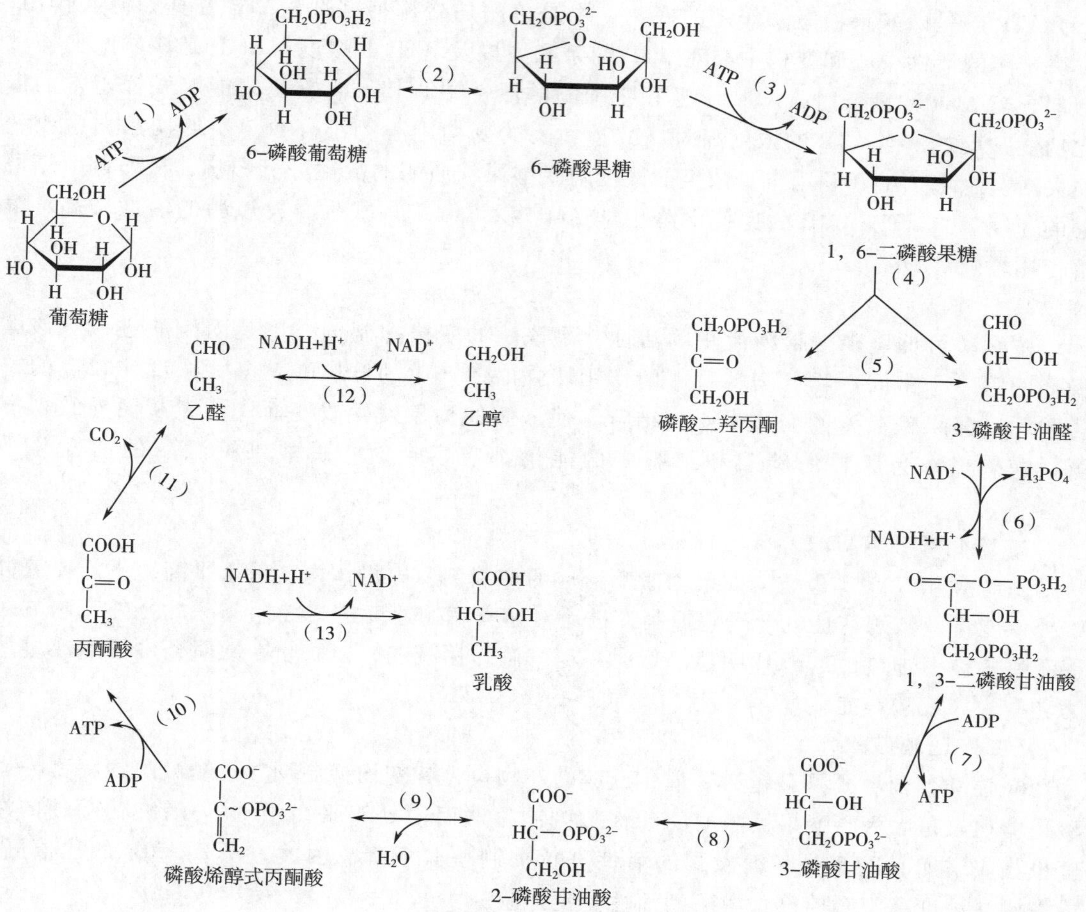

图 6-24　糖酵解途径

（1）己糖激酶　（2）磷酸葡萄糖异构酶　（3）磷酸果糖激酶　（4）醛缩酶　（5）磷酸丙糖异构酶
（6）3-磷酸甘油醛脱氢酶　（7）磷酸甘油酸激酶　（8）磷酸甘油酸变位酶　（9）烯醇化酶
（10）丙酮酸激酶　（11）丙酮酸脱羧酶　（12）醇脱氢酶　（13）乳酸脱氢酶

三、糖酵解的调控

除了由己糖激酶、磷酸果糖激酶（phosphate fructose kinase，PFK）和丙酮酸激酶所催化的反应在糖酵解途径中是不可逆反应外，其余的反应都是可逆的，因此由上述三种酶所催化的三步反应为糖酵解途径重要的控制点，并且调节着糖酵解的速度，以满足细胞对合成原料和 ATP 的需要。

（一）磷酸果糖激酶

磷酸果糖激酶是糖酵解途径中最重要的调节酶，也是酵解过程中唯一的限速酶，糖酵解速度主要取决于该酶活性。磷酸果糖激酶是一个由四个亚基组成的变构酶，该酶活性受很多代谢物的调节，可通过以下几种途径被调节。

1. ATP

ATP 既是磷酸果糖激酶作用的底物，也是该酶的变构抑制剂，ATP 究竟如何起作用，取决于酶的活性中心和变构中心对 ATP 的亲和力以及 ATP 的浓度；AMP 是该酶的变构激活剂。当 ATP 浓度低时，ATP 作为底物和酶的活性中心相结合，使酶能够发挥正常的催化功能；反之，当 ATP 的浓度高时，ATP 和酶的变构中心相结合，使酶的构象发生改变而失活。总之，ATP 利用自身浓度的改变对磷酸果糖激酶的活性进行影响，从而调节糖酵解的速度。当 ATP/AMP 的比值下降，即 AMP 积累，ATP 减少时，该酶的活性增高，酵解作用增强。

2. 柠檬酸

柠檬酸可抑制磷酸果糖激酶的活性，是该酶的变构抑制剂，也是丙酮酸进入三羧酸循环的第一个中间产物。当糖酵解的作用增强时，产生的柠檬酸就多，浓度比较高的柠檬酸和磷酸果糖激酶的变构中心相结合，使该酶的构象发生改变而失活，从而导致糖酵解减速。当作为原料的碳架和细胞中的能量都有富余时，磷酸果糖激酶的活性几乎为零。

3. 脂肪酸和 NADH

脂肪酸和 NADH 也是磷酸果糖激酶活性的抑制剂，即机体内能量水平高，不需要糖分解提供能量，该酶活性就会受到抑制，进而对糖酵解的速度进行控制。除此之外，磷酸果糖激酶还被 H^+ 抑制，当 pH 明显降低时，糖酵解作用减弱，以防止在缺氧条件下形成过量的乳酸，导致酸毒症。

（二）己糖激酶

6-磷酸葡萄糖既是己糖激酶催化反应的产物也是其变构抑制剂。己糖激酶的底物6-磷酸果糖积累是因为磷酸果糖激酶的活性被抑制，从而使处于平衡中的 6-磷酸葡萄糖的浓度也相应增加，进而对己糖激酶的活性进行抑制使其下降。因此，ATP/AMP 的比值高，或柠檬酸浓度高都会使己糖激酶的活性受到抑制。

（三）丙酮酸激酶

高浓度 ATP 和乙酰 CoA 等代谢物对丙酮酸激酶的活性都有抑制作用，这是产物对反应本身的反馈抑制。当 ATP 的产生量超过细胞自身的需要时，通过丙酮酸激酶的变构抑制使糖酵解作用减弱。因此当能荷高时，由磷酸烯醇式丙酮酸产生丙酮酸的反应将受阻。

四、糖酵解的生物学意义

糖酵解途径普遍存在于生物体中，是单糖分解代谢的一条最重要的途径，从单细胞生物到高等动植物都存在糖酵解途径。该途径在无氧和有氧条件下都能运转，并且是葡萄糖发生有氧或无氧分解代谢的共同途径。生物体通过糖酵解过程获得生命活动所需的部分能量。当生物体在氧的供应不足如激烈运动时或者在相对缺氧如高原氧气稀薄时，糖酵解过程是获取能量的主要方式，也是糖分解的主要形式，但是糖酵解只能把葡萄糖分解成为三碳化合物，释放的能量有限，因此是机体有氧氧化受阻或供氧不足时补充能量的应急措施。当生物体肌肉组织中供氧不足时，葡萄糖通过无氧氧化生成的丙酮酸转变成为乳酸的过程和某些厌氧微生物如某些酵母菌或细菌把葡萄糖氧化成为乙醇的发酵过程相似，因此称为糖酵解作用。

除此之外，糖酵解过程中产生的许多中间产物，可作为其他物质合成的原料，如丙酮酸可转变为丙氨酸或乙酰 CoA，磷酸二羟丙酮可转变为甘油，前者是脂肪酸合成的原料，这样就将糖酵解和蛋白质代谢以及脂肪代谢途径联系起来，实现物质间的相互转化。

糖酵解过程中除去三步不可逆反应外，其他的均是可逆反应步骤，这就为糖异生作用提供了基本途径。

五、丙酮酸在无氧情况下的代谢与 NAD⁺的再生

糖酵解途径产生的终产物丙酮酸怎样进行下一步分解代谢，有无氧是其去路的关键。在无氧条件下，只能进行乳酸发酵或酒精发酵而生成乳酸或乙醇，不能发生进一步的氧化。在有氧条件下，丙酮酸先氧化脱羧转变成乙酰 CoA，然后通过三羧酸循环及电子传递链彻底氧化为 CO_2 和 H_2O，并生成大量的 ATP。

（一）丙酮酸形成乳酸

高等生物细胞供氧不足如剧烈运动的肌肉细胞，或在许多种厌氧微生物如乳酸杆菌中，丙酮酸在乳酸脱氢酶（lactate dehydrogerase）的催化下被还原为乳酸（lactic acid），还原剂为 $NADH+H^+$。

$$
\begin{array}{c}
COOH \\
| \\
C=O \\
| \\
CH_3 \\
\text{丙酮酸}
\end{array}
+ NADH + H^+
\xrightleftharpoons{\text{乳酸脱氢酶}}
\begin{array}{c}
COOH \\
| \\
H—C—OH \\
| \\
CH_3 \\
\text{乳酸}
\end{array}
+ NAD^+
$$

在这一反应中，丙酮酸的还原反应消耗掉了糖酵解途径中的 3-磷酸甘油醛氧化时所产生的 NADH，使 NAD^+ 得到再生，进而维持糖酵解途径能够继续在无氧条件下不断地运转。若 NAD^+ 不能再生，则糖酵解过程进行到 3-磷酸甘油醛就结束了，也就没有 ATP 的产生。葡萄糖生成乳酸的总反应式为：

$$葡萄糖+2Pi+2ADP \longrightarrow 2\ 乳酸+2ATP+2H_2O$$

乳酸发酵在动物、植物及微生物中都可进行。若动物缺氧时间过长，将导致体内乳酸大量积累造成代谢性酸中毒，严重时会导致死亡。乳酸发酵可被应用于生产奶酪、酸奶、泡菜和贮饲料等。例如腌制食用泡菜就是利用乳酸杆菌大量繁殖，进而造成乳酸积累，导致酸性增强，其他细菌的活动受到抑制，因此能够使泡菜不会发生腐烂。

（二）丙酮酸形成乙醇

在某些微生物细菌以及酵母中，丙酮酸脱羧酶催化丙酮酸脱羧转变成乙醛，该酶需焦磷酸硫胺素（TPP）作为辅酶。乙醇脱氢酶催化乙醛转变成为乙醇，还原剂为 $NADH+H^+$。

$$
\begin{array}{c}
COOH \\
| \\
C=O \\
| \\
CH_3 \\
\text{丙酮酸}
\end{array}
\xrightleftharpoons{\text{丙酮酸脱羧酶}}
\begin{array}{c}
CHO \\
| \\
CH_3 \\
\text{乙醛}
\end{array}
+CO_2
$$

$$
\begin{array}{c}
CHO \\
| \\
CH_3 \\
\text{乙醛}
\end{array}
+NADH+H^+
\xrightleftharpoons{\text{乙醇脱氢酶}}
\begin{array}{c}
CH_2OH \\
| \\
CH_3 \\
\text{乙醇}
\end{array}
+NAD^+
$$

由葡萄糖生成乙醇的反应过程称为酒精发酵（alcoholic fermentation），这一无氧过程的净反应为：

$$葡萄糖+2Pi+2ADP+2H^+ \longrightarrow 2\ 乙醇+2CO_2+2ATP+2H_2O$$

NAD^+在乙醛生成乙醇的过程中得到再生，可被应用于 3-磷酸甘油醛的氧化。真菌和缺氧的植物器官中也存在酒精发酵。例如甘薯由于长期淹水而供氧不足时，块根进行无氧呼吸，进而产生乙醇导致块根具有酒味。酿酒、面包制作等都运用酒精发酵原理。

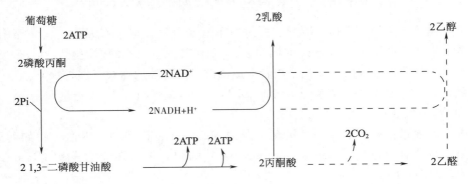

第四节　糖的有氧氧化

葡萄糖在有氧条件下，氧化分解生成水和二氧化碳的过程称为糖的有氧氧化。有氧氧化是糖分解代谢的主要方式，大多数组织中的葡萄糖均在进行有氧氧化分解供给机体能量。

一、糖的有氧氧化过程

糖的有氧氧化可分为三个阶段：糖酵解、丙酮酸生成乙酰辅酶 A 及三羧酸循环。糖分解代谢在大部分生物中是在有氧条件下进行的，实际上糖的有氧分解是丙酮酸在有氧条件下的彻底氧化，所以有氧氧化以及无氧酵解是在丙酮酸生成以后才开始进入不同的途径。丙酮酸的氧化可分为两个阶段：第一阶段是丙酮酸氧化为乙酰 CoA，第二阶段是乙酰 CoA 的乙酰基部分通过三羧酸循环最终被彻底氧化成为 CO_2 和 H_2O，同时产生大量能量。

（一）丙酮酸生成乙酰辅酶 A

丙酮酸的氧化脱羧是在有氧条件下由丙酮酸脱氢酶系催化糖酵解产物丙酮酸，产生乙酰 CoA 的反应，这一反应为不可逆反应。乙酰 CoA 可进入三羧酸循环被彻底氧化分解。因为该反应既脱氢又脱羧，故称为氧化脱羧，这一反应步骤是连接糖酵解与三羧酸循环的桥梁与纽带，但是它本身并不属于三羧酸循环，是丙酮酸进入三羧酸循环的必经环节。

$$\begin{array}{c} COOH \\ | \\ C=O \\ | \\ CH_3 \end{array} + CoASH + NAD^+ \xrightarrow{\text{丙酮酸脱氢酶}} CH_3CO-SCoA + CO_2 + NADH + H^+$$

丙酮酸　　　　　　　　　　　　　　　　乙酰 CoA

丙酮酸脱氢酶系位于线粒体内膜上，是一个多酶复合体，由丙酮酸脱氢酶（E1）、二氢硫辛酸转乙酰酶（E2）和二氢硫辛酸脱氢酶（E3）三种酶组成，焦磷酸硫胺素（TPP）、硫辛酸、CoASH、FAD、NAD$^+$和Mg^{2+}等是这一多酶复合体的六种辅助因子。酶系催化的反应包括五步反应。

1. 脱羧反应

丙酮酸和TPP由丙酮酸脱氢酶催化而结合，进而发生脱羧反应。

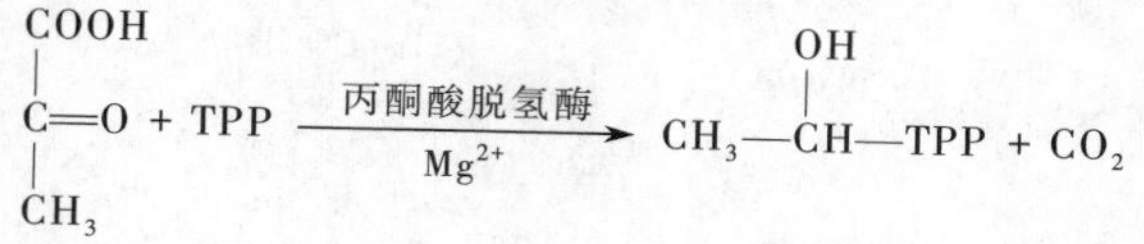

$$
\begin{array}{c}
\text{COOH} \\
| \\
\text{C=O} \\
| \\
\text{CH}_3
\end{array}
+ \text{TPP} \xrightarrow[\text{Mg}^{2+}]{\text{丙酮酸脱氢酶}}
\text{CH}_3-\overset{\text{OH}}{\underset{|}{\text{CH}}}\text{—TPP} + \text{CO}_2
$$

丙酮酸　　　　　　　　　　　　　　羟乙基TPP

2. 乙酰硫辛酸的形成

连在TPP上的羟基被二氢硫辛酸转乙酰酶催化从而被氧化，形成乙酰基，并转移到硫辛酸上，转变成为乙酰硫辛酸。

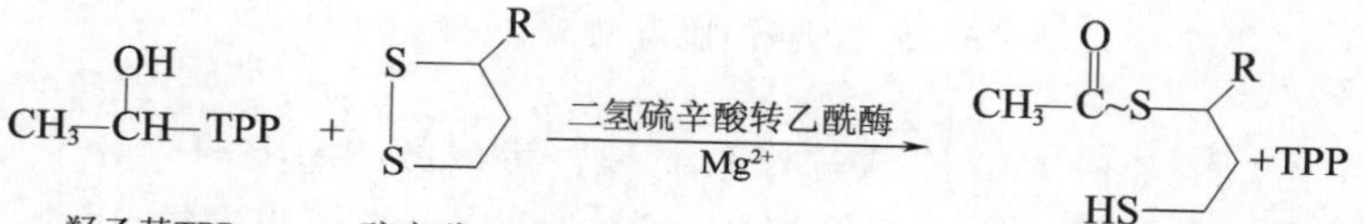

$$
\text{CH}_3-\overset{\text{OH}}{\underset{|}{\text{CH}}}\text{—TPP} +
\begin{array}{c}\text{S} \\ | \\ \text{S}\end{array}\!\!\!\text{R}
\xrightarrow[\text{Mg}^{2+}]{\text{二氢硫辛酸转乙酰酶}}
\text{CH}_3-\overset{\text{O}}{\overset{\|}{\text{C}}}\text{—S} \cdots \text{R} + \text{TPP}
$$

羟乙基TPP　　　硫辛酸　　　　　　　　　　　　　乙酰硫辛酸

3. 乙酰CoA的形成

乙酰基在二氢硫辛酸转乙酰酶的催化下，从乙酰硫辛酸上转移到CoASH上，转变成乙酰CoA，并保留高能硫酯键。

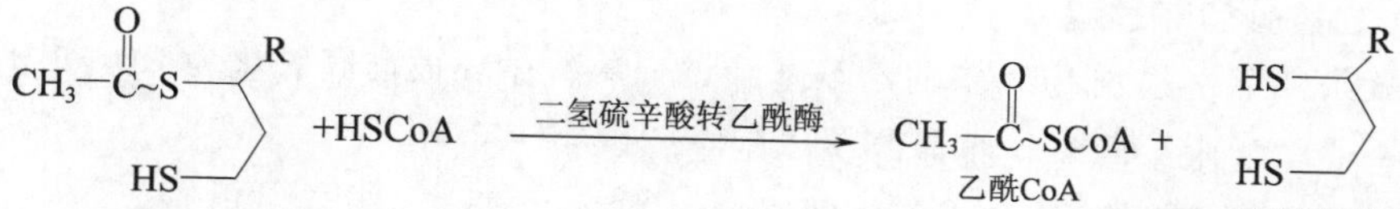

$$
\text{CH}_3-\overset{\text{O}}{\overset{\|}{\text{C}}}\text{—S} \cdots \text{R} + \text{HSCoA}
\xrightarrow{\text{二氢硫辛酸转乙酰酶}}
\text{CH}_3-\overset{\text{O}}{\overset{\|}{\text{C}}}\!\sim\!\text{SCoA} + \begin{array}{c}\text{HS} \\ \text{HS}\end{array}\!\!\!\text{R}
$$

乙酰硫辛酸　　　　　　　　　　　　　　乙酰CoA　　　　　二氢硫辛酸

4. 硫辛酸再生

二氢硫辛酸由二氢硫辛酸脱氢酶催化进行脱氢氧化，硫辛酸得到再生，该酶以FAD作为辅基。

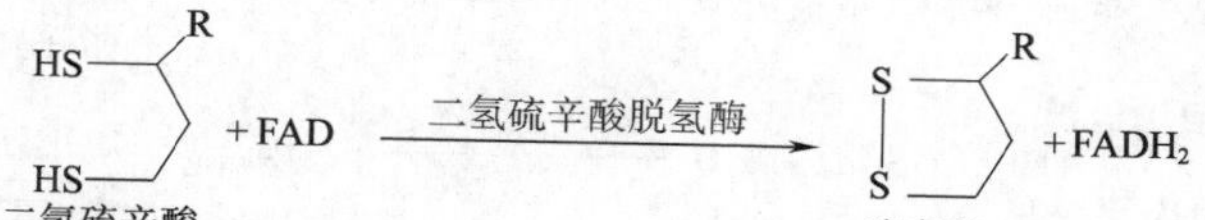

$$
\begin{array}{c}\text{HS} \\ \text{HS}\end{array}\!\!\!\text{R} + \text{FAD}
\xrightarrow{\text{二氢硫辛酸脱氢酶}}
\begin{array}{c}\text{S} \\ | \\ \text{S}\end{array}\!\!\!\text{R} + \text{FADH}_2
$$

二氢硫辛酸　　　　　　　　　　　　　硫辛酸

5. NADH+H$^+$的生成

还是在二氢硫辛酸脱氢酶的催化下FADH$_2$进行脱氢氧化，在这一反应中氢被NAD$^+$接受生成NADH+H$^+$，至此，完成了丙酮酸氧化脱羧的全过程。整个丙酮酸氧化脱羧反应过程如图6-25所示：

$$
\text{FADH}_2 + \text{NAD}^+ \xrightarrow{\text{二氢硫辛酸转乙酰酶}} \text{FAD} + \text{NADH} + \text{H}^+
$$

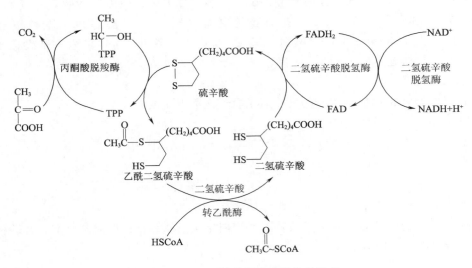

图 6-25　丙酮酸脱氢酶系催化的反应

上述反应中生成的乙酰 CoA 进入柠檬酸循环，生成的 NADH+H$^+$ 则进入呼吸链，并且产生能量。这步反应受到代谢物水平和能量水平的调节：当细胞中的 ATP、乙酰 CoA 以及 NADH 含量高时，可对丙酮酸脱氢酶系进行抑制。其抑制机理为：把丙酮酸脱氢酶的一个亚基磷酸化而使其失活；CoA 对二氢硫辛酸转乙酰基酶进行抑制，NADH 对二氢硫辛酸脱氢酶进行抑制，因此可以对丙酮酸氧化脱羧进行抑制。

（二）三羧酸循环过程

在有氧条件下，乙酰 CoA 中的乙酰基经过三羧酸循环被彻底氧化为 CO_2 和 H_2O，整个过程包括合成、加水、脱氢、脱羧等 9 步反应。

1. 乙酰 CoA 和草酰乙酸合成柠檬酸

乙酰 CoA 与草酰乙酸在柠檬酸合成酶的催化下发生缩合生成柠檬酸 CoA，然后高能硫酯键进行水解生成 1 分子柠檬酸同时释放出 CoASH，并且放出大量能量推动合成柠檬酸，使反应不可逆。由草酰乙酸和乙酰-CoA 合成柠檬酸是三羧酸循环的重要调节点，柠檬酸合成酶是一个变构酶，是三羧酸循环中第一个限速酶。

$$
\begin{array}{c}
O\!\!=\!\!C\!-\!COOH \\
| \\
CH_2COOH
\end{array}
+CH_3COSCoA+H_2O
\xrightarrow{\text{柠檬酸合成酶}}
\begin{array}{c}
CH_2COOH \\
| \\
HO\!-\!C\!-\!COOH \\
| \\
CH_2COOH
\end{array}
+ CoASH
$$

草酰乙酸　　　　　乙酰辅酶 A　　　　　　　　　　　　　柠檬酸

2. 柠檬酸异构化合成异柠檬酸

在顺乌头酸酶的催化下，柠檬酸先进行脱水生成顺乌头酸，进而再发生加水反应合成异柠檬酸。顺乌头酸酶需要二价铁离子作为辅因子，如果利用配位剂将反应液中的铁离子除去，则可以抑制酶的活力，导致柠檬酸积累。

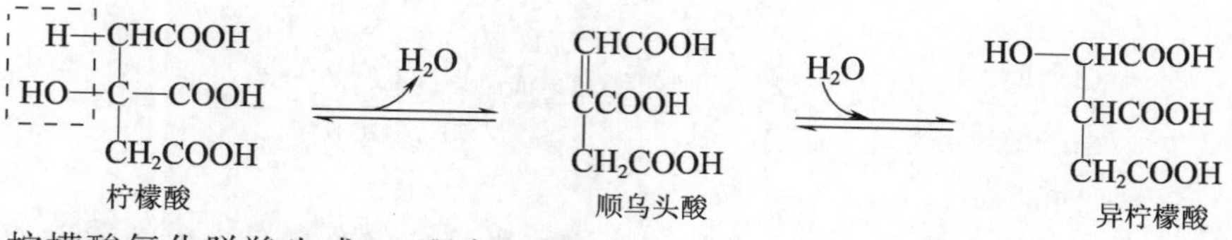

柠檬酸 → 顺乌头酸 → 异柠檬酸

3. 异柠檬酸氧化脱羧生成 α-酮戊二酸

异柠檬酸在异柠檬酸脱氢酶的催化下被氧化脱氢，合成中间产物草酰琥珀酸，这是三羧酸循环中的第一次氧化脱羧反应，并且是由异柠檬酸脱氢酶催化的连续反应过程。异柠檬酸脱氢酶是三羧酸循环中的第二个限速酶，也是变构酶。

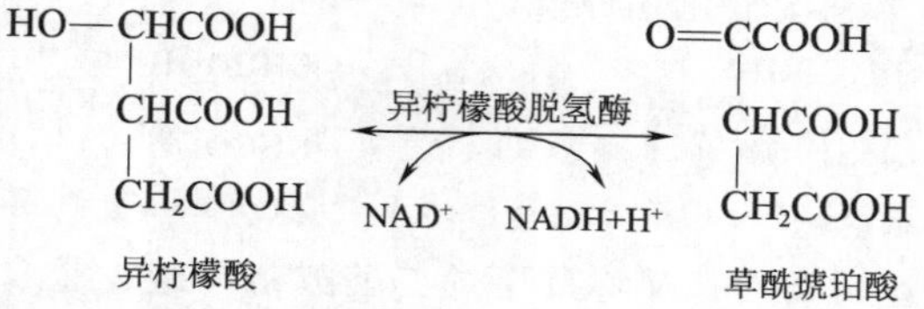

异柠檬酸 → 草酰琥珀酸

4. 草酰琥珀酸脱羧生成 α-酮戊二酸

草酰琥珀酸是一个不稳定的 α-酮酸，能够迅速脱羧合成 α-酮戊二酸。

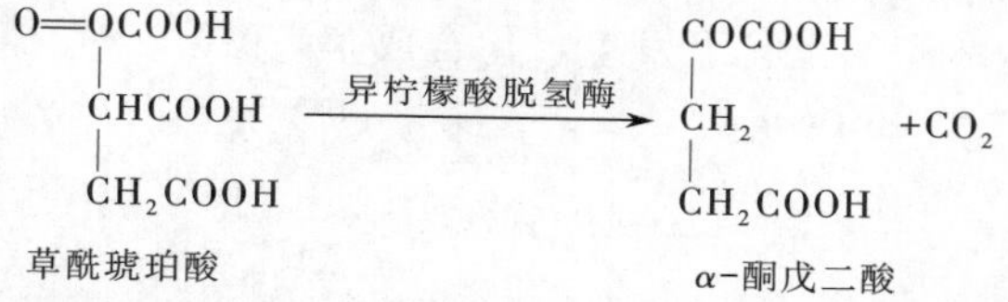

草酰琥珀酸 → α-酮戊二酸

异柠檬酸脱氢酶有两种同工酶，一种用 NAD^+ 作为辅酶，主要存在于线粒体的基质中；另一种则用 $NADP^+$ 作为辅酶，主要分布于细胞液以及线粒体基质中。以 NAD^+ 作为辅酶的酶是三羧酸循环中重要的酶，从底物脱下的氢通过呼吸链氧化、产能。以 $NADP^+$ 作为辅酶的酶有着不同的代谢功能，从底物脱下的氢主要应用于生物的合成。

5. α-酮戊二酸氧化脱羧生成琥珀酰 CoA

这是由 α-酮戊二酸脱氢酶系催化的三羧酸循环中的第二个氧化脱羧反应，这步反应是能够释放出大量能量的不可逆反应，生成 1 分子 CO_2 和 1 分子 $NADH+H^+$。

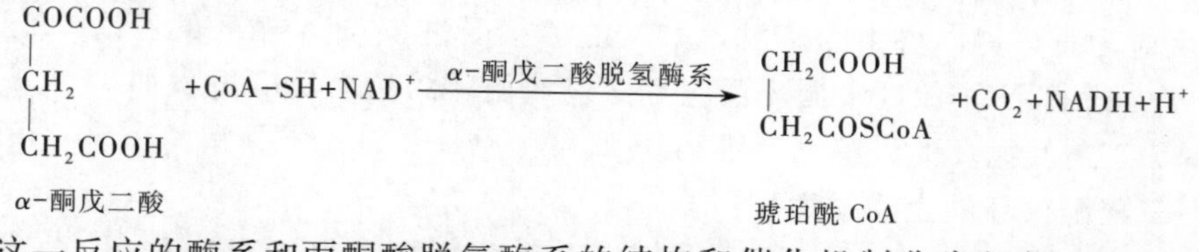

α-酮戊二酸 → 琥珀酰 CoA

催化这一反应的酶系和丙酮酸脱氢酶系的结构和催化机制非常相似，由 α-酮戊二酸脱氢酶、转琥珀酰酶以及二氢硫辛酸脱氢酶三种酶组成；因为都是氧化脱羧反应，因此也需要硫辛酸、TPP、CoASH、FAD、NAD^+ 及 Mg^{2+} 六种辅助因子作为辅酶；并且也受产物 ATP、GTP 及 NADH、琥珀酰 CoA 的反馈抑制。α-酮戊二酸脱氢脱羧反应是柠檬酸循环中的第三个限速步骤，反应中产生的琥珀酰 CoA 具有高能硫酯键，性质活泼。

6. 琥珀酰 CoA 生成琥珀酸

琥珀酰 CoA 是高能化合物，含有一个高能硫酯键，高能硫酯键在琥珀酸硫激酶的催化下水解释放的能量能够使 GDP 发生磷酸化转化成为 GTP，同时生成琥珀酸。GTP 可以用于蛋白质合成的供能，并且在二磷酸核苷酸激酶的催化下很容易将磷酸基团转移给 ADP

而形成 ATP。

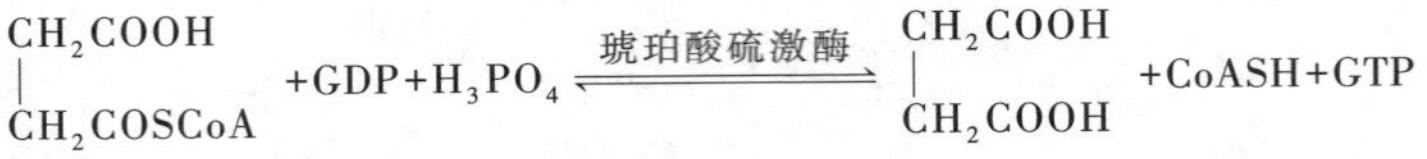

$$\underset{\text{琥珀酰 CoA}}{\overset{\displaystyle CH_2COOH}{\underset{\displaystyle CH_2COSCoA}{|}}} + GDP + H_3PO_4 \xrightleftharpoons[\text{琥珀酸硫激酶}]{} \underset{\text{琥珀酸}}{\overset{\displaystyle CH_2COOH}{\underset{\displaystyle CH_2COOH}{|}}} + CoASH + GTP$$

这一反应是三羧酸循环中唯一一个通过底物水平磷酸化而直接生成高能磷酸化合物的反应。在植物中琥珀酰 CoA 直接产生的是 ATP 而不是 GTP。

7. 琥珀酸氧化生成延胡索酸

琥珀酸在琥珀酸脱氢酶的催化下被氧化脱氢合成延胡索酸，氢受体是酶的辅基 FAD，该反应是 TCA 循环中的第三次氧化还原反应。

$$\underset{\text{琥珀酸}}{\overset{\displaystyle CH_2COOH}{\underset{\displaystyle CH_2COOH}{|}}} + FAD \xrightleftharpoons[\text{琥珀酸脱氢酶}]{} \underset{\text{延胡索酸}}{\overset{\displaystyle CHCOOH}{\underset{\displaystyle CHCOOH}{\|}}} + FADH_2$$

这一反应的产物是延胡索酸，又称反丁烯二酸或富马酸，是食品酸味剂，也是多种化工合成的原料。丙二酸、戊二酸等对琥珀酸脱氢酶有很强的竞争性抑制作用。

8. 延胡索酸水化生成苹果酸

延胡索酸在延胡索酸酶的催化下发生水化合成苹果酸。

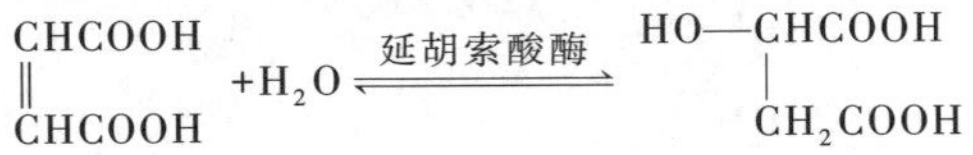

$$\underset{\text{延胡索酸}}{\overset{\displaystyle CHCOOH}{\underset{\displaystyle CHCOOH}{\|}}} + H_2O \xrightleftharpoons[\text{延胡索酸酶}]{} \underset{\text{苹果酸}}{\overset{\displaystyle HO—CHCOOH}{\underset{\displaystyle CH_2COOH}{|}}}$$

9. 苹果酸脱氢氧化生成草酰乙酸

苹果酸在苹果酸脱氢酶的催化下氧化脱氢合成草酰乙酸，NAD$^+$ 是氢受体，这是三羧酸循环的最后一步，也是循环中的第四次氧化还原反应，经过该反应又回到了起始的草酰乙酸。

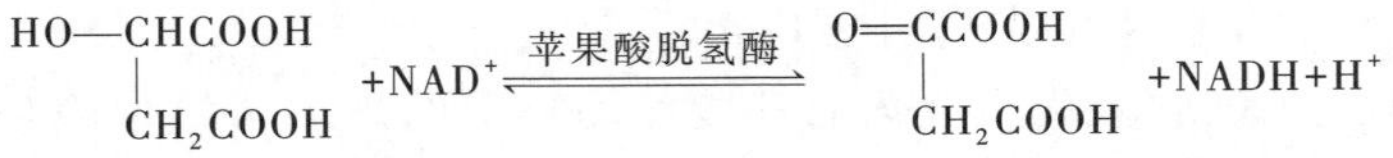

$$\underset{\text{苹果酸}}{\overset{\displaystyle HO—CHCOOH}{\underset{\displaystyle CH_2COOH}{|}}} + NAD^+ \xrightleftharpoons[\text{苹果酸脱氢酶}]{} \underset{\text{草酰乙酸}}{\overset{\displaystyle O{=}CCOOH}{\underset{\displaystyle CH_2COOH}{|}}} + NADH + H^+$$

到该反应为止，得以再生的草酰乙酸又能够接受进入 TCA 循环的乙酰 CoA 分子，进行下一轮 TCA 循环反应。三羧酸循环的整个反应过程如图 6-26 示。三羧酸循环的讲解见二维码 6-2。

二维码 6-2

（三）三羧酸循环的生物学意义

三羧酸循环过程在生物界中的动物、植物及微生物中都普遍存在，因此三羧酸循环具有普遍的生物学意义。

1. 三羧酸循环是生物体通过把糖或其他物质进行氧化而获取能量的最有效方式

在糖代谢中，糖通过三羧酸循环途径氧化产生的能量最多。1 个葡萄糖分子经有氧氧化分解成 CO_2 和 H_2O 时，能净产生 32 分子 ATP（或 30 分子 ATP）。

2. 三羧酸循环是细胞内物质转化的枢纽

通过三羧酸循环可以实现糖、脂和蛋白质之间的相互转化。一方面该循环的中间产物如草酰乙酸、α-酮戊二酸、丙酮酸、乙酰 CoA 等是生成糖、氨基酸以及脂肪等的原料。另一方面三循环途径是各种营养物质完全氧化分解的公共途径：例如谷氨

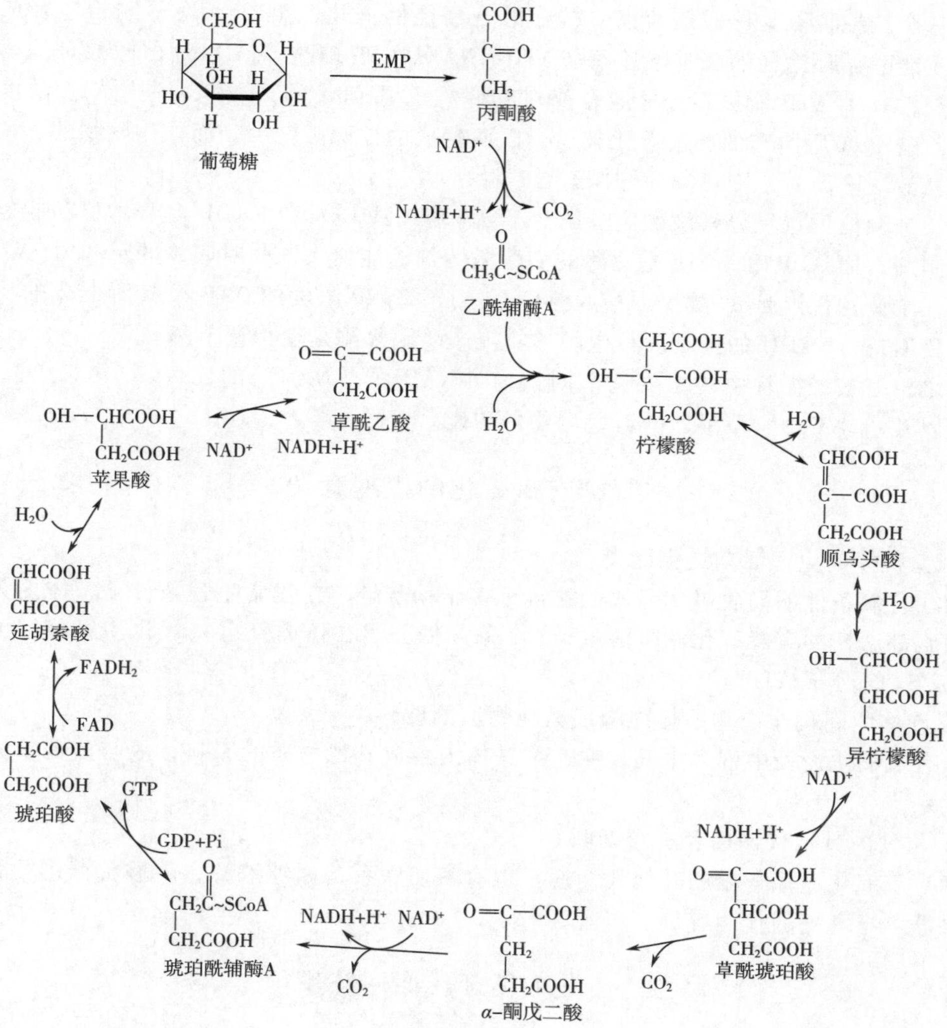

图 6-26　三羧酸循环

酸、天冬氨酸、丙氨酸等蛋白质水解的产物转氨后或脱氨后的碳架要经过 TCA 循环以后才能被彻底氧化；脂肪分解后的产物脂肪酸通过 β-氧化后合成乙酰 CoA 和甘油，也要经过 TCA 循环而被彻底氧化。所以 TCA 循环为把三大类物质代谢联系起来的枢纽。在植物体内，柠檬酸、苹果酸等三羧酸循环的中间产物既是生物氧化基质，也是植物在一定的生长发育时期特定器官中的积累物质，如苹果、柠檬分别富含苹果酸、柠檬酸。

（四）三羧酸循环的调控

TCA 循环的反应速率受细胞调节机制的调节以适应细胞对 ATP 的需要。三羧酸循环途径中有多个可逆反应，但 α-酮戊二酸的氧化脱羧和柠檬酸的合成这两步反应是不可逆的，因此整个循环过程不能双向进行。TCA 循环中的三个关键酶可作为调控位点：

第一个调控位点为柠檬酸合酶。柠檬酸合酶能够催化乙酰 CoA 及草酰乙酸合成柠檬酸，为三羧酸循环途径的关键限速酶。ATP、NADH、琥珀酰 CoA 以及柠檬酸是该酶的变构抑制剂，其中 ATP 能提高柠檬酸合酶对其底物乙酰 CoA 的 K_m 值，即当 ATP 浓度较高时，被乙酰 CoA 所饱和的酶就会比较少，因而生成的柠檬酸就少。而作为底物的乙酰 CoA 和草酰乙酸浓度高时，则可激活柠檬酸合成酶。

第二个调控位点是异柠檬酸脱氢酶。ATP、琥珀酸 CoA 和 NADH 是异柠檬酸脱氢酶的变构抑制剂；而 ADP 和 NAD$^+$ 是此酶的变构激活剂，能增大该酶对底物的亲和力。

第三个调控位点是 α-酮戊二酸脱氢酶系。此酶受高浓度的 ATP 及其所催化的反应产物琥珀酰 CoA、NADH 的抑制。其中的二氢硫辛酸脱氢酶是变构调节酶。

总之，三羧酸循环中的主要调节因素为 [NADH]/[NAD$^+$] 的比值、[ATP]/[ADP] 的比值以及乙酰 CoA、草酰乙酸等代谢物的浓度。

二、糖有氧氧化的生理意义

1. 为机体的生理活动提供能量

糖在有氧条件下彻底氧化释放的能量远多于糖酵解。在正常生理条件下，体内大多数组织细胞都从糖的有氧氧化获得能量，1 个葡萄糖分子在体内经有氧氧化彻底分解可净生成 30 或 32 个分子 ATP。

2. 许多中间代谢产物是体内合成其他物质的原料

糖有氧氧化途径中许多中间代谢产物是体内合成其他物质的原料，故与其他物质代谢密切联系。

3. 与糖的其他代谢途径有密切联系

糖有氧氧化途径与糖的其他代谢途径也有密切联系，如糖酵解、磷酸戊糖途径、糖醛酸、果糖、半乳糖的代谢等。

三、三羧酸循环代谢回补途径

三羧酸循环的中间代谢物可以进入糖异生途径，也是生物合成的前体。这就会影响三羧酸循环的进行，只有不断补充这些中间物才能维持三羧酸循环的正常进行，这种使三羧酸循环的中间代谢物得到补充的过程称为三羧酸循环的回补反应。能为三羧酸循环补充中间代谢产物的途径称为回补途径，主要包括丙酮酸羧化支路和乙醛酸循环。

（一）丙酮酸羧化支路

丙酮酸羧化支路是三羧酸循环的一条辅助线路，主要包括丙酮酸羧化为苹果酸、草酰乙酸及磷酸烯醇式丙酮酸羧化为草酰乙酸两条途经，这两条途径称为称丙酮酸羧化支路（图 6-27）。

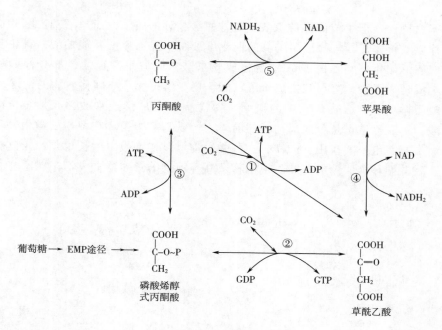

图 6-27　丙酮酸羧化支路

①丙酮酸羧化酶；②磷酸烯醇式丙酮酸羧激酶；③磷酸烯醇式丙酮酸激酶；④苹果酸脱氢酶；⑤丙酮酸羧化酶

1. 丙酮酸在丙酮酸羧化酶催化下形成草酰乙酸

丙酮酸羧化酶最早在细菌中发现，后来发现在微生物、植物以及动物中都普遍存在。该酶是一个调节酶，也是一个寡聚酶，含有四个亚基，需要生物素为辅酶，乙酰 CoA 是其变构激活剂，反应需要 ATP 供能。

2. 磷酸烯醇式丙酮酸在磷酸烯醇式丙酮酸羧激酶的催化下形成草酰乙酸

3. 丙酮酸在苹果酸酶的催化下形成苹果酸，再由 TCA 途径生成草酰乙酸

（二）乙醛酸循环

乙醛酸循环（图 6-28）可以说是 TCA 循环的一个支路。乙醛酸循环的一些反应与

TCA 循环是共同的，但生成的异柠檬酸不走柠檬酸循环的路了，而是沿着乙醛酸循环途径代谢。异柠檬酸首先在异柠檬酸裂解酶的催化下裂解生成乙醛酸和琥珀酸，其中乙醛酸在苹果酸合成酶的催化下与乙酰 CoA 缩合生成苹果酸，而琥珀酸走的是部分柠檬酸循环的路，氧化生成延胡索酸，直至转换成草酰乙酸，用于维持循环中间代谢物的浓度。

在乙醛酸循环中，乙酰 CoA 中的碳原子并没有以 CO_2 形式释放，而是净合成了一分子草酰乙酸，草酰乙酸正是合成葡萄糖的前体。所以乙醛酸循环在植物、微生物和酵母等生物的代谢中起着重要的作用。同样，一些微生物可以在乙酸中生长也是由于这些微生物可以通过乙醛酸循环合成糖的前体。但动物及高等植物的营养器官内不存在乙醛酸循环。

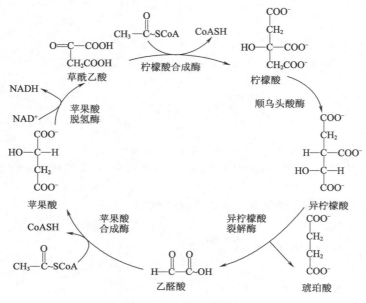

图 6-28　乙醛酸循环

（三）其他回补途径

一些生成三羧酸循环代谢产物的代谢反应也能为三羧酸循环补充新的成员，某些能生成 TCA 中间产物的代谢反应都可为 TCA 循环回补新的成员，例如 L-Asp、L-Glu 以及它们的酰胺，脱氨后的碳架草酰乙酸皆可进入三羧酸循环。

第五节　糖降解的其他途径

一、几种发酵途径

（一）乳酸发酵

乳酸是细菌发酵最常见的最终产物。能够发酵产生大量乳酸的细菌称作乳酸菌。根据产物的不同，乳酸发酵有三种类型：同型乳酸发酵、异型乳酸发酵和双歧发酵。

1. 同型乳酸发酵

同型乳酸发酵是指在乳酸发酵过程中，发酵产物中只有乳酸的发酵过程。同型乳酸发酵菌主要有乳酸细菌，如双球菌属、链球菌属及乳酸杆菌属等。乳酸杆菌属中的一些种类是工业发酵中最常用的菌种，如保加利亚乳杆菌、干酪乳杆菌以及德氏乳杆菌等。

同型乳酸发酵菌是通过 EMP 途径产生乳酸的，己糖是其发酵的主要基质。发酵途径是葡萄糖通过 EMP 途径被降解为丙酮酸后，不发生脱羧反应，而是在乳酸脱氢酶的催化下，被直接还原为乳酸，总反应式如下：

$$C_6H_{12}O_6 + 2ADP + 2Pi \longrightarrow 2CH_3CHOHCOOH + 2ATP$$

2. 异型乳酸发酵

异型乳酸发酵是指发酵产物中除乳酸外，还有乙醇、乙酸和 CO_2 等其他产物的发酵过程。磷酸解酮酶途径是异型乳酸发酵基本都要经过的途径。该代谢途径由部分 EMP、部分 HMP 及磷酸解酮酶等酶类组成，磷酸解酮酶是该途径的特征性酶，因此得名磷酸解酮酶途径，简称 PK 途径。在该途径中，葡萄糖先走 HMP 途径降解，经过脱氢、脱羧，直到生成 5-磷酸木酮糖，然后磷酸解酮酶催化 5-磷酸木酮糖发生磷酸解，生成 3-磷酸甘油醛和乙酰磷酸，在酶的作用下进一步反应生成乙醇。其中番茄乳酸杆菌、短乳杆菌、肠膜明串球菌、葡萄糖明串球菌等是经过戊糖解酮酶途径把 1 分子的葡萄糖发酵分解，然后生成 1 分子的乙醇、1 分子的乳酸以及 1 分子 CO_2，并且只产生 1 分子 ATP。总反应式如下：

$$C_6H_{12}O_6 + ADP + Pi \longrightarrow CH_3CHOHCOOH + CH_3CH_2OH + CO_2 + ATP$$

3. 双歧发酵

两歧双歧杆菌（*Bifidobaeterium bifidum*）发酵葡萄糖产生乳酸的途径称为双歧发酵。此反应中有两种磷酸酮糖酶参加反应，即 6-磷酸果糖磷酸酮糖酶和 5-磷酸木酮糖磷酸酮糖酶分别催化 6-磷酸果糖和 5-磷酸木酮糖裂解产生乙酰磷酸和 4-磷酸丁糖及 3-磷酸甘油醛和乙酰磷酸。

（二）乙醇发酵

酵母菌、根霉、曲霉以及某些细菌等多种微生物都能通过乙醇发酵的途径，把糖转变成二氧化碳和乙醇。乙醇发酵也可以分为同型乙醇发酵和异型乙醇发酵两类。

1. 同型乙醇发酵

酿酒酵母可以通过糖酵解过程进行同型酒精发酵，即由糖酵解代谢途径生成的丙酮酸经过脱羧反应放出二氧化碳，同时产生乙醛，糖酵解途径中释放的 $NADH + H^+$ 被乙醛接受，把乙醛还原为了乙醇。这个过程是一个低效的产能途径，大量能量仍然贮存于乙醇中，总反应式为：

$$葡萄糖 + 2ADP + 2Pi \longrightarrow 2 \, 乙醇 + 2CO_2 + 2ATP$$

运动发酵单胞菌可以通过 ED 途径进行同型乙醇发酵，但是只产生 1 个 ATP。

$$葡萄糖 + ADP + Pi \longrightarrow 2 \, 乙醇 + 2CO_2 + ATP$$

少数细菌缺乏完整的 EMP 途径，则利用 ED 途径替代 EMP 途径产能。

2. 异型乙醇发酵

一些细菌能够通过 HMP 途径进行异型乳酸发酵产生乙醇、乳酸和 CO_2 等，我们也称其为异型乙醇发酵，例如串珠菌进行的异型乙醇发酵，总反应式为：

$$葡萄糖 + ADP + Pi \longrightarrow 乳酸 + 乙醇 + CO_2 + ATP$$

（三）丙酸发酵

某些厌氧菌可进行丙酸发酵。葡萄糖经 EMP 途径分解为两个丙酮酸后，再被转化为丙酸。少数丙酸细菌还能将乳酸（或利用葡萄糖分解而产生的乳酸）转变为丙酸。

（四）丁酸发酵

很多专性厌氧菌，如梭菌属（*Clostridium*）、丁酸弧菌属（*Butyrivibrio*）、真杆菌属（*Eubacterium*）和梭杆菌属（*Fusobacterium*），能进行丁酸与丙酮–丁醇发酵。在发酵过程中，葡萄糖经 EMP 途径降解为丙酮酸，接着在丙酮酸–铁氧还蛋白酶的参与下，将丙酮酸转化为乙酰辅酶 A 及一系列反应生成丁酸或丁醇和丙酮。

（五）混合酸发酵

一些肠杆菌，如埃希菌属（*Escherichia*）、沙门菌属（*Salmonella*）和志贺菌属（*Shigella*）中的等微生物，能够利用葡萄糖进行混合酸发酵。先通过 EMP 途径将葡萄糖分解为丙酮酸，然后由不同的酶系将丙酮酸转化成不同的产物（乳酸、乙酸、甲酸、乙醇、CO_2 和氢气），还有一部分磷酸烯醇式丙酮酸用于生成琥珀酸；而肠杆菌、欧文菌属（*Erwinia*）中的一些细菌，能将丙酮酸转变成乙酰乳酸，乙酰乳酸经一系列反应生成丁二醇。由于这类肠道菌还具有丙酮酸–甲酸裂解酶、乳酸脱氢酶等，所以其终产物还有甲酸、乳酸、乙醇等。

二、磷酸戊糖途径

糖代谢的磷酸戊糖途径（pentose phosphate pathway）与 EMP 途径不同，它是从只带一个磷酸基的 6–磷酸葡萄糖分子开始降解的，因此被称为单磷酸己糖途径（Hexose monophosphate pathway，HMP），或单磷酸己糖支路（Hexose monophosphate shunt，HMS）。HMP 是动物、植物和微生物细胞中普遍存在的一条重要的葡萄糖分解途径，其所催化反应的酶存在于细胞液中。

（一）磷酸戊糖途径反应过程

磷酸戊糖途径在细胞溶质中进行，整个过程可被分为氧化阶段以及非氧化阶段：第一阶段是氧化降解阶段，这一阶段从 6–磷酸葡萄糖氧化开始，直接氧化脱氢脱羧形成 5–磷酸核糖；第二阶段是非氧化阶段，该阶段中的磷酸戊糖分子在转酮酶以及转醛酶的催化下发生互变异构和重排，生成 3–磷酸甘油醛及 6–磷酸果糖。此阶段产生的中间产物为 C3、C4、C5、C6 和 C7 糖。

1. 氧化脱羧阶段

第一阶段包括脱氢、水解和脱氢脱羧三步反应，这三步反应分别由三种酶催化。该反应是不可逆的氧化阶段，氢的受体为 $NADP^+$，脱去 1 分子 CO_2，生成五碳糖。

（1）6–磷酸葡萄糖的脱氢反应　6–磷酸葡萄糖脱氢酶（glucose-6-phosphate dehydrogenase）以 $NADP^+$ 为辅酶，催化 6–磷酸葡萄糖脱氢，生成 6–磷酸葡萄糖酸内酯和 $NADPH+H^+$。

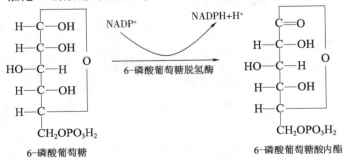

6–磷酸葡萄糖   6–磷酸葡萄糖酸内酯

（2）6-磷酸葡萄糖酸内酯的水解反应　6-磷酸葡萄糖酸内酯在 6-磷酸葡萄糖酸内酯酶的催化下发生水解反应，生成 6-磷酸葡萄糖酸。

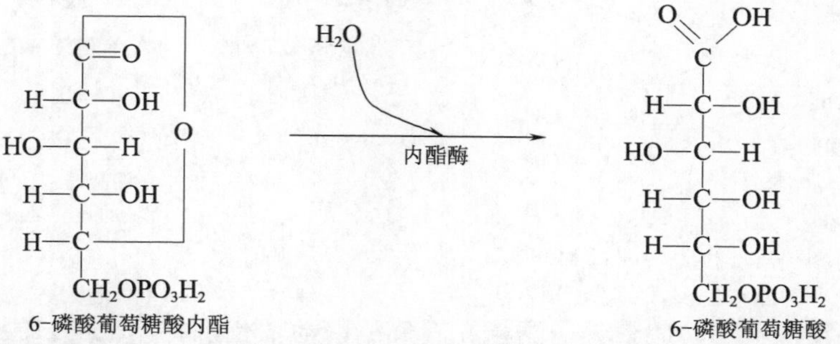

6-磷酸葡萄糖酸内酯　　　　　　　　　　　　　　　6-磷酸葡萄糖酸

（3）6-磷酸葡萄糖酸的脱氢脱羧反应　6-磷酸葡萄糖酸在 6-磷酸葡萄糖酸脱氢酶的作用下，以辅酶 $NADP^+$ 为氢受体，发生氧化脱羧反应，产生 5-磷酸核酮糖以及 $NADPH+H^+$。

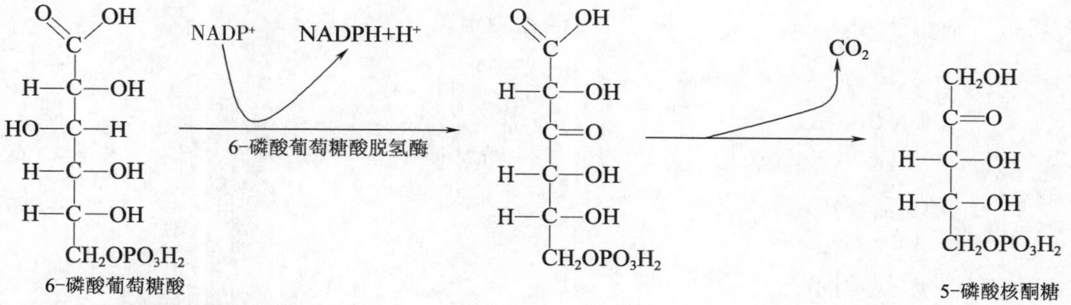

6-磷酸葡萄糖酸　　　　　　　　　　　　　　　　　5-磷酸核酮糖

2. 非氧化分子重排阶段

这一阶段为可逆的非氧化阶段，包括异构化、转酮反应以及转醛反应，可以使糖分子进行重新组合，包括五步反应。

（1）磷酸戊糖的异构化反应　5-磷酸核酮糖在磷酸核糖异构酶的催化下变为 5-磷酸核糖，而 5-磷酸核酮糖在磷酸戊酮糖异构酶的催化下转变成为 5-磷酸木酮糖。

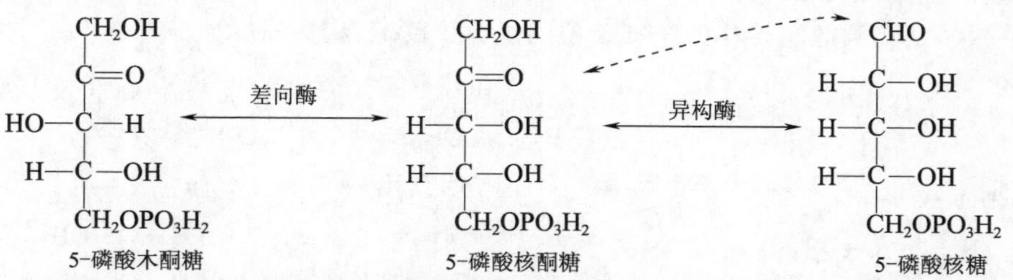

5-磷酸木酮糖　　　　　　　　　　5-磷酸核酮糖　　　　　　　　　5-磷酸核糖

（2）转酮反应　5-磷酸木酮糖在转酮醇酶的催化下将其上的乙酮醇基转移到 5-磷酸核糖的第一个碳原子上，转变成 3-磷酸甘油醛以及 7-磷酸景天庚酮糖（C5+C5→C3+C7）。在此，一个二碳单位被转酮醇酶转移，酮糖是二碳单位的供体，而醛糖是受体。焦磷酸硫胺素（TPP）为转酮醇酶的辅酶，其作用机理和丙酮酸脱氢酶系中的 TPP 类似。

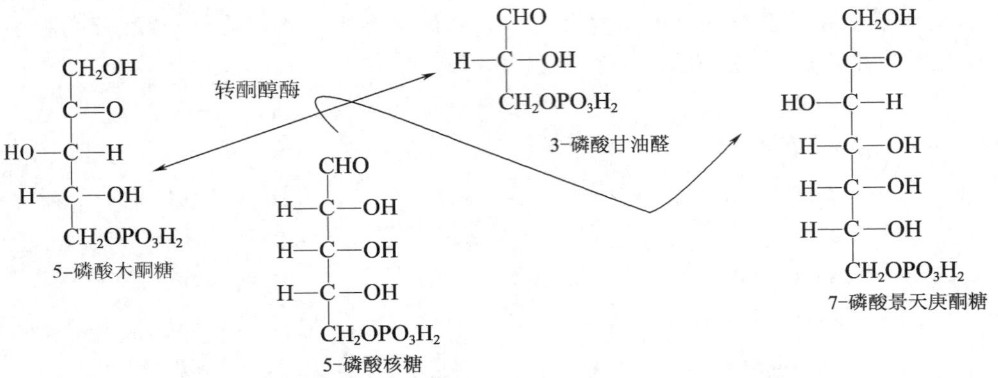

CH₂OH / C=O / HO—C—H / H—C—OH / CH₂OPO₃H₂
5-磷酸木酮糖

转酮醇酶

CHO / H—C—OH / CH₂OPO₃H₂
3-磷酸甘油醛

CHO / H—C—OH / H—C—OH / H—C—OH / CH₂OPO₃H₂
5-磷酸核糖

CH₂OH / C=O / HO—C—H / H—C—OH / H—C—OH / CH₂OPO₃H₂
7-磷酸景天庚酮糖

（3）转醛反应　7-磷酸景天庚酮糖在转醛酮酶的催化下将其上的二羟丙酮基转移到 3-磷酸甘油醛上，转变成为 4-磷酸赤藓糖和及 6-磷酸果糖（C7+C3→C4+C6）。转醛酮酶转移了一个三碳单位，酮糖作为三碳单位的供体，而醛糖是受体。

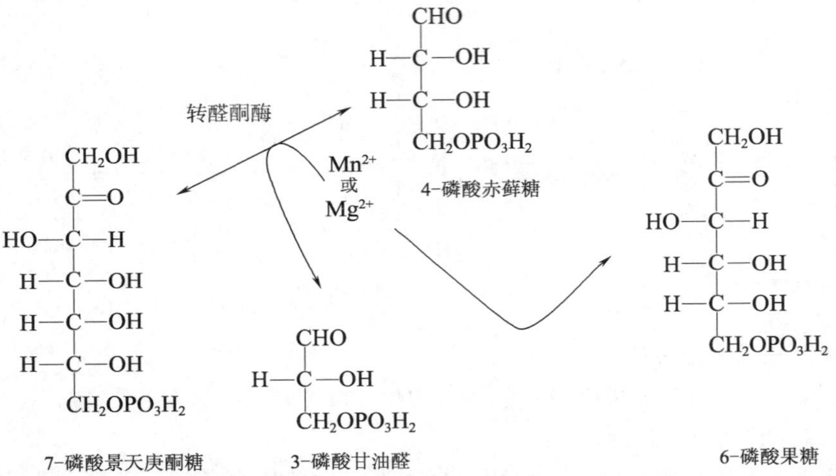

转醛酮酶 / Mn²⁺ 或 Mg²⁺

CH₂OH / C=O / HO—C—H / H—C—OH / H—C—OH / H—C—OH / CH₂OPO₃H₂
7-磷酸景天庚酮糖

CHO / H—C—OH / CH₂OPO₃H₂
3-磷酸甘油醛

CHO / H—C—OH / H—C—OH / CH₂OPO₃H₂
4-磷酸赤藓糖

CH₂OH / C=O / HO—C—H / H—C—OH / H—C—OH / CH₂OPO₃H₂
6-磷酸果糖

（4）转酮反应　5-磷酸木酮糖在转酮醇酶的催化下将其上的乙酮醇基转移到 4-磷酸赤藓糖的第一个碳原子上，转变成为 3-磷酸甘油醛以及 6-磷酸果糖（C5+C4→C3+C6）。该反应中酮糖是转酮醇酶转移的二碳单位的供体，醛糖是其受体。

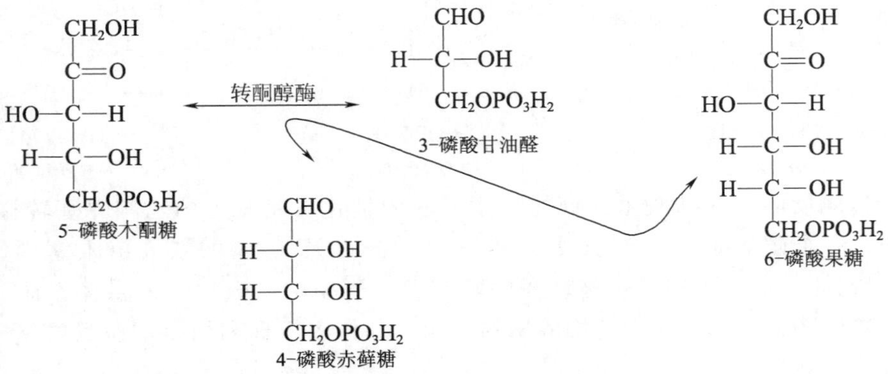

CH₂OH / C=O / HO—C—H / H—C—OH / CH₂OPO₃H₂
5-磷酸木酮糖

转酮醇酶

CHO / H—C—OH / CH₂OPO₃H₂
3-磷酸甘油醛

CHO / H—C—OH / H—C—OH / CH₂OPO₃H₂
4-磷酸赤藓糖

CH₂OH / C=O / HO—C—H / H—C—OH / H—C—OH / CH₂OPO₃H₂
6-磷酸果糖

（5）磷酸己糖的异构化反应　6-磷酸果糖经异构化反应转变成为 6-磷酸葡萄糖。
磷酸戊糖途径的整个过程如图 6-29 所示。

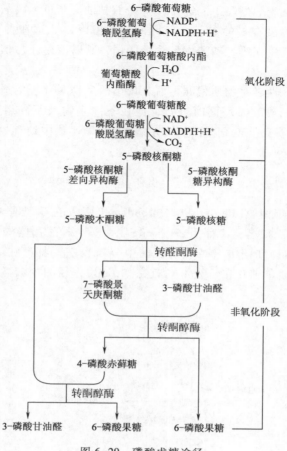

图 6-29 磷酸戊糖途径

（二）磷酸戊糖途径的生物学意义

1. HMP 产生大量的 NADPH+H$^+$，为细胞的各种合成反应提供还原力

NADPH+H$^+$ 作为氢和电子供体，是脂肪酸合成，非光合细胞中硝酸盐、亚硝酸盐的还原，氨的同化，以及丙酮酸羧化还原成苹果酸等反应所必需的。

2. HMP 中间产物为许多化合物的合成提供原料

5-磷酸核糖是合成核苷酸的原料，也是 NAD$^+$、NADP$^+$、FAD 等物质的组分；4-磷酸赤藓糖可与磷酸烯醇式丙酮酸合成莽草酸，最后合成芳香族氨基酸。此外，核酸的降解产物核糖也需由磷酸戊糖途径进一步分解。所以磷酸戊糖途径与核酸及蛋白质的代谢联系密切。

3. HMP 与光合作用有密切关系

在磷酸戊糖途径的非氧化重排阶段中，一系列中间产物 C3、C4、C5、C7 及酶类与光合作用中卡尔文循环的大多数中间产物和酶相同。

4. HMP 与糖的有氧、无氧分解相互联系

磷酸戊糖途径中间产物 3-磷酸甘油醛是三种代谢途径的枢纽。如果磷酸戊糖途径受阻，3-磷酸甘油醛则进入无氧或有氧分解途径，反之，如果用碘乙酸抑制 3-磷酸甘油醛

脱氢酶，使糖酵解和三羧酸循环不能进行，3-磷酸甘油醛则进入磷酸戊糖途径。磷酸戊糖途径在整个代谢过程中没有氧的参与，但可使葡萄糖降解，这在种子萌发的初期作用很大；另外，植物感病或受伤时，磷酸戊糖途径增强，所以该途径与植物的抗病能力有一定关系。

糖分解途径的多样性，是物质代谢上所表现出的生物对环境的适应性。通常，磷酸戊糖途径在机体内可与三羧酸循环同时进行，但在不同生物及不同组织器官中所占比例不同。如在植物中，有时可占 50% 以上，在动物及多种微生物中约有 30% 的葡萄糖经此途径氧化。

三、ED 途径

ED 途径是 1952 年由 N. Emrier 和 M. Dbudonoff 两人在嗜糖假单胞菌（*Pseudomonas saccharophila*）中发现而得名，又称为 2-酮-3-脱氧-6-磷酸葡糖酸（KDPG）裂解途径。ED 途径后来证明在多种细菌中（革兰阴性菌中分布较广）都存在。ED 途径能够不依赖于 HMP 及 EMP 途径而单独存在，为不具有完整 EMP 途径的少数微生物的一种替代途径（图 6-30）。

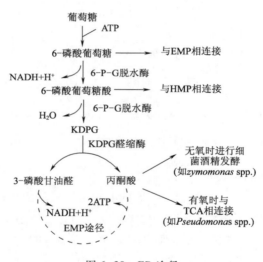

图 6-30 ED 途径

ED 反应途径的特点：在脱氧酮糖酸醛缩酶的催化下，葡萄糖转化为 2-酮-3-脱氧-6-磷酸葡萄糖酸后，裂解成为 3-磷酸甘油醛及丙酮酸，然后 3-磷酸甘油醛再通过 EMP 反应途径转化成为丙酮酸。最终是 1 分子的葡萄糖生成 2 分子丙酮酸以及 1 分子的 ATP。

关键中间代谢物 2-酮-3-脱氧-6-磷酸葡萄糖酸发生裂解，转变成为丙酮酸及 3-磷酸甘油醛是 ED 途径的特征反应。KDPG 醛缩酶是 ED 途径的特征酶，产能效率低，反应步骤简单。这一反应途径能够和 EMP 途径、HMP 途径以及 TCA 循环相连接，可相互协调用来满足微生物对还原力、能量以及不同中间代谢物的需要。厌氧时进行乙醇发酵，好氧时和三羧酸循环相连。

四、磷酸酮解途径

这一反应途径在某些细菌（如乳杆菌属中的一些细菌以及明串珠菌属）中存在。因为进行磷酸酮解途径的微生物不具有醛缩酶，所以它能把磷酸己糖裂解为 2 个三碳糖。磷酸酮解酶途径包括磷酸戊糖酮解途径（PK）及磷酸己糖酮解途径（HK）。

（一）磷酸戊糖酮解途径的特点

磷酸戊糖酮解途径相当于糖酵解途径的一半，分解 1 分子的葡萄糖只生成 1 分子 ATP；几乎产生等量的乳酸、乙醇以及二氧化碳。

（二）磷酸己糖酮解途径的特点

磷酸己糖酮解途径有两个磷酸酮解酶参加反应；在没有脱氢作用及氧化作用的参与下，2 分子的葡萄糖可以分解成 3 分子的乙酸以及 2 分子的 3-磷酸甘油醛，在脱氢酶的作用下 3-磷酸甘油醛转变为乳酸；ADP 转变成为 ATP 的反应则和乙酰磷酸合成乙酸的反应相耦联；每分子葡萄糖产生 2.5 分子 ATP；许多微生物的异型乳酸发酵即采取这一方式。

第六节　糖的合成代谢

在自然界中，生物的基本特征之一是物质的合成代谢以及分解代谢。合成代谢和分解代谢两者之间既相互矛盾又相互统一，它们相互联系、相互依存，又相互制约。生物体能够通过同化作用和异化作用的新陈代谢过程完成和周围环境之间的物质交换与能量交换，并且不断地进行自我更新。但是在生命的历程中，合成代谢与分解代谢之间的主次关系要进行转化，从以合成代谢为主逐渐转化为以分解代谢为主，因此导致生物体的发展过程依次呈现出生长、发育及衰老等不同阶段。

糖作为生物体物质组成的重要成分之一，一方面可以通过不同的途径不断地进行分解代谢，为物质合成及细胞活动提供碳源与能源。另一方面，生物体还能够通过不同的途径合成各种糖，如单糖、双糖和多糖。

一、糖异生作用

糖异生作用是指由非糖物质转化为葡萄糖或糖原的过程。糖异生作用并不是糖酵解的逆反应。相对于糖异生作用，糖酵解过程是由己糖激酶、磷酸果糖激酶和丙酮酸激酶催化的三步反应，释放大量的自由能，是不可逆反应。糖异生作用是通过丙酮酸羧化酶和磷酸烯醇式丙酮酸羧激酶、二磷酸果糖磷酸酯酶、6-磷酸葡萄糖酶几种酶类通过酶催化反应，绕过这上述糖酵解过程三个反应步骤，完成糖异生作用。丙酮酸、草酰乙酸、乳酸、某些氨基酸以及甘油等为可以进行葡萄糖异生作用的非糖前体化合物。

（一）丙酮酸生成磷酸烯醇式丙酮酸

1. 丙酮酸羧化酶催化丙酮酸羧化成草酰乙酸

$$
\underset{\text{丙酮酸}}{\overset{\displaystyle \text{COOH}}{\underset{\displaystyle \text{CH}_3}{\mid}}\!\!\!\overset{}{\underset{}{\text{C}=\text{O}}}} + CO_2 + ATP \underset{\text{生物素}}{\overset{\text{乙酰 CoA}}{\rightleftharpoons}} \underset{\text{草酰乙酸}}{\overset{\displaystyle \text{O}=\text{CCOOH}}{\underset{\displaystyle \text{CH}_2-\text{COOH}}{\mid}}} + ADP + Pi
$$

丙酮酸羧化酶以生物素为辅酶，是一个生物素蛋白，并且需要 Mg^{2+} 及乙酰 CoA 作为辅助因子，反应需要一分子 ATP。糖酵解途径是在细胞质中进行的，但是丙酮酸羧化酶存在于线粒体内。因此，丙酮酸羧化成草酰乙酸需要从细胞质中转移到线粒体内才能完成，草酰乙酸只有在转化成为苹果酸后才可以再进入细胞质。然后苹果酸通过细胞质中的苹果酸脱氢酶生成草酰乙酸。

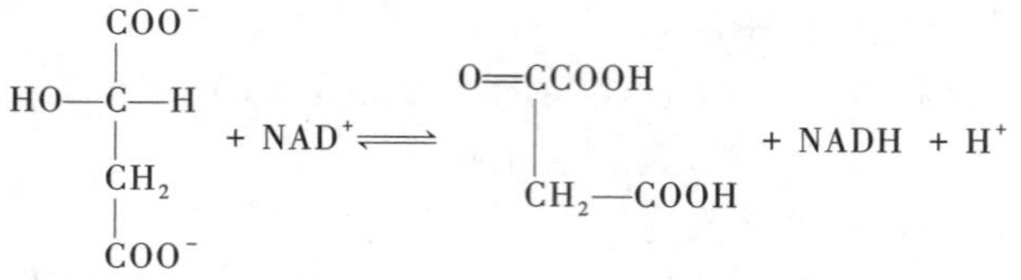

苹果酸　　草酰乙酸

2. 磷酸烯醇式丙酮酸羧激酶催化草酰乙酸形成磷酸烯醇式丙酮酸

由磷酸烯醇式丙酮酸羧激酶催化，由 GTP 提供磷酸基，草酰乙酸脱羧生成磷酸烯醇式丙酮酸。

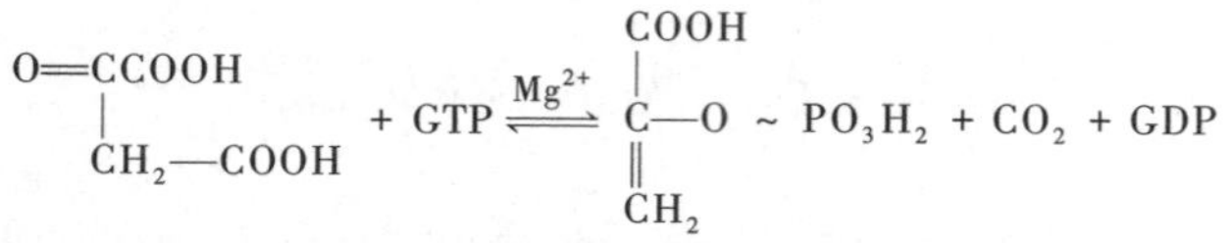

草酰乙酸　　磷酸烯醇式丙酮酸

（二）1，6-二磷酸果糖生成 6-磷酸果糖

这一反应步骤在二磷酸果糖磷酸酯酶的催化下，C1 上的磷酸酯键被水解，转变成为6-磷酸果糖。

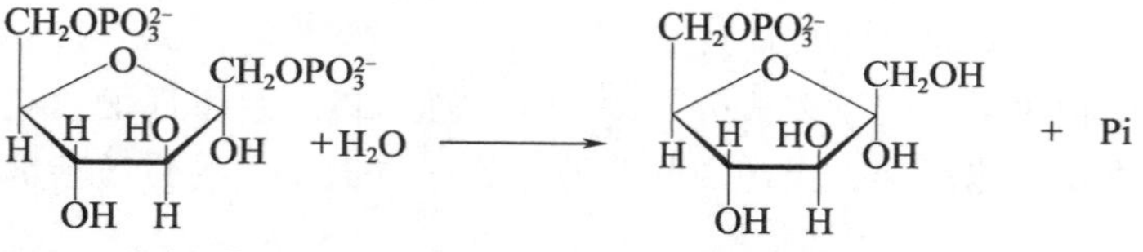

1,6-二磷酸果糖　　6-磷酸果糖

二磷酸果糖磷酸酯酶是变构酶，受 AMP 变构抑制。当 AMP 在生物体内的浓度很高时，就意味着生物体内缺少能量，需要通过糖酵解产生能量。所以，二磷酸果糖磷酸酯酶的活性受高浓度的 AMP 抑制，进而可以进行糖酵解作用，而不能进行糖异生作用。糖酵解生成的丙酮酸进入 TCA 循环途径，产生大量的 ATP，为生物体提供所需能量。另外，此酶受柠檬酸和 ATP 变构激活。

（三）6-磷酸葡萄糖生成葡萄糖

在 6-磷酸葡萄糖磷酸酯酶的催化下，6-磷酸葡萄糖的磷酸酯键被水解，转变成为葡萄糖。

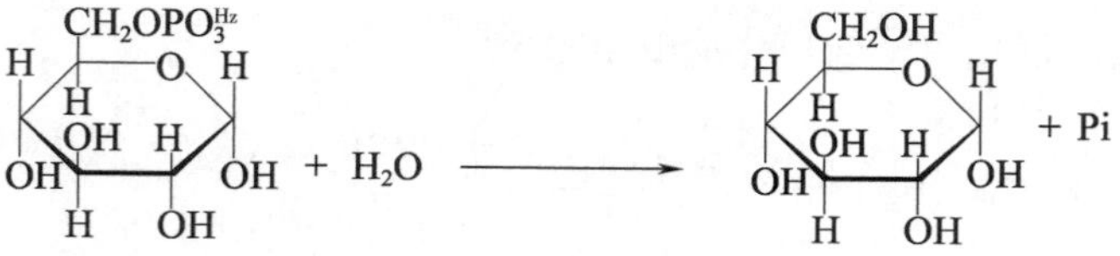

6-磷酸葡萄糖　　葡萄糖

（四）糖异生途径总图

糖异生途径的总过程见图6-31。

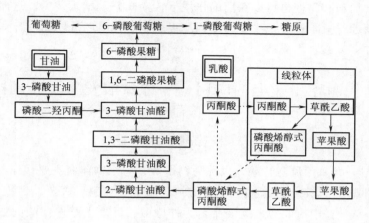

图6-31　糖异生途径

糖异生的化学计量关系为：

$$2\text{ 丙酮酸}+4ATP+2GTP+2NADH+6H_2O \longrightarrow \text{葡萄糖}+4ADP+2GDP+6Pi+2NAD^+$$

在糖异生途径中，丙酮酸需要6个高能磷酸键才能合成葡萄糖，因此该过程是一个吸能过程。只要把以上三步反应完成了，糖异生作用就基本能够沿糖酵解途径逆转，将非糖化合物转变为葡萄糖。

葡萄糖异生在自然界中广泛存在，是一个相当重要的代谢过程。糖异生作用能在哺乳动物的肝脏中进行。葡萄糖几乎完全是动物体某些组织的主要燃料，当动物体长时间处于饥饿状态时，为了保证存活必须将非糖的化合物转变成为葡萄糖。此外，葡萄糖异生作用在机体进行剧烈运动时也是很重要的。脂肪酸氧化分解产生的乙酰CoA与甘油在高等植物油料作物种子萌发时能向糖转变。其中的乙酰CoA可以通过乙醛酸循环生成琥珀酸，然后琥珀酸再转变成为草酰乙酸，草酰乙酸再经过葡萄糖异生作用合成葡萄糖，以供幼苗生长利用。

二、糖原的合成

在高等动物的肌肉和肝脏中，贮存着被称为"动物淀粉"的糖原。动物糖原与植物淀粉的生物合成机制相似，只是在其结构复杂程度上有所不同。动物糖原分支要比植物支链淀粉多得多。葡萄糖为合成糖原的唯一原料，只有通过磷酸葡萄糖、半乳糖和果糖才能变为糖原。糖原的合成过程中需要多种酶参加作用，如：己糖激酶，葡萄糖磷酸变位酶，UDPG糖原合成酶，分支酶。糖原的分支主要由分支酶形成α-1，6-糖苷键来完成。

动物通过消化道中的酶类先把淀粉转化成单糖，然后通过糖代谢过程转化成6-磷酸葡萄糖，紧接着将其转化成1-磷酸葡萄糖，随后形成尿苷二磷酸葡萄糖（UDPG）作为糖原合成的葡萄糖供体。UDPG中的葡萄糖很活泼，容易形成糖苷键，在有小分子糖原作为引物的条件下，通过糖原合成酶的作用，UDPG中的葡萄糖即以1，4-糖苷键和小分子糖原连接从而增长了糖原的分子链。再通过分支酶的作用1，4-糖苷键变为1，6-糖苷键，从而形成了糖原的支链。

UTP 直接为合成糖苷键提供所需要的能量，UTP 的再合成则由 ATP 提供高能磷酸键，磷酸酯酶作用于反应的逆反应。

果糖、半乳糖和甘露糖也可以在酶的作用下转变成 l-磷酸葡萄糖，进而形成 UDPG 逐步合成转变为糖原，只不过不是主要的来源。很多非糖物质也可以在肝脏和肾脏的皮质中转变为糖原，如：乳酸、丙酮酸、丙酸、甘油和部分氨基酸。

第七节　糖代谢在工业上的应用——柠檬酸发酵及其调控机制举例

一、柠檬酸合成途径

柠檬酸学名 α-羟基丙烷三羧酸，也称为枸橼酸，为生物体内主要代谢产物之一，其生物代谢途径如图 6-32 所示。柠檬酸主要被应用于食品、饮料、医药、化妆品等很多领域。最早的柠檬酸是从柠檬中提取的，故被命名为柠檬酸。后来生产柠檬酸的方法为发酵法生产。比利时（1923 年）是世界上最早运用发酵法生产柠檬酸的国家。美国的 Miles 公司于 1952 年采用淀粉质作为原料，经过水解后，深层发酵获得成功。1953 年，我国最初采用浅盘法发酵生产柠檬酸，直到 20 世纪 60 年代后期，开始采用液体深层发酵法生产柠檬酸。

目前，我国的柠檬酸行业不仅在产量上位居世界之首，而且在技术上也位于世界领先水平，并且远远超过其他国家，其优势在于：一是我国的柠檬酸发酵采用黑曲霉作为菌种，黑曲霉具有双重功能，不需要将淀粉水解成为葡萄糖，当淀粉原料被液化后，即可直接进行发酵，不仅简化了生产工艺，而且降低了生产成本；二是虽然运用的是边糖化边发酵的工艺，但发酵周期只有 64h，生产周期与国外的单边发酵相比周期还要短；三是柠檬酸的产酸速率比国外要高很多，其平均产酸速率为国外的两倍。

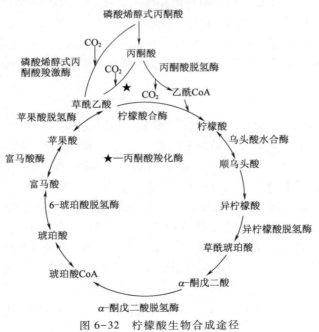

图 6-32　柠檬酸生物合成途径

二、柠檬酸生物合成的代谢调节

（一）糖酵解和丙酮酸代谢的调节

柠檬酸和 ATP 在正常情况下具有抑制磷酸果糖激酶（PFK）的作用，而 AMP、无机磷以及 NH_4^+ 则对此酶具有激活作用，其中 NH_4^+ 还可以解除柠檬酸和 ATP 对磷酸果糖激酶的抑制作用。微生物体内的 NH_4^+，能够解除柠檬酸对磷酸果糖激酶的反馈抑制作用，细胞在较高的 NH_4^+ 浓度下能够大量产生柠檬酸，那么 NH_4^+ 的浓度是如何升高的呢？进一步的研究说明，柠檬酸的产生菌即黑曲霉若是在缺乏 Mn^+ 的培养基中生长，则 NH_4^+ 浓度就会异常地高，能够达到 25mmol/L，显然，因为缺乏 Mn^+，能够使微生物体内的 NH_4^+ 浓度增加，从而解除了柠檬酸抑制磷酸果糖激酶活性的作用，使得葡萄糖可以不断地产生大量的柠檬酸。当培养基中缺乏 Mn^+ 时，与此同时微生物体内积累 GA、Glu、Arg、Oin 等几种氨基酸，由于这些氨基酸的积累，导致体内蛋白质的合成受到抑制，但是分解外源蛋白质的速度并不会受到影响，因为 NH_4^+ 的消耗减少，NH_4^+ 浓度就会相应地增加。

（二）TCA 循环的调节

1. 柠檬酸合成酶的活性

柠檬酸合成酶是一种调节酶，但是柠檬酸合成酶在黑曲霉中没有调节作用，这是黑曲霉三羧酸循环的第一个特点。

2. 顺乌头酸酶的活性

顺乌头酸酶的失活或者丧失是阻断三羧酸循环产生大量柠檬酸的必要条件。通常这一酶的活性在柠檬酸产生菌体内的要求本身就非常弱，然而在发酵过程中仍需要对它的活性进行控制。由于 Fe^{2+} 对这一酶的活性有一定的影响，因此控制 Fe^{2+} 在培养基中的浓度，能够使此酶失活。

3. α-酮戊二酸脱氢酶的活性

α-酮戊二酸脱氢酶在黑曲霉菌体内的活性非常低或者缺失（三羧酸循环被阻断），被 NH_4^+ 及葡萄糖抑制。这是黑曲霉三羧酸循环的第二个特点。

（三）乙醛酸循环和醋酸发酵柠檬酸

烷烃发酵在酵母氮源耗尽后开始进行，低浓度 AMP 可以对 NAD-异柠檬酸脱氢酶的活性进行控制，可以合成大量柠檬酸。这时顺乌头酸水合酶催化反应的平衡为：柠檬酸：异柠檬酸：顺乌头酸＝90：7：3。异柠檬酸在细胞质中大量积累。

（四）pH 及氧对柠檬酸积累的调节

pH 影响酶的活性、改变细胞膜的通透性、影响培养基中某些组分和中间代谢产物的离解、改变代谢产物的质量和比例。因此，只有将 pH 控制在合适范围内，才能更好地积累柠檬酸。

在草酰乙酸与乙酰 CoA 结合产生柠檬酸的过程中需要引进一个氧原子，所以可以把氧也看作是柠檬酸生物合成的底物。它对柠檬酸发酵的作用为：在发酵过程中产生的 $NADH_2$ 进行重新氧化的氢受体就是氧；近来的研究表明，黑曲霉中不仅具有一条标准呼吸链，还存在一条侧呼吸链（图 6-33）。

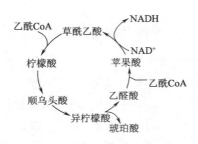

图 6-33　黑曲霉的标准呼吸链和侧呼吸链

当供氧不足时，就算在很短的时间内中断供氧，也可以导致该侧呼吸链的不可逆失活，进而使柠檬酸的产酸大幅度下降。

在柠檬酸发酵途径中，主要包含三个控制要点：①糖酵解途径畅通无阻，能够对 Mn^+ 和 NH_4^+ 的浓度进行控制，可以解除柠檬酸对 PFK 的抑制；②经过 CO_2 固定反应产生 C^4 二羧酸，对这一反应进行强化；③柠檬酸后续酶的活性很低或丧失，能够对培养基中 Fe^{2+} 的浓度进行控制。

第八节　糖代谢途径的相互关系

糖的主要代谢途径有：糖酵解作用、糖的有氧氧化、糖原的分解和合成、磷酸戊糖途径和糖异生作用等。虽然各条代谢途径的特点以及生理意义有所不同，但是有三个交汇点可以使各条代谢途径相互沟通从而形成一个整体。

第一个交汇点（6-磷酸葡萄糖）：6-磷酸葡萄糖可以连接所有的糖代谢途径。6-磷酸葡萄糖是葡萄糖合成糖原，糖原分解成葡萄糖，非糖物质合成糖都需要经过的共同的中间产物。在糖的分解代谢中，6-磷酸葡萄糖又是糖的无氧酵解，有氧氧化和磷酸戊糖途径共同的中间产物。

第二个交汇点（3-磷酸甘油醛）：糖的无氧酵解、有氧氧化、磷酸戊糖途径以及糖异生途径的共同的中间产物是 3-磷酸甘油醛。

第三个交汇点（丙酮酸）：丙酮酸是无氧酵解、有氧氧化、非糖物质异生成糖都必须经过的共同的中间产物。

此外，通过磷酸戊糖途径可以使戊糖和己糖的代谢相互联系起来，而各种己糖和葡萄糖的相互转变又沟通了各种己糖的代谢。

小　　结

糖是人体能量的主要来源，也是构成机体结构物质的重要组成成分。淀粉是食物中可被消化的糖，它经过消化道中的一系列酶的消化作用，最终被水解为葡萄糖，在小肠中被吸收后经门静脉入血。血液中的葡萄糖被称为血糖，是糖的运输形式。食物中经消化吸收的糖是血糖的主要来源，其次由肝糖原分解，糖异生，肌糖原酵解间接补充血糖和由其他己糖转变而来。氧化分解供能是血糖的主要去路，其次是合成肝、肌、肾糖原，转变为脂肪等。

糖的分解代谢途径主要有糖酵解、有氧氧化以及磷酸戊糖途径等。糖酵解是指葡萄糖或糖原在无氧或缺氧情况下分解生成乳酸和 ATP 的过程。糖酵解的全部反应均发生在细胞液中，其代谢反应可以分为两个阶段。第一阶段中，由葡萄糖转变为两分子丙酮酸的反应过程称为糖酵解途径。第二阶段中，丙酮酸在乳酸脱氢酶的催化下，接受 3-磷酸甘油醛脱下的氢被还原为乳酸。虽然酵解中有氧化还原反应，但不需要氧。除了葡萄糖以外的己糖均可转变成磷酸化衍生物而进入糖酵解途径。磷酸果糖激酶-1、丙酮酸激酶以及己糖激酶均是调节糖酵解的关键酶，其中，磷酸果糖激酶-1 为限速酶。糖酵解的生理意义是能够提供一部分急需的能量。

糖的有氧氧化是指葡萄糖或糖原在有氧条件下，彻底氧化成二氧化碳和水，同时产生大量能量的过程。糖的有氧氧化是体内糖氧化供能的主要方式，它包括三个阶段，在线粒体和胞液中进行。第一个阶段发生在胞液中，是葡萄糖经过糖酵解途径分解为丙酮酸的过程；第二阶段为丙酮酸进入线粒体并在丙酮酸脱氢酶复合体的催化下氧化脱羧生成乙酰CoA；第三个阶段为乙酰 CoA 进入三羧酸循环彻底氧化和氧化磷酸化。三羧酸循环运转一周能够产生 10 分子 ATP，并且它是糖、脂肪和蛋白质彻底氧化的共同途径，也是三者相互联系和转变的枢纽。

磷酸戊糖途径发生在胞液中，6-磷酸葡萄糖脱氢酶为限速酶，转酮醇酶和转醛酮酶将戊糖磷酸途径和酵解联系起来。磷酸戊糖途径的生理意义为提供磷酸核糖和 $NADPH+H^+$，前者是合成核苷酸的重要原料，后者可以作为供氢体参与多种代谢反应。

糖原的生成是指由单糖合成糖原的过程，糖原是体内糖的储存形式，主要储存在肝和肌肉中。糖原分解是指肝糖原分解为葡萄糖的过程，糖原合酶和糖原磷酸化酶分别为糖原生成和分解的限速酶，这两种酶均可通过激素介导的蛋白激酶 A 使酶磷酸化，通过共价修饰和别构效应调节酶的活性。

糖异生是指非糖物质转变为葡萄糖或者糖原的过程。糖异生的主要场所为肝，其次为肾。糖酵解途径和糖异生途径为方向相反的两条代谢途径。糖异生主要的生理意义是在饥饿时能够维持血糖浓度的相对稳定，其次是回收乳酸能量，补充肝糖原和参与酸碱平衡的调节。肝通过肝糖原的合成、分解和糖异生作用从器官水平维持血糖浓度的恒定。底物或产物通过别构效应来调节酶活性，通过对该代谢途径的限速酶或关键酶进行正或负反馈调节。

思考题

1. 分别写出己醛糖和己酮糖的开链结构（名称和构型）。
2. 环状己醛糖有多少个旋光异构体？
3. 含 D-吡喃葡萄糖残基和 D-吡喃半乳糖残基的双糖可能有几个异构体？
4. 乳糖和蔗糖各是什么类型的糖苷？
5. 单糖的结构，葡萄糖的开链式、δ-氧环式、构象式是什么？
6. 常见的单糖、双糖、寡糖、多糖及其来源有哪些？
7. 低聚糖的组成、成键方式、性质（如蔗糖、麦芽糖等）是什么？
8. 多糖（如淀粉、纤维素）的组成、成键方式、性质和应用有哪些？
9. 糖蛋白和蛋白聚糖在结构上有什么共同点和不同点？
10. 糖酵解的全过程（包括反应式和催化反应的酶）是什么？

11. 糖酵解作用的关键酶是什么？其三个调节部位及调节因素是什么？

12. 丙酮酸被还原为乳酸对糖酵解有什么意义？

13. 何谓糖酵解和发酵？两者有什么区别？

14. 试述三羧酸循环的特点及生理意义。

15. 糖酵解的中间物在其他代谢中有何应用？

16. 糖分解代谢可按 EMP－TCA 途径进行，也可按磷酸戊糖途径进行，决定因素是什么？

17. 什么是磷酸戊糖途径？何为糖异生作用？

18. 琥珀酰 CoA 的代谢来源与去路有哪些？

19. 试述 1mol 葡萄糖完全氧化成 CO_2、H_2O、ATP 的全过程。

第七章　脂质与脂质代谢

由脂肪酸和醇作用生成的酯及其衍生物统称为脂类。脂类是机体内的一类有机大分子物质，它包括范围很广，其化学结构有很大差异，生理功能各不相同，其共同物理性质是不溶于水而溶于乙醚、氯仿、苯等有机溶剂，在水中可相互聚集形成内部疏水的聚集体。但严格地说，脂类不是大分子物质，它们的相对分子质量不如糖、蛋白质和核酸的大，并且也不是聚合物。

第一节　脂质概述

一、脂质的分类

脂质（lipids）是脂肪和类似脂肪物质的统称。按脂质的化学组成可将其分成三大类：单纯脂质、复合脂质、非皂化脂质。

（一）单纯脂质

单纯脂质（simple lipids）是脂肪酸与醇脱水缩合形成的化合物，包括蜡（waxes）和甘油脂。蜡是不溶于水的固体，是高级脂肪酸和长链一羟基脂醇所形成的酯，或者是高级脂肪酸甾醇所形成的酯，如虫蜡、蜂蜡。甘油脂是以甘油为醇基的脂肪酸酯。如三酰甘油酯（脂肪）的化学结构为甘油分子中三个羟基都被脂肪酸酯化，故称为三酰甘油（triacylglycerol，TG）。

（二）复合脂质

复合脂质（compound lipids）是指除脂肪酸和醇外还有其他化学基团的脂肪酸酯，主要有磷脂（phospholipid）和糖脂（glycolipid）。磷脂是生物膜的重要组成部分，其特点是在水解后产生含有脂肪酸和磷酸的混合物。糖脂是糖与脂类通过糖苷键连接起来的化合物。

单纯脂质和复合脂质都可以发生皂化反应（即碱水解）。

（三）非皂化脂质

非皂化脂质（non-saponifiable lipids）是一类不含有脂肪酸，不能进行皂化反应的脂质，主要包括萜类（terpenes）和甾类（sterol）及其衍生物。

二、脂质在生物体内的存在和功能

脂质是细胞的重要结构物质和生理活性物质，动物油脂、植物油和工业、医药上用的蓖麻油和麻仁油等都属于脂质物质。动物脂肪组织、肝组织、神经组织以及植物油料作物种子中脂质含量均很高。

脂质的生物学功能主要体现在：脂质是动植物的储能物质；人和动物的脂肪具有润滑和保护作用，缓冲机械的损伤；油脂和蜡具有绝缘和隔热作用，防止热量散发，维持体温；磷脂、糖脂、硫脂是生物膜的重要组成成分，物质跨膜运输、信息的识别与传递、细胞免疫、代谢调控等生命现象都与此密切相关；萜类在植物体内可作为一些外分泌物及许多小分子有机物合成的前体；类固醇类分子在动物体内可衍生出性激素、皮质激素、维生素 D 等生理活性物质。

三、脂质的化学结构及种类

（一）脂肪酸

脂肪酸不属于脂质，而是脂质的水解产物。单纯脂质、复合脂质水解均有脂肪酸生成。生物体中大约存在 100 多种脂肪酸（fatty acid），常见的脂肪酸主要区别在于烃链的长度、不饱和度以及双键的位置（表 7-1，图 7-1）。

表 7-1   **常见的脂肪酸**

俗名	碳原子数	系统命名	熔点/℃	结构式
1. 饱和脂肪酸				
月桂酸	12	n-十二酸	44.2	$CH_3(CH_2)_{10}COOH$
棕榈酸	16	n-十六酸	63.1	$CH_3(CH_2)_{14}COOH$
硬脂酸	18	n-十八酸	69.6	$CH_3(CH_2)_{16}COOH$
花生酸	20	n-二十酸	76.5	$CH_3(CH_2)_{18}COOH$
2. 单不饱和脂肪酸				
棕榈油酸	16	十六碳-9-烯酸	-0.5~0.5	$CH_3(CH_2)_5CH=CH(CH_2)_7COOH$
油酸	18	十八碳-9-烯酸	13.4	$CH_3(CH_2)_7CH=CH(CH_2)_7COOH$
贡多酸	20	二十碳-11-烯酸	23~24	$CH_3(CH_2)_7CH=CH(CH_2)_9COOH$
芥子酸	22	二十二碳-13-烯酸	33~35	$CH_3(CH_2)_7CH=CH(CH_2)_{11}COOH$
神经酸	24	二十四碳-15-烯酸	42~43	$CH_3(CH_2)_7CH=CH(CH_2)_{13}COOH$
3. 多不饱和脂肪酸				
亚油酸	18	十八碳-9，12-二烯酸（顺，顺）	-5	$CH_3(CH_2)_4(CH=CHCH_2)_2(CH_2)_6COOH$
α 亚麻酸	18	十八碳-9，12，15-三烯酸（全顺）	-11	$CH_3(CH=CHCH_2)_3(CH_2)_6COOH$
γ-亚麻酸	18	十八碳-6，9，12-三烯酸（全顺）	-14.4	$CH_3(CH_2)_4(CH=CHCH_2)_3(CH_2)_3COOH$
花生四烯酸	20	二十碳-5，8，11，14-四烯酸（全顺）	-49	$CH_3(CH_2)_4(CH=CHCH_2)_4(CH_2)_2COOH$
DHA	22	二十二碳-4，7，10，13，16，19-六烯酸（全顺）	-44.5	$CH_3CH_2(CH=CHCH_2)_6CH_2COOH$
EPA	20	二十碳-5，8，11，14，17-五烯酸（全顺）	-44	$CH_3CH_2(CH=CHCH_2)_5(CH_2)_2COOH$

表示脂肪酸结构的简明写法是先写出碳原子的数目，再写出双键的数目，最后表明双键的位置。如棕榈酸用 16：0 表示，表明棕榈酸含 16 个碳原子，无双键。油酸用 18：1（9）或者 $18：1^{\Delta 9}$ 表示，表明油酸为 18 个碳原子，在 9~10 位之间有一个不饱和键。不饱和键有顺式（cis，c）和反式（trans，t）两种构型。如顺，顺-9，12-十八烯酸（亚油酸）简写为 $18：2^{\Delta 9c,12c}$。

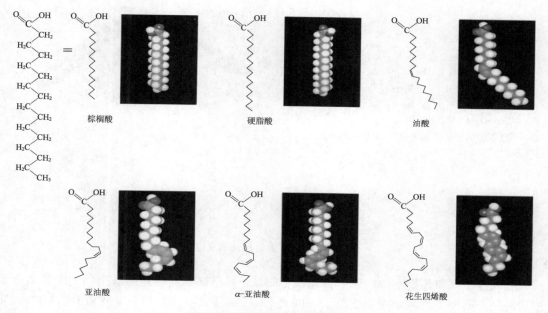

棕榈酸　　　　　硬脂酸　　　　　油酸

亚油酸　　　　　α-亚油酸　　　　花生四烯酸

图 7-1　几种脂肪酸的立体结构

含有两个或两个以上双键且碳链长为 18～22 个碳原子的直链脂肪酸称为多不饱和脂肪酸（polyunsaturated fatty acid，PUFA），主要包括亚油酸（linoleic acid，LA）、亚麻酸（linolenic acid，LNA）、花生四烯酸（arachidonic acid，AA）、二十碳五烯酸（eicosapentaenoic acid，EPA）、二十二碳六烯酸（docosahexenoic acid，DHA）等。对人体及动物来讲亚油酸、亚麻酸是维持机体功能不可缺少的，且体内不能自身合成，只能从食物中获得，因此称为必需脂肪酸（essential fatty acid，EA）。

多不饱和脂肪酸因其结构特点及在人体内代谢的相互转化方式不同，主要可分为 ω-3、ω-6 两个系列（ω 命名法）。即在多不饱和脂肪酸分子中，从甲基末端（ω 端）计数双键，用 ω 后加数字表示靠甲基碳最近的第一个双键的位置，双键在第 3 个碳原子上的称为 ω-3 多不饱和脂肪酸，如亚麻酸、EPA、DHA。双键如在第 6 个碳原子上，则称为 ω-6 多不饱和脂肪酸，如亚油酸、花生四烯酸、二十碳三烯酸（DGLA）。ω-6 系和 ω-3 系多不饱和脂肪酸在人体内不能相互转变。α-亚麻酸主要存在于亚麻籽油、菜籽油、大豆等，在人体内可转化成为 ω-3 系列中的 20 碳和 22 碳的多不饱和脂肪酸，如 EPA 和 DHA。亚油酸属于 ω-6 多不饱和脂肪酸，在人和哺乳动物体内可被转化为 γ-亚麻酸，并进一步延长为花生四烯酸。

多不饱和脂肪酸在营养学和发育学上具有相当重要的意义。DHA 和 AA 是脑和视网膜中两种主要的多不饱和脂肪酸，动物实验和临床资料表明，灵长类动物如果母亲膳食中缺乏多不饱和脂肪酸，后代的智力发育将不健全；而未成熟的动物、新生儿及早产儿长期缺乏多不饱和脂肪酸会导致大脑发育障碍和视力低下。

（二）三酰甘油

三酰甘油是三个脂肪酸与甘油形成的三酯（图 7-2）。

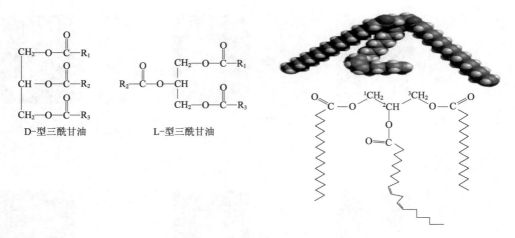

图7-2　三酰甘油结构通式及图示

　　甘油分子本身无不对称碳原子，如果它的三个羟基被不同的脂肪酸酯化，则甘油分子中间的一个碳原子就是不对称碳原子，因而有两种不同的构型（L-构型和D-构型）。天然的三酰甘油都是L-构型。

　　图7-2中三酰甘油通式中的R_1、R_2和R_3相当于各脂肪酸链，当$R_1 = R_2 = R_3$时，该化合物称为同酸三酰甘油，如棕榈酸甘油酯、硬脂酸甘油酯；当R_1、R_2和R_3任意两个不同或3个都不相同时，称为混酸三酰甘油，如1-棕榈酰-2-硬脂酰-3-豆蔻酰-sn-甘油。多数的天然油脂都是同酸三酰甘油的复杂混合物。

　　（三）磷脂

　　生物体内，磷脂是构成生物膜的主要成分，根据磷脂的醇部分的差异，可将磷脂分成甘油磷脂（phosphogly cerides）和鞘磷脂（sphingomyelins）两类。最简单的磷酸甘油酯是由sn-3-磷酸甘油衍生而来。

$$CH_2-OH$$
$$HO-C-H$$
$$CH_2-O-P-OH$$

sn-3-磷酸甘油

　　注：sn是stereospecific numbering的缩写，称为立体专一序数，所有甘油衍生物的名称前都应冠以sn符号；将甘油的三个碳原子标号为1，2，3，三者顺序不能颠倒，且C2位羟基一定要放在C2的左边。

　　磷脂酸是最简单的甘油磷脂，称为sn-二脂酰-3-磷酸甘油，其磷酸基被不同的残基酯化，形成不同的甘油磷脂（图7-3，图7-4）。

　　（四）萜类和甾类

　　萜类（terpenes）化合物是种类繁多的一大类化合物，由不同数目的异戊二烯（isoprene C_5H_8）或异戊烷以各种方式连结而成的聚合物以及其不同饱和程度的含氧衍生物。按异戊二烯单元的数目，分为单萜、倍半萜、二萜、三萜、四萜等，每个异戊二烯单元为半萜。萜类在自然界分布广泛，在生命活动中有重要的功能，如维生素A、E、K等；

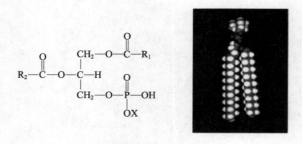

图 7-3　甘油磷脂结构通式及图示

注：X 基团不同形成不同的甘油脂。

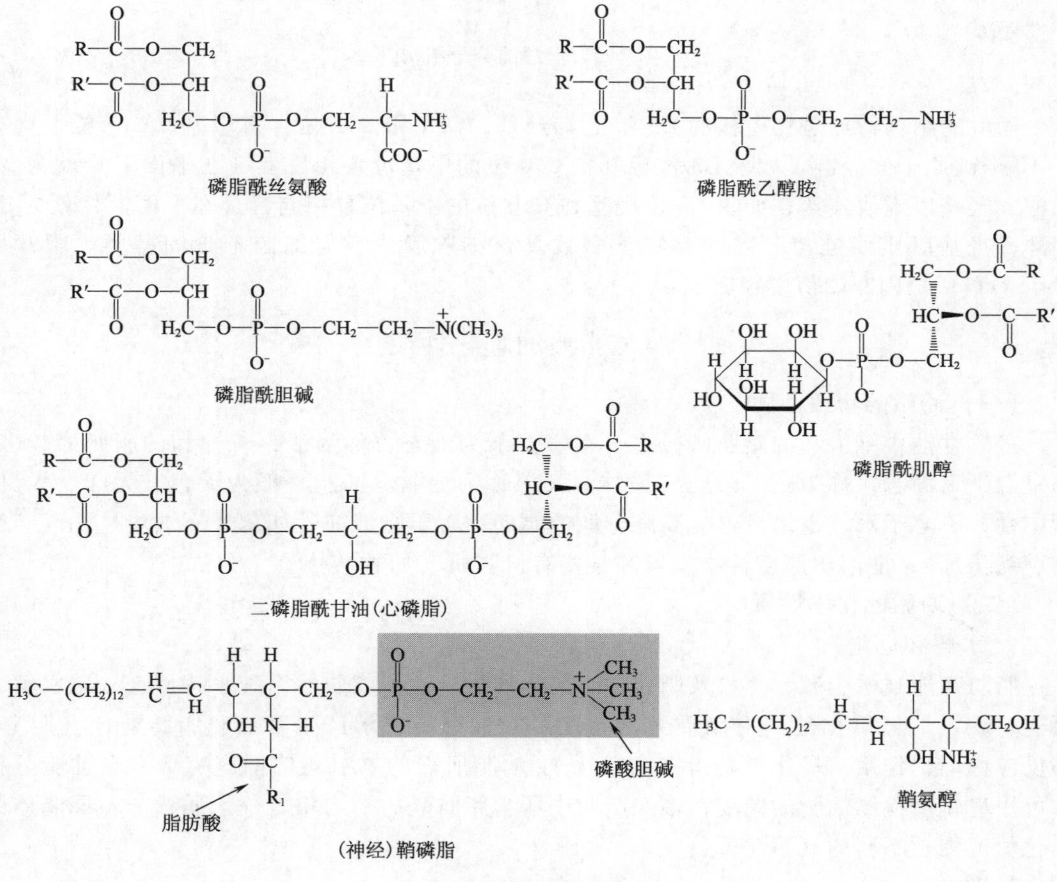

磷脂酰丝氨酸

磷脂酰乙醇胺

磷脂酰胆碱

磷脂酰肌醇

二磷脂酰甘油(心磷脂)

磷酸胆碱

脂肪酸

(神经)鞘磷脂

鞘氨醇

图 7-4　几种常见的磷脂

萜类化合物是挥发油（又称精油）的主要成分，挥发油是从植物的花、果、叶、茎中得到的具有挥发性和香味的油状物，具有祛痰、止咳、驱风、发汗、驱虫、镇痛等生理活性。

　　甾类（sterol）也称为类固醇，是一类以环戊烷多氢菲为基本结构的化合物（图7-5）。环戊烷多氢菲称为甾核。类固醇中有一大类化合物称为固醇或甾醇，广泛存在于动植物体内，植物中含有的固醇主要为 β-谷固醇，动物中则在脑、肾组织中富含胆固醇（cholosterols）。

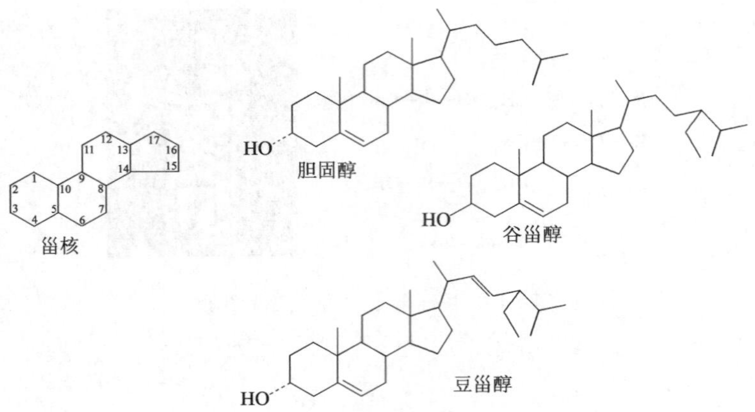

图 7-5　甾醇的分子结构

固醇的结构特点是在甾核的 C3 位上有羟基，C10 和 C17 位上有甲基，C17 位上含有 8~10 个碳原子的烃链。如果 C3 位羟基和 C10 位的甲基位置相反者（在平面下）就为 α-固醇，羟基以虚线连接；如果 C3 位羟基和 C10 位的甲基位置相同者（在平面上）就为 β-固醇，羟基以实线连接。固醇存在于多数真核细胞膜中，但细菌不含固醇类。胆汁酸（bile acid）是固醇的衍生物。

四、脂质的理化性质

（一）油脂的物理性质

三酰甘油中不饱和的脂肪酸较多，在室温下为液态，称为油；若饱和的脂肪酸较多，则室温下为固态，称为脂，因此三酰甘油又统称为油脂。油脂一般为无色、无味、无臭，呈中性；不溶于水，也没有形成高度分散的倾向；溶于脂溶剂（如苯、石油醚、乙醚、汽油、氯仿等）；能溶解脂溶性维生素和某些有机物质（如香精）。

（二）油脂的化学性质

1. 水解和皂化

脂肪都能被酸、碱、蒸汽及脂肪酶水解，产生甘油和脂肪酸。酸水解可逆，碱水解不可逆。碱（如氢氧化钠）对脂质尤其是三酰甘油进行水解产生甘油和脂肪酸盐（肥皂）的反应称皂化作用。皂化价是指完全皂化 1g 油脂所需的氢氧化钾的毫克数。在油脂分析中可用皂化值检测油脂的纯度，推知脂肪中所含脂肪酸的平均相对分子质量。不同脂质的皂化值范围是不同的（表 7-2）。

2. 氢化

油脂中的不饱和键在催化剂（如镍）的作用下，发生氢化反应而成为饱和脂。氢化反应可以防止油脂酸败。

3. 卤化

卤素中的碘和溴可以和氢一样，加入不饱和脂肪酸的双键上，生成饱和的卤化脂称为卤化作用。卤化作用在油脂不饱和度的分析上非常重要，用碘值（iodine number）表示。碘值就是 100g 脂质样品中所能吸收的碘的克数。不同脂质的碘值范围是不同的（表 7-2）。

表 7-2　　　　　　　　　　　几种脂质的皂化值和碘值

脂质	皂化值	碘值	脂质	皂化值	碘值
奶油	220~221	22~38	豆油	190~197	115~145
猪油	193~203	54~70	棉籽油	191~195	104~114
羊脂	192~195	32~50	盐蒿油	191	144.8
椰子油	246~265	8~10	菜籽油	170~179	97~105
亚麻仁油	190~196	170~209	麻油	188~193	103~112
橄榄油	190~195	74~95	茶籽油	190~195	80~87
花生油	189~199	83~105			

4. 酸败

油脂暴露在空气中过久即产生难闻的臭味，这种现象称为"酸败"。其化学本质是由于油脂水解释放出游离的脂肪酸，低分子脂肪酸本身就有臭味；不饱和脂肪酸氧化成醛或者酮，亦有臭味。酸败的程度可以用"酸值"（acid number）来表示，中和 1g 油脂中的游离脂肪酸所消耗的氢氧化钾毫克数称为酸值。

第二节　脂与生物膜

生物膜（biomembrane）是指构成细胞的所有膜的总称。按其所处位置可分为两种：一种处于细胞质外面的一层膜称为质膜（plasmalemma），也称为原生质膜；另一种是处于细胞质中构成各种细胞器的膜，称为内膜（endomembrane）。生物膜是细胞结构的基本形式，生物体内酶催化反应的有序进行、细胞的物质代谢、能量转换和信息传递等都与生物膜密切相关。

一、生物膜的研究历史

最早在 1676 年，荷兰人 Antony van Leeuwenhoek 用自制的显微镜从牙菌斑中观察到了微生物的存在，为生物膜的研究奠定了基础。

19 世纪中叶 K. W. Mageli 发现细胞表面有阻碍染料进入的现象，提示膜结构的存在；1899 年 E. Oveiton 发现脂溶性大的物质易进入细胞，推想细胞表面应为脂类屏障。

1925 年，Gorter 和 Grendel 用丙酮提取人红细胞质膜的脂质成分，将其铺展在水溶液表面形成脂质单分子层，并测定这些脂质单分子层的面积大约是红细胞的表面积的 2 倍，提示脂质可能以双分子层的形式包被在细胞表面。

1935 年 J. Danielli 和 H. Davson 发现质膜的表面张力比单纯的油-水界面的张力要低得多，推测质膜并非由单纯的脂质构成，其中可能含有蛋白质分子，并提出"蛋白质-脂质-蛋白质"的三明治模型。

1959 年 J. D. Robertson 用超薄切片技术获得了清晰的细胞膜照片，显示细胞表面包被着暗-明-暗三层结构。

1965 年，英国学者 Bangham 将磷脂分散在水中，然后用电镜观察。发现磷脂自发形成多层囊泡，每层均为类似生物膜结构的脂质双分子层，囊泡中央和各层之间被水相隔开，这种小囊泡后来称为"脂质体"（图7-7）。

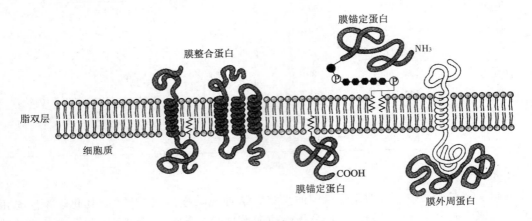

图7-6　膜蛋白的三种类型

1972年，Bayston和Penny首先认识到表皮葡萄球菌生物膜形成与其在多聚物表面定植有关。

1972年，S. J. Singer和G. Nicolson利用免疫荧光技术、冰冻蚀刻电子显微镜技术获得的研究结果，在静态的单位膜模型的基础上提出流动镶嵌模型。

1978年，Costerton首先开始了对细菌生物膜的研究并提出生物膜理论。

生物膜研究涉及微生物学、免疫学、分子生物学、材料科学和数学等多学科，其真正作为一个独立学科发展起来始于20世纪70年代末。20世纪90年代后，随着相关学科的发展及对细菌在医学上重要性的认识，生物膜研究得到迅速发展。1990年，美国蒙大拿州立大学建立了世界上第一个生物膜工程中心，生物膜的研究有了突飞猛进的进展。

二、生物膜的组成和结构

生物膜由蛋白质、脂类、糖、水和无机离子等组成。这些组分，尤其是脂类与蛋白质的比例，因不同细胞、细胞器或膜层而相差很大。脂类在膜中起着骨架的作用，而蛋白质决定了膜功能的特异性。功能越复杂的膜，膜蛋白的含量及种类就越多。

（一）膜蛋白

生物膜中的蛋白质占细胞蛋白总量的20%～30%，它们或是单纯的蛋白质，或是与糖、脂结合形成的结合蛋白。根据它们与膜脂相互作用的方式及其在膜中的排列部位，可以大体地将膜蛋白分为三类：膜外周蛋白、膜整合蛋白和膜锚定蛋白（图7-6）。

1. 膜整合蛋白

膜整合蛋白占膜蛋白总量的70%～80%，又称为嵌入蛋白或内在蛋白，其主要特征是水不溶性，分布在脂质双分子层中。膜整合蛋白通常包括胞外、跨膜和胞质三个基本的结构域。多数膜整合蛋白含有一个或多个跨膜结构域，跨膜结构域一般位于蛋白序列内部，含有22～25个氨基酸残基，富含疏水残基，一般以α螺旋的构象穿过非极性核心。这一结构域将富含极性氨基酸的胞外和胞质结构域分开，蛋白的N端一般位于胞外。无论是N端还是C

端的结构域都含有较多亲水的氨基酸残基。膜整合蛋白的主要生理功能是：作为一些配体内吞的受体；作为介导跨膜信号传导的受体；形成跨膜离子通道；是细胞表面一些抗原的受体。由于膜整合蛋白插入或跨越膜，只有通过去污剂将膜溶解才可将蛋白游离出来。

2. 膜外周蛋白

膜外周蛋白位于脂双层的表面，一般通过离子键与磷脂的极性头部或与膜整合蛋白的亲水结构域通过氢键而与膜疏松结合，通过改变 pH 或离子强度可从膜上得到分离，脂质双分子层的基本结构不被破坏。位于线粒体内膜上作为氧化呼吸链组分的细胞色素 C 就是一种典型的膜外周蛋白。

3. 膜锚定蛋白

这类蛋白可以与细胞膜中的特定脂类通过共价键与膜结合，如膜蛋白可通过蛋白质中的半胱氨酸残基上的巯基与脂双层中的棕榈酸或异戊二烯结合。G 蛋白是生物膜上一类重要的脂锚定蛋白，它在跨膜信号传递中起重要作用。

（二）膜脂

在植物细胞中，构成生物膜的脂类主要是复合脂类（complex lipids），包括磷脂（phospholipid）、糖脂（glycolipid）、硫脂（sulpholipid）等，其中磷脂占主导地位。真核生物的膜中还含有胆固醇。

1. 磷脂

磷脂是构成脂质双分子层的主要结构物质，包括磷脂酰胆碱（phosphatidyl choline，PC）、磷脂酰乙醇胺（phosphatidyl ethanolamine，PE）、磷脂酰丝氨酸（phosphatidyl serine，PS）、磷脂酰肌醇（phosphatidyl inositol，PI）和鞘磷脂等，他们都属于甘油磷酸二酯。

4-磷酸磷脂酰肌醇（PIP）和 4，5-二磷酸磷脂酰肌醇（PIP_2）是磷脂酰肌醇的衍生物，它们参与跨膜的信号转导。

鞘磷脂是以鞘氨醇为骨架的衍生物，在鞘磷脂中鞘氨醇的氨基以酰胺键与一长链脂肪酸相连，其羟基则被磷酸胆碱酯化。鞘磷脂在动物的脑髓鞘和红细胞膜中含量丰富，也存在于植物种子中。

生物膜的脂质分子中磷酸基与酯化的醇的部分构成亲水的头部，极易与水相吸，为极性端；两条长的烃链构成疏水的尾部，不与水相吸，为非极性端。亲水端与疏水端由甘油醇或鞘氨醇连接。这种同一分子含极性端和非极性端的化合物称为两亲化合物。

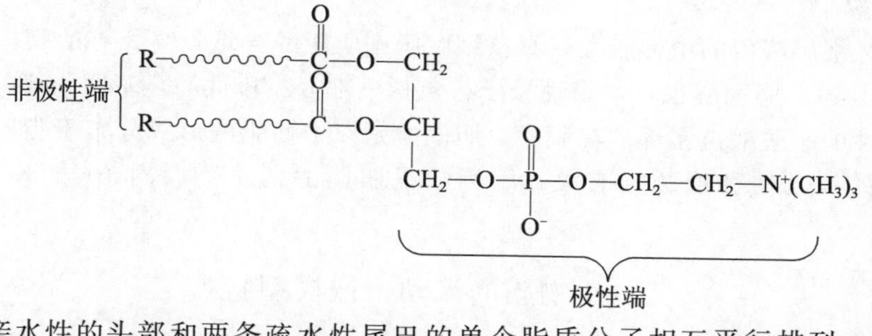

有一个亲水性的头部和两条疏水性尾巴的单个脂质分子相互平行排列，与膜表面垂直，上下两排形成了脂双层，或者单排聚集成微团（图 7-7）。各个蛋白质以吸附、横穿、镶嵌等方式与双分子层结合。

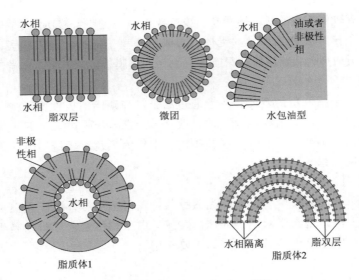

图 7-7　磷脂分子结合形成的结构

　　脂双层倾向于闭合形成球形结构，这一特性可以减少脂双层的疏水边界与水相之间的不利的接触。在实验室里可以合成由脂双层构成的小泡，小泡内是一个水相空间，这样的脂双层结构称为脂质体（liposomes）或微囊（vesicles），它相当稳定，并且对许多物质是不通透的。脂质体可以包裹药物分子，将药物带到体内特定组织。

　　2. 糖脂

　　细胞膜外表面经常由保护性的糖类覆盖，糖基可以连接在脂质上形成糖脂，不同的糖脂不仅结合脂肪酸的种类不同，而且所含糖的种类差别也较大。糖脂分鞘糖脂和甘油糖脂两类，前者分子中含有鞘氨醇、脂肪酸和糖；后者分子中以甘油代替鞘氨醇。几乎所有动物细胞膜中都含有鞘糖脂，而植物和细菌细胞膜中含有较多的甘油糖脂。糖脂在真核细胞的质膜上很丰富，却很少存在于如线粒体内膜和叶绿体基粒膜等细胞内膜系统上。

　　3. 硫脂

　　硫脂是糖脂分子中的六碳糖上又带一个硫酸根基团。糖脂和硫脂也具有极性的"头部"和疏水的"尾部"，这两种脂类在叶绿体膜中特别多，其含量甚至超过了磷脂。

　　4. 胆固醇

　　胆固醇是细胞膜内的中性脂类。真核细胞膜中胆固醇含量较高，有的膜内胆固醇与磷脂之比可达 1∶1。胆固醇也是双亲性分子，包括三部分：极性的羟基团头部、非极性的固醇环和非极性的脂肪酸链尾部。在膜中，胆固醇是以中性脂的形式分布于脂质双层，其功能可能与膜的流动性和通透性有关，因为缺乏胆固醇的生物膜对 Na^+、K^+ 通透性有所增加。

三、生物膜的流动镶嵌模型特点

　　脂双层形成了所有生物膜的基础，而蛋白质是生物膜的必要成分。不含蛋白质的脂双层的厚度是 5~6nm，而典型的生物膜的厚度是 6~10nm，这是由于存在着镶嵌在膜中或与膜结合的蛋白质的缘故。

1972 年，S. J. Singer 和 G. Nicolson 利用免疫荧光技术、冰冻蚀刻电子显微镜技术获得的研究结果，提出流动镶嵌模型（fluid mosaic model，图 7-8）。根据这一模型，脂质双层构成生物膜的基本骨架，膜蛋白看上去像是圆形的"冰山"飘浮在高度流动的脂双层"海"中，膜中的蛋白质和脂质可以快速在双层中的每一层内侧向扩散，这个模型的特点是强调膜的不对称性和流动性。

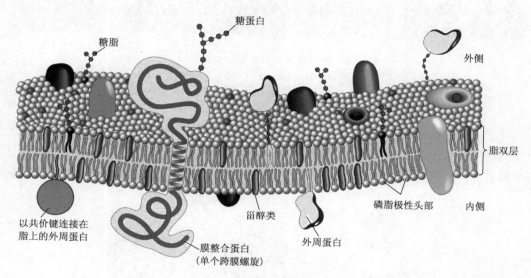

图 7-8　膜的流动镶嵌模型

1. 生物膜的流动性

在生理条件下，磷脂大多呈液晶态，当温度降低至一定值时，磷脂从流动的液晶态转变为高度有序的凝胶态，这个温度称为相变温度，这个变化过程是可逆的（图 7-9）。液晶态和凝胶态中脂类分子排列不同，流动性大小也不同。

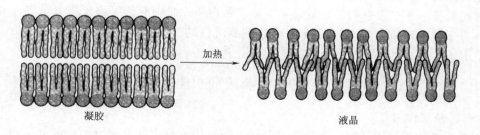

图 7-9　膜的相变

在相变温度以上时，磷脂的运动有以下几种方式：烃链围绕 C-C 键旋转而导致异构化运动；与膜平面相垂直的轴左右摆动；围绕与膜平面垂直的轴做旋转运动以及在双层膜中做翻转运动等（图 7-10）。

分布于膜脂双分子层的蛋白质也是流动的，它们可以在脂分子层中侧向扩散，但不能翻转扩散。用可分别与人和小鼠细胞膜蛋白特异结合的带有红色和绿色荧光标记的抗体标

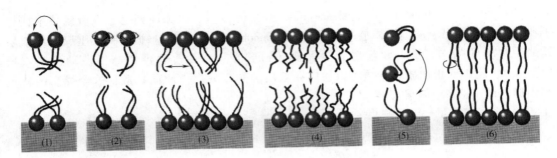

图 7-10　磷脂的运动方式

（1）侧向扩散运动　（2）旋转运动　（3）摆动运动
（4）伸缩震荡运动　（5）翻转运动　（6）旋转异构化运动

记两种细胞，细胞融合以后，通过荧光显微镜观察到，红色和绿色两种荧光标记由融合之初分别局限在某一部位，逐渐变为在整个细胞表面随机分布，实验充分表明细胞膜上的蛋白在膜上具有流动性（图 7-11）。

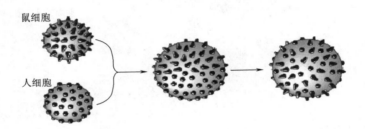

图 7-11　细胞膜融合实验

2. 生物膜的不对称性

生物膜的不对称性主要是由脂类和蛋白质分布的不对称造成的。虽然同一种磷脂可见于脂双层的任一层，但它们的数量是不等的。蛋白质在膜中有的半埋于内分子层，有的半埋于外分子层，即使贯穿全膜的蛋白质也是不对称的。另外，寡糖链的分布也是不对称的，它们大多处于外分子层。

四、生物膜的功能

（一）分室作用

细胞膜系统不仅把细胞与外界环境隔开，而且把细胞内的空间分隔，使细胞内部区域化（compartmentation），即形成各种细胞器，从而使细胞的代谢活动"按室进行"。各区域内均具有特定的 pH、电位、离子强度和酶系等。

（二）代谢反应的场所

细胞内的许多生理生化过程在膜上有序进行，如光合作用的光能吸收、电子传递和光合磷酸化、呼吸作用的电子传递及氧化磷酸化过程分别是在叶绿体的光合膜和线粒体内膜上进行的。

（三）物质运输

1. 小分子物质的跨膜运输

（1）被动转运 也称为被动扩散，包括单纯扩散和易化扩散两种形式。

单纯扩散是指脂溶性小分子物质由高浓度的一侧通过细胞膜向低浓度的一侧转运。跨膜扩散的速度取决于膜两侧的物质浓度梯度和膜对该物质的通透性。其特点是不与膜上物质发生任何类型的反应，也不需要供给能量，扩散结果是使物质在膜两侧浓度相等。

易化扩散是指非脂溶性小分子物质由高浓度的一侧通过细胞膜向低浓度的一侧移动，直至达到动态平衡。与单纯扩散不同的是被运送的物质必须和膜上的特殊膜蛋白发生可逆性的结合，并在这些蛋白的协助下扩散通过膜。参与易化扩散的膜蛋白有载体蛋白质和通道蛋白质两种，如红细胞膜上存在的带 3 蛋白（band 3 protein），就是一种载体蛋白，可参与 HCO_3^-、Cl^- 的运输。

（2）主动转运 指细胞可将许多物质逆电化学梯度，由低浓度向高浓度方向转运，这一过程需消耗能量，称为主动运输。以转运所需能量的来源不同把主动运输分成三类。

①依靠 ATP 的转运：这种转运是利用细胞膜内存在的 ATP 和 ATP 酶，ATP 被 ATP 酶水解直接释放能量推动离子如 Na^+、K^+、Ca^{2+} 逆浓度梯度的转运。

②依赖离子流的转运：是指细胞依靠 Na^+ 浓度梯度的势能促使被转运物质进入细胞。在动物小肠及肾脏细胞中糖和氨基酸的运输就是依赖 Na^+ 梯度贮存的能量来完成的。

③依赖质子流的转运：是利用呼吸链中电子传递产生的质子梯度能量驱使物质转运。如 *E. coli* 细胞中的半乳糖苷转运蛋白对乳糖的转运，它可使细胞内乳糖的浓度比生长介质中高 100 倍。

（3）膜转运蛋白的作用 膜转运蛋白在物质的转运过程中起着重要的作用，膜转运蛋白包括通道蛋白和载体蛋白（图 7-12）。通道蛋白分子中的疏水基团与脂质双层接触，亲水基团都向内形成跨膜脂质双层的亲水性孔道，允许特异的离子如 Na^+、K^+、Ca^{2+} 顺其电化学梯度穿过膜，因不需消耗能量，也不与被转运的物质结合，故称为离子通道。而载体蛋白介导的跨膜转运，需要和被转运物质结合。通常先将转运对象结合位点暴露于膜的一侧，然后再暴露于另一侧，通过一系列构象变化实现跨膜转运；有的载体蛋白介导的跨膜转运是顺电化学梯度的，不需要消耗能量；有的则是利用 Na^+、H^+ 顺其电化学梯度移动时所释放的能量作为驱动力，逆电化学梯度转运其他极性分子或离子。

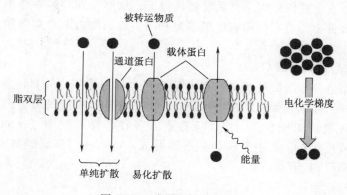

图 7-12 膜转运蛋白的作用

2. 大分子物质的跨膜运输

小分子物质是以穿过细胞膜的方式进出细胞的，而蛋白质和大颗粒（如病毒和细菌）是通过和细胞膜一起移动来实现的，并伴有细胞膜的增添或减少。这类物质进入细胞的过程称为胞吞（pinocytosis）作用，排出的过程称为胞吐（exocytosis）作用。

（1）胞吐作用 细胞将被摄取的物质由质膜逐渐包裹，然后囊口封闭成细胞内小泡。如激素中的胰岛素、甲状腺素和神经递质中的儿茶酚胺、乙酰胆碱等均是在分泌细胞内的囊泡中形成的，当分泌细胞受到刺激时，囊泡移向质膜并与之融合，然后将囊泡中的内含物释放出来（图7-13）。其他一些蛋白分泌，如肝脏分泌的清蛋白、乳腺分泌的乳蛋白、胃和胰分泌的消化酶也以同样的机制释放。

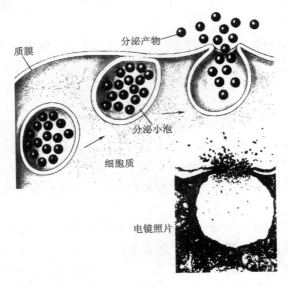

图 7-13 胞吐作用

（2）胞吞作用 胞吞作用与胞吐作用相反，有两种情况：一种是被摄入的物质原来没有膜包围，当它与细胞膜接触后，细胞膜下陷，将它包入膜中形成囊泡，囊泡再与细胞分开而进入细胞。这种胞吞作用使细胞膜丢失一部分。另一种是被摄入的物质有膜包围，当它与细胞膜接触后发生膜的融合，然后将物质释放入细胞。这种胞吞作用使细胞膜有所增加。在动物体内最重要的胞吞作用有巨噬细胞和嗜中性白细胞的吞噬细菌、病毒和其他感染物质等。

（四）跨膜信号识别及转导

质膜上的多糖链分布于其外表面，似"触角"一样能够识别外界物质，并可接受外界的某种刺激或信号，使细胞做出相应的反应。例如，花粉粒外壁的糖蛋白与柱头细胞质膜的蛋白质之间就可进行识别反应。膜上还存在着各种各样的受体（receptor），能感应刺激、传导信息、调控代谢。其主要机制是通过形成 cAMP 或三磷酸肌醇（IP_3）和二酰基甘油（DG）来介导信息传递。

1. cAMP 信号途径

具有 GTP 酶活性，在细胞信号通路中起信号转换器或分子开关作用的蛋白质称为 G

蛋白（G-protein）。G 蛋白在结构上没有跨膜蛋白的特点，但它们能够固定于细胞膜内侧，主要是通过亚基上氨基酸残基的酯化修饰作用，这些修饰作用把 G 蛋白锚定在细胞膜上。能够激活腺苷酸环化酶的 G 蛋白称为 Gs（激动型 G 蛋白）。Gs 由 α、β、γ 三个亚基组成，当处于非活化态时，α 亚基上结合着 GDP，此时受体及腺苷酸环化酶无活性。当激素与受体结合后，受体构象改变，受体与 Gs 在膜上扩散导致两者结合，形成受体-Gs 复合体后，α 亚基构象改变，排斥 GDP 并结合 GTP 而活化，结合 GTP 的 α 亚基与 β、γ 亚基解离，与腺苷酸环化酶结合而使后者活化，利用 ATP 生成 cAMP；α 亚基也含有能将 GTP 裂解为 GDP 和无机磷酸的 GTP 酶活性，α 亚基上的 GTP 被水解为 GDP 后，α 亚基返回到受体上，与 β、γ 亚基重新结合，恢复最初构象，与腺苷酸环化酶分离。同时 cAMP 在磷酸二酯酶（PDEs）的催化下降解生成 5′-AMP，这样就减少了 cAMP 的产生。当 cAMP 信号终止后，靶蛋白的活性则在蛋白质脱磷酸化作用下恢复原状。如果激素仍结合在受体上，α 亚基结合的 GDP 可再被 GTP 取代，开始第二次激活过程。在上述中，Gs 穿梭于膜上受体与腺苷酸环化酶之间，起介导信号传递的作用（图 7-14）。

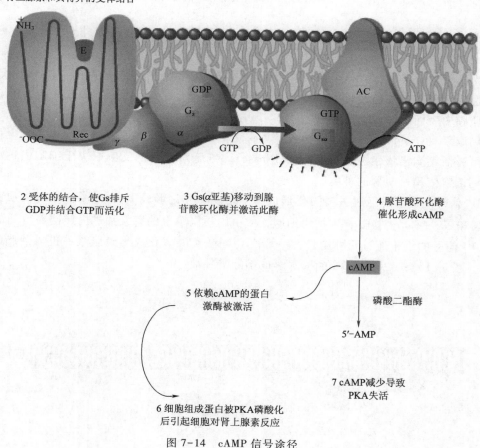

图 7-14　cAMP 信号途径

cAMP 产生后，与依赖 cAMP 的蛋白激酶（PKA）的调节亚基结合，并使 PKA 的调节亚基和催化亚基分离，活化催化亚基，催化亚基将代谢途径中的一些靶蛋白中的丝氨酸或苏氨酸残基磷酸化共价修饰，将其激活或钝化。这些被磷酸化共价修饰的靶蛋白往往是一些关键调节酶或重要的功能蛋白，因而可以介导胞外信号，调节细胞反应。

2. 磷脂酰肌醇途径

在磷脂酰肌醇信号通路中，激素将受体激活后，通过 G 蛋白的转导作用，激活质膜上的磷脂酶 C（PLC），使质膜内侧的二磷酸磷脂酰肌醇（PIP_2）水解成三磷酸肌醇（IP_3）和二酰基甘油（DG），胞外信号转换为胞内信号，这一信号系统又称为"双信使系统"（图 7-15）。

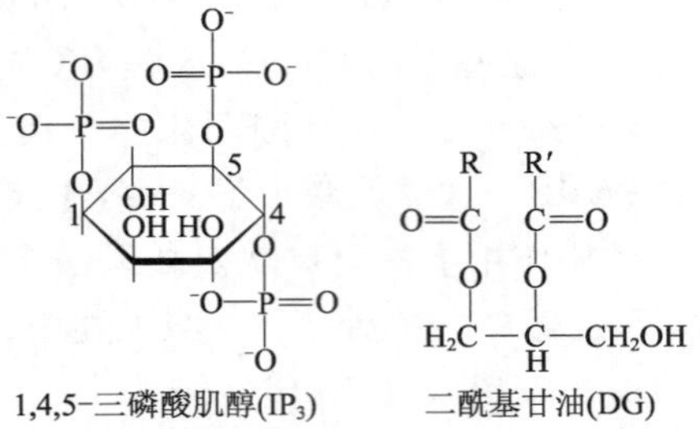

1,4,5-三磷酸肌醇(IP_3)　　二酰基甘油(DG)

图 7-15　三磷酸肌醇和二酰基甘油

IP_3 使内质网上的钙通道开启，或打开位于质膜上钙通道，使胞外 Ca^{2+} 内流，从而胞内 Ca^{2+} 浓度升高，激活各类依赖 Ca^{2+} 的蛋白。用 Ca^{2+} 载体离子霉素（Ionomycin）处理细胞会产生类似的结果。DG 结合于质膜上，可活化与质膜结合的蛋白激酶 C（PKC）。PKC 以非活性形式分布于细胞溶质中，当细胞接受刺激，产生 IP_3，使 Ca^{2+} 浓度升高，PKC 便转位到质膜内表面，被 DG 活化。

钙调素（CaM）由单一肽链构成，具有 4 个钙离子结合部位。结合钙离子发生构象改变，可激活钙调素依赖性激酶（CaM-Kinase）。细胞对 Ca^{2+} 的反应取决于细胞内钙结合蛋白和钙调素依赖性激酶的种类。

IP_3 信号的终止是通过去磷酸化形成 IP_2 或被磷酸化形成 IP_4。Ca^{2+} 信号可由质膜上的 Ca^{2+} 泵和 Na^+-Ca^{2+} 交换器将其抽出细胞，或由内质网膜上的钙泵抽进内质网而得到清除。

DG 信号的终止通过两种途径：一是被 DG-激酶磷酸化成为磷脂酸，进入磷脂酰肌醇循环（图 7-16）；二是被 DG 酯酶水解成单酯酰甘油。

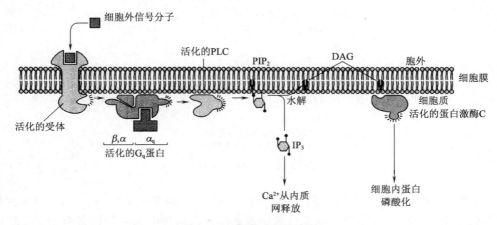

图 7-16　磷脂酰肌醇途径

第三节　脂代谢概况

脂肪是体内脂质的主要存在形式，也是供给机体能量的脂质。脂代谢包括一切脂质及其组分的代谢，其中脂肪的代谢尤为重要。由于脂质的多样性，因此他们的代谢也具有多样性，就是相同物质的代谢反应，在动、植物体内也存在着差异。

机体内的脂肪不断地在分解和合成（图 7-17）。在分解代谢方面，脂肪首先在酯酶的作用下分解为甘油和脂肪酸。甘油可以按照糖代谢的路径彻底分解或异生成糖。脂肪酸主要经 β-氧化作用生成乙酰辅酶 A，乙酰辅酶 A 进入三羧酸循环，或者生成酮体。脂肪酸也可发生 α-氧化和 ω-氧化。在合成方面，首先利用乙酰辅酶 A 为原料从头合成饱和脂肪酸，再经过延长途径和脱饱和途径，生成各种链长的饱和/不饱和的脂肪酸。甘油和脂肪酸合成脂肪。

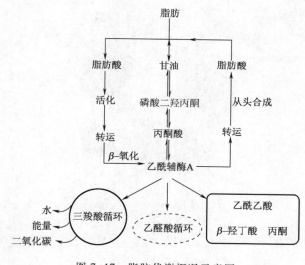

图 7-17　脂肪代谢概况示意图

第四节　脂肪的分解代谢

一、脂肪的消化吸收与水解

正常人每日从食物中摄取的脂类中，三酰甘油占到 90% 左右，除此以外还有少量的磷脂、胆固醇及其酯和一些游离脂肪酸。脂肪的消化实际上是开始于胃，彻底消化是在小肠内完成。

当食物进入小肠后，通过小肠蠕动，由胆汁中的胆汁盐将脂类乳化，形成混合微团，这就使不溶于水的脂类分散成水包油的小胶体颗粒，提高了溶解度，增加了酶与脂类的接触面积，有利于脂类的消化及吸收。然后在形成的水油界面上，分泌入小肠的胰液中包含的酶类开始对食物中的脂类进行消化，这些酶包括胰脂肪酶（pancreatic lipase），辅脂酶

（colipase），胆固醇酯酶（pancreatic cholesteryl ester hydrolase or cholesterol esterase）和磷脂酶 A_2（phospholipase A_2）。

在人体和动物体中，小肠可吸收脂类的水解产物，包括脂肪酸（70%）、甘油、甘油一酯（25%）以及胆碱、部分水解的磷脂和胆固醇等。其中甘油、单酰甘油同脂肪酸在小肠黏膜细胞内重新合成三酰甘油。新合成的脂肪与少量磷脂和胆固醇混合在一起，并被一层脂蛋白包围形成乳糜微粒，然后从小肠黏膜细胞分泌到细胞外液，再从细胞外液进入乳糜管和淋巴，最后进入血液，以供其他组织摄取利用（图 7-18）。脂蛋白是血液中载运脂质的工具。脂肪的分解代谢讲解见二维码 7-1。

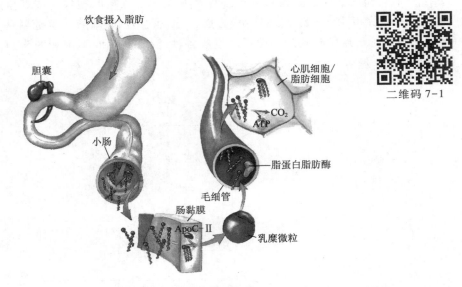

二维码 7-1

图 7-18　脂肪的消化和吸收

脂肪酶水解三酰甘油，生成甘油、单酰甘油、二酰甘油、脂肪酸（图 7-19）。

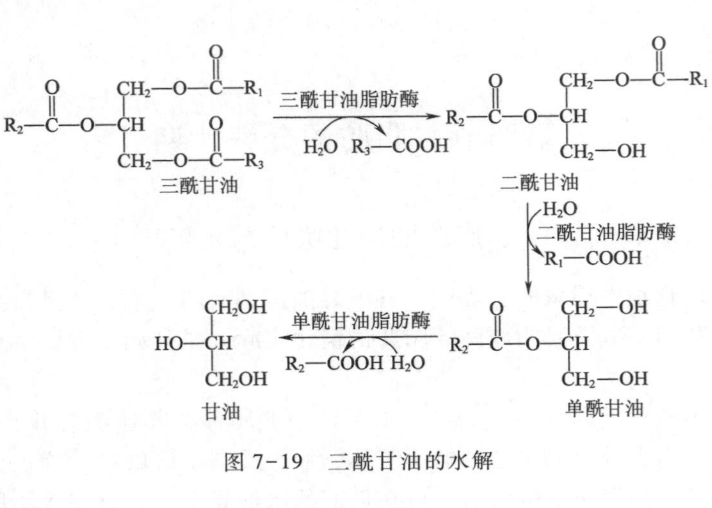

图 7-19　三酰甘油的水解

其中三酰甘油脂肪酶为激素敏感性脂肪酶（hormone-sensitive triglyceride lipase，

HSL），其催化的反应是脂肪水解的第一步限速反应。肾上腺素、胰高血糖素、甲状腺素、性激素、胰岛素等为脂解激素（+），可以激活腺苷酸环化酶，使 cAMP 浓度增加，使依赖 cAMP 的蛋白激酶活化，后者使无活性的脂肪酶磷酸化转变为有活性的脂肪酶（HSL），加速脂肪的降解；胰岛素、前列腺素 E 为抗脂解激素（-），其作用恰好相反。

植物不从外界吸收脂质，但在体内也进行脂质的转运和储存。油料植物种子，如大豆、花生、油菜籽、蓖麻子等含脂量很高。大豆除含中性脂外，还含有较多的卵磷脂，这都是植物的储脂。储脂可供给植物体在需要时合成其他物质，如油料种子萌发时，脂肪酶等酶活性急剧升高，三酰甘油被迅速分解，同时糖类增多，这说明部分储脂已转变为糖类。

细菌的脂肪酶降解活性不高，但真菌的脂肪酶活性较高。真菌脂肪酶降解脂肪的方式类似于人和哺乳动物的胰脂肪酶，水解产物为脂肪酸和甘油。另外，微生物脂肪酶在一定条件下还可以催化醇和酸缩合成酯。尤其是霉菌，包括毛霉、曲霉、根霉等，不仅能催化甘油酯的合成，而且能催化乙酸乙酯等简单酯类和芳香酯合成。离体实验发现，这种合成作用在非水相系统中更强。这已引起曲酒生成及香料工业生成的重视。

二、甘油的分解代谢

脂肪水解后产生的甘油在甘油激酶（glycerol kinase）催化下生成 3-磷酸甘油。3-磷酸甘油被氧化生成二羟丙酮磷酸，经异构化后，生成 3-磷酸甘油醛。然后，3-磷酸甘油醛可以经糖酵解途径转化成丙酮酸，进入三羧酸循环而彻底氧化；也可以经糖异生途径合成葡萄糖和糖原。因此甘油代谢和糖代谢的关系极为密切，二羟丙酮磷酸是联系两者的关键物质（图 7-20）。

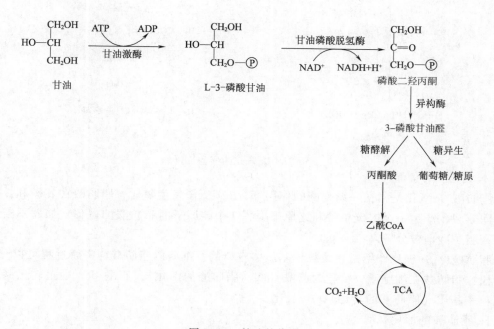

图 7-20　甘油的代谢

三、脂肪酸的分解代谢

很多器官或组织中，脂肪酸氧化是能量产生的重要途径，在各种生物中普遍存在。正常生理条件下，在哺乳动物的心脏和肝脏中，脂肪酸水解产生的能量占所需全部能量的80%。脂肪酸氧化时释放的电子通过电子传递链驱动 ATP 的合成，氧化后产生的乙酰 CoA（acetyl CoA）进入三羧酸循环完全氧化成 CO_2 和 H_2O。在肝脏中，乙酰 CoA 可以形成酮体，为大脑提供能量。在高等植物中，乙酰 CoA 主要作为生物合成的前体。另外，脂肪酸的氧化也是膜脂正常代谢的一部分。

（一）饱和偶碳脂肪酸的 β-氧化作用

1904 年，Franz Knoop 将末端连有苯基的奇数碳和偶数碳脂肪酸喂狗，然后分离狗尿中的苯化合物（图 7-21）。Knoop 发现，当奇数碳脂肪酸衍生物被降解时，尿中检测出的是马尿酸（苯甲酸和甘氨酸的结合物）；如果是偶数碳脂肪酸衍生物被降解时，则尿中排出的是苯乙尿酸（苯乙酸和甘氨酸的结合物）。因此 Knoop 认为，脂肪酸的氧化发生在 β 碳原子上，即每次从脂肪酸链上降解下来的是 2 碳单位。1941 年德国 Schoeuheimer 用氘标记硬脂酸喂小鼠，得到同样的结论。在此基础上提出了脂肪酸 β-氧化（β-oxidation）的概念。

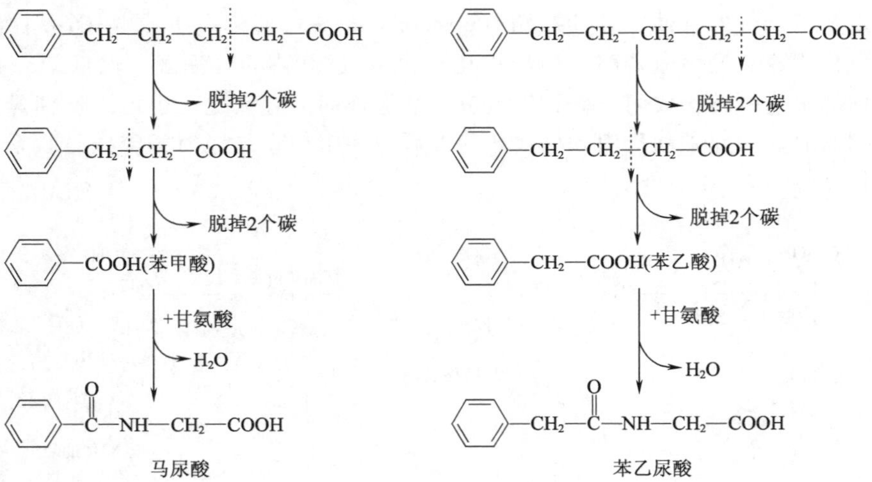

图 7-21　β-氧化的实验依据

脂肪酸 β-氧化是指在一系列酶的作用下，β 碳原子发生氧化，脂肪酸在 α 碳和 β 碳原子之间断裂，产生一个二碳单位和比原来少了 2 个碳原子的脂肪酸的过程。如此不断重复进行，脂肪酸即被分解。

脂肪酸的 β-氧化作用是在线粒体基质中进行的。细胞内脂肪酸的降解过程可以分为 3 个阶段：脂肪酸在细胞质中活化为脂酰 CoA（脂肪酸的活化），脂酰 CoA 通过转运系统进入线粒体基质（脂肪酸的转运），β-氧化。

1. 脂肪酸的活化

胞液中的脂肪酸可以在脂酰 CoA 合成酶（acyl CoA synthetase）的催化下，与 HS-CoA 缩合成脂酰 CoA，这个过程称为脂肪酸的活化，反应需要 ATP 的参与。反应中脂肪酸与

ATP 首先形成中间产物脂酰腺苷酸，释放出焦磷酸。然后，脂酰腺苷酸与 HS-CoA 反应，生成脂酰 CoA 和 AMP，其反应如下：

$$R—CH_2—\overset{\overset{\displaystyle O}{\|}}{C}—O^- + ATP \underset{}{\overset{硫激酶}{\rightleftharpoons}} R—CH_2—\overset{\overset{\displaystyle O}{\|}}{C} \sim O—AMP + PPi$$

$$R—CH_2—\overset{\overset{\displaystyle O}{\|}}{C} \sim O—AMP + HS—CoA \underset{}{\overset{脂酰 CoA 合成酶}{\rightleftharpoons}} R—CH_2—\overset{\overset{\displaystyle O}{\|}}{C} \sim S—CoA + AMP$$

脂酰 CoA 合成酶催化的反应为可逆反应，由于体内无机焦磷酸酶可迅速将产物焦磷酸水解为无机磷酸，整个反应高度放能，从而使活化反应自左向右几乎不可逆转。合成一个活化的脂酰 CoA，需消耗 2 个高能磷酸键。形成的产物脂酰 CoA 和乙酰 CoA 一样是高能化合物，当它被水解成为脂肪酸和 CoA 时，产生很大的负的标准自由能变化。

大肠杆菌中只有一种脂酰 CoA 合成酶。哺乳动物中至少有 4 种脂酰 CoA 合成酶，它们分别对带有短的（$<C_6$）、中等长度的（$C_{6\sim12}$）、长的（$>C_{12}$）和更长的（$>C_{16}$）碳链的脂肪酸具有催化特异性。

2. 脂肪酸的转运

12 碳或短于 12 碳的脂肪酸进入线粒体不需要转运蛋白的辅助。14 碳或 14 碳以上的脂酰 CoA 不能直接通过线粒体内膜，需要一个转运系统协助。转运脂酰 CoA 的载体是极性的肉碱（carnitine）分子，化学名称为 L-β-羟基-γ-三甲氨基丁酸，是一个由赖氨酸衍生而成的化合物，在植物和动物体中均存在，其结构如下：

$$CH_3—\overset{\overset{\displaystyle CH_3}{|}}{\underset{\underset{\displaystyle CH_3}{|}}{N^+}}—CH_2—\overset{\underset{\displaystyle OH}{|}}{CH}—CH_2—COO^-$$

肉碱携带脂酰基的反应由脂酰肉碱转移酶（carnitine acyl CoA transferase，CAT）催化完成。

$$R—\overset{\overset{\displaystyle O}{\|}}{C} \sim S—CoA + CH_3—\overset{\overset{\displaystyle CH_3}{|}}{\underset{\underset{\displaystyle CH_3}{|}}{N^+}}—CH_2—\overset{\overset{\displaystyle H}{|}}{\underset{\underset{\displaystyle OH}{|}}{C}}—CH_2—\overset{\overset{\displaystyle O}{\|}}{C}—OH \underset{转移酶II}{\overset{转移酶I}{\rightleftharpoons}} HS—CoA + CH_3—\overset{\overset{\displaystyle CH_3}{|}}{\underset{\underset{\displaystyle CH_3}{|}}{N^+}}—CH_2—\overset{\overset{\displaystyle H}{|}}{\underset{\underset{\displaystyle O}{|}}{C}}—CH_2—\overset{\overset{\displaystyle O}{\|}}{C}—OH$$

脂酰 CoA   肉碱   脂酰肉碱

肉碱与脂酰 CoA 结合生成脂酰肉碱（acylcarnitine）以后，转运进入线粒体。脂酰肉碱转移酶 I（CAT I）可能在线粒体外膜的外侧催化肉碱与脂酰 CoA 结合生成脂酰肉碱，并将其运入膜间隙。脂酰肉碱一旦进入线粒体内，在线粒体内膜内侧的脂酰肉碱转移酶 II（carnitine acyl CoA transferase II，CAT II）的催化作用下与线粒体基质中的 CoA 作用，重新产生脂酰 CoA，释放肉碱，肉碱回到线粒体外的细胞质中。

脂酰肉碱转移酶 I、II 是两种抗原性不同的同工酶，其中脂酰肉碱转移酶 I 是脂肪酸 β-氧化的限速酶。

3. 脂肪酸的 β-氧化作用

长链脂肪酸在线粒体外活化后被转运进入线粒体；中短链的脂肪酸不需转运系统就进入

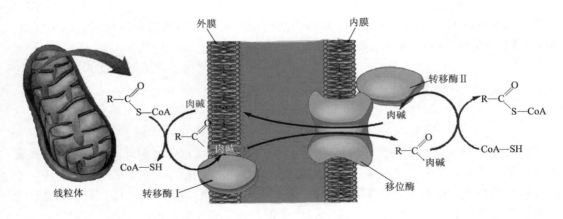

图 7-22 脂酰肉碱的转运机制

线粒体，在线粒体内也被活化为脂酰 CoA。这些脂酰 CoA 在线粒体基质中进行 β-氧化作用。每一轮氧化包括 4 个反应步骤，产生少了两个碳原子的脂酰 CoA 和一分子乙酰 CoA，一分子 $FADH_2$ 和一分子 $NADH+H^+$。

（1）脱氢反应　脂酰 CoA 在脂酰 CoA 脱氢酶（acyl CoA dehydrogenase）的催化下，在 α 和 β 碳位之间脱氢，产物是反式-Δ^2-烯脂酰 CoA。

$$R{-}CH_2{-}CH_2{-}\overset{\displaystyle O}{C}{\sim}S{-}CoA \xrightarrow[\text{FAD} \quad \text{FADH}_2]{\text{脂酰CoA脱氢酶}} R{-}\overset{\displaystyle H}{\underset{\displaystyle H}{C}}{=}\overset{\displaystyle H}{C}{-}\overset{\displaystyle O}{C}{\sim}S{-}CoA$$

脂酰 CoA 脱氢酶有三种同工酶，分别对短、中、长链的脂肪酸起专一性反应。所有三种同工酶均以 FAD 作为辅基。从脂酰 CoA 分子上移出的电子被转移到 FAD 辅基上，还原型的脱氢酶立即将电子提供给线粒体呼吸链中的一种电子载体——电子转移黄素蛋白（electron-transferring flavoprotein，ETF）。然后再经过 ETF：泛醌还原酶交给泛醌。经过这一传递反应，脂酰 CoA 脱氢酶重新氧化，又可以参加下一轮反应。这一步反应是不可逆的。

（2）水化反应　反式-Δ^2-烯脂酰 CoA 在烯脂酰 CoA 水合酶（enoyl CoA hydratase）催化下，在双键上加水生成 L-（+）-β-羟脂酰 CoA，此酶具有立体化学专一性，只催化 L-异构体的生成。

$$R{-}\overset{\displaystyle H}{\underset{\displaystyle H}{C}}{=}\overset{\displaystyle H}{C}{-}\overset{\displaystyle O}{C}{\sim}S{-}CoA \xrightarrow[\text{H}_2\text{O}]{\text{烯脂酰CoA水合酶}} R{-}\overset{\displaystyle OH}{CH}{-}CH_2{-}\overset{\displaystyle O}{C}{\sim}S{-}CoA$$

（3）再脱氢反应　由 β-羟脂酰 CoA 脱氢酶（L-β-hydroxyacyl CoA dehydrogenase）催化，在 L-β-羟脂酰 CoA 的 β 位碳原子的羟基上继续脱氢，氧化成 β-酮脂酰 CoA。此酶以 NAD^+ 为辅助因子，反应产生了一分子 $NADH+H^+$。还原型的脱氢酶立即将电子提供给线粒体呼吸链，重新被氧化后参加下一轮反应。

$$R{-}\overset{\displaystyle OH}{CH}{-}CH_2{-}\overset{\displaystyle O}{C}{\sim}S{-}CoA \xrightarrow[\text{NAD}^+ \quad \text{NADH+H}^+]{\beta\text{-羟脂酰CoA脱氢酶}} R{-}\overset{\displaystyle O}{C}{-}CH_2{-}\overset{\displaystyle O}{C}{\sim}S{-}CoA$$

（4）硫解反应　在硫解酶（thiolase）即酮脂酰硫解酶的催化下，β-酮脂酰 CoA 被第二个 HS—CoA 分子亲核攻击，发生硫解，产生乙酰 CoA 和比原来的脂酰 CoA 少 2 个碳原子的脂酰 CoA。

$$R-\overset{O}{\overset{\|}{C}}-CH_2-\overset{O}{\overset{\|}{C}}\sim S-CoA \xrightarrow[\text{HS—CoA}]{\beta\text{-酮脂酰CoA硫解酶}} R-\overset{O}{\overset{\|}{C}}\sim S-CoA+H_3C-\overset{O}{\overset{\|}{C}}\sim S-CoA$$

β-氧化的前三步反应产生了一个稳定性很低、更容易打开的 C—C 键，其中的 α 碳原子（C2 位）与两个羰基碳原子成键（β-酮脂酰辅酶 A 中间物）。由于酮基对 β 碳（C3 位）的影响，使其成为一个适合辅酶 A 的巯基亲核攻击的靶点。

从反应机制中得知：反应消耗 2 个 CoA，第一个是在脂肪酸活化时结合上去的，并一直与脂酰基团结合，一轮 β-氧化反应后，以乙酰 CoA 的形式脱去。第二个 CoA 加在原来的 β 碳原子上。

从反应机制中还知道：第一个硫脂键没有断裂，断裂的是脂肪酸上 α、β 间的 C—C 键。第一个硫脂键以乙酰 CoA 的形式脱去以后，少了 2 个碳的脂酰基团与第二个 CoA 的 —SH 结合。

促使 β-氧化作用不断前行的原因是：乙酰 CoA 可以直接进入 TCA 氧化，产物不断消耗；少了 2 个碳单位的脂酰 CoA 进入下一轮反应；第一步反应的不可逆，也推动反应前行。

新形成的脂酰 CoA 继续经脱氢、加水、再脱氢和硫解四步反应，进行下一轮的 β-氧化作用，如此重复多次，最后产物为乙酰 CoA（图 7-23）。

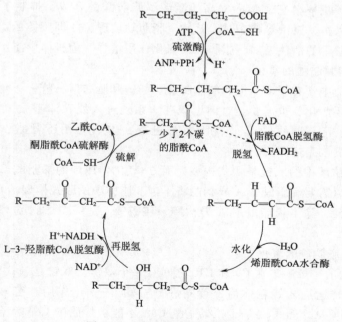

图 7-23　脂肪酸的 β-氧化过程

4. 脂肪酸 β-氧化的能量计算

脂肪酸的氧化是高度的放能过程。棕榈酸活化后经过 7 次 β-氧化循环，即可将棕榈酰 CoA 转变为 8 分子的乙酰 CoA。其总的反应式如下：

$$棕榈酰 CoA + 7HS-CoA + 7FAD + 7NAD^+ + 7H_2O \longrightarrow 8 乙酰 CoA + 7FADH_2 + 7NADH + 7H^+$$

脂肪酸在 β-氧化作用中，每进行一轮循环，就伴随有 1 分子 FAD 和 1 分子的 NAD^+ 还原为 $FADH_2$ 和 $NADH + H^+$。$FADH_2$ 进入呼吸链，生成 1.5 分子 ATP；$NADH + H^+$ 进入呼吸链，生成 2.5 分子 ATP。氧化形成的乙酰 CoA 进入三羧酸循环，可彻底分解为 CO_2 和 H_2O，共生成 10 分子 ATP（糖代谢一章中已做过详细介绍）。棕榈酸活化为棕榈酰 CoA 要消耗 1 分子 ATP 中的两个高能磷酸键。因此计算得知一分子棕榈酸彻底地氧化分解净生成 ATP 的数目：

8 分子乙酰 CoA 彻底氧化，共产生 $8 \times 10 = 80$ 分子 ATP。

7 分子 $FADH_2$ 进入呼吸链，共产生 $7 \times 1.5 = 10.5$ 分子 ATP。

7 分子 NADH 进入呼吸链，共产生 $7 \times 2.5 = 17.5$ 分子 ATP。

棕榈酸活化为棕榈酰 CoA，消耗 2 个高能磷酸键。

以上总计，氧化一分子棕榈酸共计生成 106 分子 ATP。

ATP 水解为 ADP 和 Pi 时，标准自由能的变化为 -30.54 kJ/mol。106mol ATP 可释放 3237.24kJ 的能量。棕榈酸氧化时，标准自由能的变化是 -9790.56 kJ/mol。因此可见在标准状态下，棕榈酸氧化时约有 33% 的能量转换成磷酸键能。

5. 脂肪酸氧化的调控

调节脂肪酸氧化的关键酶是脂酰肉碱转移酶 I，此酶的作用是把脂酰 CoA 通过形成脂酰肉碱的形式转运入线粒体内，它强烈地受丙二酸单酰 CoA 的抑制，丙二酸单酰 CoA 是脂肪酸合成的二碳供体，它含量的提高，激活了脂肪酸的合成，抑制了脂肪酸的氧化分解。当动物处于兴奋、饥饿等状态时，就发生脂肪动员现象，即脂肪的水解作用加强。此时脂酰肉碱转移酶 I 的活性增加，脂肪酸的氧化作用增强，为机体供能。

（二）不饱和脂肪酸的氧化

天然三酰甘油中含有很多不饱和的脂肪酸，与饱和脂肪酸一样，不饱和脂肪酸在进行氧化作用前也需要活化，也需要经过肉毒碱穿梭系统进入线粒体基质，然后进行 β-氧化作用。与饱和脂肪酸不同的是：不饱和脂肪酸进行 β-氧化作用还需要另外 2 个酶的参加，其一是异构酶，其二是还原酶。

因为天然脂肪酸中的双键是顺式构型，而 β-氧化作用中的烯脂酰 CoA 水合酶的底物是反式构型，所以需要烯脂酰 CoA 异构酶将不饱和脂肪酸的顺式构型转变成反式构型。对于多不饱和脂肪酸，除了烯脂酰 CoA 异构酶，还需要 2，4-二烯脂酰 CoA 还原酶的共同作用。

1. 单不饱和脂肪酸的氧化

油酸是 18 碳的一烯酸，在 C9 和 C10 之间有一个双键。双键是顺式构型（$18:1^{\Delta 9c}$）。油酸经过活化并转运进入线粒体后，首先进行三轮 β-氧化作用。在第三轮中形成顺式 $-\Delta^3$-十二烯脂酰 CoA。顺式 $-\Delta^3$-十二烯脂酰 CoA 不能被烯脂酰 CoA 水合酶作用，因此首先需要烯脂酰 CoA 顺反异构酶催化其形成反式 $-\Delta^2$-烯脂酰 CoA，再经烯脂酰 CoA 水合酶作用。然后继续进行 5 轮 β-氧化，产生 6 分子乙酰 CoA。β-氧化作用结束后，共生成 9 分子乙酰 CoA（图 7-24）。

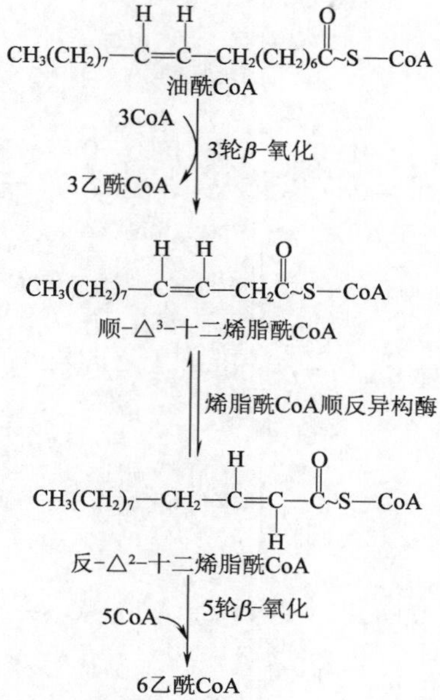

$$CH_3(CH_2)_7-\overset{\overset{H}{|}}{C}=\overset{\overset{H}{|}}{C}-CH_2(CH_2)_6\overset{\overset{O}{\|}}{C}-S\sim CoA$$
油酰CoA

3CoA　　3轮β-氧化
3乙酰CoA

$$CH_3(CH_2)_7-\overset{\overset{H}{|}}{C}=\overset{\overset{H}{|}}{C}-CH_2\overset{\overset{O}{\|}}{C}\sim S-CoA$$
顺-△³-十二烯脂酰CoA

烯脂酰CoA顺反异构酶

$$CH_3(CH_2)_7-CH_2-\overset{\overset{H}{|}}{C}=\overset{\underset{H}{|}}{C}\overset{\overset{O}{\|}}{C}-S-CoA$$
反-△²-十二烯脂酰CoA

5CoA　　5轮β-氧化
6乙酰CoA

图 7-24　油酰 CoA 的氧化

2. 多不饱和脂肪酸的氧化

多不饱和脂肪酸的氧化除了需要烯脂酰 CoA 顺反异构酶之外，还需要 2，4-二烯脂酰 CoA 还原酶的参与。以亚油酸为例，亚油酸是 18 碳二烯酸，在 C9 和 C10 及 C12 和 C13 之间有顺式双键（$18:2^{\Delta 9c,12c}$）。亚油酰 CoA 经三次 β-氧化产生 3 分子乙酰 CoA 和一个十二碳二烯脂酰 CoA，在新形成的 C3 和 C4 之间及 C6 和 C7 之间的两个双键都是顺式（$12:2^{\Delta 3c,6c}$）。

顺式-Δ^3 双键经过异构酶催化成反式-Δ^2 构型（$12:2^{\Delta 2t,6c}$）。烯脂酰 CoA 继续进行 β-氧化，断裂 1 分子乙酰 CoA 后，产生顺式-Δ^4-十碳烯脂酰 CoA（$10:1^{\Delta 4c}$）。

经过脂酰 CoA 脱氢酶作用后，十碳烯脂酰 CoA 在 C2 位置生成一个额外的反式双键，成为反式 Δ^2-顺式-Δ^4-烯脂酰 CoA（$10:2^{\Delta 2t,4c}$）。

2，4-二烯脂酰 CoA 还原酶催化这一产物转化为反式-Δ^3-烯脂酰 CoA（$10:1^{\Delta 3t}$）。反式-Δ^3-烯脂酰 CoA 经过烯脂酰 CoA 异构酶的催化，形成反式-Δ^2-烯脂酰 CoA（$10:1^{\Delta 2t}$），成为烯脂酰 CoA 水合酶的底物。烯脂酰 CoA 继续进行 β-氧化，直到完全形成乙酰 CoA（图 7-25）。

由于不饱和脂肪酸中双键的存在，使得代谢物脱氢的机会减少，所以最后获得的 ATP 数目要比相同碳原子数的饱和脂肪酸获得的 ATP 的数目少。

（三）奇数碳脂肪酸的氧化

许多植物、海洋生物、石油酵母等生物体中存在有大量奇数碳脂肪酸。例如石油酵母脂类中含有大量 15 碳和 17 碳脂肪酸。以 17 碳脂肪酸的氧化为例，需要经过 7 轮 β-氧化，产生 7 分子 $FADH_2$ 和 7 分子 $NADH+H^+$ 以及 7 分子乙酰 CoA 和 1 分子丙酰 CoA。

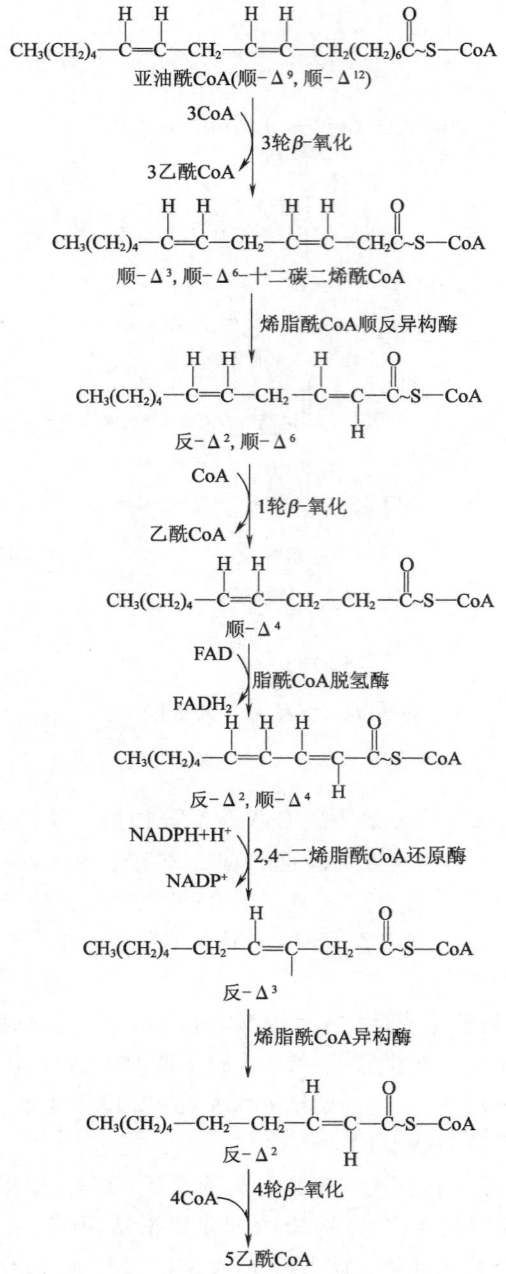

图 7-25　亚油酰 CoA 的氧化

丙酰 CoA 不再是脂酰 CoA 脱氢酶作用的底物，因此不能继续进行 β-氧化。

在动物体内，丙酰 CoA 在丙酰 CoA 羧化酶、甲基丙二酸单酰 CoA 差向异构酶、甲基丙二酸单酰 CoA 变位酶的作用下生成琥珀酰 CoA（图 7-26）。

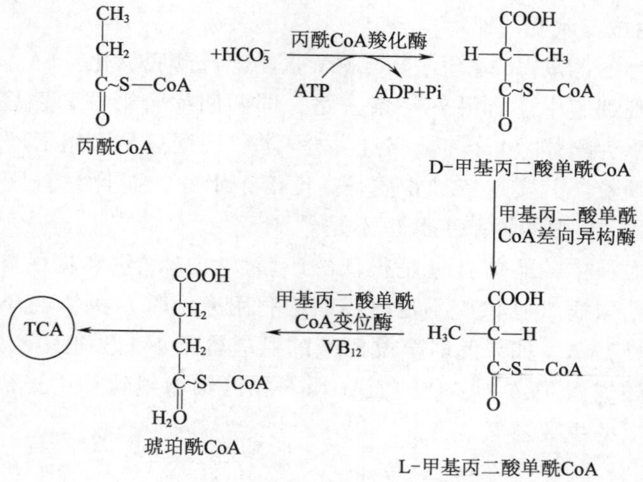

图 7-26 动物体内丙酰 CoA 的代谢

在甲基丙二酸单酰 CoA 变位酶催化的反应中，最初位于 C2 位的 CO—S—CoA 基团与 C3 位的一个氢原子发生了交换。辅酶 B_{12} 是这个反应的辅因子，正如它是所有此类反应的辅因子一样，催化反应通式如下：

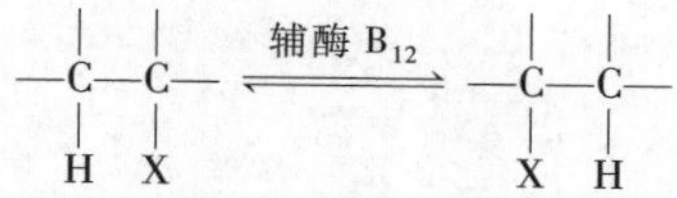

产物琥珀酰 CoA 必须通过 2 个途径才能进入 TCA 完全氧化成 CO_2。一是经 β-氧化形成乙酰 CoA。二是在 TCA 中形成苹果酸，通过特殊的载体，进入细胞质。细胞质中的苹果酸脱氢酶将苹果酸氧化生成草酰乙酸，脱羧后形成的丙酮酸有两条代谢路径。其一是返回线粒体，彻底氧化；其二是经糖异生途径，异生成糖。

在植物体内，丙酰 CoA 在一系列酶的催化下，生成乙酰 CoA，反应过程如下（图 7-27）：

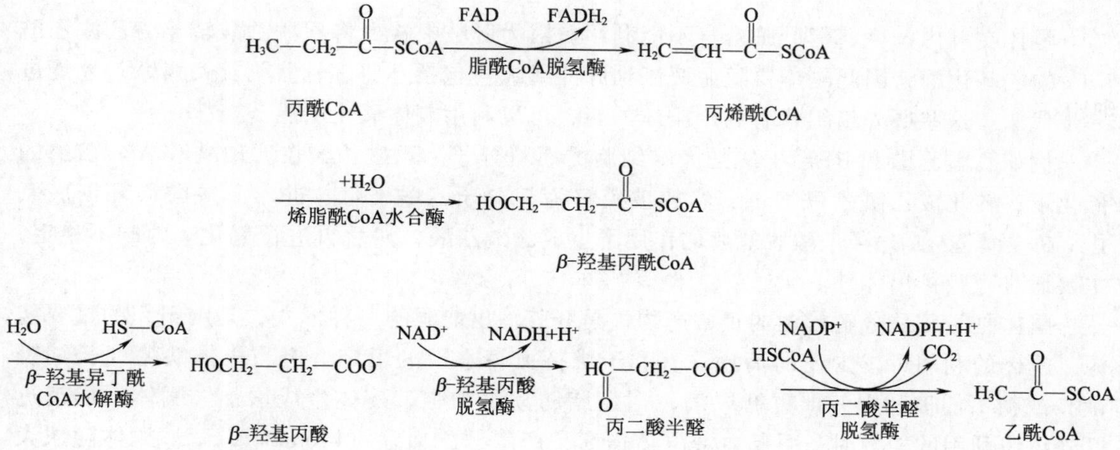

图 7-27 植物体内丙酰 CoA 的代谢

（四）酮体的生成与利用

脂肪酸氧化产生的乙酰CoA，可进入TCA循环进行彻底氧化分解；但人类和大多数哺乳动物在肝脏及肾脏细胞中还有另外一条去路，即两两缩合形成乙酰乙酸、D-β-羟丁酸和丙酮，这三者统称为酮体（ketone body）。"酮体"一词只是沿用了历史上的名称，最初是指不溶于水的小颗粒。其实这三种物质是高度溶于水的，而且它们只是普通的有机化合物，不是什么"体"，其中的羟基丁酸也不是"酮"。

正常情况下，血液中的酮体含量是很低的，脂肪酸的氧化和糖的降解基本处于平衡。但在病态条件下或糖尿病（糖供应不足时或糖的利用率低时）机体就开始动用脂肪氧化供能，生成大量的乙酰CoA。如果此时草酰乙酸的供应量跟不上，很多乙酰CoA就不能与草酰乙酸缩合为柠檬酸进入TCA。多余的乙酰CoA在肝细胞线粒体中形成酮体（图7-28），所以肝脏是酮体生成的主要器官。

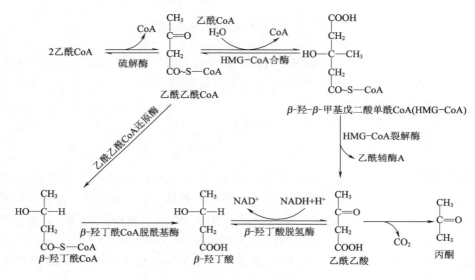

图7-28　酮体的生物合成

酮体在肝内产生，但肝脏本身不能利用。因为肝脏中缺少将乙酰乙酸转化为乙酰乙酰CoA的酰基化酶，因此酮体要随血液流到肝外组织（包括心肌、骨骼肌及大脑等）才能进一步代谢。这些肝外组织含有利用酮体的酶，可以利用酮体氧化供能。

例如乙酰乙酸和β-羟丁酸是大脑细胞的燃料分子。乙酰乙酸在琥珀酰CoA转硫酶的催化下，转化成乙酰乙酰CoA，然后被硫解为2分子乙酰CoA，进入三羧酸循环彻底氧化。β-羟丁酸在β-羟丁酸脱氢酶的作用下生成乙酰乙酸，然后再进行氧化。丙酮不稳定，主要通过呼吸排出体外。

酮体是脂肪酸分解代谢的正常产物，是肝脏输出能源的一种形式，是脑组织的重要能源。酮体的利用可减少糖的消耗，有利于维持血糖水平的恒定。但当机体缺糖（长期饥饿）或糖不能被利用（严重糖尿病）时，脂肪动员加强，酮体生成增加。酮体生成超过肝外组织利用的能力时，引起血液酮体增高，产生"酮血症（ketonemia）"。酮体随尿大量排出，引起"酮尿症（ketonuria）"。

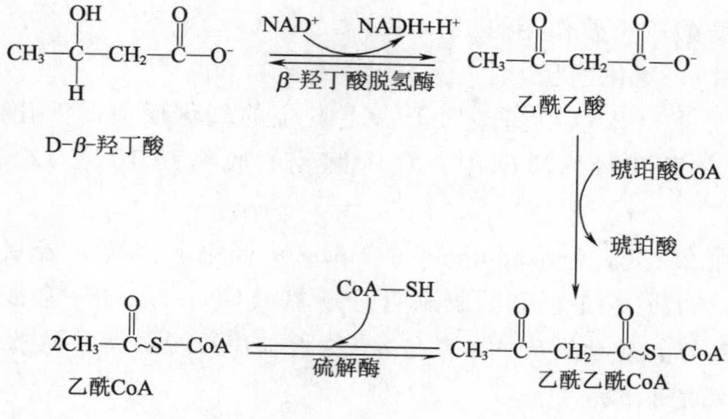

图 7-29　酮体的氧化

四、脂肪酸的分解代谢——其他氧化作用

脂肪酸除了 β-氧化外，还有另外的氧化方式，如 α-氧化和 ω-氧化。

（一）脂肪酸的 α-氧化作用

1956 年，Stumpf 发现在植物种子和植物叶子组织中的脂肪酸，有一种特殊的氧化途径，称为 α-氧化作用。这种特殊类型的氧化系统，后来在脑和肝细胞中也有发现。在这个系统中，以游离脂肪酸作为底物，由单氧化酶催化，需要有 O_2、Fe^{2+} 和抗坏血酸等参加，每氧化 1 次，脂肪酸羧基端只失去 1 个碳原子，产物既可以是 D-α-羟基脂肪酸，也可进一步脱羧、氧化转变成少一个碳原子的脂肪酸。

现已证明哺乳动物组织可以把绿色植物的叶绿醇首先降解为植烷酸，植烷酸的 β 位被甲基封闭，因此不能进行 β-氧化，只有通过 α-氧化将其羟化、脱羧，形成降植烷酸（pristanic acid）（图 7-30）。降植烷酸经活化即可以通过 β-氧化作用降解。

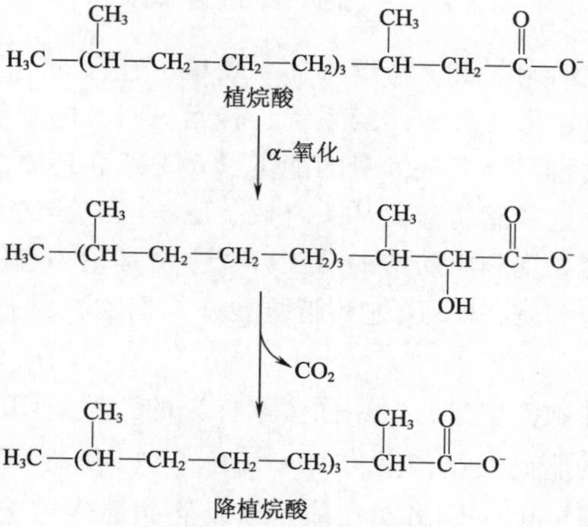

图 7-30　植烷酸的 α-氧化

人类如果缺乏 α-氧化作用系统，即造成体内植烷酸的积聚，会导致外周神经炎类型的运动失调及视网膜炎等症状——Refsum 病。另外 α-氧化对降解支链脂肪酸、奇数碳脂

肪酸或过长碳链脂肪酸有重要作用。

（二）脂肪酸的 ω-氧化途径

脂肪酸在 ω 碳原子（末端甲基碳原子）上发生的氧化反应。催化此途径的独特酶存在于（脊柱动物的）肝和肾内质网中，它所偏爱的底物是 10 或 12 个碳原子的脂肪酸分子。

反应在混合功能氧化酶（mixedfunction oxidase）催化下，其 ω 碳原子发生氧化，引入一个羟基到 ω 碳原子上，这个羟基的氧来自分子氧（O_2），通过一个涉及细胞色素 P_{450} 和电子供体 NADPH 参与的复杂反应而发生。ω-羟脂酸在醇脱氢酶、醛脱氢酶的作用下进一步氧化成醛脂酸、二羧脂酸。

脂肪酸 ω-氧化过程可简示如下：

$$H_3C-(CH_2)_n-COOH+O_2 \longrightarrow HO-CH_2-(CH_2)_n-COOH+H_2O \longrightarrow HOOC-(CH_2)_n-COOH$$

脂肪酸　　　　　　　　　　　　　ω-羟脂酸　　　　　　　　　　　　α，ω-二羧酸

生成的 α，ω-二羧酸进入线粒体后，可以从分子的两端进行 β-氧化。因此 ω-氧化加速了脂肪酸降解的速度。

某些海面浮游生物具有 ω-氧化途径，能将烃类和脂肪酸迅速降解成水溶性产物。这些海面浮游生物对清除海洋中的石油污染具有重大意义。

第五节　脂肪的合成代谢

生物体内脂类的合成是非常活跃的，特别是在高等动物的肝脏组织、脂肪组织和乳腺组织中。脂肪合成需要以脂肪酸和甘油为原料。脂肪的合成包括磷酸甘油的合成和脂肪酸的合成，然后再进一步加工形成复杂的三酰甘油。脂肪的生物合成是吸能和还原的反应，它们以 ATP 为合成能源，以还原电子载体为还原体（通常是 $NADPH+H^+$）。

一、脂肪酸的合成

脂肪酸的合成是通过向碳氢链上持续添加二碳单位进行的。脂肪酸的合成过程与脂肪酸的氧化降解在反应部位、催化反应的酶系统、转运机制、电子供受体、酰基载体等方面完全不同。脂肪酸合成过程需要消耗大量的能量（ATP）和还原力（$NADPH+H^+$）。

脂肪酸的合成可分为饱和脂肪酸的从头合成、脂肪酸碳链的延长途径和不饱和脂肪酸的生成途径等几部分内容。饱和脂肪酸的从头合成主要是指 16 碳饱和脂肪酸的从头合成。脂肪酸碳链的延长或脱饱和是在 16 碳饱和脂肪酸（棕榈酸）的基础上继续加工而成。

（一）从头合成途径

饱和脂肪酸的合成在胞液中进行。用同位素标记的乙酸（$CD_3-^{13}COOH$）喂大鼠，发现在大鼠肝脏内分离到的脂肪酸结构是 $CD_3-^{13}CH_2-(CD_2-^{13}CH_2)_n-CD_2-^{13}COOH$。D 出现在甲基碳及脂肪酸碳链中，$^{13}C$ 出现在羧基碳及脂肪酸碳链上，D 和 ^{13}C 交替出现。这说明生物体内脂肪酸的合成是以乙酸作为原料，后来进一步的研究证明乙酸是以乙酰 CoA 的形式参与反应。

脂肪酸从头合成的二碳单位是乙酰 CoA。乙酰 CoA 主要来自线粒体中的丙酮酸氧化脱羧、氨基酸氧化降解，脂肪酸 β-氧化等过程。但是，在脂肪酸的合成过程中，只有 1 分

子乙酰 CoA 可以作为引物，其他的乙酰 CoA 首先要形成丙二酸单酰 CoA 的形式，才能掺入脂肪酸的碳链中。这个反应由乙酰 CoA 羧化酶（acetyl CoAcarboxylase）催化。二碳单位在脂肪酸合酶复合体（fatty acid synthase complex）的催化下，经缩合、还原、脱水、再还原 4 步循环反应来完成的。

1. 乙酰 CoA 的转运

脂肪酸在细胞质中合成，而乙酰 CoA 却是在线粒体中产生的。脂肪酸合成所需的乙酰 CoA 不能穿过线粒体的内膜进入细胞质中，所以要借助"柠檬酸-丙酮酸穿梭"才能进入细胞质（图 7-31）。

在柠檬酸-丙酮酸穿梭途径中，线粒体中产生的乙酰 CoA 与草酰乙酸结合形成柠檬酸，然后通过柠檬酸转运系统（citrate transport system）透过线粒体膜进入细胞质，裂解成草酰乙酸和乙酰 CoA，同时消耗 1 分子 ATP。反应由细胞质中的柠檬酸裂解酶催化。草酰乙酸在苹果酸脱氢酶的催化下还原成苹果酸，反应消耗 1 分子的 $NADH+H^+$。苹果酸在苹果酸酶的催化下氧化脱羧产生 CO_2、丙酮酸和 1 分子的 $NADPH+H^+$。丙酮酸进入线粒体，在丙酮酸羧化酶催化下重新形成草酰乙酸，又可参加乙酰 CoA 的转运，其过程如下。

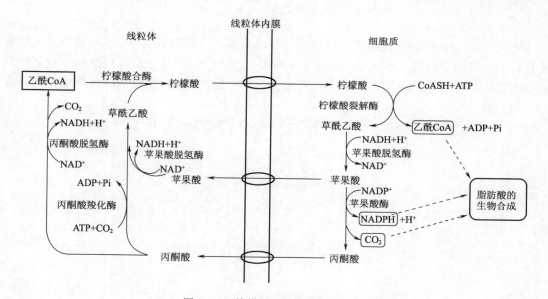

图 7-31 柠檬酸-丙酮酸穿梭系统

2. 丙二酸单酰 CoA（malonyl CoA）的形成

人们用细胞提取液进行脂肪酸从头合成的研究时，发现在脂肪酸从头合成过程中，乙酰 CoA 是引物，加合物（其他二碳单位供体的活化形式）则是丙二酸单酰 CoA。二碳单位中多出的一个碳原子来自于 HCO_3^-，因此脂肪酸的从头合成反应需要 HCO_3^- 的存在。以合成 1 分子棕榈酸为例，合成反应所需的 8 个二碳单位中，只有 1 个是以乙酰 CoA 的形式参与，而其他 7 个均以丙二酸单酰 CoA 形式参与。丙二酸单酰 CoA 是由乙酰 CoA 和 HCO_3^- 在乙酰 CoA 羧化酶（acetyl CoAcarboxylase）的催化下合成的。所有的乙酰 CoA 羧化酶都含有生物素辅基。

　　大肠杆菌中的乙酰 CoA 羧化酶是由三种不同的亚基（图 7-32）组成的复合物，包括生物素羧基载体蛋白（biotin carboxyl carrier protein，BCCP）、生物素羧化酶（biotin carboxylase，BC）和转羧基酶（transcarboxylase，CT）。生物素通过酰胺键与生物素羧基载体蛋白的赖氨酸残基上的 ε-氨基共价结合。在动物细胞中，这三种活性都位于单一的多肽链上。植物细胞中则含有上述两种形式的乙酰 CoA 羧化酶。

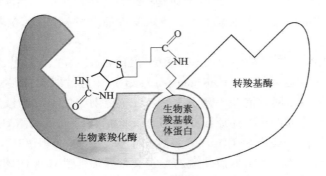

图 7-32　大肠杆菌乙酰辅酶 A 羧化酶的结构

　　乙酰 CoA 羧化酶催化的反应可以分成两步。首先，碳酸氢盐（HCO_3^-）的羧基与生物素环的一个氮原子结合，形成活化的羧基生物素（图 7-33）。这个反应由生物素羧化酶催化并消耗 1 分子 ATP。生物素辅基是二氧化碳分子的暂时载体。生物素羧化酶催化的反应如下：

$$BCCP-生物素+ATP+HCO_3^- \longrightarrow BCCP-羧基生物素+ADP+Pi$$

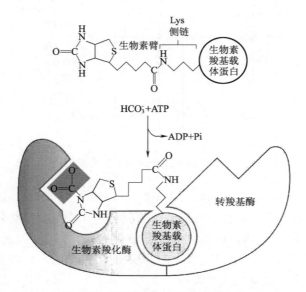

图 7-33　大肠杆菌乙酰辅酶 A 羧化酶催化的反应之一

　　然后，在第二步反应中，转羧基酶催化 BCCP-羧化生物素上有活性的羧基转移到乙酰 CoA 上，产生丙二酸单酰 CoA 和 BCCP-生物素（图 7-34）。

$$BCCP-羧基生物素+乙酰CoA \longrightarrow 丙二酸单酰CoA+BCCP-生物素$$

在这两步反应中，生物素羧基载体蛋白结合的生物素臂长而有弹性，可将被激活的 CO_2 从生物素羧化酶的活性位点转移到转羧基酶的活性位点。

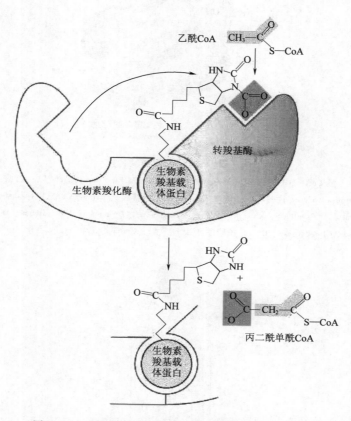

图 7-34 大肠杆菌乙酰辅酶 A 羧化酶催化的反应之二

乙酰 CoA 羧化酶催化的反应是不可逆的，是脂肪酸合成过程的关键调节步骤。

3. 脂肪酸合酶（FAS）复合体催化脂肪酸合成

从乙酰 CoA 和丙二酸单酰 CoA 开始的脂肪酸合成反应由脂肪酸合酶（fatty acid synthase，FAS）复合体催化。在大肠杆菌和一些植物中，脂肪酸合酶复合体是 7 种多肽链的聚合体，包括六种酶和一个酰基载体蛋白（图 7-35）。

酰基载体蛋白（acyl carrier protein，ACP）是一个小分子蛋白，它的辅基是磷酸泛酰巯基乙胺基团（图 7-36）。在脂肪酸合成中，脂肪酸合成的中间产物以共价键连接到磷酸泛酰巯基乙胺基团的—SH 上，形成脂酰 ACP。ACP 和与之连接的磷酸泛酰巯基乙胺在脂肪酸合成中运载脂酰基，这个长的 4′-磷酸泛酰巯基乙胺基团起到一个"摇臂"的作用，它利用 4′-磷酸泛酰的—SH 将脂肪酸合成过程中的各个中间物在酶复合物上从一个催化中心转移到另一个催化中心。

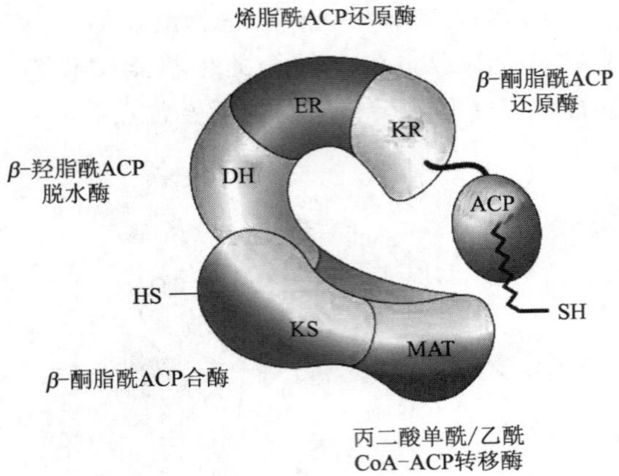

烯脂酰ACP还原酶

β-酮脂酰ACP
还原酶

β-羟脂酰ACP
脱水酶

β-酮脂酰ACP合酶

丙二酸单酰/乙酰
CoA-ACP转移酶

图 7-35　脂肪酸合酶复合体

注：丙二酸单酰/乙酰 CoA-ACP 转移酶（Malonyl/Acetyl CoA-ACPtransferase，MAT）；乙酰 CoA-ACP 酰基转移
酶（Acetyl CoA-ACPtransacetylase，AT）；丙二酸单酰 CoA-ACP 转移酶（Malonyl CoA-ACPtransferase，MT）；β-酮脂
酰 ACP 合酶（β-ketoacyl ACPsynthase，KS）；β-酮脂酰 ACP 还原酶（β-ketoacyl ACPreductase，KR）；β-羟脂酰 ACP
脱水酶（β-hydroxyacyl ACPdehydrase，DH）；烯脂酰 ACP 还原酶（Enoyl ACPreductase，ER）

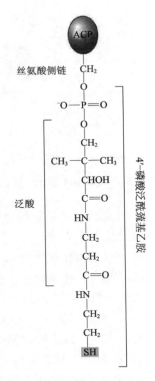

图 7-36　酰基载体蛋白 ACP 的辅基

注：丙二酰单酰基以酯键连接到 ACP 的—SH 上。

　　脂肪酸合酶中还有一个酶是 β-酮脂酰 ACP 合酶（β-ketoacyl ACPsynthase，KS），此
酶多肽链上一个半胱氨酸残基上的巯基用于连接缩合之初的脂酰基。

　　由此可以看出，在脂肪酸合成的过程中，中间产物与复合体上的 2 个—SH 共价连接。一个是酰基载体蛋白（ACP）中 4′-磷酸泛酰的—SH。一个是 β-酮脂酰 ACP 合酶（KS）中 Cys 的—SH。

　　酵母和脊椎动物的脂肪酸合酶与大肠杆菌的不同。酵母脂肪酸合酶中 7 个不同的活性部位分布于两条多肽链上，其中 3 个在 α 亚基上，4 个在 β 亚基上。脊椎动物催化脂肪酸合成的酶除图 7-35 中 6 种酶外，还多出了一个硫脂酶（thioesterase，TE）和 1 分子 ACP 均在一条单一的多功能多肽链（亚基）上，每个亚基中的肽链折叠成 3 个结构域，中间由可变区连接。由两个完全相同的亚基首尾相连组成的二聚体称为脂肪酸合酶（fatty acid synthase，图 7-37）。

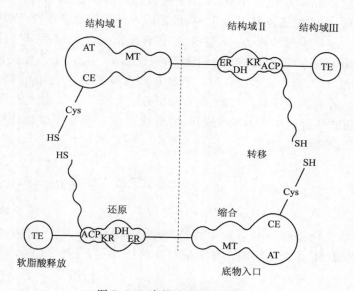

图 7-37　脊椎动物脂肪酸合酶

　　脂肪酸合酶的二聚体若解离为单体，则部分酶活性丧失。每个亚基上 ACP 结构域的丝氨酸残基连接有 4′-磷酸泛酰巯基乙胺，与脂酰基相连，作为脂肪酸合成中的脂酰基载体，在亚基的不同催化部位之间转运底物或中间物，大大提高了脂肪酸合成的效率。棕榈酰 ACP 硫脂酶催化最后的棕榈酰 ACP 水解生成棕榈酸和 ACP。

　　4. 准备阶段

　　（1）转乙酰基反应　乙酰 CoA 与 ACP 作用，生成乙酰 ACP。该反应是一个起始反应，由乙酰 CoA-ACP 酰基转移酶（AT）催化，将乙酰基先从 CoA 转运至 ACP，而后迅速移位，转运至 β-酮脂酰 ACP 合酶（KS）中 Cys 的巯基上，成为缩合反应的第一个底物。

$$CH_3-\overset{\overset{\displaystyle O}{\|}}{C} \sim S-CoA + HS-ACP \xrightarrow{AT} CH_3-\overset{\overset{\displaystyle O}{\|}}{C}-S-ACP + HS-CoA$$

乙酰 CoA　　　　　　　　　　　　　　乙酰 ACP

$$CH_3-\overset{\overset{\displaystyle O}{\|}}{C}-S-ACP + HS-KS \xrightarrow{AT} CH_3-\overset{\overset{\displaystyle O}{\|}}{C}-S-KS + HS-ACP$$

乙酰 ACP　　　　　　　　　　　　　　乙酰 KS

（2）转丙二酸单酰基反应　丙二酸单酰 CoA-ACP 转移酶催化丙二酸单酰基加载到 ACP 的巯基上，为 β-酮脂酰 ACP 合成酶提供第二个底物。在此反应中，ACP 的自由巯基攻击丙二酸单酰 CoA 的羰基，形成丙二酸单酰 ACP。这样的两步准备反应，为下一步缩合反应分别生成了所需的两种底物。

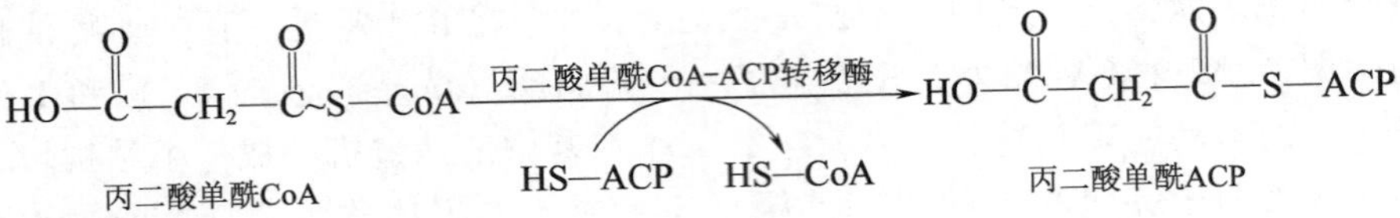

5. 反应历程

（1）缩合反应　此步反应是活化的乙酰基和丙二酸单酰基缩合形成乙酰乙酰 ACP（acetoacetyl ACP），即乙酰乙酰基通过 4′-磷酸泛酸巯基乙胺上的—SH 连到 ACP 上，同时释放一分子 CO_2。这一步反应由 β-酮脂酰 ACP 合酶催化。脱羧反应激活了丙二酸单酰 CoA 的亚甲基（methylene），使之成为一个好的亲核基团，可攻击乙酰基团的硫脂键，使乙酰基从 β-酮脂酰 ACP 合酶上脱落下来，形成乙酰乙酰基团，并连接到 ACP 的巯基上。

此反应产生 CO_2 的碳原子是丙二酸单酰 CoA 通过乙酰 CoA 羧化酶从 HCO_3^- 中转入的碳原子。因此，在脂肪酸合成中 CO_2 参与起初的羧化反应，但在缩合反应中又重新释放出来，并没有掺入脂肪酸链中。

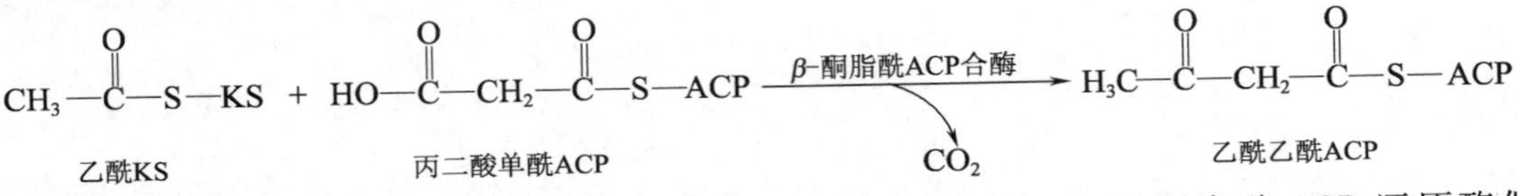

（2）还原反应　这是脂肪酸合成中的第一个还原反应，由 β-酮脂酰 ACP 还原酶催化。反应以 $NADPH+H^+$ 作为还原剂，产物是 D-构型的 β-羟丁酰 ACP。

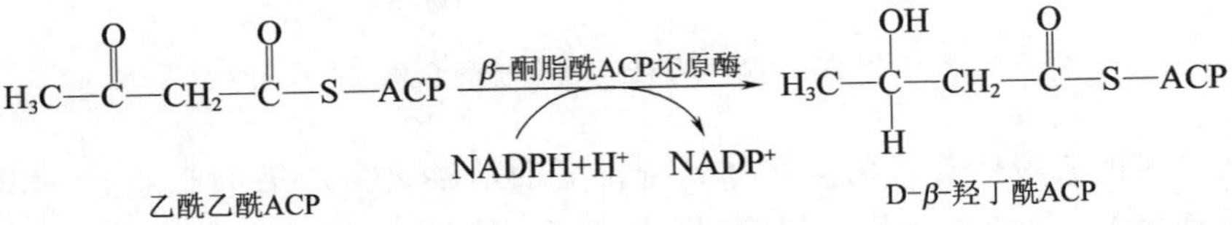

（3）脱水反应　β-羟丁酰 ACP 脱水生成相应的 α,β-反式-烯丁酰 ACP（巴豆酰 ACP），反应在 β-羟脂酰 ACP 脱水酶的催化下完成。

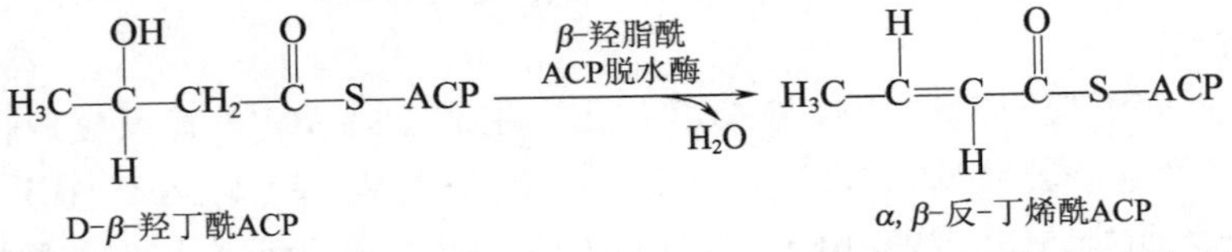

（4）再还原反应　这步反应把 α,β-反式-烯丁酰 ACP 还原成为丁酰 ACP。反应再一次由 $NADPH+H^+$ 作为电子供体，由 β-烯脂酰 ACP 还原酶催化。

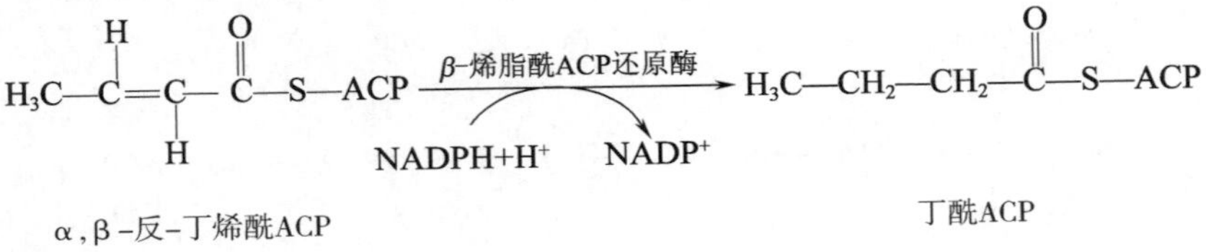

经过上述反应，由乙酰 ACP 作为二碳受体，丙二酸单酰 ACP 作为二碳单位的供体，经过缩合、还原、脱水、再还原四个反应步骤，即生成含 4 个碳原子的丁酰 ACP。

接着，丁酰 ACP 在转酰酶的作用下，将丁酰基转移到 β-酮脂酰 ACP 合成酶的巯基上。下一个二碳单位的供体丙二酸单酰基又连接到 ACP 的—SH 上。丁酰基可以继续与丙二酸单酰基经过上述重复的反应步骤，即可得到己酰 ACP。如此不断地进行循环，最终得到棕榈酰 ACP（图 7-38）。

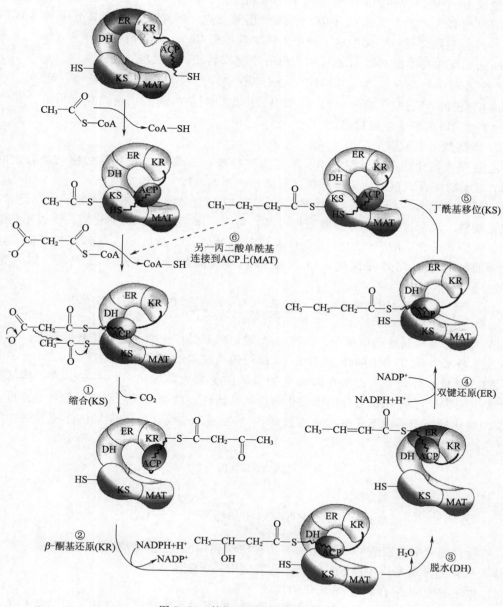

图 7-38 棕榈酰 ACP 的从头合成

从乙酰 CoA 和丙二酸单酰 CoA 合成长链脂肪酸，实际上是一个重复加长过程，每次延长 2 个碳原子。第一轮反应生成的是丁酰 ACP，以后每进行一轮循环，增加 2 个碳单位。7 轮反应后，就形成 16 碳的饱和脂肪酸（棕榈酸）。此时的棕榈酰基依然与 ACP 连接。由复合物中的水解酶活性将脂肪酸释放。在动物细胞中，催化棕榈酸 ACP 水解的酶是棕榈酸 ACP 硫脂酶。脂肪酸的合成通常止于 16 碳酸。反应的方程式为：

$$棕榈酰 ACP + H_2O \longrightarrow 棕榈酸 + ACP-SH$$

生成 16 个碳的饱和脂肪酸要进行 7 轮循环反应，需要 1 分子的乙酰 CoA 和 7 分子的丙二酸单酰 CoA 参与。每次循环中，有两个还原反应，每轮反应消耗 2 分子的 $NADPH + H^+$。另外，在羧化反应中每生成 1 分子的丙二酸单酰 CoA，就要消耗 1 分子 ATP。

从起始反应物乙酰 CoA 开始到生成最终产物棕榈酸，总反应式为：

$$8 乙酰 CoA + 7ATP + 14NADPH + 14H^+ \longrightarrow 棕榈酸 + 7ADP + 7Pi + 14NADP^+ + 8CoA-SH + 6H_2O$$

试验表明，脂肪酸合成需要的 $NADPH + H^+$ 有 60% 是由磷酸戊糖途径提供的，其余部分可由柠檬酸-丙酮酸穿梭提供。

6. 脂肪酸合成的调节

乙酰 CoA 羧化酶存在于胞液中，辅基为生物素。乙酰 CoA 羧化酶是脂肪酸合成的限速酶，是脂肪酸合成调控的关键所在，其调控主要通过以下方面来实现。

（1）别构调节　柠檬酸、异柠檬酸是乙酰 CoA 羧化酶的变构激活剂，故在饱食后，糖代谢旺盛，代谢过程中的柠檬酸浓度升高，可别构激活乙酰 CoA 羧化酶，促进脂肪酸的合成。而脂肪酸合成的终产物棕榈酰 CoA 以及其他的长链脂酰 CoA 是其变构抑制剂，可降低脂肪酸合成。此外棕榈酰 CoA 还能抑制柠檬酸从线粒体进入细胞质，以及抑制 $NADPH + H^+$ 的产生。

$$乙酰 CoA 羧化酶单体 \underset{棕榈酰 CoA，长链脂酰 CoA}{\overset{柠檬酸，异柠檬酸}{\rightleftharpoons}} 乙酰 CoA 羧化酶多聚体$$
（无活性）　　　　　　　　　　　　　　　　　　　　　　（有活性）

在大肠杆菌和其他的细菌中，乙酰 CoA 羧化酶不受柠檬酸、异柠檬酸的调控。鸟苷酸可调控乙酰 CoA 羧化酶中的转羧基酶，从而调控乙酰 CoA 羧化酶的活性。

（2）共价修饰调节　乙酰 CoA 羧化酶有磷酸化和去磷酸化两种存在形式。胰高血糖素、肾上腺素使乙酰 CoA 羧化酶磷酸化而抑制其活性，从而减慢了脂肪酸的合成速度。乙酰 CoA 羧化酶处于活性形式时，聚成长丝状，乙酰 CoA 羧化酶的磷酸化伴随着酶被解聚成单体而失活。

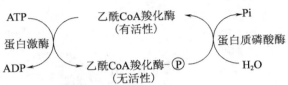

植物和细菌中的乙酰 CoA 羧化酶不受柠檬酸和磷酸化/去磷酸化循环调控，植物的乙酰 CoA 羧化酶随着基质中的 pH 和 Mg^{2+} 的浓度增加而激活。

7. 棕榈酸的从头合成与 β-氧化的比较

把棕榈酸的从头合成途径与棕榈酸的 β-氧化途径相比较可以看出，虽然它们有一些共同的中间产物基团，如酮脂酰基、羟脂酰基、烯脂酰基等，但两个过程概括起来有许多不同点，绝对不是简单的逆转（表 7-3）。

表 7-3　　　　　　　　棕榈酸从头合成途径与 β-氧化途径的不同点

区别要点	分解	合成
发生部位	线粒体	胞液
酰基载体	CoA—SH	ACP—SH
二碳单位的断裂或参与形式	乙酰基	丙二酸单酰基
电子受/供体	NAD^+、FAD	$NADPH+H^+$
酶系	四种酶	脂肪酸合酶复合体
运转系统	肉碱运转系统	柠檬酸穿梭系统
是否需要柠檬酸和 CO_2	不需要	需要
反应过程	脱氢、水化、再脱氢、硫解	缩合、还原、脱水、再还原
β-羟脂酰基的构型	L 型	D 型
能量需求	产生大量能量	耗能

（二）延长合成途径

脂肪酸的从头合成途径是在细胞质部分进行，又称非线粒体合成途径。植物中合成的脂肪酸一般是 4，6，8 个碳的饱和脂肪酸，动物细胞脂肪酸合酶复合体主要合成 16 个碳的饱和脂肪酸。这是由 β-酮脂酰 ACP 合酶（KS）的作用专一性决定的，此酶对参与缩合反应的链长有要求，最多只能催化 14 碳的脂酰基和丙二酸单酰基缩合，所以由非线粒体系统合成脂肪酸时，碳链的延长只能到生成 16 个碳的棕榈酸为止。若要继续延长碳链，则需另外的延长系统途径。

在人和动物中棕榈酸的碳链的延长在内质网和线粒体中进行。

在内质网上的延长酶系位于内质网膜的细胞质表面。在棕榈酰 CoA 的基础上，以丙二酸单酰 CoA 为二碳供体，由 $NADPH+H^+$ 供氢，经过缩合、还原、脱水和再还原等反应，生成多了 2 个碳原子的硬脂酰 CoA。然后重复循环，最多可生成 26 个碳的脂酰 CoA（长链脂肪酸中，20 个碳和 22 个碳的脂肪酸比较多，24 个碳和 26 个碳的脂肪酸很少）。值得注意的是脂酰基不是与 ACP 的—SH 相连，而是连在 CoA 的—SH 上。

棕榈酰 CoA+丙二酸单酰 CoA+2NADPH+2H$^+$⟶硬脂酰 CoA+2NADP$^+$+CO_2+CoA

在线粒体中棕榈酰 CoA 与乙酰 CoA（二碳供体）进行缩合，还原、脱水和再还原，生成硬脂酰 CoA。重复循环，可继续加长碳链（延长到 24~26 个碳）。

棕榈酰 CoA+乙酰 CoA+2NADPH+2H$^+$⟶硬脂酰 CoA+2NADP$^+$+CoA

在植物中，棕榈酸的碳链延长在细胞质中进行，可利用由延长酶系统催化，形成 18 个碳和 20 个碳的脂肪酸。

$$\text{棕榈酰ACP+丙二酸单酰ACP} \xrightarrow[\text{NADPH+H}^+ \quad \text{NADP}^+]{\text{酶系}} \text{硬脂酰ACP}$$

总之，不同生物的延长系统在细胞内的分布及反应物均不同（表 7-4）。

表 7-4 不同生物脂肪酸延长系统

生物	在细胞内的部位	反应物	供氢体
植物	细胞质	棕榈酰 ACP，丙二酸单酰 ACP	$NADPH+H^+$
动物	内质网	棕榈酰 CoA，丙二酸单酰 CoA	$NADPH+H^+$
动物	线粒体	棕榈酰 CoA，乙酰 CoA	$NADPH+H^+$

（三）不饱和脂肪酸的合成

不饱和脂肪酸是在脱饱和酶系的作用下，在原有饱和脂肪酸中引入双键。

1. 单烯脂酸的合成

许多生物能使饱和脂肪酸的 C9 和 C10 之间脱氢，形成一个双键而成为不饱和脂肪酸。

（1）需氧途径（氧化脱氢途径）

①脊椎动物组织：脱饱和酶系包括脂酰 CoA 脱饱和酶、Cyt b_5 还原酶和 Cyt b_5。三者组成了类似于电子传递链的电子传递系统，电子的最终受体是 O_2（图 7-39）。

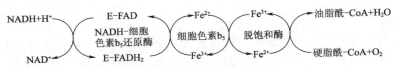

图 7-39 脊椎动物脂肪酸脱饱和酶的电子传递系统

在该途径中，一分子氧接受来自脱饱和酶的两对电子而生成两分子水，其中一对电子是通过电子传递体从 NADPH 获得，另一对则是从脂酰基获得，结果 $NADPH+H^+$ 被氧化成 $NADP^+$，饱和脂肪酸被氧化成不饱和脂肪酸，反应如下：

②植物及微生物组织：植物及微生物脱饱和酶系和脊椎动物体内的脱饱和酶系略有不同：后者结合在内质网膜上，以脂酰 CoA 为底物，以 $NADPH+H^+$ 作为电子供体；前者结合在叶绿体、细胞质体中，以脂酰 ACP 为底物，以还原铁作为电子供体。此外，它们的电子传递体的组成也略有差别：脊椎动物体内为细胞色素 b_5；植物及微生物体内为铁硫蛋白。

（2）不需氧途径 不需氧途径是细菌如大肠杆菌，在缺氧时生成单烯脂酸的一种方式。这一过程发生在脂肪酸从头合成中。当 FAS 系统从头合成到 10 个碳的羟脂酰 ACP（β-羟癸酰 ACP）时，不是由通常的 β-羟癸酰 ACP 脱水酶催化生成反式-α，β-烯癸酰 ACP，而是由专一性的 β-羟癸酰 ACP 脱水酶催化在 β、γ 位之间脱水，生成顺式-β，γ-烯癸酰 ACP。

反式-α，β-烯癸酰-ACP（正常产物）   顺式-β，γ-烯癸酰-ACP（特殊产物）

这一产物不是下一步反式-α，β-烯癸酰 ACP 还原酶作用的正常底物，因此这一轮合成反应到此为止。继续掺入二碳单位，进行下一轮的从头合成反应，这样，就可产生不同长短的单不饱和脂肪酸。

2. 多烯脂酸的合成

除厌氧细菌外，所有生物都含有两个或两个以上双键的不饱和脂肪酸。人和其他哺乳动物含有 Δ^4，Δ^5，Δ^6，Δ^9去饱和酶（desaturase），可以通过去饱和及碳链延长交替反应合成棕榈油酸和油酸。但不能在 C10 至末端甲基之间的碳原子上引入双键，如 C12、C15 等，所以人类自身不能合成亚油酸（$18:2^{\Delta9c,12c}$）和 α-亚麻酸（$18:3^{\Delta9c,12c,15c}$），必须从植物中获得。其他多不饱和脂肪酸都是由以上 4 种不饱和脂肪酸衍生而来，通过延长和去饱和作用交替进行来完成的。

在 Δ^{12}，Δ^{15}位置上引入双键的植物去饱和酶位于内质网和叶绿体上。内质网酶不能作用于游离脂肪酸但能作用于磷脂（磷脂酰胆碱），它至少含有一个与甘油相连的油酰基。细菌和植物必须合成大量的多不饱和脂肪酸以保证较低温度下膜的流动性。哺乳动物中，从亚油酸合成花生四烯酸是多不饱和脂肪酸合成途径中延长和脱饱和的典型例子。

二、3-磷酸甘油的合成

生物体内，合成脂肪所需要的 L-3-磷酸甘油的来源有两个，其一是脂肪在体内降解得到的甘油在激酶作用下生成，值得注意的是脂肪细胞缺乏甘油激酶因而不能利用游离甘油，故此路径不是脂肪细胞的甘油来源；其二是糖酵解的中间产物磷酸二羟丙酮，在胞质内由甘油磷酸脱氢酶催化还原生成。

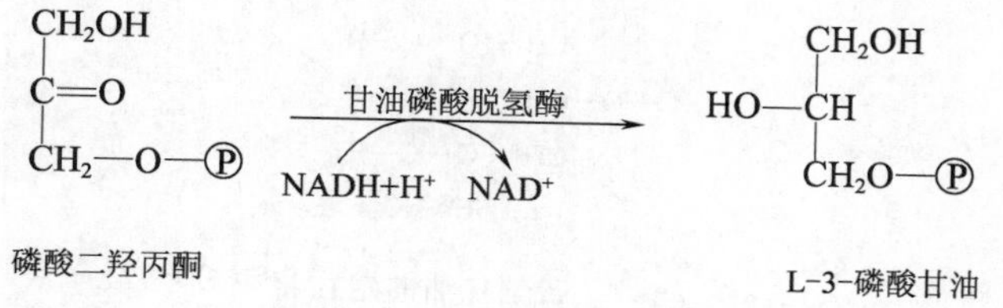

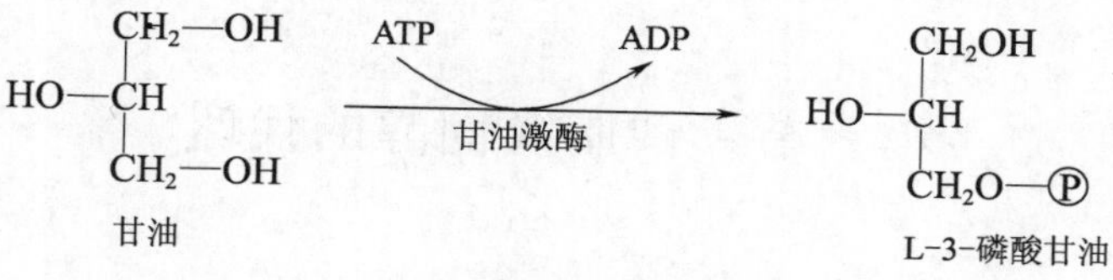

三、三酰甘油的生物合成

肝脏细胞和脂肪细胞主要通过此途径合成三酰甘油，包括以下步骤：

3-磷酸甘油在磷酸甘油转酰酶催化下分别与 2 分子脂酰 CoA 缩合，形成磷脂酸（图 7-40）。

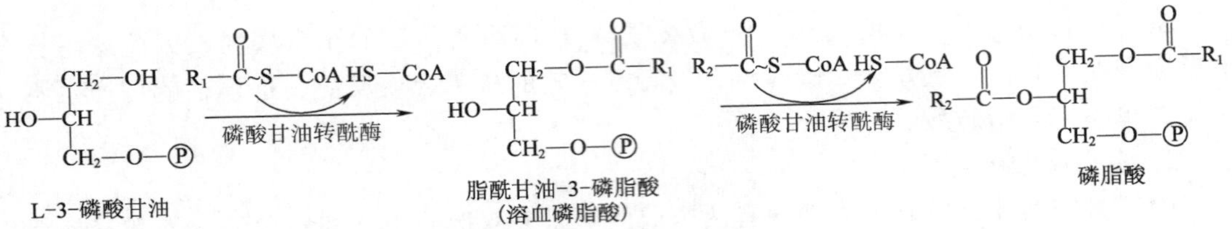

图 7-40　磷脂酸的生物合成

磷脂酸去磷酸化生成二酰甘油。二酰甘油可以直接生成三酰甘油（图 7-41）。

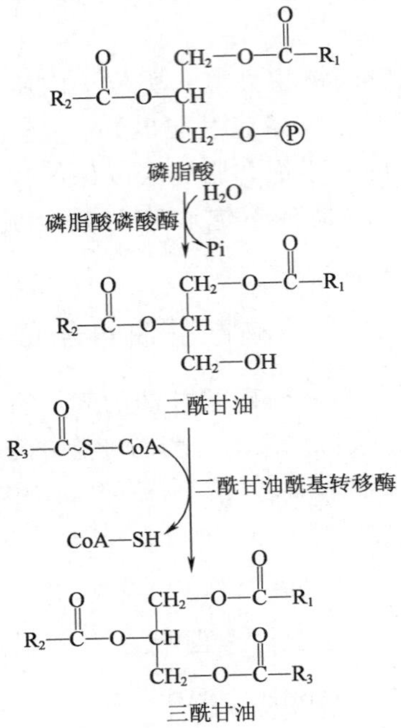

图 7-41　三酰甘油的生物合成

第六节　磷脂及固醇的代谢

一、甘油磷脂的代谢

（一）甘油磷脂的分解

参与甘油磷脂分解代谢的酶有磷脂酶 A（phospholipase A）、磷脂酶 B（phospholipase B）、磷脂酶 C（phospholipase C）和磷脂酶 D（phospholipase D）等，它们在自然界中分布广泛，存在于动物、植物、细菌、真菌中。

磷脂酶 A 又分为磷脂酶 A_1 和磷脂酶 A_2 两种。磷脂酶 A_1 广泛存在于动物细胞内，能专一性地作用于卵磷脂①位酯键，生成 2-脂酰甘油磷酸胆碱（简写为 2-脂酰-GDP）和脂肪酸。磷脂酶 A_2 主要存在于蛇毒及蜂毒中，也发现在动物胰脏内以酶原形式存在，专一性地水解卵磷脂②位酯键，生成 1-脂酰甘油磷酸胆碱（简写为 1-脂酰-GDP）和脂肪酸。磷脂酶 A_1 与磷脂酶 A_2 作用后的这两种产物都具有溶血作用，因此称为溶血卵磷脂（lysophosphoglyceride）。蛇毒和蜂毒中磷脂酶 A_2 含量特别丰富，当毒蛇咬人或毒蜂蜇人后，毒液中磷脂酶 A_2 催化卵磷脂脱去一个脂肪酸分子而生成会引起溶血的溶血卵磷脂，使红细胞膜破裂而发生溶血。不过被毒蛇咬伤后致命并不只是由于溶血，而主要是由于蛇毒中含有多种神经麻痹的蛇毒蛋白。

磷脂酶 B 又称溶血磷脂酶（lysophospholipase），催化磷脂水解脱去一个脂酰基，它可分为 L_1 和 L_2 两种，L_1 催化由磷脂酶 A_2 作用后的产物 1-脂酰甘油磷酸胆碱上①位酯键的水解。L_2 催化由磷脂酶 A_1 作用后的产物 2-脂酰甘油磷酸胆碱上②位酯键的水解，产物都是 L-3-甘油磷酸胆碱和相应的脂肪酸。

磷脂酶 C 存在于动物脑、蛇毒以及一些微生物分泌的毒素中，能专一性地水解卵磷脂③位磷酸酯键，生成二酰甘油和磷酸胆碱。

磷脂酶 D 主要存在于高等植物中，能专一性地水解卵磷脂④位酯键，生成磷脂酸和胆碱。

甘油磷脂被几种磷脂酶作用的部位及生成的产物见图 7-42。

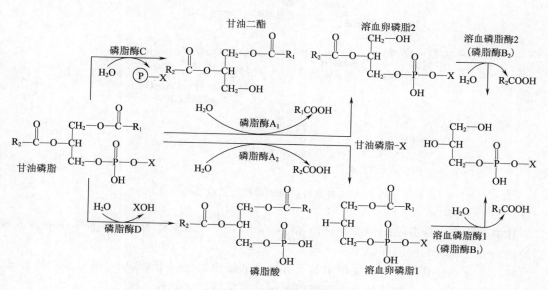

图 7-42 甘油磷脂的降解

（二）甘油磷脂的合成

磷脂酸是合成甘油醇磷脂（包括磷脂酰胆碱、磷脂酰乙醇胺、磷脂酰丝氨酸、磷脂酰肌醇和双磷脂酰甘油）的前体，而胞嘧啶衍生物 CTP 和 CDP 则是合成所有磷脂的关键物质。

在生物细胞内的甘油磷脂有多种，其合成途径也不一样。磷脂酰胆碱（PC）、磷脂酰乙醇胺（PE）合成所需的原料及辅因子：脂肪酸、甘油、磷酸盐、胆碱、乙醇胺、肌醇、丝氨酸、ATP、CTP。甘油和脂肪酸主要由糖代谢转变而来，胆碱和乙醇胺可由食物提供，也可由丝氨酸和甲硫氨酸在体内转变而来。

磷脂合成的一般途径：乙醇胺或胆碱在激酶催化下生成磷酸乙醇胺或磷酸胆碱，然后在转胞苷酶的催化下与胞苷三磷酸（CTP）作用生成胞苷二磷酸乙醇胺（CDP-乙醇胺）或胞苷二磷酸胆碱（CDP-胆碱），它们再与甘油二酯作用生成磷脂酰乙醇胺（脑磷脂）或磷脂酰胆碱（卵磷脂）。这种合成脑磷脂或卵磷脂的途径称为 CDP-乙醇胺途径或 CDP-胆碱途径（图 7-43）。

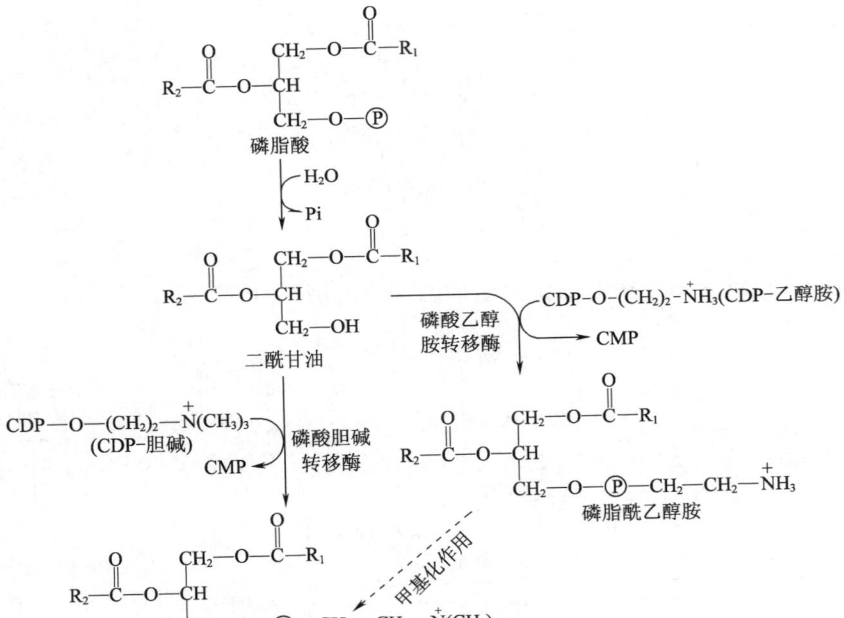

图 7-43　磷脂酰胆碱和磷脂酰乙醇胺的合成

甘油磷脂在全身各组织均能合成，尤以动物肝、肾等组织最为活跃，真核生物合成磷脂的场所是在细胞的内质网膜中。

在细菌及一些低等的真核生物中，所有的甘油磷脂均是利用 CDP-二酰甘油途径合成；而在高等的动植物中，部分甘油磷脂可以通过这两条途径来合成。

二、固醇的代谢

胆固醇是体内最丰富的固醇类化合物，它既作为细胞生物膜的构成成分，又是类固醇类激素、胆汁酸及维生素 D 的前体物质。因此对于大多数组织来说，保证胆固醇的供给，维持其代谢平衡是十分重要的。肝、肾及肠等内脏以及皮肤、脂肪组织含较多的胆固醇。

（一）胆固醇的吸收

人体可以吸收食物中的胆固醇，正常人每天膳食中含胆固醇 300~500mg，主要来自动物内脏、蛋黄、奶油及肉类。植物性食品不含胆固醇，而含植物固醇如 β-谷固醇、麦角固醇等，它们不易为人体吸收，摄入过多还可抑制胆固醇的吸收。

（二）胆固醇的合成

成人除脑组织及成熟红细胞外，几乎全身各组织均可合成胆固醇，主要合成部位是肝脏。1940 年，Bloch 用同位素标记实验表明，胆固醇合成的碳原子来自乙酰 CoA。因为乙酰 CoA 是在线粒体中产生，与前述脂肪酸合成相似，它必须通过柠檬酸-丙酮酸穿梭作用进入胞液。另外，胆固醇的合成还需大量的 $NADPH+H^+$ 及 ATP。合成 1 分子胆固醇需 18 分子乙酰 CoA、36 分子 ATP 及 16 分子 $NADPH+H^+$。乙酰 CoA 及 ATP 多来自线粒体中糖的有氧氧化，而 $NADPH+H^+$ 则主要来自胞液中的磷酸戊糖途径。

$$18CH_3—\overset{O}{\overset{\|}{C}}\!\sim\!S—CoA+36ATP \xrightarrow[\substack{16NADPH+H^+ \quad\searrow\quad 16NADP^+}]{\text{胆固醇合成酶系}} 胆固醇+36ADP+36Pi+18CoA—SH$$

胆固醇的合成过程大致可分为三个阶段。

1. 异戊烯焦磷酸的合成

首先，2 分子乙酰 CoA 在硫解酶的催化下缩合成乙酰乙酰 CoA，乙酰乙酰 CoA 再与 1 分子乙酰 CoA 缩合生成 β-羟-β-甲基戊二酸单酰 CoA（HMG-CoA），反应由 HMG-CoA 合酶催化。HMG-CoA 在还原酶催化下，生成甲羟戊酸，反应由 $NADPH+H^+$ 供氢。HMG-CoA 还原酶是胆固醇生物合成的限速酶。甲羟戊酸经过连续 2 次磷酸化作用，紧接一个脱羧基作用，生成异戊烯焦磷酸（Isopentenyl diphosphate，IPP，图 7-44）。

2. 鲨烯（squalene）的合成

异戊烯焦磷酸异构化形成二甲烯基焦磷酸（C5）；二甲烯基焦磷酸与异戊二烯反应生成牻牛儿基焦磷酸（C10）；牻牛儿基焦磷酸与异戊烯基焦磷酸反应生成法呢基焦磷酸（C15），并脱去 1 分子焦磷酸；2 分子法呢基缩合生成鲨烯（C30，图 7-45）。

3. 胆固醇的合成

鲨烯由单加氧酶、环化酶作用，生成中间产物羊毛固醇（lanosterol）。羊毛固醇经过甲基的转移、氧化以及脱羧等过程，最后生成 27 个碳原子的胆固醇（图 7-46）。

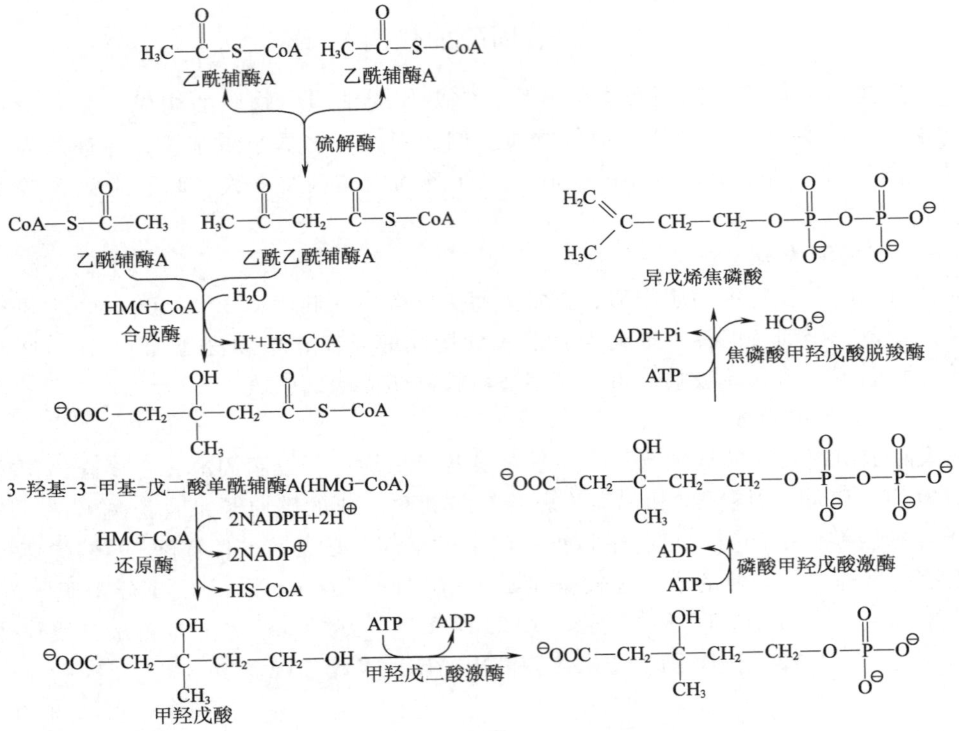

图 7-44 乙酰辅酶 A 合成异戊烯焦磷酸

（三）胆固醇的降解和排出

胆固醇在体内不被彻底氧化分解为 CO_2 和 H_2O，而是经氧化和还原转变为其他含环戊烷多氢菲母核的化合物，其转化产物大部分参与体内代谢，小部分排出体外（图 7-47）。

胆固醇的代谢失调能给机体带来不良影响。血浆胆固醇含量增高是引起动脉粥样硬化的主要因素，动脉粥样硬化斑块中含有大量胆固醇，是胆固醇在血管壁中堆积的结果，由此引起影响人类健康特别是老年人健康的一系列心血管疾病。

第七节 脂代谢在工业上的重要应用

一、脂质代谢在食品工业中的应用

在食品行业中应用脂肪酶的作用特点，主要表现在以下两个方面。

（一）脂酶水解食品中的脂肪——影响食品风味

脂酶作用于食品材料中的油脂，产生游离脂肪酸，脂肪酸进一步被氧化产生短链脂肪酸、脂肪醛等，影响食品的风味。例如，大豆产品被脂酶作用，产生不良风味。脂酶对乳制品风味也有影响，原因是脂酶作用于脂肪，产生脂肪酸，脂肪酸进一步氧化产生低级脂肪酸，如丁酸、乙酸、癸酸等，产生酸败现象。

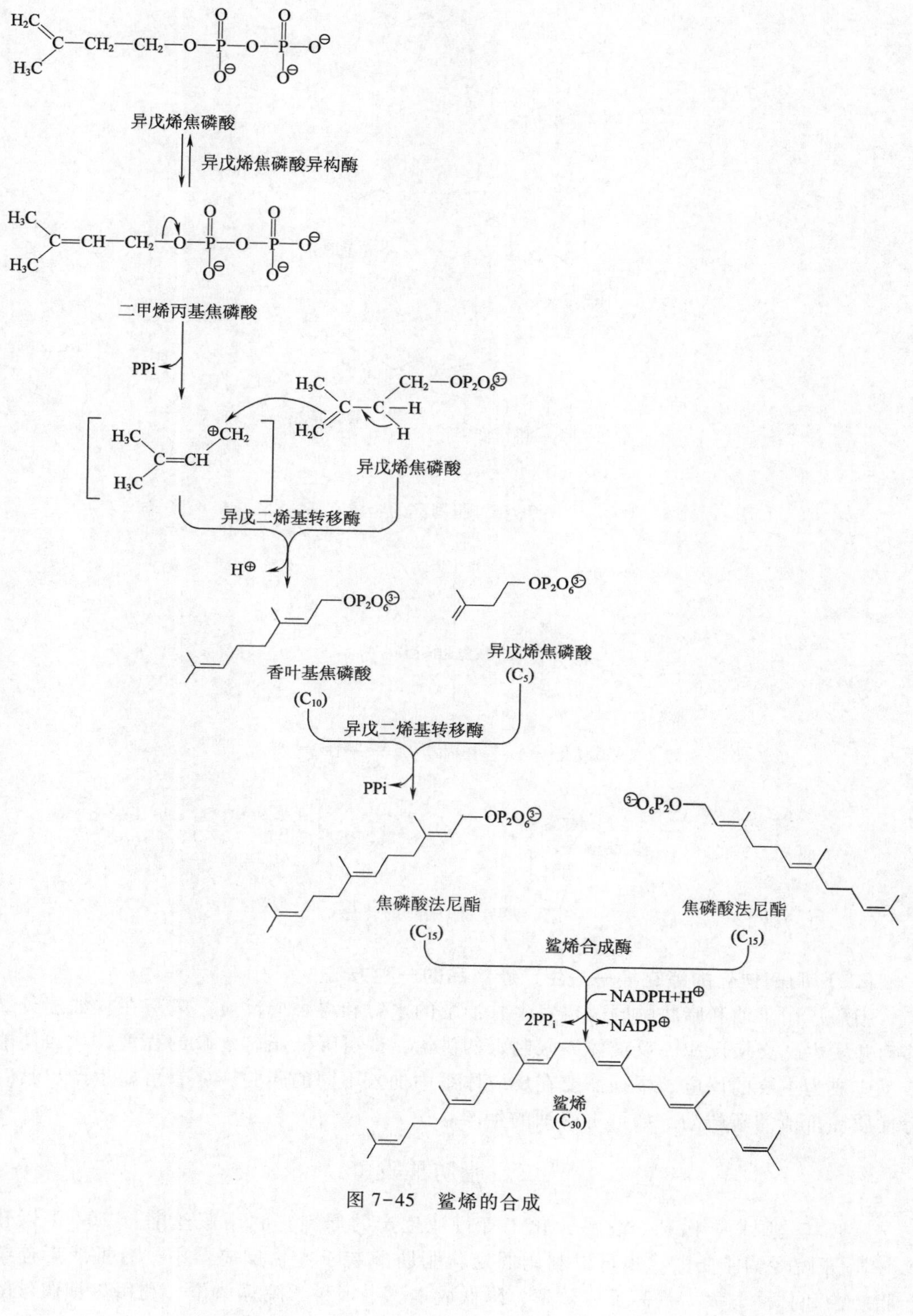

异戊烯焦磷酸

异戊烯焦磷酸异构酶

二甲烯丙基焦磷酸

PPi

异戊烯焦磷酸

异戊二烯基转移酶

$H^{\oplus}$

香叶基焦磷酸
(C_{10})

异戊烯焦磷酸
(C_5)

异戊二烯基转移酶

PPi

焦磷酸法尼酯
(C_{15})

焦磷酸法尼酯
(C_{15})

鲨烯合成酶

NADPH+$H^{\oplus}$

2PP$_i$　　NADP$^{\oplus}$

鲨烯
(C_{30})

图 7-45　鲨烯的合成

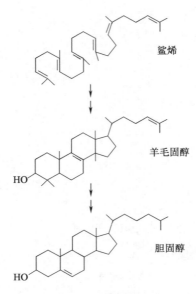

图 7-46　胆固醇的合成

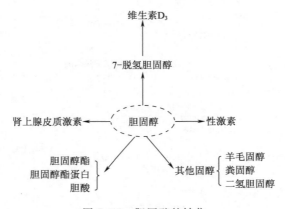

图 7-47　胆固醇的转化

（二）脂酶催化的酯交换——生产新产品的一种方法

脂酶作用于油和脂肪的同时也发生甘油酯的水解和再合成反应，酰基在甘油酯分子间移动并发生酯交换反应。反应体系限制水的供给，即可降低脂肪水解的程度，从而使酯交换反应成为主要的反应。根据需要在反应体系中加入不同的脂肪，就有可能生产出具有独特性质和价值的新产品，如可可奶油的生产。

二、脂肪酸发酵

脂肪酸是肥皂、医药、食品、化工等行业生产的原料。利用假丝酵母 107 可以转变 $C_{11} \sim C_{15}$ 正烷烃为脂肪酸；也可以利用固定化脂肪酶装于生物反应器中，分批或者连续生产脂肪酸和甘油，大大提高反应效率，降低成本。中国科学院等单位，利用热带假丝酵母及其变种，以石油为原料，生产出十三碳二羧酸和十四碳二羧酸。

三、共轭亚油酸制备技术

共轭亚油酸（conjugated linoleic acid，CLA）是亚油酸的一系列位置异构体和几何异构体的混合物，是食物的天然成分。主要有 8，10、9，11、10，12、11，13 四种位置异构体，而每种异构体又有四种几何异构体，如 9c，11c-18：2、9c，11t-18：2、9t，11c-18：2、9t，11t-18：2。

大量研究表明：CLA 不仅能减少体脂，还具有降低血脂水平、提高免疫力、增强抗氧化能力、改善糖尿病、预防癌症等多重功效。CLA 可通过减少体脂并促进瘦肌肉生长从而改变身体成分。CLA 可抑制脂蛋白酯酶（LPL，水解脂蛋白中的甘油三酯，使游离出来的脂肪酸进入脂肪组织贮存）活性，从而使体内合成的甘油三酯减少，降低脂肪沉积。

共轭亚油酸（CLA）普遍存在于乳制品及植物油如红花油和向日葵籽油中，但含量低微，难以满足人类对大量 CLA 的需求，因此化学合成法是获得大量 CLA 的重要途径之一。常见的化学合成方法有：异构化法——以亚油酸或亚油酸甲酯为原料，在催化剂的作用下使双键共轭，得到 CLA 异构体的混合物；脱水法——以含羟基的不饱和脂肪酸为原料，催化脱水得到 CLA；溴化/脱溴化氢法——不饱和脂肪酸溴化后再脱去溴化氢，可获得 CLA 混合物。生物合成法是采用特定的酶或微生物催化相应的底物生产 CLA。如亚油酸异构酶催化亚油酸生成 9c，11t-18：2 异构体；厌氧的瘤胃细菌和兼性厌氧乳酸菌都能把亚油酸转化为 CLA。生物合成法可以获得生理活性较高的 9c，11t-18：2 高纯度异构体，避免了分离和纯化的复杂步骤。

四、γ-亚麻酸的制备技术

γ-亚麻酸（gamma linolenic acid，GLA）是一种大分子有机物，为全顺式 6，9，12-十八碳三烯酸，俗称维生素 F。

γ-亚麻酸是组成人体各组织生物膜的结构材料，也是合成前列腺素的前体。作为人体内必需的不饱和脂肪酸，成年人每日需要量约为 36mg/kg。γ-亚麻酸具有抗心血管疾病、降血脂、降血糖、抗癌等作用，因此，γ-亚麻酸作为食品添加剂或营养补充剂，长期食用可以改善人类食品的结构，增强人体免疫机能，因而它和其他多不饱和脂肪酸一起，被誉为"21 世纪功能食品的主角"。

γ-亚麻酸存在于人乳及某些种子植物、孢子植物的油中，如柳叶科月见草（*Oenothera biennis*），其种子油中含 GLA 7%~10%。采用微生物发酵是获得 GLA 的重要途径，已报道的发酵用微生物菌种有被孢霉、雅致枝霉、雅致小克银汉霉、高大毛霉等。

五、石油开采和处理石油污染

在石油开采工业中，为提高出油率，可以利用微生物进行二次开采和三次开采。有些微生物具有分解烷烃、石蜡的能力，如经过遗传工程手段改造的厌氧、嗜热耐盐细菌。用这样的细菌可以使石油增产 50%。

石油及其炼制品（汽油、煤油、柴油等）在开采、炼制、贮运和使用过程中进入海洋环境而造成的污染，是目前一种世界性的严重的海洋污染。微生物在降解石油烃方面起着重要的作用，烃类氧化菌广泛分布于海水和海底泥中。一些微生物可以将烃类末端甲基氧化为伯醇，再氧化为醛，并一步氧化成脂肪酸；有些微生物可以在亚末端氧化烃类，即将第二个碳氧化为仲醇，再氧化为酮；还有的微生物能将烃类的两个末端甲基同时氧化成二羧酸，进而将二羧酸经 β-氧化分解。美国将能降解石油的几种质粒经结合转移到一株假单胞菌中，从而构建成能降解多种原有组分的"超级菌"，可以处理大面积的海洋石油污染。

小　结

脂类是生物体内存在的一大类重要的物质，包括单纯脂类、复合脂类、非皂化脂类。

脂类物质是构成生物膜的主要成分。生物膜由磷脂、糖脂、脂蛋白等组成。其结构具有流动性和不对称性，公认的结构是流动镶嵌模型。生物膜在物质跨膜运输、信息的识别与传递、细胞识别、细胞免疫等生命现象中具有重要的作用。

脂肪在小肠内消化和吸收，被激素敏感性脂肪酶水解。三酰甘油水解产物是甘油和脂肪酸，甘油可以进入糖的代谢途径。

脂肪酸在线粒体外膜上活化为脂酰辅酶 A。脂酰辅酶 A 在肉碱的携带下通过线粒体内膜进入线粒体，进行 β-氧化作用。

β-氧化经过脱氢、水化、再脱氢、硫解四步反应，生成乙酰辅酶 A 和少了两个碳原子的脂酰辅酶 A。然后缩短了的脂酰辅酶 A 再进入该氧化循环途径。产生的乙酰辅酶 A 进入 TCA 循环氧化为 CO_2。

不饱和脂肪酸的氧化需要两种额外的酶：烯脂酰辅酶 A 异构酶和 2，4-二烯脂酰辅酶 A 还原酶。奇数碳原子脂肪酸通过 β-氧化产生丙酰辅酶 A。丙酰辅酶 A 转变为琥珀酰辅酶 A。

酮体（丙酮、乙酰乙酸、β-羟丁酸）是在肝中形成的。后两种化合物通过血液输送到其他组织中，在那里它们作为能量来源而起作用。

在大肠杆菌体内，脂肪酸由脂肪酸合酶复合体催化合成。此复合体有酰基载体蛋白（ACP）成分。脂肪酸合酶复合体包括两种巯基来源，其一是由 ACP 的磷酸泛酰巯基乙胺提供，其二是由 β-酮脂酰-ACP 合酶中半胱氨酸提供。

脂肪酸合成的二碳单位供体是丙二酸单酰辅酶 A，是由乙酰辅酶 A 与 CO_2 羧化形成的。脂肪酸合成包括缩合、还原、脱水、再还原四步反应。以 NADPH 作为电子供体，由烯脂酰-ACP 还原酶催化，产生一个连接在 ACP 上的四碳脂肪酸。

脂肪酸经延长途径变成长链脂肪酸。继而在混合功能氧化酶的作用下可以分别去饱和生成不饱和脂肪酸。哺乳动物不能自身合成亚油酸和亚麻酸，必须从植物中摄取，再转变成花生四烯酸，这三种脂肪酸称为必需脂肪酸。

α-磷酸甘油在磷酸甘油转酰酶催化下分别与 2 分子脂酰-CoA 缩合，形成磷脂酸。磷脂酸去磷酸化生成二酰甘油。二酰甘油可以直接生成三酰甘油。

甘油磷脂的降解是在磷脂酶的催化下完成的，包括磷脂酶 A、B、C 和 D。

甘油磷脂合成途径有 CDP-二酰甘油途径和 CDP-乙醇胺或 CDP-胆碱途径。

固醇是重要的脂质，与人类健康密切相关，胆固醇是由乙酰辅酶 A 经三个步骤形成的。胆固醇是胆酸和固醇类激素的前体。

在食品行业中应用脂肪酶的作用特点，主要表现在以下两个方面：脂酶水解食品中的脂肪——影响食品风味；脂酶催化的酯交换——生产新产品的方法。

共轭亚油酸（CLA）是亚油酸的一系列位置异构体和几何异构体的混合物，是食物的天然成分。生物合成法是采用特定的酶或微生物催化相应的底物生产 CLA。生物合成法可以获得生理活性较高的 9c，11t-18∶2 高纯度异构体。

γ-亚麻酸（GLA）是一种大分子有机物，为全顺式 6，9，12-十八碳三烯酸，俗称维生素 F。采用微生物发酵是获得 GLA 的重要途径。

在石油开采工业中，为提高出油率，可以利用微生物进行二次开采和三次开采。微生物在降解石油烃方面起着重要的作用，可以处理大面积的海洋石油污染。

思考题

1. 生物膜的主要成分是什么？特点是什么？
2. 流动镶嵌模型的要点是什么？
3. 从营养学的角度看，为什么糖摄入量不足的因纽特人，吃含奇数碳原子脂肪酸的脂肪比偶数碳原子脂肪酸的脂肪好？
4. 写出脂肪酸 β-氧化的 4 个反应步骤。
5. 什么是酮体？怎样产生？具有什么生理功能？
6. 乙酰乙酸产生的能量是如何被用于肌肉的机械运动的？
7. 什么是柠檬酸-丙酮酸循环？有什么生理意义？
8. 脂肪酸的合成过程是 β-氧化过程的逆反应吗？为什么？
9. 脂类代谢在工业生产上的重要应用有哪些？

第八章　核酸代谢

第一节　概述

核酸是生物体内最基本的物质之一，其基本作用是编码生命。单核苷酸是构成核酸的基本构件分子，也是编码特定核酸的基本构件分子。无论是食物中的核酸物质，还是源于体内死亡细胞的代谢废物，都有可能成为一个新生细胞核酸的合成原料。正因为核酸是生命体的最基本物质，在长期的进化过程中形成了丰富的酶类，不仅能够将异源的核酸水解成单核苷酸，甚至可水解为更小的构件分子如磷酸、核糖和嘌呤嘧啶类碱基，而且有同样足够的酶类将这些异源的基本原料合成特定的核酸，成为自身的编码系统。一旦某个生命体的核酸分解与合成的酶类出现问题，其后果将直接影响该生命体的生存。

一、核酸的降解

所有生物细胞内都含有与核酸分解代谢有关的酶类，能够分解细胞内各种核酸，促使核酸分解更新。人类食物中一般含有足够量的核酸类物质，多以核蛋白的形式存在。核蛋白在胃中受胃酸的作用，分解成核酸与蛋白质。人体对核酸的消化分解主要在小肠中进行。核酸先被胰液中的核酸酶（磷酸二酯酶）水解成单核苷酸，后者再被肠液中的核苷酸酶（磷酸单酯酶）水解为核苷和磷酸，核苷经核苷水解酶催化生成含氮碱基（嘌呤或嘧啶碱基）和戊糖，亦可经核苷磷酸化酶催化生成含氮碱基和磷酸戊糖。磷酸戊糖可进一步受磷酸酶催化分解成戊糖与磷酸（图8-1）。分解产生的戊糖可被吸收参与体内的戊糖代谢，而嘌呤和嘧啶则主要被分解排出体外。核酸的降解要点讲解见二维码8-1。

二维码 8-1

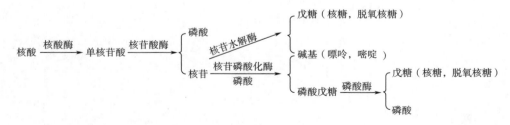

图 8-1　核酸的降解

二、核酸的生物合成

核酸的生物合成包括 DNA 和 RNA 的生物合成，其中 DNA 的生物合成又包括 DNA 复制和逆转录（逆转录病毒），RNA 的生物合成包括转录和 RNA 复制（除了逆转录病毒之外的 RNA 病毒）。这几个概念虽然是完全不同的生物过程，但它们也有相同之处，比如几个过程都需要有模板，需要有酶的催化，需要有四种单核苷酸作为底物，催化形成的化学键也都是 3′，5′-磷酸二酯键，具体见表 8-1。

　　生物体内用于核酸生物合成的四种单核苷酸底物绝大多数是从头合成的，合成的基本原料来源于糖和氨基酸，其中嘌呤和嘧啶碱基从头合成的原料来源于氨基酸，戊糖则来源于糖代谢的磷酸戊糖途径。正常情况下，只要膳食中不缺乏蛋白质和糖类，生物体内就能以正常速度合成核酸。

表 8-1　　　　　　　　　　　　几种核酸生物合成生化过程的异同

	模板	主要酶类	底物	产物	化学键
DNA 复制	单链 DNA	DNA 聚合酶	四种脱氧核糖核苷酸	双链 DNA	3′，5′-磷酸二酯键
逆转录	RNA	逆转录酶	四种脱氧核糖核苷酸	单链 cDNA	3′，5′-磷酸二酯键
转录	单链 DNA	RNA 聚合酶	四种核糖核苷酸	RNA	3′，5′-磷酸二酯键
RNA 复制	RNA	RNA 复制酶	四种核糖核苷酸	RNA	3′，5′-磷酸二酯键

第二节　核酸的酶促降解

　　核酸是由多个核苷酸以 3′，5′-磷酸二酯键连接而成的大分子，其降解的第一步是由多种降解核酸的酶协同作用，水解连接核苷酸之间的磷酸二酯键，形成分子质量较小的寡核苷酸和单核苷酸。生物体内有多种磷酸二酯酶可以催化这一过程。

　　在高等动植物体内都有作用于磷酸二酯键的核酸酶，不同来源的核酸酶，其作用方式和专一性都有所不同。有些核酸酶作用于 RNA，称为核糖核酸酶（ribonuclease，RNase）；有些核酸酶只能作用于 DNA，称为脱氧核糖核酸酶（deoxyribonuclease，DNase）；有些核酸酶专一性较低，既能作用于 RNA，也能作用于 DNA，因此统称为核酸酶（nuclease）。根据对底物的作用方式，核酸酶又可分为核酸内切酶（endonuclease）和核酸外切酶（exonuclease），能够水解核酸分子内的磷酸二酯键、产物为核酸片段（或寡核苷酸片段）的酶称为核酸内切酶；能从核酸链的一端（3′端或 5′端）逐个水解、产物为单核苷酸的酶称为核酸外切酶。

一、脱氧核糖核酸酶

　　这是一类通过特异性催化磷酸二酯键水解而降解 DNA 的酶，主要有 DNase I、DNase II 和限制性核酸内切酶。

　　DNase I 水解磷酸二酯键的 3′端酯键，产物为 5′端带磷酸基团的寡聚脱氧核苷酸片段，该酶特异性不强。DNase II 水解磷酸二酯键的 5′端酯键，产物为 3′端带磷酸基团的寡聚脱氧核苷酸片段。限制性核酸内切酶（restriction endonuclease）能专一性地识别并水解双链 DNA 上的特异核苷酸序列，且只能在特定核苷酸序列处切开核苷酸之间的磷酸二酯键，该酶可交错地切断两条链，产生黏性末端，亦可在同一位置切断双链，产生平齐末端。当外源 DNA 侵入细菌后，限制性核酸内切酶可将其水解切成片段，从而限制了外源 DNA 在细菌细胞内的表达，细菌本身的 DNA 由于在该特异序列处被甲基化修饰而不被水解，从而得到保护。

二、核糖核酸酶

这是一类水解 RNA 分子中磷酸二酯键的内切酶，其特异性较强，主要有 RNase A、RNase T$_1$、RNase H 等。

RNase A 来源于牛胰脏，是一种内切核糖核酸酶，可特异性攻击 RNA 上嘧啶核苷酸残基的 3′端，切割胞嘧啶或尿嘧啶与相邻核苷酸形成的磷酸二酯键，反应产物是嘧啶核苷酸或 3′末端带嘧啶核苷酸的寡核苷酸。RNase A 的反应条件极广，且极难失活。在低盐浓度（0~100mmol/L NaCl）下，RNase A 切割单链和双链 RNA、DNA∶RNA 杂交体中的 RNA；当 NaCl 浓度为 300mmol/L 或更高时，RNase A 能特异性切割单链 RNA。去除反应液中的 RNase A，通常需要蛋白酶 K 处理、苯酚反复抽提和乙醇沉淀。

在分子克隆中，核糖核酸酶 A 的主要用途为：①从 DNA∶RNA 杂交体中去除未杂交的 RNA 区；②确定 RNA 或 DNA 中的单碱基突变的位置。在 RNA∶DNA 或 RNA∶RNA 双链中，若存在单碱基错配，可用 RNase A 识别并切割，通过凝胶电泳分析切割产物的大小，即可确定错配的位置；③RNA 检测。RNA 酶保护分析法（RNase protection assay）是近年来发展起来的一种检测 RNA 的杂交技术。其基本原理是利用单链 RNA 探针，与待测的 RNA 样品进行杂交形成 RNA∶RNA 双链分子，由于 RNA 酶可专一性地降解未杂交的单链 RNA，而双链受到保护不被降解，经凝胶电泳可以确定目的 RNA 的长度。该方法灵敏度较 Northern 杂交法更高，并可进行较为准确的定量。选择适当的探针，还可进行基因转录起始位点分析及内含子剪切位点分析等研究。此法的灵敏度比核酸酶 S1 保护分析法高数倍；④降解 DNA 制备物中的 RNA 分子，须使用无 DNase 的 RNase。

RNase T$_1$ 来源于米曲霉（*Aspergillus oryzae*），反应条件极广，且极难失活，其催化活性类似于 RNase A。在 RNA 酶保护实验中，RNase T$_1$ 与 RNase A 联合使用，对 RNA 进行定量和作图；还可用于去除 DNA∶RNA 杂交体中未杂交的 RNA 区。

RNase H 最早是从小牛胸腺组织中发现的，其编码基因已被克隆到大肠杆菌中。该酶能特异地降解 DNA∶RNA 杂交双链中的 RNA 链，产生具有 3′-OH 和 5′-磷酸末端的寡核苷酸和单核苷酸，但不能降解单链或双链的 DNA 或 RNA。

在分子克隆中，RNase H 的主要用途是与大肠杆菌 DNA 聚合酶 I 和 DNA 连接酶一起参与 cDNA 克隆中第二条 DNA 互补链的合成。当用逆转录酶以 mRNA 为模板合成 cDNA 第一链之后，用 RNase H 部分消化 mRNA∶DNA 杂交分子中的 mRNA，产生的 mRNA 片段就像冈崎片段一样，作为大肠杆菌 DNA 聚合酶 I 的引物，以 cDNA 第一链为模板合成 DNA，直到把 mRNA 全部代替。然后在 DNA 连接酶的作用下，封闭缺口形成双链 DNA。

第三节　核苷酸的分解代谢

一、嘌呤核苷酸的分解代谢

体内核苷酸的分解代谢类似于食物中核苷酸的消化过程。首先，细胞中的核苷酸在核苷酸酶的作用下水解成核苷。核苷在核苷磷酸化酶作用下生成自由的碱基及 1-磷酸核糖。1-磷酸核糖在磷酸核糖变位酶催化下变成 5-磷酸核糖，成为 PRPP 的原料。如嘌呤核苷酸可以在核苷酸酶的催化下，脱去磷酸成为嘌呤核苷，嘌呤核苷在嘌呤核苷磷酸化酶（purine nucleoside phosphorylase，PNP）的催化下生成嘌呤。嘌呤核苷及嘌呤又可经水解、脱氨及氧化作用生成尿酸（uric acid）。

哺乳动物中，腺苷和脱氧腺苷不能由 PNP 分解，而是在核苷和核苷酸水平上分别由腺苷脱氨酶（adenosine deaminase，ADA）和腺苷酸脱氨酶（adenylate deaminase）催化脱氨生成次黄嘌呤核苷或次黄嘌呤核苷酸，它们再水解成次黄嘌呤，并在黄嘌呤氧化酶（xanthine oxidase）的催化下逐步氧化为黄嘌呤和尿酸（图 8-2）。

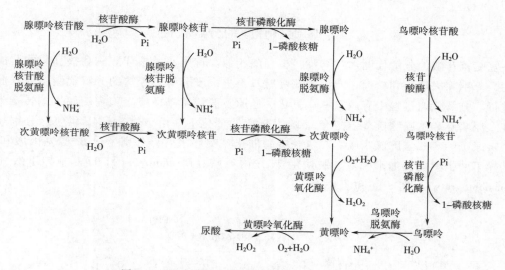

图 8-2　嘌呤碱基在核苷或核苷酸水平的分解过程

腺苷脱氨酶（adenosine deaminase，ADA）基因缺陷是一种常染色体隐性遗传病，由于基因缺陷造成酶活性下降或消失，常导致 AMP、dAMP 和 dATP 蓄积。dATP 是核糖核苷酸还原酶的别构抑制剂，能抑制 dGDP、dCDP 和 dTTP 合成，从而阻碍 DNA 合成。由于正常情况下淋巴细胞中腺苷酸脱氨酶活性较高，当 ADA 基因缺陷时，可导致细胞免疫和体液免疫反应均下降，甚至死亡，即严重联合免疫缺陷症（severe combined immunodeficiency，SCID）。ADA 基因突变引起的 SCID 可以进行基因治疗。

体内嘌呤核苷酸的分解代谢主要在肝脏、小肠及肾脏中进行。黄嘌呤氧化酶在这些组织中活性较强。正常生理情况下，嘌呤合成与分解处于相对平衡状态，所以尿酸的生成与排泄也较恒定。正常人血浆中尿酸含量为 0.12～0.36mmol/L（2～6mg/dL）。男性平均为 0.27mmol/L（4.5mg/dL），女性平均为 0.21mmol/L（3.5mg/dL）左右。当体内核酸大量分解（白血病、恶性肿瘤等）或摄入高嘌呤食物时，血中尿酸水平升高，当超过 0.48mmol/L（8mg/dL）时，尿酸盐将过饱和而形成结晶，沉积于关节、软组织、软骨及肾等处，而导致关节炎、尿路结石及肾疾患，称为痛风症。痛风症多见于成年男性，其发病机制尚未阐明。临床上常用别嘌呤醇（allopurinol）治疗痛风症。别嘌呤醇与次黄嘌呤结构类似（只是分子中 7 位 N 与 8 位 C 互换了位置）（图 8-3），对黄嘌呤氧化酶有很强的抑制作用，从而抑制尿酸的生成。同时，别嘌呤醇在体内经代谢转变，与 PRPP 生成别嘌呤核苷酸，不仅消耗了 PRPP，使其含量降低，而且还能反馈抑制 PRPP 酰胺转移酶，阻断嘌呤核苷酸的从头合成。

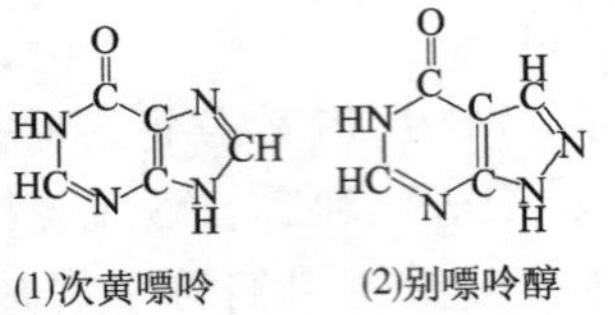

(1)次黄嘌呤　　　(2)别嘌呤醇

图 8-3　次黄嘌呤与别嘌呤醇的分子结构

二、嘧啶核苷酸的分解代谢

嘧啶核苷酸的分解代谢途径与嘌呤核苷酸相似。首先通过核苷酸酶和核苷磷酸化酶的作用，分别除去磷酸和核糖，产生的嘧啶碱基再进一步分解。嘧啶的分解代谢主要在肝脏中进行。分解代谢过程中有脱氨基、氧化、还原及脱羧基等反应。胞嘧啶脱氨基转变为尿嘧啶。尿嘧啶和胸腺嘧啶先在二氢嘧啶脱氢酶的催化下，由 $NADPH+H^+$ 供氢，分别还原为二氢尿嘧啶和二氢胸腺嘧啶。二氢嘧啶酶催化嘧啶环水解，分别生成 β-脲基丙酸和 β-脲基异丁酸，然后再加水脱氢、脱羧生成 β-丙氨酸（β-alanine）和 β-氨基异丁酸（β-aminosiobutyrate）（图 8-4 和图 8-5）。

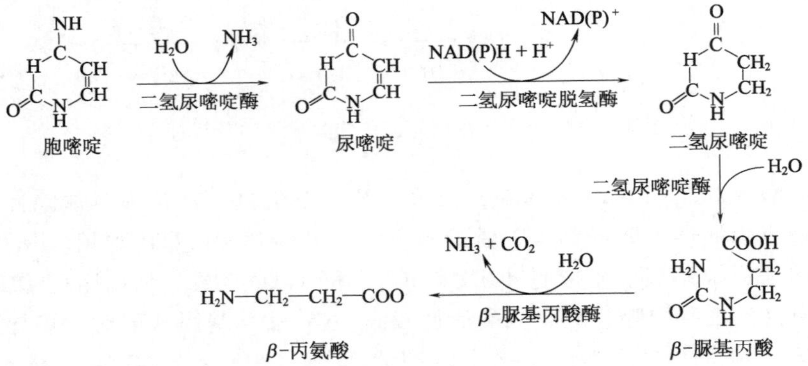

图 8-4　胞嘧啶和尿嘧啶的分解代谢

β-丙氨酸和 β-氨基异丁酸可继续代谢。β-丙氨酸是鹅肌肽、肌肽及泛酸的组成成分。β-氨基异丁酸经过转氨基作用而成为甲基丙二酸半醛，然后依次转变为甲基丙二酸单酰 CoA 及琥珀酰 CoA 而进入三羧酸循环，β-氨基异丁酸亦可随尿排出体外。摄入含 DNA 丰富的食物、经放射线治疗或化学治疗的患者，以及白血病患者，尿中 β-氨基异丁酸排出量增多，这显然是细胞及其核酸遭受破坏的结果。此外，对于 tRNA 分子中的假尿苷，体内没有能将这种特殊的核苷水解或磷酸解的机制而将其转变为尿嘧啶，所以只能将其原封不动地由尿排出体外。与嘌呤碱基分解产生的尿酸不同，嘧啶碱基的降解产物均易溶于水。

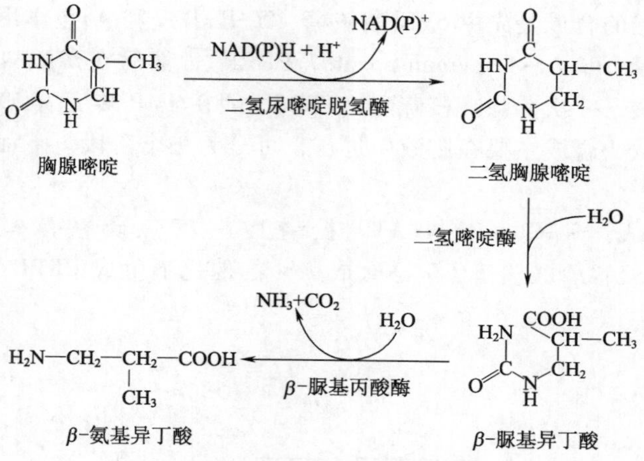

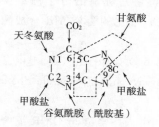

图 8-5　胸腺嘧啶的分解代谢

第四节　核苷酸的合成代谢

一、嘌呤核苷酸的合成

嘌呤核苷酸（purine nucleotide）包括 AMP 和 GMP。体内嘌呤核苷酸的合成有两条途径：一是以磷酸核糖、氨基酸、一碳单位及 CO_2 等简单物质为原料，经过一系列酶促反应合成嘌呤核苷酸的过程，称为从头合成（de novo synthesis），是体内嘌呤核苷酸的主要合成途径。二是利用体内的嘌呤或嘌呤核苷，经简单反应过程生成嘌呤核苷酸的过程，称为补救合成（或重新利用）途径（salvage pathway）。两者在不同组织中的重要性各不相同，例如在肝脏、小肠黏膜及胸腺组织进行从头合成途径，而在脑、脊髓等组织中只能通过补救合成途径合成核苷酸。一般情况下，前者是核苷酸合成的主要途径。

1. 嘌呤核苷酸的从头合成

（1）嘌呤核苷酸从头合成途径　除了某些细菌外，几乎所有生物体都能合成嘌呤碱。早在 1948 年，John Buchanan 用同位素标记的化合物喂养鸽子，并通过同位素示踪实验测出鸽子排出的尿酸中标记原子的位置，嘌呤碱的前身物为：氨基酸（甘氨酸、天冬氨酸和谷氨酰胺）、CO_2 和一碳单位（N_{10}-CHO-FH$_4$）。随后，Buchanan 和 Greenberg 等进一步证明了嘌呤核苷酸的合成过程。嘌呤环中各原子来源见图 8-6。

图 8-6　嘌呤环各原子的来源

体内嘌呤核苷酸的合成是先由 5-磷酸核糖（5-P-R）和 ATP 作用生成 5-磷酸核糖-1-焦磷酸（5-phosphoribosyl-1-pyrophosphate，PRPP），然后在磷酸核糖的基础上逐步合成重要的前体核苷酸——次黄嘌呤核苷酸（IMP），再由 IMP 转变为 AMP 及 GMP。

嘌呤核苷酸的从头合成主要在胞液中进行，可分为三个阶段。下面分步介绍嘌呤核苷酸的合成过程。

①PRPP 的生成：5-P-R 与 ATP 在磷酸核糖焦磷酸激酶（ribose phosphate pyrophosphokinase，又称磷酸核糖焦磷酸合成酶）的催化下生成 PRPP（图 8-7），5-P-R 来自磷酸戊糖途径。

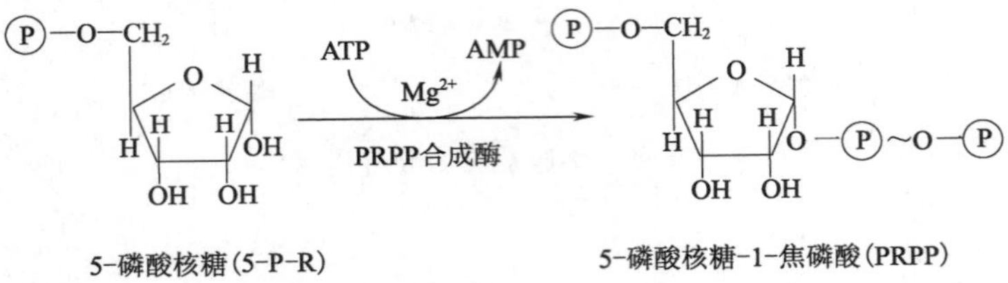

图 8-7　磷酸戊糖活化为 PRPP

②IMP 的合成：IMP 的合成包括 10 步酶促反应（图 8-8）。

a. 获得嘌呤的 9 位 N 原子：由谷氨酰胺磷酸核糖焦磷酸酰胺转移酶（glutamine phosphoribosyl pyrophosphate amido-transferase）催化，谷氨酰胺提供酰胺基取代 PRPP 的焦磷酸基团，形成磷酸核糖胺（β-5-phosphoribosylamine，PRA）。此反应由焦磷酸的水解供能，是嘌呤合成的限速步骤。酰胺转移酶为限速酶，受嘌呤核苷酸的反馈抑制。

b. 获得嘌呤的 4 位 C、5 位 C 和 7 位 N 原子：由甘氨酰胺核苷酸合成酶（glycinamide ribonucleotide synthetase）催化甘氨酸与 PRA 缩合，生成甘氨酰胺核苷酸（glycinamide ribotide，GAR），此反应有 ATP 水解供能，为可逆反应，是合成过程中唯一可同时获得多个原子的反应。

c. 获得嘌呤的 8 位 C 原子：GAR 的自由 α-氨基甲酰化生成甲酰甘氨酰胺核苷酸（formyl-glycinamide ribotide，FGAR）。由 N^{10}-CHO-FH$_4$ 提供甲酰基。催化此反应的酶为 GAR 甲酰转移酶（GAR formyl-transferase）。

d. 获得嘌呤的 3 位 N 原子：第二个谷氨酰胺的酰胺基转移到正在生成的嘌呤环上，生成甲酰甘氨脒核苷酸（formyl-glycinamidine ribotide，FGAM），催化的酶是 FGAM 合成酶。此反应为耗能过程，由 ATP 水解生成 ADP+Pi 供能，Mg^{2+} 与 K^+ 参与反应。

e. 嘌呤咪唑环的生成：FGAM 经过耗能的分子内重排，环化生成 5-氨基咪唑核苷酸（5-aminoimidazole ribotide，AIR），催化的酶是 AIR 合成酶，由 ATP 供能，Mg^{2+} 与 K^+ 参与反应。

f. 获得嘌呤环的 6 位 C 原子：6 位 C 原子由 CO_2 提供，由 AIR 羧化酶（AIR carboxylase）催化生成羧基氨基咪唑核苷酸（carboxy amino imidazole ribotide，CAIR），需生物素参加反应和 ATP 供能。

g. 获得嘌呤的 1 位 N 原子：由天冬氨酸与 CAIR 缩合，生成 5-氨基咪唑-4-（N-琥珀）甲酰胺核苷酸（5-aminoimidazole-4-N-succinylocarboxamide ribotide，SAICAR）。此反

应由 ATP 水解供能。

h. 去除延胡索酸：SAICAR 在腺苷酸琥珀酸裂解酶催化下脱去延胡索酸生成 5-氨基咪唑-4-甲酰胺核苷酸（5-aminoimidazole-4-carboxamide ribotide，AICAR）。⑦、⑧两步反应与尿素合成的鸟氨酸循环中瓜氨酸生成精氨酸的反应很相似。

i. 获得嘌呤的 2 位 C 原子：嘌呤环的最后一个 C 原子由 N^{10}-甲酰-FH_4 提供，由 AICAR 甲酰转移酶催化 AICAR 甲酰化生成 5-甲酰氨基咪唑-4-甲酰胺核苷酸（5-formaminoimidazole-4-carboxyamide ribotide，FAICAR）。

j. 环化生成 IMP：FAICAR 在次黄嘌呤环化脱水酶（hypoxanthine cyclodehydrase）催化下脱水环化，生成在嘌呤核苷酸从头合成途径中具有完整嘌呤环的第一个产物——次黄嘌呤核苷酸（inosine monophosphate，IMP）。与反应⑤相反，此环化反应无需 ATP 供能。

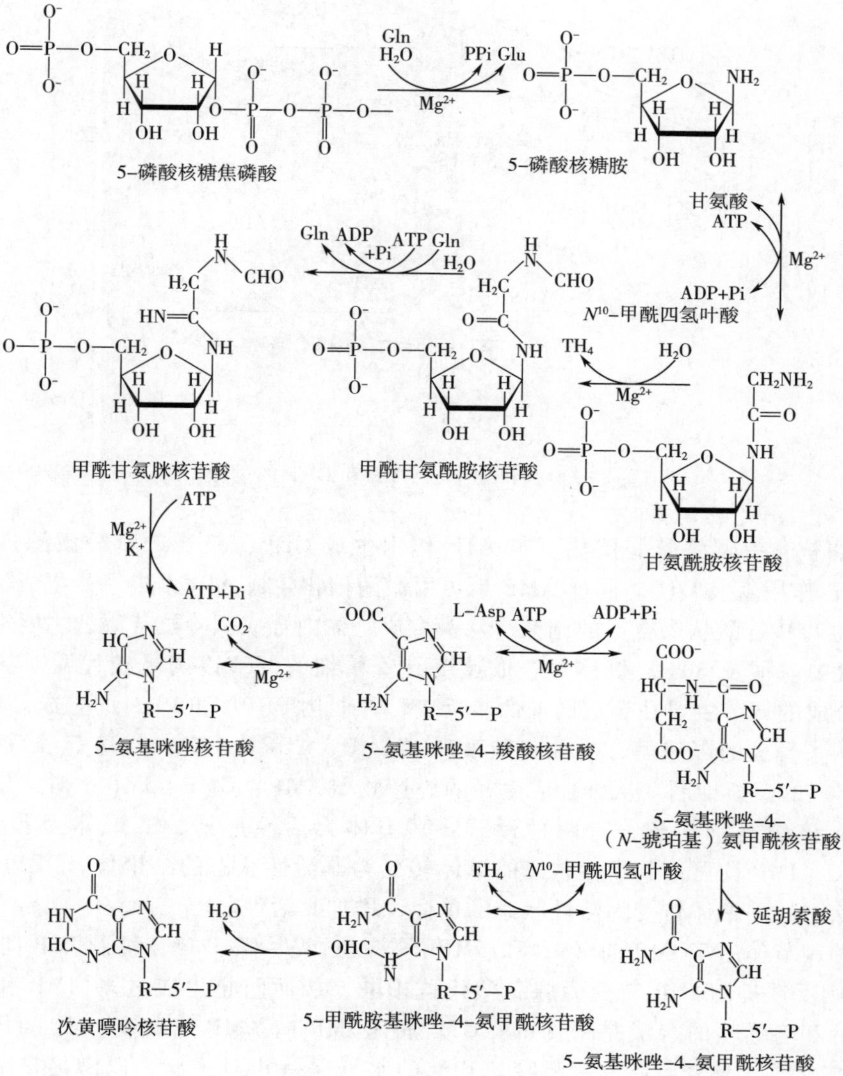

图 8-8 IMP 的合成途径

③AMP 和 GMP 的合成：上述反应生成的 IMP 并不堆积在细胞内，而是迅速转变为 AMP 和 GMP。IMP 与 AMP 的差别仅在于 IMP 的 6 位 O 被氨基取代（图 8-9）。此过程由两步反应完成：a. 天冬氨酸的氨基与 IMP 相连生成腺苷代琥珀酸（adenylosuccinate），由腺苷酸代琥珀酸合成酶催化，GTP 水解供能。b. 在腺苷酸代琥珀酸裂解酶作用下脱去延胡索酸生成 AMP。此两步反应也发生在联合脱氨作用的嘌呤核苷酸循环过程中。

GMP 和 IMP 结构上的区别是 IMP2 位 C 上的氢被氨基取代。GMP 的生成也由两步反应完成：①IMP 由 IMP 脱氢酶催化，以 NAD⁺ 为氢受体，脱氢氧化生成黄嘌呤核苷酸（xanthosine monophosphate，XMP）。②谷氨酰胺的酰胺基作为氨基供体取代 XMP 中 2 位 C 上的氧生成 GMP，此反应由 GMP 合成酶（guanylate synthetase）催化，由 ATP 水解供能。

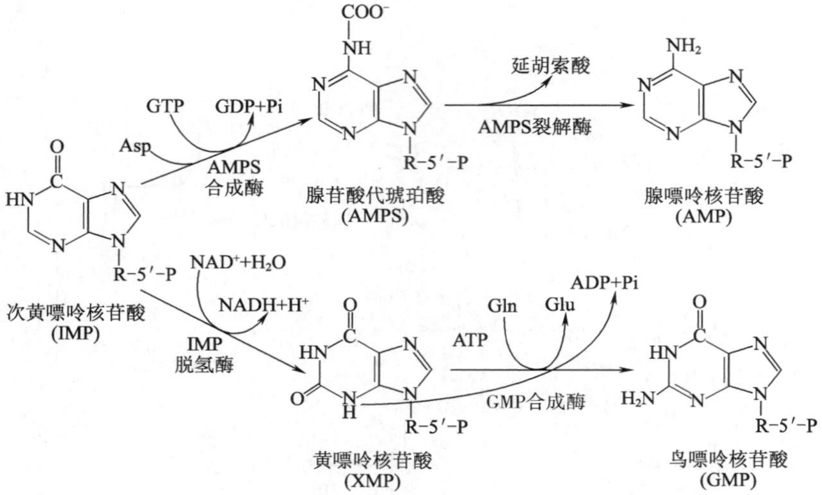

图 8-9　由 IMP 生成 AMP 和 GMP 的过程

GMP 在核苷一磷酸激酶催化下与 ATP 作用生成 GDP，核苷二磷酸激酶进一步催化 GDP 与 ATP 作用生成 GTP。同样 AMP 也可由激酶催化生成 ADP，进一步生成 ATP。

（2）嘌呤核苷酸从头合成的调节　从头合成是体内合成嘌呤核苷酸的主要途径，但此过程要消耗氨基酸及 ATP。机体对合成速度有着精细的调节以满足核代谢对核苷酸的需求。IMP 合成的调节主要在合成的前两步反应，即催化 PRPP 和 PRA 的生成。PRPP 酰胺转移酶是从头合成的限速酶，受腺苷酸系列（AMP、ADP、ATP）与鸟苷酸系列（GMP、GDP、GTP）的反馈抑制。从头合成途径的终产物（AMP、GMP、IMP）对此反应的调节尤为强烈。该酶是别构酶，有两种形式：其单体为活性形式，二聚体为非活性形式。AMP、GMP、IMP 均可使其活性状态的单体转变为非活性状态的二聚体，PRPP 可使该酶从非活性状态的二聚体转变为活性状态的单体，增加其活性。

另一种调节作用于 IMP 向 AMP 和 GMP 的转变过程。GMP 反馈抑制 IMP 向 XMP 的转变，AMP 则反馈抑制 IMP 转变为腺苷酸代琥珀酸，从而防止生成过多 AMP 和 GMP。此外，腺嘌呤和鸟嘌呤的合成是平衡的。GTP 加速 IMP 向 AMP 的转变，而 ATP 则可促进 GMP 的生成，这样使腺嘌呤和鸟嘌呤核苷酸的水平保持相对平衡，以满足核酸合成的需要。嘌呤核苷酸合成调节网见图 8-10。

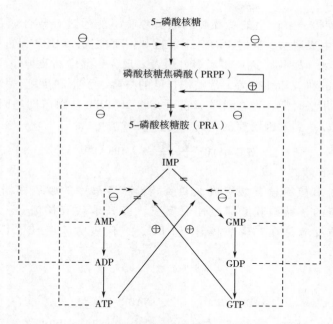

图 8-10　嘌呤核苷酸从头合成的调节

2. 嘌呤核苷酸的补救合成

大多数细胞更新其核酸（尤其是 RNA）过程中，要分解核酸产生核苷和游离碱基。细胞利用游离碱基或核苷重新合成相应核苷酸的过程称为补救合成（salvage pathway）。与从头合成不同，补救合成过程较简单，消耗能量亦较少，某些组织和器官由此途径合成嘌呤核苷酸。红细胞、骨髓、多形核白细胞及脾脏等组织几乎没有从头合成的能力。但可从血中摄取由肝脏运来的现成的嘌呤或嘌呤核苷以合成嘌呤核苷酸，即通过补救途径合成核苷酸。其净合成量约占体内嘌呤核苷酸合成总量的 10% 左右。补救途径有两条，其中第一条较为重要。

（1）由两种特异性不同的酶参与嘌呤核苷酸的补救合成　腺嘌呤磷酸核糖转移酶（adenini phosphoribosyl transferase，APRT）和次黄嘌呤-鸟嘌呤磷酸核糖转移酶（hypoxanthine-guanine phosphoribosyl transferase，HGPRT）。由 PRPP 提供磷酸核糖，它们分别催化 AMP 和 IMP、GMP 的补救合成途径。APRT 受 AMP 的反馈抑制，HGPRT 受 IMP 和 GMP 的反馈抑制。

$$腺嘌呤 + PRPP \xrightarrow{APRT} AMP + PPi$$

$$次黄嘌呤 + PRPP \xrightarrow{HGPRT} IMP + PPi$$

$$鸟嘌呤 + PRPP \xrightarrow{HGPRT} GMP + PPi$$

（2）腺苷在腺苷激酶催化下，与 ATP 作用生成腺嘌呤核苷酸　嘌呤核苷酸补救合成是一种次要途径。其生理意义一方面在于可以节省能量及减少氨基酸的消耗。另一方面对某些缺乏从头合成途径的组织，如人的白细胞和血小板、脑、骨髓、脾等，具有重要的生理意义。如果补救合成途径的酶缺乏，将会导致疾病。Lesch-Nyhan 综合征就是由于 HGPRT 的遗传缺陷所致。此种疾病是一种 X 染色体连锁的遗传代谢病，常见于男性。由于 HGPRT 缺乏，使得分解产生的鸟嘌呤和次黄嘌呤不能通过补救合成途径合成核苷酸，而是通过分解代谢生成尿酸；同时 PRPP 不能被利用而堆积，PRPP 促进嘌呤的从头合成，从而使嘌呤分解产物（尿酸）进一步增多。患者表现为尿酸增高及神经异常，如脑发育不全、智力低下、攻击和破坏性行为，常咬伤自己的嘴唇、手指和足趾，故亦称为自毁容貌症。患者大多死于儿童时期，现在科学家正研究将 HGPRT 基因借助基因工程的方法转移至患者的细胞中，以达到基因治疗的目的。

$$腺苷 + ATP \xrightarrow{腺苷激酶} AMP + ADP$$

3. 脱氧核糖核苷酸的生成

DNA 由各种脱氧核糖核苷酸组成。脱氧核糖核苷酸中的脱氧核糖并非合成之初就形成的，而是相应的核糖核苷酸通过还原反应，以 H 取代其核糖分子中 2 位 C 上的羟基而生成。此还原反应是在二磷酸核苷（NDP，N 代表 A、T、G、U、C 等）水平上进行的。

总反应：

$$NDP \xrightarrow[\quad]{NADPH+H^+ \qquad NADP^+ + H_2O} dNDP$$

这一反应的过程较复杂，催化脱氧核糖核苷酸生成的酶是核糖核苷酸还原酶（ribonucleotide reductase，RR）或称核苷二磷酸还原酶（nucleoside diphosphate reductase，NDPR）。已发现有三种不同的核糖核苷酸还原酶。核糖核苷酸还原酶催化循环反应的最后一步是酶分子中的二硫键还原为具有还原活性的巯基酶的再生过程。硫氧化还原蛋白（thioredoxin）是此酶的一种生理还原剂，由 108 个氨基酸组成，分子质量约 12ku，含有一对邻近的半胱氨酸残基，所含巯基在核糖核苷酸还原酶作用下氧化为二硫键。后者再在硫氧化还原蛋白还原酶催化下，由 NADPH 供氢，重新还原为还原型的硫氧化还原蛋白。因此，NADPH 是 NDP 还原为 dNDP 的最终还原剂（图 8-11）。

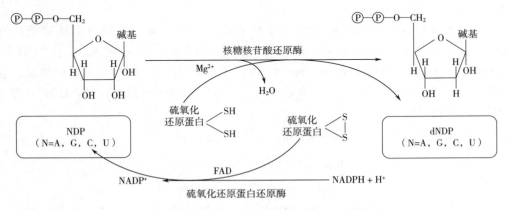

图 8-11　脱氧核糖核苷二磷酸（dNDP）的生成

核糖核苷酸还原酶是一种别构酶，包括 B_1 和 B_2 两个亚基，B_1 亚基含有与底物专一性有关的结合位点及别构效应物结合位点，有双巯基并实际参与还原反应。B_2 亚基含有两个酪氨酸残基。B_1 和 B_2 结合位点是酶的活性部位，因此，B_1 与 B_2 必须结合时才具有酶活性。在 DNA 合成旺盛、分裂速度快的细胞中，核糖核苷酸还原酶系活性较强。

由于 DNA 在合成中的直接前体为脱氧核苷三磷酸（dNTP），所以还原作用生成的 dNDP 还需要借助激酶的作用，再磷酸化为 dNTP。

二、嘧啶核苷酸的合成

嘧啶核苷酸的合成也有两条途径，即从头合成和补救合成。

1. 嘧啶核苷酸的从头合成

与嘌呤核苷酸的合成相比，嘧啶核苷酸的从头合成较简单，同位素示踪证明，构成嘧啶环的 1 位 N、4 位 C、5 位 C 及 6 位 C 均来自天冬氨酸，2 位 C 来源于 CO_2，3 位 N 来源于谷氨酰胺（图 8-12）。

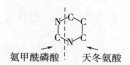

氨甲酰磷酸　　　天冬氨酸

图 8-12　嘧啶碱合成的元素来源

与嘌呤核苷酸的从头合成途径不同，嘧啶核苷酸的合成是先合成嘧啶环，然后与 PRPP 结合生成乳清酸核苷酸，再生成尿苷酸，其他嘧啶核苷酸则由尿苷酸转变而来。

（1）嘧啶核苷酸从头合成的途径

①尿嘧啶核苷酸（UMP）的合成：由 6 步反应完成（图 8-13）。

a. 合成氨甲酰磷酸（carbamoyl phosphate）：嘧啶合成的第一步是生成氨甲酰磷酸，由氨甲酰磷酸合成酶Ⅱ（carbamoyl phosphate synthetase Ⅱ，CPS-Ⅱ）催化 CO_2 与谷氨酰胺的缩合生成。

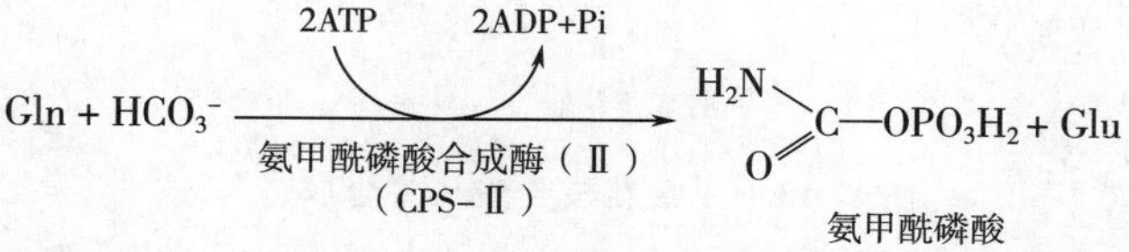

$$Gln + HCO_3^- \xrightarrow[\substack{氨甲酰磷酸合成酶（Ⅱ）\\（CPS-Ⅱ）}]{2ATP \quad 2ADP+Pi} \underset{氨甲酰磷酸}{H_2N-\overset{O}{\underset{}{C}}-OPO_3H_2 + Glu}$$

氨甲酰磷酸也是尿素合成的起始原料，但尿素合成中所需的氨甲酰磷酸是在肝脏细胞线粒体中由 CPS-Ⅰ催化合成的，以 NH_3 为氮源；而嘧啶合成中的氨甲酰磷酸是在胞液中由 CPS-Ⅱ催化生成，利用谷氨酰胺提供氮源（表 8-2）。

表 8-2　　　　　　　　　　　　　　两种氨甲酰磷酸合成酶对比

	氨甲酰磷酸合成酶Ⅰ（CPS-Ⅰ）	氨甲酰磷酸合成酶Ⅱ（CPS-Ⅱ）
分布	线粒体（肝）	胞液（各种细胞）
氮源	氨	谷氨酰胺
变构激活剂	N-乙酰谷氨酸（AGA）	无
变构抑制剂	无	UMP（哺乳动物）
功能	尿素合成	嘧啶合成

b. 合成氨甲酰天冬氨酸（carbamoyl aspartate）：由天冬氨酸氨甲酰转移酶（aspartate transcarbamoylase，ATCase）催化天冬氨酸与氨甲酰磷酸缩合，生成氨甲酰天冬氨酸。此反应为嘧啶合成的限速步骤。ATCase 是限速酶，受产物的反馈抑制。此反应不消耗 ATP，由氨甲酰磷酸水解供能。

c. 闭环生成二氢乳清酸（dihydroorotate）：由二氢乳清酸酶（dihydroorotase）催化氨甲酰天冬氨酸脱水、分子内重排形成具有嘧啶环的二氢乳清酸。

d. 二氢乳清酸的氧化：由二氢乳清酸脱氢酶（dihydroorotate dehydrogenase）催化，生成乳清酸（orotate），此酶需要 FMN 和非血红素 Fe^{2+}，由醌类（quinones）提供氧化能力，位于线粒体内膜的外侧面。嘧啶合成中的其余 5 种酶均存在于胞液中。

e. 获得磷酸核糖：由乳清酸磷酸核糖转移酶催化乳清酸与 PRPP 反应，生成乳清酸核苷酸（orotidine-5-monophosphate，OMP），由 PRPP 水解供能。

f. 脱羧生成 UMP：由 OMP 脱羧酶催化 OMP 脱羧生成 UMP。

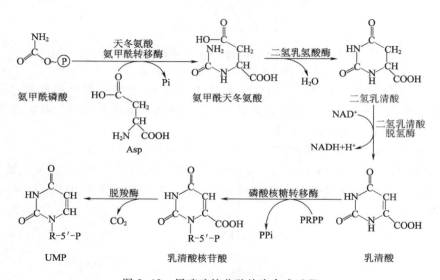

图 8-13　尿嘧啶核苷酸从头合成过程

②胞嘧啶核苷三磷酸（CTP）的合成：生物细胞中胞嘧啶核苷酸的合成是在核苷三磷酸水平上进行的，即由尿嘧啶核苷三磷酸（UTP）氨基化生成 CTP。UTP 的合成与三磷酸嘌呤核苷的合成相似，即 UMP 通过尿苷一磷酸激酶和二磷酸核苷激酶的连续作用，生成 UTP。UTP 在 CTP 合成酶（CTP synthetase）的催化下加氨生成 CTP。在动物体内，氨基由谷氨酰胺提供，细菌则直接由 NH_3 提供。此反应会消耗 1 分子 ATP。

③脱氧胸腺嘧啶核苷酸（dTMP）的生成：脱氧胸腺嘧啶核苷酸是通过 dUMP 的甲基化生成的。由胸腺嘧啶核苷酸合酶（thymidylate synthase）催化，N^5，N^{10}-CH_2-FH_4 作为甲基供体。反应中形成的 FH_2 须经二氢叶酸还原酶的作用变成 FH_4，才能重新携带甲基（图 8-14）。

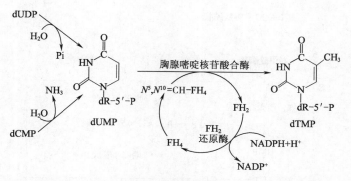

图 8-14　脱氧胸腺嘧啶核苷酸（dUMP）的合成

dUMP 可来自三个不同的途径：①可由 dUDP 转化而来，在核苷单磷酸激酶催化下，dUDP 与 ADP 反应生成 dUMP 和 ATP；②也可由 dCMP 脱氨而形成；③还可由 dUTP 酶催化 dUTP 水解生成 dUMP 和焦磷酸。同位素示踪实验证明，在绝大多数细胞中，经 dCMP 脱氨是 dUMP 生成的主要来源。

dTMP 也可经补救途径合成，胸腺嘧啶与 1-磷酸脱氧核糖在胸腺嘧啶核苷酸磷酸化酶的作用下生成脱氧胸腺嘧啶核苷，再由胸腺嘧啶核苷酸激酶催化，ATP 供能，生成 dTMP。

$$\text{胸腺嘧啶}+1\text{-磷酸脱氧核糖}\xrightarrow[\text{酸磷酸化酶}]{\text{胸腺嘧啶核苷}}\text{脱氧胸腺嘧啶核苷}+\text{磷酸}$$

$$\text{脱氧胸腺嘧啶核苷}+\text{ATP}\xrightarrow[\text{苷酸激酶}]{\text{胸腺嘧啶核}}\text{dTMP}+\text{ADP}$$

（2）嘧啶核苷酸从头合成的调节　在细菌中，天冬氨酸氨甲酰转移酶（ATCase）是嘧啶核苷酸从头合成的主要调节酶。在大肠杆菌中，该酶受 ATP 的别构激活，而 CTP 为其别构抑制剂。

在动物细胞中，嘧啶核苷酸的合成主要由 CPS-Ⅱ调控，UDP 和 UTP 抑制其活性，而 ATP 和 PRPP 则为其激活剂。此外，OMP 的生成受 PRPP 的影响。PRPP 合成酶是嘧啶与嘌呤两类核苷酸合成过程中共同需要的酶，它可同时接受嘧啶核苷酸及嘌呤核苷酸的反馈抑制（图 8-15）。

2. 嘧啶核苷酸的补救合成

嘧啶磷酸核糖转移酶（pyrimidine phosphoribosyl transferase）是嘧啶核苷酸补救合成的主要酶，可催化尿嘧啶、胸腺嘧啶等与 PRPP 合成一磷酸嘧啶核苷酸，但对胞嘧啶没有催化作用。

另外，嘧啶核苷激酶可使相应嘧啶核苷磷酸化生成核苷酸。尿嘧啶核苷可在尿苷激酶作用下生成一磷酸尿嘧啶核苷，胞嘧啶核苷也可作为尿苷激酶的底物发生磷酸化作用而生成胞嘧啶核苷一磷酸。胸腺嘧啶核苷可在胸苷激酶作用下生成胸腺嘧啶核苷一磷酸，此酶

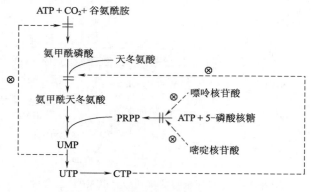

图 8-15　嘧啶核苷酸从头合成的调节

在正常肝脏中活性很低，再生肝脏中活性升高，恶性肿瘤细胞中明显升高，并与恶性程度有关。

$$嘧啶 + PRPP \xrightarrow{嘧啶磷酸核糖转移酶} 磷酸嘧啶核苷 + PPi$$

$$尿嘧啶核苷 + ATP \xrightarrow{尿苷激酶} UMP + ADP$$

$$胸腺嘧啶核苷 + ATP \xrightarrow{胸苷激酶} TMP + ADP$$

第五节　DNA 的生物合成及修复

DNA 分子双螺旋结构模型的提出和蛋白质合成的中心法则（central dogma）的诞生，使人们可以从遗传物质结构的角度解释遗传与变异的原因，揭示遗传信息可能的传递规律。对于大多数生物体来说，双链 DNA 是遗传信息的携带者。在细胞分裂过程中，亲代细胞所包含的遗传信息完整、忠实地传递到两个子代细胞。这个过程的实质是 DNA 分子复制自身，合成完全相同的两个拷贝。DNA 复制（replication）的概念也许不难理解，但复制的过程却相当复杂，由许多酶和蛋白质因子共同参与。同时，生物体内外环境中都存在着可能使 DNA 分子损伤的因素，因此机体还必须有一套 DNA 修复的机制。本章还将介绍一些有关重组 DNA 技术的概念和方法。

一、遗传信息传递的中心法则

蛋白质合成的中心法则是由 Crick 于 1957 年提出的，其核心内容是遗传信息由 DNA 传递给 RNA，再由 RNA 传递给蛋白质，即 DNA 携带的遗传信息经转录（transcription）和翻译（translation）过程传递至蛋白质。在遗传信息的传递过程中，RNA 是一个重要的中间分子，它以三个碱基为一个氨基酸的遗传密码，决定着蛋白质的一级结构。

在 DNA 指导蛋白质合成的过程中，双链 DNA 首先被拆开，并以其中一条链为模板按照碱基互补配对原则合成 mRNA（即转录）。至此，DNA 将合成蛋白质所需的全部信息转移到 mRNA 上，然后 mRNA 与核糖体结合，在装载氨基酸分子的 tRNA 的参与下合成多肽链。因此核糖体是细胞中合成蛋白质的"车间"。

Crick 在提出中心法则时曾指出，遗传信息是沿 DNA→RNA→蛋白质的方向流动的。

但美国学者 Baltimore D 和 Temin H M 在研究肿瘤病毒的过程中发现了逆转录酶，证明从 DNA 到 RNA 的遗传信息流能够被逆转。不仅如此，在对 RNA 噬菌体和某些 RNA 动物病毒的复制研究中，还发现了一种新酶——RNA 复制酶，表明宿主细胞内不仅存在着 DNA 复制，也存在着 RNA 复制。这些发现都进一步完善了中心法则的内容（图 8-16）。

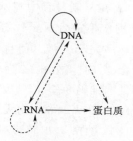

图 8-16　修正的中心法则

1997 年诺贝尔生理或医学奖得主，美国生物学家斯坦利·普鲁辛纳（S. B. Prusiner）教授曾于 1982 年在 *Science* 上发表了一篇支持瘙痒症的传染因子主要是蛋白质而不是核酸的文章，并首次引入毒朊（prion，即朊病毒）的概念。Prion 是一种具有传染致病能力的蛋白质粒子，不含有 DNA 和 RNA 成分，却能在宿主细胞内产生与自身相同的分子，实现相同的生物功能，引起相同的疾病。人们怀疑这种蛋白质分子是一种负载和传递遗传信息的物质，所以它的发现曾被认为是对中心法则的一次严峻挑战。进一步的研究发现，prion 的确是不含有核酸的蛋白质颗粒，但它不是传递遗传信息的载体，也不能自我复制，而是由基因编码产生的一种正常蛋白质的异构体（图 8-17）。因此，prion 尚不足以修正中心法则。

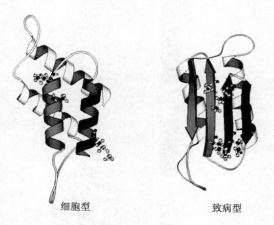

细胞型　　　　　　　致病型

图 8-17　Prion 蛋白

这一发现及其后续的研究成果使人们首次意识到除了细菌、病毒、真菌和寄生虫外，变构蛋白质亦可传播疾病，同时为现代医学了解和掌握与痴呆有关的其他疾病（例如阿尔茨海默病）的生物学机制提供了基础，并为今后的药物开发和新的治疗方法的研究奠定了基石。

二、DNA 的复制方式及特点

二维码 8-2

（一）DNA 复制的半保留性

Watson 和 Crick 在提出 DNA 双螺旋结构模型时就曾推测 DNA 可能按照半保留机制进行自我复制，即 DNA 在复制过程中碱基间的氢键首先断裂，双螺旋解旋分开，两条单链分别作模板合成子代链，结果新合成的两个子代 DNA 与亲代 DNA 的碱基顺序完全一样，而且每个子代 DNA 分子中都有一条链完全来自亲代，另一条则是新合成的，故称之为半保留复制（semi-conservative replication）。DNA 的复制要点讲解见二维码 8-2。

1958 年，Matthew Meselson 和 Franklin W. Stahl 用大肠杆菌（*E.coli*）作实验材料证实了 DNA 半保留复制的设想（图 8-18）。①*E.coli* 能够利用 NH_4Cl 作为氮源合成 DNA。采用 $^{15}NH_4Cl$ 为唯一氮源的培养基，将 *E.coli* 培养十几代后，细胞中的 DNA 几乎完全被 ^{15}N 所标记（原代 ^{15}N-DNA），其密度大于 ^{14}N-DNA，经氯化铯（CsCl）密度梯度离心，分离出的 ^{15}N-DNA 位于重密度区域。②将 ^{15}N 标记的 *E.coli* 转移至普通培养基（$^{14}NH_4Cl$ 为唯一氮源），培养一代后，经密度梯度离心分析发现，子一代 DNA 位于中密度区域，即介于重密度和轻密度区域之间，而在重密度和轻密度区域处均检测不到 DNA。这一结果提示，子一代 DNA 只有一种形式，即 $^{14}N/^{15}N$-DNA。③^{15}N 标记的 *E.coli* 在普通培养基中培养两代，可以检测到两种密度形式的 DNA，分别出现在轻密度区域和中密度区域。这一结果提示，子二代 DNA 有两种形式，分别为 ^{14}N-DNA 和 $^{14}N/^{15}N$-DNA，以上结果与 DNA 采取半保留复制方式的推测相符合。

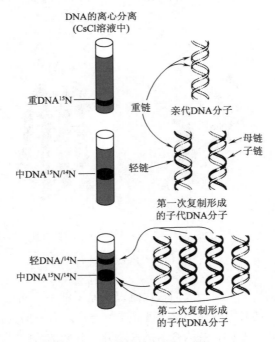

图 8-18　DNA 半保留复制研究结果示意图

将子一代 DNA 分子（¹⁴N/¹⁵N－DNA）经 100℃加热变性，变性前后的 DNA 分别经 CsCl 密度梯度离心，结果显示，变性前仅检测到一条中等密度的条带，变性后则可检测到两条带，分别位于重密度区域和轻密度区域。结果表明，子一代 DNA 分子的双链中，一条为 ¹⁵N－DNA 链，另一条为 ¹⁴N－DNA 链，从而进一步证实了 DNA 半保留复制的特点。

按照半保留复制的方式，由于碱基互补配对，子代 DNA 分子和亲代 DNA 分子的碱基序列完全一致，子代 DNA 保留了亲代 DNA 的全部遗传信息，这就是遗传的保守性。然而，这种保守性是相对的，自然界还存在着普遍的基因变异的现象，即遗传的变异性。例如甲型流感病毒就有很多不同的亚型，曾多次导致世界范围的大流行。由于病毒基因发生较大的变异，不同的亚型在感染方式和致病性方面有很大的差异，而人群对新的亚型不具免疫力，现有的疫苗也不能用于预防，因此给流感的防治带来相当大的困难。

（二）DNA 复制的半不连续性

在半保留复制的过程中，亲代 DNA 分子的双螺旋链依次解开，形成 Y 字形的结构，即复制叉（replication fork）。在伸展的复制叉处，两条链各自作为模板，同时进行复制。双螺旋 DNA 分子中的两条链走向相反，一条链的走向是 5′→3′，另一条是 3′→5′。由于 DNA 的合成方向只能是 5′→3′，因此 3′→5′走向的模板链随着复制叉的前进可连续地进行复制，新链由 5′→3′方向延伸，而另一条 5′→3′的模板链是如何进行复制的呢？

1968 年，Reiji Okazaki 等提出了 DNA 不连续复制的假说，并通过实验证实了这一设想。他们在生长中的 *E. coli* 的培养液中加入 ³H－脱氧胸苷（thymidine），瞬时标记（pulse-labeling）后分离纯化 DNA，并变性处理以得到单链的 DNA。蔗糖密度梯度离心分析结果表明，短时间内新合成的 DNA（被 ³H 所标记）是分子质量较小的 DNA 片段（长度为 1000~2000 核苷酸），随后检测到的是高分子质量的 DNA；抑制 DNA 连接酶的活性，会引起大量小分子质量 DNA 片段的累积。以上结果提示，DNA 以不连续的方式进行复制，即首先合成较短的 DNA 片段，再由 DNA 连接酶连接成大分子的 DNA（图 8-19）。

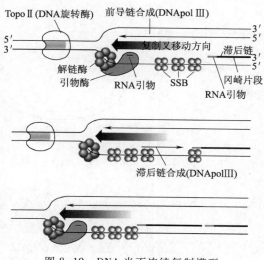

图 8-19　DNA 半不连续复制模型

其实，DNA 复制的机制是半不连续的复制（semi-discontinuous replication）。以 3′→5′

走向的链为模板进行复制，新链的合成方向与复制叉前进的方向一致，因此复制可连续地进行。而以 5′→3′ 走向的链为模板进行的复制，新链的合成方向与复制叉前进的方向相反，只有当模板链解开足够长度，才能由 5′ 向 3′ 方向合成一小段 DNA，随后再一段一段地、不连续地合成。这种在 DNA 复制中产生的不连续的 DNA 片段称为冈崎片段（Okazaki fragment）。冈崎片段在原核细胞中的长度为 1000～2000 核苷酸，在真核细胞中的长度为 100～200 核苷酸。最后由 DNA 连接酶将冈崎片段连接成完整的 DNA 链。上述顺着复制叉前进方向连续复制生成的新链，称为前导链（leading strand）。复制方向与复制叉前进方向相反，不连续复制生成的新链就称为后随链或滞后链（lagging strand）。

（三）特定的起始位点

大量的实验研究证明，DNA 的复制是从 DNA 分子上的特定位置开始的，这一位置称为复制原点（origin of replication，ori）。而且现在已经证明，许多生物的复制原点都是双螺旋 DNA 呼吸作用（DNA 双螺旋中的氢键是处于不断地断裂和重新形成的动态平衡，这种现象就称为呼吸作用）强烈的区段，即经常开放的区段，也就是富含 A—T 对的区段。这一区段产生的瞬时单链与 SSB 蛋白（single-stranded DNA binding protein）结合，对复制的起始十分重要。

大肠杆菌的 DNA 复制起始点 C（origin C，ori C）约为 245bp，包含反向重复的回文结构（palindrome structure）。大肠杆菌和沙门菌、产气杆菌、肺炎克氏杆菌等多种细菌的 ori C 都具有保守序列（conservative sequence），表明细菌复制起始点具有高度保守性。DNA 分子中能独立进行复制的最小功能单位称为复制子（replicon）或复制单位（replication unit）。即每个复制起始点到两边的复制终止点之间的 DNA 片段。一个复制子只含有一个起始点。质粒、细菌染色体和噬菌体等通常只有一个复制起始点，因而其 DNA 分子就构成一个复制子；真核生物基因组包括多个复制起始点，因而含有多个复制子，相邻起始点相距 5～300kb。

真核细胞 DNA 的复制是由多个复制子共同完成的，在复制过程中可观察到多个复制起始点同时起始复制，形成复制泡（replication bubble）或复制眼（replication eye）等特殊结构（图 8-20）。

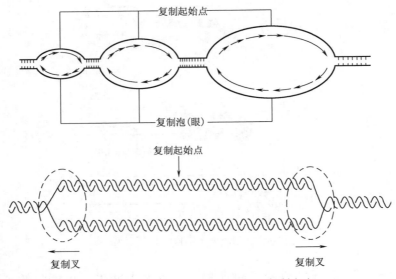

图 8-20　复制泡（眼）、复制叉及复制方向

DNA 复制从上述的特定位置开始，大多数是双向进行，也有一些例外，是单向的（质粒 R6K DNA 的复制），或以不对称的双向方式进行（如线粒体 DNA 的复制）。这是由复制原点的性质决定的。

（四）DNA 复制的方向性

DNA 复制的过程是模板指导下的脱氧核苷酸的酶促聚合反应过程。聚合反应是在依赖 DNA 的 DNA 聚合酶（DNA-dependent DNA polymerase，又称 DNA 指导的 DNA 聚合酶，DNA-direct DNA polymerase，DDDP 或 DNA-pol，简称 DNA 聚合酶）的催化下完成的。DNA 聚合酶以单链 DNA 为模板，按照碱基互补配对的原则选择适当的底物——脱氧三磷酸核苷（deoxynucleoside triphosphate，dNTP），包括 dATP、dGTP、dCTP、dTTP 掺入反应，通过催化生成磷酸二酯键以聚合形成 DNA 长链。

脱氧三磷酸核苷 5′端的磷酸基团从靠近脱氧核糖开始，依次为 α-P、β-P 和 γ-P。在聚合反应连续进行的过程中，每一步反应都是由正在延长的 DNA 链上的 3′-OH 与即将掺入的 dNTP 上的 5′-三磷酸进行亲核反应，以生成磷酸二酯键（图 8-21）。另一产物焦磷酸（PPi）随后被水解释放出自由能，反应不可逆。上述每一步反应可简写为：

$$(dNMP)_n + dNTP \longrightarrow (dNMP)_{n+1} + PPi$$

由于 DNA 聚合酶只能催化在多核苷酸链的 3′-OH 上进行聚合反应，因此，DNA 新链的合成只能从 5′向 3′方向进行。

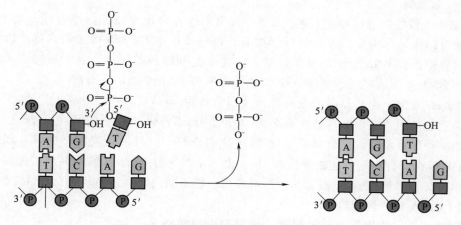

图 8-21　DNA 复制过程中脱氧核苷酸的聚合

（五）需要特定的引物

目前已知的任何一种 DNA 聚合酶都不能从头合成一条新的 DNA 链，而必须有一段具有 3′-OH 的引物，才能将合成原料 dNTP 一个一个接上去。引物大多为一段 RNA，其长度和序列随基因组的种类而异，大多数情况下为 1~10 个核苷酸。引物 RNA 与典型的 RNA 分子不同，它们在合成以后不与模板分离，而是以氢键结合在模板上。可见这种引物可能是由一种具独特性质的 RNA 聚合酶所合成，合成 RNA 引物的酶称为引发酶（primase）。该酶单独存在时是相当不活泼的，只有与有关蛋白质因子结合成为一个复合体时才有活性，这个复合体称为引发体（primosome）。

复制过程中出现的引物 RNA 最终会被切除而由 DNA 所替换，因此成熟的 DNA 分子中并不含有 RNA 片段。

为什么需要 RNA 引物而不是直接起始一条 DNA 链的合成呢？至今这一问题还是一个谜。我们知道，一切生物都要以极高的保真度来复制其 DNA。从模板拷贝最初的几个核苷酸时，由于碱基堆集力很弱，其氢键结合力也是很弱的，因而碱基配对时出现差错的几率就要大得多，再加上这几个核苷酸还没有与模板形成稳定的双链结构，DNA 聚合酶的 $3' \rightarrow 5'$ 校对功能也很难发挥作用。因而解决办法就要用一种过渡形式，而这种过渡形式在不再需要时又能很容易地被剔除。而 RNA 是比较适合的，容易被 DNA 聚合酶Ⅲ识别而停止其聚合作用，又便于 DNA 聚合酶Ⅰ剔除并以脱氧核糖核苷酸补齐缺口，最后由 DNA 连接酶封闭切口。

三、参与复制的酶及蛋白因子

细胞内 DNA 复制的连续化反应过程，除了要以亲代 DNA 为模板，以 dNTP 为原料，还需要众多酶和蛋白质因子的参与才能完成。主要包括解螺旋酶（helicase）、DNA 拓扑异构酶（DNA topoisomerase）、单链 DNA 结合蛋白（single-stranded DNA-binding protein，SSB）、引物酶（primase）、依赖 DNA 的 DNA 聚合酶（简称 DNA 聚合酶，DDDP 或 DNA-pol）和 DNA 连接酶（DNA ligase）等。DNA 复制是整个 DNA 分子的全合成过程，掌握了这些酶和蛋白质因子的功能和机制，才有可能掌握 DNA 复制的整个过程。

（一）解旋酶

DNA 半保留复制的过程中，亲代 DNA 的两条链各自作为目标指导合成新的互补链。模板对新链的指导作用在于碱基的准确配对，而碱基位于 DNA 双螺旋的内部，因此，复制开始时要把亲代 DNA 分子的双螺旋解开，才能起到模板的作用。解螺旋酶，又称解链酶，是在 DNA 复制的过程中利用 ATP 提供能量解开 DNA 双链的一类酶。

在 E. coli 基因组中与复制相关的基因分别命名为 dnaA、dnaB、dnaC……dnaX 等。相应的蛋白质，使用首字母大写依次命名为 DnaA、DnaB、DnaC……DnaX 等。现已知 DnaB 蛋白就是一种解螺旋酶，同时具有 ATP 酶和解螺旋酶的活性。在复制开始时，同源六聚体的 DnaB 蛋白结合在复制起始部位的 DNA 上，水解 ATP 供能以解开双链；在其后的复制过程中，DnaB 蛋白随着复制叉的伸展沿着模板链不断向前移动，从而发挥解链的作用。

（二）DNA 拓扑异构酶

DNA 双螺旋结构围绕中心轴旋绕，而复制中的解链是沿着同一中心轴的高速反向旋转，容易使 DNA 分子中出现打结、缠绕和环连等现象。闭环状态的 DNA 还会扭转形成超螺旋，如果扭转方向与双螺旋一致，则会形成更加紧密的正超螺旋。这些现象都将阻碍 DNA 复制的正常进行。因此，DNA 复制中还需要 DNA 拓扑异构酶的协助，以克服解链过程中的扭结现象。拓扑异构酶广泛存在于原核和真核生物中，主要分为Ⅰ型（Topo Ⅰ）和Ⅱ型（Topo Ⅱ），分别包括多种亚型。在原核生物中，Topo Ⅰ 也称 ω-蛋白，Topo Ⅱ 又称为旋转酶（gyrase）。

拓扑异构酶既能水解 DNA 分子中的磷酸二酯键，又能将其重新连接。Topo Ⅰ 能切断 DNA 双链中的一股，使 DNA 变为松弛状态后，再把切口封闭。Topo Ⅰ 催化的上述反应不需要 ATP。Topo Ⅱ 在无 ATP 时，可同时断开 DNA 分子双链，未断的双链 DNA 通过切口，使超螺旋松弛；在利用 ATP 供能的情况下，Topo Ⅱ 可催化形成新的磷酸二酯键使断端连接，使 DNA 成为负超螺旋状态（图 8-22）。拓扑异构酶不仅参与复制中 DNA 分子的解链过程，在复制末期，亲代 DNA 链与新合成的子链也会互相缠绕、打结，需要 Topo Ⅱ 的作用。可见，拓扑异构酶在复制的全过程都起作用。

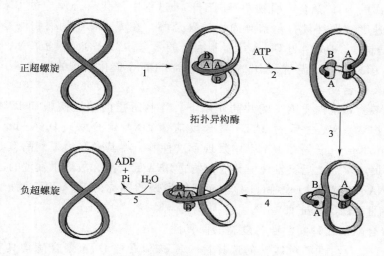

正超螺旋

拓扑异构酶

负超螺旋

图 8-22　拓扑异构酶的催化作用

Topo Ⅰ 和 Topo Ⅱ 可用于抗肿瘤药物的筛选。喜树碱（从喜树中提取的一种生物碱）等抗肿瘤药物能抑制 Topo Ⅰ 或 Topo Ⅱ 的活性，干扰细胞 DNA 的合成，从而抑制肿瘤细胞的增殖。研究表明 Topo Ⅰ 和 Topo Ⅱ 还与肿瘤的多药耐药性有关。

（三）单链 DNA 结合蛋白

在解螺旋酶和拓扑异构酶的共同作用下，亲代 DNA 的双链解开形成两条单链，分别作为模板指导复制的进行。但是，处于单链状态的 DNA 模板链因为碱基互补配对，有重新形成双链的倾向，且易被细胞内广泛存在的核酸酶降解。原核和真核细胞内存在的单链 DNA 结合蛋白（SSB）可结合并保护单链 DNA 模板，此蛋白质也曾被称为螺旋反稳定蛋白（helix destabilizing protein，HDP）。在 E. coli 中，SSB 蛋白是同源四聚体蛋白，每个亚基由 177 个氨基酸残基组成，其结合单链 DNA 的跨度约为 32 个核苷酸单位。

复制时，一旦模板解开成单链，几个 SSB 蛋白分子便结合在单链 DNA 分子上，以维持模板处于单链状态，并保护单链模板不被核酸酶所水解。SSB 蛋白结合单链 DNA 的作用具有协同效应，即一分子 SSB 蛋白的结合能促进另一 SSB 蛋白分子与下游区段单链 DNA 的相互作用。结合了 SSB 蛋白的 DNA 片段是不能被复制的，在指导复制反应发生之前，单链 DNA 上的 SSB 蛋白必须解离。因此，在整个复制过程中，随着复制叉的伸展，SSB 蛋白不断地结合和解离，反复利用。

（四）引物酶

生物细胞内的 DNA 复制是在 DNA 聚合酶的催化下脱氧核糖核苷酸聚合的连续化学反应。但迄今为止所发现的所有 DNA 聚合酶都不能从头催化两个游离的 dNTP 发生聚合，只能在核苷酸链的游离 3′-OH 端将新的 dNTP 一个一个聚合上去。因此，无论是前导链还是后随链中冈崎片段的合成都需要引物（primer），以提供游离的 3′-OH 进行聚合反应。复制中的引物是一段 RNA 分子，在不同生物中，引物的长度从几个到几十个核苷酸不等。

在 DNA 复制中，引物酶能够催化合成与模板 DNA 链互补的引物 RNA 分子。引物酶是一种依赖 DNA 的 RNA 聚合酶（DNA-dependent RNA polymerase，DDRP），在模板指导下可以催化游离的 NTP 聚合。引物酶不同于转录过程中催化聚合反应的 RNA 聚合酶，是一种催化反应速度较慢且具有差错倾向性的聚合酶。在 *E. coli* 中，引物酶是 dnaG 基因的产物 DnaG。复制中，DnaG 与 DnaB 等复制因子的复合体，结合到模板 DNA 上形成引发体（primosome），引发体的下游解开 DNA 双链，再由 DnaG 催化引物的形成。

（五）DNA 聚合酶

在前述诸多酶和蛋白质因子的共同作用下，复制所需的单链模板和 RNA 引物等已经准备就绪，引物 3′-OH 之后的 dNTP 聚合反应由 DNA 聚合酶（DNA-pol）催化完成。1957 年，Arthur Kornberg 等在 *E. coli* 中发现了这种酶，将其命名为复制酶（replicase），并因此而获得诺贝尔奖。之后又发现了其他种类的 DNA 聚合酶，故最早发现的这种 DNA 聚合酶被命名为 DNA 聚合酶 I（DNA-pol I），而后续发现的则称为 DNA 聚合酶 II（DNA-pol II）和 DNA 聚合酶 III（DNA-pol III）。

1. DNA 聚合酶的几种酶活性与复制的保真性

（1）5′→3′聚合活性和对碱基的选择性 原核和真核 DNA 聚合酶均具有如下共同特点：引物的依赖性、碱基的选择性（模板的依赖性）以及延伸 DNA 的方向性（5′→3′）。由于 DNA 聚合酶依赖于引物及其提供的游离 3′-OH 进行聚合反应，因此聚合活性具有方向性，即 5′→3′聚合活性。

DNA 聚合酶对模板的依赖性是指在模板指导下选择适当的碱基，以使子链与模板上对应的碱基准确配对。碱基配对的关键在于氢键的形成，A—T 对以 2 个氢键、G—C 对以 3 个氢键维持配对，而错配的碱基之间难以形成氢键。据此推想：复制中脱氧核糖核酸之间形成磷酸二酯键应在碱基配对之后，在核苷酸聚合之前或在聚合时，DNA 聚合酶就可以控制碱基的正确选择。DNA 聚合酶依靠其大分子结构来协调这种非共价键（氢键）与共价键（磷酸二酯键）的有序形成。

（2）5′→3′和 3′→5′核酸外切酶活性及校读功能 有些 DNA 聚合酶不仅具有 5′→3′聚合活性，还有 5′→3′或 3′→5′核酸外切酶（exonuclease）的活性，即由 5′→3′或 3′→5′方向依次水解磷酸二酯键的能力。5′→3′核酸外切酶活性使得 DNA 聚合酶参与 RNA 引物的切除，此外还能切除损伤的 DNA 片段，因而参与损伤 DNA 的修复机制。3′→5′核酸外切酶活性则允许 DNA 聚合酶切除复制中碱基错配的核苷酸。一旦一个错误的核苷酸掺入成长中的 DNA 链的末端，DNA 聚合酶的聚合活性就会被抑制，以 3′→5′核酸外切酶活性即时将其切除后，复制才可以继续进行，这种功能称为即时校读（proofread）。

（3）复制的保真性 DNA 聚合酶催化 DNA 高度准确地进行复制，此为复制的保真性（fidelity）。DNA 复制的保真性至少需要依赖以下三种机制。

①遵守严格的碱基配对规律。

②DNA 聚合酶在复制延长中对碱基的选择功能。

③复制过程中即时校读和修复的功能。

2. 原核生物的 DNA 聚合酶

（1）原核生物 DNA 聚合酶的分类 已知的 *E. coli* 中的 DNA 聚合酶有五种（DNA-pol

Ⅰ～Ⅴ），其中参与 DNA 复制的主要有 DNA-pol Ⅰ、DNA-pol Ⅱ和 DNA-pol Ⅲ（表8-3）。DNA-pol Ⅲ呈现较高的进行性（processivity，连续合成 DNA 的能力），是在复制延长中真正催化新链核苷酸聚合的酶。DNA-pol Ⅰ在复制中起切除引物、填补冈崎片段间空隙的作用。DNA-pol Ⅱ只是在没有 DNA-pol Ⅰ和 DNA-pol Ⅲ的情况下才起作用，其真正的生物学功能还不完全清楚。

表 8-3　　　　　　　　　　　　**大肠杆菌中 DNA 聚合酶的性质**

	DNA-pol Ⅰ	DNA-pol Ⅱ	DNA-pol Ⅲ
相对分子质量	103000	88000	791500
亚基数	1	7	≥10
催化亚基的结构基因	*polA*	*polB*	*polC*
聚合速率/（核苷酸数/s）	16～20	40	250～1000
进行性（核苷酸数）	3～200	1500	≥500000
5′→3′核酸外切酶活性	+	+	−
3′→5′核酸外切酶活性	+	−	+

（2）DNA-pol Ⅰ　DNA-pol Ⅰ是由 928 个氨基酸残基组成的单一肽链，其二级结构以 α-螺旋为主，可划分为 18 个 α-螺旋肽段（A～R），各肽段之间由一些非螺旋结构的短肽段连接（图 8-23）。螺旋 I 与螺旋 O 之间有较大的空隙，可以容纳 DNA 链。而螺旋 H 与螺旋 I 之间的无规结构较长，由 50 个氨基酸残基构成，它就像一个盖子那样把 DNA 链包围起来，使其向一个方向滑动。

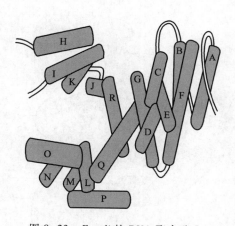

图 8-23　*E. coli* 的 DNA 聚合酶Ⅰ

DNA-pol Ⅰ分子中有三个相对独立的活性中心，分别具有聚合活性、5′→3′外切酶和 3′→5′外切酶活性。经特异的蛋白酶处理，DNA-pol Ⅰ在螺旋 F 和 G 之间发生断裂，水解为两个片段。氨基端 323 个氨基酸残基的小片段具有 5′→3′核酸外切酶活性，羧基端 604 个氨基酸残基的大片段，称为 Klenow 片段（Klenow fragment），具有 DNA 聚合酶活性和 3′→5′核酸外切酶活性。Klenow 片段是实验室中合成 DNA，进行分子生物学研究的常用工具。

DNA-pol Ⅰ的进行性较低，最多只能催化延长 200 个左右核苷酸，这说明它不是真正在复制延长过程中起作用的酶。DNA-pol Ⅰ在活细胞内的功能主要包括：切除引物、合成寡核苷酸链以填补复制和修复中出现的空隙。

（3）DNA-pol Ⅲ　DNA-pol Ⅲ是真正的 DNA 聚合酶。DNA-pol Ⅰ和 DNA-pol Ⅱ的突变不会影响 *E. coli* 的生长，而 DNA-pol Ⅲ的缺失对 *E. coli* 却是致死的。DNA-pol Ⅲ具有 $5'\rightarrow 3'$ 聚合的功能，对模板的要求很高，只有缺口 <100bp 的双链 DNA 才可作模板。其 $3'\rightarrow 5'$ 核酸外切酶活性与 DNA-pol Ⅰ相同，有校对的功能，但不具有 $5'\rightarrow 3'$ 核酸外切酶活性。DNA-pol Ⅲ全酶可同时催化前导链及后随链中冈崎片段的合成。

DNA-pol Ⅲ的结构相当复杂，由 10 种近 20 个亚基组成（表 8-4）。DNA-pol Ⅲ全酶分子中主要包含三部分结构：即核心酶、滑动夹和 γ 复合体（图 8-24）。两个核心酶、一个 γ 复合体通过两个 τ 亚基聚合形成 pol Ⅲ，每个核心酶再分别结合一对聚合成环状的 β 亚基（滑动夹）就形成了 DNA-pol Ⅲ全酶。核心酶由 α、ε 和 θ 亚基组成。α 亚基具有合成 DNA 的能力；ε 亚基具有 $3'\rightarrow 5'$ 核酸外切酶活性，起到校读的作用；θ 亚基可能在组装中发挥功能。全酶分子的两个核心酶分别负责合成前导链和冈崎片段。DNA-pol Ⅲ中核心酶的进行性是比较低的，通常合成 11 个核苷酸左右就从模板上解离下来。β 亚基二聚体形成环状的"夹子"将一个核心酶结合在模板上，发挥增强核心酶进行性的作用。γ 复合体由 γ、δ、δ'、χ 和 ψ 亚基组成，起到装配 β 亚基"夹子"的作用。在冈崎片段合成的过程中，γ 复合体促使开放的 β 亚基二聚体"夹"住 DNA 模板链，形成新的闭合滑动夹。τ 亚基不仅结合核心酶和 γ 复合体，也可与解螺旋酶 DnaB 结合。

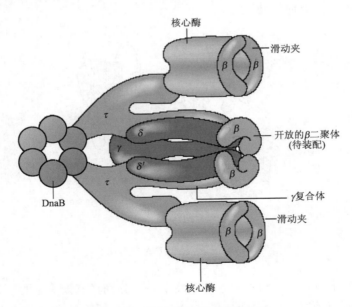

图 8-24　*E. coli* 的 DNA 聚合酶Ⅲ

表 8-4　　　　　　　　　　大肠杆菌 DNA 聚合酶 III 的亚基组成

亚基（个数）	相对分子质量	结构基因	功能
α（2）	129900	polC	核心酶：合成 DNA
ε（2）	27500	dnaQ	
θ（2）	8600	holE	
τ（2）	71100	dnaX	组装核心酶和 γ 复合体
γ（1）	47500	dnaX	γ 复合体：β 亚基的装配器
δ（1）	38700	holA	
δ'（1）	36900	holB	
χ（1）	16600	holC	
ψ（1）	15200	holD	
β（4）	40600	dnaN	将酶"夹"到模板上，增加进行性

3. 真核生物的 DNA 聚合酶

已发现的真核生物 DNA 聚合酶至少有 5 种，即 DNA 聚合酶 α、β、γ、δ 和 ε（DNA-pol α、β、γ、δ 和 ε）。DNA-pol α 和 δ 均在复制延长中起催化作用。DNA-pol α 只能延长约 100 个核苷酸，但伴有较强的引物酶的活性，而 DNA-pol δ 可延长的新链却长得多，可能延长前导链和后随链中的冈崎片段。DNA-pol ε 与原核的 DNA-pol I 相似，在复制过程中起校读、修复和填补缺口的作用。DNA-pol β 只是在没有其他 DNA-pol 时才发挥催化功能。DNA-pol γ 存在于线粒体内，参与线粒体 DNA（mitochondria DNA，mtDNA）的复制。

（六）DNA 连接酶

DNA 复制中前导链是连续合成的，而后随链先分段合成冈崎片段，是不连续的。冈崎片段之间，要靠连接酶接合。DNA 连接酶催化 DNA 链 3'-OH 末端和相邻 DNA 链的 5'-P 末端生成磷酸二酯键，从而把两段相邻的 DNA 链连接起来。连接酶的催化作用需要消耗 ATP。实验证明：连接酶连接碱基互补基础上的双链中的单链切口（nick），DNA 双链都有单链切口，连接酶也可连接。但连接酶没有连接单独存在的 DNA 单链或 RNA 链的作用。

DNA 连接酶不但在复制中起最后接合切口的作用，在 DNA 修复、重组和剪接中也起缝合切口的作用。连接酶是基因工程（DNA 体外重组技术）中的重要工具酶之一。

四、DNA 复制的过程

（一）原核生物的 DNA 复制过程

原核生物环状染色体 DNA 多采用双向复制的方式，从一个复制起始点开始向两个方向进行复制，直到复制的终止点（termination region）。在电镜下，复制中的环状 DNA 的形状类似于希腊字母中的 "θ"，因此又称为 "θ 复制"（图 8-25）。某些原核生物，例如猿猴病毒 SV40，复制的起始点和终止点刚好把环状 DNA 分为两个半圆，两个方向各进行 180°，同时在终止点汇合。E. coli 复制起始点 oriC 在 82 位点，复制终止点 ter 在 32 位点。两个方向上复制叉的前进速度并不一定是相等的。

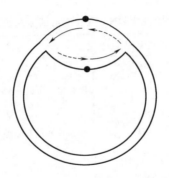

图 8-25　原核生物 DNA 的 θ 复制

DNA 的复制是连续的过程，根据复制过程的特点，分为起始、延长和终止阶段。

1. 复制的起始

起始是复制中较为复杂的环节，简单来说就是辨认复制起始点、把 DNA 解开成单链以及生成引物的过程。

（1）复制起始点的辨认结合　*E. coli* 复制起始点的 DNA 片段跨度为 245bp，含有高度保守的三组串联重复序列（13bp）和两对反向重复序列（9bp）（图 8-26）。复制起始因子 DnaA 蛋白可辨认并结合于 *oriC* 序列。

DnaA 蛋白是一个 52ku 的同源四聚体蛋白质。复制起始时，几个（4~5 个）DnaA 蛋白结合于 *oriC* 中的反向重复序列，形成类似核小体的 DNA-蛋白质复合体结构，促使富含 A＝T 对的串联重复序列局部解链。随后，六聚体的 DnaB 蛋白（解螺旋酶）在 DnaC 蛋白的协同下，结合在已解开的局部单链上，沿复制叉移动方向继续解链，并且逐步置换出 DnaA 蛋白。另外，SSB 蛋白和拓扑异构酶（Topo Ⅱ）此时也参与进来。SSB 蛋白在一定范围内使 DNA 保持单链状态。

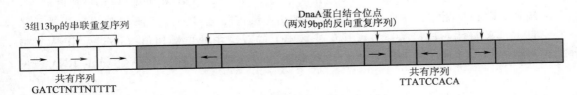

图 8-26　*E. coli* 染色体 DNA 复制起始点的序列特征

（2）引发体的形成　复制过程需要引物，引物是由引物酶催化合成的短链 RNA 分子。在上述解链的基础上，已形成了 DnaB 蛋白与起始点相结合的复合体，此时 DnaG 蛋白（引物酶）即可进入。这种由 DnaB 蛋白、DnaG 蛋白等结合在 DNA 的复制起始区域形成的结构称为引发体（primosome）。由 ATP 提供能量，引发体的蛋白质部分沿着复制叉前进的方向在 DNA 链上移动，到达适当位置即可在模板的指导下，由 DnaG 蛋白催化 NTP 的聚合以合成引物。每条冈崎片段合成的启动都需要由引发体合成引物，因其合成方向与解链方向相反，引发体需短暂改变其移动方向，所经之处 SSB 蛋白被解离，以提供引物合成所需的模板。

表 8-5 　　　　　　　　　　　　　　　参与复制起始的主要蛋白质

名称	功能
DnaA 蛋白	辨认复制起始点
DnaB 蛋白（解螺旋酶）	解开 DNA 双链
DnaC 蛋白	协助解螺旋酶解开 DNA 双链
DnaG 蛋白（引物酶）	催化 RNA 引物的合成
SSB 蛋白	稳定单链模板
拓扑异构酶	理顺 DNA 链

2. DNA 复制的延长

复制的延长是前导链和后随链不断延伸的过程。DNA-pol III 催化核苷酸的聚合反应。由 DNA-pol III 中的 β 亚基辨认引物，在核心酶的催化下，新链的第一个 dNTP 与引物的 3′-OH 末端生成磷酸二酯键。聚合中的新链同样在每一次聚合反应完成后留有 3′-OH 末端，β 亚基沿着模板链滑动的过程中聚合反应得以不断进行。DNA-pol III 以每秒 1000 核苷酸的速度催化聚合反应的进行。每一个核心酶均具有 3′→5′ 核酸外切酶的活性，对复制过程有校读的功能，可以保证高速进行的 DNA 复制的高保真性。

DNA-pol III 全酶分子中的两个核心酶分别催化前导链和后随链中冈崎片段的延长（图 8-27）。随着复制叉的移动，前导链被连续地合成，而后随链则先合成不连续的冈崎片段。后随链模板沿着 5′→3′ 方向解链，解开至足够长度后，在模板-引物杂交链处，γ 复合体装配 β 亚基形成闭合的滑动夹，模板链开始沿着滑动夹回折，以提供 3′→5′ 方向的模板，指导冈崎片段的合成。冈崎片段延长至前一个冈崎片段的引物处停止前进，滑动夹打开释放 DNA，核心酶脱离模板。在新的冈崎片段合成前，模板、滑动夹和核心酶需重新装配。

冈崎片段合成之后，其引物会被切除，同时从后一个冈崎片段的 3′-OH 端继续延伸，直至把空隙填满。这一反应由 DNA-pol I 催化完成。两个冈崎片段之间最后一个磷酸二酯键由 DNA 连接酶催化形成。大肠杆菌的 DNA 连接酶由 NAD^+ 提供能量来完成连接作用。

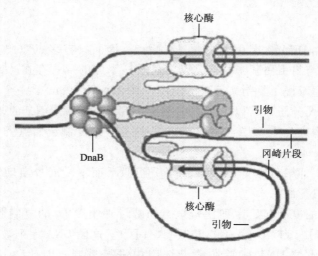

图 8-27　DNA 复制中前导链和后随链的合成

3. DNA 复制的终止

E. coli 的复制终止点（*ter*）跨度约有 350bp，含有特异的序列特征。目前已发现七个约 23bp 的 *ter* 序列（图 8-28）。序列 *terE*、*terD* 和 *terA* 是逆时针方向复制叉的终止区域，而 *terC*、*terB*、*terF* 和 *terG* 是顺时针方向复制叉的终止区域。识别并结合终止点的是 Tus 蛋白，它是 *tus* 基因的编码产物。Tus–*ter* 复合物抑制 DnaB 蛋白的解螺旋作用，从而阻止复制叉的前进。当一个复制叉遭遇 Tus–*ter* 复合物后，便会停止前进，而另一个复制叉遇到这个停顿的复制叉后也将停止前进，复制因此终止。

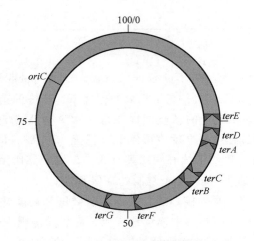

图 8-28　大肠杆菌 DNA 复制的终止子

（二）真核生物的 DNA 复制过程

真核生物染色体 DNA 的复制与细胞周期密切相关。典型的细胞周期分为 G1、S、G2、和 M 期。在营养条件良好的细胞中，细胞周期历程约 24h。染色体 DNA 的复制只发生在 S 期（合成期），此时，细胞内 dNTP 的含量和 DNA-pol 的活性均达到高峰。

真核生物染色体 DNA 的复制过程与原核生物基本相似，分为起始、延长和终止三个阶段，但更为复杂。

1. 复制的起始

真核生物染色体 DNA 含有众多的复制起始点，因而具有多点双向复制的特点。真核生物的染色体 DNA 与组蛋白紧密结合，以染色质核小体的形式存在。DNA 复制时先要有核小体的解开，因而减慢了复制叉行进的速度（约为每秒 50bp）。一个 10^8bp 长度的典型哺乳动物染色体 DNA 分子，若以单点双向复制的形式，完成 DNA 的复制大约需要 30d。研究表明，真核生物染色体 DNA 上每 3~300kb 就有一个复制起始点，复制在几个小时内即可完成。

复制有时序性，即染色体 DNA 的复制子分组激活而不是同步启动复制。每个复制子在一个细胞周期中只复制一次。

真核生物 DNA 的复制起始序列比较短，如酵母细胞 DNA 的复制起始点是仅有 11bp 的保守序列（【A/T】TTTAT【A/G】TTT【A/T】）。这段 DNA 序列被克隆于原核生物的质粒载体后，使得质粒 DNA 能够在酵母细胞中进行复制，因此称其为自主复制序列

（autonomously replicating sequence，ARS）。复制起始复合物识别并结合多个 ARS，当起始复合物被细胞周期蛋白依赖性激酶（cyclin-dependent kinase，CDK）磷酸化激活后，DNA 双链打开以进行复制。这样的保守序列在哺乳动物中还没被发现。

2. DNA 复制的延长

与原核生物相类似，复制的延长过程需要一个或几个解螺旋酶（RF-C）、拓扑异构酶、单链 DNA 结合蛋白（RF-A）、引物酶和 DNA 聚合酶等。细胞核内参与复制延长的 DNA 聚合酶有 DNA-polα、β、δ 和 ε。DNA-polα 同时具有引物酶和聚合酶的活性，但不具有外切酶活性。复制过程中，DNA-polα 合成 RNA 引物和起始 DNA，但很快在前导链上也可能包括后随链上被 DNA-polδ 所代替。DNA-polδ 能催化合成较长的核苷酸片段，且具有校读功能。DNA-polδ 的进行性取决于增殖细胞核抗原（proliferating cell nuclear antigen，PCNA），其功能类似于 *E. coli* DNA-pol III 的 β 亚基。

与原核生物不同的是，真核生物 DNA 复制与染色体蛋白质（包括组蛋白和非组蛋白）的合成同步进行。在 S 期，除了双链 DNA 的复制，细胞中组蛋白的含量也加倍。DNA 复制完成后，DNA 与组蛋白随即装配成新的核小体。

3. DNA 复制的终止与端粒、端粒酶

对于真核生物的线性 DNA 来说，当复制叉到达分子末端时，复制即终止。一般来说，DNA 链复制的终止不需要特定的信号。1941 年 Mc Clintock 提出端粒（telomere）假说，认为染色体末端必然存在一种特殊结构——端粒。对端粒 DNA 的序列分析表明，端粒 DNA 的 3′端是数百个富含 G-T 的短的寡核苷酸串联重复序列，如四膜虫的串联重复序列为 GGGGTT，人类为 AGGGTT。染色体端粒至少有两个作用：保护染色体末端免受损伤，使染色体保持稳定；与核纤层相连，使染色体得以定位。

根据前述的 DNA 复制机制，新合成子链的 5′-末端的 RNA 引物被降解切除后必然会留下一段空缺，如不填补，则 DNA 每复制一次其末端就会缩短一点，所以人们推测，一旦端粒缩短到某一阈值长度以下时，就将指令细胞进入衰老状态；或者细胞停止分裂，造成正常体细胞寿命有一定界限。

端粒酶（telomerase）是一种能合成并维持端粒长度的酶，由蛋白质和 RNA 两部分组成，其中的 RNA 序列与端粒区的重复序列互补，可作为端粒区重复序列延长的模板，而蛋白质部分则具有逆转录酶的活性，能以 RNA 为模板合成端粒 DNA。端粒酶是目前所知唯一携带模板 RNA 的逆转录酶，具有种属特异性。复制终止时，由于 5′端引物的降解切除，染色体线性 DNA 末端的确有可能缩短，但通过端粒酶对端粒 DNA 的延长作用，可以补偿端粒的末端缩短。但遗憾的是，目前人们只在生殖细胞和大多数（85%）的癌细胞中检测出了端粒酶的活性，而正常体细胞中的端粒酶却没有活性。

随着对端粒和端粒酶研究的不断深入，人们发现，端粒和端粒酶与肿瘤和衰老这两个看似相反的事件均有着密切的关系。

研究人员发现，基因突变、肿瘤形成时端粒表现出缺失、融合或序列缩短等现象。在临床研究中也发现某些肿瘤患者肿瘤细胞的端粒比正常人同类细胞明显要短。而在一些离体培养的肿瘤细胞中又发现其端粒酶活性增高的现象，这可能是肿瘤细胞能保持稳定增殖的主要因素。因此，端粒酶抑制剂有可能被开发成为一种有效的抗肿瘤药物。

另外，有研究者发现，早老症患者的成纤维细胞端粒较短。体外培养的人成纤维细胞随着分裂次数的增加，端粒长度逐渐缩短。研究还发现，体细胞端粒长度大大短于生殖细胞，胚胎细胞的端粒长于成年的细胞。正常人的体细胞经多次分裂后，端粒缩短，如果在端粒缩短的同时激活端粒酶，可能会弥补端粒的缺损，使细胞免于衰老死亡而获得生存。经实验证实，增加端粒酶的活性可使细胞分裂次数增加，从而延长细胞的寿命。据此至少可以认为，细胞水平的老化可能与端粒酶活性的下降有关。而生物整体的老化则是更为复杂的问题。

细胞衰老可能由端粒的缩短引起，这似乎可以通过激活端粒酶来阻止。但是，一旦细胞重新获得有活性的端粒酶，却有可能演变为肿瘤细胞。为了避免衰老而导致肿瘤，这显然不是人们激活端粒酶的初衷。如何恰当地发挥端粒酶的作用，从而解决衰老、癌症等难题，这为生命科学研究领域提出了一个极具挑战性的课题。

五、DNA 的损伤修复

DNA 贮存着生物体赖以生存和繁衍的遗传信息，其复制严格按照碱基互补配对的规律进行，这是生物遗传稳定性的基础。但是在漫长的物种进化过程中，生物体所具有的遗传信息并不是一成不变的，而是随着生物的世代交替，在体内外环境因素的作用下发生着变化，若某些变化通过复制传递给子代而成为永久的，那么这种永久的改变则称为基因突变（gene mutation）。若发生的基因突变有利于生物的生存则保留下来，这就是进化；若不适应自然选择（nature selection）则被淘汰，因此生物的进化可以看成是一种主动的基因改变过程，这是物种多样性的原动力。

基因突变可以促进生物进化、维持基因及蛋白质的多态性，但也可能引起疾病，甚至导致生物体死亡。研究基因突变对探讨生物的进化与分化、认识遗传病的发病规律以及遗传性疾病的诊断和治疗都有极其重要的作用。无论是原核生物还是真核生物，都具有一套 DNA 损伤的修复系统，以维持其物种的稳定。每一个遗传信息都以不同拷贝贮存在 DNA 的两条互补链上，因此，若一条链有损伤，可被修复酶切除，并以未损伤的互补链的信息重新合成与原来相同的序列，这就是 DNA 修复（DNA repair）的基础。

（一）引起 DNA 损伤的因素

复制过程中发生的 DNA 突变称为 DNA 损伤（DNA damage）。在自然条件下 DNA 复制产生错误的频率仅为 $10^{-10} \sim 10^{-9}$，但在诱变的作用下，错误产生频率会升高上千倍，如电离辐射、紫外线、烷化剂、氧化剂等。可导致 DNA 损伤的因素有很多，包括自发因素、物理因素、化学因素和生物因素等。一种因素可能造成多种类型的 DNA 损伤，而一种类型的损伤也可能来自不同因素的作用。

1. 自发因素

DNA 在生物体内按碱基配对规律进行复制是一个严格而精确的事件，但也不是完全不出现错误。复制过程中，碱基错配率为 $10^{-2} \sim 10^{-1}$，在 DNA 聚合酶校读功能的作用下，错配率会大幅度下降。复制过程中如有错误的核苷酸掺入新合成的子链中，DNA 聚合酶会暂停聚合作用，以其 $3' \rightarrow 5'$ 外切酶的活性切除错误的核苷酸，然后再继续正确地复制。这种校读作用广泛存在于原核生物和真核生物的 DNA 聚合酶中，可以说是对 DNA 复制错误的一种修复形式，从而保证了复制的准确性。校正后的错配率约为 $10^{-10} \sim 10^{-9}$，即每复制 $10^{10} \sim 10^{9}$ 个核苷酸约有 1 个错配碱基。生物体内的 DNA 分子可能由以下几种原因引起损伤。

（1）碱基的异构互变　DNA分子中4种碱基各自的异构体之间都可以自发地相互变化（如烯醇式与酮式碱基间的互变），这种变化会使碱基配对间的氢键改变，可能使腺嘌呤与胞嘧啶配对、胸腺嘧啶与鸟嘌呤配对等，如果这些配对发生在DNA复制中，就会造成子代DNA序列的错误性损伤。

（2）碱基的脱氨基作用　碱基的环外氨基有时会自发脱落，从而可能由胞嘧啶转变为尿嘧啶、腺嘌呤转变为次黄嘌呤（H）、鸟嘌呤转变成黄嘌呤（X）等。在DNA复制过程中，U与A配对、H和X都与C配对，则导致子代DNA序列的错误变化。胞嘧啶自发脱氨基的频率约为每个细胞每天190个。

（3）脱嘌呤与脱嘧啶　由于DNA分子受到周围环境溶剂分子的随机热碰撞，腺嘌呤或鸟嘌呤与脱氧核糖之间的N-糖苷键会发生断裂，使A或G脱落。一个哺乳类细胞在37℃条件下，20h内DNA链上自发脱落的嘌呤约为1000个、嘧啶约为500个；一个哺乳类神经细胞在整个生活期间自发脱落的嘌呤约为108个。

（4）碱基修饰与链断裂　细胞呼吸的副产物O^{2-}、H_2O_2等会造成DNA损伤，产生胸腺嘧啶乙二醇、羟甲基尿嘧啶等碱基修饰物，还可能引起DNA单链断裂等损伤。每个哺乳类细胞DNA单链断裂发生的频率约为每天50000次。此外，体内还可以发生DNA的甲基化、结构的其他变化等，这些损伤的积累可能导致老化。

2. 物理因素

（1）紫外线损伤　由于嘌呤环与嘧啶环都含有共轭双键，能吸收紫外线而引起DNA损伤。嘧啶碱引起的损伤比嘌呤碱大10倍。紫外线损伤主要是使同一条DNA链上相邻的嘧啶以共价键连接成二聚体，相邻的两个T、两个C或C与T间都可以环丁基环（cyclobutane ring）连接成二聚体，其中最容易形成的是T—T二聚体。人类的皮肤细胞中的DNA因受紫外线照射而形成嘧啶二聚体的频率可达每小时5×10^4个/细胞，但只局限在皮肤中，因为紫外线不能穿透皮肤。微生物受紫外线照射后，可能会影响其生存。紫外线照射还可能引起DNA链断裂等损伤。

（2）电离辐射损伤　电离辐射（如X射线和γ射线）损伤DNA有直接效应和间接效应。直接效应是DNA直接吸收射线能量而遭到损伤，间接效应则是指DNA周围的溶剂分子（主要是水分子）吸收射线能量产生具有很高反应活性的自由基，进而损伤DNA。电离辐射可导致DNA分子的多种变化。

①碱基变化：由·OH自由基引起，包括DNA链上的碱基氧化修饰、过氧化物的形成、碱基环的破坏和脱落等，一般嘧啶比嘌呤更敏感。

②脱氧核糖变化：脱氧核糖上的每个碳原子和羟基上的氢都能与·OH反应，导致脱氧核糖分解，最后会引起DNA链断裂。DNA链断裂是电离辐射引起的严重损伤事件，断链数会随照射剂量的增加而增加，射线的直接和间接效应都可能使脱氧核糖被破坏或磷酸二酯键断开而导致DNA链断裂。DNA双链中一条链断裂称为单链断裂，DNA双链在同一位点或相近位点发生断裂称为双链断裂。虽然单链断裂发生频率为双链断裂的10~20倍，但比较容易修复，对单倍体细胞（如细菌）来说，一次双链断裂就是致死事件。

③交联：包括DNA链交联和DNA-蛋白质交联。同一条DNA链上或两条DNA链上的碱基间可以共价键结合，DNA与蛋白质之间也会以共价键相连，组蛋白、染色质中的非

组蛋白、调控蛋白、与复制和转录有关的酶都会与 DNA 共价键连接。这些交联是细胞受电离辐射后在显微镜下看到的染色体畸变的分子基础，会影响细胞的功能和 DNA 复制。

3. 化学因素

人们对化学因素引起 DNA 损伤的认识最早来自对化学武器杀伤力的研究，随后对癌症化疗、化学致癌作用的研究使人们更重视突变剂或致癌剂对 DNA 的作用。

（1）烷化剂　烷化剂是一类亲电子的化合物，容易与生物体内大分子的亲核位点发生反应。将烷基加到嘌呤或嘧啶环的 N 或 O 上，与烷化剂的作用可使 DNA 发生各种类型的损伤。

①碱基烷基化：鸟嘌呤的 N^7 和腺嘌呤的 N^3 最容易受攻击。烷基化的嘌呤碱基配对会发生变化，如鸟嘌呤的 N^7 被烷基化后就不再与胞嘧啶配对，而是与胸腺嘧啶配对，结果会使 G—C 对转变成 A—T 对。

②碱基脱落：烷基化鸟嘌呤的糖苷键不稳定，容易脱落形成 DNA 上无碱基的位点，复制时可以插入任何核苷酸，导致 DNA 序列的改变。

③断链：DNA 链中磷酸二酯键上的氧也容易被烷化剂攻击，结果形成不稳定的磷酸三酯键，易在糖与磷酸间发生水解，使 DNA 链断裂。

④交联：烷化剂有两类：单功能基烷化剂，如碘甲烷，只能使一个位点烷基化；双功能基烷化剂，包括化学武器（如氮芥、硫芥等）、某些抗癌药物（如环磷酰胺、苯丁酸氮芥、丝裂霉素等）、某些致癌物（如二乙基亚硝胺等）。双功能烷化剂的两个功能基可同时使两个位点发生烷基化，结果可导致 DNA 链内、DNA 链间以及 DNA 与蛋白质间的交联。

（2）碱基类似物、修饰剂　人工合成的碱基类似物可作为诱变剂或抗癌药物，如 5-溴尿嘧啶（5-BU）、5-氟尿嘧啶（5-FU）、2-氨基腺嘌呤（2-AP）等。由于其结构与正常的碱基相似，进入细胞能替代正常的碱基掺入 DNA 链中而干扰 DNA 的复制合成。例如 5-BU 结构与胸腺嘧啶十分相近，其酮式结构可与 A 配对，却又更容易成为烯醇式结构而与 G 配对，在 DNA 复制过程中导致 A—T 对转变为 G—C 对。

还有一些人工合成或环境中存在的化学物质能专一性地修饰 DNA 链上的碱基或通过影响 DNA 复制而改变碱基序列，例如亚硝酸盐能使 C 脱氨转变成 U，经过复制就可使 DNA 上的 G—C 对转变成 A—T 对；羟胺能使 T 转变成 C，结果是 A—T 对转变为 C—G 对；黄曲霉素 B 也能专一性地攻击 DNA 上的碱基而导致序列的变化，这些都是诱发突变的化学物质或致癌剂。

4. 生物因素

（1）黄曲霉素　黄曲霉素有数十种，其中以黄曲霉素 B_1 作用最强。在 NADPH 存在时，经肝微粒体混合功能氧化酶作用，生成黄曲霉素 B_1-2-3-环氧化物，具有极强的亲电特性，可与 DNA 分子中的 $G-N^7$ 结合，形成黄曲霉素 B_1-DNA 聚合物，进而影响 DNA 的复制与转录。

（2）抗生素类　放线菌素（actinomycin）、丝裂霉素（mitomycin）和博来霉素（bleomycin）等可插入 DNA 双链之间，破坏 DNA 的模板活性，从而抑制复制和转录。

（二）DNA 损伤的类型

按照 DNA 序列改变方式的不同，可将基因突变分为碱基替换（base substit-ution）、移码突变（frame-shift mutation）、重排（rearrangement）和动态突变（dynamic mutation）等几种类型。

1. 碱基替换

碱基替换是指 DNA 分子上一个或多个碱基对被其他碱基对所代替，单一碱基的替换称为点突变（point mutation），可分为转换（transition）和颠换（transversion）两种形式。转换是指同类碱基之间的互换，如嘌呤与嘌呤、嘧啶与嘧啶之间的替代，有四种方式；颠换是指异类碱基之间的互换，如嘌呤与嘧啶、嘧啶与嘌呤之间的替代，有八种形式。一般而言，颠换比转换导致的后果要严重。人类的镰刀形红细胞贫血症就是由血红蛋白 β 基因上的单个碱基发生颠换所导致的。正常人 HbA β 基因的第 6 号氨基酸密码子的编码碱基序列是 CTC，一旦突变成 CAC，仅一个碱基的改变，就导致相应的 mRNA 上的密码子由 GAG 变成 GUG，使对应的 β 链上的第 6 号谷氨酸残基变成缬氨酸残基。这种血红蛋白称为 HbS，其理化性质和带氧功能与正常血红蛋白 HbA 比较，发生了质的变化，使红细胞脆性增加，最终因严重溶血而导致贫血，即镰刀形红细胞贫血。

若碱基替换发生在基因的编码序列中，遗传结果可能有下列几种情况。

（1）同义突变（same sense mutation）　基因突变不引起氨基酸种类的改变，又称沉默突变。由于氨基酸的遗传密码具有简并性，且遗传密码的特异性主要由前两个碱基决定，故发生在遗传密码第三位上的碱基替换，尤其是转换，常常引起同义突变。

（2）错义突变（missense mutation）　基因突变后引起氨基酸种类改变的情形。一般来说，发生于遗传密码前二位碱基上的碱基替换，容易引起错义突变。

（3）无义突变（nonsense mutation）　基因突变导致编码某种氨基酸的密码子变成了终止密码子（UAA、UAG 或 UGA），将导致多肽链的合成提前终止，产生一条不完整的多肽，影响蛋白质的功能与活性。

（4）通读突变（read though mutation）　基因突变使原来的终止密码子转变为可编码某种氨基酸的密码子，多肽链的合成不能终止，造成通读。

若碱基替换发生在基因的非编码序列中，结果大都呈中性，但如果它们发生在内含子的剪接位点上，就可能使原来的剪接位点消失，甚至产生新的剪接位点；发生在某些关键性调控元件上，就可能改变基因表达的水平与时相。

2. 移码突变

移码突变是由于一个或一段核苷酸的缺失或插入引起的。在蛋白质的编码序列中缺失及插入的核苷酸数不是 3 的整数倍，会使其后所译读的氨基酸序列全部混乱。

3. 重排

重排是指 DNA 分子内部发生的较大片段的交换，但不涉及遗传物质的丢失与增加。重排可以发生在一条染色体的内部也可以发生在两条染色体之间，包括倒位（inversion）、易位（translocation）、融合（fusion）等形式。倒位是指移位的 DNA 片段在新的位点上出现了方向的反置；易位是指 DNA 片段从基因组的某一位置转移或交换到另一位置；融合是指两个染色体发生共价连接，或是线性的染色体被环化。

4. 动态突变

动态突变又称为三核苷酸重复扩展（tri-nucleotide repeat expansion）突变。人类基因组存在的短串联重复序列，尤其是基因编码区及其侧翼，甚至内含子中的三核苷酸重复序列，可随生物世代的传递而出现拷贝数不断增加，进而导致某些遗传病的发生，我们称这种基因突变为动态突变。它的显著特点是具有遗传不稳定性。重复的三核苷酸序列有CAG、CGG、CTG等。如 Huntington 舞蹈病，正常等位基因编码区内三核苷酸序列 CAG 的重复数为 10~30，而动态突变后等位基因三核苷酸重复数达到 40~120（表 8-6）。

动态突变发生的机制尚不完全清楚，可能与姐妹染色体的不等交换和重复序列的断裂错位有关。

表 8-6   基因突变的类型

正常	AAA	CAG	CAG	CAG	CAG	TAC	TTT	ATT	CCC	AGT	TGA	DNA
	Lys	Gln	Gln	Gln	Gln	Tyr	Phe	Ile	Pro	Ser	终止	蛋白质
同义突变	AAA	CAG	CAG	CAG	CAG	TAC	TTC	ATT	CCC	AGT	TGA	DNA
	Lys	Gln	Gln	Gln	Gln	Tyr	Phe	Ile	Pro	Ser	终止	蛋白质
错义突变	AAA	CAG	CAG	CAG	CAG	TAC	TCT	ATT	CCC	AGT	TGA	DNA
	Lys	Gln	Gln	Gln	Gln	Tyr	Ser	Ile	Pro	Ser	终止	蛋白质
无义突变	AAA	CAG	CAG	CAG	CAG	TAA	TTT	ATT	CCC	AGT	TGA	DNA
	Lys	Gln	Gln	Gln	Gln	终止						蛋白质
通读突变	AAA	CAG	CAG	CAG	CAG	TAC	TTT	ATT	CCC	AGT	TCA	DNA
	Lys	Gln	Gln	Gln	Gln	Tyr	Phe	Ile	Pro	Ser	Ser	蛋白质
移码突变	AAA	CAG	CAG	CAG	CAG	TAT	TTA	TTC	CCA	GTT	GA	DNA
	Lys	Gln	Gln	Gln	Gln	Tyr	Phe	Ile	Pro	Ser		蛋白质
动态突变	AAA	CAG	CAG	CAG	CAG	CAG	CAG	CAG	CAG	CAG	CAG	DNA
	Lys	Gln	Gln	Gln	Gln	Gln	Gln	Gln	Gln	Gln	Gln	蛋白质

（三）基因突变的后果

生物体发生的基因突变多数是有害的，部分是中性或近中性的，极少数是有利的。自然选择就是一种保存有利突变、消除有害突变的进化过程。

1. 生物进化的分子基础

人类对生命起源的研究已证实，地球上的一切生物都有共同的祖先。基因突变促进生物的进化与分化，是导致当今生物世界丰富多彩的分子基础，即使同一物种也因基因的突变而产生明显的个体差异。

2. 仅改变基因型，不改变表现型

有的基因突变发生后，并不引起相应蛋白质的质和量的改变，如同义突变、非编码区的某些基因突变。这种存在于同种生物不同个体之间的基因型差异的现象，称为 DNA 序列多态性（polymophism）。采用核酸杂交等技术检测具有多态性的 DNA 序列，被广泛应用于医学及法医学领域的研究。

3. 产生蛋白质分子的多态性

如果基因突变发生于编码区，且引起了编码蛋白质或多肽的氨基酸序列变化，但并未改变编码蛋白质或多肽的功能，那么就会产生编码蛋白质分子的多态性现象，如人类的许多血浆蛋白就具有多态性特征。

4. 发生遗传及其相关性疾病

人类有数千种疾病的发生与基因的突变有关，点突变是导致遗传性疾病发生的重要原因。有的遗传性疾病的发生仅与一个或少数几个基因的突变有关。如异常血红蛋白病、地中海贫血、血友病、酶蛋白病等；而一些常见的疾病，如高血压、糖尿病、动脉粥样硬化和肿瘤等的发生，均涉及多个基因的突变，属多基因遗传病。人们常常利用核酸杂交技术等检测有关的基因突变，以帮助遗传性疾病的诊断。

（四）DNA 损伤的修复

如前所述，体内外可导致 DNA 损伤的因素有很多，但生物在长期的进化过程中建立了一系列 DNA 损伤的修复机制，维持着物种的繁衍与稳定。在多种酶的作用下，生物细胞内的 DNA 分子受到损伤以后恢复结构的现象，称为 DNA 损伤的修复（DNA repairing）。DNA 损伤修复的研究有助于了解基因突变机制、衰老和癌变的原因，还可应用于环境致癌因子的检测。

生物 DNA 损伤修复的机制主要有：直接修复（direct repairing）、切除修复（excision repairing）、重组修复（recombination repairing）和 SOS 修复（SOS repairing）等。前两类修复是准确的、非诱变性的，为无差错修复（error-free repairing）；后两类修复虽不能完全修复 DNA 的损伤，但可降低损伤的程度，为倾向差错修复（error-prone repairing）。

1. 直接修复

直接修复是指当 DNA 出现简单裂口、嘧啶二聚体及烷基化碱基等损伤时，可直接在损伤处由相应的酶作用完成对损伤的恢复性修复，故又称回复修复。

（1）裂口的修复　由电离辐射产生的 DNA 单链裂口，如果 $3'$-OH 端与 5-P 端保存完好，可直接由 DNA 连接酶修复。

（2）光复活（photoreactivation）　光复活是最早发现的 DNA 修复方式。生物体内存在一种光修复酶（photolyase），能特异性识别并结合紫外线造成的嘧啶二聚体，这步反应不需要光；结合后如果受到 $300\sim500nm$ 波长的光照射，光修复酶可被激活，将二聚体分解为两个正常的嘧啶单体，然后从 DNA 链上释放。低等生物普遍存在光修复酶，动物、植物及人体细胞中后来也发现类似的修复酶存在，但作用并不强。

（3）烷基的转移　在大肠杆菌中发现有一种 O^6-甲基鸟嘌呤 DNA 甲基转移酶，能直接将包括 O^6-甲基鸟嘌呤、O^4-甲基胸腺嘧啶残基，以及甲基化的磷酸二酯键上的甲基转移到酶蛋白的半胱氨酸残基上而自身失去活性，从而修复损伤的 DNA，故此酶称为一种自杀酶。这个酶的修复能力并不很强，在低剂量烷化剂作用下能诱导出此酶的修复活性。

2. 切除修复

DNA 损伤修复最普遍的方式是切除异常的碱基和核苷酸，并用正常的碱基或核苷酸替换。

在碱基切除修复（base excision repair）中，由特异的糖基化酶（人细胞核中已发现 8 种）识别损伤部位，切除受损碱基。随后，核酸内切酶切除脱碱基的戊糖，用于修复的 DNA 聚合酶和 DNA 连接酶以未受损伤的链为模板填补缺口。

核苷酸切除修复（nucleotide excision repair）系统由多种蛋白质（原核生物 4 种，真核生物 25 种以上）识别不同的 DNA 损伤造成的双螺旋扭曲，随即在损伤部位 $5'$ 侧和 $3'$ 侧切断 DNA 单链，释放出单链片段（原核生物 12～13b，真核生物 24～32b），缺口由用于修复的 DNA 聚合酶（原核生物为 DNA 聚合酶Ⅰ，真核生物为 DNA 聚合酶 ε）以未受损伤的链为模板填补，最后由 DNA 连接酶连接切口。

切除修复可用来修复理化因素造成的 DNA 损伤，如切除胸腺嘧啶二聚体。切除修复系统的缺陷与人类着色性干皮病（xeroderma pigmentosis，XP）、科克因（Cockayne）综合征、毛发硫营养不良（trichothiodystrophy，TTD）等疾病的发生有关。

切除修复还可用于修复 DNA 复制过程中产生的碱基错配，称为错配修复（mismatch repair，MMR）。错配修复对 DNA 复制忠实性的贡献是很大的，DNA 子链中的错配几乎全都能被修复，充分反映了母链的重要性。该系统识别母链的依据来自 Dam 甲基化酶，它能使位于 5′-GATC-3′序列中 A 的 N^6 位甲基化。一旦复制叉通过复制起始点，母链就会在开始 DNA 合成前的几秒钟至几分钟内被甲基化。此后，只要两条 DNA 链上碱基配对出现错误，错配修复系统就会根据"保存母链，修正子链"的原则，找出错配碱基所在的 DNA 链，并在对应于母链甲基化腺苷酸上游鸟苷酸的 5′ 位置切开子链，再根据错配碱基相对于切口的方位启动相应的修复途径，合成新的子链片段。

3. 重组修复

重组修复的直接证据来自对大肠杆菌和啤酒酵母的重组缺陷突变体的研究。当 DNA 出现双链断裂或者有单链缺口存在时，就可能诱发重组修复。

参与重组修复的酶和蛋白质较多，主要有 RecA、RecB、RecC 蛋白等。重组修复是先复制再修复，在复制时损伤部位不能作为模板指导子链相应部位的合成，造成子链上的缺口，这种有缺陷的子代 DNA 分子可从另一子代 DNA 分子母链上相应的核苷酸序列片段移至子链的缺口处加以弥补，然后用再合成的序列来补上母链的空缺。这种修复方式仅仅是对有缺口的子链进行修复，并没有修复模板链原有的损伤，属差错倾向修复。随着 DNA 复制的继续，若干代之后，损伤的 DNA 链逐渐被"稀释"，最后无损于细胞的正常生理功能，损伤也就得到了修复。

4. SOS 修复

SOS 修复是在 DNA 损伤极为严重、复制难以继续进行时，细胞中出现的一种应急修复方式。大肠杆菌 SOS 修复系统大约由 20 个与 DNA 损伤修复有关的基因组成，构成一个调节子（regulator）的网络系统。在正常情况下，由于调节蛋白 LexA 结合在每个基因上游的操纵子序列上，阻遏了各基因的表达，故仅为低水平表达；但当 DNA 被广泛损伤，单链区域就暴露出来，单链 DNA 与 RecA 蛋白相互作用，激活 RecA 蛋白的蛋白酶活性，可水解 LexA 蛋白使之失去阻遏作用，从而把原来受控的基因解救出来进行大量表达，实现 SOS 修复。该修复系统为可诱导性的，多种化学致癌物是其诱导剂。SOS 修复反应的特异性很低，对碱基的识别力较差，DNA 中保留的差错仍然很多，但较之修复前仍旧有其积极的意义。

六、RNA 指导的 DNA 合成——逆转录

逆转录（reverse transcription）也称为反转录，是以 RNA 为模板合成互补的 DNA（cDNA）的过程。逆转录是某些生物的特殊复制方式。反应过程先以单链 RNA 的基因组为模板，催化合成一条单链 DNA，产物与模板生成 RNA：DNA 杂化双链（duplex）；杂化

双链中的 RNA 被 RNA 酶水解；再以新合成的单链 DNA 为模板，催化合成另一条与其互补的 DNA 链，形成双链 DNA 分子。

　　催化逆转录反应的酶称为逆转录酶，也称反转录酶（reverse transcriptase）。在感染病毒的细胞内，上述三个反应都是由逆转录酶催化的。逆转录酶有三种活性：RNA 指导的 DNA 聚合酶（RDDP）活性；RNA 酶（RNase）活性；DNA 指导的 DNA 聚合酶（DDDP）活性。逆转录酶的作用需 Zn^{2+} 的辅助。合成反应也是以 $5'→3'$ 的方向延伸新链。合成过程所用引物是病毒本身的一种 tRNA。由于逆转录酶没有外切酶的活性，因此没有校对功能，逆转录作用的错误率相对较高，这可能是致病病毒较快出现新病毒毒株的原因之一。

　　1970 年，Howard Temin 和 David Baltimore 分别从 RNA 病毒中发现了逆转录酶。逆转录酶和逆转录现象是分子生物学研究中的重大发现，是对传统中心法则的补充。对逆转录病毒（retrovirus）的研究拓宽了 20 世纪初已注意到的病毒致癌理论。鸡肉瘤病毒是 1911 年发现可使动物致癌的病毒，并以发现人命名为劳氏肉瘤病毒（Roussarcroma virus，RSV）。至 20 世纪 70 年代初，从逆转录病毒中发现了癌基因。至今，癌基因研究仍是病毒学、肿瘤学和分子生物学的重大课题。人类免疫缺陷病毒（human immune-deficiency virus，HIV）也是 RNA 病毒，也有逆转录功能。目前认为，HIV 是获得性免疫缺陷症（acquired immune-deficiency syndrome，AIDS），即艾滋病的病原。

第六节　RNA 的生物合成

　　基因作为唯一能够自主复制、永久存在的单位，其生物功能是以蛋白质的形式表达出来的。我们可以说 DNA 序列是遗传信息的贮存者，它通过自主复制得到永存，并通过基因表达（gene expression）的过程来控制生命现象。

　　基因表达包括转录（transcription）和翻译（translation）两个阶段。转录是指以 DNA 为模板合成 RNA 的过程，是基因表达的核心步骤；翻译是指以新生的 mRNA 为模板，把核苷酸序列信息翻译成氨基酸序列信息、合成多肽链的过程，是基因表达的最终目的。

　　DNA 是贮藏遗传信息的最重要的生物大分子。DNA 分子中的核苷酸排列顺序不但决定了细胞内所有 RNA 和蛋白质的基本结构，还通过蛋白质（酶）的功能间接控制了细胞内全部有效成分的生产、运转和功能的发挥。

　　贮藏在任何基因中的生物信息都必须首先被转录生成 RNA 才能得到表达。DNA 和 RNA 虽然很相似，但它们的生物学活性却有很大差异。RNA 主要以单链形式存在于生物体内，其高级结构非常复杂，是目前已知的唯一具有储存、传递遗传信息和催化（核酶）三重功能的生物大分子。

　　除了少数 RNA 病毒，所有的 RNA 分子都转录自 DNA。转录的初级产物为 RNA 前体（RNA precursor），需要经过一系列加工和修饰才能成为成熟的 RNA 分子（mature RNA）并表现出其生物功能。生物体内的 RNA 可分为四类：rRNA（ribosomal RNA）、mRNA（messenger RNA）、tRNA（transfer RNA）和一类小 RNA［主要包括核内小 RNA（small nuclear RNA，snRNA）和微 RNA（microRNA，miRNA）］。前三类 RNA 参与蛋白质的生物合成，snRNA 和 miRNA 参与 RNA 的剪接和基因表达调控。

转录是 DNA 指导下 RNA 的生物合成，复制是 DNA 指导下 DNA 的生物合成，转录和复制都是由聚合酶催化的核苷酸或脱氧核苷酸的聚合过程，有许多相似之处：例如都以 DNA 为模板，都需要依赖于 DNA 的聚合酶；聚合过程都是以核苷酸之间生成 3′，5′-磷酸二酯键，新链都是从 5′→3′方向延伸，且都遵循碱基配对规律。但相似之中又有区别。RNA 的生物合成讲解见二维码 8-3。

二维码 8-3

一、转录的基本过程

无论是原核还是真核细胞，转录的基本过程都包括模板识别、转录起始、通过启动子、转录的延伸以及新生 RNA 链的终止与释放。

模板识别阶段主要是指 RNA 聚合酶与启动子序列相互作用并与之结合的过程。转录起始前，启动子附近的 DNA 双链解链形成转录泡以促使底物核糖核苷酸与模板 DNA 的碱基配对。转录起始就是 RNA 链上第一个磷酸二酯键的形成。

转录起始后直到形成 9 个核苷酸的短链是通过启动子阶段，这段时间 RNA 聚合酶一直处于启动子区，新生的 RNA 链与 DNA 模板链的结合不够牢固，很容易从 DNA 链上掉下来而导致转录重新开始。一旦 RNA 聚合酶成功地合成 9 个以上核苷酸并离开启动子区，转录就进入正常的延伸阶段。所以，通过启动子区的时间代表一个启动子的强弱。一般来说通过启动子区的时间越短，该基因转录起始的频率就越高。

RNA 聚合酶离开启动子区，沿 DNA 模板链移动并使新生 RNA 链不断延长的过程就是转录的延伸。随着 RNA 聚合酶的移动，DNA 双螺旋持续解链，保持大约 17 个碱基对的解链区（RNA 聚合酶能横跨约 40 个碱基对，完全可以覆盖整个解链区），暴露新的单链 DNA 模板，新生 RNA 链的 3′端不断延伸，在解链区形成 RNA-DNA 杂化链。而在解链区的上游，DNA 模板链与非模板链重新形成双螺旋，将 RNA 链 5′端挤出 DNA-RNA 杂化体，只有 3′端 20~30 个核苷酸与 DNA 或聚合酶处于结合状态。

当 RNA 链延伸到转录终止位点时，RNA 聚合酶不再形成新的磷酸二酯键，RNA-DNA 杂化链开始分离，转录泡瓦解，DNA 恢复成完整的双链状态，而 RNA 聚合酶和 RNA 链都从模板上被释放出来，这就是转录的终止和链的释放。

真核细胞中模板的识别与原核细胞有所不同。真核生物 RNA 聚合酶不能直接识别启动子区，而是需要一些被称为转录因子的辅助蛋白质按特定顺序结合于启动子上，RNA 聚合酶才能与之结合并形成复杂的前起始复合物（preinitiation transcription complex，PIC），以保证有效地起始转录。

二、转录体系

（一）RNA 聚合酶

催化转录的酶是 RNA 聚合酶（RNA polymerase，RNA-pol 或 RNAP），也称依赖 DNA 的 RNA 聚合酶（DNA dependent RNA polymerase，DDRP）或 DNA 指导的 RNA 聚合酶（DNA direct RNA polymerase，DDRP），主要以双链 DNA 为模板（若以单链 DNA 作模板，催化活性会大大降低），四种核糖核苷 5′三磷酸（ATP、GTP、CTP、UTP）为活性前体，并以 Mg^{2+}/Mn^{2+} 为辅助因子，催化 RNA 链的起始、延伸和终止。该酶可从头起始合成一

条 RNA 新链，不需要任何引物，是转录过程中最关键的酶。原核和真核生物的 RNA 聚合酶虽然都能催化 RNA 的合成，但在分子组成、种类和生化特性方面各有特色。

$$NTP + (NMP)_n \xrightarrow[Mg^{2+}]{RNA聚合酶} (NMP)_{n+1} + PPi$$

N 代表：A、G、C、U

1. 原核生物的 RNA 聚合酶

细菌中只发现一种 RNA 聚合酶，兼具合成 mRNA、tRNA 和 rRNA 的功能，且具有很高的保守性，在组成、相对分子质量及功能上都很相似。目前研究比较透彻的是大肠杆菌（*E.coli*）的 RNA 聚合酶。该酶相对分子质量约为 465ku，由 4 种 5 个亚基（$\alpha_2\beta\beta'\sigma$）组成全酶（holoenzyme），$\sigma$ 亚基与全酶结合比较疏松，在细胞内外均易从全酶中解离，解离后的剩余部分（$\alpha_2\beta\beta'$）称为核心酶（core enzyme）。σ 亚基可能参与全酶的组装及启动子的识别，从而决定哪些基因可以转录；β 亚基与底物（NTP）及新生 RNA 链结合，β' 亚基与模板 DNA 结合，β 亚基和 β' 亚基组成酶的活性中心；通过 DNA 的磷酸基团与核心酶的碱性基团间的非特异性吸附作用，核心酶能与模板 DNA 非特异性地疏松结合。σ 亚基本身并无催化功能，它的作用是识别 DNA 分子上的起始信号，但不能单独与 DNA 模板结合。当 σ 亚基与核心酶结合时，可引起酶构象的改变，从而改变核心酶与 DNA 结合的性质，使全酶对转录起始点的亲和力比其他部位大 4 个数量级。在转录延伸阶段，σ 亚基与核心酶分离，仅由核心酶参与延伸过程。在没有 σ 亚基时，核心酶偶尔也能起始 RNA 的合成，但会引起许多起始错误，而且核心酶所合成的 RNA 链的起始在某个基因的两条链上是随机的。当 σ 亚基存在时，则起始于正确的位点上，这说明全酶能够特异性地与启动子相结合。因此 σ 亚基实际上被认为是一种转录辅助因子，因而也称为 σ 因子（σ factor）。各亚基的大小和功能见表 8-7。

表 8-7　　　　　　　　　　大肠杆菌 RNA 聚合酶各亚基的性质和功能

亚基	基因	相对分子质量	亚基数目	功能
α	rpo A	40000	2	与启动子上游元件和活化因子结合
β	rpo B	155000	1	结合底物催化磷酸二酯键形成，催化中心
β'	rpo C	160000	1	酶与模板 DNA 结合的主要成分
σ	rpo D	32000~92000	1	识别启动子，促进转录的起始

每一个大肠杆菌细胞约含有 7000 个 RNA 聚合酶分子，RNA 聚合酶的转录速度约为 50 个核苷酸/s（37℃），与多肽链的合成速度（15 个氨基酸/s）大致相当，但远比 DNA 的复制速度（800bp/s）要慢。RNA 聚合酶缺乏外切酶活性，所以它没有校对功能，RNA 合成的错误率约为 10^{-6}，比 DNA 合成的错误率（$10^{-10} \sim 10^{-9}$）高得多，但 RNA 可通过转录后加工校正错误。

2. 真核生物的 RNA 聚合酶

真核生物的基因组远比原核生物庞大得多，其 RNA 聚合酶也更为复杂。迄今所研究的真核生物细胞核中都含有三种 RNA 聚合酶，即 RNA 聚合酶 Ⅰ（RNA pol Ⅰ）、RNA 聚合酶 Ⅱ（RNA pol Ⅱ）和 RNA 聚合酶 Ⅲ（RNA pol Ⅲ），分别负责转录不同的 RNA。RNA pol Ⅰ 存在于核仁中，催化合成 28S rRNA、18S rRNA 以及 5.8S rRNA，这些都是核糖体的组分。RNA pol Ⅱ存在于核质中，负责 mRNA 和某些 snRNA（核内小分子 RNA，small nuclear RNA）以及 RNA 的前体 hnRNA（核内不均一 RNA，heterogeneous nuclear RNA）的转录；RNA pol Ⅲ也存在于核质中，它负责合成 tRNA、5S rRNA、U6 snRNA 和不同的胞质小 RNA（scRNA）等小分子转录产物。在真核细胞的线粒体中存在另一种 RNA 聚合酶（Mt 型），它负责合成线粒体内的 RNAs。真核生物 RNA 聚合酶Ⅰ、Ⅱ、Ⅲ都是由多亚基组成的，其中的核心亚基与大肠杆菌 RNA 聚合酶的核心亚基有一定同源性，但没有与原核 RNA 聚合酶 σ 因子相对应的亚基，因此真核 RNA 聚合酶必须借助各种转录因子才能识别或选择启动部位，并结合到启动子上。

所有真核生物 RNA 聚合酶都是由多亚基组成，且具有核心亚基。RNA 聚合酶Ⅱ最大亚基的羧基末端有一段重复序列（共有序列为 Tyr—Ser—Pro—Thr—Ser—Pro—Ser），这是一段由含羟基氨基酸为主体组成的重复序列，称为羧基末端结构域（carboxyl-terminal domain，CTD）。所有真核生物的 RNA 聚合酶Ⅱ都具有 CTD，只是不同生物种属共有序列的重复程度不同，哺乳动物 RNA 聚合酶Ⅱ的 CTD 有 52 个重复序列，其中 21 个与上述 7 个氨基酸的共有序列完全一致。CTD 对于维持细胞的活性是必需的。CTD 上的 Tyr、Ser、Thr 可被蛋白激酶作用发生磷酸化。体内外实验均显示 CTD 的磷酸化与去磷酸化在转录起始过渡到延伸过程中有重要作用。

利用 α-鹅膏蕈碱（α-amanitine）的抑制作用可将真核生物三类 RNA 聚合酶区分开：RNA 聚合酶Ⅰ对 α-鹅膏蕈碱不敏感，RNA 聚合酶Ⅱ可被低浓度（$10^{-9} \sim 10^{-8}\text{mol/L}$）$\alpha$-鹅膏蕈碱所抑制，RNA 聚合酶Ⅲ只对高浓度（$10^{-5} \sim 10^{-4}\text{mol/L}$）$\alpha$-鹅膏蕈碱所抑制。$\alpha$-鹅膏蕈碱是一种毒蕈产生的 8 肽化合物，对真核生物有较大毒性，但对细菌的 RNA 聚合酶只有微弱的抑制作用。真核生物 RNA 聚合酶的种类及性质见表 8-8。

表 8-8　　　　　　　　　　　　真核生物 RNA 聚合酶的种类和性质

酶的种类	功能	对 α-鹅膏蕈碱的敏感性
RNA 聚合酶Ⅰ	合成 45S rRNA 前体，经加工产生 28S rRNA、18S rRNA 以及 5.8S rRNA	不敏感
RNA 聚合酶Ⅱ	合成所有 mRNA 前体（hnRNA）和大多数核内小 RNA（snRNA）	敏感
RNA 聚合酶Ⅲ	合成小 RNA，包括 tRNA、5S rRNA、U6 snRNA 和 scRNA	中等敏感
RNA 聚合酶 Mt	合成线粒体内的 RNAs	对 α-鹅膏蕈碱不敏感，对利福平敏感

（二）转录的模板

RNA 的转录需要 DNA 作为模板，所合成的 RNA 链中的核苷酸（或碱基）的排列顺序与模板 DNA 的碱基排列顺序是互补关系（如 A—U，G—C，T—A，C—G）。在体外实验中，RNA 聚合酶能使 DNA 的两条链同时转录；但体内的情况完全不同，许多实验已证明在体内 DNA 的两条链中仅有一条链可作为转录的模板；在庞大的细胞基因组中，细胞按不同的发育时序、生理条件和生理需要，只有部分基因发生转录。在一个包含了许多基因的双链 DNA 分子中，各个基因的模板链并不一定是同一条链。对于某些基因，以某一条链作模板进行转录，而另一些基因则选择另一条链作为模板，这种转录方式称为"不对称转录"。

DNA 分子双链结构中，某一基因转录时作为有效转录模板的链称为模板链（template strand），也称为反义链（antisense strand），按碱基配对原则合成 RNA 链。另一条与模板链互补的 DNA 链不具备模板功能，但其碱基序列与新合成的 RNA 链完全一致（只是 T 换成了 U），也就是说新合成的 RNA 链实际上转录了这条 DNA 链的碱基序列（U 替换 T），若转录产物是 mRNA，则可用作蛋白质翻译的模板，按遗传密码决定氨基酸的序列，故称这条 DNA 链为编码链（coding strand），也称为有义链（sense strand）。

（三）启动子

转录起始于 DNA 模板的特定区域——启动子（promoter），是位于结构基因 5′端上游区的一段 DNA 序列，能活化 RNA 聚合酶使之准确地与模板 DNA 结合并具有转录起始的特异性，是 RNA 聚合酶识别、结合并起始转录的区域。新生 RNA 链起始于一个特定的位点，称为起始位点（start site），是指 DNA 链上与新生 RNA 第一个核苷酸相对应的那个核苷酸，通常标记为+1，以此位点沿转录方向顺流而下（称为下游，downstream）的碱基数常以正数表示，逆流而上（称为上游，upstream）的碱基数以负数表示。从起始点转录出的第一个核苷酸通常为嘌呤核苷酸，即 A 或 G，G 更为多见。

1. 原核生物的启动子

启动子区是 RNA 聚合酶的结合区，其结构直接关系到转录的效率，那么启动子区的结构什么特点呢？D. Pribnow 设计了一个实验，他把 RNA 聚合酶全酶与模板 DNA 结合后，用 DNase I 水解 DNA，抽提纯化后得到一个被 RNA 聚合酶保护的长 41～44bp 的 DNA 片段，分析了多种生物的相应 DNA 序列后发现，该片段内有一个高度保守的共有序列（TATAAT），是 RNA 聚合酶的紧密结合点，现在称为 Pribnow box，其中心大致位于-10bp处，所以又称为-10 区。

上述实验提纯被保护的 DNA 片段后发现，RNA 聚合酶并不能重新与该 DNA 片段结合，这说明在保护片段之外可能还存在与 RNA 聚合酶识别启动子有关的其他序列。经科学家的不懈努力，在噬菌体的左、右启动子（P_L、P_R）和 SV40 启动子的-35bp 附近找到了另一个共有序列：TTGACA。接下来数年里，科学家又分析了 46 个大肠杆菌的启动子序列，确证绝大部分启动子都存在这两个共有序列，即位于-10bp 处的 TATAAT 区和-35bp处的 TTGACA 区。现已证明这两个共有序列是 RNA 聚合酶与启动子识别并结合的位点。

2. 真核生物的启动子

真核生物有三类启动子，它们的识别启动过程在很多方面都很相似，但又各有特点，本节内容主要介绍 RNA 聚合酶Ⅱ的启动子。真核生物的转录起始上游区段比原核生物更多样化，转录起始时 RNA 聚合酶不直接结合于模板，而是由众多转录因子参与识别并启动转录。

（1）上游启动子序列　一个真核基因按功能可分为调节区和结构基因区两部分，结构基因 DNA 序列指导 RNA 合成；调节区由两类元件组成，一类决定基因的基础表达，称为启动子，另一类决定组织特异性表达或外环境变化及刺激性应答，两者共同调节结构基因的表达。

与原核生物的启动子相似，真核生物也具有两个高度保守的序列，一个是-25bp 附近富含 A—T 的 TATAA，也称为 TATA 盒或 Hogness Box，是转录因子结合的部位，通常被认为是启动子的核心序列。另一个是-70bp 附近的 CAAT 盒，在不同的启动子中，CAAT 盒的位置也不完全相同。除了以上两个保守序列，有些启动子的上游还有 GC 盒，CAAT 盒与 GC 盒多位于-40~-110bp，它们会影响转录起始的频率。此外，有少数基因缺乏 TATA 盒，而是由起始序列（initiator sequence）与 RNA 聚合酶Ⅱ直接作用并起始转录。

启动子决定了被转录基因的启动频率和精确性，同时启动子在 DNA 序列中的位置和方向是严格固定的。这些 DNA 分子上可影响（调控）转录的各种序列组分统称为顺式作用元件（cis-acting element）。RNA 聚合酶Ⅱ所需的启动子序列多种多样，基本上由上述顺式作用元件组合而成，它们分散在转录起始点上游大约 200bp 范围内，一个典型的真核生物基因上游序列如图 8-29 所示。

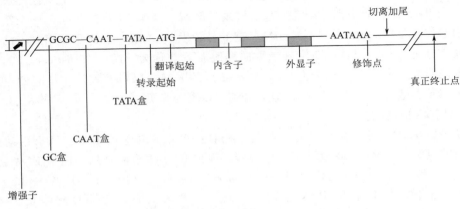

图 8-29　典型的真核生物基因上游序列

（2）转录因子　真核生物在转录时往往需要多种蛋白质因子的协助，与 RNA 聚合酶直接或间接结合的反式作用因子称为转录因子（transcription factor，TF）。真核生物的启动子由转录因子而非 RNA 聚合酶识别，这是真核与原核转录起始的明显区别，多种转录因子和 RNA 聚合酶在起始点上形成转录前起始复合物（preinitiation complex，PIC），从而启动和促进转录。

RNA 聚合酶Ⅱ的启动子序列多种多样，参与该酶起始转录的各类转录因子数目众多，大致可分为三类：①通用因子（general factor）：为所有启动子转录起始所必需，有 TFⅡA、TFⅡB、TFⅡD、TFⅡE、TFⅡF 和 TFⅡH，它们在生物进化过程中高度保守；②上游因子（upstream factor）：识别位于转录起始点上游特异的共有序列；③可诱导因子（inducible factor）：功能类似上游因子，但具有可调节作用。

转录因子具有两个必需的结构域：一个是能与顺式作用元件（分子内作用元件）结合的结构域，能识别特异的 DNA 序列；另一个是激活结构域，其功能是与其他反式作用因子或 RNA 聚合酶结合。真核生物基因转录的启动有多个转录因子参与，而不同转录因子组合的相互作用可启动不同基因的转录。

需要说明的是：转录起始点往往不是翻译起始点，转录产物序列分析表明，其 5′端 1~3 位往往不是 AUG 起始密码子，AUG 密码子多在转录起始点稍后才出现。

（四）转录复合物

　　如前所述，转录可分为 4 个阶段：模板和启动子的识别与选择、转录起始、RNA 链的延伸和链的终止和释放。启动子的选择阶段包括 RNA 聚合酶全酶对启动子的识别，聚合酶与启动子可逆性结合形成封闭复合物（closed complex）。此时 DNA 链仍处于双链状态。伴随着 DNA 构象的重大变化，封闭复合物转变为开放复合物（open complex），聚合酶全酶所结合的 DNA 序列中有一小段双链被解开。对于强启动子来说，从封闭复合物到开放复合物的转变是不可逆的，是快反应。开放复合物与最初的两个核苷酸相结合并在这两个核苷酸之间催化形成磷酸二酯键后即转变为包括 RNA 聚合酶、DNA 模板和新生 RNA 链的三元复合物。除了 RNA 聚合酶之外，真核生物转录起始过程中至少还需要 7 种辅助因子参与（表 8-9），因为不少辅助因子本身就包含多个亚基，所以转录起始复合物的分子质量特别大。

表 8-9　　　　　　　　　　真核生物参与形成转录起始复合物的蛋白质因子

蛋白质	亚基数	亚基的相对分子质量 （×10³）	功能
RNA 聚合酶 Ⅱ	12	10~220	催化 RNA 的生物合成
TBP	1	38	与启动子上的 TATA 区结合
TF Ⅱ A	3	12，19，35	使 TBP 和 TF Ⅱ B 与启动子的结合比较稳定
TF Ⅱ B	1	35	与 TBP 结合，吸引 RNA 聚合酶 Ⅱ 和 TF Ⅱ F 结合到启动子区
TF Ⅱ D	12	15~250	与各种调控因子相互作用
TF Ⅱ E	2	34，57	吸引 TF Ⅱ H，有 ATP 酶及解链酶活性
TF Ⅱ F	2	30，74	结合 RNA 聚合酶 Ⅱ，并在 TF Ⅱ B 帮助下阻止聚合酶与 DNA 序列的非特异性结合
TF Ⅱ H	12	35~89	在启动子区解开 DNA 双链，使 RNA 聚合酶 Ⅱ 磷酸化，接纳核苷酸切除修复体系

　　一般情况下，该复合物可进入两条不同的反应途径，一是合成并释放 2~9 个核苷酸的短 RNA 转录物，即所谓流产式起始；二是尽快释放 σ 因子，转录起始复合物通过上游启动子区并生成由核心酶、DNA 模板和新生 RNA 所组成的转录延伸复合物。转录的真实性取决于转录起始位点的选择、DNA 模板序列的准确转录及特异的终止位点，转录起始位点和模板链的选择是靠 σ 因子完成的，RNA 聚合酶的核心酶虽然可以合成 RNA，但无法找到起始位点，只有带 σ 因子的全酶才能专一性地与启动子序列结合并选择正确的 DNA 模板，从而起始 RNA 的合成。σ 因子的作用只是起始转录，一旦转录开始，它就会脱离起始复合物，由核心酶复制 RNA 链的延伸。因此，聚合酶全酶的作用是启动子和模板的选择以及转录的起始，而核心酶的作用是 RNA 链的延伸。

　　转录延伸复合物形成是转录过程中一个非常重要的环节，与起始复合物相比，延伸复合物极为稳定，可长时间保持与 DNA 模板的结合状态而不解离。只有在它遇到转录终止信号时，RNA 聚合酶才会停止加入新的核苷酸，此时 RNA-DNA 杂化链解离，释放转录产物，同时促使 RNA 聚合酶本身从模板 DNA 上解离下来。

（五）终止子

提供转录终止信号的 DNA 序列称为终止子（terminator）。真核生物的原转录终止与转录后加工修饰有关，原核生物 RNA 转录终止子有两类，即不依赖于 *Rho*（ρ）因子的终止子和依赖于 *Rho*（ρ）因子的终止子。

1. 不依赖于 *Rho*（ρ）因子的终止

原核生物两类转录终止信号有共同的序列特征，在转录终止之前有一段回文结构。不依赖 *Rho*（ρ）因子的终止序列中富含 G—C 碱基对，其下游有 6~8 个连续的 A（图 8-30）；而依赖 *Rho*（ρ）因子的终止序列中 G—C 对含量较少，其下游没有固定的序列特征。这种特征序列转录生成的 RNA 可形成茎环（stem-loop）二级结构，即发夹结构（hairpin structure）（图 8-30），这样的二级结构可能与 RNA 聚合酶某种特定的空间结构相嵌合，阻碍了 RNA 聚合酶进一步发挥作用。此外，发夹结构 3′端的几个 U 与 DNA 模板上的 A 碱基配对很不稳定，容易使新合成的 RNA 链解离下来。

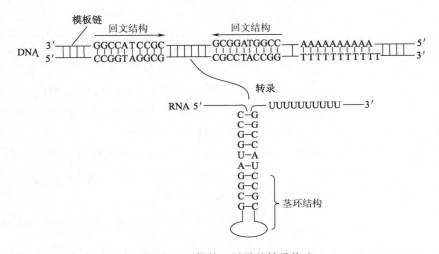

图 8-30　不依赖 ρ 因子的转录终止

2. 依赖于 *Rho*（ρ）因子的终止

Rho（ρ）因子也称终止蛋白，是一种相对分子质量约为 46ku 的蛋白质，通常以六聚体形式存在，具有依赖于 RNA 的 NTPase 活性，由此推测 *Rho*（ρ）因子结合在新生的 RNA 链上，借助水解 NTP 获得的能量推动其沿着 RNA 链移动并解开 RNA-DNA 杂交双螺旋。RNA 聚合酶遇到终止子序列时发生暂停，使 *Rho*（ρ）因子得以追上聚合酶，*Rho*（ρ）因子与酶相互作用，释放 RNA 并使 RNA 聚合酶与该因子一起从 DNA 上脱落下来（图 8-31）。*Rho*（ρ）因子还具有 RNA-DNA 解螺旋酶（helicase）的活性，进一步说明了该因子的作用机制。

不同终止子的作用也有强弱之分，有的终止子几乎能完全停止转录，有的则只是部分终止转录。一部分 RNA 聚合酶能越过这类终止序列继续沿 DNA 模板移动并转录。如果一串结构基因群中间有这种弱终止子的存在，则前后转录产物的量会有所不同，这也是终止

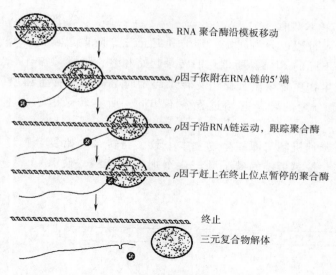

RNA 聚合酶沿模板移动

ρ因子依附在RNA链的5′端

ρ因子沿RNA链运动，跟踪聚合酶

ρ因子赶上在终止位点暂停的聚合酶

终止

三元复合物解体

图 8-31 依赖 ρ 因子的转录终止

子调节基因群中不同基因表达产物比例的一种方式。有的蛋白因子能特异地作用于终止序列，使 RNA 聚合酶得以越过终止子继续转录，这种现象称为通读（readthrough），这种能引起抗终止作用（antitermination）的蛋白因子就称为抗终止因子（antiterminator）。

三、转录过程

1. 原核生物的转录过程

转录起始就是形成转录起始复合物的过程，这一阶段所需的辅助因子在原核与真核生物之间有较大的差异。原核生物 RNA 聚合酶中的 σ 因子识别基因的启动子，并与之结合形成复合物，使局部 DNA 发生构象改变，结构变得比较松散，特别是在与核心酶结合的 TATA 盒附近，双链暂时打开约 17bp，展示出 DNA 模板链，有利于 RNA 聚合酶进入转录泡，催化 RNA 的聚合。转录的起始不需要引物，两个相邻的与模板配对的核苷酸直接在起点上被 RNA 聚合酶催化形成磷酸二酯键。至此便完成了转录起始阶段，形成 RNA 聚合酶全酶-DNA 模板-新生 RNA 短链三元复合物，接着 σ 因子会尽快从全酶中解离出来，同时转录起始复合物通过启动子区并转变成由核心酶、DNA 模板和新生 RNA 所组成的转录延伸复合物，标志着转录延伸阶段的开始。

在转录延伸阶段，核心酶沿模板链的 $3' \rightarrow 5'$ 方向滑行，一边使双螺旋 DNA 解链，一边催化 NTP 按与模板链互补的序列逐个聚合，使 RNA 按 $5' \rightarrow 3'$ 方向不断延伸。转录生成的 RNA 链暂时与 DNA 模板形成 RNA-DNA 杂化链，当 RNA 链长度超过 12 个核苷酸时，其 3′端仍保持杂化状态，而 5′端很容易脱离 DNA 模板链，于是被转录过的 DNA 区域又重新形成双螺旋。

在 RNA 延伸过程中，当核心酶滑行到终止子位点时会停止其聚合作用，释放出新生 RNA 链，并脱离 DNA 模板，转录即告终止。在原核细胞内，转录终止有两种类型，即不依赖于 ρ 因子和依赖于 ρ 因子，两种终止子的作用方式前文已详细讨论，此处不再赘述。

2. 真核生物的转录过程

真核生物的转录过程也分为起始、延伸和终止三个阶段。真核 RNA 聚合酶有三种类型，各自催化合成不同的 RNA，所催化的转录起始和终止阶段又各有特点，因此真核转录起始和终止比原核生物更复杂。真核生物转录起始时必需有多种蛋白质因子（转录因子）参与，三种 RNA 聚合酶的转录起始过程各不相同，所需转录因子也不一样（详见前文"转录因子"部分）。

真核基因转录延伸机制与原核生物基本一致，当转录起始复合物形成后 RNA 聚合酶依据碱基配对原则，按模板链的碱基顺序逐个加入核苷酸，使 RNA 链按 5′→3′方向不断延伸（图 8-32）。

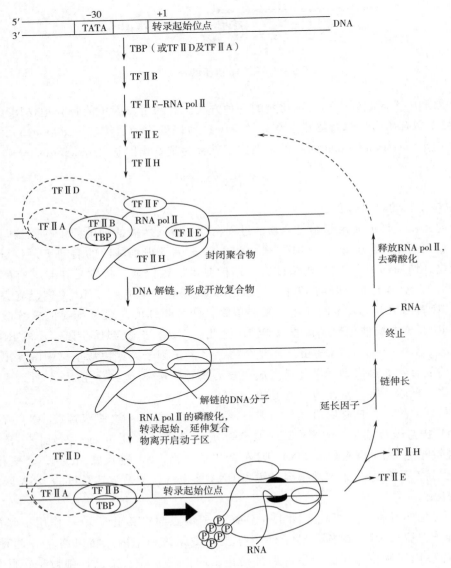

图 8-32　真核生物 RNA 聚合酶 Ⅱ 转录过程

真核生物转录终止的机制目前还不清楚。RNA 聚合酶 I 转录出 rRNA 前体 3′末端后，通常会继续向下游转录超过 1000 个碱基，此处有一个 18bp 的终止序列，在辅助因子的参与下转录终止，再利用核酸内切酶切割产生 rRNA 前体的 3′末端。

四、RNA 转录后加工

原核和真核生物的 rRNA 和 tRNA 都是以更为复杂的初级转录产物（RNA 前体）被合成的，必须经过一系列加工和修饰才能成为成熟的 RNA 分子并表现出其生物功能。真核生物的 mRNA 前体是由断裂基因转录产生的，也要经过复杂的加工过程才能成为成熟的 mRNA 分子，而绝大多数原核生物的 mRNA 则不需要加工。

（一）真核生物 mRNA 前体的加工

真核生物 mRNA 前体的加工包括 5′端加帽子、3′端加 poly（A）尾巴、剪接和编辑等过程。

1. 5′端帽子结构的形成

mRNA 前体的 5′端通常是三磷酸鸟苷（pppG），在 RNA 成熟过程中，经磷酸酶催化水解脱去一个磷酸基团，生成 ppGp-；然后在鸟苷酸转移酶作用下与另一分子 GTP 反应，以不常见的 5′-5′三磷酸键相连，在 5′末端形成 GpppGp-结构，继而在甲基转移酶的催化下，由腺苷蛋氨酸（SAM）提供甲基，在新加入的 GMP 的 N^7 位甲基化，形成所谓的帽子结构（m^7GpppGp），称为帽子 0，出现在所有真核细胞中。新加上的鸟苷酸与 mRNA 链上所有其他核苷酸的方向正好相反，像一顶帽子倒扣在 mRNA 链上，故而称为帽子结构（图8-33）。有些生物体内第二个核苷酸（mRNA 前体的第一个核苷酸）的 2′-OH 也被甲基化，形成 m^7GpppGmp，称为帽子 1；如果这个核苷酸是腺嘌呤，其 N^6 位有时也会被甲基化，这一反应只能在 2′-OH 被甲基化以后才能发生。也有些真核生物第三个核苷酸（mRNA 前体的第二个核苷酸）的 2′-OH 也被甲基化，形成 m^7GpppGmpNmp，称为帽子 2，有 2 号帽子的 mRNA 只占戴帽群体总量的 10% ~ 15% 以下。帽子结构的形成是在细胞核内完成的，而且是在新生 mRNA 链延伸到 50 个核苷酸之前，甚至可能在 RNA 聚合酶 II 离开转录起始位点之前，帽子结构就已经加到 mRNA 的第一个核苷酸上了，这就是说 mRNA 几乎是一诞生就戴着帽子的。

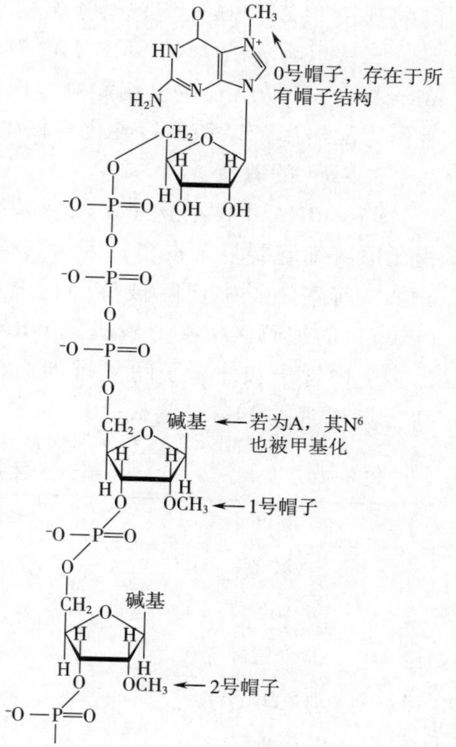

图 8-33 帽子结构

帽子结构可能与 mRNA 的稳定性有关，可使 mRNA 免遭核酸酶的水解。实验表明，去除珠蛋白 mRNA 5′端的 7-甲基鸟嘌呤后，该 mRNA 分子的翻译活性和稳定性都明显下降。而且有帽子结构的 mRNA 更容易被蛋白质合成的起始因子所识别，从而促进蛋白质的合成。在呼肠孤病毒中，含甲基化 5′端 mRNA 的蛋白质合成速度比不含甲基的 mRNA 要快。用化学方法去除 5′端的甲基后，上述 mRNA 作为蛋白质合成模板的活性消失，说明 mRNA 5′端甲基化的帽子结构是翻译所必需的。已经发现在呼肠孤病毒中无 m^7G 的 mRNA 不能与核糖体 40S 小亚基结合，证明甲基化的帽子结构可能是蛋白质合成起始信号的一部分。

2.3′端多聚腺苷酸 ［poly（A）］ 尾巴的形成

mRNA 3′端的 poly（A）尾巴是在细胞核内形成的，而且与转录的终止同时进行。当转录中的 mRNA 前体在 AAUAAA 下游 11~30 个核苷酸处被特异性核酸内切酶切断后，由 poly（A）聚合酶催化，以 ATP 为底物，发生聚合反应形成 3′端的 poly（A）尾巴。一般真核生物细胞质中出现的成熟 mRNA 的 poly（A）尾巴长度在 100~200 个核苷酸，也有少数例外，如组蛋白基因的转录产物，无论是前体还是成熟 mRNA，都没有 poly（A）尾巴。

poly（A）尾巴是 mRNA 从细胞核进入细胞质必须具有的结构，它大大提高了 mRNA 在细胞质中的稳定性。mRNA 刚进入细胞质时，其 poly（A）尾巴一般都比较长，随着时间的延长，poly（A）尾巴会逐渐变短直至消失，此时 mRNA 即进入降解过程。

真核生物 mRNA 的 poly（A）尾巴已被广泛应用于分子克隆。常用寡聚 dT 片段与 mRNA 的 poly（A）尾巴相配对，作为反转录酶合成 cDNA 链的引物。这种寡聚 dT 片段也常作为配体用于亲和层析纯化真核生物 mRNA。

3. RNA 的剪接

（1）RNA 中的内含子　断裂基因的存在表明真核细胞的基因结构和 mRNA 的合成过程比原核细胞要复杂得多，因为真核基因表达往往伴随着 RNA 的剪接过程（splicing）：从 mRNA 前体分子中切除被称为内含子（intron）的非编码区，并使基因中被称为外显子（exon）的编码区拼接形成成熟 mRNA。真核基因大多是断裂的，也就是说，一个基因是由多个内含子和外显子间隔排列而成的，研究表明，内含子在真核基因中所占的比例很高，甚至超过 99%（表 8-10）。

表 8-10　　　　　　　　　部分人类基因中内含子序列所占比重分析

基因	长度/kb	内含子数量	内含子所占比例/%
胰岛素	1.4	2	67
β-球蛋白	1.4	2	69
血清蛋白	18	13	89
胶原蛋白组分Ⅶ	31	117	71
Ⅷ因子	186	25	95
萎缩性肌强直因子	2400	78	>99

真核基因平均有 8 个内含子，前体分子一般比成熟 mRNA 大 4~10 倍。不同生物细胞内含子的边界处存在着相似的核苷酸序列，表明内含子的剪接过程在进化上是保守的。比较同源基因的进化过程发现，内含子的异化大于外显子，特定的内含子还可能在进化过程中丢失，因此，内含子的"功能"及其在生物进化中的地位是一个引人注目的问题。另外，某些人类疾病是内含子剪接异常引起的，如地中海贫血病人的珠蛋白基因中大约有

1/4的核苷酸突变发生在内含子的 5′ 或 3′ 边界保守序列上，或者虽然位于内含子中间但干扰了前体 mRNA 的正常剪接。表 8-11 总结了存在于生物体内的各种内含子，其中 GU—AG 和 AU—AC 分别代表了不同内含子 5′ 和 3′ 的边界序列。除了边界序列之外，外显子与内含子交界处的序列、内含子内部的部分序列都有可能参与内含子的剪接。

表 8-11 生物体内的各种内含子

内含子类型	细胞内定位
GU—AG	细胞核，mRNA 前体（真核）
AU—AC	细胞核，mRNA 前体（真核）
Ⅰ类内含子	细胞核，rRNA 前体（真核），细胞器 RNA，少数细菌 RNA
Ⅱ类内含子	细胞器 RNA，部分细菌 RNA
Ⅲ类内含子	细胞器 RNA
双内含子	细胞器 RNA
tRNA 前体中的内含子	细胞核，tRNA 前体（真核）

（2）RNA 的剪接 研究表明，许多相对分子质量较小的核内小 RNA（如 U1、U2、U4、U5 和 U6）以及与之结合的核蛋白（称为 snRNPs，ribonucleoprotein）参与 RNA 的剪接。mRNA 前体中每个内含子的 5′ 和 3′ 端分别与不同的 snRNP 相结合，形成 RNA 和 RNP 复合物（图 8-34）。一般情况下，由 U1 snRNA 以碱基互补的方式识别 5′ 剪接点，由 U2AF（U2 auxiliary factor）识别 3′ 剪接点并引导 U2 snRNP 与分支点结合，形成剪接前体（pre-spliceosome），并进一步与 U4、U5、U6 snRNP 三聚体结合，形成 60S 的剪接体（spliceosome），进行 RNA 前体分子的剪接。不然动物细胞中，mRNA 前体上的 snRNP 是从 5′ 向下游"扫描"，选择在分支点富含嘧啶区 3′ 下游的第一个 AG 作为剪接的 3′ 受点。AG 前一位核苷酸会影响剪接效率，一般来说 CAG ＝ UAG ＞ AAG ＞ GAG。若 mRNA 前体上同时存在几个 AG，可能发生剪接竞争。

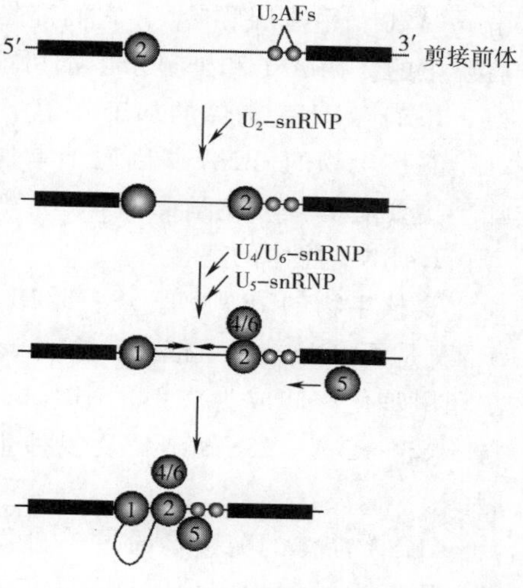

图 8-34 内含子剪接过程

在高等真核生物中，内含子通常是有序或组成性地从 mRNA 前体中被剪接，然而，在个体发育或细胞分化时可以有选择地越过某些外显子或某个剪接点进行变位剪接，产生出组织或发育阶段特异性 mRNA，称为内含子的变位剪接。脊椎动物中大约有 5% 的基因能以这种方式进行剪接，保证各同源蛋白之间既具有大致相同的结构或功能域，又具有特定的性质差异，这无疑大大拓展了基因所携带的遗传信息。

4. RNA 的编辑与修饰

RNA 的编辑（RNA editing）发生在转录后的 mRNA 中，其编辑区出现碱基插入、删除或转换等变化，从而改变初始产物的编码特性。RNA 的编辑与人们已知的 hnRNA 选择性剪接一样，使得一个基因序列有可能产生几个不同的蛋白质。但剪接是在切除内含子后得到成熟的 mRNA，其编码信息都存在于所转录的初始基因中。mRNA 经过编辑，其编码区所发生的碱基数量变化，改变了初始基因的编码特性，翻译生成不同于 DNA 模板编码的氨基酸序列，也就合成了不同于基因编码序列的蛋白质分子。RNA 编辑最早是在原生动物锥虫线粒体中细胞色素 c 氧化酶亚基 II 基因的转录物中发现的。转录产生的 mRNA 分子与线粒体基因转录的 RNA 序列（长 55~70 个核苷酸）互补，在酶的作用下插入 3 个 U，该互补序列称为引导 RNA。编辑后的 mRNA 比原来的 mRNA 分子多了 3 个 U，在翻译蛋白质时就相当于发生了移码突变。

目前已知的 RNA 编辑可分为两种不同的类型，在哺乳动物细胞中，常是由于 mRNA 中个别碱基被替换而改变了密码子的含义，导致蛋白质中氨基酸序列的改变。而在像锥虫线粒体 RNA 的编辑中，则是由于某些基因转录物中碱基被系统地插入或删除，引起 mRNA 较广泛的改变。

真核生物 mRNA 除了在 5′帽子结构中有 1~3 个甲基化核苷酸外，分子内部尚有 1~2 个 m^6A（6-甲基腺嘌呤），它们都是在 mRNA 前体碱基之前，由特异性甲基化酶催化修饰后产生的。内含子和外显子上都可能发生这样的修饰，但修饰的功能目前尚不清楚。

（二）rRNA 前体的加工

真核生物的 rRNA 基因属于丰富基因（redundant gene）族的 DNA 序列，rRNA 前体的加工主要是剪接和化学修饰。

1. rRNA 前体的剪接

真核生物的 rRNA 有 5S、5.8S、18S 和 28S 四种，其中 5.8S rRNA、18S rRNA 和 28S rRNA 是由 RNA pol I 催化一个转录单位产生 45S 的 rRNA 前体，然后与蛋白质结合，再切割和甲基化修饰成为成熟的 rRNA；5S rRNA 转录产物不需要加工就从核质转移到核仁，与 5.8S rRNA、28S rRNA 及多种蛋白质分子一起组装成为核糖体大亚基后再转移到细胞质。

rRNA 前体的剪接是通过"自我剪接"机制进行的，RNA 有能力自我催化实现自我剪接，因此也被称为核酶，这是人们对 RNA 分子功能认识的一个重大突破。

2. 化学修饰

rRNA 前体加工的另一种形式是化学修饰，主要是甲基化反应。甲基化主要发生在核糖的 2′-OH 上。在脊椎动物中，甲基化的位置是高度保守的。此外，rRNA 前体中的一些尿嘧啶核苷酸通过异构作用转变为假尿嘧啶也可认为是一种修饰。

（三）tRNA 前体的加工

真核生物多数 tRNA 前体含有内含子，需通过剪接作用才能成为成熟 tRNA。真核生物 tRNA 前体的加工包括切除内含子，添加或修复 3′端 CCA 序列，以及碱基化学修饰等。

1. tRNA 前体的剪接

与 mRNA 不同，tRNA 前体的剪接作用是通过两种不同的酶完成的：首先由核酸内切酶催化进行剪接反应，再由连接酶将外显子连接起来。RNA 连接酶催化的连接反应需要消耗 ATP。

2. 添加或修复 3′端 CCA 序列

与原核细胞一样，真核细胞 tRNA 前体在 tRNA 核苷酰基转移酶的催化下，从 3′端切除两个 U 后，替换上 tRNA 分子中统一的 CCA-OH 末端，形成柄部结构。

3. 稀有碱基的生成

真核生物 tRNA 前体加工也存在化学修饰过程，如通过甲基化反应使某些嘌呤生成甲基嘌呤，通过还原反应使某些尿嘧啶还原为双氢尿嘧啶（DHU），通过核苷内的转位反应使尿嘧啶转化为假尿嘧啶（ψ），通过脱氨反应使腺苷转化为次黄嘌呤核苷。

五、RNA 的复制合成

以 RNA 作为基因组的病毒称为 RNA 病毒，除逆转录病毒之外，这类病毒在宿主细胞内都是以病毒的单链 RNA 为模板合成 RNA，这种以 RNA 为模板，合成互补的 RNA 分子的过程称为 RNA 复制（RNA replication）。从感染 RNA 病毒的宿主细胞中可分离出由病毒 RNA 编码的 RNA 复制酶，又称 RNA 指导的 RNA 聚合酶（RNA direct RNA polymerase，RDRP）。RNA 复制酶以病毒 RNA 为模板、4 种核苷三磷酸为底物、Mg^{2+} 作辅因子合成与模板性质相同的互补 RNA。用此复制产物感染细胞，能产生正常的 RNA 病毒。可见病毒的全部遗传信息包括合成病毒外壳蛋白质（coat protein）和各种有关酶的基因信息均储存在被复制的 RNA 之中。

RNA 病毒的种类很多，其复制方式也多种多样，归纳起来有以下几种：

1. 单链 RNA 病毒

单链 RNA 病毒分为正链和负链两种类型，正链单链 RNA 病毒颗粒中的 RNA 一旦进入宿主细胞，就直接作为 mRNA 翻译出编码蛋白质，包括结构蛋白和 RNA 复制酶。然后在 RNA 复制酶的作用下复制病毒 RNA，最后病毒 RNA 和结构蛋白装配成成熟的病毒颗粒。噬菌体 Qβ 和灰质炎病毒（poliovirus）即是这种类型的代表。灰质炎病毒是一种小型 RNA 病毒（picornavirus），感染细胞后，病毒 RNA 即与宿主核糖体结合，产生一条长的多肽链，在宿主蛋白酶的作用下水解成 6 种蛋白质，其中包括 1 个复制酶、4 种外壳蛋白和 1 种功能未知的蛋白质。在形成复制酶后，病毒 RNA 才开始复制。

严重急性呼吸综合征（severe acute respiratory syndrome，SARS）的致病原——SARS 病毒属于冠状病毒科，也是一种正链单链 RNA 病毒，全长 29725 个核苷酸，具有 11 个开放读码框（ORF），主要编码 RNA 复制酶、4 种结构蛋白和 5 种未知蛋白。

狂犬病病毒（rabies virus）和马水疱性口炎病毒（vesicular-stomatitis virus）都是负链单链 RNA 病毒，基因组 RNA 不能作为 mRNA 翻译蛋白质。这类病毒侵入细胞后，借助于病毒带来的复制酶合成出正链 RNA，再以正链 RNA 为模板合成病毒蛋白并复制病毒 RNA。

2. 双链 RNA 病毒

如呼肠孤病毒（reovirus），这类病毒以双链 RNA 为模板，在病毒复制酶的作用下，通过不对称复制合成出正链 RNA，并以正链 RNA 为模板翻译出病毒蛋白，然后再合成病毒负链 RNA，形成双链 RNA 分子。

3. 致癌 RNA 病毒

主要包括白血病病毒（leukemia virus）和肉瘤病毒（sarcoma virus），它们的复制需经过 DNA 前病毒阶段，由逆转录酶催化。

不同类型的 RNA 病毒产生 mRNA 的机制大致可分为 4 类（图 8-35）。由病毒 mRNA 合成各种病毒蛋白，再进行病毒基因组的复制和病毒装配，因此病毒 mRNA 的合成在病毒复制过程中处于核心地位。

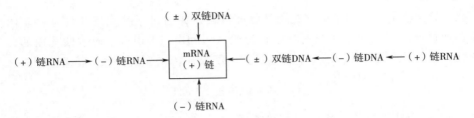

图 8-35　RNA 复制的几种机制

六、基因转录的调控

无论原核生物还是真核生物，细胞基因的表达均随不同发育阶段和环境而变化，受细胞内外信号分子所左右，以适应内外环境的各种需求。

（一）原核基因转录水平的调控——操纵子学说

基因表达调控是生命科学中的重要问题，特定的基因在特定的时间和空间进行特定量的表达，是生物体正常生长繁殖的重要条件。基因表达的转录水平调控是调控环节中最重要的，这方面对原核生物研究得较多。在原核生物中，几个功能相关的结构基因组成一簇，共用一个调控区组成基因表达的协同单位，称为操纵子（operon）。调控区由上游的启动子（promoter）和操作子（operator）组成，启动子是 RNA 聚合酶结合位点，操作子是控制 RNA 聚合酶能否通过的"开关"。在调控区的上游还有一个编码阻遏蛋白的阻遏基因（inhibitor gene），阻遏蛋白是决定操作子开或关的调控因子，这一调控模型是 F. Jacob 和 J. Monod 于 1961 年首先提出的。

操纵子有两种类型：一类是诱导型操纵子，即诱导型基因，这类基因能因环境中某些物种的出现而被活化。许多与糖代谢有关的酶基因都属于这种类型。另一类是阻遏型操纵子，即阻遏型基因，这类基因一般都处于表达状态，但当其产物大量积累的时候便会被关闭，与氨基酸合成相关的基因大多属于这一类型。

1. 乳糖操纵子

乳糖操纵子（lac operon）由 Z、Y、A 三个结构基因及其调控区组成（图 8-36）。乳糖操纵子的阻遏基因（I）位于调控区的上游，长度约 1000bp，表达产物是一种同型四聚体蛋白质，分子质量为 155ku，可与操作子（O）牢固结合。调控区由启动子（P）和操作子组成，长度约 122bp，其中启动子区大约 70bp，是 RNA 聚合酶的结合位点；操作子位于启动子和结构基因之间，长度大约 35bp，作为阻遏蛋白的结合位点，它是 RNA 聚合酶能否起始结构基因转录的开关。此外，启动子上游还有一段短序列是分解代谢基因活化蛋白（catabolite gene activator protein，CAP）的结合位点，CAP 的结合有利于 RNA 聚合酶向前推移，是一种正调控。

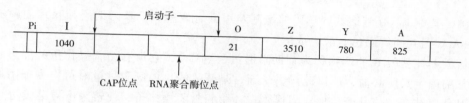

图 8-36　乳糖操纵子结构模型

　　结构基因区的三个基因分别编码三种与乳糖代谢有关的酶，Z 基因编码 β-半乳糖苷酶，Y 基因编码通透酶，可协助乳糖进入细胞，A 基因编码半乳糖苷乙酰化酶。

　　无乳糖时，阻遏蛋白可与操作子结合从而阻断 RNA 聚合酶前移的通路，因而结构基因无法转录，细胞则不表达上述三种酶。这是符合细菌的经济原则，在无乳糖可利用时，细胞内不会盲目生成利用乳糖的酶类。

　　当乳糖存在时，乳糖本身可作为诱导物阻遏蛋白结合，并使阻遏蛋白发生变构，使其不能与操作子结合，从而开放结构基因，三种利用乳糖的酶即可开始表达。

　　当乳糖与葡萄糖同时存在时，细菌有先利用葡萄糖、后消耗乳糖的现象。在利用葡萄糖时，乳糖操纵子表达水平较低；当葡萄糖消耗完时，乳糖操纵子会增强表达，以利用乳糖作为能源和碳源。这种作用是通过 CAP 实现的。CAP 是一种碱性二聚体蛋白质，也称cAMP 受体蛋白，属变构蛋白。当 cAMP 与 CAP 结合后，后者构象会发生变化，对 DNA的亲和力增强。乳糖操纵子中 CAP 的结合位点邻近启动子上游区，cAMP-CAP 复合物结合到 DNA 上的 CAP 位点后，会促进 RNA 聚合酶与启动子的结合，起始转录。葡萄糖能大大降低细菌细胞内 cAMP 的含量，继而 cAMP-CAP 复合物减少，从而影响乳糖操纵子的启动。当葡萄糖消耗完时，细胞内 cAMP 含量上升，乳糖操纵子的表达增强。所以 CAP是一种正调节蛋白，其作用需要 cAMP 参与。

　　这种由阻遏物关闭、诱导物开放操纵子的调控方式称为可诱导的负调控。与利用外源营养物质相关的基因的表达调控多属于此种类型。因为只有营养物质存在时，细胞才需要可以利用它们的酶类，相应的基因就会开放转录；反之，则没有合成相关酶类的必要。这完全符合生物进化的规律，也是一种经济有效的生存方式。图 8-37 为乳糖操纵子的调控模式示意图。

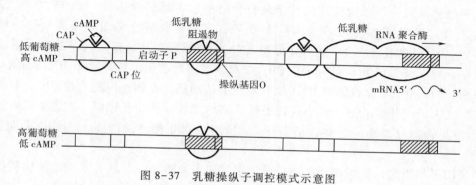

图 8-37　乳糖操纵子调控模式示意图

2. 色氨酸操纵子

色氨酸操纵子含有 5 个结构基因（E、D、C、B、A），它们编码与色氨酸合成有关的一系列酶，其中 E、D 基因共同编码邻氨基苯甲酸合成酶，C 基因编码吲哚甘油磷酸合成酶，B、A 基因共同编码色氨酸合成酶。

色氨酸调控基因 R 的产物称为辅助阻遏蛋白（Co），它没有结合操纵子的能力。因为色氨酸是细菌生长所必需，所以此操纵子通常是开放的。色氨酸过量时可作为辅阻遏物与辅助阻遏蛋白结合，使其变构形成阻遏蛋白，由它封闭操纵子，使转录不再继续进行（图8-38）。

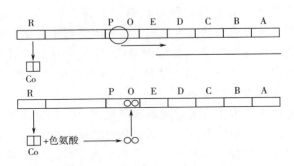

图 8-38　色氨酸操纵子调控模式

（二）真核生物基因转录的调控

1. 顺式作用元件

在真核细胞中，一个基因表达的强度取决于启动子和增强子如 TATA 盒、GC 盒、CAA 盒和八聚体盒等的位置、结构、数目及组合，通过启动子、增强子等 DNA 元件来控制基因转录的调节方式称为顺式调节，DNA 上这类特定序列称为顺式作用元件（cis-acting element）。

2. 反式作用因子

凡直接或间接与顺式作用元件核心序列相互作用并影响基因表达的蛋白质统称为反式作用因子（trans-acting factor）。刺激转录的称为正调控反式因子，抑制转录的称为负调控反式因子。

与顺式作用元件特异结合并起始转录的调节蛋白称为转录因子（transcriptional factors，TFs）。一般转录因子是指构成基础转录复合物所需的普通转录因子，如 TFⅡA、TFⅡB、TFⅡD、TFⅡE、TFⅡF 和 TFⅡH 等，其中最典型的 TFⅡD 最先与核心启动子（TATA 盒）识别并牢固结合，随后才促使 RNA 聚合酶Ⅱ和其他转录因子结合，形成转录前起始复合物（preinitiation complex，PIC）。真核基因启动子由转录因子而不是 RNA 聚合酶所识别，PIC 相当于原核细胞 RNA 聚合酶全酶的功能。在体外虽能重建 PIC，但体内尚需更多反式因子与基因上游（核心启动子外）其他顺式元件相互作用，才能精确而有效地调控 mRNA 的生成速率。已知人类基因组编码约 3000 种转录因子，占基因总量的 5%以上。

转录因子的研究已受到广泛关注，科学家发现多种转录因子具有共同的结构特征，根据它们的结构特征可将转录因子分为几个家族：螺旋-转角-螺旋、锌指结构、碱性-亮氨酸拉链和碱性-螺旋-环-螺旋等。

（1）螺旋-转角-螺旋（helix-turn-helix，H-T-H）结构　这类蛋白质分子中有至少

两个 α-螺旋，中间由短侧链氨基酸残基形成"转折"，替换近羧基端 α-螺旋中的氨基酸会影响该蛋白质与 DNA 大沟的结合。酵母 *MAT* 基因座以及果蝇体节发育的调节基因（*antp*、*ftz*、*ubx*）等同源盒（homeobox）基因所编码的蛋白质都有 H-T-H 结构。与 DNA 相互作用时，同源域蛋白的第一、二两个螺旋往往靠在外侧，第三个螺旋与 DNA 大沟相结合，并通过其 N-端的多余臂与 DNA 的小沟结合。

（2）锌指（zinc finger）结构　锌指结构家族蛋白大体可分为锌指、锌钮（twist）和锌簇（cluster）结构，其特有的半胱氨酸和组氨酸残基之间其他氨基酸残基数基本是恒定的，有锌原子参与时才具有转录调控活性。重复的锌指样结构都是以锌原子为中心，通过配位键将一个 α-螺旋与一个反向平行 β-折叠的基部相连接（配位键由锌原子与一对半胱氨酸和一对组氨酸形成），锌指环上突出的赖氨酸、精氨酸参与 DNA 的结合（图8-39）。锌指结构蛋白与 DNA 的结合特异性很强，结合也很牢固。

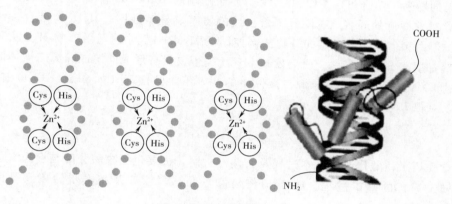

图 8-39　锌指结构模型

蛋白质中大多数锌指结构区都聚合成一组，也有少量蛋白如果蝇的 Hunchback 因子，有不止一个锌指簇。锌指簇在这些调控蛋白中的分布也有很大差异，在 ADR1 中，锌指区只占一个很小的结构区，而在 TF Ⅲ A 中，整个蛋白几乎被各个锌指区所覆盖。由于锌指区最早是在 RNA 聚合酶的转录因子中发现的，所以一般认为某个蛋白如果拥有一个或多个成簇的锌指区，那么它就很可能是转录因子，这就是为什么尽管我们对 TDF、Kruppel 及 Hunchback 的功能了解得并不十分清楚，但仍把它们归纳在转录因子中的原因。

（3）碱性-亮氨酸拉链（basic-leucine zipper）　即 bZIP 结构（图8-40）。肝脏、小肠上皮、脂肪细胞以及某些脑细胞中存在一大类 C/EBP 家族蛋白，它们的特征是能够与 CCAAT 盒和病毒的增强子结合。C/EBP 家族蛋白 C 端（35 个氨基酸残基）的结构有一个特点，即每隔 6 个氨基酸就有一个亮氨酸残基，这样的序列形成 α-螺旋时所有的亮氨酸残基必定分布在螺旋的同一侧。如果有两组这样的 α-螺旋平行排列，两组 α-螺旋上亮氨酸的疏水侧链刚好互相交错排列，形成一个类似拉链状的结构，因此得名亮氨酸拉链，所以这类蛋白质都是以二聚体的形式存在的，但它们与 DNA 结合的部位并不是亮氨酸拉链区，而是 N 端富含碱性氨基酸的结构域（20~30 个氨基酸残基）。若不形成二聚体，那么碱性区对 DNA 的亲和力会明显降低，所以这类蛋白质与 DNA 的结合实际上是以碱性区和亮氨酸拉链区两个结构域为基础的，缺一不可。

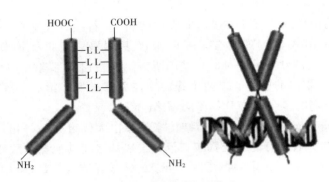

图 8-40　亮氨酸拉链模型

（4）碱性-螺旋-环-螺旋（basic-helix/loop/helix）：即 bHLH 结构。在免疫球蛋白 κ 轻链基因的增强子结合蛋白 E12 和 E47 中，羧基端的 100～200 个氨基酸残基可形成两个 α-螺旋，被非螺旋的环状结构隔开，蛋白质的氨基端是碱性区，其 DNA 结合特性与亮氨酸拉链类蛋白相似。肌细胞定向分化的调控因子 MyoD-1、原癌基因产物 Myc 及其结合蛋白 Max 等都属于 bHLH 蛋白。研究发现 bHLH 类蛋白只有形成同源或异源二聚体时，才具有足够的 DNA 结合能力。若异源二聚体中的一方不含碱性区（如 Id 或 E12 蛋白），则会明显缺乏对靶 DNA 的亲和力。

小　结

本章介绍了核酸代谢的基本过程及其调控机制，主要包括核酸分解与合成（复制、转录、逆转录等）的基本过程、DNA 损伤与修复的基本原理及基本步骤以及基因转录的调控。

核酸在酶的作用下水解产生寡聚核苷酸和单核苷酸。核苷酸在核苷酸酶的作用下水解成核苷和磷酸。核苷又可被核苷酶分解成嘌呤碱基或嘧啶碱基及戊糖。嘌呤和嘧啶碱基还可进一步分解，嘌呤碱基经脱氨和氧化后生成尿酸。胞嘧啶脱氨后可生成尿嘧啶，胸腺嘧啶和尿嘧啶被还原后可再分解。

核苷酸是一类在代谢中极为重要的物质，无论动物、植物或微生物，通常都能由一些简单的前体物质合成嘌呤和嘧啶核苷酸。嘌呤核苷酸的合成是从 5-磷酸核糖-1-焦磷酸开始，经过一系列酶促反应，生成次黄嘌呤核苷酸，然后再转化成腺嘌呤核苷酸和鸟嘌呤核苷酸。嘧啶核苷酸则相反，需先形成嘧啶环，再与磷酸核糖结合形成乳清酸，然后再生成尿嘧啶核苷酸。其他嘧啶核苷酸都是由尿嘧啶核苷酸转化而来的。某些重要的辅酶，如烟酰胺核苷酸、黄素核苷酸和辅酶 A 等，它们的分子结构中包含有腺苷酸部分。这几种辅酶的合成也与核苷酸代谢有关。

DNA 复制是一个半保留的过程，即子代分子的一条链来自亲代，另一条链是新合成的。半保留复制保证了遗传信息的稳定性，这种稳定性是通过 DNA 的新陈代谢来维持的。DNA 复制时，一条链的合成方向与复制叉移动方向一致，称为前导链，其合成是连续的；另一条链的合成方向与复制叉的移动方向相反，称为后随链，其合成是不连续的，这种复制方式称为半不连续复制，不连续片段称为冈崎片段。

DNA 复制起始于特殊的起点，双向或单向进行。原核生物基因组 DNA 和真核生物细胞器 DNA 是单个复制子，真核生物染色体 DNA 是多个复制子。复制过程中需要多种酶和蛋白质分子参与形成复制体，复制体的基本活动包括双链的解开、RNA 引物的合成、DNA 链的延长、引物的切除、填补缺口、连接 DNA 片段、切除和修复错配碱基。

生物体内 DNA 的损伤在一定条件下可以被修复。光复活是对紫外线引起的嘧啶二聚体特异的修复机制，但高等哺乳动物已失去这种能力。切除修复和重组修复是比较普遍的修复机制，它们对多种结构损伤和错配碱基起修复作用。这两种过程都有多种与 DNA 复制或重组相关的酶参与作用。

DNA 还可以在 RNA 模板的指导下进行合成，称为逆转录，催化该过程的酶称为逆转录酶。它是一种多功能酶，兼有 RNA 指导的 DNA 聚合酶、DNA 指导的 DNA 聚合酶以及核糖核酸酶（RNase）H 活力。目前逆转录酶已成为分子生物学和基因工程的有力工具，并为肿瘤的防治提供了新的线索。

遗传信息由 DNA 传递给 RNA 的过程称为转录，由 DNA 指导的 RNA 聚合酶催化。通常 DNA 分子的两条链中只有一条链被转录，即所谓不对称转录。RNA 转录过程分为三个步骤：即转录的起始、RNA 链的延长及转录的终止。原核生物的转录单位通常由多个基因组成，真核生物的转录单位通常为单个基因。

操纵子是原核生物基因表达的调控单位，也是转录单位。原核生物中，功能相关的几个结构基因通常排列在一起，有共同的调控序列（启动子和操作基因），受调节基因的产物（阻遏蛋白）的调控。受一种调节蛋白控制的几个操纵子系统称为调节子，调节蛋白的作用可以是负调控，也可以是正调控。阻遏蛋白的作用属于负调控，环腺苷酸受体蛋白的作用属于正调控。真核生物的结构基因不构成操纵子，其调控机制更为复杂。

RNA 在转录后需要经过一系列加工过程才能称为成熟分子。原核生物 mRNA 转录产物一般不需要加工，少数情况下需将多顺反子 mRNA 切割成单个 mRNA 才能翻译。真核生物 mRNA 前体的加工过程包括 5′端加帽、3′端加尾、通过剪接去除内含子序列以及内部甲基化修饰。

在某些生物中，RNA 也可以作为遗传信息的携带者，病毒 RNA 可以自我复制，致癌病毒 RNA 还可以通过逆转录将遗传信息传递给 DNA。逆转录及逆转录酶的发现更深刻地揭示了 DNA 和 RNA 的相互关系。

思考题

1. 可以将核酸降解的核酸酶都有哪些？这些酶分别具有什么特点？

2. 什么是从头合成途径？什么是补救合成途径？这两类代谢途径在人体中广泛分布吗？

3. 试说明从头合成途径嘌呤环与嘧啶环中元素来源。健康人需要补充膳食核酸吗？

4. 请总结嘌呤核苷酸与嘧啶核苷酸从头合成途径的异同点。

5. 痛风是如何引起的？别嘌呤醇治疗痛风的作用机制是什么？

6. 生物的遗传信息如何由亲代传递给子代？

7. 何谓 DNA 的半保留复制？是否所有的 DNA 的复制都是以半保留的方式进行？

8. 用什么实验可以证明 DNA 复制时存在许多小片段（冈崎片段）？

9. DNA 复制的精确性、持续性和协同性是通过怎样的机制实现的？

10. 真核生物 DNA 聚合酶有哪几种？它们的主要功能是什么？

11. DNA 复制过程可分为哪几个阶段？其主要特点是什么？

12. 哪些因素会引起 DNA 损伤？生物体有哪些修复机制？

13. 在大肠杆菌 DNA 分子进行同源重组的时候，形成的异源双螺旋允许含有某些错配的碱基对，为什么这些错配的碱基对不会被细胞内的错配修复系统排除？

14. 试比较切除修复和光复活机制是如何清除由紫外线诱导形成的嘧啶二聚体的？如何区分这两种修复机制？

15. 模板链、非模板链与启动子的概念是什么？

16. 转录因子和增强子的概念是什么？

17. 什么是不对称转录？

18. 何谓单顺反子和多顺反子？

19. 原核生物与真核生物的转录有何异同？

20. 简述原核生物的转录终止方式。

21. 叙述 DNA 聚合酶、RNA 聚合酶、逆转录酶、RNA 复制酶所催化的反应的异同。

22. 简述端粒酶的概念与用途。

第九章　蛋白质代谢

第一节　概述

蛋白质在生命活动中发挥着重要作用。一切生命活动都离不开蛋白质。蛋白质由于功能不同，在体内的寿命也不同。蛋白质的寿命通常用半衰期（half-life）来表示。在正常生理状态下，生物体内的蛋白质总是处于不断降解和合成的动态平衡过程中，实验证明，人体每天约分解 20g 左右的蛋白质，因此，正常成人每天至少应从食物中摄取 30~50g 蛋白质才能保障各类代谢的正常进行。国家营养学会推荐正常成人每日蛋白质的需要量为 80g。主要来源包括外源蛋白质的降解、体内蛋白质的周转以及氨基酸的合成途径。

本章主要介绍蛋白质的降解，了解蛋白质的消化、吸收与腐败作用；蛋白质的分解代谢，理解体内氨基酸的来源和去路、氨的代谢、三大营养物质在代谢上的相互联系；氨基酸的合成；蛋白质的生物合成与修饰。

一、蛋白质的生理功能

蛋白质在生物体的生命活动过程中发挥着重要作用。蛋白质参与构成生物各种细胞组织的结构，维持细胞组织生长、更新和修复，是蛋白质最重要的功能；蛋白质还参与基因表达调节、催化、运输、免疫及代谢调节，执行多种重要的生理功能；蛋白质还可作为能源物质，每克蛋白质在体内氧化分解可释放 17.19kJ（4.1kcal）能量。

（一）维持细胞组织的生长、更新和修复

蛋白质是细胞的主要组成成分。蛋白质是维持细胞组织生长、更新和修复的主要原料，最重要的功能就是构成各种细胞组织的结构。蛋白质对人的生长发育非常重要，人体各组织细胞的蛋白质需要经常不断地更新，处于生长发育时期的儿童必须摄食蛋白质丰富的膳食才能维持其生长和发育，对儿童的智力发展尤为重要，因此，对生长发育期的儿童、孕妇提供足够量优质的蛋白质尤为重要。根据同位素测定，成人全身蛋白质 6~7 个月可更新一半，每天约有 3% 的蛋白质更新，借以完成组织和器官的修复更新。因此，成人需要每日摄入足够量的蛋白质以满足组织细胞的更新，而组织受损则需要更多的蛋白质作为组织细胞修复的原料，如果不能得到及时和高质量的修补，机体将会加速衰退。

（二）参与基因表达调节、催化、运输、免疫及代谢调节，执行多种重要的生理功能

蛋白质是生命活动的物质基础。人体必需的催化反应（多数的酶）、调节功能（一些激素）、肌肉的收缩、物质的运输（血红蛋白、载体蛋白等）、血液的凝固、机体内的渗透压及体液酸碱平衡的维持以及免疫反应等都有蛋白质参与。各种酶、胶原蛋白、载体蛋白、血红蛋白、白蛋白、多肽类激素、抗体、细胞膜上的受体和某些调节蛋白等均为特殊功能的蛋白质。此外，氨基酸代谢过程还可产生胺类、神经递质、嘌呤和嘧啶等重要的含氮化合物，维持神经系统的正常功能。

（三）氧化供能

蛋白质能够被氧化分解成氨基酸，是机体的能源物质之一。在机体能量供应不足时，蛋白质也可分解供能，维持机体的代谢活动。氨基酸可以转变成脂肪和糖代谢过程中的中间产物，从而参与能量的代谢。每克蛋白质在体内氧化分解可释放 17.19kJ 能量。一般来说，成人每日约 18% 的能量从蛋白质获得。饥饿时，组织蛋白分解增加。因为糖与脂肪可以代替蛋白质提供能量，故氧化供能是蛋白质的次要生理功能。

二、蛋白质的氮平衡及生理需要量

（一）氮平衡

蛋白质是生命活动中化学结构十分复杂且发挥重要作用的生物大分子，因此提供足够的食物蛋白是维持各种生命活动所必需的。蛋白质含有氮元素，并且氮含量相对恒定。由于蛋白质无法在体内贮存，超过的部分机体也无法进行合成代谢，只能通过分解代谢将其含氮部分以尿素形式排出。因此，在营养学上机体蛋白质的营养状况和膳食蛋白质在体内的利用情况可以用氮平衡来衡量。

氮平衡（nitrogen equilibrium，nitrogen balance），是指氮的摄入量与排出量之间的平衡状态。即，氮平衡＝摄入氮－排出氮。

氮平衡包括以下三种情况。

1. 总氮平衡

摄入氮等于排出氮称为总氮平衡。这表明体内蛋白质的合成量和分解量处于动态平衡，一般营养正常的健康成年人就处于氮平衡状态。

2. 正氮平衡

摄入氮大于排出氮称为正氮平衡。这表明体内蛋白质的合成量大于分解量。摄入的蛋白质除补偿组织消耗外，多余部分被合成机体自身的蛋白质，即构成新组织而被保留。生长期的少年儿童、孕妇和恢复期的伤病员的康复或组织损伤的修补等就属于这种情况。所以，在这些人的饮食中，应该尽量多给些蛋白质含量丰富的食物，如果蛋白质供给不足，就会对其健康产生影响。

3. 负氮平衡

摄入氮小于排出氮称为负氮平衡。这表明体内蛋白质的合成量小于分解量。慢性消耗性疾病、组织创伤和饥饿等就属于这种情况。蛋白质摄入不足，就会导致身体消瘦，对疾病的抵抗力降低，患者的伤口难以愈合等。当摄入的氮少于消耗的氮时，将出现如营养不良、腰酸背痛、头昏目眩、体弱多病、代谢功能衰退等症状，则称为负氮平衡。长期负氮平衡会造成机体蛋白质不足或缺乏。轻度的蛋白质缺乏表现为疲乏、体重减轻、机体抵抗力下降、贫血等。严重的蛋白质缺乏会导致儿童出现生长停滞、发育迟缓而且其智力发育也会受到影响。

（二）蛋白质的生理需要量

实验证明，成人禁食蛋白质约 8d 之后，每天排出的氮量逐渐趋于恒定，根据氮平衡实验计算，成人每日最低分解 20g 蛋白质，为补充这些损耗，正常成人每天应从食物中摄取足够蛋白质才能保障各类代谢的正常进行。而食物蛋白质的氨基酸组成与人体需要有差异，不可能全部被利用，故成人每日最低需要 30~50g 蛋白质。日常饮食中的蛋白质摄入量必须高于最低生理需要量才能满足实际生理需要，要长期保持氮的总平衡，中国营养学会推荐正常成人每日蛋白质的需要量为 70~80g，具体见表 9-1。

表 9-1 中国居民膳食蛋白质的推荐摄入量

年龄	蛋白质 RNI/（g/d）		年龄	蛋白质 RNI/（g/d）	
	男	女		男	女
0~6 个月	9	9	10~	50	50
7~12 个月	20	20	11~	60	55
1~	25	25	14~17	75	60
2~	25	25	18~49	65	55
3~	30	30	50~79	65	55
4~	30	30	80~	65	55
5~	30	30			
6~	35	35	孕妇早期		55
7~	40	40	孕妇中期		70
8~	40	40	孕妇晚期		85
9~	45	45	乳母		80

注：RNI（推荐摄入量）：是指可以满足某一特定性别、年龄及生理状况群体中绝大多数个体（97%~98%）的需要量的摄入水平。长期摄入 RNI 水平，可以满足机体对该营养素的需要，维持组织中有适当的储备，保持机体健康。RNI 是根据某一特定人群中体重在正常范围内的个体需要量设定的，超出此范围的个体按每千克体重的需要量进行调整。

三、蛋白质的消化、吸收与腐败作用

蛋白质在酸性、碱性、酶等条件下均可发生水解。蛋白质在酸的作用下，色氨酸破坏，天冬酰胺和谷氨酰胺脱酰胺基。蛋白质在碱的作用下，水解后氨基酸会消旋，但色氨酸稳定。碱法水解则会使 L 型氨基酸变成 D 型，且两种水解方法都不存在专一性，因此酶法水解成为趋势。根据水解程度，有完全水解和不完全水解两种方式。完全水解的水解产物为各种氨基酸的混合物；不完全水解得到的水解产物是各种大小不等的肽段和单个氨基酸。不管哪种水解方式，最终都会形成氨基酸。蛋白质水解生成氨基酸大约有 20 余种，天然蛋白质水解的最终产物都是 α-氨基酸。

人类每天需要进食一定量的蛋白质，这些蛋白质在胃液消化酶的作用下，初步水解，在小肠中完成整个消化吸收过程保证生物体对蛋白质的需要。食物蛋白质的消化、吸收是体内氨基酸的主要来源，氨基酸通过血液运输给细胞合成蛋白质或转变为其他含氮化合物，未被吸收的蛋白质由粪便排出体外。

（一）蛋白质的消化

蛋白质在胃、小肠及小肠黏膜细胞内经多种蛋白酶及肽酶协同作用下水解为寡肽及氨基酸的过程称为蛋白质的消化。食物蛋白质经过消化，一方面可以消除食物蛋白质的抗原性，避免引起过敏、毒性反应；另一方面使蛋白质水解为氨基酸，有利于机体吸收利用。

蛋白质未经消化不易吸收。一般食物蛋白质水解成氨基酸及小肽后方能被吸收。由于唾液中不含水解蛋白质的酶，所以食物蛋白质的消化从胃开始，主要在小肠进行。

胃液内消化蛋白质的酶主要是胃蛋白酶。胃蛋白酶是由胃黏膜主细胞合成并分泌的胃蛋白酶原经过胃酸激活或经胃蛋白酶自身激活而生成的，如图 9-1 所示。

胃蛋白酶最适宜的 pH 为 1.5~2.5。酸性的环境可使蛋白质变性，有利于酶对蛋白质的水解。pH 6.0 时胃蛋白酶失活，但仍可复性，pH>8 则完全破坏，无法复性。胃蛋白酶的作用较弱、专一性较差，优先作用于含芳香族氨基酸、蛋白酶和亮氨酸残基组成的肽键，水解产物主要是多肽及少量氨基酸。胃蛋白酶对乳制品中的酪蛋白有凝乳作用，可使乳液凝集成乳块，延长在胃内的停留时间，有利于乳汁中蛋白质的消化。

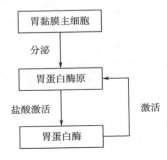

图 9-1　胃蛋白酶的作用

由于食物在胃中停留时间较短，对蛋白质的消化很不完全。消化产物及未被消化的蛋白质在小肠内经胰液和小肠黏膜细胞分泌的多种蛋白酶及肽酶的共同作用，进一步水解为氨基酸。所以，小肠是蛋白质消化的主要部位。

蛋白质在小肠内消化主要依赖胰腺分泌的各种蛋白酶，由胰脏分泌的胰液含有胰蛋白酶原、胰凝乳蛋白酶原、羧肽酶原 A 和 B，以及弹性蛋白酶原等。胰酶催化蛋白质水解的作用和专一性较强，可分为两大类。

1. 内肽酶

内肽酶可以水解蛋白质分子内部的肽键，包括胰蛋白酶、胰凝乳蛋白酶和弹性蛋白酶。这些酶对不同氨基酸组成的肽链有一定的专一性。

2. 外肽酶

外肽酶包括氨基肽酶和羧基肽酶，可将肽链末端的氨基酸逐个水解释放氨基酸。外肽酶对不同氨基酸组成的肽键也有一定专一性。

这些酶最适宜的 pH 为 7.0 左右。无论是内肽酶还是外肽酶都以酶原的形式在十二指肠由肠激酶激活，如图 9-2 所示。

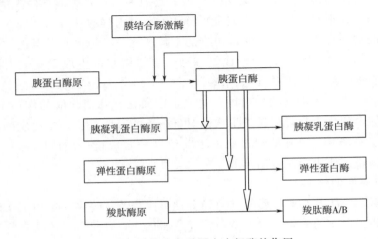

图 9-2　胰液中各种蛋白水解酶的作用

胰蛋白酶作用形成的肽，可被羧肽酶 B 进一步水解，而胰凝乳蛋白酶和弹性蛋白酶水解剩余的肽可被羧肽酶 A 进一步水解。在氨基肽酶的作用下，从氨基末端逐个水解释放出氨基酸，最后生成二肽，再由二肽酶水解，生成氨基酸，如图 9-3 所示。经过以上蛋白酶的作用，蛋白质被进一步分解为氨基酸和一些寡肽，如图 9-4 所示。蛋白水解酶的专一性很强，具体专一性见表 9-2。

表 9-2	蛋白水解酶的专一性
酶	专一性
胃蛋白酶	Trp，Phe，Ala，Tyr，Met，Leu 残基的羧基组成的肽键
胰蛋白酶	碱性氨基酸（Arg，Lys）残基的羧基组成的肽键
胰凝乳蛋白酶	芳香族氨基酸残基的羧基组成的肽键
弹性蛋白酶	脂肪族氨基酸残基的羧基组成的肽键
氨肽酶	任意氨基酸残基 N 端
羧肽酶 A	中性氨基酸残基 C 端
羧肽酶 B	碱性氨基酸残基 C 端

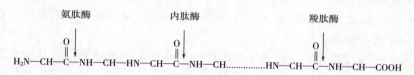

图 9-3　不同肽酶作用的位置

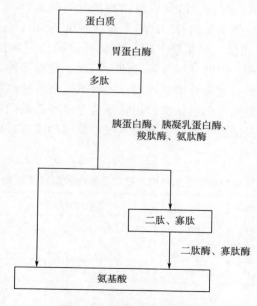

图 9-4　蛋白质的消化作用

（二）蛋白质的吸收

蛋白质主要是在小肠中进行消化和吸收的，并且消化和吸收过程是同时进行的。消化道内的物质透过黏膜进入血液或淋巴的过程称为吸收。蛋白质经胃液和胰液中的蛋白酶的消化，大约 1/3 消化成氨基酸，2/3 消化成寡肽。

蛋白质经过小肠腔内的消化，寡肽通过肠黏膜的刷状缘细胞后，被水解为可被吸收的氨基酸和 2~3 个氨基酸的小肽。过去认为只有游离氨基酸才能被吸收，现在发现 2~3 个氨基酸的小肽也可被吸收，而且小肽转运速率快、耗能低、载体不易饱和。近年来的大量研究显示，小肠壁上还存在有二肽和三肽的转运系统，因此许多二肽和三肽也可完整地被小肠上皮细胞吸收，而且由于肽转运系统具有耗能低而不易饱和的特点，吸收的效率可能比氨基酸更高。二肽和三肽进入细胞后，可被细胞内的二肽酶和三肽酶进一步分解成氨基酸，再进入血液循环。

小肽与游离氨基酸在肠道的吸收互不影响，肽与氨基酸的转运机制是相互独立的，有助于减轻由于游离氨基酸相互竞争共同吸收位点而产生的吸收抑制。

1. 氨基酸的转运机制

小肠细胞同时存在主动运输、易化扩散和单纯扩散三种方式，绝大部分的氨基酸在小肠中转运时采用哪种方式，主要取决于该氨基酸初始浓度的大小。浓度低时，主动转运的方式占主导地位，反之，被动转运方式占主导地位。可以通过底物氨基酸浓度调节载体的表达，进而提高氨基酸吸收率。

由于氨基酸结构的差异，一种载体只能转运某些特定的氨基酸。按底物性质，小肠黏膜细胞膜上主动转运系统可以分为四种类型：中性氨基酸、碱性氨基酸、酸性氨基酸和亚氨基酸转运系统，具体见表 9-3。它们通过不同 Na^+ 泵和非 Na^+ 泵系统逆浓度梯度转运。肠腔中的氨基酸和 Na^+ 与载体结合，结合后载体构象发生改变，从而使氨基酸与 Na^+ 转入肠黏膜上皮细胞内。为了维持细胞内外 Na^+ 的平衡，再由钠泵（Na^+-K^+-ATP 酶）将 Na^+ 泵出细胞，此过程需 ATP 供能。氨基酸之间存在转运协同作用和拮抗作用。一种氨基酸转运载体能转运多种氨基酸，同时又具备一定的专一性，会对某种氨基酸具有相对较高的亲和力。氨基酸的吸收又具有竞争性抑制作用，一种氨基酸与转运载体结合会影响其他氨基酸结合相应位点，比如游离态的赖氨酸和精氨酸会竞争相应的吸收位点，而且游离精氨酸可以降低肝门静脉中赖氨酸的水平；而当精氨酸以肽的形式存在时，赖氨酸则不影响其吸收。

表 9-3　　　　　　　　哺乳动物肠道上皮细胞表达的氨基酸转运系统分类

转运系统		转运载体	定位	底物特异性	底物耦联
酸性氨基酸转运系统	X_{AG}^-	EAAT2	顶端膜	L-Glu，L/D-Asp	Na^+，K^+
		EAAT3	顶端膜	L-Glu，L/D-Asp	Na^+，K^+
	X_C^-	xCT	基底膜	CssC，L-Glu，L-Asp	CssC/Glu 交换
碱性氨基酸转运系统	y^+	CAT1	顶端膜基底膜	Lys，Arg，Orn，His	无

续表

转运系统		转运载体	定位	底物特异性	底物耦联
中性氨基酸转运系统	A	ATA2	基底膜	Ala, Gly, Ser, Pro, Met, His, Asn, Gln, L/D-Ala, L/D-Gln, L/D-Ser, L/D-Cys, L/D-Thr	Na^+
	ASC	ASCT2	顶端膜	L-Trp, L-Gln, L/D-Asn, L/D-Leu, L/D-Met, L/D-Val, L/D-Ile, L/D-Phe, L/D-Trp, L/D-Gly, L/D-His	Na^+
	B^0	B^0AT1	顶端膜	大部分中性氨基酸 Ala, Gly, Ser, Thr, Gln	Na^+
	asc	Asc1	基底膜	Cys, Asn, Leu, Met, Val, Ile, Phe, His	交换
	L	LAT2	基底膜	Ala, Gln, Leu, Phe, His	交换
	N	SN2	顶端膜基底膜	Ala, Gly, Ser, His, Asn, Gln	交换
	IMNO	SIT	顶端膜	Pro	Na^+
	PAT	PAT1	基底膜	Pro	H^+
	T	TAT1	基底膜	L/D-Phe, L/D-Trp, L/D-Tyr	无
亚氨基酸转运系统	$B^{0,+}$	$ATB^{0,+}$	顶端膜	Lys, Arg, Pro, Trp, Gly, Ser, Thr, Gln, Cys, Asn	Na^+, Cl^-
	y^+L	y^+LAT1 y^+LAT2	基底膜基底膜	Lys, Arg, Gln, Leu, His Arg, Leu	Na^+ Na^+
	$b^{0,+}$	$b^{0,+}AT$ 4F2-1c6	顶端膜顶端膜	CssC, Phe, Tyr, Lys, Arg, Trp, Ser, Thr, Gln, Cys, Asn, Leu, Met, Val, Ile, His, Ala	碱性和中性氨基酸交换
				Gly, CssC, Phe, Trp, Ser, Thr, Gln, Cys, Asn, Leu, Met, Ala, BCH	碱性和中性氨基酸交换

2. 小肽的转运机制

蛋白质在体内主要是以小肽形式被吸收。小肽的吸收是需要载体介导和消耗能量的主动运输过程，发生在细胞膜上，需要特定的膜蛋白转运。通常，哺乳动物只能通过小肽载体吸收二肽和三肽，而大分子的肽几乎不能被吸收。小肽的吸收不受氨基酸的影响，但小肽之间有低程度的竞争，肽的分子大小及其氨基酸组成会影响肽的吸收效率。因为小肽载体对疏水性强、侧链的体积比较大的肽具有较高的亲和力；对亲水性强、带电荷的肽的亲和力则比较小。小肽转运蛋白家族有四种 PepT1、PepT2、PhT1 和 PhT2。研究较多的主要有两种：PepT1 和 PepT2，二者均能转运二肽和三肽，但是目前研究最多的是 PepT1。PepT1 可携带的底物广泛，能转运大约 400 种二肽和 8000 种三肽以及很多肽类化合物。像其他营养载体一样，PepT1 能被其底物上调，其调节作用是通过增加细胞膜上肽转运蛋白的丰度来实现的。

研究发现，小肽有三种吸收机制。

（1）不需要消耗 ATP 的依赖 pH 的 Na^+/H^+ 转运机制　肽转运的驱动力是细胞膜两侧的 H^+ 梯度。质子产生电化学梯度，当质子在刷状缘膜处向细胞内跨膜转运时产生驱动力，使小肽以易化扩散的方式向小肠上皮细胞内运动，小肽进入细胞后引起胞浆 pH 下降，从而活化刷状缘顶端细胞的 Na^+/H^+ 互转通道，释放出 H^+ 到细胞外，细胞内的 pH 恢复到原来水平；缺少 H^+ 浓度梯度时，依靠膜外的底物浓度进行，当存在外高内低的 H^+ 浓度时，则通过逆底物浓度的转运进行。

通过 PepT1 与氢离子（H^+）协同转运是二肽和三肽吸收的主要途径。小肽分子和 H^+ 经 PepT1 协同转运到细胞内，H^+ 再经细胞顶膜侧的钠离子（Na^+）/H^+ 转运至细胞外，将 Na^+ 置换到细胞内，维持细胞膜的质子驱动力；而基底膜的 Na^+/钾离子（K^+）-ATP 酶（ATPase）通过 Na^+/K^+ 交换，把细胞内的 3 个 Na^+ 泵出，转入 2 个 K^+ 以维持细胞内外 Na^+ 和 K^+ 浓度梯度，恢复电化学梯度（图 9-5）。

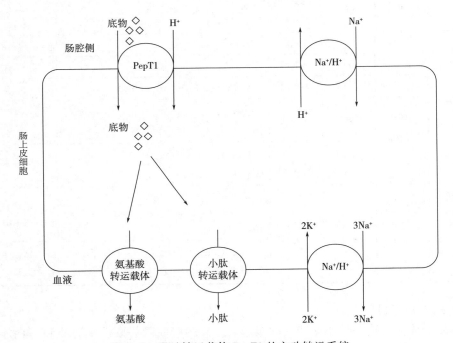

图 9-5　通过转运载体 PepT1 的主动转运系统

（2）需要消耗 ATP 的依赖 H^+ 或 Ca^{2+} 浓度的主动转运系统　这种转运方式在缺氧或添加代谢抑制剂的情况下被抑制。

（3）谷胱甘肽（GSH）的跨膜转运系统　又称 γ-谷氨酰基循环，此循环由 Meister 提出，故又称 Meister 循环。该系统可能与 Ca^{2+}、K^+、Li^+、Na^+ 等阳离子的浓度梯度有关，但是与 H^+ 的浓度无关，受 Ca^{2+} 影响最大。GSH 系统具有底物专一性，只能转运 GSH，因为 GSH 是生物活性肽，在生物膜内具有抗氧化的作用，因而 GSH 转运系统是一个特殊的转运体系，具有重要的生理意义。

位于细胞膜上的 γ-谷氨酰基转移酶是关键酶，该酶催化氨基酸与谷胱甘肽结合而转运，是耗能转运过程。其余各酶均存在于胞液中。在此循环中，谷胱甘肽分解，作为氨基酸的转运载体，氨基酸进入细胞后，谷胱甘肽再合成（图9-6）。γ-谷氨酰基转移酶缺陷时，尿中排出过量谷胱甘肽。

（三）蛋白质的利用

被吸收的氨基酸通过肠黏膜细胞进入肝门静脉，随后被运送到肝脏和其他组织或器官被利用。吸收进入血液循环的氨基酸到达需要的组织时被利用。其利用途径有两种：其一为合成代谢，即合成组织蛋白质以补充分解的同类蛋白质，或合成蛋白质以外的其他含氮物质（如嘌呤、肌酸、肌苷等）；其二为分解代谢，通过此途径释放能量或形成其他生理活性物质。蛋白质的利用效率可以通过蛋白质净利用率来表示。

蛋白质净利用率（net protein utilization，NPU）是机体的氮储留量与氮食入量之比，表示蛋白质实际被利用的程度。

$$NPU = 氮储留量/氮食入量 = 生物价 \times 真消化率$$

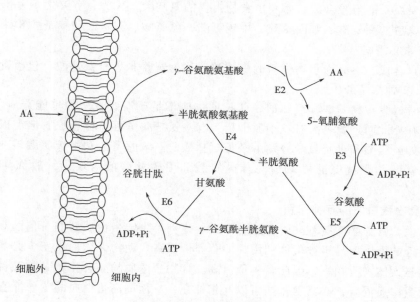

图9-6　γ-谷氨酰基循环

注：E1：γ-谷氨酰基转移酶；E2：γ-谷氨酸环化转移酶；E3：5-氧脯氨酸酶；
E4：肽酶；E5：γ-谷氨酰半胱氨酸合成酶；E6：谷胱甘肽合成酶

（四）蛋白质的腐败作用

在消化过程中，大肠下段肠道细菌对肠道内未被消化的蛋白质、多肽及未被吸收的氨基酸所发生的分解作用过程，称为蛋白质的腐败作用。腐败作用是肠道细菌本身的代谢过程，以无氧分解为主，发生在大肠下部。腐败产物有些对人体具有一定的营养作用，如脂肪酸及维生素等，可以被机体利用。但是大多数产物对人体是有害的，肠道细菌通过氨基酸脱羧基作用产生有毒胺类；通过脱氨基作用产生氨；腐败作用产生其他有害物质如酚类、吲哚及硫化氢等。正常情况下，腐败作用产生的有害物质大部分随粪便排出，吸收但未被利用的蛋白质或其代谢物通过尿液排出体外。此外，也可通过皮肤表皮细胞脱落、排汗等方式排泄氮。只有小部分被吸收，经肝的代谢转化为无毒形式排出体外，故不会发生中毒现象。

四、蛋白质的营养价值

蛋白质的营养价值（nutrition value）是指食物蛋白质在体内的利用率。在营养方面，只注意膳食中蛋白质的量是不够的，还必须注意蛋白质的质。各种蛋白质所含氨基酸的种类和数量各不相同，有的蛋白质含有体内所需的所有氨基酸，且含量充足；有的蛋白质对机体所需的一种或数种氨基酸含量不足；还有的蛋白质缺乏机体所需的一种或数种氨基酸。氨基酸种类缺乏或含量不足，都会降低膳食蛋白质的营养价值。

（一）营养必需氨基酸和非必需氨基酸
人体内蛋白质合成所需的氨基酸有 20 种，可分为两大类。

1. 营养必需氨基酸

机体需要而不能自身合成，必须由食物提供的氨基酸，称为营养必需氨基酸。包括缬氨酸、异亮氨酸、亮氨酸、苯丙氨酸、甲硫氨酸、色氨酸、苏氨酸和赖氨酸 8 种。

2. 营养非必需氨基酸

体内可以合成，不必由食物供给的氨基酸，称为营养非必需氨基酸，包括营养必需氨基酸以外的 12 种氨基酸。

人体可合成少量精氨酸和组氨酸，若长期供应不足或需要量增加也能造成负氮平衡。因此，适当补充此两种氨基酸有益于氮平衡。有些氨基酸虽可自行合成，但需以必需氨基酸为原料，如酪氨酸和半胱氨酸分别由必需氨基酸——苯丙氨酸和甲硫氨酸转变而来。食物中添加酪氨酸和半胱氨酸可减少对苯丙氨酸和甲硫氨酸的需要量，故称为半必需氨基酸。

（二）食物蛋白质的互补作用
一般来说，营养必需氨基酸的含量、种类、比例等决定蛋白质营养价值的高低。与人体需要相接近的蛋白质易于被机体利用，即营养价值高。动物性蛋白质所含必需氨基酸的种类和比例与人体需要相近，因此营养价值高。食物蛋白质的互补作用是将几种食用营养价值较低的蛋白质混合，必需氨基酸可以互相补充，从而提高蛋白质的营养价值。

第二节　蛋白质的分解代谢

体内的蛋白质处于动态平衡，成人体内每天有 1%~2% 的蛋白质被降解，而其降解所产生的氨基酸，有 75%~80% 又被重新利用合成新的蛋白质，其余 20%~25% 的蛋白质全部进入氨基酸代谢库参与氨基酸的分解和合成代谢。机体内的蛋白质总是这样经常地在进行着合成与分解的变化，但是其更新速率存在着差别，有的较快，有的较慢。

一、蛋白质的半衰期（half-life）

蛋白质的半衰期是指蛋白质浓度减少至起始值的一半所需要的时间。半衰期表示蛋白质的降解速率。不同蛋白质随生理需要而变化其降解速率不同。不同动物的各种组织蛋白质之间，同一动物的不同组织蛋白质之间，甚至从同一细胞内蛋白质，半衰期也表现出很大差异。一般来说，细胞内结构蛋白半衰期较长。人血浆蛋白质的半衰期约为 10d，胶原蛋白为 1000d。结缔组织中一些蛋白质可达 180d 以上。负责信号调控的蛋白寿命往往较短。代谢关键酶的半衰期通常都很短，例如多胺合成的限速酶-鸟氨酸脱羧酶半衰期只有 11min，胆固醇合成的关键酶 HMG-CoA 还原酶的半衰期仅为 0.5~2h。

美国麻省理工学院的 Alexander Varshavsky 等人提出 N 端规则（N-end rule），认为蛋白质的半衰期是由其 N-末端氨基酸残基种类决定的，这一规律适用于从原核到真核的所有生命形态。这种蛋白质 N-末端与半衰期的关系，称为 N 端规则。具有这类性质的 N 端残基称为 "N 端降解子"（N-terminal degron）。

如果末端是精氨酸、亮氨酸、赖氨酸、苯丙氨酸或赖氨酸的多肽，寿命就很短，半衰期只有 2~3min。而末端是缬氨酸、丙氨酸、甘氨酸、丝氨酸和甲硫氨酸的多肽，寿命就很长，在原核生物半衰期超过 10h，在真核生物中半衰期超过 20h。

根据 N-末端规律，可将氨基酸分为稳定的、不稳定的和最不稳定的三类。长寿命的蛋白质，其 N-末端均为稳定的氨基酸；短寿命的蛋白质，其 N-末端多为不稳定的或最不稳定的氨基酸。由于 N-末端氨基酸的性质与蛋白质的稳定性密切相关，故通过识别蛋白质的 N-末端残基可以掌握和调节蛋白质代谢的稳定性。

尽管由 N 端规则支配的蛋白质降解和调控途径对于包括细胞凋亡、线粒体状态、癌症发生等多类生物过程均具有相当重要的影响，且对于细胞工程利用蛋白降解系统具有显著意义，但人们迄今为止还未掌握 N 端规则的全貌。

二、真核细胞的蛋白质降解途径

真核细胞的蛋白质降解途径包括能量非依赖性途径和能量依赖性途径。能量非依赖性途径主要包括溶酶体途径和 CalaPins 系统，它们降解蛋白不需要 ATP 的参与，其中溶酶体主要降解细胞外蛋白。能量依赖性途径包括泛素-蛋白酶体途径和泛素（ubiquitin）非依赖性途径，具有选择性降解细胞内蛋白的作用。

（一）溶酶体降解途径

溶酶体是由单层膜包裹而成的一种动态性细胞器，通常呈圆形，在酸性环境下含有 50 多种蛋白酶，主要降解细胞外来的蛋白质、膜蛋白和细胞器长寿蛋白质，降解过程不需要消耗 ATP。溶酶体是细胞内的消化器官，细胞自溶、防御以及对某些物质的利用均与溶酶体的消化作用有关。根据完成其生理功能的不同阶段可分为初级溶酶体、次级溶酶体和残体。溶酶体降解细胞内蛋白质通过自噬的机制。溶酶体途径降解根据细胞内底物运送到溶酶体腔方式的不同，可分为三种主要方式：巨自噬、微自噬和分子伴侣介导的自噬（chaperone-mediated autophagy，CMA）。一般认为长半衰期的蛋白质经溶酶体途径降解。

（二）泛素（ubiquitin）依赖的蛋白酶体（proteasome）降解途径

此途径需泛素的参与。目前大量研究证明泛素是由 76 个氨基酸残基组成、分子质量约 8.451ku 的小分子碱性蛋白质，热稳定，高度保守，广泛存在于真核细胞中。泛素分子的一级序列 N 端为 Met 残基，C 端为 Gly 残基，C 端氨基酸残基参与泛素的活化、转运、靶蛋白泛素化和多聚泛素化。

此降解途径需 3 种酶（E1，E2，E3）参与，并消耗 ATP。泛素活化酶（ubiquitin activating enzyme，E1）是催化泛素与蛋白底物结合所需的第一个酶，其在细胞中存在较丰富，而且为细胞的活性和生存所必需。E1 酶的序列在酵母、植物和人中高度保守，大多为单拷贝基因，能水解 ATP，通过其活性位置的半胱氨酸残基与泛素的羧基末端形成高能硫酯键而激活泛素。泛素耦联酶（ubiquitin conjugating enzymes，E2）是泛素与蛋白底物结合所需的第二个酶，在泛素和底物蛋白之间催化形成异肽键，E2 酶的这一催化作用可单独完成，也可能需要 E3 酶的帮助。所有已知的真核生物 E2 酶在一级结构上高度保守，它们都拥有一个约 160 个氨基酸组成的高度保守的所谓 UBC 结构域。在这一结构域内，E2 酶具有一个特殊的半胱氨酸残基，这一半胱氨酸残基在泛素-E2 酶硫酯键形成中起作用。泛素-蛋白连接酶（ubiquitin-protein ligating enzymes，E3）是泛素与蛋白底物结合所需的第三个酶，能识别底物蛋白，在决定泛素介导的底物蛋白降解的选择性方面具有重要作用。

底物蛋白被泛素-蛋白酶体途径降解包括以上三种酶的参与，并消耗 ATP。整个降解过程在碱性环境下进行，历经两个阶段，5 步反应。

第一阶段包括底物蛋白与泛素结合，特异性地与靶蛋白形成共价连接，标记靶蛋白并使之激活；泛素-蛋白体被识别并将其降解，同时释放出泛素进行再循环；靶蛋白需多次泛素化反应，形成泛素链，启动蛋白降解。第二阶段是蛋白酶体对泛素化蛋白的识别并降解成小分子的多肽。泛素依赖的蛋白酶体降解途径如图 9-7 所示。具体 5 步反应如下：

1. 泛素的活化

泛素（Ub）由泛素活化酶（E1）催化，消耗 ATP，泛素的羧基端与 E1 的巯基通过高能硫酯键形成 E1-S~Ub。

$$Ub+ATP \xrightarrow{E1} E1\text{-}S\sim Ub+AMP$$

2. 泛素的传递

泛素由 E1 转移到泛素耦联酶（E2）分子上，生成 E2-S~Ub。

$$E1\text{-}S\sim Ub+E2 \longrightarrow E1+E2\text{-}S\sim Ub$$

3. 靶蛋白识别

要降解的靶蛋白被泛素-蛋白连接酶（E3）识别，E3 结合到靶蛋白 N 端氨基酸残基上，在 E3 的催化下，将已活化的泛素从 E2-S~Ub 转移到靶蛋白链的 N 端氨基酸残基上，从而使泛素与靶蛋白连接，形成 Ub-NH-protein。

$$E2\text{-}S\sim Ub+Protein \xrightarrow{E3} E2+Ub\text{-}NH\text{-}protein$$

4. 聚泛素化

靶蛋白结合一个泛素分子称为单泛素化，单泛素化的靶蛋白不能被降解。靶蛋白的降解需要聚泛素化，即继续在 E3 的协助下，由 E2-S~Ub 将活化的泛素连接到 Ub-NH-protein 的泛素分子上，如此进行多次重复，形成聚泛素链。

5. 聚泛素化的靶蛋白在蛋白酶体中降解。

蛋白酶体广泛分布于细胞质和细胞核中，26S 蛋白酶体是一种相对分子质量为 2000 的多亚基复合物，约由 50 种蛋白质亚基组成，具有多种蛋白水解酶活性，并且具有泛素依赖性。26S 蛋白酶体主要由一个 20S 的核心颗粒（core particle，CP）和 2 个 19S 的调节颗粒（regulatory particle，RP）组成，RP 负责核心复合体降解腔通道的开启，具有降解底物去折叠和帮助降解底物进入降解腔等功能。CP 在泛素依赖的蛋白质降解过程中主要发挥识别泛素降解信号和去泛素化的作用。

聚泛素化的靶蛋白首先被 RP 识别结合，释放泛素链，泛素链可被再利用；靶蛋白进入 RP 内部，受 RP 内部的 ATP 酶作用，耗能使蛋白变性去折叠；然后打开 CP 通道，变性蛋白被转至 CP 降解腔通道，降解产生一些 7~9 个氨基酸残基组成的肽链，肽链进一步水解生成氨基酸。

泛素-蛋白酶体途径不仅降解细胞内短寿命的正常蛋白，而且降解细胞内长寿命的正常蛋白和许多异常蛋白，其作用范围非常广泛。如果泛素不能及时有效地与待降解蛋白质结合，从而使蛋白质生存时间显著延长，细胞无法进入正常生长与分裂周期即趋于死亡。

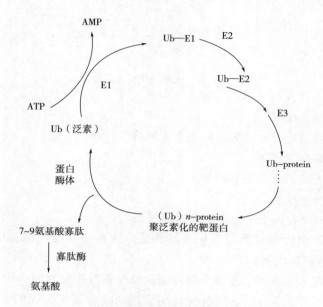

图 9-7 泛素依赖的蛋白酶体降解途径
E1—泛素活化酶 E2—泛素耦联酶 E3—泛素-蛋白连接酶

第三节 氨基酸的分解代谢

一、氨基酸代谢库

氨基酸代谢库（metabolic pool）是指体内所有氨基酸的总和，包括食物蛋白质经消化吸收得到的氨基酸（外源性氨基酸）、体内组织蛋白质降解产生的氨基酸（内源性氨基酸）、体内合成的非必需氨基酸（内源性氨基酸），这些氨基酸分散于体内各处，参与代谢。氨基酸代谢库通常以游离氨基酸总量计算。氨基酸不能自由通过细胞膜，因此在体内的分布不均一。在不同的生理条件下，随着各组织氨基酸代谢的改变，血浆氨基酸在各组织的转运也会改变。体内某些氨基酸在代谢过程中还可以相互转变。氨基酸代谢概况见图9-8。

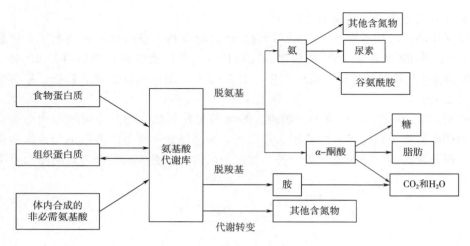

图 9-8　氨基酸代谢概况

1．氨基酸代谢库的来源

（1）食物蛋白质消化吸收的氨基酸进入血液及组织。

（2）组织蛋白质分解产物。

（3）机体自身合成的非必需氨基酸。

2．氨基酸代谢库的去路

氨基酸的去路主要有四个方面的去路，如下所示。

（1）用于合成蛋白质和多肽及其他含氮物质，这是主要的代谢去路，正常成人体内75%的氨基酸用于合成组织蛋白质。

（2）脱氨基作用　氨基酸的主要分解代谢途径是通过脱氨作用、转氨作用、联合脱氨作用生成酮酸和氨。二者还可以继续进行代谢。氨基酸分解所生成的 α-酮酸可以转变成糖、脂类或再合成某些非必需氨基酸，也可以经过三羧酸循环氧化成二氧化碳和水，并放出能量。分解代谢过程中生成的氨，可以以氨、尿素或尿酸等形式排出体外。

（3）脱羧基作用　小部分氨基酸也可以通过脱羧基作用产生 CO_2 和胺，或者产生一碳单位。

（4）可以转变成多种有特殊功能的其他含氮化合物，如肾上腺素、黑色素、嘌呤、嘧啶等。

3．氨基酸平衡（amino acid balance）

食物中各种必需氨基酸的含量及其比例等于动物对必需氨基酸需要量的状况。当食品或饲料中蛋白质氨基酸各组分间的相对含量与人或动物体氨基酸基本需要量之间的相对比值一致或很接近时，即供给和需要之间是平衡的。

氨基酸平衡在必需氨基酸各组分间以及在必需氨基酸与非必需氨基酸各组分间也具有重要意义。尤其是必需氨基酸供给不足时，氨基酸平衡更为重要。氨基酸各组分间的相互关系平衡时，氨基酸利用率最高。如果供给的一种或几种氨基酸的数量过多或过少，都会出现氨基酸平衡失调，影响其他氨基酸营养功能的发挥，降低蛋白质吸收利用率，严重时会引起氨基酸中毒。

二、氨基酸的分解代谢

(一) 氨基酸的脱氨基作用

氨基酸在体内分解代谢最主要的方式是进行脱氨基作用，大多数组织都可以进行。体内氨基酸主要通过以下三种方式脱去氨基：氧化脱氨基作用、转氨基作用和联合脱氨基作用。在以上三种脱氨基作用中，联合脱氨基作用最为重要。

1. 氧化脱氨基作用（oxidative deamination）

氧化脱氨基作用是在酶催化下，氨基酸氧化脱氢并同时脱去氨基的过程。

体内催化氧化脱氨基作用的酶，为氨基酸氧化酶或氨基酸脱氢酶，主要有L-氨基酸氧化酶、D-氨基酸氧化酶和L-谷氨酸脱氢酶。其中以L-谷氨酸脱氢酶在人体内分布最广，活性最高。该酶的辅酶为NAD^+（或$NADP^+$），能催化L-谷氨酸氧化脱氨基，生成α-酮戊二酸和氨，此过程可逆，是体内合成非必需氨基酸的重要途径。L-谷氨酸脱氢酶在肝、肾和脑组织中活性高，但心肌和骨骼肌中活性较低。L-谷氨酸脱氢酶是一种变构酶：GTP、ATP是变构抑制剂；GDP、ADP是变构激活剂。氧化脱氨基作用反应如图9-9所示。

COOH
CH2
CH2
CHNH2
COOH
L-谷氨酸脱氢酶
NAD+
NADH+H+
COOH
CH2
CH2
CH=NH
COOH
+H2O
-H2O
COOH
CH2
CH2+NH3
C=O
COOH
L-谷氨酸
亚谷氨酸
α-酮戊二酸

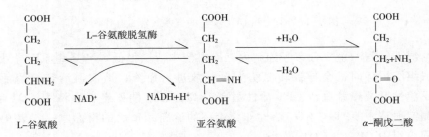

图9-9　氨基酸氧化脱氨基作用

2. 转氨基作用

转氨基作用是指在转氨酶的催化下，α-氨基酸的氨基转移到α-酮酸上，产生相应的α-酮酸和α-氨基酸的过程。此过程可逆，是体内合成非必需氨基酸的重要途径。转氨酶的辅酶是磷酸吡哆醛/磷酸吡哆胺。转氨基反应没有游离的氨产生，只是氨基的转移，并未把氨基真正地脱掉，但改变了氨基酸代谢库中各种氨基酸的比例。大多数氨基酸可参与转氨基作用，但赖氨酸、脯氨酸、羟脯氨酸除外。转氨基反应如图9-10所示。

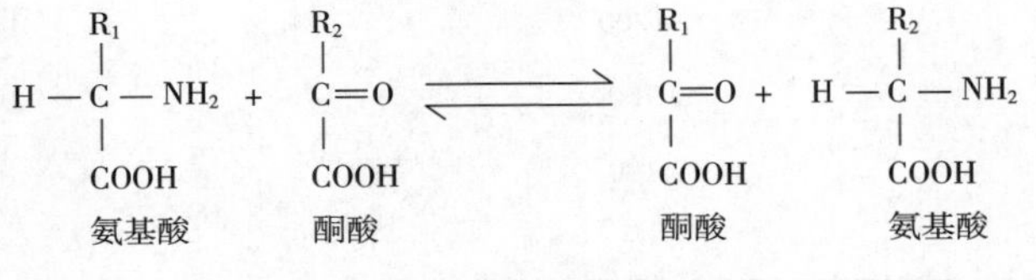

R1
H — C — NH2
COOH
+
R2
C=O
COOH
R1
C=O
COOH
+
R2
H — C — NH2
COOH
氨基酸
酮酸
酮酸
氨基酸

图9-10　氨基酸转氨基作用

体内大多数氨基酸可以在转氨酶的催化下参与转氨基作用。转氨酶种类多，分布广泛。体内血清转氨酶分为两种，一种是存在于肝细胞浆中谷丙转氨酶ALT（GPT），另一种是存在于肝细胞线粒体中的谷草转氨酶 AST（GOT）。它们参与的催化反应如图 9-11 所示。

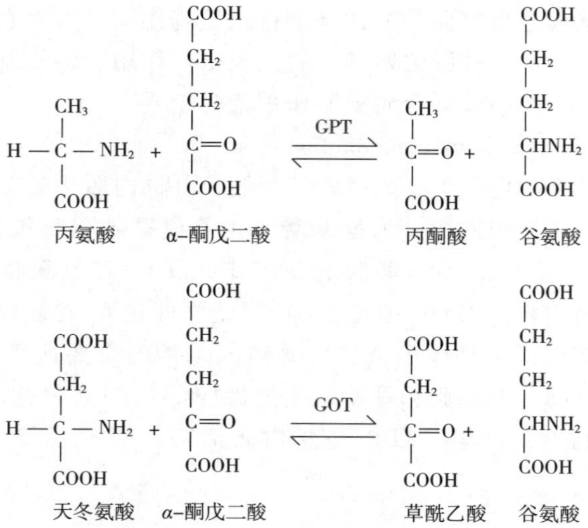

图 9-11　GPT 和 GOT 参与的氨基酸转氨基作用

正常情况下转氨酶主要分布于细胞内，而血清中活性很低。当某些原因导致细胞膜通透性增强或组织损坏时，会导致转氨酶大量释放进入血液，造成血清转氨酶活性明显升高。例如，急性肝炎患者血清 GPT 活性显著升高，心肌梗死患者血清中 GOT 明显升高。故临床上测定血清中 GPT 与 GOT 活性作为疾病的诊断和预后的指标之一。表 9-4 显示正常成人不同组织中 GPT 与 GOT 的活性。

表 9-4　　　　　　　　　正常成人不同组织中 GPT 与 GOT 的活性

组织	GPT/（单位/g 湿组织）	GOT/（单位/g 湿组织）
心	7100	156000
肝	44000	142000
骨骼肌	4800	99000
肾	19000	91000
胰腺	2000	28000
脾	1200	14000
肺	700	10000
红细胞	100	300
血清	16	20

3. 联合脱氨基作用

氨基酸的转氨作用虽然在生物体内普遍存在，但是单靠转氨作用并不能最终脱掉氨基。联合脱氨基作用在两种或两种以上的酶联合作用下使氨基酸的转氨基作用和谷氨酸的氧化脱氨基作用联合进行，将氨基酸上氨基脱下产生游离氨的过程称为联合脱氨基作用。联合脱氨基作用是体内氨基酸脱氨基最重要的方式，它可以加速体内氨的转变和运输。全过程可逆，因而也是体内合成非必需氨基酸的主要途径。

联合脱氨基作用主要有两种类型。

（1）转氨基耦联氧化脱氨基作用　氨基酸在转氨酶作用下，氨基酸与α-酮戊二酸进行转氨基作用，先将α-氨基酸氨基转移给α-酮戊二酸生成谷氨酸，然后在L-谷氨酸脱氢酶作用下脱去氨基重新生成α-酮戊二酸，同时产生氨（图9-12）。主要在肝、肾组织进行。

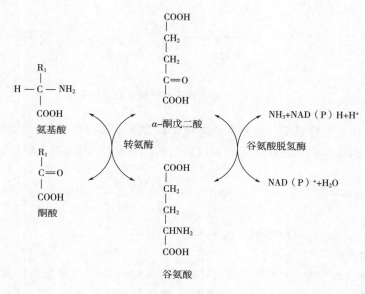

图9-12　联合脱氨基作用

（2）转氨基耦联嘌呤核苷酸循环　由于L-谷氨酸脱氢酶在心肌和骨骼肌中的活性很低，L-谷氨酸脱氢酶和转氨酶联合脱氨作用不能作为心肌和骨骼肌中氨基酸脱氨基的主要方式。在心肌和骨骼肌中腺苷酸脱氨酶活性较高。因此在肌肉组织细胞内存在另一种特殊的联合脱氨基方式，即转氨基耦联嘌呤核苷酸循环。这种脱氨基作用是氨基酸通过连续的转氨基作用将氨基转移给草酰乙酸，生成天冬氨酸，然后天冬氨酸再与次黄嘌呤核苷酸（IMP）结合生成腺苷酸代琥珀酸，后者经裂解酶催化裂解后，释放出延胡索酸和腺嘌呤核苷酸（AMP），AMP在腺苷酸脱氨酶作用下脱去氨基生成氨和IMP（图9-13）。转氨基耦联嘌呤核苷酸循环是心肌和骨骼肌中氨基酸脱氨基的主要方式。

（二）氨基酸的脱羧基作用（decarboxylation）

某些氨基酸在体内可以通过脱羧基作用生成相应的胺类。催化氨基酸脱羧基作用的酶称为氨基酸脱羧酶，这种酶广泛存在于动植物和微生物体内，专一性很强，一般一种氨基酸会需要一种脱羧酶。除了组氨酸脱羧酶外，氨基酸脱羧酶都需要辅酶磷酸吡哆醛。在蛋白质含量丰富的情况下，常发生氨基酸的脱羧基作用，生成胺类。在正常情况下，氨基酸经脱羧基作用生成的胺类在体内含量不高，却具有重要的生理功能。若胺类物质在体内蓄

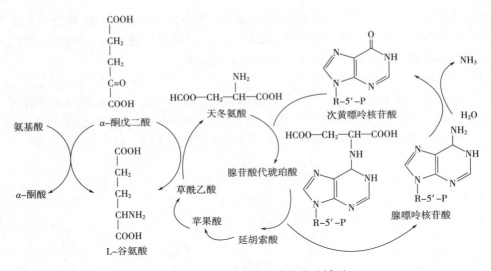

图 9-13 转氨基耦联嘌呤核苷酸循环

积，会引起神经和心血管系统功能紊乱。体内广泛存在单胺氧化酶类，可将胺类物质氧化为相应的醛、氨和过氧化氢，醛再进一步氧化为羧酸，从尿中排出，或氧化成 CO_2 和水。

$$NH_2-CH-COOH \xrightarrow[CO_2]{\text{脱羧酶}} NH_2-CH_2-R \xrightarrow[O_2, H_2O \quad H_2O_2, NH_3]{\text{单胺氧化酶}} RCHO \xrightarrow[]{O_2} RCOOH$$
$$\quad\quad\; |$$
$$\quad\quad R$$

氨基酸脱羧基作用有两种类型，如下所述。

1. 直接脱羧作用

（1）谷氨酸脱羧生成 γ-氨基丁酸（GABA）　动植物中最常见的脱羧酶是谷氨酸脱羧酶，该酶在脑及肾组织中活性强。γ-氨基丁酸就是由谷氨酸脱羧生成的。γ-氨基丁酸广泛存在于动植物组织中。γ-氨基丁酸是抑制性神经递质，对中枢神经有抑制作用。临床上用维生素 B_6 治疗妊娠性呕吐、运动病和小儿惊厥，就是因为维生素 B_6 可以提高谷氨酸脱羧酶的活性，从而促进 GABA 的生成，使某些过度兴奋的神经受到抑制，起到治疗作用的。

$$\begin{array}{l} COOH \\ | \\ CH_2 \\ | \\ CH_2 \\ | \\ CHNH_2 \\ | \\ COOH \end{array} \xrightarrow{\text{L-谷氨酸脱羧酶}} \begin{array}{l} COOH \\ | \\ CH_2 \\ | \\ CH_2 \; + CO_2 \\ | \\ CH_2NH_2 \end{array}$$

L-谷氨酸　　　　　　　　　γ-氨基丁酸

（2）半胱氨酸脱羧生成牛磺酸　半胱氨酸首先氧化成磺酸丙氨酸，再经磺酸丙氨酸脱羧酶催化生成牛磺酸。牛磺酸是胆汁中结合胆汁酸的组成成分，含有牛磺酸的胆汁酸在促进脂类物质消化吸收中有重要作用。现发现脑组织中含有较多的牛磺酸，婴幼儿脑中含量尤高。牛磺酸可能促进婴幼儿脑组织细胞和功能的发育，提高神经传导和视觉功能等作用，也可能是一种抑制性神经递质。

$$
\begin{array}{ccccc}
\overset{\displaystyle CH_2SH}{\underset{\displaystyle COOH}{\overset{|}{\underset{|}{CH-NH_2}}}} & \xrightarrow{3[O]} & \overset{\displaystyle CH_2SO_3H}{\underset{\displaystyle COOH}{\overset{|}{\underset{|}{CH-NH_2}}}} & \xrightarrow[\quad CO_2\quad]{\text{磺酸丙氨酸脱羧酶}} & \overset{\displaystyle CH_2SO_3H}{\underset{\displaystyle CH_2-NH_2}{|}}
\end{array}
$$

L-半胱氨酸　　　　　　　磺酸丙氨酸　　　　　　　　　　　　牛磺酸

（3）组氨酸脱羧生成组胺　组胺由组氨酸脱羧酶催化，脱羧生成。组胺在体内分布广泛，乳腺、肺、肝、肌肉及胃黏膜中含量较高。肥大细胞及嗜碱性粒细胞在过敏反应、创伤等情况下可产生过量的组胺。组胺是一种强烈的血管扩张剂，并能使毛细血管的通透性增加，引起血压下降，甚至休克；组胺还可使平滑肌收缩，引起支气管痉挛而发生哮喘；组胺还可刺激胃蛋白酶及胃酸的分泌。此外，组胺可能是脑内的一种神经递质，与情绪控制有关。组胺可经氧化或甲基化灭活。

组氨酸 → （组氨酸脱羧酶，CO_2）→ 组胺

（4）赖氨酸可以脱羧生成尸胺　在黄化的大豆幼苗中，赖氨酸可以脱羧生成戊二胺（尸胺）。

$$
\overset{\displaystyle (CH_2)_4-NH_2}{\underset{\displaystyle 赖氨酸}{H_2N-\underset{|}{CH}-COOH}} \xrightarrow[\quad CO_2\quad]{\text{赖氨酸脱羧酶}} \overset{\displaystyle (CH_2)_4-NH_2}{\underset{\displaystyle 尸胺}{H_2N-\underset{|}{CH_2}}}
$$

（5）鸟氨酸可以脱羧生成腐胺　在缺钾的大麦植株叶片中，鸟氨酸通过鸟氨酸脱羧酶催化脱羧生成丁二胺（腐胺）；腐胺是精胺和亚精胺的前体。腐胺、精胺和亚精胺统称为多胺。精胺和亚精胺是调节细胞生长的重要物质。凡是生长旺盛的组织，如胚胎、肝脏、肿瘤组织等多胺合成的关键酶——鸟氨酸脱羧酶的活性增强，多胺的含量也增多。多胺促进细胞增殖可能与其可以稳定细胞结构，促进核酸和蛋白质合成有关。在植物中，多胺主要存在于分生组织中，可以促进生长，提高种子活力；刺激不定根产生，促进根系吸收能力；抑制蛋白酶与 RNA 酶活性的提高，延缓叶片衰老；调节与光敏素有关的生长和形态建成，促进开花；提高抗逆性和抗渗透胁迫。在人体内，多胺小部分氧化为 NH_3 和 CO_2，大部分与乙酰基结合由尿排出体外。目前临床上通过血或尿中多胺的水平来作为肿瘤辅助诊断的生化指标之一。

$$
\overset{\displaystyle NH_2}{\underset{\displaystyle COOH}{\overset{|}{\underset{|}{\overset{(CH_2)_3}{\underset{CHNH_2}{|}}}}}} \xrightarrow[\quad CO_2\quad]{\text{鸟氨酸脱羧酶}} \overset{\displaystyle NH_2}{\underset{\displaystyle CH_2NH_2}{\overset{|}{\underset{|}{(CH_2)_3}}}}
$$

鸟氨酸　　　　　　　　　　　　　　腐胺

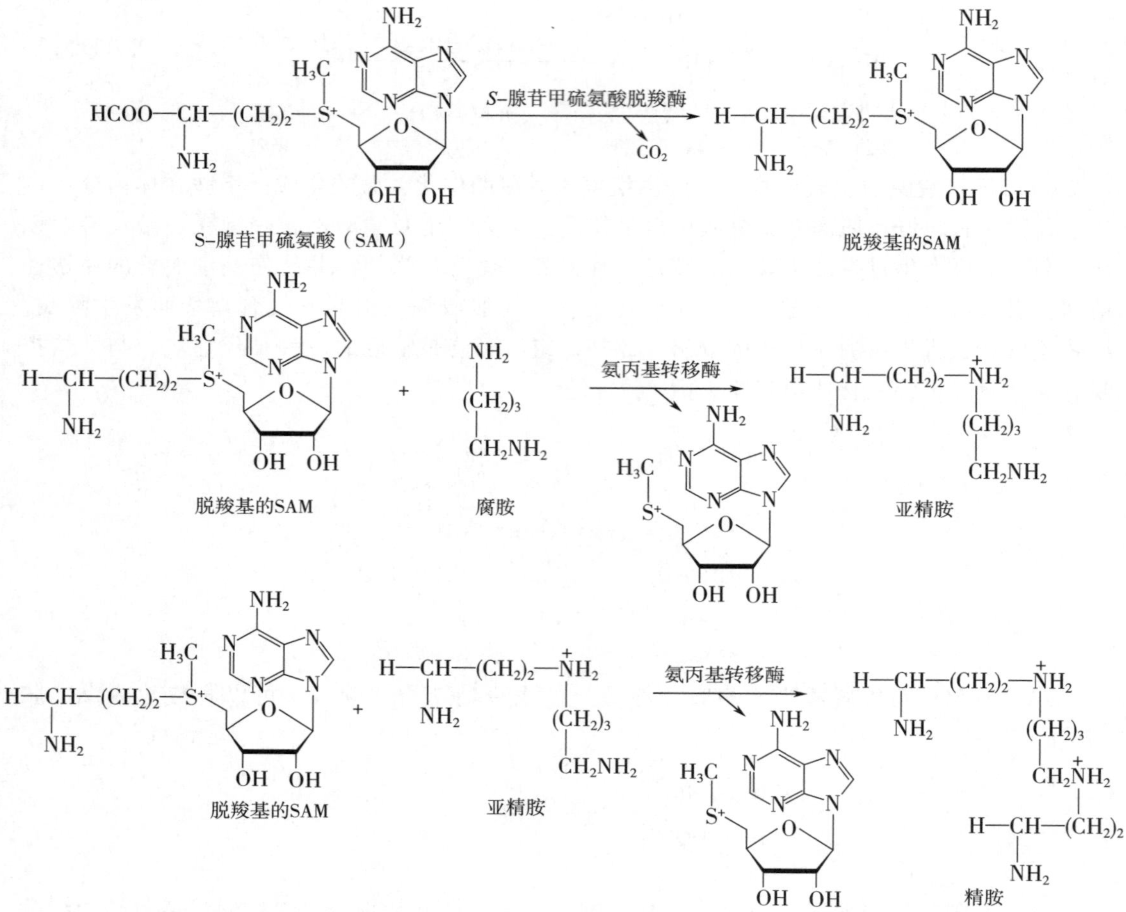

S-腺苷甲硫氨酸（SAM）　　　　　　　　　　脱羧基的SAM

脱羧基的SAM　　　　腐胺　　　　　　　　　　　　　　亚精胺

脱羧基的SAM　　　　亚精胺　　　　　　　　　　　　　　精胺

2. 羟基化脱羧作用

（1）酪氨酸经羟化脱羧生成多巴胺　酪氨酸在酪氨酸酶的作用下羟化生成 3，4-二羟苯丙氨酸（多巴），多巴进一步脱羧生成 3，4-二羟苯乙胺（多巴胺）。反应式如下：

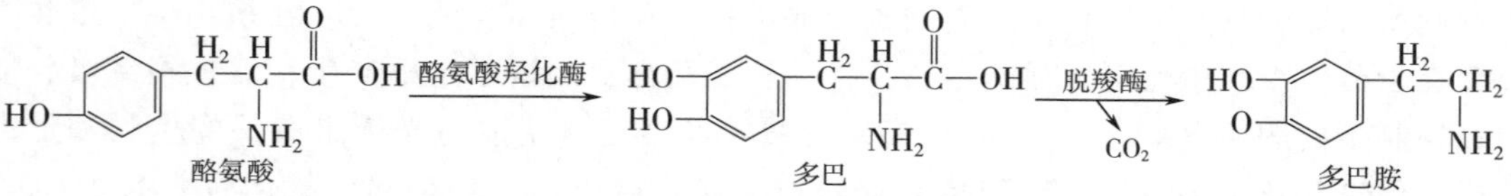

酪氨酸　　　　　　　　　　　　　多巴　　　　　　　　　　　多巴胺

多巴胺是一种脑神经递质，其含量减少可能导致帕金森症。帕金森病患者体内多巴胺生成减少，发生震颤麻痹，临床上常用多巴胺类药物给予治疗。

（2）色氨酸经羟化脱羧生成 5-羟色胺　5-羟色胺（5-HT）是色氨酸的代谢产物。色氨酸通过色氨酸羟化酶的作用首先生成 5-羟色氨酸，再经脱羧酶作用生成 5-羟色胺。5-羟色胺广泛存在于体内各种组织中，特别是脑组织中含量较高，胃、肠、血小板及乳腺细胞中也有 5-羟色胺。在脑中 5-羟色胺作为神经递质，具有抑制作用；5-羟色胺是一种重要的血管收缩剂，在外周组织，具有收缩血管、升高血压的作用。由于组胺过多引起的血压下降，可用 5-羟色胺纠正。

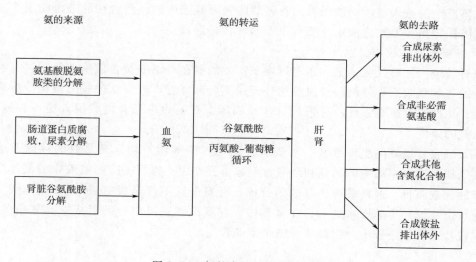

三、氨的代谢

体内氨基酸代谢产生的氨和肠道吸收的氨进入血液形成血氨。氨（NH_3）是一种具有神经毒性的物质，脑组织对氨尤其敏感，所以，体内氨生成后将迅速参加有关代谢被转化，从而使血氨维持在较低水平，正常人血氨浓度一般不超过 $60\mu mol/L$。氨的来源、转运和去路见图 9-14。

```
氨的来源                        氨的转运              氨的去路
                                                   ┌──────────┐
┌──────────┐                                       │合成尿素   │
│氨基酸脱氨  │─────┐                                 │排出体外   │
│胺类的分解  │     │                                 └──────────┘
└──────────┘     │      ┌────┐              ┌────┐
                 ├─────▶│血   │  谷氨酰胺     │肝   │ ┌──────────┐
┌──────────┐     │      │氨   │─────────────▶│肾   │ │合成非必需  │
│肠道蛋白质腐 │─────┤      │     │ 丙氨酸-葡萄糖  │    │ │氨基酸     │
│败，尿素分解 │     │      │     │  循环        │    │ └──────────┘
└──────────┘     │      └────┘              └────┘
                 │                                  ┌──────────┐
┌──────────┐     │                                 │合成其他   │
│肾脏谷氨酰胺 │─────┘                                 │含氮化合物  │
│分解       │                                       └──────────┘
└──────────┘                                        ┌──────────┐
                                                   │合成铵盐   │
                                                   │排出体外   │
                                                   └──────────┘
```

图 9-14 氨的来源、转运及去路

（一）氨的来源

1. 内源性氨

体内代谢产生的氨主要包括体内氨基酸脱氨基作用产生的氨，这是体内氨的主要来源，还有胺类、嘌呤和嘧啶的分解也可以产生氨。

$$RCH_2NH_2 \xrightarrow{\text{胺氧化酶}} RCHO+NH_3$$

2. 外源性氨

（1）肠道吸收的氨 肠道内的氨经两个途径产生：

①主要来自肠道细菌对未消化蛋白质或未吸收氨基酸的腐败作用产生的氨；

②血中尿素透过肠黏膜细胞扩散入肠道，在肠道细菌尿素酶作用下，水解产生的氨。

肠道每天产生的氨较多，约产氨 4g，是血氨主要来源。肠内腐败作用增强时，氨的产生量就增多。肠道内产生的氨所合成的尿素相当于正常人每天排出尿素总量的 1/4。NH_3 比 NH_4^+ 更易于穿过细胞膜而进入细胞，NH_3 与 NH_4^+ 的互变受肠液 pH 的影响。在碱性条件下，pH>6 时，NH_4^+ 转变为 NH_3，氨的吸收增多，NH_3 大量扩散入血；酸性条件下，pH<6 时，NH_3 与 H^+ 结合生成 NH_4^+，以铵盐的形式扩散入肠腔，氨的吸收减少。临床上对高血氨患者采用弱酸性透析液进行结肠透析，治疗高血氨症，而禁止用碱性肥皂水灌肠，就是为了减少氨的吸收。

（2）肾脏产生的氨　肾小管上皮细胞分泌的氨主要来自谷氨酰胺。谷氨酰胺在谷氨酰胺酶催化下水解，生成谷氨酸和氨。这部分氨被分泌到肾小管管腔中，与原尿中的 H^+ 结合生成 NH_4^+，以铵盐的形式随尿液排出。酸性尿有利于肾小管上皮细胞中的氨进入尿液，而碱性尿则不利于肾小管上皮细胞中 NH_3 的分泌，此时氨被吸收入血，成为血氨的另一个来源。因此，临床上对肝硬化伴有腹水的患者不能使用碱性利尿药，防止碱性利尿药引起血氨升高。

$$谷氨酰胺 \xrightarrow{\text{谷氨酰胺酶}} 谷氨酸 + NH_3$$

（二）氨的转运

机体产生的氨入血后均以无毒的谷氨酰胺和丙氨酸运输，然后在肝脏合成尿素或以铵盐形式随尿排出。氨在血液中主要有以下两种转运形式。

1. 谷氨酰胺的作用

氨对脑组织的毒性大，脑和肌肉等组织产生的氨在谷氨酰胺合成酶催化下，与谷氨酸结合生成谷氨酰胺。谷氨酰胺经血液循环运送到肝和肾后再经谷氨酰胺酶催化分解为氨和谷氨酸，从而进行解毒，此反应消耗 ATP。临床上对氨中毒患者可服用或输入谷氨酸盐，以降低氨的浓度。

谷氨酰胺转运氨的生理意义：谷氨酰胺既是氨的解毒产物，又是氨的存储及运输形式，在脑和肌肉等组织中的固氨和运氨过程起重要作用；谷氨酰胺的酰胺中的氨是嘧啶和嘌呤碱的合成原料，最终参与核苷酸的合成；谷氨酰胺不仅是蛋白质 20 种氨基酸合成原料，而且也是糖异生的原料之一；在肾脏中，谷氨酰胺还可以分解形成氨与尿中的 H^+ 结合形成铵盐，从尿中排出，起调节酸碱平衡的作用。

$$谷氨酸 + NH_3 \underset{\text{谷氨酰胺酶（肝、肾）}}{\overset{\underset{\text{谷氨酰胺合成酶（脑、肌肉）}}{ATP \qquad ADP+Pi}}{\rightleftharpoons}} 谷氨酰胺$$

2. 丙氨酸-葡萄糖循环（Alanine-glucose cycle）

肌肉组织中的氨通过转氨基作用，将其氨基转移给丙酮酸生成丙氨酸，无毒的丙氨酸经血液运送至肝脏继续利用。在肝内，丙氨酸脱去氨基生成丙酮酸，然后经糖异生途径生成葡萄糖，葡萄糖又可经血液运送到肌肉组织被利用，通过糖酵解途径变成丙酮酸，丙酮酸又可接受氨基生成丙氨酸。如此，丙氨酸和葡萄糖在肌肉和肝脏间反复进行氨的转运，此过程称为丙氨酸-葡萄糖循环（图 9-15）。通过该循环，肌肉中的氨便以无毒的丙氨酸形式运送到肝进行代谢，同时又为肌肉提供了糖异生的原料。

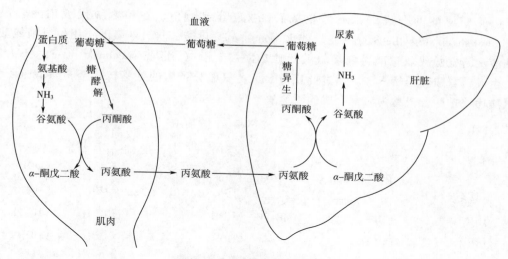

图 9-15　丙氨酸-葡萄糖循环

（三）　氨的去路

氨在体内的代谢去路主要有以下四个去路。

1. 生成尿素

正常情况下，体内氨最主要的去路是在肝脏内合成无毒的尿素随尿液经肾脏排出体外，正常人排出的尿素占总排氮总量的 80%～90%。1932 年克雷布斯（Krebs）等首先提出尿素生成的鸟氨酸循环（ornithine cycle）学说，又称尿素循环（urea cycle）或 Krebs 循环。通过鸟氨酸循环，2 分子氨与 1 分子 CO_2 结合生成 1 分子尿素及 1 分子水。尿素是中性、无毒、水溶性很强的物质，由血液运输至肾，从尿中排出。鸟氨酸循环在肝细胞的线粒体和胞液中进行，可分为四个阶段。

（1）氨基甲酰磷酸的合成　在肝细胞线粒体内，1 分子 NH_3 和 2 分子 CO_2 由氨基甲酰磷酸合成酶 I（carbamoyl phosphate sythetase，CPS-I）催化生成氨基甲酰磷酸。此反应为不可逆反应，消耗 2 分子 ATP。N-乙酰谷氨酸（N-acetyl glutamatic acid，AGA）是 CPS-I 的变构激活剂，增加酶对 ATP 的亲和力。

$$CO_2+NH_3+H_2O+2ATP \xrightarrow[\text{AGA}]{\text{CPS-I}} \underset{\text{氨基甲酰磷酸}}{H_2N-COOH \sim PO_3H_2} +2ADP+Pi$$

（2）瓜氨酸的合成　在鸟氨酸氨基甲酰转移酶（ornithine carbamoyl transferase，OCT）催化下，氨基甲酰磷酸与鸟氨酸缩合生成瓜氨酸，该反应不可逆，在肝细胞线粒体中进行。

$$\underset{\text{氨基甲酰磷酸}}{\overset{NH_2}{\underset{O}{\overset{|}{\underset{\parallel}{CO}}}} \sim P} + \underset{\text{鸟氨酸}}{\overset{NH_2}{\underset{COOH}{\overset{|}{\underset{|}{\overset{(CH_2)_3}{\underset{CHNH_2}{|}}}}}}} \xrightarrow{OCT} \underset{\text{瓜氨酸}}{\overset{NH_2}{\underset{COOH}{\overset{|}{\underset{|}{\overset{C=O}{\underset{CHNH_2}{\overset{|}{\underset{(CH_2)_3}{\overset{NH}{|}}}}}}}}}} +H_3PO_4$$

（3）精氨酸的合成　瓜氨酸生成后，被转运到胞液，在精氨酸代琥珀酸合成酶（arginino-succinate sythetase，ASS）催化下，由 ATP 供能，与天冬氨酸作用生成精氨酸代琥珀酸。精氨酸代琥珀酸再经精氨酸代琥珀酸裂解酶（argininosuccinase lyase，ASL）催化，生成精氨酸和延胡索酸。通过此反应，天冬氨酸分子中的氨基转移至精氨酸分子内。精氨酸代琥珀酸合成酶为尿素合成的限速酶。

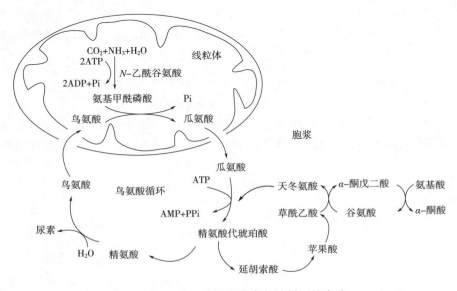

（4）尿素的生成　在胞液中，精氨酸在精氨酸酶的催化下，水解为尿素与鸟氨酸。鸟氨酸可通过线粒体内膜上载体的转运再进入线粒体，参与新一轮鸟氨酸循环，如此往复。

尿素生成的总过程总结如图 9-16 所示。

图 9-16　尿素生成过程的鸟氨酸循环及支路

尿素生成的总反应如下：

$$2NH_3 + CO_2 + 3H_2O + 3ATP \longrightarrow CO(NH_2)_2 + 2ADP + AMP + 2Pi + PPi$$

从尿素生成的总反应可以看出，每合成 1 分子尿素清除 2 分子氨，其中 1 分子氨是由氨基酸脱氨基产生，另 1 分子氨来自天冬氨酸的氨基，而天冬氨酸的氨基由其他氨基酸通过转氨基作用提供。尿素合成是耗能的过程，每合成 1 分子尿素消耗 3 分子 ATP（4 个高能磷酸键）。

（5）尿素合成要点

①尿素合成场所：肝细胞的线粒体和胞质中。

②合成一分子尿素需消耗 3 分子 ATP 的 4 个高能磷酸键。

③精氨酸代琥珀酸合成酶是限速酶。

④尿素中的两个氮，源于 NH_3、天冬氨酸。

⑤尿素合成过程中 3 个重要产物分别是鸟氨酸、瓜氨酸和精氨酸，反应前后不增减。

⑥参与尿素合成的基本氨基酸是精氨酸和天冬氨酸。

⑦尿素合成可通过延胡索酸与三羧酸循环耦联。

（6）尿素合成的调控　机体是否能及时充分解除氨的毒性，与肝中尿素合成是否正常密切相关。而尿素合成受体内多种因素调控。

①氨基甲酰磷酸合成酶Ⅰ（CPS-Ⅰ）需 N-乙酰谷氨酸（AGA）作为变构激活剂。AGA 是谷氨酸和乙酰辅酶 A 经 AGA 合成酶催化而成，精氨酸是 AGA 合成酶的激活剂，精氨酸浓度增加可促进尿素的合成。

②精氨酸代琥珀酸合成酶是尿素合成的限速酶：尿素合成过程中共有 5 种酶，各种酶活性相差很大，而精氨酸代琥珀酸合成酶活性最低，是尿素合成的限速酶，可调节尿素合成。

③高蛋白饮食可加速尿素合成：正常人高蛋白饮食时，可促进尿素合成速度加快。

2. 合成谷氨酰胺

在谷氨酰胺合成酶的催化下，氨与谷氨酸合成无毒性的谷氨酰胺。谷氨酰胺既是解除氨毒的一种方式，又是氨的储存及运输形式。一部分谷氨酰胺运至肾脏后，水解释放出的氨与原尿中的 H^+ 结合，以铵盐的形式随尿排出。

3. 合成非必需氨基酸

NH_3 与 α-酮酸结合生成非必需氨基酸。

4. 参与嘌呤和嘧啶等含氮化合物的合成

详见第八章第四节核苷酸的生物合成。

（四）高血氨和氨中毒

正常情况下，人体血氨的来源与去路保持动态平衡，肝合成尿素是维持这个平衡的关键。肝功能严重受损时，尿素合成会出现障碍，造成血氨浓度升高的现象，称为高血氨。血氨增高时大量氨进入大脑与 α-酮戊二酸结合生成谷氨酸，或与脑中的谷氨酸合成谷氨酰胺，使脑细胞内 α-酮戊二酸消耗过多，α-酮戊二酸减少，造成脑中三羧酸循环减弱，从而使脑组织 ATP 生成减少，引起大脑功能障碍，严重时可导致肝昏迷。肝性脑病的生化机制很复杂，因血氨升高导致氨中毒是其主要的发病机理之一，因此，严重肝病患者控制食物蛋白质的摄入，是防治肝性脑病的重要措施之一。

四、α-酮酸的代谢

氨基酸脱氨基生成的 α-酮酸主要有以下三条代谢途径。

（一）合成非必需氨基酸

α-酮酸经联合脱氨基反应和转氨基作用的逆过程就可再氨基化合成非必需氨基酸。

（二）转变成糖及脂肪酸

有些氨基酸脱氨基后生成的 α-酮酸可通过糖异生转变为葡萄糖或糖原，这类氨基酸称为生糖氨基酸，种类最多；有些 α-酮酸能转变成乙酰辅酶 A 或者乙酰乙酸，进而转变成脂肪酸或酮体，这类氨基酸称为生酮氨基酸，只有 2 种氨基酸，如赖氨酸和亮氨酸；还有些 α-酮酸，既可转变成糖，也能生成酮体，称为生糖兼生酮氨基酸，如苯丙氨酸和酪氨酸等。20 种必需氨基酸具体分类见表 9-5。

表 9-5 　　　　　　　　　　　生糖、生酮、生糖兼生酮氨基酸分类

类别	20 种必需氨基酸
生糖	Gly, Ser, Val, His, Arg, Cys, Pro, Ala, Glu, Gln, Asp, Asn, Met
生酮氨基酸	Leu, Lys
生糖兼生酮氨基酸	Ile, Phe, Tyr, Thr, Trp

生糖氨基酸糖异生的过程中所涉及的中间产物一般是丙酮酸及三羧酸循环中的 α-酮酸，如琥珀酰辅酶 A、延胡索酸、草酰乙酸、α-酮戊二酸等。凡能生成丙酮酸、琥珀酸、草酰乙酸和 α-酮戊二酸的氨基酸转变成糖。凡能生成乙酰 CoA 和乙酰乙酰 CoA 的氨基酸均能通过乙酰 CoA 转变成脂肪。生酮氨基酸则通过乙酰辅酶 A 或者 α-丁酸等途径进入酮体代谢途径。这三类氨基酸通过这些中间产物进入糖、脂肪酸及酮体代谢途径（图 9-17）。20 种氨基酸的碳骨架最终可转化成 7 种物质：丙酮酸、乙酰 CoA、乙酰乙酰 CoA、α-酮戊二酸、琥珀酰 CoA、延胡索酸、草酰乙酸（表 9-6）。它们最后集中为 5 种物质进入 TCA 循环：乙酰 CoA、α-酮戊二酸、琥珀酰 CoA、延胡索酸、草酰乙酸。氨基酸分解代谢是一个错综复杂的过程，生糖与生酮氨基酸的界限不是非常严格。

表 9-6 　　　　　　　　　　　氨基酸代谢产生的 α-酮酸中间产物

氨基酸	中间产物
丙氨酸、半胱氨酸、甘氨酸、丝氨酸、色氨酸、苏氨酸	丙酮酸
谷氨酸、谷氨酰胺、精氨酸、组氨酸、脯氨酸	α-酮戊二酸
天冬氨酸、天冬酰胺	草酰乙酸
苯丙氨酸、酪氨酸、色氨酸、亮氨酸、赖氨酸、异亮氨酸	乙酰 CoA
苯丙氨酸、酪氨酸	延胡索酸
异亮氨酸、甲硫氨酸、苏氨酸、缬氨酸	琥珀酰 CoA
苯丙氨酸、酪氨酸、亮氨酸	乙酰乙酸

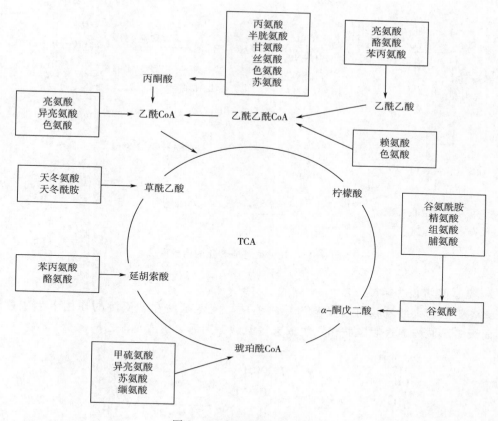

图 9-17 氨基酸碳骨架代谢

20 种氨基酸碳骨架分解代谢途径各不相同，根据氨基酸代谢产生的中间产物，将 20 种氨基酸分为 7 组，分别简单介绍其降解过程。

1. 氨基酸转化为丙酮酸

在氨基酸降解过程中，有丙氨酸、丝氨酸、甘氨酸、苏氨酸、半胱氨酸和色氨酸这 6 种氨基酸产生丙酮酸（图 9-18）。

丙氨酸在谷丙转氨酶的作用下，直接催化将氨基转给 α-酮戊二酸，形成丙酮酸。

丝氨酸在丝氨酸脱水酶的作用下，脱氨生成丙酮酸。

甘氨酸首先在丝氨酸转羟甲基酶催化下形成丝氨酸，然后再进一步代谢为丙酮酸。甘氨酸也可以裂解为 CO_2 和 NH_3。丝氨酸和甘氨酸可以相互转变，非常灵活。

苏氨酸在苏氨酸脱氢酶的作用下，产生 2-氨基-3-酮丁酸，之后再转化为甘氨酸，进一步再形成丙酮酸。

半胱氨酸首先被氧化产生半胱亚磺酸，然后再转氨生成 β-亚磺酰丙酮酸，最后脱硫形成丙酮酸。

色氨酸代谢过程比较复杂，需要通过 8 步反应产生丙氨酸，丙氨酸再进一步形成丙酮酸。

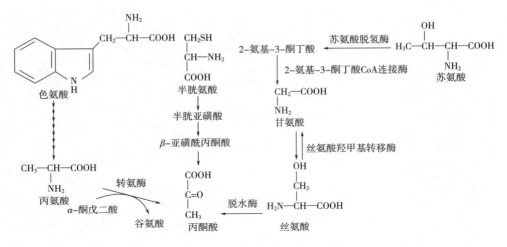

图 9-18　几种氨基酸转化为丙酮酸

2. 氨基酸转化为草酰乙酸

天冬氨酸和天冬酰胺可以降解为草酰乙酸。天冬氨酸在转氨酶的作用下生成草酰乙酸；而天冬酰胺先通过脱酰胺作用生成天冬氨酸，然后再生成草酰乙酸。

$$
\begin{array}{ccc}
\text{COOH} & \text{COOH} & \text{COOH} \\
| & | & | \\
\text{CH—NH}_2 & \text{CH—NH}_2 & \text{C=O} \\
| & | & | \\
\text{CH}_2 & \text{CH}_2 & \text{CH}_2 \\
| & | & | \\
\text{C=O} & \text{COOH} & \text{COOH} \\
| & & \\
\text{NH}_2 & & \\
\end{array}
$$

天冬酰胺　　天冬酰胺酶　→　天冬氨酸　α-酮戊二酸／谷氨酸，转氨酶　→　草酰乙酸

3. 氨基酸转化为 α-酮戊二酸

能降解为 α-酮戊二酸的氨基酸有谷氨酸、谷氨酰胺、精氨酸、组氨酸和脯氨酸。这些氨基酸都是先通过相关反应首先形成谷氨酸。谷氨酰胺在谷氨酰胺酶的作用下，将酰胺基水解产生谷氨酸；组氨酸经过许多反应后生成 N-亚氨基谷氨酸，后者将亚氨基转给四氢叶酸，自身转化为谷氨酸；精氨酸首先水解成鸟氨酸，而后鸟氨酸转氨形成谷氨酸-γ-半醛；脯氨酸先氧化生成 5-羧基吡咯啉，然后同样水解形成谷氨酸-γ-半醛；谷氨酸-γ-半醛最终再氧化成谷氨酸，然后谷氨酸在谷氨酸脱氢酶的作用下生成 α-酮戊二酸，α-酮戊二酸再进一步进入 TCA 循环代谢（图 9-19）。

4. 氨基酸转化为琥珀酰 CoA

异亮氨酸、甲硫氨酸、苏氨酸可以降解为琥珀酰 CoA。甲硫氨酸通过多步反应产生高半胱氨酸，随后生成 α-酮丁酸；苏氨酸在苏氨酸脱水酶的作用下，水解脱氨直接生成 α-酮丁酸。也就是说 α-酮丁酸是甲硫氨酸和苏氨酸代谢的共同中间产物，α-酮丁酸可以通过 α-酮酸脱氢酶氧化成丙酰 CoA；异亮氨酸和缬氨酸也可以通过多步反应生成丙酰 CoA，而丙酰 CoA 再生成琥珀酰 CoA（图 9-20）。

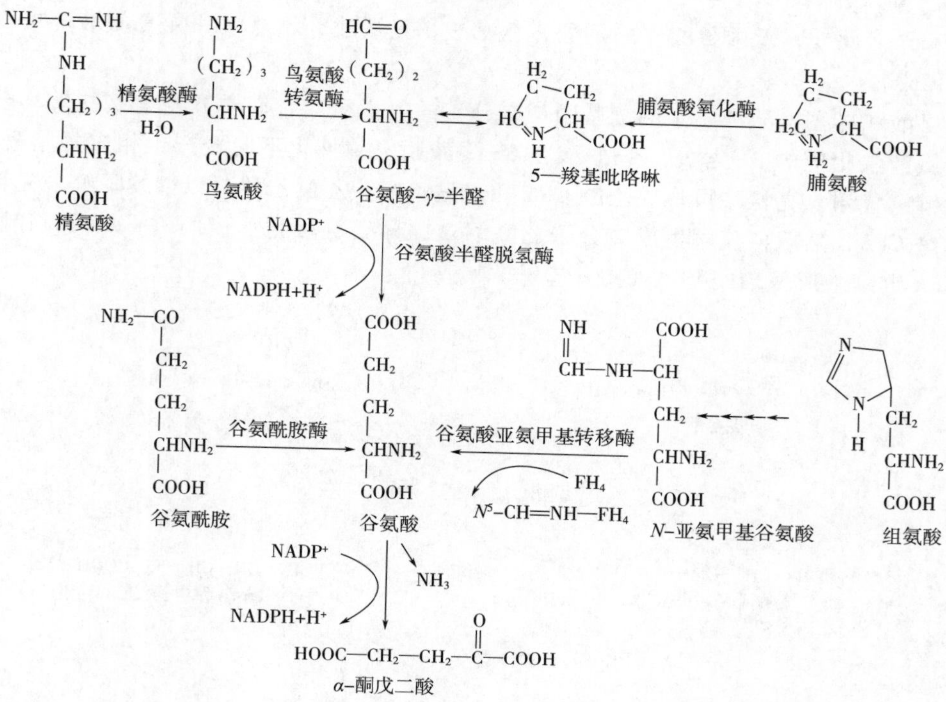

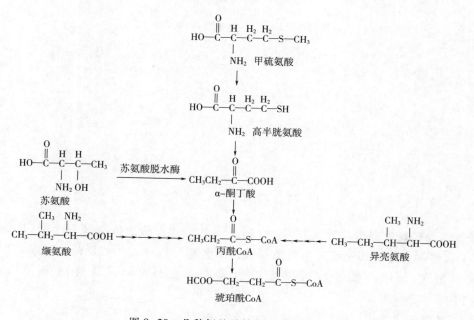

图 9-19　几种氨基酸转化为 α-酮戊二酸

图 9-20　几种氨基酸转化为琥珀酰 CoA

5. 氨基酸转化为乙酰 CoA

能够代谢成乙酰 CoA 的氨基酸有很多。凡是能生成丙酮酸和乙酰乙酰 CoA 的氨基酸都可以产生乙酰 CoA，因为丙酮酸氧化脱羧形成乙酰 CoA，而乙酰乙酰 CoA 分解也可以形成乙酰 CoA。此外，苯丙氨酸、酪氨酸、色氨酸、亮氨酸、赖氨酸和异亮氨酸都可以转化成乙酰 CoA。

亮氨酸和异亮氨酸都属于侧链基团带有分支的氨基酸，它们在分支氨基酸转移酶的作用下转氨产生相应的 α-酮酸，α-酮酸在 α-酮酸脱氢酶催化下脱羧产生相应的脂酰 CoA，然后再继续代谢。亮氨酸可形成乙酰 CoA 和乙酰乙酸，乙酰乙酸可以继续降解，先转化成乙酰乙酰 CoA，然后再硫解生成 2 分子乙酰 CoA；异亮氨酸则形成丙酰 CoA 和乙酰 CoA，丙酰 CoA 继续生成琥珀酰 CoA（图 9-21）。

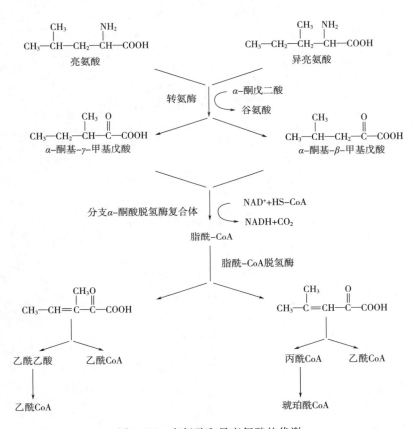

图 9-21　亮氨酸和异亮氨酸的代谢

赖氨酸和色氨酸经过一系列反应产生 α-酮己二酸，然后继续脱氢生成戊二酸单酰 CoA。苯丙氨酸通过羟基化反应生成酪氨酸，酪氨酸可以接着生成延胡索酸和乙酰乙酸。戊二酸单酰 CoA 和乙酰乙酸可以继续生成乙酰乙酰 CoA，最终降解为乙酰 CoA（图 9-22）。

6. 氨基酸转化为延胡索酸

从图 9-22 可以看出，苯丙氨酸通过羟基化反应生成酪氨酸，酪氨酸可以接着生成延胡索酸和乙酰乙酸，因此，只有苯丙氨酸、酪氨酸可以生成延胡索酸。

7. 氨基酸转化为乙酰乙酸

从图 9-21 和图 9-22 可以看出，苯丙氨酸、酪氨酸、亮氨酸代谢过程中可形成乙酰

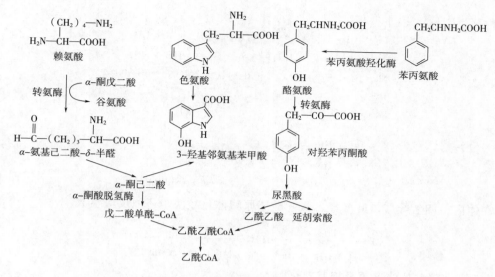

图 9-22　几种氨基酸转化为乙酰 CoA

乙酸。

（三）氧化功能

α-酮酸在体内能够通过三羧酸循环彻底氧化生成 CO_2 和 H_2O，同时释放出能量供机体利用。因此，供能也是氨基酸的重要生理功能之一。

五、一碳单位的代谢

（一）一碳单位的概念

一碳单位（one-carbon unit）是指某些氨基酸分解代谢过程中产生的只含有一个碳原子的基团，也称为一碳基团。例如：甲基（—CH_3）、甲烯基（—CH_2—，亚甲基）、甲炔基（—CH =，次甲基）、甲酰基（—CH =O）及亚氨甲基（—CH =NH）等。一碳单位不能独立存在，必须由载体携带、转运才能参与代谢。

（二）一碳单位的载体

一碳单位在体内不能单独存在，需要以四氢叶酸（FH_4）为载体进行转运和代谢。FH_4由叶酸加氢还原而成，结构式如下。

四氢叶酸（FH_4）

一碳单位通常结合在 FH_4分子的 N^5 和 N^{10} 上。

N^5—CH_3—FH_4　　N^5，N^{10}—CH_2—FH_4　　N^5，N^{10}═CH—FH_4

N^{10}—CHO—FH_4　　N^5—CH═NH—FH_4

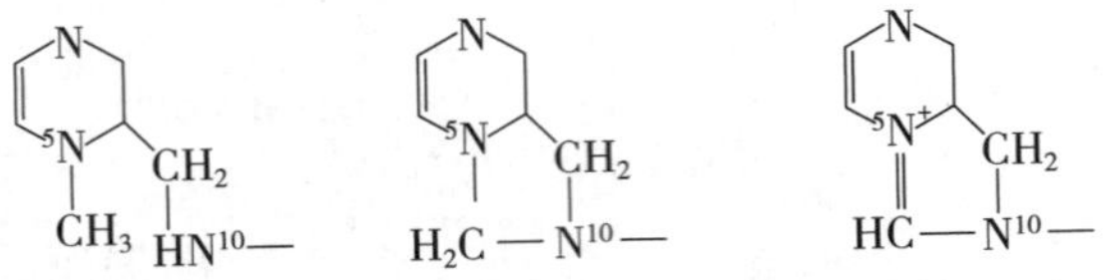

在体内，四氢叶酸由叶酸经二氢叶酸还原酶催化经两步还原反应生成。

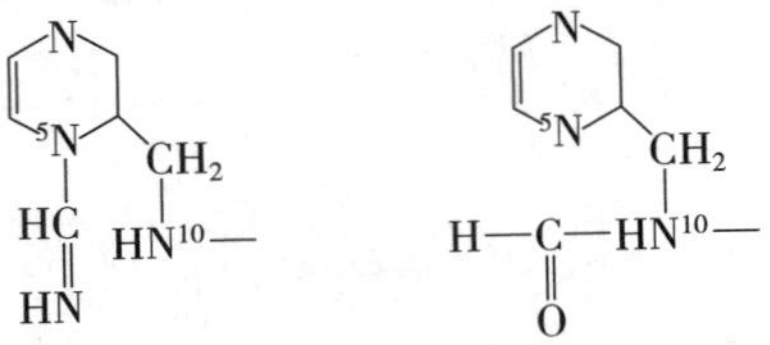

$$F \xrightarrow[\text{NADPH+H}^+ \ \ \text{NADP}^+]{FH_2\text{还原酶}} FH_2 \xrightarrow[\text{NADPH+H}^+ \ \ \text{NADP}^+]{FH_2\text{还原酶}} FH_4$$

（三）一碳单位的来源及相互转化

许多氨基酸可以作为一碳单位的来源，如丝氨酸、甘氨酸、组氨酸、甲硫氨酸等在代谢过程中均可产生一碳单位。色氨酸在分解代谢过程中产生的甲酸也参加一碳单位的代谢。

1. 由丝氨酸和甘氨酸生成 N^5，N^{10}-亚甲基四氢叶酸

$$\underset{\text{丝氨酸}}{HO—CH_2—\overset{NH_2}{\overset{|}{C}H}—COOH} + FH_4 \xrightarrow{\text{羧甲基转移酶}} \underset{N^5,\ N^{10}\text{-亚甲基四氢叶酸}}{N^5,\ N^{10}—CH_2—FH_4} + \underset{\text{甘氨酸}}{H_2N—CH_2—COOH}$$

$$\underset{\text{甘氨酸}}{H_2N—CH_2—COOH} + FH_4 + NAD^+ \xrightarrow{\text{甘氨酸裂解酶系}} \underset{N^5,\ N^{10}\text{-亚甲基四氢叶酸}}{N^5,\ N^{10}—CH_2—FH_4} + CO_2 + NH_3 + NADH + H^+$$

2. 由组氨酸生成 N^5-亚氨甲基四氢叶酸或 N^5，N^{10}-次甲基四氢叶酸

组氨酸　　亚氨甲基谷氨酸

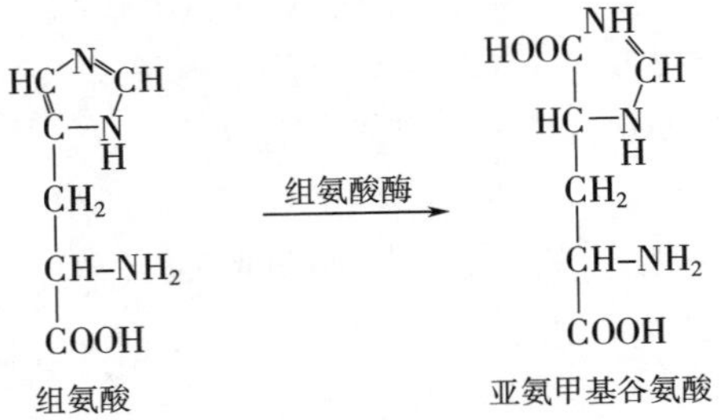

3. 由色氨酸在分解代谢过程中生成 N^5-甲酰四氢叶酸

$$\text{色氨酸} \xrightarrow[\boxed{\text{犬尿氨酸}}]{} HCOOH \xrightarrow{FH4,ATP} \underset{N^{10}\text{-甲酰四氢叶酸}}{N^{10}\text{-CHO-}FH_4}$$

不同形式的一碳单位在一定条件下可以相互转化，但形成 N^5-甲基四氢叶酸的反应为不可逆（图 9-23）。

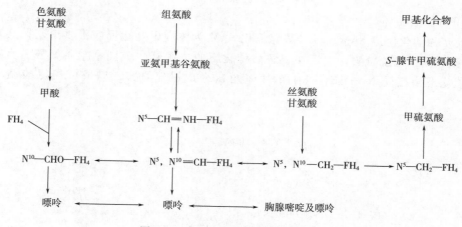

图 9-23　一碳单位来源及相互转化

（四）一碳单位的生理功能

（1）一碳单位是嘌呤和嘧啶核苷酸合成的原料，在核酸生物合成中有重要作用，与细胞的增殖、生长发育等过程密切相关。

（2）参与许多物质的甲基化过程。若人体缺乏叶酸，一碳单位无法正常转运，核苷酸合成障碍，导致红细胞 DNA 及蛋白质合成受阻，产生巨幼红细胞性贫血。

（3）一碳单位将氨基酸代谢与核酸代谢联系在一起。一碳单位来自蛋白质的分解代谢，又可作为核苷酸合成的原料，因此连接了蛋白质与核苷酸的代谢。

（4）临床上，磺胺类药物及叶酸类似物氨甲喋呤等都是通过抑制四氢叶酸合成，从而影响一碳单位代谢及核苷酸合成而发挥药理作用。

六、含硫氨基酸代谢

体内含硫氨基酸包括甲硫氨酸、半胱氨酸和胱氨酸，其在体内代谢对机体正常生理活动具有重要的意义。

（一）甲硫氨酸代谢

1. 甲硫氨酸与转甲基作用

甲基化作用是体内具有广泛生理意义的重要代谢反应。甲硫氨酸分子中含有 S-甲基，在体内首先在腺苷转移酶的作用下，与 ATP 反应生成 S-腺苷甲硫氨酸（S-adenosyl methionine，SAM），才能参与转甲基反应。SAM 中的甲基为活性甲基，所以 S-腺苷甲硫氨酸又称为活性甲硫氨酸，是体内甲基最重要最直接的供体。体内多种含甲基的生理性活性物质，如肌酸、胆碱、肾上腺素等，合成时所需的甲基都直接来自 S-腺苷甲硫氨酸。

甲硫氨酸

S-腺苷甲硫氨酸（SAM）

2. 甲硫氨酸循环

甲硫氨酸活化生成 SAM，转甲基酶催化 SAM 为体内甲基化反应提供甲基，其本身转变为 S-腺苷同型半胱氨酸，然后在裂解酶催化下脱去腺苷生成同型半胱氨酸。后者在转甲基酶催化下，接受 N^5—CH_3—FH_4 的甲基再次合成甲硫氨酸，构成甲硫氨酸循环（图 9-24）。

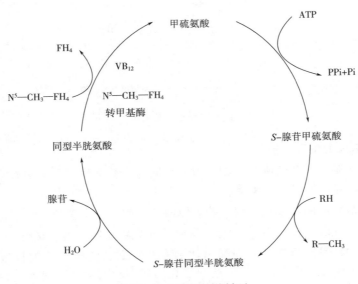

图 9-24　甲硫氨酸循环

甲硫氨酸循环能够提供人体代谢所需要的甲基，进行甲基化反应。循环中的 N^5-CH_3-FH_4 可看成体内甲基的间接供体。通过此循环 N^5-CH_3-FH_4 释放出甲基，使 FH_4 再生。通过循环反复利用甲基和 FH_4，可减少体内甲硫氨酸的消耗。此循环中甲基转移酶的辅酶是维生素 B_{12}，当体内维生素 B_{12} 缺乏时，N^5-CH_3-FH_4 上的甲基不能转移给同型半胱氨酸，这不仅不利于甲硫氨酸的合成，同时也影响四氢叶酸的再生，使得一碳单位代谢出现障碍，从而导致核酸合成受到抑制，影响细胞分裂而引发巨幼红细胞性贫血。虽然同型半胱氨酸接受甲基可以生成甲硫氨酸，但同型半胱氨酸不能在体内合成，只能通过甲硫氨酸循环转变而来，因此甲硫氨酸不能在体内合成，属于必需氨基酸，只能通过食物摄取。

（二）半胱氨酸代谢

1. 半胱氨酸与胱氨酸可以互变

两分子半胱氨酸可被氧化成一分子胱氨酸，胱氨酸亦可还原成 2 分子半胱氨酸。

$$
\begin{array}{ccc}
CH_2SH & CH_2\text{—}S\text{——}S\text{—}CH_2 \\
2CH\text{—}NH_2 \Longleftrightarrow & CH\text{—}NH_2 \quad CH\text{—}NH_2 \\
COOH & COOH \quad\quad COOH \\
\text{L-半胱氨酸} & \text{胱氨酸}
\end{array}
$$

蛋白质分子中半胱氨酸的—SH 是许多蛋白质的活性基团，如巯基酶、琥珀酸脱氢酶、乳酸脱氢酶等均含有—SH。两个半胱氨酸形成的二硫键对于维持蛋白质分子构象起着重要作用。体内存在的还原型谷胱甘肽对维持巯基酶的活性及红细胞膜的完整性起着重要作用。

2. 半胱氨酸代谢可产生硫酸根

含硫氨基酸在体内氧化分解都可产生硫酸根。半胱氨酸是体内硫酸根的主要来源。半胱氨酸通过双加氧酶催化直接氧化，或者通过脱氨、脱巯基反应转变成丙酮酸、氨和 H_2S。H_2S 经氧化生成 H_2SO_4，部分 SO_4^{2-} 以无机盐形式从尿中排出体外，另一部分 SO_4^{2-} 与 ATP 合成 3′-磷酸腺苷-5′-磷酰硫酸（3′-phosphoadenosine-5′-phospho-sulfate，PAPS）。PAPS 称为活性硫酸根。具体过程如下：

$$ATP+SO_4^{2-} \xrightarrow[PPi]{} AMP-SO_3^- \xrightarrow{ATP} SO_3^-PO_3H_2-AMP+ADP$$

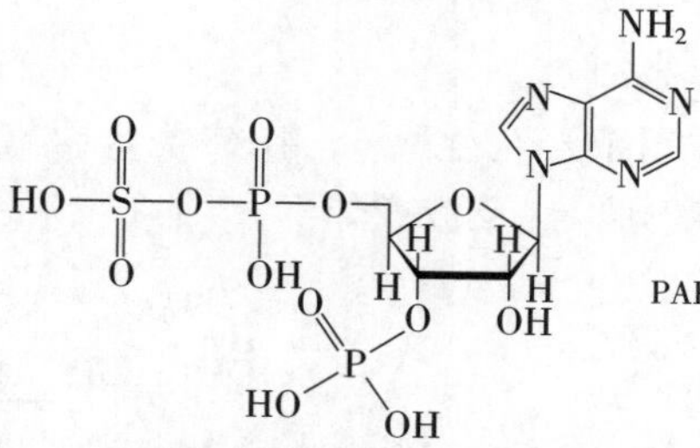

腺苷5′-磷酸硫酸　　　　　PAPS

PAPS

PAPS 的化学性质非常活泼，可以使某些物质形成硫酸酯。在肝生物转化中作为硫酸供体参与结合反应。例如，类固醇激素被结合形成硫酸酯后失活，并能增加其溶解性而可以从尿中排出。另外，PAPS 参与硫酸角质素及硫酸软骨素等化合物中硫酸化氨基糖的合成。

3. 半胱氨酸脱羧生成牛磺酸

半胱氨酸首先氧化成磺酸丙氨酸，再经磺酸丙氨酸脱羧酶催化生成牛磺酸。牛磺酸是胆汁中结合胆汁酸的组成成分，含有牛磺酸的胆汁酸在促进脂类物质消化吸收中有重要作用。现发现脑组织中含有较多的牛磺酸，婴幼儿脑中含量尤高。牛磺酸可能促进婴幼儿脑组织细胞和功能的发育，提高神经传导和视觉功能等作用，也可能是一种抑制性神经递质。

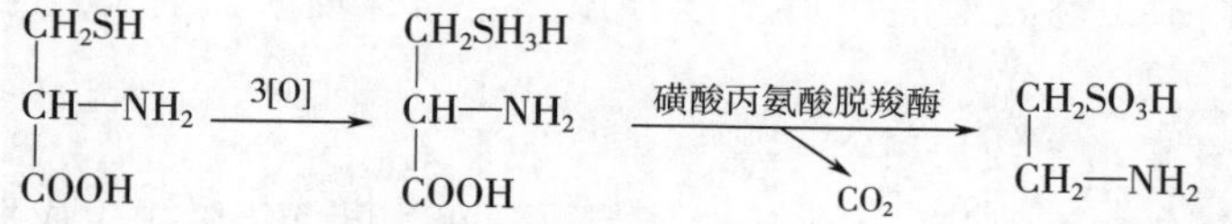

七、芳香族氨基酸的代谢

芳香族氨基酸是含有苯环的一类氨基酸，包括苯丙氨酸、酪氨酸和色氨酸。酪氨酸可由苯丙氨酸羟化而成。苯丙氨酸和色氨酸是营养必需氨基酸，酪氨酸是半必需氨基酸。

（一）苯丙氨酸代谢

正常情况下，苯丙氨酸在苯丙氨酸羟化酶催化下生成酪氨酸，这是苯丙氨酸在体内的主要代谢途径，反应不可逆。苯丙氨酸羟化酶属于单加氧酶，以四氢生物喋呤为辅酶，主要存在于肝脏中。当苯丙氨酸羟化酶先天性缺乏时，苯丙氨酸转化为酪氨酸受阻，此时苯丙氨酸经转氨基作用生成苯丙酮酸，尿中出现大量苯丙酮酸等代谢产物，称为苯丙酮尿症。苯丙酮酸对神经系统有毒性，抑制蛋白质合成和神经突触形成，导致儿童神经系统发育障碍，患者常常智力低下。

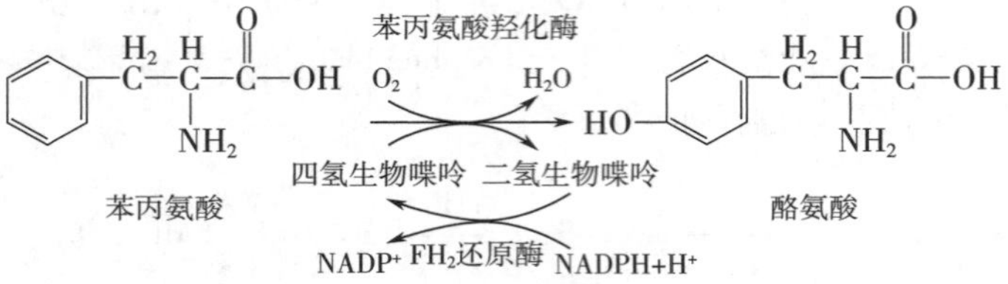

（二）酪氨酸代谢

1. 酪氨酸经羟化生成儿茶酚胺

酪氨酸在酪氨酸羟化酶的作用下羟化生成 3，4-二羟苯丙氨酸（多巴），多巴进一步脱羧生成 3，4-二羟苯乙胺（多巴胺）。反应式如下：

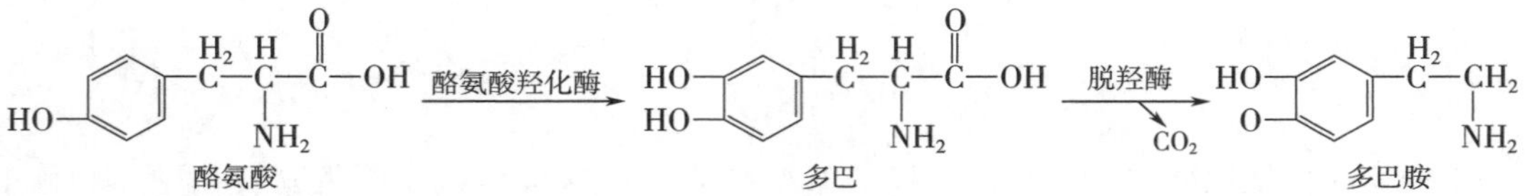

多巴胺是一种脑神经递质，其含量减少可能导致帕金森症。帕金森病患者体内多巴胺生成减少，发生震颤麻痹，临床上常用多巴胺类药物给予治疗。

在肾上腺髓质，多巴胺在多巴胺 β-羟化酶催化下生成去甲肾上腺素，后者进一步经苯乙醇胺转甲基酶催化，由 SAM 提供甲基，使去甲肾上腺素甲基化成为肾上腺素。因多巴胺、去甲肾上腺素、肾上腺素分子中都含有邻苯二酚，即儿茶酚，故将这三类物质统称为儿茶酚胺。

2. 酪氨酸合成黑色素

酪氨酸在黑色素生成中也起重要作用。在皮肤黑色素细胞中的酪氨酸，经酪氨酸酶的催化，生成多巴，多巴经氧化变成多巴醌，最终转化为黑色素，成为毛发、皮肤及眼球的色素。先天性体内缺乏酪氨酸酶因而不能合成黑色素，皮肤、毛发发生白化，将导致白化病。

3. 酪氨酸氧化脱羧生成尿黑酸

酪氨酸在酪氨酸转氨酶催化下生成对羟苯丙酮酸，再氧化脱羧生成尿黑酸。尿黑酸再转化为乙酰乙酸和延胡索酸，两者可以分别再进入糖和脂肪酸的代谢途径继续氧化。尿黑酸尿症患者先天缺乏 2，5-二羟苯乙酸-1，2-二氧化酶，使尿黑酸的氧化受阻，大量尿黑酸排入尿中，经空气氧化使尿变黑色，称为尿黑酸尿症。

4. 酪氨酸参与甲状腺激素的合成

甲状腺激素也是酪氨酸的衍生物，包括甲状腺激素 T3 和 T4 两种，是由甲状腺球蛋白分子中的酪氨酸残基碘化后生成，因此合成 T3 和 T4 需要碘为原料。

苯丙氨酸和酪氨酸的代谢途径见图 9-25。

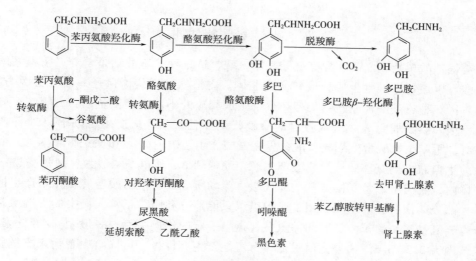

图 9-25 苯丙氨酸和酪氨酸的代谢

（三）色氨酸代谢

（1）色氨酸经羟化脱羧生成 5-羟色胺 5-羟色胺（5-HT）是色氨酸的代谢产物。色氨酸通过色氨酸羟化酶的作用首先生成 5-羟色氨酸，再经羟色氨酸脱羧酶作用生成 5-羟色胺。5-羟色胺广泛存在于体内各种组织中，特别是脑组织中含量较高，胃、肠、血小板及乳腺细胞中也有 5-羟色胺。5-羟色胺是一种重要的血管收缩剂，在外周组织，具有收缩血管、升高血压的作用。由于组胺过多引起的血压下降，可用 5-羟色胺纠正。在脑中 5-羟色胺作为神经递质，具有抑制作用。5-羟色胺在松果体中可以进一步乙酰化，甲基化生成褪黑激素。褪黑激素在哺乳动物体内能抑制腺垂体分泌促性腺激素，可能与防止性早熟有关。近来研究表明，褪黑激素具有增强机体免疫功能，促进睡眠的作用。

（2）色氨酸可以生成一碳单位 色氨酸在肝脏中，通过色氨酸双加氧酶作用产生甲酸，甲酸进一步生成 N^{10}-甲酰四氢叶酸。

（3）色氨酸分解生成丙酮酸和乙酰辅酶 A。

（4）色氨酸分解还可以产生维生素 PP，但生成量少，不能满足机体的需要，需由食物补充。

八、支链氨基酸代谢

支链氨基酸包括亮氨酸、异亮氨酸和缬氨酸，这三种氨基酸都是营养必需氨基酸。支链氨基酸可以通过糖异生生成糖或转变为酮体。支链氨基酸代谢途径一般分为两个阶段，第一个阶段三种氨基酸代谢产物类似，分别生成相应的不饱和脂酰辅酶 A；第二个阶段是生成的不饱和脂酰辅酶 A 再进入各自的分解代谢途径，亮氨酸产生乙酰辅酶 A 和乙酰乙酰辅酶 A，所以亮氨酸为生酮氨基酸；异亮氨酸产生乙酰辅酶 A 和琥珀酰辅酶 A，所以异亮氨酸为生糖兼生酮氨基酸；缬氨酸产生琥珀酰辅酶 A，所以缬氨酸为生糖氨基酸。

在体内，肌肉组织是支链氨基酸的代谢主要场所。支链氨基酸经转氨作用产生的支链酮酸，大部分运往肝脏等组织利用，肌肉组织只能部分利用。正常人血中的支链氨基酸含量与芳香族氨基酸中的苯丙氨酸和酪氨酸含量呈一定的比例关系，一般用支/芳比来表示，其比值范围为 2.3~3.5。如果比值过低，有可能产生肝昏迷，可以给患者输入支链氨基酸制剂，起一定的治疗效果。

第四节　氨基酸的合成代谢

不同生物合成氨基酸的能力有所不同，而且在合成能力上存在很大区别。植物和绝大多数微生物能合成全部氨基酸，动物不能合成全部 20 种氨基酸，如人和其他哺乳动物只能合成其中的 10 种。

一、氨基酸合成的氮源和碳源

不同氨基酸的生物合成途径各不相同，但是它们都有一个共同的特征，即所有的氨基酸都不是以 CO_2 和 NH_3 为原料从头合成的，而是需要三个基本条件，即碳骨架、氨供体（谷氨酸）和酶（转氨酶）。

（一）氮源

氨基酸合成的氮的来源有 N_2 和 NH_3。不同生物利用氮源的方式不同。固氮生物可以直接利用大气中的 N_2，植物和部分微生物可以利用硝酸盐、亚硝酸盐和氨等无机物作为氮源，动物和人则只能利用氨基氮来合成蛋白质。有机氮随着机体排泄或尸腐，也可以反向转化为无机氮。自然界中的不同氮化物经常发生互相转化，形成一个氮素循环。

1. 氮素循环（nitrogen cycle）

氮素循环是指自然界的氮及氮素化合物在生物作用下的一系列相互转化过程。氮素从 N_2 到硝态氮、氨以及含氮生物分子，再返回 N_2 的循环（图 9-26）。构成氮循环的主要环节包括固氮作用、生物体内有机氮的合成、氨化作用、硝化作用、反硝化作用。①大气中的分子态氮被固定成氨（固氮作用），工业固氮也可以产生氨。②闪电可以使氮燃烧产生硝酸和亚硝酸。③氨被植物吸收合成有机氮并进入食物链。④有机氮被分解释放出氨（氨化作用）。⑤氨被氧化成亚硝酸和硝酸。⑥氨、亚硝酸盐和硝酸盐之间的相互转化。⑦硝酸又被还原成氮，返回大气（反硝化作用）。

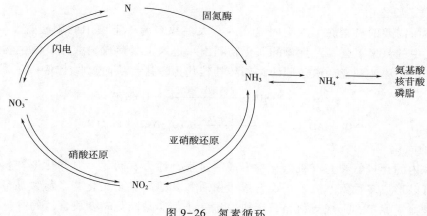

图 9-26 氮素循环

大气中的氮，必须通过以生物固氮为主的固氮作用，才能被植物吸收利用。动物直接或间接地以植物为食物。动物体内的一部分蛋白质在分解过程中产生的尿素等含氮废物，以及动植物遗体中的含氮物质，被土壤中的微生物分解后形成氨，氨经过土壤中的硝化细菌的作用，最终转化成硝酸盐，硝酸盐可以被植物吸收利用。在有氧的条件下，土壤中的氨或铵盐在硝化细菌的作用下最终氧化成硝酸盐，这一过程称为硝化作用。在氧气不足的情况下，土壤中的另一些细菌可以将硝酸盐转化成亚硝酸盐并最终转化成氮气，氮气则返回到大气中。除了生物固氮以外，生产氮素化肥的工厂以及闪电等也可以固氮，但是，同生物固氮相比，它们所固定的氮素数量很少。

2. 生物固氮

自然界中的氮素资源十分丰富，大气中近 80% 的气体为氮素。N_2 化学性质非常稳定，直接还原为氨需要高温、高压和催化剂。有少数原核生物，即细菌和蓝绿藻（蓝藻细菌）能够固定空气中的氮素。这些固氮微生物通过自生或与植物共生，将大气中的氮气还原成氨的过程，称为生物固氮。其他的原核生物和真核生物均不能利用大气中的氮素。与工业固氮的高温高压条件相比，生物固氮在常温常压下就可以进行，是生物圈中氮循环的主要氮源之一，所固定的氮素在自然界中相当可观。

目前对生物固氮进行了大量的研究，表明这些固氮微生物体内含有特定的固氮酶，能够催化 N_2 还原为氨。固氮酶是一个结构复杂的酶复合体，由 2 种蛋白质组分构成：一种含有铁，称为铁蛋白，另一种含铁和钼（Mo^{3+}），称为钼铁蛋白。钼铁蛋白中含有 7 个铁，9 个硫，1 个钼，1 个中心碳。这两种蛋白单独存在时，都无固氮酶活性，只有二者整合在一起，形成复合体后，才具有固氮酶活性。

目前认为固氮酶的催化反应需要 16~24 个 ATP；需要强还原剂，主要来自于还原型铁氧还蛋白；固氮微生物需氧，而固氮必须在严格的厌氧微环境中进行。组成固氮酶的两种蛋白质，钼铁蛋白和铁蛋白，对氧极端敏感，一旦遇氧就很快导致固氮酶的失活，而多数的固氮菌都是好氧菌，它们要利用氧气进行呼吸和产生能量。固氮过程常伴随放氢反应和吸氢反应。

生物固氮的总反应式如下：

$$N_2 + 8H^+ + 8e^- + (16 \sim 24) \, ATP \longrightarrow 2NH_3 + H_2 + (16 \sim 24) \, ADP + (16 \sim 24) \, Pi$$

3. 硝酸还原作用

植物体所需要的氮素除了生物固氮之外，大多数来源于土壤中的硝酸盐、亚硝酸盐。闪电将大气中的氮素氧化，产生氮的氧化物随雨水进入土壤形成硝酸盐。微生物和植物利用自身的硝酸还原酶和亚硝酸还原酶将硝酸盐转化为铵盐，从而吸收土壤中的氮素。

$$NO_2^- + 6e^- + 8H^+ \xrightarrow{\text{亚硝酸还原酶}} NH_4^+ + H_2O$$

$$NO_3^- + NAD(P) \xrightarrow{\text{硝酸还原酶}} NO_2^- + NAD(P) + H_2O$$

4. 氨的同化

植物体内的无机氨参与有机氮化物形成的过程，称为氨同化。氨同化产物再经由其他生化反应可以形成多种氨基酸，进而合成蛋白质和其他高分子氮化物。氮素循环中，生物固氮和硝酸盐还原都会形成无机氨，无机氨进一步都会被同化转变成含氮的有机物。

生物体利用 3 种反应把氨转化为有机物，有利于氨基酸的生物合成。

（1）形成氨甲酰磷酸（carbamoyl phosphate） 由氨和二氧化碳在氨甲酰磷酸合成酶 I 的作用下消耗 2 分子 ATP 形成的高能磷酸化合物。

$$NH_3 + CO_2 + 2ATP \underset{\text{氨甲酰磷酸合成酶 I}}{\rightleftharpoons} H_2N-\overset{\displaystyle O}{\overset{\|}{C}}-PO_3H_2 + 2ADP + Pi$$

氨甲酰磷酸

在植物体内，氨甲酰磷酸中的氨基来自于谷氨酰胺而不是氨。

（2）形成谷氨酸（耗 NADPH 或 NADH） α-酮戊二酸在谷氨酸脱氢酶作用下加氨还原形成谷氨酸。此反应过程是可逆的，要求较高浓度的氨，足以使光合磷酸化解耦联。细菌多采用此途径。谷氨酸是最主要的氨基载体。通过转氨基作用，谷氨酸提供氨基给其他 α-酮酸，从而形成其他氨基酸。

$$NH_3 + NAD(P)H + H^+ + \begin{matrix} COOH \\ | \\ C=O \\ | \\ CH_2 \\ | \\ CH_2 \\ | \\ COOH \end{matrix} \longrightarrow \begin{matrix} COOH \\ | \\ H_2N-C-H \\ | \\ CH_2 \\ | \\ CH_2 \\ | \\ COOH \end{matrix} + NAD(P)^+ + H_2O$$

α-酮戊二酸　　　　　谷氨酸

（3）形成谷氨酰胺（耗 1 分子 ATP） 谷氨酸在谷氨酰胺合成酶的作用下加氨合成谷氨酰胺，此反应消耗 1 分子 ATP。这是高等植物合成氨基酸的主要途径。谷氨酰胺合成酶对哺乳动物有重要作用，它可以把有害的游离氨转变成无毒的谷氨酰胺储存和运输氨。

$$\begin{matrix} COOH \\ | \\ H_2N-C-H \\ | \\ CH_2 \\ | \\ CH_2 \\ | \\ COOH \end{matrix} + NH_3 + ATP \xrightarrow{\text{谷氨酰胺合成酶}} \begin{matrix} COOH \\ | \\ H_2N-C-H \\ | \\ CH_2 \\ | \\ CH_2 \\ | \\ C=O \\ | \\ NH_2 \end{matrix} + ADP + Pi$$

谷氨酸　　　　　　　谷氨酰胺

在谷氨酸合酶的催化下，谷氨酰胺再将携带的氨提供给 α-酮戊二酸，产生 2 分子的谷氨酸。谷氨酸合酶所催化的反应是一种移换反应，所需能量在绿色细胞中由还原态铁氧还素提供，在非绿色细胞中则由 NADH 或 NADPH 提供。

$$
\begin{array}{c}
\text{COOH} \\
|\\
\text{H}_2\text{N--C--H} \\
|\\
\text{CH}_2 \\
|\\
\text{CH}_2 \\
|\\
\text{C==O} \\
|\\
\text{NH}_2 \\
\text{谷氨酰胺}
\end{array}
\;+\text{NAD（P）H+H}^{+}+
\begin{array}{c}
\text{COOH} \\
|\\
\text{C==O} \\
|\\
\text{CH}_2 \\
|\\
\text{CH}_2 \\
|\\
\text{COOH} \\
\alpha\text{-酮戊二酸}
\end{array}
\xrightarrow{\text{谷氨酸合酶}}
\begin{array}{c}
\text{COOH} \\
|\\
2\text{H}_2\text{N--C--H} \\
|\\
\text{CH}_2 \\
|\\
\text{CH}_2 \\
|\\
\text{COOH} \\
\text{谷氨酸}
\end{array}
+\text{NAD（P）}^{+}
$$

因此，细胞中 3 个主要的氨供体分子为氨甲酰磷酸、谷氨酸和谷氨酰胺，其中最主要的氨供体为谷氨酸。

（二）碳源

氨基酸合成的直接碳源是相应的 α-酮酸，植物能合成 20 种氨基酸相应的全部碳骨架或前体。人和动物只能直接合成部分氨基酸相应的 α-酮酸。概括地说，在生物合成中，各种氨基酸碳骨架的形成主要来源于糖酵解、柠檬酸循环（TCA）、磷酸戊糖途径等过程中产生的关键中间代谢产物。糖代谢主要途径中的这些关键中间代谢产物是氨基酸合成的起始物。氨基酸生物合成碳骨架来源见图 9-27。

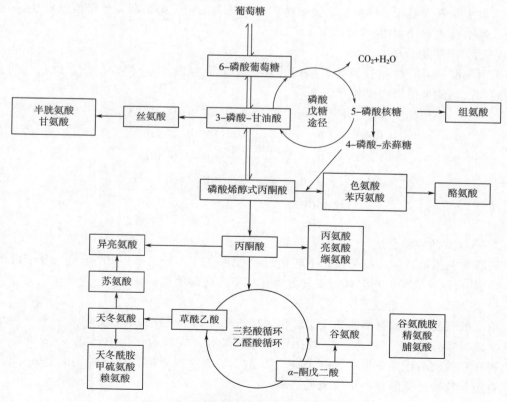

图 9-27　氨基酸生物合成碳骨架来源简图

二、氨基酸的合成途径

不同生物体内氨基酸生物合成的途径大不相同，甚至同种生物不同组织或器官也存在很大差异。但许多氨基酸的生物合成都有其共同特点：合成的起始碳骨架来自机体内的几个主要代谢途径特别是糖代谢（包括糖酵解、柠檬酸循环或磷酸戊糖途径）的中间产物，如 3-磷酸甘油酸、5-磷酸核糖、4-磷酸赤藓糖、磷酸烯醇式丙酮酸、丙酮酸、草酰乙酸、α-酮戊二酸，其氨基主要来自谷氨酸的转氨基作用。根据起始碳骨架不同可将氨基酸的合成划分为六大类型（表 9-7）。

表 9-7   氨基酸生物合成的六大类型

类型	氨基酸
丙氨酸族	丙氨酸、缬氨酸、亮氨酸
天冬氨酸族	天冬氨酸、天冬酰胺、苏氨酸、甲硫氨酸、异亮氨酸、赖氨酸
谷氨酸族	谷氨酸、谷氨酰胺、脯氨酸、精氨酸
丝氨酸族	丝氨酸、甘氨酸、半胱氨酸
芳香氨基酸族	苯丙氨酸、色氨酸、酪氨酸
组氨酸族	组氨酸

（一）丙酮酸族氨基酸生物合成

这类主要有丙氨酸、缬氨酸、亮氨酸。它们的共同碳骨架来源是糖酵解途径生成的丙酮酸，基本合成途径如图 9-28 所示。

1. 丙氨酸生物合成

由丙酮酸和谷氨酸在谷丙转氨酶的作用下形成丙氨酸和 α-酮戊二酸。此反应可逆，丙酮酸和丙氨酸可根据需要相互转换。

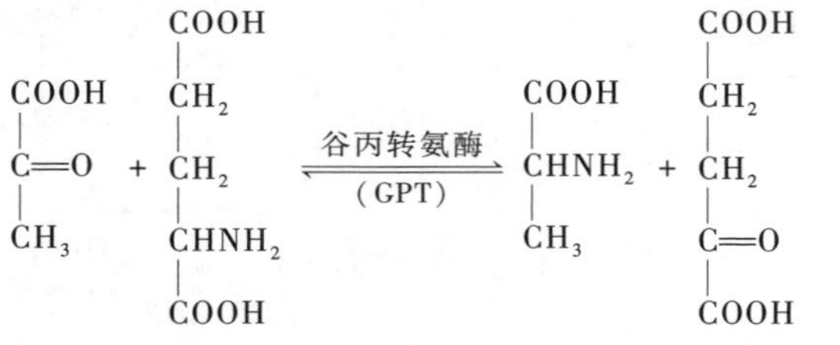

丙酮酸   谷氨酸   丙氨酸 α-酮戊二酸

2. 缬氨酸的生物合成

丙酮酸在乙酰乳酸合酶的催化下转化为羟乙基-TPP。羟乙基-TPP 与另一分子丙酮酸反应生成 α-酮异戊酸，再经缬氨酸转氨酶作用下形成缬氨酸。

3. 亮氨酸的生物合成

丙酮酸在乙酰乳酸合酶的催化下转化为羟乙基-TPP。羟乙基-TPP 与另一分子丙酮酸反应生成 α-酮异戊酸，α-酮异戊酸在异丙基苹果酸合成酶的作用下形成 α-异丙基苹果酸，再在异构酶的作用下形成 β-异丙基苹果酸，后者在脱氢酶作用下脱氢形成 α-酮异己酸，再经亮氨酸转氨酶作用下形成亮氨酸。

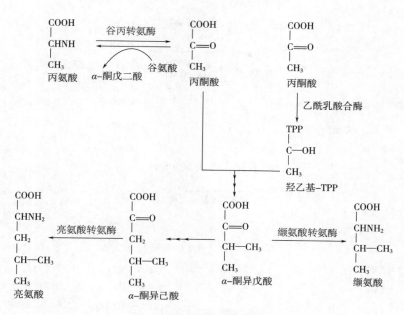

图 9-28 丙酮酸族氨基酸生物合成

（二）天冬氨酸族氨基酸生物合成

这类主要有天冬氨酸、天冬酰胺、甲硫氨酸、赖氨酸、苏氨酸和异亮氨酸。它们的共同碳骨架来源是三羧酸循环中的草酰乙酸，基本合成途径如图 9-29 所示。

1. 天冬氨酸的生物合成

草酰乙酸在谷草转氨酶的作用下接受谷氨酸的氨基生成天冬氨酸。

2. 天冬酰胺的生物合成

天冬氨酸在天冬酰胺合成酶的作用下，由谷氨酰胺提供氨基合成天冬酰胺。

3. 赖氨酸的生物合成

天冬氨酸在天冬氨酸激酶的催化下生成 β-天冬氨酰磷酸。后者在天冬氨酸半醛脱氢酶的催化下生成 β-半醛天冬氨酸。β-半醛天冬氨酸是天冬氨酸族氨基酸合成的重要中间化合物。以此化合物为前体再生成赖氨酸。

4. 苏氨酸的生物合成

中间化合物天冬氨酸 β-半醛为前体合成高丝氨酸，然后经过 2 步反应生成苏氨酸，此反应需要 ATP。

5. 甲硫氨酸的生物合成

中间化合物天冬氨酸 β-半醛为前体合成高丝氨酸，然后经过 4 步反应生成高半胱氨酸，后者再通过甲硫氨酸合酶的催化，由 N^5-甲基四氢叶酸提供甲基形成甲硫氨酸（图 9-29）。

6. 异亮氨酸的生物合成

异亮氨酸的 6 个碳原子有 4 个来自天冬氨酸，2 个来自丙酮酸。由苏氨酸脱水形成的 α-酮丁酸与丙酮酸转化来的羟乙基-TPP 缩合，甲基、乙基移位、脱水等 3 步反应形成 α-酮-β-甲基戊酸，再经转氨作用形成异亮氨酸（图 9-30）。

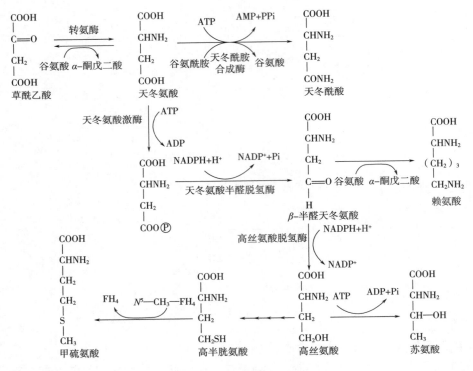

图 9-29　天冬氨酸族氨基酸生物合成

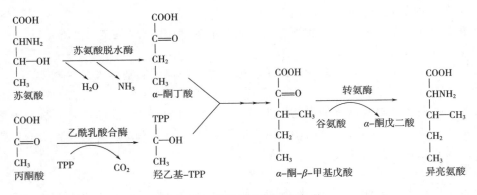

图 9-30　异亮氨酸的生物合成

（三）谷氨酸族氨基酸生物合成

谷氨酸族氨基酸包括谷氨酸、谷氨酰胺、脯氨酸和精氨酸，它们的共同前体是三羧酸循环的中间产物 α-酮戊二酸，具体途径见图 9-31。

1. 谷氨酸的生物合成

由 α-酮戊二酸和氨基酸通过转氨酶的作用可以形成谷氨酸。

$$\underset{\text{氨基酸}}{\overset{R_1}{\underset{COOH}{H-C-NH_2}}} + \underset{\alpha\text{-酮戊二酸}}{\overset{COOH}{\underset{\underset{COOH}{C=O}}{\overset{CH_2}{CH_2}}}} \xrightleftharpoons{\text{转氨酶}} \underset{\text{酮酸}}{\overset{R_1}{\underset{COOH}{C=O}}} + \underset{\text{谷氨酸}}{\overset{COOH}{\underset{\underset{COOH}{CHNH_2}}{\overset{CH_2}{CH_2}}}}$$

α-酮戊二酸和游离氨也可在脱氢酶的作用下还原，氨基化成谷氨酸。

$$NH_3 + NAD(P)H + H^+ + \underset{\alpha\text{-酮戊二酸}}{\overset{COOH}{\underset{\underset{\underset{COOH}{CH_2}}{CH_2}}{C=O}}} \xrightarrow{\text{脱氢酶}} \underset{\text{谷氨酸}}{\overset{COOH}{\underset{\underset{\underset{COOH}{CH_2}}{CH_2}}{H_2N-C-H}}} + NAD(P)^+ + H_2O$$

α-酮戊二酸也可在谷氨酸合酶作用下接受谷氨酰胺的酰氨基形成 2 分子谷氨酸。

$$\underset{\text{谷氨酰胺}}{\overset{COOH}{\underset{\underset{\underset{\underset{NH_2}{C=O}}{CH_2}}{CH_2}}{H_2N-C-H}}} + NAD(P)H + H^+ + \underset{\alpha\text{-酮戊二酸}}{\overset{COOH}{\underset{\underset{\underset{COOH}{CH_2}}{CH_2}}{C=O}}} \xrightarrow{\text{谷氨酸合酶}} \underset{\text{谷氨酸}}{2\overset{COOH}{\underset{\underset{\underset{COOH}{CH_2}}{CH_2}}{H_2N-C-H}}} + NAD(P)^+$$

2. 谷氨酰胺的生物合成

α-酮戊二酸形成谷氨酸后，再经谷氨酰胺合成酶作用形成谷氨酰胺，此反应需要 ATP。

$$\underset{\text{谷氨酸}}{\overset{COOH}{\underset{\underset{\underset{COOH}{CH_2}}{CH_2}}{H_2N-C-H}}} + NH_3 + ATP \xrightarrow{\text{谷氨酰胺合成酶}} \underset{\text{谷氨酰胺}}{\overset{COOH}{\underset{\underset{\underset{\underset{NH_2}{C=O}}{CH_2}}{CH_2}}{H_2N-C-H}}} + ADP + Pi$$

3. 脯氨酸的生物合成

谷氨酸在谷氨酸激酶的作用下，由 ATP 提供磷酸基团，形成谷氨酰磷酸；谷氨酰磷酸又在谷氨酸脱氢酶的作用下还原形成谷氨酸-γ-半醛，后者自发形成 5-羧基吡咯啉，然后再由吡咯啉羧酸还原酶还原成脯氨酸。

4. 精氨酸的生物合成

精氨酸的生物合成比较复杂，经过多步反应完成。主要有两条途径，都是从谷氨酸开始。一是在谷氨酸激酶的作用下，由 ATP 提供磷酸基团，形成谷氨酰磷酸；谷氨酰磷酸又在谷氨酸脱氢酶的作用下还原形成谷氨酸-γ-半醛，然后转化为鸟氨酸，再经尿素循环途径合成精氨酸。另一个是通过谷氨酸先形成 N-乙酰谷氨酸-γ-半醛，然后形成鸟氨酸，再经尿素循环途径合成精氨酸（图 9-31）。

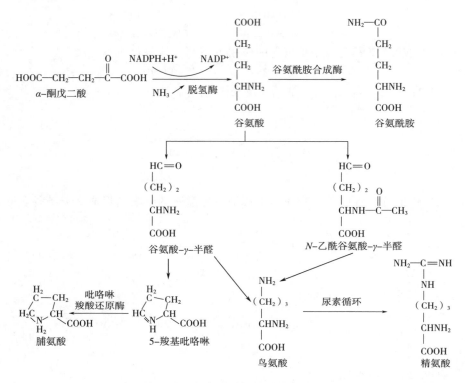

图 9-31　谷氨酸族氨基酸生物合成

（四）丝氨酸族氨基酸生物合成

丝氨酸族氨基酸主要有丝氨酸、甘氨酸、半胱氨酸。它们的共同碳骨架来源是糖酵解途径中的3-磷酸甘油酸。具体途径见图 9-32。

1. 丝氨酸的生物合成

3-磷酸甘油酸在磷酸甘油酸脱氢酶的作用下形成 3-磷酸羟基丙酮酸，再由谷氨酸提供氨基，经磷酸丝氨酸转氨酶作用下生成 3-磷酸丝氨酸，然后在磷酸丝氨酸磷酸酶作用下将 3-磷酸丝氨酸水解生成丝氨酸。

2. 甘氨酸的生物合成

丝氨酸在丝氨酸转羟甲基酶作用下脱去羟甲基，将羟甲基转给四氢叶酸，形成 N^5,N^{10}-亚甲基四氢叶酸，产生甘氨酸。甘氨酸的形成可以通过乙醛酸途径进行，乙醛酸通过转氨作用形成甘氨酸，甘氨酸也可缩合成丝氨酸。

3. 半胱氨酸的生物合成

植物、动物和微生物的半胱氨酸生物合成途径并不相同。在植物和细菌中，丝氨酸在丝氨酸乙酰转移酶的作用下首先生成 O-乙酰丝氨酸，然后在 O-乙酰丝氨酸巯基裂合酶的

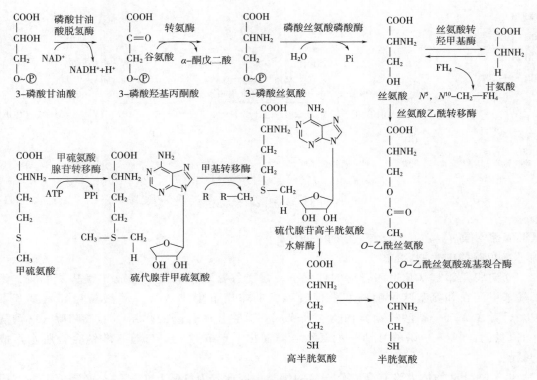

图 9-32　丝氨酸族氨基酸生物合成

作用下，吸取外界的硫产生半胱氨酸。因为植物和微生物都具备从外界吸取硫的能力。但是动物不具备这种能力，它所需的硫来自食物中的甲硫氨酸。在动物中，甲硫氨酸在甲硫氨酸腺苷转移酶的作用下与 ATP 反应生成硫代腺苷甲硫氨酸（S-Adenosyl-methionine，SAM）。SAM 是重要的甲基供体，它在甲基转移酶的催化下转出甲基生成硫代腺苷高半胱氨酸，然后再水解形成高半胱氨酸，然后与丝氨酸脱水、裂解形成半胱氨酸。

（五）芳香族氨基酸生物合成

芳香族氨基酸包括苯丙氨酸、酪氨酸和色氨酸。它们的共同碳骨架来源是糖酵解途径中的磷酸烯醇式丙酮酸和 4-磷酸赤藓糖。芳香族氨基酸的合成非常复杂，这三种氨基酸只能由植物和微生物合成，合成途径有 7 步是共有的，期间有三个重要的中间产物，分别是莽草酸、分支酸和预苯酸。首先磷酸烯醇式丙酮酸和 4-磷酸赤藓糖缩合经 4 步反应生成莽草酸。莽草酸在莽草酸激酶的催化下生成 3-磷酸莽草酸，后者在 3-磷酸-5-烯醇式莽草酸合酶的催化下生成 3-磷酸-5-烯醇式丙酮基莽草酸，随后由分支酸合酶催化产生分支酸（图 9-33）。分支酸是合成芳香族氨基酸的关键中间产物。从分支酸开始，经不同的途径合成三种芳香族氨基酸（图 9-34）。

1. 苯丙氨酸的生物合成

分支酸在分支酸变位酶的作用下，转变为预苯酸，经过脱水脱羧形成苯丙酮酸，后者在转氨酶的作用下，利用谷氨酸提供的氨形成苯丙氨酸。

2. 酪氨酸的生物合成

预苯酸经氧化脱羧形成 4-羟基丙酮酸，后者在转氨酶的作用下，利用谷氨酸提供的

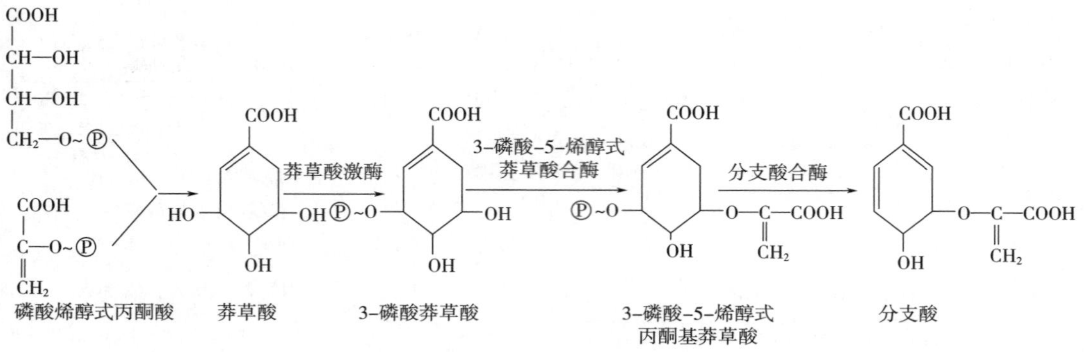

图 9-33　分支酸的合成途径

氨形成酪氨酸。

3. 色氨酸的生物合成

分支酸在邻氨基苯甲酸合酶的催化下，接受谷氨酰胺的氨基形成邻氨基苯甲酸，邻氨基苯甲酸在邻氨基苯甲酸磷酸核糖转移酶的作用下生成 N-5'-磷酸核糖邻氨基苯甲酸，后者在 N-5'-磷酸核糖异构酶、吲哚-3-磷酸甘油合酶的作用下形成吲哚-3-磷酸甘油。然后吲哚-3-磷酸甘油在色氨酸合酶催化下形成吲哚，与丝氨酸结合，脱水形成色氨酸。

由于哺乳动物体内没有合成分支酸的酶类，因此苯丙氨酸和色氨酸是必需氨基酸。因为动物体内存在苯丙氨酸羟化酶，该酶可以催化苯丙氨酸羟基化成酪氨酸，所以酪氨酸是非必需氨基酸。

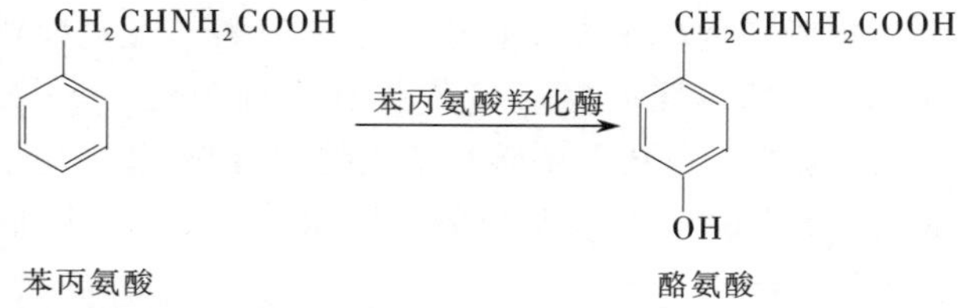

（六）组氨酸的生物合成

组氨酸的合成需要三个前体物质，它们分别是 5'-磷酸核糖-1'-焦磷酸（phosphoribosyl pyrophosphate，PRPP）、ATP 和谷氨酰胺。组氨酸的 5 个碳原子来自 PRPP，ATP 的嘌呤环为组氨酸的咪唑环提供 1 个氮原子和 1 个碳原子，谷氨酰胺为组氨酸的咪唑环提供另外 1 个氮原子。组氨酸的生物合成非常复杂，需要 9 种酶催化。关键的反应是 PRPP 和 ATP 缩合产生磷酸核糖 ATP，然后经过 4 步反应，谷氨酰胺提供 1 个氮原子掺入 3-磷酸咪唑甘油的咪唑环中。ATP 的其余大部分碳原子和氮原子以氨基咪唑羧胺核苷酸形式释放出来，用以嘌呤合成。3-磷酸咪唑甘油再经脱氢、转氨、水解、氧化等多步反应生成组氨酸（图 9-35）。

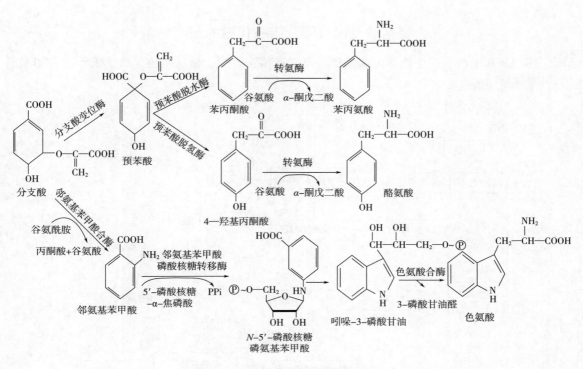

图 9-34　芳香族氨基酸生物合成

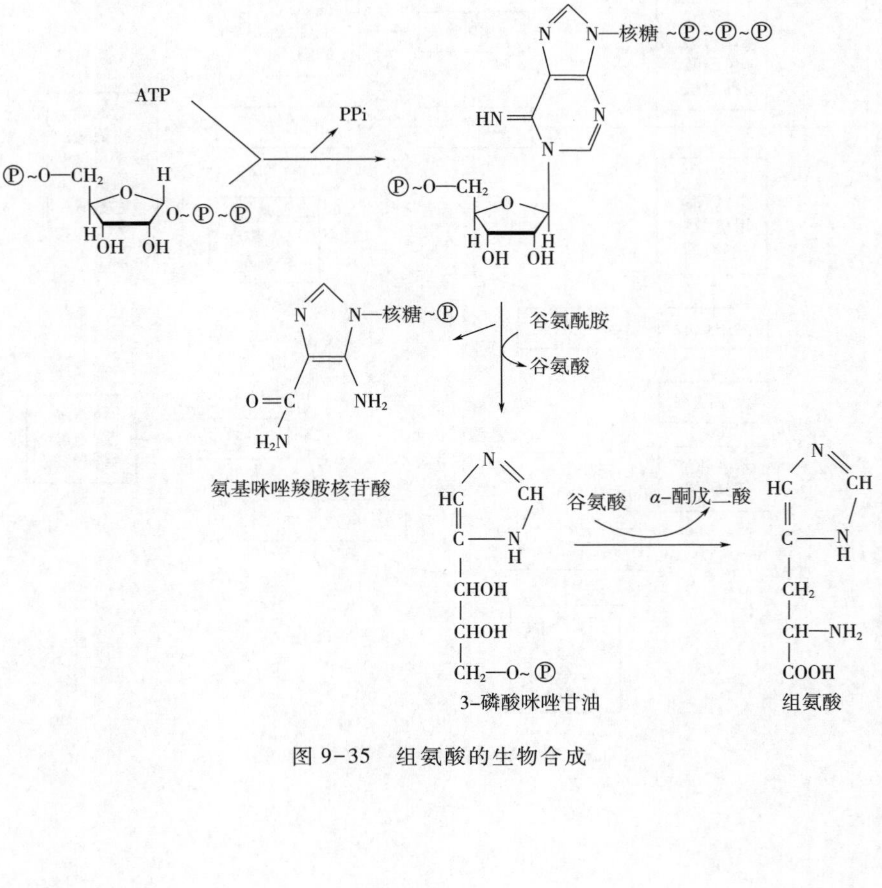

图 9-35　组氨酸的生物合成

三、氨基酸代谢与糖、脂肪代谢的相互关系

糖、脂和蛋白质在生物体内的代谢，存在着相互转变、相互制约、相互依赖的密切关系，见图9-36。

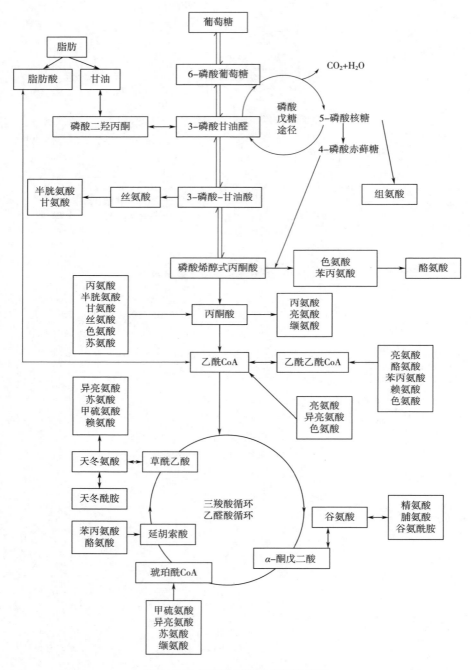

图 9-36　氨基酸与糖、脂代谢关系

（一）蛋白质代谢与糖代谢的相互关系

首先，糖代谢所提供的 ATP 以及磷酸戊糖途径产生的 NADPH 是氨基酸合成所必需的。

其次，糖与蛋白质可以相互转变。蛋白质分解生成的氨基酸可以异生为糖。体内蛋白质分解代谢可产生 20 种氨基酸，分为生糖、生酮和生糖生酮氨基酸三类。除生酮氨基酸（亮氨酸、赖氨酸）外，氨基酸都可通过脱氨作用生成相应的 α-酮酸，这些 α-酮酸除部分通过三羧酸循环及生物氧化代谢为 CO_2、水和生成 ATP 外，也可在体内通过糖原异生途径合成糖类。20 种氨基酸的碳骨架最终可转化成 7 种物质：丙酮酸、乙酰 CoA、乙酰乙酰 CoA、α-酮戊二酸、琥珀酰 CoA、延胡索酸、草酰乙酸。它们最后集中为 5 种物质进入 TCA 循环：乙酰 CoA、α-酮戊二酸、琥珀酰 CoA、延胡索酸、草酰乙酸。

同时，糖也可以转化为蛋白质。糖代谢中不能提供必需氨基酸相应的必需 α-酮酸，所以体内不能合成必需氨基酸。人体内除了 8 种必需氨基酸不能由糖代谢中间物转变而来外，其他的非必需氨基酸的生物合成都有其共同特点：合成的起始碳骨架来自机体内的几个主要代谢途径特别是糖代谢（包括糖酵解、柠檬酸循环或磷酸戊糖途径）的中间产物，如 3-磷酸甘油酸、5-磷酸核糖、4-磷酸赤藓糖、磷酸烯醇式丙酮酸、丙酮酸、草酰乙酸、α-酮戊二酸。

从上述可见，20 种氨基酸除亮氨酸及赖氨酸外均可转变为糖，而糖仅能在体内转变成 12 种非必需氨基酸，表明蛋白质在一定程度上可以代替糖，但是糖不能完全代替蛋白质。

（二）蛋白质代谢与脂代谢的相互关系

1. 蛋白质可以转变为脂

氨基酸脱氨后生成的 α-酮酸经一定的反应可转变为乙酰 CoA，进而合成脂肪酸。在线粒体内乙酰 CoA 与草酰乙酸缩合生成柠檬酸，再通过柠檬酸循环在线粒体外释放出乙酰 CoA，在胞液经丙二酰 CoA 途径合成脂肪酸。生糖氨基酸经磷酸二羟丙酮可转变为甘油，甘油和脂肪酸合成脂肪，这表明氨基酸在动物体内可转变为脂肪。另外，丝氨酸脱羧形成乙醇胺，乙醇胺接受 SAM 提供甲基转变为胆碱，丝氨酸、乙醇胺、胆碱分别是合成丝氨酸磷脂、脑磷脂及卵磷脂的原料。

2. 脂类难以转变为蛋白质

脂类代谢可以产生甘油和脂肪酸。产生的甘油可通过糖酵解途径转变为丙酮酸、草酰乙酸及 α-酮戊二酸，它们通过转氨基作用可形成丙氨酸、天冬氨酸和谷氨酸，或者通过生成磷酸甘油醛，经糖异生途径生成糖，再转变为非必需氨基酸。这些氨基酸可以合成蛋白质。但脂肪中的脂肪酸通过 β-氧化生成乙酰 CoA，后者经 TCA 循环和生物氧化可以生成 CO_2 和 H_2O，同时放出能量，但是不能转变为氨基酸，因此，脂类在体内难以转变为蛋白质，而蛋白质却能替代脂肪供能。

（三）糖代谢与脂代谢的相互关系

糖与脂类在体内也能相互转变。糖的摄入量超过体内能量消耗时，除合成糖原贮存在肝及肌肉内外，糖也可以转变为脂肪。首先，糖可以分解生成磷酸二羟丙酮及丙酮酸，磷酸二羟丙酮还原生成甘油；丙酮酸经氧化脱羧生成乙酰 CoA，然后合成脂肪酸；最后甘油和脂肪酸两者合成脂肪。

脂肪分解成甘油和脂肪酸。脂肪酸 β-氧化生成乙酰 CoA，后者经 TCA 循环和生物氧化可以生成 CO_2 和 H_2O，难以转变为糖；甘油可转变成磷酸二羟丙酮，然后沿糖酵解逆过程异生为糖，但其量和脂肪酸相比是微不足道的。因此，在体内脂肪转变为糖很难进行。

此外，脂肪分解代谢的顺利与否与糖代谢是否正常进行密切有关。当饥饿或糖代谢障碍引起脂肪动员增强时，脂肪酸分解生成的酮体量增加，但由于糖代谢产生的草酰乙酸量相对不足，致使过量的酮体不能及时通过三羧酸循环氧化，结果出现高酮血症、酮症酸中毒。

综上所述，在正常生物体（细胞）内，糖、脂肪和蛋白质这三类物质的代谢同时进行，在其合成、分解及相互转化过程中都伴随着能量的需求和释放，最终都彻底氧化成 CO_2 和 H_2O。它们既相互联系，又相互制约，有条不紊地进行着。这三类物质通过不同的代谢途径都可以进入 TCA 循环，TCA 循环是连接这些物质相互转变的桥梁。糖类、脂类和蛋白质之间可以转化。蛋白质水解成氨基酸后可以转化成糖类和脂类，糖类和脂类也可相互转化，但糖类在体内只能合成非必需的氨基酸。糖类、脂类和蛋白质之间的转化是有条件的。如糖类供应充足，可以大量转化为脂肪，而脂肪供应充足时却不能大量转化成糖类；当糖代谢供能充足时，脂代谢供能是减弱的；当糖代谢供能不足时，脂肪的氧化分解加快，以保证机体的能量需要；只有糖和脂肪均摄入量不足时，体内氨基酸分解才会增加；糖、脂代谢供能正常时，氨基酸代谢只维持组织更新和保持氮平衡的需要。当糖代谢发生障碍时，比如糖尿病时，脂代谢和氨基酸代谢也会发生紊乱。

第五节　蛋白质的生物合成与修饰

蛋白质是遗传信息表现的功能形式，是生命的重要物质基础。从生物学中心法则可知，蛋白质生物合成（protein biosynthesis）是遗传信息表达的最终阶段。蛋白质生物合成又称为翻译（translation），是指 DNA 结构基因中贮存的遗传信息，通过转录生成 mRNA，再指导多肽链合成的过程。该过程的本质是将 mRNA 分子中 A、G、C、U 4 种核苷酸序列编码的遗传信息转换成蛋白质一级结构中 20 种氨基酸的排列顺序。蛋白质的生物合成过程非常复杂，包含起始、延长和终止三个阶段，涉及多种生物分子的参与及相互协作，包括多种 RNA 和几十种蛋白质因子。肽链合成后再通过翻译后的加工修饰成为有生物活性的天然蛋白质。蛋白质的生物合成讲解见二维码 9-1。

二维码 9-1

一、蛋白质生物合成体系

蛋白质的生物合成体系极其复杂，mRNA 是蛋白质生物合成的模板，tRNA 结合并运载各种氨基酸至 mRNA 模板上，核糖体是场所，由 rRNA 和多种蛋白质构成，氨基酸是原料，反应需要能量，除此之外，还包括参与氨基酸活化及肽链合成起始、延长和终止阶段的多种蛋白质因子。

（一）mRNA

mRNA 是蛋白质生物合成的直接模板，将 DNA 的遗传信息传递给蛋白质，起着信使的作用。mRNA 的核苷酸序列对应着相应 DNA 的碱基排列顺序，同时又决定了蛋白质分子中的氨基酸排列顺序。

1. 遗传密码概念

生物界中有 $10^{10} \sim 10^{11}$ 种不同的蛋白质，这么多的蛋白质都是由 20 种氨基酸构成的，而对应着相应 DNA 的碱基却只有 4 种。这种遗传信息的转换是通过遗传密码实现的。在 mRNA 合成时，沿 5′ 到 3′ 方向，每 3 个相邻的核苷酸残基组成一组，编码一种氨基酸，这 3 个相邻核苷酸称为遗传密码（genetic codon），也称为三联体密码（triplet codon）或密码子（codon）。

1954 年，理论物理学家 George Gamov 通过数学推理认为：每三个核苷酸为一个氨基酸编码，共有 64 种密码子。1965 年科学家们破译了所有氨基酸的密码子并编制出遗传密码表（表 9-8）。1968 年 Nirenberg 和 Khorana 因遗传密码的实验荣获诺贝尔医学或生理学奖。

不同的 mRNA 序列其分子大小和碱基排列顺序各不相同，但都具有 5′-非翻译端（5′-untranslated region，5′-UTR）、开放阅读框（open reading frame，ORF）和 3′-非翻译端（3′-untranslated region，3′-UTR），开放阅读框是编码氨基酸的区域，两端的非翻译区对于 mRNA 的模板活性是必需的。

由于 mRNA 分子上有 A、G、C、U 4 种核苷酸，密码子含有 3 个核苷酸，所以 4 种核苷酸可以组合成 64（$4^3=64$）个三联体的遗传密码。在 64 个遗传密码子中，61 个密码子分别编码蛋白质的 20 种氨基酸，其中位于 mRNA 开放阅读框的第 1 个密码子 AUG 既编码多肽链中的甲硫氨酸（Met），又作为肽链合成的起始信号，称为起始密码子（initiation codon）。其余 3 个密码子（UAA、UAG、UGA）不编码任何氨基酸，它们只作为肽链合成的终止信号，称为终止密码子（terminatio codon）。另外，在某些原核生物中，GUG 和 UUG 也可充当起始密码子。

表 9-8　遗传密码表

5′端 第一核苷酸	第二核苷酸								3′端 第三核苷酸
	U		C		A		G		
U	UUU	苯丙氨酸（Phe）	UCU	丝氨酸（Ser）	UAU	酪氨酸（Tyr）	UGU	半胱氨酸（Cys）	U
	UUC		UCC		UAC		UGC		C
	UUA	亮氨酸（Leu）	UCA		UAA	终止	UGA	终止	A
	UUG		UCG		UAG		UGG	色氨酸（Trp）	G
C	CUU		CCU	脯氨酸（Pro）	CAU	组氨酸（His）	CGU	精氨酸（Arg）	U
	CUC		CCC		CAC		CGC		C
	CUA		CCA		CAA	谷氨酰胺（Gln）	CGA		A
	CUG		CCG		CAG		CGG		G
A	AUU	异亮氨酸（Ile）	ACU	苏氨酸（Thr）	AAU	天冬酰胺（Asn）	AGU	丝氨酸（Ser）	U
	AUC		ACC		AAC		AGC		C
	AUA		ACA		AAA	赖氨酸（Lys）	AGA	精氨酸（Arg）	A
	AUG	甲硫氨酸（Met）	ACG		AAG		AGG		G
G	GUU	缬氨酸（Val）	GCU	丙氨酸（Ala）	GAU	天冬氨酸（Asp）	GGU	甘氨酸（Gly）	U
	GUC		GCC		GAC		GGC		C
	GUA		GCA		GAA	谷氨酸（Glu）	GGA		A
	GUG		GCG		GAG		GGG		G

2. 遗传密码特征

（1）具有起始密码子和终止密码子　AUG 位于 mRNA 起始部位时是肽链合成的起始信号，称为起始密码子，代表合成肽链的第一个氨基酸的位置，同时也编码甲硫氨酸；密码子 UAA、UAG、UGA 不能编码任何氨基酸，是肽链合成的终止密码子（表 9-8）。

（2）方向性　mRNA 序列中的排列具有方向性，遗传密码的阅读方向总是从 5′→3′，不能倒读。即翻译总是从位于 mRNA 开放阅读框架 5′端的起始密码子开始，一直阅读到 3′端终止密码子结束。这种方向性决定了翻译过程是从蛋白质的 N 端向 C 端进行［图 9-37（1）］。

（3）连续性　mRNA 分子中编码蛋白质氨基酸序列的各个三联体密码是连续性排列的，密码子间没有间隔。从 mRNA 上起始密码子 AUG 开始，以 5′→3′方向进行阅读，每 3个碱基组成一个密码编码一种氨基酸，每个碱基读一次，连续不断，没有间隔（图 9-37）。如果 mRNA 阅读框架内插入或缺失一个或两个碱基（非 3 的倍数），则可引起读码发生错误，使下游翻译出的氨基酸序列完全改变，称为移码突变［图 9-37（2）］。

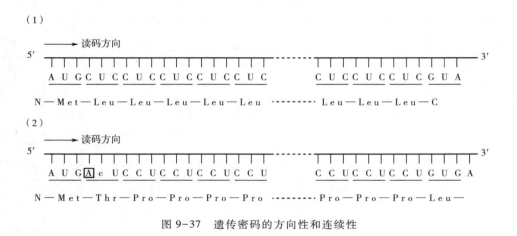

图 9-37　遗传密码的方向性和连续性

（4）简并性　是指多个密码子编码同一个氨基酸的现象（表 9-8）。从表 9-8 我们可以看出，除甲硫氨酸和色氨酸只有一个密码子外，其余氨基酸的密码子均在两种以上，最多可达 6 种。比如，UUA、UUG、CUU、CUC、CUA 及 CUG 均可编码亮氨酸。编码同一氨基酸的几种密码子称为同义密码子。翻译过程对同义密码子的使用具有偏爱性，这个称为密码子偏好性。同义密码子大多只是第三个碱基不同，这意味着第三位碱基发生突变时往往并不影响氨基酸的顺序，这对维持物种的稳定具有重要意义。

（5）不重叠性　一般情况下，遗传密码具有不重叠性，每个碱基参与形成一个密码子的一部分，只参与编码同一种氨基酸，也就是说在多核苷酸链上任何两个相邻的密码子不共用任何碱基。大多数生物的基因是不重叠的，但是在少数大肠杆菌噬菌体（如 R7，Qβ等）的 RNA 基因组中，部分基因的遗传密码是重叠的。

（6）摆动性　摆动性也是指密码子的专一性主要由前两位碱基所决定，第三位即使发生突变，多数情况下仍能翻译出相同的氨基酸。上述简并性主要是由于密码子的第三位碱基呈摆动现象而形成的。这是由于翻译过程中氨基酸的正确加入，依赖于 mRNA 上密码子与 tRNA 上反密码子的碱基配对产生（图 9-38）。密码子与反密码子配对有时会出现不完全遵从碱基配对规律的情况，这种现象常见于 mRNA 密码子的第 3 位碱基与 tRNA 反密码子的第 1 位碱基之间，一种 tRNA 可以识别 mRNA 的 1~3 种简并性密码子。比如 tRNA 反密码子第 1 位碱基常为稀有碱基 I（次黄嘌呤），与 mRNA 密码子第 3 位碱基 U、C 或 A 均可配对，二者不严格互补，因此产生摆动现象（表 9-9）。因此，估计最少 32 种 tRNA 才能满足对 61 种有意义密码子的识别。这种密码子的摆动性使合成的蛋白质不变，有利于维持物种的稳定性，减少有害突变的发生。

表 9-9　　　　　　　　　　密码子和反密码子碱基配对的摆动现象

密码子（第三位碱基）	U	G	C, U	A, G	A, C, U
反密码子（第一位碱基）	A	C	G	U	I

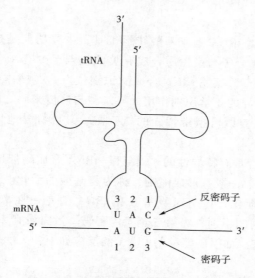

图 9-38　密码子和反密码子的相互配对

（7）通用性　密码的通用性是指各种高等和低等的生物（包括病毒、细菌及真核生物等）在很大程度上可共用同一套密码。但近年研究发现，动物细胞的线粒体、植物细胞的叶绿体的密码和这套"通用"密码有一些差别（表 9-10）。发现人线粒体中的密码子如 AUA、AUG、AUU 都可作为起始密码子，AUA 也可以作为甲硫氨酸的密码子（在通用密码中为异亮氨酸的密码子），UGA 为色氨酸密码子（在通用密码中为终止密码子），线粒体密码系统中有 4 个终止密码子（UAA、UAG、AGA、AGG）（AGA、AGG 在通用密码中为精氨酸的密码子）等。叶绿体对密码子的偏好性更强，甚至几乎不使用某些密码子来编码氨基酸。另外，在 *Ascoidea asiatica* 这种酵母中，CUG 会有一半的几率被翻译成丝氨酸，另一半几率被翻译成亮氨酸，即同一个密码子，在同一生物、同一套基因组中，可以编码两种不同氨基酸，这是由携带丝氨酸和携带亮氨酸的 tRNA 相互竞争引起的。

表 9-10 　　　　　　　　　　一些生物中特殊的线粒体遗传密码子表

密码子	通用密码子表	密码子含义					
		线粒体					
		脊椎动物	果蝇	啤酒酵母	丝状真菌	锥形虫	高等植物
UGA	终止	Trp	Trp	Trp	Trp	Trp	终止
AUA	Ile	Met	Met	Ile	Ile	Ile	Ile
AGA	Arg	终止	Ser	Arg	Arg	Arg	Arg
AGG	Arg	终止	Ser	Arg	Arg	Arg	Arg
CUN	Leu	Leu	Leu	Thr	Leu	Leu	Leu
CCG	Arg	Arg	Arg	Arg	Arg	Arg	Trp

（二）tRNA

在蛋白质生物合成时，tRNA 是氨基酸转运工具，主要功能是携带与密码子相对应的氨基酸到达核糖体。tRNA 分子与蛋白质合成有关的位点至少有 4 个，3′端的 CCA 氨基酸结合位点，密码子识别位点，氨酰 tRNA 合成酶识别位点，核糖体识别位点。核苷酸的碱基与氨基酸之间不具有特异的化学识别作用，氨基酸与遗传密码之间的相互识别作用是通过 tRNA 而实现的。tRNA 是既可携带特异的氨基酸、又可特异地识别 mRNA 遗传密码的双重功能分子。

tRNA 和氨基酸的结合是有特异性的，由氨酰-tRNA 合成酶催化，tRNA 氨基酸臂的 3′端的 CCA-OH 可与氨基酸 α-羧基形成酯键，称为氨基酸的活化。每种氨基酸都有自己对应的氨酰-tRNA 合成酶催化，该酶对氨基酸和 tRNA 的专一性都很强。人们已将氨酰-tRNA 合成酶与 tRNA 之间的识别称为第二套遗传密码。蛋白质有 20 种氨基酸，就有 20 种不同的氨酰-tRNA 合成酶。如甲硫氨酸与 tRNA 的反应如下：

$$Met + tRNA \xrightarrow[\text{ATP} \quad \text{AMP+PPi}]{\text{氨酰-tRNA合成酶}} Met\text{-}tRNA^{Met}$$

氨酰-tRNA 合成酶对氨基酸和 tRNA 具有高度特异性，是保证翻译正确进行的重要机制。氨酰-tRNA 有特定的表示方法，如 Met-tRNA^{Met}，前面三字母缩写代表已结合的氨基酸残基，右上角的三字母缩写代表 tRNA 的结合特异性，有时可以略去。Met-tRNA$_i^{Met}$ 则表示起始 tRNA（initiator tRNA）。

真核生物中存在参与翻译起始位所需的 Met-tRNA$_i^{Met}$ 和多肽链延长所需的 Met-tRNA^{Met} 两种形式。原核生物的起始密码只能辨认甲酰化的甲硫氨酸，即 N-甲酰甲硫氨酸（N-formyl methionine，fMet），因此起始位点的甲酰化甲硫氨酰 tRNA 表示为 fMet-tRNA$_i^{fMet}$。N-甲酰甲硫氨酸中的甲酰基从 N^{10}-甲酰四氢叶酸转移到甲硫氨酸的 α-氨基上，由转甲酰基酶催化。

tRNA 反密码子环的反密码子可以识别 mRNA 模板上的密码子，两者互补配对时的方向是相反的（图 9-38）。tRNA 通过与 mRNA 模板配对的密码子顺序，将所携带的氨基酸准确地带到核糖体特定的位置合成肽链。转运时，一种 tRNA 只能转运一种氨基酸，而一种氨基酸常有 2~6 种 tRNA，已发现的 tRNA 超过 80 种，其中原核细胞中有 30~40 种不同的 tRNA 分子，而真核生物中有 50 种，甚至更多。

（三）rRNA

rRNA 是组成核糖体的主要成分，它通过与几十种核糖体蛋白装配形成核糖体，而后者是蛋白质生物合成的场所。在大肠杆菌中 rRNA 占细胞总 RNA 量的 75%～85%，而 tRNA 占 15% 左右，mRNA 仅占 3%～5%。

核糖体可分为两类：一类附着于粗面内质网，主要参与白蛋白、胰岛素等分泌性蛋白质的合成；另一类游离于胞液中，主要参与细胞内固有性蛋白质的合成。

核糖体分为大、小两个亚基，含有多种酶和蛋白质因子，在翻译过程中发挥重要作用。不同类型生物中核糖体的结构高度保守，但是在细菌、真核细胞质及细胞器的核糖体中，其总体大小及 RNA 与蛋白质的比例有很大的差异。原核生物细胞的核糖体由 30S 和 50S 两个亚基组成，30S 小亚基单位含有 16S rRNA 和 21 种不同相对分子质量的蛋白质，50S 大亚基单位含有一个 5S rRNA、一个 23S rRNA 和 34 种蛋白质。真核生物的核糖体比原核生物复杂。真核细胞核糖体是由 40S 和 60S 两个亚基构成，40S 亚基中有 18S rRNA 和约 33 种蛋白质，60S 亚基中有一个 5S rRNA、一个 28S rRNA 和约 49 种蛋白质。哺乳类生物核糖体的 60S 大亚基中还有一个 5.8S rRNA（表 9-11）。线粒体和叶绿体的核糖体比细菌的核糖体要更小而且更简单。另外，核糖体还有许多与起始因子、延长因子等结合的位点。

表 9-11　核糖体的组成

	原核生物			真核生物		
	核糖体	小亚基	大亚基	核糖体	小亚基	大亚基
S 值	70S	30S	50S	80S	40S	60S
rRNA		16S rRNA	23S rRNA		18S rRNA	28S rRNA
			5S rRNA			5.8S rRNA
						5S rRNA
蛋白质		21 种	34 种		33 种	49 种

核糖体上存在多个蛋白质合成所需要的活性位点，如与起始信号结合的位点。小亚基有与 mRNA 结合的能力。大亚基上有两个 tRNA 的结合位点，一个能与肽酰 tRNA 结合，称为 P 位（peptidyl-tRNA site）；另一个能与氨酰 tRNA 结合，称为 A 位（aminoacyl-tRNA site）。当与 mRNA 结合时，这两个位点在核糖体上相邻，正好与两个相邻的密码子位置相对应。此外，原核生物还有排出 tRNA 的排出位（E 位），但是真核生物核糖体没有 E 位（图 9-39）。

二、蛋白质生物合成过程

蛋白质的生物合成从 mRNA 上的起始密码（AUG）开始，按 5′→3′ 方向翻译阅读框架，直到终止密码，肽链合成方向是 N→C，蛋白质生物合成全过程包括多肽链合成的起始、肽链的延长、肽链的终止三个阶段。

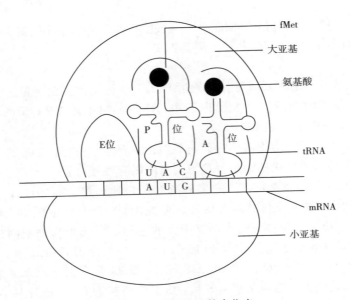

图 9-39　核糖体的结合位点

蛋白质生物合成中，除了几种 RNA 参与和各种氨基酸为原料外，还需要多种蛋白质辅助因子，包括起始因子（initiation factor，IF）IF-1、IF-2 和 IF-3、延长因子（elongation factor，EF）EF-Tu、EF-Ts 和 EF-G 和释放因子（release factor，RF）RF-1、RF-2 和 RF-3，它们在蛋白质的生物合成过程中临时与核糖体结合发挥作用，之后会从核糖体复合物中释放出来（表 9-12）。

表 9-12　　　　　　　　　　大肠杆菌蛋白质生物合成的蛋白质辅助因子

名称		功能
起始因子	IF-1	与 30S 小亚基的 A 位结合，阻止氨酰 tRNA 的进入
	IF-2	具 GTP 酶活性，促进 fMet-tRNA^{fMet} 与 30S 小亚基的结合
	IF-3	与 30S 小亚基结合，促进核糖体大小亚基解离；与 mRNA 的起始部位有一定亲和力，增加 fMet-tRNA^{fMet} 对核糖体 P 位的特异性
延伸因子	EF-Tu	具 GTP 酶活性，促进氨酰-tRNA 与核糖体 A 位结合
	EF-Ts	置换 EF-Tu-GDP 复合物中的 GDP，生成 Tu-Ts 复合物，促进 EF-Tu 的再利用
	EF-G	催化 GTP 分解供能，促使肽酰 tRNA 移位，有助于 tRNA 的卸载与释放
释放因子	RF-1	识别并结合终止密码子 UAA 和 UAG
	RF-2	识别并结合终止密码子 UAA 和 UGA
	RF-3	具 GTP 酶活性，使转肽酶变构，具酯酶活性，从而水解肽和 tRNA 之间的酯键，使 tRNA 与多肽链分离

（一）多肽链合成的起始

多肽链合成的起始阶段指大亚基、小亚基、mRNA 和具有启动作用的氨酰-tRNA 聚合为"起始复合物"。需起始因子 IF-1、IF-2 和 IF-3，GTP 及 Mg^{2+} 的参与。

1. 核糖体大小亚基分离

起始因子 IF-3 的功能是使核糖体 30S 小亚基从不具活性的 70S 核糖体释放，辅助 mRNA 与小亚基结合，并阻止大小亚基重新结合。起始因子 IF-3 首先结合到核糖体 30S 小亚基上，促进核糖体大小亚基的分离，IF-1 与小亚基的 A 位结合加速此种解离，避免起始氨酰 tRNA 与 A 位的提前结合，同时也有利于 IF-2 结合到小亚基上。

2. 30S 起始复合物的形成

（1）mRNA 与核糖体小亚基结合　原核生物的每一个 mRNA 都具有核糖体结合位点，它是位于 AUG 上游的 SD（Shine-Dalgarno）序列。这段序列正好与核糖体 30S 小亚基中的 16S rRNA 3′端一部分序列互补，从而识别结合。因此，SD 序列也称为核糖体结合序列（ribosomal binding site，RBS），这种识别结合可以保证核糖体能选择 mRNA 上 AUG 的正确位置来起始肽链的合成。在大肠杆菌中，mRNA 首先与核糖体的 30S 亚基相结合，在起始因子 IF-3 的作用下，先形成 IF-3-30S-mRNA 复合物。

（2）核糖体小亚基与 fMet-tRNA^{fMet}结合　在 IF-2 参与下，fMet-tRNA^{fMet} 与 GTP 共同形成 fMet-tRNA^{fMet}-GTP-IF-2 复合物。IF-1、IF-2 促进此复合体与 30S 小亚基结合。fMet-tRNA^{fMet}在 IF-2 参与下进入小亚基上的 P 位，通过反密码子与 mRNA 上的起始密码子 AUG 相对应。形成 30S 起始复合物 IF-3-30S-mRNA-fMet-tRNA^{fMet}-GTP-IF-2-IF-1。IF-2 只与起始氨酰 tRNA 相互作用，保证了其他的 tRNA 不能用于起始。

3. 70S 起始复合物的形成

30S 起始复合物一经形成，IF-3 从 30S 小亚基上解离下来，小亚基与大亚基结合，形成 70S 核糖体，同时释出 IF-1，激活 IF-2 的 GTP 酶活性，促进 GTP 分解释放出 GDP 和无机磷酸，IF-2 也释放出来，形成完整的 70S 起始复合物-70S-mRNA-fMet-tRNA^{fMet}（图 9-40）。

至此，肽位（P 位）已被 fMet-tRNA^{fMet}占据，空着的氨酰位（A 位）准备接受一个能与第二个密码子配对的氨酰-tRNA，为多肽链的延伸做好准备。释放出的起始因子 IF-1、IF-2 和 IF-3 则参与下一个多肽链合成的起始。

真核生物蛋白质合成的起始机制与原核生物基本相同，但是更加复杂，需要更多的起始因子（e IF）参与；起始 tRNA 携带的甲硫氨酸不发生甲酰化，蛋白质的起始氨基酸为甲硫氨酸而不是甲酰甲硫氨酸；所有的真核生物都缺少与 SD 序列互补的序列，mRNA 与 18S rRNA 之间似乎没有配对的碱基，合成的起始位置一般在 mRNA 5′端的起始密码子 AUG 位置；起始需要帽子结构和多聚腺苷酸（poly A）尾巴介导。

（二）多肽链合成的延长

起始复合物形成后，多肽链合成的延长以氨酰-tRNA 进入 70S 起始复合物的 A 位为标志，通过 tRNA 上的反密码子与 mRNA 上的起始密码子准确配对，各种氨酰-tRNA 按照 mRNA 模板上密码的顺序依次结合到核糖体上，反复进行进位、转肽、移位三步反应，肽链不断延长。多肽链合成的延长需要 70S 起始复合物、氨酰-tRNA、延长因子、GTP 和 Mg^{2+}的参与。

1. 进位

与 mRNA 密码子相对应的氨酰-tRNA 进入核糖体的 A 位，生成复合体，此过程需要

GTP、Mg^{2+} 和延长因子 EF-Tu、EF-Ts 参与。EF-Tu 的作用是促进氨酰-tRNA 与核糖体的 A 位结合，而 EF-Ts 是促进 EF-Tu 的再利用。

EF-Tu 首先与 GTP 结合，形成 Tu-GTP 复合物，释放出 Ts，随后与氨酰-tRNA 结合成三元复合物，促进氨酰-tRNA 进入 A 位点与 mRNA 第 2 个密码子结合。同时 Tu-GTP 分解，释放出 Tu-GDP 及 Pi。Tu-GDP 再由 Ts 催化，GTP 置换 GDP，再生成 Tu-GTP，参与下一轮反应（图 9-41）。

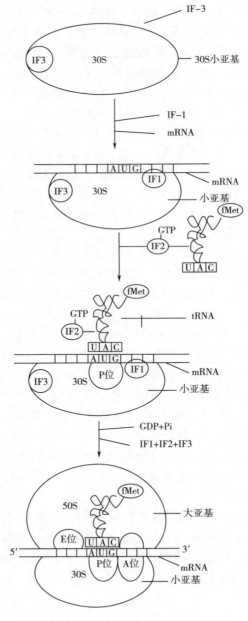

图 9-40　原核生物蛋白质合成的起始

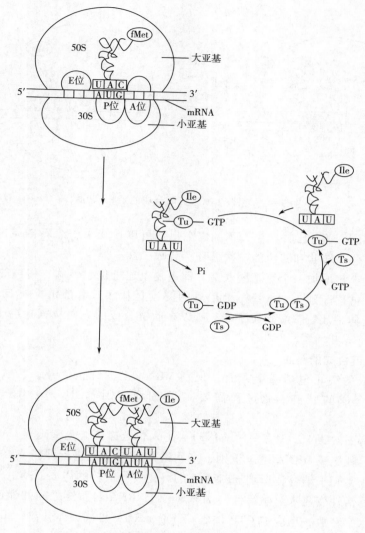

图 9-41　原核生物蛋白质合成的延长-进位

2. 转肽

在核糖体大亚基上存在转肽酶，转肽酶位于 P 位和 A 位的连接处，靠近 tRNA 的氨基酸臂。在形成 70S 起始复合物时，核糖体的 P 位上已结合了起始甲酰甲硫氨酰 tRNA。进位后，P 位和 A 位上就各结合了一个氨酰 tRNA，在转肽酶的作用下，P 位点上氨酰 tRNA 上的甲酰甲硫氨酸提供 α-COOH，与 A 位点氨酰 tRNA 上的氨基酸的 α-NH_2 形成肽键，完成转肽。此步需要 Mg^{2+} 与 K^+ 的存在，但不需要消耗能量。转肽后，在 A 位上形成了一个二肽酰 tRNA，P 位留下无负载的 tRNA。

3. 移位

移位过程需要 EF-G 移位酶、Mg^{2+} 和 GTP。转肽作用发生后，二肽位于 A 位，原 P 位上无负载的 tRNA 进入 E 位，然后离开核糖体去运载新的氨基酸。在 EF-G 移位酶作用下，通过催化 GTP 分解供能，核糖体沿 mRNA 5′→3′方向向前移动一个密码子，结果原来 A 位

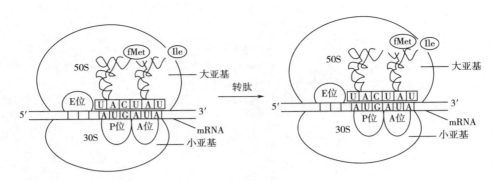

图 9-42　原核生物蛋白质合成的延长-转肽

点上的二肽酰-tRNA 移位到 P 位，而 A 位空出，可以接受下一个新的氨酰-tRNA 进入。这样就完成了进位、转肽和移位的一次循环，合成二肽。

此后，肽链上每增加一个氨基酸残基，即重复上述进位、转肽、移位的步骤，如此不断重复循环，肽链逐渐延长。mRNA 上信息的阅读是从多核苷酸链 5′端向 3′端方向进行的，而肽链的延伸是从氨基端到羧基端，所以多肽链合成的方向从氨基端（N）端到羧基（C）端。

（三）　多肽链合成的终止

多肽链合成的终止包括两个方面，识别 mRNA 上的终止信号；转肽酶转变为酯酶活性，释放出合成的肽链。此过程需要 GTP 和释放因子 RF-1、RF-2 和 RF-3 的参与。

当核糖体沿 mRNA 5′→3′方向向前移动，在 A 位上碰到终止密码子 UAA \ UAG \ UGA 时，没有任何一种氨酰-tRNA 可以识别，多肽链的延伸不能进行即转入终止阶段。此时，释放因子与终止密码子结合，识别 mRNA 上的终止信号。核糖体大亚基上的转肽酶构象发生改变，转肽酶活性变成水解酶活性，水解 A 位上 tRNA 与肽链之间的酯键，从而已合成完毕的肽链被水解释放，反应需 GTP 供能。继而 mRNA 与核糖体分离，tRNA 也脱落，然后核糖体在 IF-3 作用下，大、小亚基解聚，起始复合体解体（图 9-43）。解离后的大小亚基再重新参加新的肽链的合成起始，循环往复。

实际上，当用电镜观测正在被翻译的 mRNA 时，会发现沿着 mRNA 附着有许多核糖体（图 9-44），呈念珠状。这种多个核糖体与 mRNA 的聚合物称为多聚核糖体。在细胞内合成蛋白质时，通常是多个核糖体同时与 mRNA 的不同部位相连，因此，在一条 mRNA 上同时有多条同样的多肽链在合成，这样可大大提高细胞内蛋白质的合成效率。多聚核糖体可有数个到数十个不等的核糖体，视其所附着的 mRNA 大小而定。例如，血红蛋白珠蛋白链较小，只能附着五、六个核糖体，而肌球蛋白的多肽链（重链）的 mRNA 较大，可附着 60 个左右的核糖体。

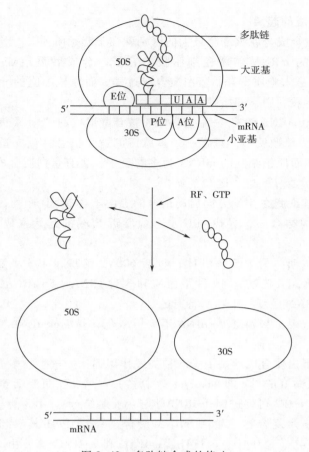

RF、GTP

图 9-43　多肽链合成的终止

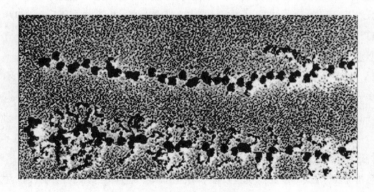

图 9-44　多聚核糖体电镜照片

三、真核细胞与原核细胞蛋白质合成的异同

　　真核生物蛋白质合成机制与原核生物基本相同，也包括起始、延长和终止三个阶段，但真核生物更为复杂，有更多的蛋白质因子参与，具有其特有的特征。

（一）多肽链合成的起始

真核细胞蛋白质合成与原核细胞最大的区别就在于起始阶段。

（1）真核细胞的 mRNA 前体在细胞核内合成，合成后需经加工，才能成为成熟 mRNA，从细胞核内进入胞质，开始蛋白质合成过程。而原核细胞的 mRNA 常在其自身的合成尚未结束时，已被利用，开始翻译。

（2）真核细胞的 mRNA 含有 7-甲基鸟嘌呤核苷酸形成的"帽"，有由聚腺苷酸（poly A）形成的"尾"，为单顺反子，只含一条多肽链的遗传信息，合成蛋白质时只有一个起始点，一个终止点；而原核细胞的 mRNA 为多顺反子，含有蛋白质合成的多个起始点和终止点，且不带有类似"帽"与"尾"的结构。

（3）大多数真核细胞在 5′端方向启动信号的上游不含有 SD 序列，通常通过起始因子与 mRNA 的 5′帽结构结合后，寻找 mRNA 上最靠近 5′端的起始密码子 AUG，作为起始部位。

（4）真核细胞核糖体为 80S 核糖体，包括 60S 大亚基和 40S 小亚基。小亚基含 18S rRNA 和 33 种蛋白质，大亚基含 49 种蛋白质和 3 种 rRNA：5S rRNA、28S rRNA 和 5.8S rRNA，其中 5.8S rRNA 是真核生物所特有的。

（5）在真核细胞中，起始氨酰-tRNA 不需甲酰化，是 Met-tRNA^{Met} 而不是原核细胞的 fMet-tRNA^{fMet}。

（6）真核细胞蛋白质合成起始因子的种类及作用远比原核生物多而复杂，至少有 9 种起始因子，均命名为 e IFn，［e 即 eukaryote（真核）］。e IF1 可激活 Met-tRNA^{Met} 和 mRNA 与 40S 小亚基结合；e IF2 可促进 Met-tRNA^{Met} 与小亚基结合；e IF3 能与小亚基结合，促进核糖体解离，稳定三元复合物，激活 mRNA 结合；e IF4 按照其参与的作用不同分为 e IF4A、e IF4B、e IF4C、e IF4D、e IF4E、e IF4F 和 e IF4G 等。由 e IF4A、e IF4B、e IF4E、e IF4F 组成的帽结合复合物与 mRNA 的 5′帽结构结合后，在 e IF3 的参与下，寻找起始密码子 AUG；e IF-4G 是锚定蛋白，参与 mRNA 的结合；e IF5 为 GTP 酶，可水解与 e IF2 结合的 GTP，使 e IF2 和 e IF3 从小亚基解离；最后，60S 大亚基与 Met-tRNA^{Met}、mRNA 及 40S 小亚基结合形成 80S 起始复合物，促进蛋白质合成的起始。

（7）核糖体与模板 mRNA 的识别结合，原核细胞与真核细胞的机制不同。在原核细胞中，mRNA 首先与小亚基结合，fMet-tRNA^{fMet} 再和 GTP、IF-2 复合物一起加入。而在真核细胞中，Met-tRNA^{Met} 和 GTP 与 e IF2 先形成一个复合物，此复合物与小亚基先结合后再与 mRNA 结合。

（二）多肽链合成的延长

真核细胞与原核细胞肽链延长过程基本相同，只是其延长因子与原核生物不同。在真核细胞中有延长因子 e EF-1A、e EF-1B 和 e EF-2，与原核生物的 EF-Tu 和 EF-Ts 的功能是极为相似的。

另外，在原核细胞肽链延长阶段，位于 P 位的空载-tRNA 可以从 E 位离开核糖体，而真核细胞核糖体没有 E 位，是直接从 P 位离开的。

（三）多肽链合成的终止

真核细胞多肽链合成的终止需要 GTP 和 2 个释放因子（e RF1 和 e RF3）。e RF1 可识别 3 种密码子（UAA、UAG 及 UGA）。原核细胞的释放因子有 3 种（RF1、RF2 和 RF3），因为 e RF1 没有与 GTP 结合的位点，因此借助于 e RF3，一种核糖体依赖的 GTP 酶，借助 GTP 水解的能量，促进多肽链的释放。

四、蛋白质多肽链合成后的加工

从核糖体上合成的多肽链，按照一级结构中氨基酸序列及氨基酸侧链的情况，自行卷曲，形成一定的空间结构，但多数都不具有正常的生理功能，要经过多种方式的修饰，改变其结构，才能表现生理活性，称为翻译后加工。翻译后加工主要包括新生肽链折叠、肽链一级结构的修饰、肽链空间结构的修饰等。蛋白质成熟过程中修饰与折叠是相辅相成的。

（一）新生肽链的折叠

新合成的多肽链经过折叠形成一定空间结构才能具有生物学活性。蛋白质分子的折叠过程实际上就是大量非共价键形成的过程，细胞中大多数天然蛋白质折叠都不是自动完成的，而是需要其他酶和蛋白质的协助。近年来的研究显示，主要包括折叠酶或分子伴侣，具体如下。

1. 蛋白质二硫键异构酶

蛋白质二硫键异构酶在内质网腔中活性很高，具多种功能，可促进天然二硫键的形成。多肽链内或肽链之间二硫键的正确形成对稳定分泌蛋白、膜蛋白等的天然构象十分重要。

2. 肽–脯氨酰顺反异构酶

肽–脯氨酰顺反异构酶是蛋白质三维构象形成的限速酶。天然蛋白质多肽链中肽酰–脯氨酸间肽键绝大部分是反式构型。而当在肽链合成需要形成顺式构型时，肽–脯氨酰顺反异构酶可使多肽链在脯氨酸弯折处形成准确折叠。

3. 分子伴侣

分子伴侣是细胞中一类保守蛋白质家族，广泛存在于原核生物和真核生物细胞中，可识别肽链的非天然构象，促进各种功能域和整体蛋白质的正确折叠。如果蛋白质的转运、折叠、聚合、解聚等发生错误后，分子伴侣可参与重新折叠及原始蛋白质活性调控等一系列功能。分子伴侣也可以和部分折叠或没有折叠的蛋白质分子结合，稳定它们的构象，免遭其他酶的水解并促进蛋白质折叠成正确的空间结构。现已发现约 200 种不同的分子伴侣，分为若干家族，近年来研究最多的分子伴侣是热激蛋白（heat shock protein，HSP）。

新生肽链的折叠意义重大，如果肽链折叠错误的话，就无法形成具有特定生物学活性的蛋白分子。目前发现在人体中很多疾病如退行性神经系统疾病都与蛋白质分子的不正确折叠而导致的蛋白质集聚有关。

（二）肽链一级结构的加工修饰

1. 肽链 N 端 Met 或 fMet 的切除

多肽链延长到一定程度，细胞内有脱甲酰基酶或氨肽酶可以除去 N–甲酰基、N 端甲硫氨酸或 N 端一段序列。这一过程可在肽链合成中进行，不一定等肽链合成后发生。

2. 氨基酸的修饰

某些蛋白质肽链氨基酸残基存在共价修饰，是肽链合成后特异加工产生的，主要包括磷酸化、酰基化、甲基化、乙酰化、羟基化、羧基化、泛素化等。如某些蛋白质的丝氨酸、苏氨酸、酪氨酸可被磷酸化；组蛋白分子的精氨酸可进行乙酰化修饰；胶原蛋白前体的赖氨酸、脯氨酸残基可进行羟基化修饰；某些凝血因子中谷氨酸可进行羧基化；通过特定氨基酸的修饰，可以改变或影响基因表达。

3. 水解修饰

许多新合成的酶和蛋白质是以酶原或其他无活性的"前体"形式存在。在专一性蛋白酶水解作用下，切除其中多余的肽段，使之形成有活性的蛋白质。酶原的激活就是一个例子。胰岛素、甲状旁腺素、生长素等激素初合成时是无活性的前体，经水解切除部分肽段而成熟成为有活性的激素。真核生物某些 mRNA 的翻译产物具有多样性，也是因为一条多肽链经过翻译后加工，适当地水解修饰，可以产生不同功能蛋白质的缘故。

4. 二硫键形成

mRNA 上没有胱氨酸的密码子。肽链内或肽链间两个半胱氨酸可以通过巯基氧化形成二硫键。二硫键在维系与稳定蛋白质的空间结构中起着重要作用。

5. 糖基化修饰

糖蛋白是细胞蛋白质组成的重要成分。在翻译中或翻译后的肽链上以共价键与单糖或寡糖连接而成。如以 O-糖苷键连接在丝氨酸或苏氨酸的羟基上或以 N-糖苷键连接在天冬酰胺的酰胺基上。

（三） 肽链高级结构的加工修饰

多肽链合成后需要经过空间结构的修饰，才能成为有完整天然构象和全部生物功能的蛋白质。由多条肽链构成的蛋白质，各亚基合成后，需聚合成四级结构。细胞内多种结合蛋白如脂蛋白、色蛋白、核蛋白、糖蛋白等合成后需和相应辅基结合。

1. 亚基聚合

具有四级结构的蛋白质由两条以上的肽链通过非共价聚合，形成寡聚体。膜上的镶嵌蛋白、跨膜蛋白多为寡聚体。寡聚体各亚基虽自有独立功能，但又必须互相依存，才能够发挥作用。如，正常成人血红蛋白（Hb A）由两条 α 链、两条 β 链及 4 个血红素构成。

2. 辅基连接

蛋白质分为单纯蛋白及结合蛋白两大类。糖蛋白、脂蛋白及各种带有辅酶的酶，都是常见的重要结合蛋白质。对于结合蛋白来说，必须与辅基部分结合后才能具有生物功能，而且辅基都是肽链合成后才连接上去的。比如细胞膜含很多糖蛋白，当肽链合成后，通过糖基转移酶的作用，丝氨酸、苏氨酸等氨基酸残基糖基化形成糖蛋白，然后才能向细胞外分泌。有些蛋白质肽链分子脂质化后可影响蛋白质的生物功能。还有色蛋白、金属蛋白及各种带辅基的酶类等。

五、蛋白质合成的靶向输送

不论是原核还是真核生物，蛋白质在核糖体上合成以后需定向输送到特定部位才能行使生物学功能。主要有三种去向：保留在胞液；进入其他细胞器；分泌到体液。

需要靶向输送的蛋白质结构中均存在一段特殊序列，主要为 N 末端特异氨基酸序列，称为信号肽（signal peptide），可引导蛋白质转移到细胞的适当靶部位，是决定蛋白靶向输送特性最重要的元件。

信号肽由 15~35 个氨基酸残基构成，N 端为亲水区段，至少含有一个带正电荷的氨基酸；中心区即疏水中心，是由10~15个高度疏水性的氨基酸残基组成；结尾处一般由甘氨酸或丙氨酸等侧链较短的氨基酸组成。

真核细胞胞质内存在一种信号肽识别颗粒（signal recognition particle，SRP），是一种分子伴侣，由六种蛋白质与一低分子质量的7S RNA组成的一个核蛋白复合体。分泌蛋白质的靶向输送是通过以下步骤完成的，蛋白质在核糖体形成后，首先合成信号肽序列，信号肽一旦从核糖体露出，SRP立即与之结合，结合后蛋白质合成暂时中止，保证翻译起始复合物有足够的时间找到内质网膜；然后，SRP-核糖体复合体与内质网上的SRP受体相结合，使信号肽正确定位于由核糖体结合蛋白形成的孔道，一旦锚定，蛋白质合成的延伸作用重新开始；信号肽带着合成中的蛋白质穿过内质网膜；SRP借助于一个耦联GTP水解的反应与核糖体分离，继续识别胞质内的信号肽序列；在酶的作用下，信号肽在特定位点发生断裂，进入内质网腔。多肽链不断延伸、进行折叠、修饰成为成熟的蛋白质后进一步定向转运至胞外，完成分泌过程；蛋白质合成结束，核糖体等各种成分解聚并恢复到翻译起始前的状态，再循环利用。

原核细胞需要转运的新生肽链也存在信号肽，但转运过程与真核细胞有很大差别。

六、蛋白质生物合成的干扰和抑制

影响蛋白质生物合成的阻断剂很多，包括抗生素、干扰素等，其作用部位也各有不同，它们可以作用于翻译过程，直接影响蛋白质的生物合成，或作用于DNA复制和RNA转录过程，对蛋白质的生物合成起间接作用。

1. 抗生素类

抗生素（antibiotics）是通过直接阻断蛋白质生物合成而杀灭或抑制细菌的一类药物。抗生素的杀菌机制有两方面：一是破坏细菌细胞壁，引起溶菌；二是干扰核酸和蛋白质的生物合成。表9-13显示了部分抗生素及其作用机制。

表 9-13 　　　　　　　　　　　　　　部分抗生素及其作用机制

名称	作用机制
四环素	抑制氨酰-tRNA进入核糖体的A位，阻滞肽链的延长
土霉素	抑制氨酰-tRNA进入核糖体的A位，阻滞肽链的延长
氯霉素	抑制与原核生物的核蛋白体大亚基结合；阻断肽键的形成及肽链的延长
红霉素	与原核细胞核糖体大亚基结合，抑制移位因子EF-G，妨碍转位
链霉素	与原核细胞核糖体小亚基结合，改变其构象，引起读码错误
卡那霉素	与原核细胞核糖体小亚基结合，改变其构象，引起读码错误
新霉素	与原核细胞核糖体小亚基结合，改变其构象，引起读码错误
嘌呤霉素	可以取代氨酰-tRNA进入核糖体A位，阻滞肽链的延长
放线菌酮	抑制真核细胞核糖体转肽酶，阻断肽链延长

2. 干扰素类

干扰素（interferon）是真核细胞感染病毒后释放出的蛋白质因子，能作用于邻近细胞，诱导产生抗病毒蛋白，从而抑制病毒的繁殖，保护宿主。

某些病毒双链 RNA 存在时，干扰素作用于细胞膜受体后，诱导特异蛋白激酶活化，生成抗病毒蛋白，包括起始因子 e IF2 和 2′,5′-寡聚腺苷酸合成酶。e IF2 激酶可以使起始因子 e IF2 磷酸化失活，抑制病毒蛋白质合成；2′,5′-寡聚腺苷酸合成酶可特异催化 2′,5′-寡聚腺苷酸生成，后者可以活化核酸内切酶，使病毒 RNA 降解。而且干扰素除了抑制病毒蛋白质的合成外，几乎对病毒感染的所有过程均有抑制作用。

干扰素具有重要的抗病毒作用，很有医学价值。但干扰素在组织细胞中含量很少，难以大量分离，因此，基于基因工程合成的干扰素已在临床上广泛使用。

小　结

本章主要介绍蛋白质的消化吸收、组织蛋白质的分解和蛋白质生物合成。蛋白质的消化吸收是在多种蛋白水解酶和寡肽酶的协同作用下，水解成氨基酸、二肽和寡肽后，通过 4 种氨基酸转运系统和三种小肽吸收机制完成氨基酸和小肽的吸收。体内组织蛋白质降解的主要方式有不依赖 ATP 的溶酶体途径和依赖 ATP 与泛素的蛋白酶体途径。介绍了氨基酸的分解代谢和合成代谢。蛋白质的生物合成过程非常复杂，是耗能过程，由 GTP 和 ATP 供给，包含肽链起始、延长和终止三个阶段，涉及多种生物分子的参与及相互协作，包括多种 RNA 和几十种蛋白质因子。蛋白质在多肽链合成后需要经过一定的加工修饰，才能转变为具有一定生物学活性的蛋白质。

思考题

1. 简述泛素依赖的蛋白酶体降解途径及其意义。
2. 简述氨基酸代谢库的来源与去路。
3. 什么是氨基酸的脱氨基作用及其分类？
4. 举例说明氨基酸的联合脱氨基作用。
5. 谷氨酰胺转运氨的生理意义是什么？
6. 尿素循环的生物学过程及其意义是什么？
7. 什么是一碳单位？它的载体是什么？有哪些存在形式？生理功能是什么？
8. 根据起始碳骨架不同可将氨基酸的合成分为几大类型，分别是什么？
9. 氨基酸合成的最有效的调节方式是什么，分为几种类型？
10. 简述氨基酸代谢和糖、脂代谢之间的关系。
11. 遗传密码有哪些生物学特性？
12. 简述蛋白质生物合成的条件。
13. 以原核生物为例，简述蛋白质生物合成过程。

第十章 代谢调节

第一节 代谢调节的概念和生物学意义

代谢是指生物体与外界物质交换过程中体内所经历的一切化学变化，是生物体为维持生命活动发生在活细胞内的所有化学反应的总称，是一切生命活动的基础。代谢包括物质代谢和能量代谢。

物质代谢是生命的基本特征，从有生命的单细胞到复杂的人体，都与周围环境不断地进行物质交换，这种物质交换称为物质代谢或新陈代谢，包括合成代谢（同化作用）及分解代谢（异化作用），物质代谢过程十分复杂，它们均由许多复杂而相关的代谢途径所组成。正常情况下，细胞内的这些代谢途径不仅能保持各自的独立性，而且不同的代谢途径间还能相互协调、相互制约，有条不紊地按一定的方向、速度有规律地进行。

能量代谢就是体内伴随着物质代谢产生的能量释放、转化、贮存和利用的过程。也就是从能量方面来观察物质代谢。在能量代谢时，化学键能（呼吸、发酵）或光能（光合成）转化成热量前，首先转换成含有高能键的高能化合物（比如 ATP）是其显著的特征之一。同时在 ATP 分解为 ADP 时，伴随能量的放出，也属于能量代谢。

所谓代谢调节就是生物体根据环境条件的变化和生理活动的需要，自身对代谢反应速度进行调节和对代谢途径方向加以控制的机能。代谢方向的控制和代谢速度的调节主要是通过调节细胞中酶分子的活性和酶的数量来实现的。代谢调节控制是细胞维持正常生长的保障，一旦代谢调节失常，则会引起新陈代谢紊乱，造成病态或死亡。

一、物质代谢的特点

物质代谢是生命的基本特征。物质代谢可分为三个阶段：①消化吸收。食物的营养成分，除水、无机盐、维生素和单糖等小分子物质可被机体直接吸收外，多糖、蛋白质、脂类及核酸等都须经消化，分解成比较简单的水溶性物质，才能被吸收到体内。食物在消化道内经过酶的催化进行水解称为消化；各种营养物质的消化产物、水、维生素和无机盐，经肠黏膜细胞进入小肠绒毛的毛细血管和淋巴管的过程称为吸收。②中间代谢。食物经消化吸收后，由血液及淋巴液运送到各组织中参加代谢，在许多相互配合的酶类催化下，进行分解和合成代谢，进行细胞内外物质交换和能量转变。③排泄。物质经过中间代谢过程产生多种终产物，这些终产物再经肾、肠、肝及肺等器官随尿、粪便、胆汁及呼气等排出体外。

生物界，包括人类、动物、植物和微生物，迄今为止人们都没有弄清楚地球上到底有多少种生物。它们的结构特征和生活方式多种多样，千变万化。然而，无论是构成其生命的基本组成（蛋白质、核酸、糖等），还是它们的代谢，以及遗传信息的物质基础（DNA、RNA）、含义（遗传密码）和流向（中心法则）等基本上都是相同的。从而使生物的多样性与生命本质的一致性在分子水平上获得了统一。

代谢过程包括两个相反的内容，即分解代谢和合成代谢。不论是从外界环境获得的还是自身贮存的有机营养物，通过一系列的反应步骤转变为较小的、较简单的物质的过程称为分解代谢。分解代谢可分为 3 个阶段。在第一阶段，大分子营养物质如蛋白质、多糖、脂等降解成小的单体——构件分子，例如氨基酸、葡萄糖、甘油和脂肪酸等。在第二阶段，构件分子进一步代谢只生成少数几种分子，这些分子的结构比构件分子简单，其中有两个重要的化合物：丙酮酸和乙酰 CoA。另外，蛋白质的分解代谢中，氨基酸经脱氨作用可生成氨。在第三阶段，乙酰 CoA 进入三羧酸循环，分子中的乙酰基被氧化成 CO_2 和 H_2O。伴随着物质代谢的同时，也产生了大量的化学能，这些能量一般都是以核苷三磷酸（如 ATP 或 GTP）和还原型辅酶（如 $NADH_2$ 和 $FADH_2$）的形式保存的。这些能量是生物体的生长、发育、机体运动等一切生命活动所必需的。与分解代谢相反，生物体利用小分子或者大分子的结构元件合成大分子的过程称为合成代谢。分解代谢和合成途径的许多中间产物都一样，貌似代谢途径中的许多反应都可逆进行，实际上整个代谢过程是单向的，分解代谢和合成代谢各有其自身的途径，在一条代谢途径中，某些关键部位的正逆反应往往是由两种不同的酶所催化。这种分开机制可使生物合成和降解途径分别处于热力学的有利状态。

综合起来，物质代谢有如下特点。

（一）具有共同的代谢池

无论来自体外或体内的物质，在进行中间代谢时，是不分彼此的，它们可以参加到共同的代谢池中去。例如，无论是由氨基酸转变成的糖还是由甘油转化成的糖，在同一糖代谢池中，混为一体，在参与各组织的代谢时机会均等。

（二）动态平衡

体内糖、脂、氨基酸及核苷酸的代谢总是处于一种动态平衡或稳态平衡状态。纵然体内的物质面临多条代谢通路，但它们总是能适时获得补充或者被消耗，使其中间代谢产物不致堆积或匮乏。

（三）整体性

体内各物质代谢之间不是孤立的，而是相互联系的，它们或者相互转变，或者相互制约，构成其整体性。不同的物质在代谢时，常可利用或共享同一代谢通路，或者分享部分代谢通路。例如，从糖、脂和氨基酸分别生成的乙酰 CoA，均可由三羧酸循环彻底氧化；也可用以合成脂肪酸。另一方面，当脂肪酸分解代谢旺盛时所生成的大量乙酰 CoA 及长链脂肪酰辅酶 A，则可分别抑制丙酮酸脱氢酶及柠檬酸合成酶，以制约糖的分解代谢。

（四）ATP 和 NADPH 的通用性

通过分解代谢产生的 ATP，可供各种代谢反应和生理活动所需。而参与合成代谢的还原酶多以 NADPH 为辅酶，提供还原力。

（五）代谢调节

体内各种物质面临多条代谢途径，它们的流向经神经的整体调节、激素调节和细胞水平调节等机制进行调控，使其有条不紊地进入生物体的代谢活动中去。

二、物质代谢的相互联系

（一）代谢物的相互转变

生物体内各种物质代谢是相互联系、相互影响和相互转化的，当某种物质代谢失调时，就会立即影响其他的代谢。

1. 糖类与脂质的互变

生物体内，糖转变为脂质是先经过酵解过程生成磷酸二羟丙酮及丙酮酸。磷酸二羟丙酮可还原为甘油。丙酮酸经氧化脱羧后转变为乙酰 CoA，然后缩合生成脂肪酸。乙酰 CoA 和 NADPH 也用于体内胆固醇的合成。植物、微生物体内脂肪酸通过 β-氧化，生成乙酰 CoA，乙酰 CoA 通过乙醛酸循环途径生成琥珀酸，琥珀酸再进入三羧酸循环转变成草酰乙酸，由草酰乙酸脱羧生成丙酮酸，丙酮酸即可转变为糖。然而，在动物体内，脂质转变为糖较为困难并且数量有限。因为，动物体内的乙酰 CoA 不能直接生成丙酮酸，只有脂肪的分解产物——甘油经肝、肾、肠等组织中的甘油激酶催化形成的 α-磷酸甘油可通过糖异生途径生成糖。

2. 糖类和氨基酸的互变

组成蛋白质的 20 种氨基酸大多数可通过脱氨基作用生成相应的 α-酮酸（亮氨酸、赖氨酸除外），转变为如丙酮酸、草酰乙酸、α-酮戊二酸等中间代谢产物，然后经糖异生途径转变为糖。如精氨酸、组氨酸及脯氨酸均可转变为谷氨酸，进一步脱氨基生成 α-酮戊二酸，后者经草酰乙酸转变为磷酸烯醇式丙酮酸，然后异生为糖。反之，糖在分解过程中能产生丙酮酸，丙酮酸经三羧酸循环，转变为草酰乙酸和 α-酮戊二酸，这三种酮酸都可以通过转氨作用，分别形成丙氨酸、天冬氨酸和谷氨酸。高等动物体内能够自身合成 12 种非必需氨基酸，其余 8 种必需氨基酸必须从食物中摄取。此外，糖代谢中产生的 ATP 等，也可用于氨基酸和蛋白质的合成。

3. 氨基酸与脂质的互变

氨基酸脱氨后生成的 α-酮酸经转化可以生成乙酰 CoA。乙酰 CoA 经还原缩合反应合成脂肪酸进而合成脂肪；乙酰 CoA 也是胆固醇合成的原料；氨基酸也可以作为合成磷脂的原料，如丝氨酸脱羧可转变为乙醇胺，乙醇胺由 S-腺苷甲硫氨酸提供甲基生成胆碱，丝氨酸、乙醇胺及胆碱分别是合成磷脂酰丝氨酸、脑磷脂及卵磷脂的原料。

脂质分子中的甘油可转变为丙酮酸、草酰乙酸及 α-酮戊二酸，然后接受氨基而转变为丙酮酸、天冬氨酸及谷氨酸。脂肪酸通过 β-氧化生成乙酰 CoA，进一步转化为草酰乙酸和 α-酮戊二酸，从而与天冬氨酸和谷氨酸相联系。但这一过程需要消耗三羧酸循环中的有机酸。植物、微生物体内具有乙醛酸循环途径，可使脂肪酸氧化分解产物乙酰 CoA 转变为琥珀酸，后者生成某些有机酸并进而生成相应的氨基酸。例如，含有大量油脂的植物种子，在萌发时，由脂肪酸和铵盐形成氨基酸的过程进行得极为强烈。而动物体内，由于不存在乙醛酸循环，脂质转变为氨基酸（非必需氨基酸）数量极为有限，仅脂肪、磷脂分解生成的甘油可通过 3-磷酸甘油醛沿糖代谢途径生成一些中间代谢产物，进而转变为某些非必需氨基酸。

4. 核苷酸与氨基酸、糖类、脂质代谢的关系

核苷酸合成时所需的 5-磷酸核糖由磷酸戊糖途径提供。氨基酸及其代谢产物一碳单位是核苷酸组成中嘌呤及嘧啶碱基的元素来源。如嘌呤的合成需甘氨酸、天冬氨酸、谷氨酰胺及一碳单位为原料。嘧啶的合成需天冬氨酸、谷氨酰胺及一碳单位为原料。

核苷酸在体内是合成核酸的重要原料，一般不能为其他物质的合成提供碳源、氮源，但核苷酸类物质在糖、脂质、蛋白质的合成代谢中起重要作用。例如，UTP 参与多糖的合成；CTP 参与磷脂的合成；GTP 可活化 G 蛋白，还可参与蛋白质的生物合成；NTP 和 dNTP 可作为合成 RNA 和 DNA 的原料。此外，ATP 是生物体能量利用的主要形式。许多重要的辅酶、辅基都是腺苷酸的衍生物，如 NAD^+、$NADP^+$ 等。

（二）沟通不同代谢途径的中间代谢物

生物体内，不同的物质具有不同的代谢途径，同一物质也往往有几条代谢途径，例如，糖、脂质、氨基酸及核苷酸在细胞内有其各自不同的代谢特点，合成代谢及分解代谢往往在一个细胞内同时进行。各条代谢途径之间，可通过一些枢纽性中间代谢物发生联系，或相互协调，或相互制约，从而确保正常生命活动。这些枢纽性中间代谢物主要包括6-磷酸葡萄糖、磷酸二羟丙酮（3-磷酸甘油醛）、丙酮酸、乙酰 CoA、三羧酸循环的中间产物如草酰乙酸、α-酮戊二酸等（图 10-1）。

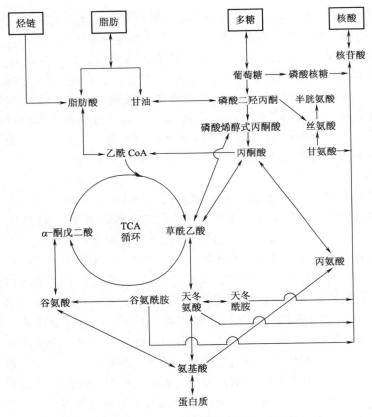

图 10-1　糖、蛋白质、脂肪、核酸的代谢关系图

6-磷酸葡萄糖是糖酵解、磷酸戊糖途径、糖异生、糖原合成及糖原分解的共同中间代谢物。在肝细胞中，通过 6-磷酸葡萄糖使上述糖代谢各条途径得以沟通。

3-磷酸甘油醛是糖酵解、磷酸戊糖途径及糖异生的共同中间代谢产物；脂肪分解产生的甘油通过甘油激酶催化也可以形成 3-磷酸甘油醛；另外，生糖氨基酸经脱氨基作用以后也可转变为 3-磷酸甘油醛。所以，3-磷酸甘油醛可以联系糖、脂质及氨基酸代谢。

丙酮酸是糖酵解、糖的有氧氧化和生糖氨基酸氧化分解代谢的共同中间代谢物。糖酵解时丙酮酸还原为乳糖；有氧氧化时则生成乙酰 CoA。另外，丙酮酸在丙酮酸羧化酶的作用下形成草酰乙酸。生糖氨基酸异生为糖也需要经过丙酮酸的形成及转变。

糖、脂肪及氨基酸的分解代谢中间产物乙酰 CoA 可通过共同的代谢途径——三羧酸循环、氧化磷酸化氧化为 CO_2 和 H_2O，并释放能量；乙酰 CoA 也是脂肪酸、胆固醇合成的原料；在肝脏中，乙酰 CoA 还可用于合成酮体。因此，乙酰 CoA 是联系糖、脂肪及氨基酸代谢的重要物质。

草酰乙酸、α-酮戊二酸等三羧酸循环中间产物，除参加三羧酸循环外，还可为生物体内合成某些物质提供碳骨架。如草酰乙酸、α-酮戊二酸分别合成天冬氨酸、谷氨酸；柠檬酸可用于合成脂肪酸；琥珀酰 CoA 与甘氨酸一同合成血红素等。反之，某些氨基酸经代谢转变也可生成草酰乙酸、α-酮戊二酸等代谢中间物。糖代谢产生的丙酮酸也可以生成草酰乙酸。补充三羧酸循环的中间产物有助于三羧酸循环的顺利进行。

综上所述，通过共同的中间代谢物，使不同代谢途径间相互沟通。由于代谢途径并非完全不可逆，所以除少数必需脂肪酸、必需氨基酸外，糖、脂质及氨基酸大多数可以相互转变。

（三）代谢途径交叉形成网络

虽然分解代谢和合成代谢基本上采用不同的途径，但是许多代谢环节还是双方都可以共同利用的。这种可以公用的代谢环节称为两用代谢途径。三羧酸循环可以看作是两用代谢途径的典型例证。例如：不同氨基酸分解代谢的结果可形成三羧酸循环中的中间产物，三羧酸循环中的 α-酮戊二酸是谷氨酸脱去氨基的产物，三羧酸循环中的草酰乙酸是天冬氨酸脱去氨基的产物等。因此，α-酮戊二酸、草酰乙酸既是氨基酸以及蛋白质分解代谢的产物，又可以作为合成氨基酸以及蛋白质的前体物质。α-酮戊二酸、草酰乙酸作为三羧酸循环中的成员，又可以进一步被氧化分解最后形成 CO_2 和水。两用代谢途径的存在，使机体细胞代谢的灵活性增加了。三羧酸循环不仅是各类物质共同的代谢途径，而且也是它们之间相互联系的渠道。通过这些共同的中间代谢物及代谢途径使各部分代谢途径得以沟通，形成经济有效、运转良好的代谢网络通路。

三、细胞水平代谢调节体系

生物体内的代谢调节可在不同的水平进行。单细胞生物主要通过细胞内代谢物浓度的变化，对酶的活性及含量进行调节，这种调节称为细胞水平的调节。高等动物不仅有完整的内分泌系统，而且还有功能复杂的神经系统，内分泌系统分泌的激素可对其他细胞发挥代谢调节作用，这种调节称为激素水平的调节。神经系统通过神经纤维及神经递质直接对靶细胞发生作用（神经调节），或通过激素的分泌来调节某些细胞的代谢及功能（神经-体液调节），并通过各种激素的相互协调而对生物体进行综合调节，这种调节称为整体水平的调节。本章主要针对细胞水平调节加以介绍。

（一）细胞调节体系

细胞水平的代谢调节的实质是酶的调节。中间代谢的一切反应过程都是酶促反应，酶是中间代谢这个舞台上的主要角色，细胞调节主要是指对酶的调节。在中间代谢的各个环节上，凡能直接或间接对酶促作用有影响的因素都会对代谢有调节作用，在一定意义上，酶是细胞调节的核心；代谢物浓度是细胞调节的驱动因素；细胞本身的膜结构（包括真核细胞各种细胞器）起着代谢定位和控制反应条件的保证作用。这些因素共同构成了细胞调节的三种调节机制。

（1）以膜结构和膜功能为基础的细胞结构效应。

（2）以代谢途径和酶分子结构为基础的酶活性调节，包括对酶的激活、抑制和终产物对酶的反馈抑制作用。

（3）以酶的合成系统为基础的酶量的调节，包括酶底物对酶合成的诱导作用和产物对酶合成系统的阻遏作用，主要是通过细胞内区域化分布、酶的别构调节、酶的化学修饰及酶含量的改变等方面来调节。

（二）研究细胞调节的意义

细胞作为生命活动的基本单位，代谢途径复杂，与外界环境密切，需要自身有复杂的、精确的调控体系来维持代谢平衡，这种代谢系统的复杂性和有效性是任何现代化工厂的调控系统所不能比拟的。因此研究细胞调节有助于对高等生物代谢调节的研究，因为细胞是生命活动的基本组成单位，一切中间代谢都是在细胞中进行的，细胞本身具有的精确有效的代谢调控系统，不仅仅是在单细胞微生物中，在高等生物中也是各种代谢调节的基础；另一方面，研究细胞调节，揭示细胞新陈代谢平衡的调节机制，可以为人类有目的地改变微生物代谢平衡，控制其代谢方向和代谢能力，生产人们需要的代谢产物，为人类服务。

第二节　酶水平的调节

酶几乎参与生物体内的所有新陈代谢过程，要使新陈代谢按照规律有条不紊地进行，必须使酶的调节作用正常进行。而酶的调节分为酶的活性调节和酶量的调节。

一、通过酶活性的调节代谢

细胞中不同的代谢途径都是由一系列酶催化的连续反应组成的反应链，酶的功能就是催化代谢途径中的特定反应。根据酶的作用方式分为两种：一种是静态酶，它们所催化的反应速度快，是可逆的，能迅速达到反应的平衡点。在代谢途径中，一旦有底物，很快就转化为产物，这类酶对代谢的速度无调控作用。另一类就是调节酶，是指酶的分子结构（或构象）或活性可以受到有关调节因子（激活剂或抑制剂）的影响。而调节酶往往位于一个代谢途径的独特一步。调节酶除了具有发挥其生物催化活性的催化部位外，还具有调节部位，调节部位与调节物结合从而改变其催化能力，具有调节代谢反应的功能。一个途径中可有几个调节酶，但一般情况下在这几个调节酶中更为关键，对代谢途径的反应速度和流向具有调节控制的作用的酶，又被称为限速酶或关键酶，它们所催化的反应步骤称为限速反应或关键反应。

调节酶的种类很多，对于单一酶的活性调节，根据它们的活性调节机理和调控代谢的功能特点可以分为：激活剂和抑制剂对酶活性的调节、共价修饰酶的活性调节和变构酶的活性调节。

（一）激活剂和抑制剂对酶活性的调节

某些酶在另外一些物质的作用下才会表现出酶的活性或使酶的活性增强，这种作用称为酶的激活作用。能够引起酶的激活作用的物质称为酶的激活剂，主要的激活剂有各种无机离子和某些蛋白质。例如，氯离子激活 α-淀粉酶，镁离子激活磷酸葡萄糖激酶，肠激酶激活胰蛋白酶原，胰蛋白酶激活胰凝乳蛋白酶原等。

某些酶在其他物质的作用下，活性降低甚至丧失，这种作用称为酶的抑制作用。能够引起酶的抑制作用的物质称为酶的抑制剂。主要的抑制剂有各种无机离子、小分子有机物和蛋白质等。例如，汞、银、铅等重金属离子对许多酶均有抑制作用，胰蛋白酶抑制剂抑制胰蛋白酶的活性等。抑制作用有可逆性抑制和不可逆性抑制之分，可逆性抑制又可根据其作用机制和模式分为竞争性抑制、非竞争性抑制和反竞争性抑制等。

（二）可逆共价修饰酶的活性调节

可逆共价修饰酶是指可以通过可逆的共价修饰作用，使酶的催化活性发生相互转变的酶。例如：磷酸化酶 a 和磷酸化酶 b 可以通过酶分子第 14 位的丝氨酸残基的磷酸化或去磷酸化而使酶的催化活性发生改变（图 3-3）。如可逆共价修饰酶的相互转变大部分是进行磷酸化和去磷酸化反应，磷酸化的部位一般为丝氨酸残基的羟基，也有在苏氨酸残基的羟基上进行磷酸化。此外，腺苷酰化和脱腺苷酰化是另一种可逆共价修饰酶相互转变的方式。例如大肠杆菌谷氨酰合成酶的调节。

可逆共价修饰酶的活性调节可以快速地改变细胞内酶的催化活性，是一种对代谢环境改变快速应答的调节功能。已经发现有几十种酶存在可逆共价修饰调节作用。

（三）变构酶的活性调节

变构酶是指某些化合物与酶的活性中心以外的位点结合以后，引起酶的分子构象发生改变，从而导致酶与底物的亲和力改变的一类酶。

1. 变构酶的结构、性质和特点

变构酶，又称别构酶，就是一种调节酶。当专一性底物与其调节部位结合时，其分子构象发生改变，使酶的催化部位对底物的结合和催化作用受到影响，从而改变其酶促反应速率及代谢过程（详见第三章第二节酶的别构效应）。

2. 变构酶的变构调节机理

调节酶的调节物分为负调节物和正调节物。负调节物在其细胞内的水平升高而超出稳态水平后与调节酶的变构部位结合后，降低或者关闭酶的活性。负调节物分子是该酶底物以外的分子，往往是一个代谢反应途径的末端产物，当末端产物积累超过细胞需要时，即超过其稳态水平后，它就会与该代谢途径限速反应中的酶，即变构酶结合，从而终止该代谢途径。这种抑制作用就是反馈抑制。

氨甲酰磷酸和天冬氨酸在天冬氨酸转氨甲酰酶（ATCase）的作用下生成氨甲酰天冬氨酸，再通过一系列反应最终生成胞苷三磷酸（CTP）。而 ATCase 被该生物合成的终产物 CTP 反馈抑制。CTP 在不影响酶的 v_{max} 的情况下，通过降低酶与底物的亲和性来抑制 ATCase。而 ATP 则是 ATCase 的激活剂，它可以增强酶与底物的亲和性，也不影响酶的

v_{max}。ATP 和 CTP 相互竞争调节部位，高浓度的 ATP 可以阻止 CTP 对酶的抑制作用。这种非底物分子对变构酶的调节作用称为异促效应。ATP 信号激活作用不仅提供了 DNA 复制的能量，还导致需要的胞苷三磷酸的合成，而在 CTP 充足时通过反馈抑制阻断该途径。

3-磷酸甘油醛和 NAD^+ 及 HPO_4^{3-} 在 3-磷酸甘油醛脱氢酶的作用下生成 1，3-二磷酸甘油酸，这是糖分解途径中的重要步骤，与供能有关。3-磷酸甘油醛脱氢酶有 4 个亚基，它们可以与 4 个 NAD^+ 结合，但是结合常数不一样，第 1、第 2 个 NAD^+ 和酶的解离常数很小，所以在底物 NAD^+ 浓度很小的情况下也能顺利地与酶结合。但是第 3、第 4 个 NAD^+ 与酶的解离常数就很大了，所以在底物 NAD^+ 浓度很大的情况下，酶结合了两个 NAD^+ 后就很难与 NAD^+ 结合了，除非 NAD^+ 的浓度提高两个数量级。这种只有一半能与底物起反应的性质称为半位反应性，这是一种极端的负协同效应。3-磷酸甘油醛脱氢酶这种对底物浓度不敏感的性质可以使糖酵解过程在 NAD^+ 不足的情况下仍以一定的速率进行。

正调节物在与变构酶专一性结合后会激活变构酶，其在很多情况下是酶的底物分子本身。这种类型的变构酶又称为底物调节酶或同位酶，因为底物和调节物是同一的。而底物分子本身对变构酶的调节作用称为同促效应。底物调节酶有两个或多个底物结合部位，这些部位往往起着双重的功能，既作为酶的活性部位，又作为酶的调节部位。这类变构酶与底物的过量积累而必须通过后续反应移走的情况有关。

以上举例中的天冬氨酸转氨甲酰酶（ATCase）催化的反应中，如果 CTP 和 ATP 都缺乏，天冬氨酸本身会起到促进反应进行的同促效应作用。从此我们可以看出，有的变构酶兼有同促和异促效应，它们既受底物的调节，又受底物以外的分子的调节。在这些更为复杂的酶分子中，每一种调节物都有其特定的调节位点，它们与酶分子结合后，或起到正调节的作用，或起到负调节的作用。

（四）酶原激活

大多数的酶，在它们的合成完成时就自发地折叠成天然的具有特定构象的有活性的酶。但是有些酶在分泌时是以无活性的前体存在，只有当其分子做了适当的改变或者切除一部分以后才能呈现活性。这种激活的过程称为酶原激活作用。

这些酶都是以无活性的前体形式合成的，只有在当需要它们表现出催化活性时，才由专一性的局部加工转变为有活性的酶。这种调控作用的特点是其由无活性的状态转变为有活性的状态，是不可逆的。

这种酶在生物体系中是很常见的，例如，使蛋白质水解的消化酶，在胃和胰脏中是作为酶原合成的，激活后成为蛋白水解酶；血液凝固系统的许多酶都是以酶原形式被合成出来的，被激活后起作用；有些蛋白激素也是以无活性的前体被合成的，胰岛素的前体是前胰岛素原，后者经蛋白酶激活后变成有活性的胰岛素；存在于皮肤和骨骼中的纤维蛋白——胶原，是由可溶性前体前胶原激活而成的；许多生物的发育过程是由酶原激活完成的，比如蚕茧酶是昆虫发育的一种关键酶，也是由非活性前体获得的。

下面举两个例子进一步解释酶原激活的机理。

第三章中介绍了酶原。这里以胰蛋白酶的激活为例说明酶原的激活机理。胰蛋白酶原是由胰腺细胞分泌的，进入小肠后，在有 Ca^{2+} 的环境中受到肠激酶的激活，Lys6-Ile7 之间的肽键被打断，从氨基酸水解下 N 末端一个酸性 6 肽，肽链的卷曲和收缩使构象发生变化，形成胰蛋白酶的活性部位，由酶原转变为有活性的胰蛋白酶（图 3-8）。胰蛋白酶不仅可以激活胰蛋白酶原，而且可以激活胰凝乳蛋白酶原、弹性蛋白酶原及羧肽酶原。因此，被肠激酶激活形成的胰蛋白酶是所有胰脏蛋白酶原的共同激活剂，在它的控制下，可以使所有的胰脏蛋白酶同时起作用。这些酶以酶原的形式存在具有重要的生物学意义，可以保护组织细胞不致被酶作用，发生自身的消化和使组织细胞破坏。胰腺细胞分泌的大多数水解酶都是以酶原的形式存在，分泌至消化道后才被激活而起作用，这就保护了胰腺细胞不受酶的破坏。

生物体意外地被伤害会引起出血，凝血作用是生物体适应外界条件的一种很重要的措施。体内凝血机制大致有 3 个方面：被伤害的血管收缩可以减少血液的流失；血小板黏聚形成栓塞堵住伤口；通过一连串酶原的激活反应和凝血因子的作用使血液凝集。前面的两个作用是很快的过程，而后面的一个是所谓的酶的"级联"反应，即一个酶催化激活另一个酶，经过一系列的反应不断放大，最后形成牢固的不溶性的血纤蛋白凝块。血液中的凝血酶以酶原的形式存在，这就保证了在正常的循环中不会出现凝血现象，只有在出血时，血酶原才被激活，促进伤口处血液凝固以防止大量出血。

二、通过酶的生物合成调节代谢（诱导型及阻遏型操纵子）

酶量的调节就是指对酶的合成和降解的调节。通过酶的合成和降解，生物体内酶的组成和含量发生变化，进一步对代谢起调节作用。生物体内如果新出现了某种酶，可能是该酶的基因由关闭状态转向打开状态；如果原有的某种酶逐渐消失了，可能是该酶的基因表达停止了；如果酶的基因一直在表达，而该酶的量却逐渐下降，可能是该酶的降解加速了，或者是缺少酶的辅助因子而无法组装该酶，或酶原转化为酶的过程受阻。

根据环境对酶合成的影响不同可以将酶分为两大类：一种是构成酶或组成酶，外界环境因素对这种酶的合成速率影响不大，如 RNA 聚合酶、DNA 聚合酶、糖酵解途径的各种酶等。表达这种酶的基因称为管家基因或者组成型基因，这种基因在细胞中的表达是持续性的，不会受到环境的影响。而另一种酶，它的合成量受环境条件以及细胞内有关因子的影响，随环境影响而增加合成量的称为诱导酶，相反随环境影响而降低合成量的称为阻遏酶。诱导酶和阻遏酶的合成均涉及基因表达，是在诱导物或阻遏物的作用下调节基因活性，从而促进或抑制基因表达的。

（一）酶蛋白合成的诱导与阻遏

酶的诱导生成现象早在 1900 年就发现了。当 E. coli 在没有乳糖的培养基上生长时，每个细胞内只有不到 5 个分子的 β-半乳糖苷酶。当培养基中加入乳糖或其他半乳糖苷后，数分钟内就会出现 β-半乳糖苷酶的活性，很快就可以达数千个分子，其酶量甚至可达到可溶性蛋白总量的 5%～10%。若从培养基中除去乳糖，酶的合成就迅速停止，而酶的合成的阻遏现象则在 1953 年被发现的。当 E. coli 生长在含有氨离子及单一碳源的培养基上时，细胞内就产生负责色氨酸合成的相关酶，当加入色氨酸时，细胞内色氨酸合成相关的酶的合成就立即停止了。这就是典型的酶合成的诱导和阻遏现象。1961 年，F. Jacob 和 J. Monod 提出了操纵子模型，这一模型很好地说明了原核生物基因表达的调控机制，成功地解释了酶的诱导和阻遏现象。

所谓操纵子就是原核细胞基因表达的一种功能单位。由启动基因（或启动子，P）和操纵基因（或操纵子，O）和若干个功能相关的结构基因组成。在基因图上，它们顺序连接在一起，启动基因是 RNA 多聚酶的结合位点，操纵基因是调控 RNA 聚合酶起动或停止转录的调控位点。若干个结构基因依次连接在操纵基因之后，可以共同转录成一个多顺反子的 mRNA，编码着有关酶蛋白的氨基酸顺序。操纵子中结构基因的转录与否，常常受到与其相关的调节基因的产物的调控。

结构基因，具有转录功能，能够编码蛋白质（酶）或功能 RNA（如 tRNA 和 rRNA）。原核生物中，多个结构基因通过转录形成一条多顺反子 mRNA。不同的操纵子，结构基因数目不同。结构基因受操纵基因的控制，当操纵基因开放时，结构基因转录并翻译合成有关的酶；当操纵基因关闭时，结构基因不转录。操纵基因是顺式作用元件的一种。它无转录功能，对结构基因起到调控作用，是调节基因产物阻遏蛋白的结合位点。启动子是 RNA 聚合酶识别和结合并使转录开始的部位。调节基因可以转录并合成调节蛋白，而调节蛋白又可以与控制位点的特定部位结合，控制结构基因的表达。

这些可溶性的控制转录的调节蛋白称为反式作用因子。不同的调节基因可产生不同的调节蛋白。调节蛋白是变构蛋白，有活性和非活性之分，能否与控制位点的特定部位结合，还与效应物有关：调节蛋白又有正负之分，如果调节蛋白能促进结构基因表达，则为正调节蛋白；如果调节蛋白能阻止结构基因表达，则为负调节蛋白。相应地，可将结构基因的调控分为正调控和负调控两类。如果没有调节蛋白时，操纵子内结构基因的活性是关闭的，而加入调节蛋白后结构基因活性被开启，那么这种控制系统称为正调控。反之，如果没有调节蛋白时操纵子内结构基因是表达的，而加入调节蛋白后结构基因被关闭，那么这种控制系统称为负调控。

操纵子有两类：一类是可诱导操纵子，许多负责分解代谢的操纵子属于这一类，比如乳糖操纵子、半乳糖操纵子、阿拉伯糖操纵子等。另一类操纵子是可阻遏操纵子，负责合成代谢的操纵子如色氨酸操纵子、组氨酸操纵子等都属于这一类。

1. 可诱导的操纵子

下面以乳糖操纵子为例来具体说明可诱导操纵子的作用机制。E. coli 的乳糖操纵子包括依次排列的启动基因、操纵基因和三个结构基因。结构基因 lac Z、lac Y 和 lac A 分别编码乳糖的 β-半乳糖苷酶、β-半乳糖苷透性酶和 β-半乳糖苷乙酰基转移酶。乳糖操纵子的操纵基因（lac O）不编码任何蛋白质，它是另一位点上调节基因（lac I）所编码的阻遏蛋白的结合位点（图 10-2）。

当培养基中没有乳糖或者其他的诱导物存在时，由调节基因转录产生的阻遏蛋白 mRNA，以该 mRNA 为模板合成阻遏蛋白，具有活性的阻遏蛋白就和操纵基因结合，阻碍 RNA 聚合酶与启动子结合，从而阻止了乳糖代谢所需的三个结构基因的转录，因此也不能合成三种相应的诱导酶。这可以解释 E. coli 在没有乳糖的培养基上培养时，不需要合成与乳糖代谢有关的酶。

当在培养基中加入诱导物，如乳糖或者乳糖类似物时，作为诱导物可以和阻遏蛋白相结合，并使阻遏蛋白失活，失活的阻遏蛋白不能再和操纵基因结合，此时 RNA 聚合酶可以和操作基因结合，使结构基因转录，合成有关的 mRNA，并翻译成乳糖代谢所需的三种诱导酶（图 10-2，图 10-3）。

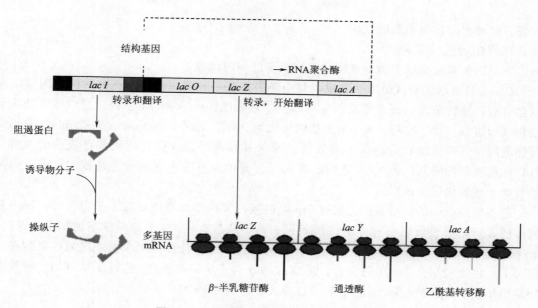

图 10-2 大肠杆菌乳糖操纵子的诱导机制

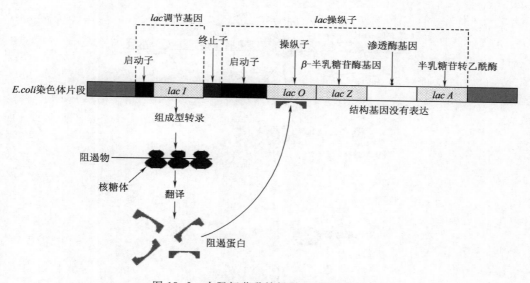

图 10-3 大肠杆菌乳糖操纵子的阻遏机制

当 *E. coli* 在含有葡萄糖和乳糖的培养基中生长时，通常先利用葡萄糖，而不利用乳糖。只有当葡萄糖耗尽后，经过一段停滞期，在乳糖诱导下开始合成 β-半乳糖苷酶，细菌才能充分利用乳糖。这种现象过去称为葡萄糖效应，又称葡萄糖阻遏或分解代谢物阻遏作用，是指葡萄糖或某些容易利用的碳源，其分解代谢产物阻遏某些诱导酶体系编码的基因转录的现象。如 *E. coli* 培养在含葡萄糖和乳糖的培养基上，在葡萄糖没有被利用完之前，乳糖操纵子就一直被阻遏，乳糖不能被利用，这是因为葡萄糖的分解物引起细胞内 cAMP 含量降低，启动子释放 cAMP-CAP 蛋白，使 RNA 聚合酶不能与乳糖的启动基因结合，以致转录不能发生，直到葡萄糖被利用完后，乳糖操纵子才进行转录，形成利用乳糖的酶，这种现象称为葡萄糖效应。

2. 可阻遏的操纵子

下面以色氨酸操纵子为例说明这类操纵子的作用机理。

E. coli 色氨酸的合成分 5 步完成。每个环节需要一种酶，编码这 5 种酶的基因紧密连锁在一起，被转录在一条多顺反子 mRNA 上。色氨酸操纵子由启动基因、操纵基因及 5 个结构基因组成（图 10-4），5 个结构基因依次为 *trp E*、*trp D*、*trp C*、*trp B* 和 *trp A*，分别编码邻氨酸氨基苯甲酸合成酶的 ε 和 δ 链、吲哚甘油磷酸合成酶、色氨酸合成酶的 β 和 α 链。在色氨酸操纵基因和 *trp E* 之间还有 *trp L*，其中含有一个直接参与色氨酸操纵子调控的衰减子或弱化子的区段。

色氨酸操纵子的转录调控是通过 Trp 阻遏蛋白实现的。当色氨酸水平很低时，缺少色氨酸的 Trp 阻遏蛋白以一种非活性形式存在，不能与 trp 操纵子的操纵基因结合，这时，trp 操纵子被 RNA 聚合酶转录，同时色氨酸生物合成途径被激活。在高浓度的色氨酸存在情况下，色氨酸结合 Trp 阻遏蛋白，形成有活性的 Trp 阻遏蛋白-色氨酸复合物，该复合物紧密结合于 trp 操纵基因，阻止转录（图 10-5，图 10-6）。

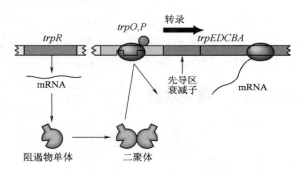

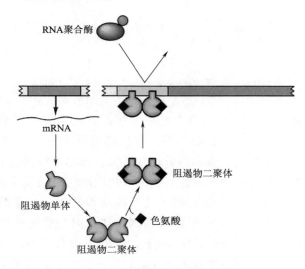

图 10-4　色氨酸操纵子的阻遏调控机理

色氨酸操纵子的阻遏调控机理是通过阻遏蛋白和操纵基因结合产生的位阻效应，从而阻止 RNA 聚合酶的前进，是在转录起始位点上进行的调控，对色氨酸来说，这种阻遏-操纵机制只是一个一级开关，主管转录是否启动，相当于粗调开关。trp 操纵子中还有另一个系统可对色氨酸的合成进行细调，指示已经启动的转录是否继续下去。这个细微调控是通过转录达到第一个结构基因之前的过早终止来实现的，由色氨酸的浓度来调节这种过早终止的频率。

在色氨酸 mRNA 5′端第一个基因 trp E 的起始密码前有一个长 162bp 的 mRNA 片段称为前导区（leader region）或前导序列（leader sequence），由 Yanofsky 于 1981 年发现，分析前导肽序列，包括起始密码子 AUG 和终止密码子 UGA，编码了一个 14 个氨基酸的多肽，该多肽第 10 位和 11 位有相邻的两个色氨酸密码子，这两个相邻的色氨酸密码子对于 mRNA 的折叠起着关键的作用，由它们决定了下游的结构基因是否转录（图 10-5）。通过 trp L 序列，色氨酸操纵子具有衰减作用，衰减作用是 RNA 聚合酶从启动子出发的转录受到衰减子的调控，也称弱化作用。这是一种将翻译和转录联系到一起的转录调控方式（图 10-6）。衰减子模型能很好地说明某些氨基酸生物合成的调节机制。原核生物没有核膜结构，因而转录和翻译紧密耦联。衰减作用实际上是以翻译进程控制基因转录的进程。

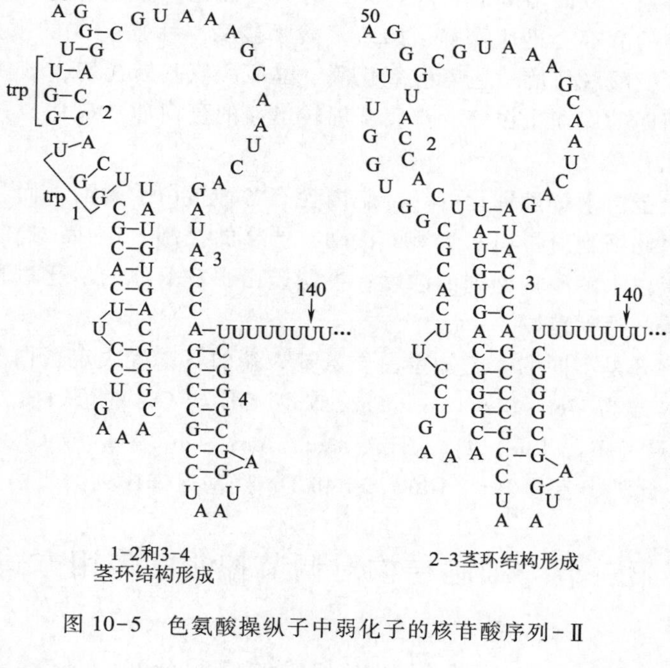

图 10-5　色氨酸操纵子中弱化子的核苷酸序列-Ⅱ

色氨酸操纵子表达调控方面，阻遏蛋白的负调控作用只能使转录不起始，不形成 mRNA。对于已经开始了的转录，则只能通过衰减作用使基因的表达停顿下来。阻遏作用的信号是细胞内色氨酸的多少，色氨酸作为辅阻遏物起调控作用。衰减作用的信号分子则是细胞内携带色氨酸的 tRNA，它通过控制前导肽的翻译来控制转录的进行。细胞内这两种作用相辅相成，粗调控与微调控共同配合，体现着生物体内精密的调控作用。

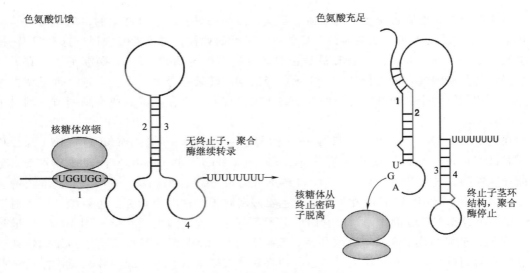

图 10-6　色氨酸操纵子的弱化调控机理

（二）酶蛋白的降解

细胞内酶的含量一方面与酶的合成有关，另一方面也与其降解有关。许多代谢的关键酶和受到严格调控的酶都会迅速降解，如鸟氨酸脱羧酶（多胺合成的限速酶），受激素和环境条件控制的丝氨酸脱氢酶、色氨酸氧化酶、酪氨酸氨基转换酶，糖代谢的关键酶 PEP 激酶，调控细胞周期的周期蛋白等，都属于周转迅速的蛋白质。显然，只有保持高的周转率，酶量的调控才有意义。

酶的降解是由蛋白水解酶催化的。细胞内含有各种蛋白水解酶，而且大部分蛋白水解酶是广谱性的，因此细胞对蛋白水解酶的活动有严格的控制，包括：控制蛋白水解酶的合成与分解；控制蛋白水解酶抑制剂的浓度；控制蛋白水解酶原的活化过程；通过区域化作用限制蛋白水解酶的活动范围。

不同酶的降解率是不同的。已知蛋白质氨基末端的氨基酸决定蛋白质的半衰期，这就是 N 末端规律。N 端为 Met、Ser、Ala、Thr、Val、Gly 或 Cys 的蛋白质，半衰期大于 20h；而 N 端为 Arg、Lys、His、Phe、Tyr、Trp、Leu、Asn、Glu、Asp 或 Glu 的蛋白质只有 2～30min 的半衰期。此外，富含 Pro、Glu、Ser 和 Thr 残基保守序列的蛋白质半衰期也很短。

第三节　细胞结构对调节控制的作用方式

一、细胞结构和酶的空间分布

生物分为原核生物和真核生物两大类，原核生物包括各种各样的细菌，细胞中没有明显的由膜包围的核，结构相对来说比较简单，并且都是以单细胞形式存在。真核生物包含细胞核以及许多其他细胞器，绝大多数真核生物为多细胞生物，但也包括单细胞生物，如酵母菌和草履虫等。

原核细胞中的 DNA 集中在一个称为核区的区域内。细胞核区外的胞液含有呈小粒状的核糖体，这些核糖体中含有 RNA 和蛋白质，它们是蛋白质合成的场所。每一个原核细胞外都有一层与外面环境相隔绝的细胞膜，又称为质膜系统，它是由脂分子和蛋白质分子组成的集合体。除了细胞膜外，在细胞膜外面，原核细菌还有一层细胞壁，主要由多糖组成，对细胞起保护作用。

真核细胞中三种最重要的细胞器是细胞核、线粒体和叶绿体。这三种细胞器都是通过双分子层与细胞中的其他部分隔绝的。细胞核中含有细胞中绝大部分的 DNA，并且是RNA 的合成场所。线粒体中含有催化重要的放能反应的酶。叶绿体存在于绿色植物和藻类细胞中，它们是光合作用发生的场所。线粒体和叶绿体中都含有 DNA，这些 DNA 和细胞核中的 DNA 不同，它们可以指导不同于细胞核指导的转录过程和蛋白质的合成过程。

酶的空间分布是指细胞内的不同部位分布着不同的酶，称为酶的区域化分布（表10-1）。这个特性决定了细胞内的不同部位（细胞器）进行着不同的代谢，例如：糖酵解酶系和糖原合成、分解酶系存在于胞液中；三羧酸循环酶系和脂肪酸 β-氧化酶系位于线粒体中；核酸合成酶系则绝大部分集中在细胞核内。生物膜是生物进化的产物，原核细胞除质膜外没有膜系结构，而真核细胞内由于各种膜系结构的存在，使细胞形成各种胞内区域，这是形成酶的区域化分布的结构基础。

表 10-1　　　　　　　　　　　　　一些重要的酶在细胞内的分布

亚细胞区域		酶	相关代谢
细胞膜		ATP 合成酶、腺苷酸环化酶等	能量及信息转换
细胞核		DNA 聚合酶、RNA 聚合酶等	DNA 复制、转录
细胞浆		糖酵解酶系、磷酸戊糖途径酶系、糖原合成和分解酶系、脂肪酸合成酶系、HMP 酶系、谷胱甘肽合成酶系、氨酰-tRNA 合成酶系等	糖分解、糖原合成和分解、脂肪酸合成、谷胱甘肽合成、氨基酸活化
线粒体	外膜	单胺氧化酶、脂酰转移酶等	胺氧化、脂肪酸活化
	膜间隙	腺苷酸激酶、NDP 激酶、NMP 激酶等	核苷酸代谢
	内膜	呼吸链及氧化磷酸化酶系等	呼吸链电子转移
	基质	TCA 酶系、脂肪酸 β-氧化酶系、氨基酸氧化脱氨及转氨酶系	糖、脂肪及氨基酸的有氧氧化
内质网		蛋白质合成酶系、单加氧酶系等	蛋白质合成、加氧反应
溶酶体		各种水解酶类	糖、脂、蛋白质的水解
过氧化氢体		过氧化氢酶、过氧化物酶	处理过氧化氢
叶绿体		三羧酸循环酶系、光合电子传递酶系	光合作用

酶的区域化分布在各种代谢途径区域化中，有以下几个方面的意义。

避免各种代谢途径之间的相互干扰，为代谢调节控制创造了有利条件，使某些调节因素可以比较专一地作用于某一区域的酶活性，而不至于影响其他区域的酶活性。

酶的区域化分布还使得有些代谢物必须通过跨膜转运或载体的输送方能到达相应的部位，从而形成特殊的调节机制。例如：脂肪酸的 β-氧化在线粒体中进行，线粒体中的脂酰辅酶 A 的浓度影响着脂肪酸 β-氧化的速度，而脂酰辅酶 A 从胞液进入线粒体有赖于肉碱的存在，肉碱在调节脂肪酸 β-氧化中起着重要的作用。相反，脂肪酸的合成在胞液中进行，合成脂肪酸所需的乙酰 CoA 又来自线粒体，但线粒体中的乙酰 CoA 进入胞液要通过柠檬酸-丙酮酸循环来控制。

二、生物膜及其对代谢的调节和控制作用

（一）生物膜的化学组成及结构

生物膜包括细胞质膜和细胞器膜，是将细胞或细胞器与周围环境隔离的一层薄膜。不仅如此，细胞所表现的许多生物现象，与生物膜都密切相关，它具有一些重要的生理功能，而这些功能的完成有赖于膜的化学组成及其结构。

1. 生物膜的化学组成

所有的生物膜都由脂质和蛋白质组成，有的膜还含少量的糖类，构成糖蛋白或糖脂。生物膜在化学组成上具有几个显著的特点：

（1）比例变化大　不同生物膜上的脂质和蛋白质比例不同，在 1∶4 到 4∶1 的范围变化。一般来说，膜的功能越复杂，蛋白质含量越高。神经髓鞘主要起绝缘作用，仅含 3 种蛋白质，而线粒体内膜功能复杂，约含有 60 种蛋白质。

（2）各组分在膜上分布具有不对称性　无论膜脂、膜蛋白及膜糖在膜的内外两侧的分布是不均一、不对称的，这种特性保证了生物膜的某些特定功能，如物质运输的方向性、膜电位的维持、膜的流动性等。这种特性也确定了膜的内外侧具有不同的功能。

（3）各种化学组分具有运动性和协同性　膜上各组分不是固定不变的，有的要进行更新，有的保持动态变化过程。在完成某些功能时，膜上的一些组分要发生相对移动，而且这种运动各组分保持相互协调、统一。

2. 生物膜的结构模型

1935 年 Danielli 和 Davson 提出"蛋白质-脂质-蛋白质"的三明治式质膜结构模型以来，迄今已提出数十种生物膜结构的模型，大家公认的是 1972 年美国 Singer 和 Nicoson 提出的流体镶嵌模型。

流体镶嵌模型与以往提出的模型主要区别在于突出了膜的流动性，认为膜是由脂质和蛋白质分子二维排列的流体；显示了膜蛋白分布的不对称性，有的蛋白质全部镶嵌在脂双层内部；有的部分镶嵌在其中，亲水性残基露出膜表面；有的横跨整个膜，包括"运载蛋白"和"通道蛋白"。膜蛋白可以侧向扩散和旋转扩散，但不能翻转运动。

流体镶嵌模型也有局限性。实验结果表明，生物膜各部分的流动是不均匀的，在一定温度下，有的膜处于凝固态，有的处于液晶态，即使都是液晶态，各部分的流动性也各不相同，整个膜可视为具有不同流动"微区"相间隔的动态结构，因此脂双层上的蛋白质既可以运动，又受到限制，据此 Jain 和 White 提出了"板块镶嵌"模型。但目前流体镶嵌模型仍被广泛认同。

3. 生物膜的功能

生物膜结构决定其有多种重要生物学功能。首先为细胞的生命活动提供相对稳定的内环境，介导细胞与细胞间、细胞与间质之间的连接。生物膜可选择性地进行物质运输，主要是代谢底物的输入和产物的导出，同时伴随能量的传递。生物膜还提供细胞识别位点，

从而完成细胞内外信息跨膜传递。

（1）物质转运　是生物膜的主要功能。细胞质膜是细胞与环境进行物质交换的通透性屏障，是一种半透性膜，营养物质通过质膜由外向内转运，质膜对这些物质的转运具有选择通透性。

（2）信息传递　细胞质膜接受外界刺激或某种信息，通过质膜上的受体（膜蛋白）将其传入细胞内，启动一系列代谢过程，最终表现为生物学效应。如一些亲水性的化学信号分子（包括神经递质、蛋白激素、生长因子等），一般都不能进入细胞内，而是通过与细胞膜上特异的受体结合，最终对靶细胞产生效应。

（3）能量转换　线粒体膜是能量转换的主要场所。线粒体膜内膜分布着电子传递体系，糖类、脂类等营养物质在氧化分解时，通过电子传递逐步释放能量，最终转化为三磷酸腺苷（ATP）直接被细胞利用，所以线粒体是为细胞生命活动直接提供能量的场所。

（二）生物膜对代谢的调节和控制作用

在真核细胞中，膜结构占细胞干重的 70%～80%。细胞除质膜外还有广泛的内膜系统，这些膜系统将细胞分割成许多特殊区域，形成各种细胞器。原核细胞缺乏内膜系统，但某些细胞的质膜内陷形成中体或质膜体。

各种膜结构对代谢的调节和控制作用有以下几种形式：

1. 控制跨膜离子浓度梯度和电位梯度

由于生物膜的选择透过性，造成膜两侧的离子浓度梯度和电位梯度，因此当离子逆浓度梯度转移时，需要消耗自由能，而离子沿浓度梯度转移时，则释放自由能。细胞质膜和线粒体内膜可利用质子浓度梯度的势能合成 ATP 和吸收磷酸根等物质。在动物细胞以及某些植物、真菌和细菌的细胞中，钠离子流可驱动氨基酸和糖的主动运输。神经肌肉的兴奋传导则与跨膜离子流产生膜电位有关。

2. 控制细胞的物质运输

细胞膜由于具有高度的选择透性，使细胞不断从外界环境中吸收有用的营养成分，并排出代谢废物，从而调节细胞内该物质的代谢，维持细胞内环境的稳定。

3. 内膜系统对代谢途径的分割作用

内膜系统将细胞分成许多功能特异的分割区，各自以封闭的选择透性膜为界。这些分割区成为分开的亚细胞反应器，其内包含有一套浓集的酶类和辅助因子，因而有利于酶促反应的进行。而且，细胞内的分割可防止互不相容或竞争性的酶促反应彼此间的干扰。

4. 膜与酶的可逆结合

有些酶能可逆地与膜结合，并以其膜结合型和可溶型的互变来影响酶的性质及调节酶活性。这类酶称为双型酶，以区别于膜上固有的组成酶。双型酶对代谢状态变动的应答迅速，调节灵敏，是细胞代谢调节的一种重要方式。就目前所知，这类酶大多是代谢途径中关键的酶或调节酶。例如：糖酵解途径中的己糖激酶、磷酸果糖激酶、醛缩酶及 3-磷酸甘油醛脱氢酶；氨基酸代谢中的谷氨酸脱氢酶、酪氨酸氧化酶，以及一些参与共价修饰的蛋白激酶、蛋白磷酸酯酶等。

第四节　分支代谢的反馈调节

一、反馈调节概述

代谢底物、中间产物及终产物常常可以作为影响关键酶的效应物，对关键酶的活性起到促进或者抑制作用，这就是反馈调节。代谢底物或者代谢途径中前期的中间产物对途径后面某步反应酶活性的影响称为前馈；在更多情况下，一个代谢途径的终产物（或某些中间产物）对关键酶的活性产生更重要的影响，这称为反馈。如果终产物浓度增高，刺激关键酶的活性，称为正反馈或反馈激活；反之，终产物的积累抑制关键酶的活性，称为负反馈或反馈抑制。在细胞内的反馈调节中，广泛地存在负反馈，正反馈的例子较少见。

反馈抑制，是反馈调节中最普遍、最重要的形式。反馈抑制是指在序列反应中终产物对反应序列前面的酶的抑制作用，从而使整个代谢反应速度降低，降低或抑制终产物的生成。受反馈抑制的酶一般为别构酶。如大肠杆菌以天冬氨酸和氨甲酰磷酸为原料合成 CTP 的序列反应中，当 CTP 的浓度升高后，就会抑制反应序列的第一个酶，即天冬氨酸甲酰基转移酶。该酶含有催化亚基和调节亚基两个亚基，CTP 浓度高时结合于调节亚基，从而抑制酶的活性，CTP 浓度降低时，抑制减弱，酶活性上升（图 10-7）。

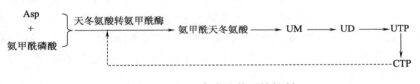

图 10-7　CTP 合成及其反馈抑制

根据代谢途径的不同可分为线性反馈与分支代谢反馈，在分支代谢反馈中又有不同类型。所谓线性代谢是指由一定的代谢底物开始，一个反应接着一个反应，前一个反应的产物是后一个反应的底物，形成连续的、线性的代谢途径，直到整个代谢终产物的形成。随着终产物的积累，对整个途径产生反馈抑制作用。在线性反馈调节中又有直接反馈抑制和连续反馈抑制之分。图 10-7 所示 CTP 的合成是不分支的线性代谢途径，末端 CTP 一种产物就能起到反馈抑制作用，称为单价反馈抑制。在脂肪酸的合成中，终产物脂肪酸或脂酰 CoA 的积累，反馈抑制关键酶乙酰 CoA 羧化酶；胆固醇合成中，终产物胆固醇对关键酶羟甲基戊二酸单酰 CoA 还原酶的反馈抑制，都是直接反馈的例子。连续反馈或逐级反馈的例子在糖酵解途径中，作为终产物之一的 ATP 不是直接抑制第一个关键酶己糖激酶，而是首先抑制磷酸果糖激酶，这样必然造成 6-磷酸葡萄糖的积累，它再反馈抑制己糖激酶，最后才使整个代谢停止。因此，在分支代谢途径中，会出现几个末端产物，限速酶活性会受两种或两种以上末端产物的抑制，这种情况称为二价或多价反馈抑制。

二、分支代谢反馈抑制的主要方式

目前已总结出多种调控模式，仅就下面 4 种主要抑制机理进行简单的介绍。

（一）协同反馈抑制作用

协同反馈抑制作用又称为多价反馈抑制。当一条代谢途径中有两个以上终产物时，每一终产物单独存在并不对整个代谢途径起抑制作用，只有几个最终产物同时过多时才能对途径中第一个酶产生抑制作用，这种调节方式称为协同反馈抑制。其反馈抑制模式如图10-8所示。不少微生物都具有这种调节作用。例如：在多黏芽孢杆菌中，在天冬氨酸族氨基酸合成过程中的第一个酶，即天冬氨酸激酶，就要受到赖氨酸、苏氨酸、甲硫氨酸的多价反馈抑制作用。天冬氨酸激酶的活力必须在赖氨酸、苏氨酸同时过多的情况下才被严重抑制。如表10-2的数据可以说明协同反馈抑制作用。

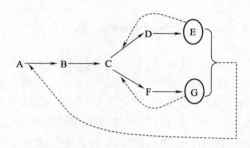

图 10-8 协同反馈调节模式（图中字母分别代表不同的中间代谢物）

表 10-2 终产物对假单胞杆菌天冬氨酸激酶的协同调节作用

加或不加终产物	天冬氨酸激酶的相对活力
不加	100
L-Thr（5mmol）	110
L-Tys（5mmol）	120
L-Thr（5mmol）+L-Tys（5mmol）	4

（二）顺序反馈抑制

顺序反馈抑制又称为逐步反馈抑制（图10-9）。顺序反馈抑制中终产物首先分别反馈抑制各自代谢支路上的第一个酶，从而使中间产物积累，然后终产物以及中间产物再对共同途径的第一个酶产生反馈抑制。

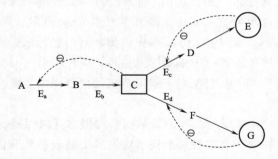

图 10-9 顺序反馈调节模式图（图中字母分别代表不同的中间代谢物）

这种调节方式首先发现于枯草芽孢杆菌的芳香族氨基酸合成（图 10-10）。从图 10-10 中可见，色氨酸、苯丙氨酸、酪氨酸分别反馈调节其支路代谢的酶，当这三个分支途径都被抑制时，造成中间产物分支酸和预苯酸积累，这两个中间产物又反馈抑制公共途径的限速酶 7-磷酸-2-酮-3-脱氧庚糖酸合成酶（DAHP 合成酶）。此外，分支酸变位酶和莽草酸激酶都有同工酶，而且前者不被反馈抑制，可被阻遏，莽草酸激酶则被分支酸和预苯酸协同抑制。枯草杆菌的顺序反馈抑制机制经这样加以补充就成为很完善的调节系统了。

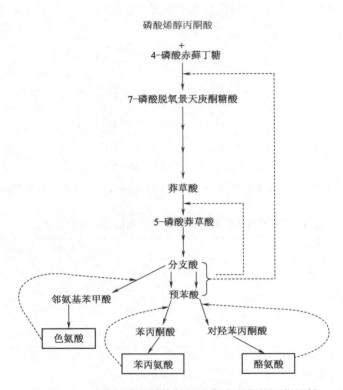

图 10-10　枯草杆菌芳香族氨基酸合成途径的调节机制

（三）积累反馈抑制

几个最终产物中任何一个产物过多时都能对某一酶发生部分抑制作用，但要达到最大效果，则必须几个最终产物同时过多，各种终产物的反馈抑制有累积作用，这样的调节方式称为积累反馈抑制（图 10-11）。图中 E 和 G 分别对限速步骤 A—B 的酶有反馈抑制作用，E 抑制其活力的 30%，G 抑制其活力的 40%，E、G 同时过量时，则酶活力共抑制 30% + (1 - 30%) × 40% = 58%，若 G 先过量，E 后过量，则抑制其总活力仍是 58%。

大肠杆菌的谷氨酰胺合成酶的调节是最早观察到积累反馈抑制的例子。谷氨酰胺是合成甘氨酸、丙氨酸、组氨酸、色氨酸、AMP、CTP、氨甲酰磷酸和 6-磷酸葡萄糖胺的前体，谷氨酰胺合成酶是上述物质合成途径中的第一个酶，它的合成受这 8 种终产物的积累反馈抑制，当这些物质单独过量时，都可部分抑制谷氨酰胺酶的活性，当它们同时都过量

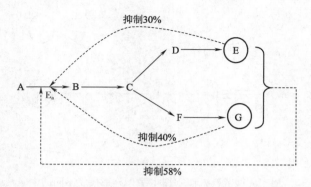

图 10-11 积累反馈抑制模式图（图中字母分别代表不同的中间代谢物）

时，谷氨酰胺酶的活性几乎全部被抑制（图 10-12）。

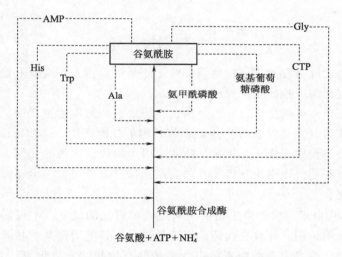

图 10-12 大肠杆菌谷氨酰胺合成酶的积累反馈抑制

（四）同工酶反馈抑制

同工酶反馈抑制的特点是几个终产物能抑制分支点之前某一由同工酶催化的反应步骤，但每一种终产物只抑制同工酶中的一种酶。如果所有终产物均过量，则同工酶活性全部被抑制，其效果与协同反馈抑制相同。由天冬氨酸出发合成赖氨酸、甲硫氨酸、苏氨酸、异亮氨酸的序列反应即是同工酶反馈抑制的例子。其第一步反应是由天冬氨酸转变为天冬酰胺磷酸，催化该反应的天冬氨酸激酶是一组同工酶，能分别受过量产物的抑制（图 10-13）。

以上分支代谢途径的调节主要存在于微生物中。之所以有多种不同的调节方式，是生物长期进化的结果。虽然它们在调节效果上存在差异，但从总体上而言它们有着共同的特点，即保证细胞内分支代谢的几种产物浓度不因某个产物浓度过高而降低，不因某一产物的过量而影响其他产物的生成。

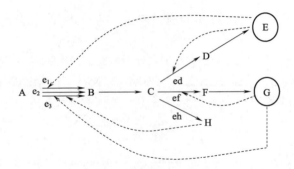

图 10-13　同工酶调节模式图（图中字母分别代表不同的中间代谢物）

第五节　代谢调控在发酵工业生产中的应用

一、代谢调控发酵

微生物工业通常称为发酵工业，所谓发酵工业是泛指在工业规模上借助微生物的代谢活动大量积累特定代谢产物的生产过程。

发酵生产是一个古老的生产行业，然而，在历史悠久的发酵生产中，人们都是运用微生物固有的代谢能力（主要是分解代谢）积累特定的代谢产物，这即所谓自然发酵，自然发酵的产品多是分解代谢物。近年来，随着对微生物代谢途径的了解，代谢路线的研究已经相当清楚了，利用代谢理论获得了一些高产菌株及发酵产物，但还有很多的代谢变化规律无法真正控制。

20 世纪 50 年代以来，由于微生物代谢调控机理研究的成就，不仅对某些代谢途径的调控系统有了深入的认识，而且在代谢调控理论指导下，能通过某些技术措施改变细胞的调控系统，使正常代谢本来不能积累或很少积累的产物能够大量积累，并作为发酵产品，直接发酵生产获得了成功。这种在代谢调控理论指导下开拓出来的发酵生产领域，称为代谢调控发酵。这是发酵工业史上的重要进展。代谢调控发酵的产品主要有氨基酸类、核苷酸类、酶等物质，以及抗生素、多糖等次生代谢产物，还有近年来采用基因工程方法构建的目标产物（多肽、蛋白质等）的积累等。因为微生物自身都具有完善的代谢调控系统，随时可以调节代谢活动，维持代谢平衡。代谢调控发酵的出发点就是采取措施，利用微生物的代谢规律，改变其调节系统，破坏其代谢平衡。目前常用的措施大多是为解除反馈抑制和阻遏作用采取的。

首先是有针对性地对微生物菌种进行改造，主要有：

（1）改变细胞膜透性，使产物在胞外积累，避免发生反馈抑制和阻遏。

（2）选育营养缺陷型，定向积累中间产物，或分支途径中某种终端产物。

（3）选育抗反馈作用的突变株，提高终产物积累的浓度。

（4）基因工程菌株的构建，高效表达目的产物。

第二，发酵培养条件方面，需要必要的管理措施：如混合碳源发酵，流加补料发酵，控制 pH、通气量，使用表面活性剂等。

第三，对发酵产物的分离、提取、纯化的手段和技术不断改进，提高发酵物的得率。

总之，代谢调控发酵从菌种选育到发酵技术都与自然发酵有着质的区别。下面简要讨论一下利用代谢调控理论指导微生物定向育种的技术原理。

二、以代谢调控理论指导微生物的定向育种

代谢调控指导选育，是从突变的菌群中定向选育出有关代谢调节机制被破坏了的自身不能维持正常代谢平衡的目标菌株。可以采用选育营养缺陷型（X^-）突变株，抗代谢类似物突变株（X^r），或回复突变株等。

（一）营养缺陷型（以 X^- 表示）的选育

1. 营养缺陷型概念

所谓营养缺陷型（X^-），顾名思义，是由于基因突变，造成某种营养物质不能自身合成，须由外界供给才能维持生长的微生物突变型。例如某种氨基酸的营养缺陷型的形成是由于其野生型菌株的结构基因突变，造成其合成途径中某种酶的缺失。因而这种氨基酸就不能合成了。要使这种突变株生存下来就必须供给它所不能合成的氨基酸。因此，这种氨基酸就成了其生长的限制因子。

营养缺陷型菌株常用其必需营养物质的头三个字母加"–"号表示。如蛋氨酸营养缺陷型以 Met^- 表示，其野生型以 Met^+ 表示。腺嘌呤缺陷型以 Ade^- 表示，其野生型用"Ade^+"表示等。

2. X^- 选育方法

选育营养缺陷型要经过诱变，淘汰野生型 X^+，检出 X^-，定出 X^- 的具体营养要求这样几个步骤。这些步骤要分别利用三种培养基进行。

（1）基本培养基（以 MM 表示）　只能满足野生型（X^+）生长的要求，是诱变和淘汰野生型时用的。

（2）完全培养基（以 CM 表示）　能满足各种营养缺陷型的营养要求，无疑 X^+ 型也能用，它与 MM 对照培养可以检出 X^-。

（3）补充培养基（以 SM 表示）　在 MM 中补充某种营养物质（育种的目的物质）。若 X^- 株能在上面生长而不能在 MM 上生长，则证明它是该营养物质的缺陷型。

筛选以上的方法以 Lederberg 首创的影印平板法简单易行（图 10–14）。

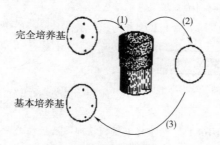

图 10–14　影印法筛选营养缺陷型突变株示意图

（1）将完全培养基上的菌落转移到影印用丝绒布上；（2）将丝绒布上的菌落装接到培养基上；（3）适温培养

在发酵生产上，利用单一线性代谢路线的营养缺陷型菌种，只能积累代谢路线的中间

产物。利用分支代谢路线的营养缺陷型可以积累支路的终产物。选育营养缺陷型出发菌株也需要有代谢调控研究基础，需要对出发菌株的代谢路线及调控机制有比较清楚的认识，这样才能预计遗传标记产生的位置，并有针对性地确定选育方法。如果原始菌种比较多，要进行对比分析，选用那些调控机制比较简单、容易通过诱变解除其调控机制，正向变异几率高的菌株作为出发菌株。

（二）抗代谢产物结构类似物突变株（以 X^r 表示）的选育

1. 代谢物结构类似物

代谢物结构类似物又称为抗代谢物或代谢拮抗物，是分子结构与代谢物类似的一些化合物，如 6-巯基嘌呤，2，6-二氨基嘌呤，6-氯化嘌呤等，是嘌呤的结构类似物；5-氟尿嘧啶是嘧啶的结构类似物；乙基硫氨酸是蛋氨酸的类似物等。这些物质类似物与相应的代谢物一样，对限速酶有抑制和阻遏作用，但都不能作为正常代谢底物被利用。

所谓抗代谢物类似物突变株，即诱发突变中产生的一些对高浓度的代谢产物类似物不敏感的突变株。这些突变株既然能抗高浓度结构类似物的抑制和阻遏，也就能抗高浓度代谢终产物的反馈抑制和阻遏。

这种突变株对高浓度终产物的反馈抑制不敏感是因为编码酶蛋白的结构基因突变，使限速酶蛋白质的性质发生了变化。对阻遏不敏感，则是因为调节基因或操纵基因突变，使阻遏蛋白与操纵基因的亲和力发生了变化。

这种突变株的表示方法是在抗代谢物的缩写符号右上方注"r"。如抗 D-Arg 的突变株以 D-Arg^r 表示，即抗 D-精氨酸突变株；抗乙基硫氨酸 Eth 的突变株以 Eth^r 表示，即抗甲硫氨酸突变株等。

2. X^r 突变株选育方法

抗性突变株的筛选方法最常用的是梯度平板法。就是把一定浓度的代谢物类似物加入培养基中，制成浓度梯度平板，将诱变的菌液涂布到平板上经过培养后，在适宜的药物浓度培养基平板上具有抗性菌落出现（图 10-15）。

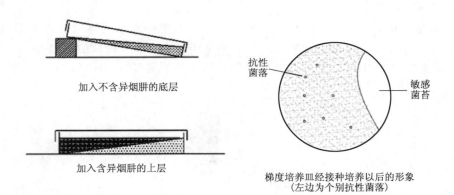

图 10-15　浓度梯度平板定向筛选抗性突变株

（三）回复突变株

回复突变株即营养缺陷型向原养型（野生型）的回复变异。在营养缺陷型菌种的保存期间和连续发酵期间，因为营养不能保证，特别是缺陷的营养不能保证的情况下，常常产生回复突变，丧失高产菌种的遗传特点。因此，回复突变是需要竭力避免的。

但是，回复突变常常不是完全回复原养型的性状，而是部分回复。因为原养型突变成缺陷型，是由于酶的结构基因突变，致使酶不能合成，或合成的酶蛋白活性中心不能形成，故无活性。当回复突变时，结构基因的结构得到部分回复，产生了一种介于营养缺陷型和野生型之间的新的等位基因——中间等位基因。其特点是，所编码的蛋白质恢复了酶活性中心的结构，具有催化活力，但调节中心失效，因此反馈抑制被解除。这种回复突变株的性状实际是抗反馈抑制变异株。所以利用营养缺陷型，在缺乏生长因子的培养基上培养，通过回复突变，也可得到理想的菌种。回复突变株的表示法与野生型一样，常用"X$^+$"表示。

三、改善细胞膜的通透性

膜的选择性和屏障作用对于调节代谢、维持细胞的正常生活起着重要作用。与此相反，在发酵生产中常常采取措施，破坏膜的正常生理功能，使胞内所产生的代谢产物及时分泌到胞外，不在胞内积累过多，以避免发生反馈作用。这样能保证代谢产物不断产生，在胞外积累逐渐增多。因此，改善膜的通透性是许多发酵生产成功的关键之一。在氨基酸、核苷酸、肽等物质的发酵生产中，改善膜透性的技术措施主要有以下几种。

（一）控制发酵条件

例如在谷氨酸发酵生产中，生物素浓度的影响很大。没有生物素，菌体长不好；生物素过多，谷氨酸不能透出细胞膜，发酵不能成立。只有把生物素浓度控制在亚适量时，细胞才能边合成边透出，在培养基中大量积累谷氨酸。这是因为在生物素作为乙酰 CoA 羧化酶的辅酶，直接影响脂肪酸的生物合成。控制生物素亚适量，既能维持磷脂的生物合成，又使其合成受到限制，使生物膜虽能组建起来，但很疏松，有良好的透性。

如果培养基中生物素过多时，加入青霉素、表面活性剂、高级饱和脂肪酸及其衍生物，可以解除其影响。表面活性剂和饱和脂肪酸的作用是拮抗脂肪酸的合成。青霉素是革兰阳性菌细胞壁肽多糖合成途径中转肽酶的抑制剂。因此，谷氨酸发酵液中添加青霉素，则细胞壁合成受阻。没有完整细胞壁的保护，细胞膜不能承受巨大的细胞内外压力差，膜易损伤，透性变大，利于谷氨酸露出胞外。

在甘氨酸发酵生产中，Mn^{2+} 浓度对膜透性的影响类似于谷氨酸发酵中生物素的作用。发酵液中 Mn^{2+} 浓度是核苷酸发酵成败的关键性技术问题之一。

根据对产氨棒杆菌的实验发现 Mn^{2+} 的作用在于：①促进菌体生长，Mn^{2+} 过量时，菌体生长良好；Mn^{2+} 限量则生长受抑制。②Mn^{2+} 过量时 R-5-P、PRPP 及 PRPP 激酶和核苷酸焦磷酸化酶留在菌体内，培养液中积累次黄嘌呤"I"，而不积累 IMP；Mn^{2+} 限量时，有关这些底物和酶都泄出胞外，并在培养基中重新合成 IMP。③Mn^{2+} 限量时，菌体内饱和脂肪酸显著减少，这与生物素的作用相似，影响了细胞膜的性质，使通透性增加，有利于 IMP 在胞外的积累。

（二）选育细胞膜透性好的突变株

例如谷氨酸生产菌种除了必须具有利于谷氨酸合成的遗传标记之外，还常常具有油酸缺陷型、甘油缺陷型，或生物素缺陷型等遗传标记，这些突变型的共同特点是，合成生物膜所必须的前体物质不能自身合成，需要在培养基中供给这些必须的营养物质（油酸、甘油或生物素等），细胞才能正常生长，这对人为控制细胞膜的透性提供了一个方便，只要不是充足地，而是亚适量地供给所缺陷的物质，则膜的合成受到限制，这可保持膜的良好透性，利于谷氨酸排出，避免发生反馈。

代谢调控理论已经对发酵生产产生了巨大的影响，相信将来生物化学的成就会对发酵生产有更大的贡献。

小　结

本章介绍了生物体新陈代谢调节与控制、代谢调节的概念。新陈代谢受到酶的调节，一方面表现在酶的活性的调节，从酶的结构变化导致了酶的活性改变；另一方面是酶的生物合成的调节，介绍了操纵子模型，微生物通过诱导阻遏作用调节细胞内酶的含量，进一步调节酶的合成与否。介绍了分支代谢途径中常见的代谢调节方式；通过代谢调节的学习，综合生物化学的理论知识，应用到微生物高产菌株的选育，并指导发酵产物的生产。

思考题

1. 何谓代谢调节？
2. 变构酶的分子结构和动力学性质有哪些特点？何谓变构作用？何谓协同作用？
3. 何谓共价修饰酶？为什么说共价修饰酶有调节放大的作用？举例说明。
4. 何谓操纵子？操纵子的基本结构特点有哪些？
5. 试用操纵子学说解释酶的诱导和阻遏作用是如何产生的？诱导和阻遏作用的生理意义何在？
6. 试举出分支代谢途径调节控制的几种类型？并绘图说明。
7. 举例说明代谢调节在工业生产中的应用。

第十一章　重组 DNA 技术

第一节　DNA 克隆技术概述

自从 1953 年 Watson 和 Crick 阐明了 DNA 的双螺旋结构以来，生物学的发展进入了一个全新的阶段，即跨入了分子水平。随着生物化学、遗传学和分子生物学基础研究的进展，以及物理、化学等实验技术深入地与生物学相结合、相交叉，在 20 世纪 50~60 年代科学家们确立了 DNA 复制、重组修复、遗传信息传递机制的中心法则及有关遗传密码等分子遗传学理论；发现了诸如限制性核酸内切酶、连接酶等一系列工具酶；在技术上又发展了 DNA 纯化与鉴定等，从而为基因工程学科的建立奠定了基础。在基因工程技术的基础上，通过基因的突变改造和离体表达，形成了第二代所谓蛋白质工程。90 年代，人类基因组计划（Human Genome Project，HGP）和各种模式生物基因组分析，获得了大量的基因和 DNA 序列的数据，发展为基因组学（genomics）。所谓基因组学是以大规模的 DNA 序列测定为基础，破译生物基因编码的学科。它的任务是在基因组巨大的 DNA 序列中寻找每个基因的 DNA 结构。随着 HGP 的进展，研究各种组织和细胞类型中蛋白质的组分和结构，与生物信息学密切结合，形成了蛋白质组学（proteomics）。蛋白质组指基因组在特定细胞中所产生的全部蛋白质种类。细胞内蛋白质组分是动态的，随时发生变化。不同生物发育阶段的组织和细胞内，蛋白质种类及各种蛋白质在特定细胞中的浓度，也即蛋白质组是不同的。研究细胞的蛋白质组的学科称为蛋白质组学。分子生物学甚至现代生物科学的各种进展，都得益于技术上的进步。在这些技术中影响最深远的，可以说是 DNA 克隆技术。

1972 年，美国学者 Berg 等首次在体外进行了 DNA 重组的研究。用限制性核酸内切酶 *EcoR* I 分别切割 SV_{40}（一种猿猴病毒）DNA 和 λ 噬菌体 DNA，然后将两者连接起来，成功地构建成第一个人工 DNA 分子。1973 年，Cohen 等将带有四环素抗性（Tc^r）表型的质粒 pSC101 和带有新霉素抗性（Neo^r）的质粒 R6-3 分别用 *EcoR* I 酶切后，在体外将两者连接起来，然后将连接产物导入大肠杆菌，成功地进行了无性繁殖，并得到了既抗四环素又抗新霉素的大肠杆菌，从而完成了 DNA 体外重组和扩增的全过程，基因工程这门新兴学科也就应运而生。基因工程方法的建立，使得在实验室中进行基因的分离、鉴定、分析和改造成为可能。人类通过基因工程可以改造物种，创造新物种，使生物学达到了前所未有的发展。目前基因工程已经成为生命科学研究中重要的研究手段，为生命科学研究领域中最有生命力、最引人注目的前沿科学之一。

基因工程是用酶学方法，把天然的或人工合成的、同源或异源的 DNA 片段与具有复制能力的载体分子（如质粒、噬菌体、病毒等）形成重组 DNA 分子，再导入不具有这种重组分子的宿主细胞内，进行持久而稳定的复制、表达，使宿主细胞产生外源 DNA 或其蛋白质分子。因此，基因工程又称为 DNA 重组（DNA recombinant）技术。接受重组 DNA

分子的宿主细胞经过筛选，获得了单一纯系克隆（clone），故基因工程又称为分子克隆（molecular cloning）技术。

基因工程包括外源的目的 DNA、载体分子（vector）、宿主细胞等要素。它包括下列过程：（1）获得带有目的基因（又称外源基因）的 DNA 片段；（2）DNA 片段与载体 DNA 的连接（体外重组）；（3）连接产物导入宿主细胞（又称受体细胞）；（4）重组体的扩增、筛选与鉴定；（5）目的基因在细胞中的表达；（6）表达产物的分离、鉴定等（图9-14）。

基因工程是生物工程（bioengineering）的重要内容。生物工程还包括细胞工程（cellular engineering）、发酵工程（fermentative engineering）、酶工程（enzymatic engineering）和生物反应器（bioreactor）等中、下游技术，生物工程的问世使世界进入了"生物科学的时代"，不仅对生命学科有重要价值，而且对其他学科如能源、环保等也有深远影响。

第二节　重组 DNA 技术的基本操作原理

一、重要的工具酶

基因克隆的核心内容是对基因进行人工切割、连接组合，构建 DNA 重组体。在这些操作中，工具酶（tool enzyme）有着广泛的用途，特别是限制性内切酶和 DNA 连接酶的发现与应用，才真正使 DNA 分子的体外切割与连接成为可能。

（一）限制性核酸内切酶

限制性核酸内切酶（restriction endonuclease）简称限制性内切酶，是一类能识别双链 DNA 分子中特定核苷酸序列并将其切断的核酸水解酶（图 11-1）。主要是从原核生物中分离纯化出来的。

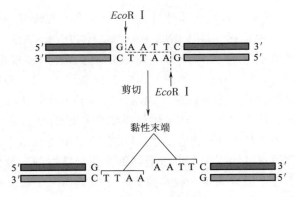

图 11-1　限制性内切酶的作用

细菌中存在限制（restriction）与修饰（modification）现象，也称为寄主控制的限制与修饰现象，简称 R/M 体系。这是细菌的一种自我保护机制，其功能类似于高等动物的免疫系统，它能识别自己的 DNA 和外来的 DNA，并使后者降解掉。在具有限制与修饰机制的细菌中，含有对某一 DNA 序列位点专一的核酸内切酶和修饰酶（通常为甲基化酶），由于甲基化作用，细菌自身 DNA 的限制性内切酶识别位点被修饰而免于降解，而外源 DNA 上的内切酶识别位点未被修饰，因而进入宿主菌后即被降解。

1968 年，Meselson 和 Lim 等首先分别从大肠埃希菌（*E.coli*）B 株和 K 株获得了 *Eco*K 和 *Eco*B 两种限制性内切酶，到 2005 年，共发现 4000 多种限制酶和甲基化酶，其中限制酶超过 3600 种。这些酶已经成为重组 DNA 技术的重要工具。

1. 限制性内切酶的命名

目前对限制性内切酶通用的命名系统是 1973 年 Smith 和 Nathans 提出的，其命名原则包括：

（1）限制酶的第一个字母（大写、斜体）代表分离出该酶的微生物（宿主菌）属名（genus）。

（2）第二、三个字母（小写、斜体）代表微生物种名（species）。

（3）第四个字母代表宿主菌的株或型（strain）。

（4）最后的罗马数字表示从一株菌株中发现和分离限制酶的顺序。

如 *Eco*R I：E = *Escherichia* 属

co = *coli* 种

R = RY13 株

I = 该菌株第一个被发现的核酸内切酶

2. 限制性内切酶的分类

根据限制性内切酶的识别切割特性、催化条件及是否具有修饰酶活性，分为 3 种类型，即 I、II 和 III 型酶。3 种不同的限制性内切酶具有不同的特性（表 11-1）。在基因工程中普遍使用的是 II 型限制性内切酶。

表 11-1　　　　　　　　　　　限制性核酸内切酶的类型和主要特征

特性	I 型	II 型	III 型
结构	3 种不同的亚基组成	单一的同源二聚体	2 种不同的亚基组成
辅助因子	Mg^{2+}、SAM、ATP	Mg^{2+}	Mg^{2+}、SAM、ATP
限制和修饰活性	单一的多功能酶	分别有限制酶和修饰酶	一种共同亚基的双功能酶
识别序列	为滚环形式	呈回文结构	为滚环形式
切割位点	无固定	特异	距识别位点一侧约 25bp 处
切割特点	随机切割	特意切割	特意切割
甲基化作用位点	宿主特异位点	宿主特异位点	宿主特异位点
在分子克隆中的用途	无用	十分有用	意义不大

（1）**I 型限制性内切酶**　是一类兼有限制性内切酶和修饰酶活性的多个亚基的蛋白复合体。它们在识别位点很远的地方任意切割 DNA 链。以前人们认为 I 型限制性内切酶很稀有，但现在通过对基因组测序的结果发现这一类酶其实很常见；尽管 I 型酶在生化研究中很有意义，但由于不产生确定的限制片段和明确的电泳条带，因而不具备实用性。

（2）**II 型限制性内切酶**　在其识别位点之中或邻近的确定位点特异地切开 DNA 链。

它们产生确定的限制片段和电泳条带，因此是三类限制性内切酶中唯一用于 DNA 分析和克隆的一类。Ⅱ型限制性内切酶由一群性状和来源都不尽相同的蛋白组成，因而任意一种限制性内切酶的氨基酸序列可能与另一种限制性内切酶的氨基酸序列截然不同。实际上，从已知的情况上看，这些酶很可能是在进化过程中各自独立产生的，而非来源于同一个祖先。

Ⅱ型限制性内切酶中最普遍的是像 Hha Ⅰ、Hind Ⅲ和 Not Ⅰ这样在识别序列中进行切割的酶。这一类酶是构成商业化酶的主要部分。大部分这类酶都以二聚体的形式结合到 DNA 上，因而识别的是对称序列；但有极少的酶作为单聚体结合到 DNA 上，识别非对称序列。一些酶识别连续的序列（如 EcoR Ⅰ识别 GAATTC）；而另一些识别不连续的序列（如 Bgl Ⅰ识别 GCCNNNNNGGC）。限制性内切酶的切割后产生一个 3′羟基端和一个 5′磷酸基团。它们的活性要求镁离子的存在，而相应的修饰酶则需要 S-甲硫氨酸腺苷的存在。这些酶一般都比较小，亚基一般都在 200～300 个氨基酸。

另一种比较常见的酶是所谓的 IIS 型酶，比如 Fok Ⅰ和 Alw Ⅰ，它们在识别位点之外切开 DNA。这些酶的大小居中，为 400～650 个氨基酸；它们识别连续的非对称序列，有一个结合识别位点的域和一个专门切割 DNA 的功能域。一般认为这些酶主要以单体的形式结合到 DNA 上，但与邻近的酶结合成二聚体，协同切开 DNA 链。因此一些 IIS 型的酶在切割有多个识别位点的 DNA 分子时，活性可能更高。

第三种Ⅱ型限制性内切酶（有时也被称为Ⅳ型限制性内切酶）是一类较大的、集限制和修饰功能于一体的酶，通常由 850～1250 个碱基组成，在同一条多肽链上同时具有限制和修饰酶活性。有些酶识别连续序列，并在识别位点的一端切开 DNA 链；而另一些酶识别不连续的序列（如 Bcg Ⅰ：CGANNNNNNTGC），并在识别位点的两端切开 DNA 链，产生一小段含识别序列的片段。这些酶的氨基酸序列各不相同，但其结构组成是一致的。他们在 N 端有一个负责切开 DNA 的功能域，这个域又与 DNA 修饰域连接；此外还有一到两个识别特异 DNA 序列的功能域构成 C 端，或以独立的亚基形式存在。当这些酶与底物结合时，它们或行使限制性内切酶的功能切开底物，或作为修饰酶将其甲基化。

（3）Ⅲ型限制性内切酶　也是兼有限制-修饰两种功能的酶。它们在识别位点之外切开 DNA 链，并且要求识别位点是反向重复序列；它们很少能产生完全切割的片段，因而不具备实用价值，也没有人将其商业化。

3. 影响酶切反应的因素

在进行限制性酶切反应过程中，影响限制性酶切反应效果的因素较多，要设计酶切反应，一般均应考虑诸如酶切系统、温度条件、反应体积、底物性质及星型反应等因素。根据各种不同的条件，酶切反应的设计一般应注意以下问题。

（1）大多数限制酶贮存在 50%甘油溶液中，以避免在-20℃条件下结冰。当最终反应液中甘油浓度大于 12%时，某些限制酶的识别特异性降低，更高浓度的甘油会抑制酶活性。

（2）浓缩的限制酶可在使用前用 1×限制酶缓冲液稀释，但切勿用水稀释以免酶失活，用水稀释的酶不能长期保存。

（3）反应体系中 Mg^{2+} 是限制酶仅有的共同因子，当用其他二价阳离子代替 Mg^{2+} 或加入能螯合 Mg^{2+} 的 EGTA 或 EDTA 时，酶活性会被抑制，或改变酶的特异性，导致星型反应。

（4）反应混合物中 DNA 底物的浓度不宜太大，小体积中过高浓度的 DNA 会形成黏性 DNA 溶液抑制酶的扩散，并降低酶活性。

（5）酶切底物 DNA 应具备一定的纯度，其溶液中不能含有痕量酚、氯仿、乙醚，大于 10mmol/L 的 EDTA，去污剂 SDS 以及过量的盐离子浓度，否则会不同程度地影响限制酶的活性。

（6）DNA 碱基上的甲基化修饰也是影响酶切的一个重要因素，所以转化实验所选择的受体菌株应考虑到使用的菌株中的酶修饰系统。

4. 同裂酶（isoschizomer）和同尾酶（isocaudarner）

有一些来源不同的限制酶识别的是同样的核苷酸靶子序列，这类酶称为同裂酶。同裂酶的切割位点可能不同，识别和切割位点都相同的称为同序同切酶，识别位点相同但切割位点不同的称为同序异切酶。

同裂酶，国内外比较一致的定义，是来源于不同物种但能识别相同 DNA 序列的限制性内切酶，切割位点可以相同也可以不同。不过国内和国外在同裂酶的定义及其定名上，随不同的人有许多差异。国内外还有另一种定义，称同裂酶是来源于不同物种但能识别相同 DNA 序列且切割方式相同的酶。这两种定义出现的比例均较大，均具有一定的代表性。

同裂酶在基因工程的 DNA 重组中有重要的应用，尤其是在载体构建方面往往可以取得巧妙的应用。最具代表性、应用较多、较为熟悉的同裂酶比如 *Sma* I 和 *Xma* I，它们均识别 CCCGGG，但前者切后产生钝末端，后者切后产生黏性末端。

同尾酶是指一类识别 DNA 分子中不同核苷酸序列，但能酶切产生相同黏性末端的限制性内切酶。这一类的限制酶来源各异，识别的靶序列也不相同，但产生相同的黏性末端。由同尾酶产生的 DNA 片段，是能够通过其黏性末端之间的互补作用彼此连接起来的。当把同尾酶切割的 DNA 片段与原来的限制性内切酶切割的 DNA 片段连接后，原来的酶切位点将不存在，不能被原来的限制性内切酶所识别。

（二）DNA 连接酶

DNA 连接酶是基因工程操作中另一类很重要的酶。DNA 连接酶是 1967 年在三个实验室同时发现的，最初是在大肠杆菌细胞中发现的。它是一种封闭 DNA 链上缺口酶，借助 ATP 或 NAD 水解提供的能量催化 DNA 链的 $5'-PO_4$ 与另一 DNA 链的 $3'-OH$ 生成磷酸二酯键。但这两条链必须是与同一条互补链配对结合的（T4 DNA 连接酶除外），而且必须是两条紧邻 DNA 链才能被 DNA 连接酶催化成磷酸二酯键。

大肠杆菌的 DNA 连接酶是一条分子质量为 75ku 的多肽链。DNA 连接酶在大肠杆菌细胞中约有 300 个分子，和 DNA 聚合酶 I 的分子数相近，这也是比较合理的现象。因为 DNA 连接酶的主要功能就是在 DNA 聚合酶 I 催化聚合，填满双链 DNA 上的单链间隙后封闭 DNA 双链上的缺口。这在 DNA 复制、修复和重组中起着重要的作用，连接酶有缺陷的突变株不能进行 DNA 复制、修复和重组。

噬菌体 T4 DNA 连接酶分子也是一条多肽链，分子质量为 60ku，此酶的催化过程需要 ATP 辅助。T4 DNA 连接酶可连接 DNA-DNA，DNA-RNA，RNA-RNA 和双链 DNA 黏性末端或平头末端。无论是 T4 DNA 连接酶，还是大肠杆菌 DNA 连接酶都不能催化两条游离的 DNA 链相连接。

DNA 连接酶主要用于基因工程，将由限制性核酸内切酶"剪"出的黏性末端重新组合，故也称"基因针线"。其中 E. coli DNA 连接酶，来源于大肠杆菌，可用于连接黏性末端；T4 DNA 连接酶，来源于 T4 噬菌体，可用于连接黏性末端和平末端，应用较为广泛。

（三）DNA 聚合酶

DNA 聚合酶（DNA polymerase）是细胞复制 DNA 的重要作用酶。DNA 聚合酶，以 DNA 为复制模板，从将 DNA 由 5′端点开始复制到 3′端的酶。DNA 聚合酶的主要活性是催化 DNA 的合成（在具备模板、引物、dNTP 等的情况下）及其相辅的活性。

在 20 世纪 50 年代的中期，A. Kornberg 于 1956 年终于发现了 DNA 聚合酶 Ⅰ（DNA polymerase Ⅰ，DNA pol Ⅰ）原来称为 Kornberg 酶。以后又相继发现了 DNA pol Ⅱ 和 DNA pol Ⅲ。开始人们以为 DNA pol Ⅰ 是细菌中 DNA 复制主要的酶类，后来发现 DNA pol Ⅰ 的突变株照样可以复制，才清楚它并不是主角。现在已经知道在 DNA 复制中起主导作用的是 DNA pol Ⅲ，至于 pol Ⅱ 的功能现在还不十分清楚。DNA 聚合酶的共同特点是：①需要提供合成模板；②不能起始新的 DNA 链，必须要有引物提供 3′-OH；③合成的方向都是 5′→3′；④除聚合 DNA 外还有其他功能。

所有原核和真核的 DNA 聚合酶都具有相同的合成活性，都可以在 3′-OH 上加核苷酸使链延伸，加什么核苷酸是根据和模板链上的碱基互补的原则而定的。

E. coli 的 DNA pol Ⅰ 涉及 DNA 损伤修复，在半保留复制中起辅助的作用。DNA pol Ⅱ 在修复损伤中也是有重要的作用。DNA pol Ⅲ 是一种多亚基的蛋白。在 DNA 新链的从头合成（de novo）中起复制酶的作用。

真核细胞：有 5 种 DNA 聚合酶，分别为 DNA 聚合酶 α（定位于胞核，参与复制引发，不具 5′→3′外切酶活性），β（定位于核内，参与修复，不具 5′→3′外切酶活性），γ（定位于线粒体，参与线粒体复制，不具 5′→3′，有 3′→5′外切活性），δ（定位核，参与复制，具有 3′→5′，不具 5′→3′外切活性），ε（定位于核，参与损伤修复，具有 3′→5′，不具 5′→3′外切活性）。

原核细胞：在大肠杆菌中，到目前为止已发现有 5 种 DNA 聚合酶，分别为 DNA 聚合酶 Ⅰ、Ⅱ、Ⅲ、Ⅳ 和 Ⅴ，都与 DNA 链的延长有关。DNA 聚合酶 Ⅰ 是单链多肽，可催化单链或双链 DNA 的延长，于 1956 年发现；DNA 聚合酶 Ⅱ 则与低分子脱氧核苷酸链的延长有关；DNA 聚合酶 Ⅲ 在细胞中存在的数目不多，是促进 DNA 链延长的主要酶。DNA 聚合酶 Ⅳ 和 Ⅴ 直到 1999 年才被发现。

1. 大肠杆菌 DNA 聚合酶 Ⅰ（DNA polymerase Ⅰ，DNA pol Ⅰ）

这是 1956 年由 Arthur Kornberg 首先发现的 DNA 聚合酶，又称 Kornber 酶。此酶研究得清楚而且代表了其他 DNA 聚合酶的基本特点。

纯化的 DNA pol Ⅰ 由一条多肽链组成，约含 1000 个氨基酸残基，M_W 为 109ku。分子含有一个二硫键和一个—SH 基。通过二个酶分子上的—SH 基与 Hg^{2+} 结合产生二聚体，仍有活性。每个酶分子中含有一个 Zn^{2+}，在 DNA 聚合反应起着很重要的作用。每个大肠杆菌细胞中含有约 400 个分子，每个分子每分钟在 37℃ 下能催化 667 个核苷酸掺入正在生长的 DNA 链。经过枯草杆菌蛋白酶处理后，酶分子分裂成两个片段，大片段分子质量为 76ku，通常称为 Klenow 片段，小片段的分子质量为 34ku。此酶的模板专一性和底物专一性均较差，它可以用人工合成的 RNA 作为模板，也可以用核苷酸为底物。在无模板和引物时还可以从头合成同聚物或异聚物。

DNA Pol I 在空间结构上近似球体，直径约 65Å。在酶的纵轴上有一个约 20Å 的深沟（cleft），带有正电荷，这是该酶的活性中心位置，在此位置上至少有 6 个结合位点：①模板 DNA 结合位点；②DNA 生长链或引物结合位点；③引物末端结合位点，用以专一引物或 DNA 生长链的 3′-OH；④脱氧核苷三磷酸结合位点；⑤5′→3′ 外切酶活性位点，用以结合生长链前方的 5′-端脱氧核苷酸并切除之；⑥3′→5′ 外切酶活性位点，用以结合和切除生长链上未配对的 3′-端核苷酸。

2. 大肠杆菌 DNA 聚合酶 II（DNA pol II）

DNA 聚合酶 I 缺陷的突变株仍能生存，这表明 DNA pol I 不是 DNA 复制的主要聚合酶。人们开始寻找另外的 DNA 聚合酶，并于 1970 年发现了 DNA pol II。此酶 M_W 为 120ku，每个细胞内约有 100 个酶分子，但活性只有 DNA pol I 的 5%。该酶的催化特性如下。

（1）聚合作用　该酶催化 DNA 的聚合，但是对模板有特殊的要求。该酶的最适模板是双链 DNA，而中间有空隙（gap）的单链 DNA 部分，而且该单链空隙部分不长于 100 个核苷酸。对于较长的单链 DNA 模板区该酶的聚合活性很低。但是用单链结合蛋白（SSBP）可以提高其聚合速率，可达原来的 50~100 倍。

（2）外切活性　该酶也具有 3′→5′ 外切酶活性，但无 5′→3′ 外切酶活性。

（3）底物选择性　该酶对作用底物的选择性较强，一般只能将 2-脱氧核苷酸掺入 DNA 链中。

（4）与复制的关系　该酶不是复制的主要聚合酶，因为此酶缺陷的大肠杆菌突变株的 DNA 复制都正常。可能在 DNA 的损伤修复中该酶起到一定的作用。

3. 大肠杆菌 DNA 聚合酶 III（DNA pol III）

DNA pol III 全酶由多种亚基组成，而且容易分解。大肠杆菌每个细胞中只有 10~20 个酶分子，因此不易获得纯品，为研究该酶的各种性质和功能带来了许多困难。现在对其性质和功能有所了解，但每个亚基的具体作用仍不十分清楚。尽管该酶在细胞内存在的数量较少，但催化脱氧核苷酸掺入 DNA 链的速率分别是 DNA 聚合酶 II 的 15 倍和 30 倍。该酶对模板的要求与 DNA 聚合酶 II 相同，最适模板也是链 DNA 中间有空隙的单链 DNA，单链结合蛋白可以提高该酶催化单链 DNA 模板的 DNA 聚合作用。DNA pol III 也有 3′→5′ 和 5′→3′ 外切酶活性，但是 3′→5′ 外切酶活性的最适底物是单链 DNA，只产生 5′-单核苷酸，不会产生二核苷酸，即每次只能从 3′ 端开始切除一个核苷酸。5′→3′ 外切酶活性也要求有单链 DNA 为起始作用底物，但一旦开始后，便可作用于双链区。DNA 聚合酶 III 是细胞内 DNA 复制所必需的酶，缺乏该酶的温度突变株在限制温度（non permissive temperature）内是不能生长的，此种突变株的裂解液也不能合成 DNA，但加入 DNA 聚合酶 III 则可以恢复其合成 DNA 的能力。

4. T4-DNA 聚合酶（T4-DNA pol）

近年来在枯草芽孢杆菌、鼠伤寒沙门杆菌等细胞及噬菌体 T4、T5、T7 中分离到 DNA 聚合酶，这里只介绍 T4 DNA 聚合酶。T4 DNA 聚合酶与大肠杆菌 DNA 聚合酶 I 相似，也是一条多肽链，分子质量亦相近，但氨基酸组成不同，它至少含有 15 个半胱氨酸残基。但是，它在作用上与大肠杆菌 DNA pol I 不同：①它无 5′→3′ 外切酶活性；②它需要一条有引物的单链 DNA 作模板。在有缺口的双链 DNA 作模板时，需要有基因 32 蛋白的辅助（基因 32 蛋白在 T4 DNA 复制中的作用和大肠杆菌单链结合蛋白的作用相似，基因 32 蛋白在复制叉处和单链 DNA 结合后可以促进双链的进一步打开，并保持其单链状态有利于新生链的合成）；它利用单链 DNA 为模板时，可同时利用它作为引物，即此单链 DNA 的 3′端能环绕其本身的某一顺序形成氢键配对，3′端的未杂交部分即被 T4 DNA 聚合酶的 3′→5′外切酶活性切去，然后在其作用下从 3′-OH 端开始聚合，合成该模板 DNA 的互补链，再以互补链为模板合成原来的单链 DNA。

5. Taq DNA 聚合酶

Taq DNA 聚合酶由一种水生栖热菌 yT1 株分离提取出，是发现的耐热 DNA 聚合酶中活性最高的一种，达 200000 单位/mg。具有 5′→3′外切酶活性，但不具有 3′→5′外切酶活性，因而在合成中对某些单核苷酸错配没有校正功能。

Taq DNA 聚合酶还要具有非模板依赖性活性，可将 PCR 双链产物的每一条链 3′加入单核苷酸尾，故可使 PCR 产物具有 3′突出的单 A 核苷酸尾；另一方面，在仅有 dTTP 存在时，它可将平端的质粒的 3′端加入单 T 核苷酸尾，产生 3′端突出的单 T 核苷酸尾。应用这一特性，可实现 PCR 产物的 T-A 克隆法。

6. Pfu DNA 聚合酶

Pfu DNA 聚合酶是从 *Pyrococcus furiosis* 中精制而成的高保真耐高温 DNA 聚合酶，它不具有 5′→3′外切酶活性，但具有 3′-5′外切酶活性，可校正 PCR 扩增过程中产生的错误，使产物的碱基错配率极低。PCR 产物为平端、无 3′端突出的单 A 核苷酸。

7. 反转录酶（reverse transcripatase）

反转录酶是以 RNA 为模板指导三磷酸脱氧核苷酸合成互补 DNA（cDNA）的酶。哺乳类 C 型病毒的反转录酶和鼠类 B 型病毒的反转录酶都是一条多肽链。鸟类 RNA 病毒的反转录酶则由两个亚基结构组成。真核生物中也都分离出具有不同结构的反转录酶。

二、DNA 克隆的载体

大多数外源 DNA 片段很难进入受体细胞，且不具备自我复制的能力。因此，在基因工程中要把外源目的基因引入宿主细胞进行复制、转录和表达，选择合适的载体是十分重要的。载体是可以插入核酸片段，能携带外源核酸进入宿主细胞，并在其中进行独立和稳定的自我复制的核酸分子。基因工程中广泛应用的载体多来自人工改造的细菌质粒、噬菌体或病毒核酸等。多数载体是 DNA 分子，但某些 RNA 分子也能用作载体。

理想的载体应具备以下几个条件：①在宿主细胞中能保存下来并能大量复制，且对受体细胞无害，不影响受体细胞正常的生命活动；②有多个限制酶切点，而且每种酶的切点最好只有一个，如大肠杆菌 pBR322 就有多种限制酶的单一识别位点，可适于多种限制酶切割的 DNA 插入；③含有复制起始位点，能够独立复制；通过复制进行基因扩增，否则可能会使重组 DNA 丢失；④有一定的标记基因，便于进行筛选。如大肠杆菌的 pBR322 质粒携带氨苄青霉素抗性基因和四环素抗性基因，就可以作为筛选的标记基因。一般来说，天然运载体往往不能满足上述要求，因此需要根据不同的目的和需要，对运载体进行人工改建。现在所使用的质粒载体几乎都是经过改建的；⑤载体 DNA 分子大小应合适，以便操作。

基因克隆的载体类型：质粒载体、噬菌体载体、柯斯质粒载体、噬菌粒载体等。

（一）质粒载体

质粒属于细菌，是小型环状 DNA 分子，在基因工程中作为最常用（图 11-2）、最简单的载体，必须包括三部分：遗传标记基因、复制区、目的基因。质粒在所有的细菌类群中都可发现，它们是独立于细菌染色体外自我复制的 DNA 分子。自然界中，质粒是在营养充足时出现的，它在结构、大小、复制方式，每个细菌的拷贝数，在不同的细菌体内的繁殖力，在菌种之间的转移力等方面都会变化，可能最重要的是质粒所携带的特征的改变。大多数原核生物的质粒是双链环状的 DNA 分子；但是无论是在革兰阳性菌还是阴性菌体内都可以发现线状质粒。质粒大小变化很大，可从几个到数百个 kb。质粒依靠宿主细胞提供的蛋白质进行复制，但也可以使宿主细胞获得质粒编码的功能。质粒复制可以与细菌的细胞周期同步，导致菌体内质粒的拷贝数较低，质粒复制也可独立于细胞周期，使每个菌体内扩增了成百上千个质粒拷贝。一些质粒在菌种间可自由地转移它们的 DNA 分子，另一些只转移质粒给同种细菌，而有些却根本不转移它们的 DNA。质粒带有具有许多功能的基因，这些功能包括对抗生素抗性、对诱变原的敏感性、对噬菌体的易感或抗性、产生限制酶、产生稀有的氨基酸和毒素、决定毒力、降解复杂有机分子，以及形成共生关系的能力和在生物界内转移 DNA 的能力。

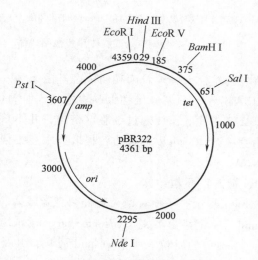

图 11-2　pBR322 质粒载体

（二）噬菌体载体

噬菌体主要有双链噬菌体和单链丝状噬菌体两大类。双链噬菌体为 λ 类噬菌体，单链丝状噬菌体有 M13、f1、fd 噬菌体。重组 DNA 技术中常用的噬菌体克隆载体主要有 λ 类噬菌体（图 11-3）和 M13 噬菌体。

构建 λ 噬菌体载体的基本原理是多余限制位点的删除，按照这一基本原理构建的 λ 噬菌体的派生载体，可以归纳成两种不同的类型：一种是插入型载体（insertion vectors），只具有一个可供外源 DNA 插入的克隆位点，另一种是替换型载体（replacement vectors），具有成对的克隆位点，在这两个位点之间的 λDNA 区段可以被外源插入的 DNA 片段所取代。

在基因克隆中的二者的用途不尽相同。插入型载体只能承受较小分子质量（一般在 10kb 以内）的外源 DNA 片段的插入，广泛应用于 cDNA 及小片段 DNA 的克隆。而替换型载体则可承受较大分子质量的外源 DNA 片段的插入，所以适用于克隆高等真核生物的染色体 DNA。

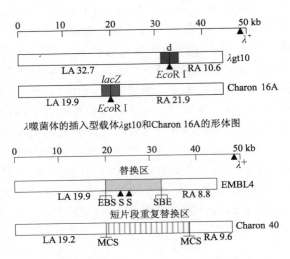

λ噬菌体的插入型载体λgt10和Charon 16A的形体图

λ噬菌体替换型载体λEMBL 4和Charon 40的形体图

图 11-3 λ 噬菌体插入型载体和替换型载体

M13 噬菌体是一类特异的雄性大肠埃希菌噬菌体，基因组为一长度为 6.4kb 的且彼此同源性很高的单链闭环 DNA 分子。只感染雄性大肠埃希菌，但 M13 噬菌体 DNA 可以经传导进入雌性大肠埃希菌。M13 子代噬菌体通过细胞壁挤出，并不杀死细菌，但细菌生长速度缓慢。该类噬菌体作为克隆载体，可以通过质粒提取技术在细菌培养物中获取。M13 噬菌体主要用于克隆单链 DNA。

（三）黏粒（cosmid、柯斯）质粒载体

1978 年由 Collins 和 Hohn 改建的一种新型大肠杆菌克隆载体，用正常的质粒与噬菌体 λ 的 cos 位点构成。"cosmid" 一词是由英文 "cos site-carrying plasmid" 缩写而成的，其原意是指带有黏性末端位点（cos）的质粒。所谓 cosmid 质粒，乃是一类由人工构建的含有 λDNA 的 cos 序列和质粒复制子的特殊类型的质粒载体（图 11-4）。

cosmid 载体的特点大体上可归纳成如下四个方面：

第一，具有 λ 噬菌体的特性。cosmid 质粒载体在克隆了合适长度的外源 DNA，并在体外被包装成噬菌体颗粒之后，可以高效地转导对 λ 噬菌体敏感的大肠杆菌寄主细胞。

第二，具有质粒载体的特性。cosmid 质粒载体具有质粒复制子，因此在寄主细胞内能够像质粒 DNA 一样进行复制，并且在氯霉素作用下，同样也会获得进一步的扩增。此外，柯斯质粒载体通常也都具有抗菌素抗性基因，可供作重组体分子表型选择标记。

第三，具有高容量的克隆能力。cosmid 质粒载体的分子仅具有一个复制起点，一两个选择记号和 cos 位点三个组成部分，其分子质量较小，一般只有 5~7kb。因此，cosmid 质粒载体的克隆极限可达 45kb 左右。

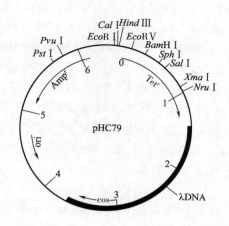

图 11-4　cosmid 质粒载体 pHC79 的形体图

第四，具有与同源序列的质粒进行重组的能力。一旦柯斯质粒与一种带有同源序列的质粒共存在同一个寄主细胞当中时，它们之间便会形成共合体。

（四）噬菌粒载体

噬菌粒是一类人工构建的含有单链噬菌体包装序列、复制子以及质粒复制子、克隆位点、标记基因的特殊类型的载体。它是包含了丝状噬菌体大间隔区域的质粒，是一种双链质粒，含噬菌体来源的复制子，在细菌的细胞中出现有辅助噬菌体的情况下，可被诱导成单链 DNA 噬菌粒同时具有噬菌体和质粒的特征，可以像噬菌体或质粒一样复制。它兼具丝状噬菌体与质粒载体的优点。

噬菌粒具有以下令人瞩目的特征：①双链 DNA 既稳定又高产，具有常规质粒的特征；②免除了将外缘 DNA 片段从质粒亚克隆于噬菌体载体这一繁琐又费时的步骤；③由于载体足够小，故可得到长达 10kb 的外源 DNA 区段的单链。

三、目的基因的获得

基因工程的目的就是外源基因的克隆与表达，因此，以一定的手段获得所要克隆的目的基因是极其重要的一部分。目的基因又称外源基因，即我们所要研究的感兴趣的基因。根据研究对象和研究目的的不同，目的基因可来自原核细胞或真核细胞，或者为经过人工改造的或人为设计的 DNA 序列。原核生物基因组较简单，较易获得目的基因。哺乳动物真核细胞基因组庞大复杂，可根据不同的要求选择适宜方法，从中获得目的基因，方法较多，主要可通过聚合酶链反应（polymerase chain reaction，PCR）、反转录-PCR（reverse transcription-PCR，RT-PCR）、人工合成、基因文库筛选等方法获得。

（一）PCR 方法获取目的基因

PCR 是根据碱基互补的原则来进行 DNA 扩增的。用 PCR 来获得目的基因，是依赖于与靶序列两端互补的寡核苷酸引物（即上游引物，下游引物）。通过 PCR 的变性—退火—延伸三个基本反应，在引物区间内的基因就能大量被复制，达到获取基因的目的（图 9-15）。

PCR 三个基本反应步骤构成：①模板 DNA 的变性：模板 DNA 经加热至 93℃ 左右一定时间，聚合酶链式反应后，使模板 DNA 双链或经 PCR 扩增形成的双链 DNA 解离，使之成为单链，以便它与引物结合，为下轮反应做准备；②模板 DNA 与引物的退火（复性）：模板 DNA 经加热变性成单链后，温度降至 55℃ 左右，引物与模板 DNA 单链的互补序列配对结合；③引物的延伸：DNA 模板——引物结合物在 Taq DNA 聚合酶的作用下，以 dNTP 为反应原料，靶序列为模板，按碱基配对与半保留复制原理，合成一条新的与模板 DNA 链互补的半保留复制链，重复循环"变性—退火—延伸"三个过程，就可获得更多的"半保留复制链"，而且这种新链又可成为下次循环的模板。每完成一个循环需 2~4min，2~3h 就能将待扩增目的基因扩增放大几百万倍。

（二）RT-PCR 法

逆转录 PCR，或者称反转录 PCR（reverse transcription-PCR，RT-PCR），是聚合酶链式反应（PCR）的一种广泛应用的变形。在 RT-PCR 中，一条 RNA 链被逆转录成为互补 DNA，再以此为模板通过 PCR 进行 DNA 扩增。

RT-PCR 的指数扩增是一种很灵敏的技术，可以检测很低拷贝数的 RNA。RT-PCR 广泛应用于遗传病的诊断，并且可以用于定量监测某种 RNA 的含量。

RT-PCR 的关键步骤是 RNA 的反转录，要求 RNA 模板为完整的且不含 DNA、蛋白质等杂质。常用的反转录酶有两种，即鸟类成髓细胞性白细胞病毒（avian myeloblastosis virus，AMV）反转录酶和莫罗尼鼠类白血病病毒（moloney murine leukemia virus，MMLV）反转录酶。

（三）基因文库筛选

基因文库（gene library）是指一种载体中理想地包含着某种生物体全部遗传信息的随机 DNA 片段总和。利用 DNA 重组技术把某种生物细胞的所有基因分区组装到载体（质粒或噬菌体）上，并随载体导入宿主细胞中进行克隆培养和保存，这种克隆群体就像图书馆的书库一样，里面保存着该生物全部遗传信息的文本，称为 DNA 文库。若需要哪一种基因，可随时从中抽取。比如用与目的基因互补的带标记的核酸探针可将目的基因从众多的基因中筛选并分离出来（图 11-5）。

按容纳的 DNA 性质分，可将基因文库分为基因组文库（genomic library）和 cDNA 文库（complementary DNA library）。基因组文库是指含有某种生物全部基因随机片段的重组 DNA 克隆群体。构建文库时，先提纯染色体 DNA，通过机械剪切或酶切使之成为一定大小的片段，然后与适当的载体（如 λ 噬菌体）DNA 连接，经体外包装后转染或转化宿主菌，得到一组含有不同 DNA 片段的重组子，含有目的基因片段的重组子可经带标记的探针与基因组文库杂交而筛选出来，用于进一步的研究。cDNA 文库是以特定的组织或细胞 mRNA 为模板，逆转录形成的互补 DNA（cDNA）与适当的载体（常用噬菌体或质粒载体）连接后转化受体菌形成重组 DNA 克隆群，这样包含着细胞全部 mRNA 信息的 cDNA 克隆集合称为该组织或细胞的 cDNA 文库。cDNA 文库特异地反映某种组织或细胞中，在特定发育阶段表达的蛋白质的编码基因，因此 cDNA 文库具有组织或细胞特异性。

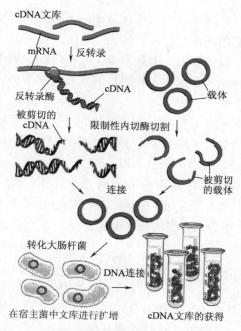

图 11-5　cDNA 文库和基因组文库构建的简图

　　cDNA 文库显然比基因组 DNA 文库小得多，能够比较容易地从中筛选克隆得到细胞特异表达的基因。但对真核细胞来说，从基因组 DNA 文库获得的基因与从 cDNA 文库获得的不同，基因组 DNA 文库所含的是带有内含子和外显子的基因组基因，而从 cDNA 文库中获得的是已经过剪接、去除了内含子的 cDNA。cDNA 文库在研究具体某类特定细胞中基因组的表达状态及表达基因的功能鉴定方面具有特殊的优势，从而使它在个体发育、细胞分化、细胞周期调控、细胞衰老和死亡调控等生命现象的研究中具有更为广泛的应用价值，是研究工作中最常使用到的基因文库。

（四）化学合成

　　化学合成法主要适用于已知核苷酸序列的、分子质量较小的目的基因的制备。主要有三种合成方法：磷酸二酯法、亚磷酸三酯法和寡核苷酸连接法。

　　磷酸二酯法的基本原理是，将两个分别在 5′-或 3′-末端带有适当保护基的脱氧单核苷酸连接起来，形成一个带有磷酸二酯键的脱氧二核苷酸。

　　DNA 合成所采用的出发原料是脱氧核苷酸或脱氧单核苷酸；它们都是多功能团的化合物。必须将不参加反应的基团用适当的保护基团选择性地保护起来。这样，具 5′保护的单核苷酸，便能够通过它的 3′-OH 同另一个具有 3′保护的单核苷酸的 5′-P 之间定向地形成一个二酯键，从而使它们缩合成两端均被保护的二核苷酸分子。实验中使用的各种不同的保护基团，有些可以通过酸处理移去，有些则可以用碱处理移去。一端脱保护的二核苷酸分子，如带 5′保护的二核苷酸分子，又能够同另一个带 3′保护的单核苷酸分子进行第二次缩合反应，形成一个三核苷酸分子。这样从缩合反应开始，到保护基团的消除，再进行新一轮缩合反应。如此反复进行多次，直到获得所需长度的寡聚脱氧核苷酸为止。

　　亚磷酸三酯法原理是将所要合成的寡聚核苷酸链的 3′-末端先以 3′-OH 与一个不溶性

载体，如多孔玻璃珠（CPG）连接，然后依次从 $3'{\to}5'$ 的方向将核苷酸单体加上去，所使用的核苷酸单体的活性官能团都是经过保护的。

化学合成寡聚核苷酸片段的能力一般局限于 $150{\sim}200bp$，而绝大多数基因的大小超过了这个范围，因此，需要将寡核苷酸适当连接组装成完整的基因。常用的基因组装方法主要有以下两种。

第一种方法是先将寡聚核苷酸激活，带上必要的 $5'$-磷酸基团，然后与相应的互补寡核苷酸片段退火，形成带有黏性末端的双链寡核苷酸片段，再用 T4 DNA 连接酶将它们彼此连接成一个完整的基团或基团的一个大片段。

第二种方法是将两条具有互补 $3'$ 末端的长的寡核苷酸片段彼此退火，所产生的单链 DNA 作为模板在大肠杆菌 DNA 聚合酶 Klenow 片段作用下，合成出相应的互补链，所形成的双链 DNA 片段，可经处理插入适当的载体上。

四、DNA 的体外重组

含有目的基因的 DNA 片段，即使进入宿主细胞内，仍然是不能进行复制和表达的。它必须同适当的能自我复制或表达序列的 DNA 分子载体（例如质粒、噬菌体或病毒载体）共价连接形成重组体之后，才能够通过转化或其他途径进入合适的寄主细胞内，从而使目的基因得以复制、转录和表达目的基因产物蛋白质。

利用 DNA 连接酶把载体 DNA 和要克隆的目的 DNA 片段连接在一起，成为一个完整的重组分子，这就是分子克隆中常说的连接反应。外源 DNA 片段和线状质粒载体的连接，也就是在双链 DNA $5'$磷酸和相邻的 $3'$羟基之间形成的新的共价链。如质粒载体的两条链都带 $5'$磷酸，可生成 4 个新的磷酸二酯键。但如果质粒 DNA 已去磷酸化，则能形成 2 个新的磷酸二酯链。在这种情况下产生的两个杂交体分子带有 2 个单链切口，当杂交分子导入感受态细胞后可被修复。相邻的 $5'$磷酸和 $3'$羟基间磷酸二酯键的形成可在体外由两种不同的 DNA 连接酶催化，这两种酶就是大肠杆菌 DNA 连接酶和 T4 噬菌体 DNA 连接酶。实际上在克隆用途中，T4 噬菌体 DNA 连接酶都是首选的用酶。这是因为在形成反应条件下，它就能有效地将平端 DNA 片段连接起来。

（一）黏性末端连接

1. 具有相同黏性末端的连接

由同一限制性核酸内切酶切割的不同 DNA 片段具有完全相同的末端。那么，当这样的两个 DNA 片段一起退火时，黏性末端单链间进行碱基配对，然后在 DNA 连接酶催化作用下形成共价结合的重组 DNA 分子（图 11-6）。

2. 具非同源的黏性末端的连接

当 DNA 片段两端为非同源的黏性末端时，可实现定向克隆，这时的连接效率非常高，是重组方案中最有效、简便的途径。

（二）平端连接

平端连接的优点是可用 T4 连接酶连接任何 DNA 平端，这对不同 DNA 分子的连接十分有利。因为除了相同或不同限制酶酶切产生的平末端分子外，含 $3'$-或 $5'$-突出的黏性末端也可以被补齐或削平，实现平端连接。

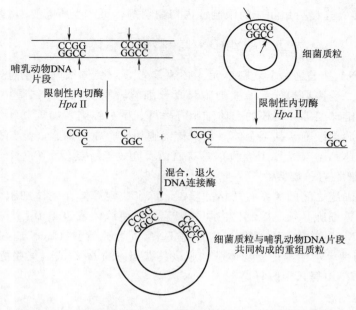

图 11-6　同一限制性核酸内切酶切割 DNA 黏性末端的连接

（三）同聚物加尾连接

同聚物加尾连接是利用同聚物序列，如多聚 A 与多聚 T 之间的退火作用完成连接的。在末端转移酶作用下，在 DNA 片段末端加上同聚物序列，制造出黏性末端，而后进行黏性末端连接（图 11-7）。

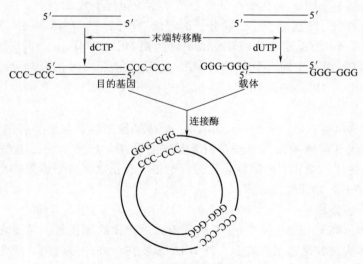

图 11-7　同聚物加尾连接法

（四）人工接头连接

对平末端 DNA 片段，可借助人工合成的接头来方便连接。所谓接头是人工合成的至少 8 个核苷酸长的一段回文序列。接头是平端，在磷酸化后通过 T4 DNA 连接酶可与大多数平端 DNA 连接。连接后用相应的限制性内切酶切割，可产生所需要的黏性末端。

五、重组 DNA 转移到细胞体内

重组载体 DNA 分子是一个复制单元，必须首先导入受体细胞，才能扩增，克隆的基因由此得以表达。受体细胞分为原核细胞和真核细胞。原核的受体细胞主要是大肠杆菌，还有枯草杆菌和链球菌等。真核的受体细胞有酵母、昆虫细胞、哺乳动物细胞。后者为组织培养细胞、胚胎干细胞，甚至个体。与真核细胞相比，原核细胞（尤其是大肠杆菌）作为基因工程的受体细胞（又称工程菌）具有简便、高效等特点。

（一）受体细胞的一般特性

载体与受体细胞之间的关系有严格的限制。除了决定载体在受体细胞内扩增的速度和拷贝数之外，受体细胞必须是限制性内切酶缺陷型，使载体或重组 DNA 在其内不被水解。为了确保外源 DNA 的特性，受体细胞应该是 DNA 重组缺陷型（Rec⁻）。此外，一些载体具有 lacZ 或抗药性等遗传标记，受体菌株应该具有相应的 lacZ⁻ 或对某些抗生素为敏感型。

（二）重组 DNA 导入大肠杆菌

1. 氯化钙转化法

E. coli 菌株经 $CaCl_2$ 处理后成为感受态（competent），能以较高的效率接受外源 DNA 进入细胞。质粒 DNA 进入细胞称为转化（transformation）。转化的基本方法是首先将对数生长期细胞悬浮在冰冷的 $CaCl_2$ 溶液中，经一定时间处理后，细胞表面的通透性增加，具备了感受态的特性。此时加入外源 DNA，在 42℃ 短暂培养（称为热休克），外源 DNA 进入感受态细胞。再将菌液涂布于完全培养基上培养，通过抗药性等方法筛选，得到的菌落称为转化子。

转化效率以每 $1\mu g$ DNA 转化受体细胞后所产生的转化子数来表示。它受到 DNA 构象、分子大小等因素影响。环状分子比线状分子的转化效率高。当 DNA 超过 15kb 时，转化效率将大大下降。*E. coli* 感受态细胞的转化效率可达到 $10^5 \sim 10^6$ pfu/μg 环状 DNA。通过其他一些方法，如 $CaCl_2$ 溶液中加入 DMSO，$CaCl_2$ 与 RbCl 联合使用，$CaCl_2$ 与 $MnCl_2$ 处理等，可以使效率达到 $10^7 \sim 10^8$ pfu/μg DNA。

2. 电击法

电击法也称为电穿孔法（electroporation）。受体细胞的制备与感受态细胞的制备相似，只是细胞离心后用低盐缓冲液充分洗涤后悬浮在甘油中。DNA 加入上述受体细胞悬浮液中，选择适当的电压、电容和电阻等参数进行电击。转化效率与细胞死亡率成反比。选择 50%~75% 死亡率时，转化效率最高。

3. 体外包装感染法

重组 λ 噬菌体和 cosmid 质粒的分子质量很大，转化效率很低，需要在试管中将重组 DNA 与 λ 噬菌体头部和尾部蛋白混合，使 DNA 包装在头外壳蛋白内，成为完整的噬菌体颗粒。然后依靠噬菌体颗粒感染受体 *E. coli*。这样，重组的 λ 噬菌体和 cosmid 质粒进入细胞的效率高于 $CaCl_2$ 转化方法。

（三）酵母细胞的转化

1. 原生质体转化

原生质体转化是酵母菌中常用的方法。首先用纤维素酶或蜗牛酶处理对数期的酵母细胞，除去部分细胞壁成为原生质体（spheroplast）。原生质体悬浮在含 Ca^{2+} 的缓冲液中，加入 PEG 和重组 DNA，DNA 将进入细胞，并可以整合到染色体中。

2. 完整细胞转化

对数期细胞经氯化锂或乙酸锂处理，成为感受态。重组 DNA 在 PEG、DMSO 和辅助 DNA（如小牛胸腺 DNA、鲑鱼精子 DNA）等存在下，经热休克可以进入细胞。在 28~30℃ 培养 2~3d 可以长出转化子，转化效率为 $10^3 \sim 10^4$ pfu/μg DNA。线状分子的转化效率高于环状分子。

（四）重组 DNA 导入哺乳动物细胞

外源 DNA 导入哺乳动物细胞的效率大大低于 *E. coli*，至今没有一种十分有效的方法。人们探索了各种方法，包括生物的、物理的和化学的方法。

1. DNA-磷酸钙共沉淀

形成 DNA 与磷酸钙的共沉淀物，黏附在哺乳动物细胞表面，通过细胞吞噬作用，使 DNA 进入细胞，并进入细胞核。DMSO 和丁酸钠都可以提高导入效率。该法导入的 DNA 还可在细胞内瞬时表达。

2. 脂质体介导

将 DNA 包含在脂质体中，通过脂质体被吞噬进入细胞内。

3. 细胞融合法

携带外源基因的供体细胞与作为受体的哺乳动物细胞，在 PEG 存在下融合，达到转移的目的。

4. 原生质体融合

一些对 DNA 内吞效率比较低的哺乳动物细胞，可采用原生质体融合实现 DNA 转移。重组 DNA 先在细菌细胞内扩增，然后用溶菌酶破壁，得到的细菌细胞原生质体与受体哺乳动物细胞混合，在 PEG 存在下，两类细胞混合，内含的 DNA 转移到哺乳动物细胞内，最后进入核内。

5. 电穿孔法

电穿孔法是对 DNA 与哺乳动物细胞混合物进行高压脉冲电场的作用，使细胞出现瞬间可逆性穿孔，从而使 DNA 导入细胞内。这种方法可用于瞬时表达的研究。

6. 显微注射法

用显微操作器把外源 DNA 准确地注入哺乳动物细胞中，特别是用于胚胎细胞的注射。尽管操作麻烦，DNA 导入细胞可以比较确定。

六、重组克隆细胞的筛选

基因克隆的最后一步是从转化细菌菌落中选含有阳性重组子的菌落，并鉴定重组子的正确性。通过细菌培养以及重组子的扩增，从而获得所需基因片段的大量拷贝。筛选（screening）是排除大量无关的克隆，获得和鉴定出某一细胞、菌落或噬菌体含有目的基因的过程。筛选方法通常分为直接筛选、间接筛选两大类。基因文库的筛选首先是进行直接筛选。直接筛选主要是借助遗传因子对重组子的表型进行筛选，得到的阳性克隆，再用间接筛选方法。间接筛选主要是对重组子 DNA 序列或其蛋白质产物的鉴定。

（一）直接筛选——遗传学筛选法

直接筛选法是根据受体细胞接受外源基因后引起一些表型的获得或缺失而进行的。主要有抗药性、菌落的显色反应、营养缺陷型标记等。

1. 插入失活

外源 DNA 插入载体分子内引起抗药性基因失活。例如 pBR322 的 Pst Ⅰ 位点插入外源 DNA，引起质粒抗氨苄青霉素活性失活；在 Hind Ⅲ，Bam HI 和 Sal Ⅰ 位点插入外源 DNA，引起抗四环素能力的丧失。pBR322 的 EcoR Ⅰ 位点插入外源 DNA，引起抗氨苄青霉素活性失活。在外源基因插入前与插入后，受体细胞在含抗生素的琼脂平板上表型不同。

2. 菌落的显色反应

载体质粒 pUC 和 pGEM 以及 M13 噬菌体系列等都携带有一部分 lacZ 基因，即编码 β-半乳苷酶的一段 146aa 的 α 肽。受体细胞本身不表达 α 肽。当这些空载体导入合适的受体细胞后，可表达 α 肽。因此，在细胞内 α 肽互补，形成有活性的酶。在含有显色底物 X-gal 的平板上，有诱导剂 IPTG 存在下，平板上就会形成深蓝色的菌落或噬菌斑。当外源基因插入载体的 lacZ 基因内，使 lacZ 基因失活，不能表达 α 肽，则阳性重组体在同样的平板上形成无色菌落或噬菌斑。lacZ 基因的显色反应实际上也是插入失活的一种类型。

3. 插入表达法

与插入失活的情况相反，有些载体在筛选标记基因前含有一段负调控序列，负调控序列的正常活性使它控制的下游标记基因不能表达。当外源基因插入该负调控序列时，下游的标记基因才能表达。

4. 营养缺陷型筛选标记

营养缺陷型基因，如 Leu⁻，His⁻ 等广泛用于重组 DNA 的筛选。例如，一种亮氨酸合成酶缺失的受体菌株，在无 Leu 的培养基上不能生长。当一个重组载体含有这种酶的正常基因，转化该受体菌后，就能在不含 Leu 的培养基上生长。营养缺陷型的运用可以加速筛选的进程。

5. 噬菌斑形成筛选法

噬菌斑形成的能力常常作为筛选的标记或压力。λ 噬菌体生物学研究指出，DNA 长度在它野生型 DNA 长度的 75%~105% 范围内时，才能有效地包装成噬菌体颗粒。重组 DNA 在这一长度范围内才能形成有生物活性的噬菌体颗粒。重组 DNA 的长度如小于或大于这一范围，则都没有体外包装的活性，从而可以减少非重组子，达到初步筛选的目的。

6. 遗传互补法

载体上的营养代谢标记可以对受体细胞的营养代谢缺陷进行互补。这种互补作用可以成为筛选重组子的标记。例如，二氢叶酸还原酶（Dhfr）在真核细胞的核苷酸合成中起重要作用，它催化四氢叶酸合成胸腺嘧啶。Dhfr⁻ 的受体细胞（如 CHO 突变株），由于不能合成四氢叶酶，培养基中如不供给胸腺嘧啶就会死亡。但如果将 dhfr 基因由载体导入 dhfr 缺陷的细胞（dhfr⁻），则细胞能合成四氢叶酸，胸腺嘧啶也能顺利合成，因而能在无胸腺嘧啶供应的培养基中存活。未能转入 dhfr 基因的细胞就死亡，从而筛选得到阳性克隆。

（二）间接筛选

间接筛选主要在 DNA 和蛋白质水平上，检测目的基因的存在或其表达产物的存在。

1. 根据质粒大小和酶切图谱进行检测

整个鉴定在琼脂糖凝胶电泳上进行。DNA 片段的大小可根据迁移率来判断，用标准分子质量片段作标记来判定 DNA 片段的大小。琼脂糖凝胶电泳鉴定时务必有非重组的载体 DNA 作对照。

2. 分子杂交检测法

分子杂交（molecular hybridization）是指单链核酸分子（DNA 或 RNA）在特定条件下与另一互补核酸链形成稳定双链的过程。影响杂交方法的灵敏度和准确性的因素，主要有核酸分子探针的长度及碱基组成、杂交反应的温度与时间、杂交液的离子强度和有机物的溶解浓度、探针使用的浓度及碱基错配的程度等。杂交方法具有高灵敏度、快速及方便的特点。实验不需要复杂的设备和昂贵的物品。

分子杂交检测法包括菌落或噬菌斑的原位杂交（图 11-8）、Southern 杂交、Northern 杂交等，方法在不断发展、进步。分子杂交的检测有放射性标记法和非放射性标记法两类。

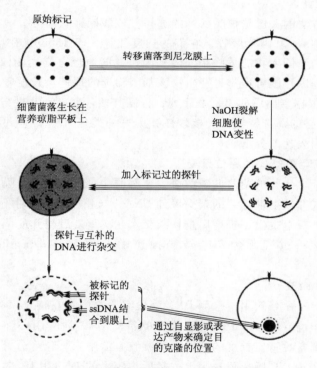

图 11-8　原位杂交法筛选 DNA 重组体图解

3. PCR

由于外源基因插入载体内的位点是已知的，利用插入位点两侧的载体序列，设计上游、下游的一对引物，对重组子 DNA 进行 PCR 扩增。或者设计合适的探针，直接用细胞 DNA 作为模板进行 PCR 扩增。阳性的 PCR 扩增产物应含有目的基因片段，反之则无目的基因片段。通过凝胶电泳及限制性内切酶酶切分析，即可判断克隆是否成功。

4. DNA 测序分析

DNA 测序是验证外源基因是否存在的最确凿证据。外源基因筛选中经过上述各种方法检测之后，最终仍要通过 DNA 测序来验证外源基因的存在和正确与否。即使 PCR 方法证实为阳性的克隆也需进一步验证，因为 PCR 受到酶、引物、缓冲液、反应循环的温度等因素的影响。

5. 基因组（YAC）文库的筛选

人类基因组全部 DNA 的 YAC 文库储存在 240 块 96 孔板中。每个孔含有一个重组的 YAC 克隆。在筛选时，每 4 块板为一组，从储存主板中复制到新的 96 孔板上培养，扩增酵母菌克隆，再将克隆转移到 NC 膜或尼龙膜上。全部基因组有 60 张硝酸纤维素膜（NC）。每张 NC 膜上有 384 个克隆，构成一个克隆池（pool）。每 3~5 个克隆池再汇聚成一个更大的克隆池。筛选可以用 PCR 扩增法或探针杂交法。先在大的克隆池中进行筛选。如大克隆池的 DNA 有阳性信号，再对组成大克隆池的 4 个克隆池进行检测。逐级检测，逐步缩小检测的范围，最终从相对应的 96 孔板的位置中找到阳性克隆。

（三）杂交的探针

分子杂交筛选方法的关键是核酸探针的选择。核酸探针有两类，一类是 DNA，其中长度较大的探针有 cDNA、基因片段等，它们的长度往往大于 150bp。DNA 探针又分为同源探针和非同源探针。不同生物的某些相同的基因，其同源性可高达 80%~90% 及以上，因此某一物种的已知基因片段可作为另一生物该基因筛选的探针。长度较短的探针，主要是人工合成的 DNA，根据蛋白质的氨基酸序列，推测其核苷酸序列并进行化学合成。一般认为 20bp 探针已有足够的筛选特异性。核酸探针中另一类是 RNA，它并不用于基因文库的筛选，而是用于基因表达的分析。

（四）菌落（或噬菌斑）的原位杂交

涂布在琼脂平板上生长的菌落或噬菌斑，全都原位地转移到 NC 膜或尼龙膜上，经固定处理后，放射性或非放射性标记的杂交探针 DNA，与膜在一定条件下杂交，阳性菌落和噬菌斑从原有琼脂平板上挑出，扩增后重新杂交。几次重复后得到的阳性克隆为含有重组 DNA 的转化子。这一过程称为菌落或噬菌斑的原位杂交 [in situ colony (plaque) hybridization]。

（五）Southern 杂交

以发明者 Southern 命名的用于检测 DNA 片段混合物中存在特定序列的技术。Southern 杂交又称 Southern 印迹（Southern blot）。检验的目的 DNA 通常用一种或一种以上的限制性内切酶酶切，得到各种特定长度的片段，在凝胶电泳中依其长度分开成条带。凝胶中的 DNA 片段原位地转移到 NC 膜或尼龙膜上。然后，膜上的 DNA 片段与标记的探针 DNA 进行杂交，已杂交的 DNA 片段可用标记的探针进行放射性或显色反应定位。阳性片段的存在表示在原先大片段 DNA 或 DNA 片段混合物中，存在与探针同源的序列。Southern 杂交的结果用于检测目的序列在 DNA 中的存在和定位（图 11-9）。

（六）Northern 杂交

Northern 杂交又称 Northern blot，从真核生物的特定组织或发育阶段的细胞分离出全部 RNA 或 mRNA，用变性凝胶电泳分离后转移到 NC 膜上。用变性合适的探针的 DNA 对 NC 膜上的 RNA（mRNA）进行杂交。从显影或显色反应判断阳性杂交的存在。阳性表明该

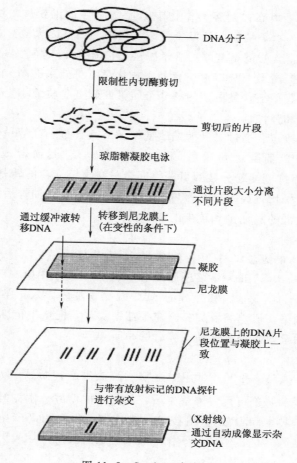

图 11-9 Southern 杂交

RNA（或 mRNA）能与探针进行杂交。Northern 杂交表明在特定细胞中与探针同源的 mRNA 序列是否存在或表达。因此 Northern 杂交可以判断特定细胞或组织内是否有某一特定基因的表达，它主要用于鉴定基因的表达及表达的量。

第三节　重组 DNA 技术的应用

一、在食品发酵工业中的应用

在过去 20 年间，现代生物技术已形成一个快速发展的产业。DNA 重组技术已经为人类提供了大量产业化的商品、应用在改进和提高农作物的质量和产量、食品加工、食品品质改良，改善风味、保鲜及延长货架期等方面。

（一）食品品质的改善

1. 营养品质的改良

蛋白质是人类不可缺少的营养素之一。采用转基因的方法，生产具有合理营养价值的食品，让人们只需吃较少的食品，就可以满足营养需求。例如，豆类植物中蛋氨酸的含量很低，但赖氨酸的含量很高；而谷类作物中的蛋白质含量正相反，通过 DNA 重组技术，可将谷类植物基因导入豆类植物，开发蛋氨酸含量高的转基因大豆。如农业生物学家把玉米种子中克隆得到的富含必需氨基酸的玉米醇溶蛋白基因导入马铃薯中，使转基因马铃薯块茎中的必需氨基酸提高了 10% 以上。食品生物化学家将外来的高分子质量面筋蛋白基因导入一普通小麦中，获得了含量更多的高分子质量面筋蛋白质的小麦，这样的小麦面筋蛋白具有良好的延伸性和弹性。

对碳水化合物的改进，通过对其酶的改变来调节其含量。高等植物体中涉及淀粉合成的酶类主要有：ADPP 葡萄糖焦磷酸酶（ADP-GPP）、淀粉合成酶（SS）和分枝酶（BE）。通过反义基因抑制淀粉分枝酶可获得完全只含直链淀粉的转基因马铃薯。Monsanto 公司开发了淀粉含量平均提高了 20%~30% 的转基因马铃薯。油炸后的产品更具马铃薯风味、更好的构质、较低的吸油量和较少的油味。

2. 保鲜性能

用 DNA 重组技术的方法将 ACC（ACC 是 1-氨基环丙烷-1-羧酸的简写，英文是 1-aminocyclopropane-1-carboxylic acid）还原酶和 ACC 氧化酶 [ACC 氧化酶（ACO）是乙烯生物合成的关键酶] 的反义基因和外源的 ACC 脱氨酶基因导入正常植株中，获得乙烯缺陷型植株，达到控制果实成熟的目的，已在番茄中实现。把鱼中抗冻蛋白基因整合植入蔬菜和水果中时，可明显改善果蔬食品冷冻后的品质。

（二）提高产量

目前维生素类 V_C、V_{B_2} 和 $V_{B_{12}}$ 可用微生物发酵法生产，而且 V_C、V_{B_2} 已能用基因工程菌生产。食用糖醇类甜味剂可用发酵法生产，如阿拉伯糖醇、木糖醇、甘露糖醇和赤藓糖醇等。利用细胞融合技术和 DNA 重组技术，选育出了生产用高产菌株，如谷氨酸、苏氨酸、苯丙氨酸、色氨酸等优良菌种，不仅产量高，而且发酵周期大大缩短。

（三）改善工艺

双乙酰是影响啤酒风味的重要物质，其含量超过一定阈值时，会产生馊酸味，严重破坏啤酒风味与品质。利用转基因技术将外源 α-乙酰乳酸脱羧酶基因导入啤酒酵母细胞，并使其表达，是降低啤酒中双乙酰含量的有效途径。DNA 重组技术还可以将霉菌的淀粉酶基因转入，并将此基因进一步转入酵母细胞中，使之直接利用淀粉生产酒精，省掉高压蒸煮工序，可节省约 60% 的能源，生产周期大为缩短。科学家将根霉的葡萄糖淀粉酶基因导入酿酒酵母细胞内，使酵母可直接利用淀粉生产酒精成为可能。

（四）保健食品和食品疫苗

2002 年，中国农科院生物技术研究所已通过重组 DNA 技术选育出具有抗肝炎功能的番茄。这种番茄被人食用后，可以产生类似乙肝疫苗的预防效果。

食品疫苗就是将致病微生物的有关蛋白（抗原）基因，通过转基因技术导入植物受体中，得以表达，成为能够抵抗相关疾病的疫苗。已获成功的有狂犬病病毒、乙肝表面抗原、链球菌突变株表面蛋白等 10 多种转基因马铃薯、香蕉、番茄的食品疫苗。口服不耐热肠毒素转基因马铃薯后即可产生相应抗体。

二、生物材料新品种的获得

科学家们在利用基因工程技术改良农作物方面已取得重大进展。20 世纪 50~60

年代，由于杂交品种推广、化肥使用量增加以及灌溉面积的扩大，农作物产量成倍提高。但一些研究人员认为，这些方法目前已很难再使农作物产量有进一步的大幅度提高。

　　基因工程在农牧业生产上的应用主要是培育高产、优质或具有特殊用途的动植物新品种。基因工程在农业方面的应用主要表现在两个方面。首先，是通过基因工程技术获得高产、稳产和具有优良品质的农作物。例如，用基因工程的方法可以改善粮食作物的蛋白质含量。其次，是用基因工程的方法加快农作物新品种的培育。基因技术的突破使科学家们得以用传统育种专家难以想象的方式改良农作物。例如，基因技术可以使农作物自己释放出杀虫剂，可以使农作物种植在旱地或盐碱地上，或者生产出营养更丰富的食品。科学家们还在开发可以生产出能够防病的疫苗和可加工为食品的农作物。

　　基因技术也使开发农作物新品种的时间大为缩短。利用传统的育种方法，需要七、八年时间才能培育出一个新的植物品种，基因工程技术使研究人员可以将任何一种基因注入一种植物中，从而培育出一种全新的农作物品种，时间则缩短一半。

　　基因工程在畜牧养殖业上的应用也具有广阔的前景，科学家将某些特定基因与病毒 DNA 构成重组 DNA，然后通过感染或显微注射技术将重组 DNA 转移到动物受精卵中。由这种受精卵发育成的动物可以获得人们所需要的各种优良品质，如具有抗病能力、高产仔率、高产奶率和高质量的皮毛等。

　　加快农作物新品种的培育也是很多国家发展生物技术的一个共同目标，我国的农业生物技术的研究与应用已经广泛开展，并已取得显著效益。

三、工程化微生物用于环境工程

　　基因工程的方法可以用于环境监测，还可以用于被污染环境的净化。利用基因工程可获得同时能分解多种有毒物质的新型菌种。例如，1975 年，有人把降解芳烃、萜烃和多环芳烃的质粒转移到能降解烃的 *Pseudomona* ssp.（一种假单胞菌）内，结果获得了能同时降解四种烃类的"超级菌"，它能把原油中约三分之二的烃分解掉。这种新型"工程菌"在环境保护方面有很大的潜力。据报道，利用自然菌种分解海上浮油要花费一年以上的时间，而这种"超级菌"却只要几个小时就够了。

　　此外，在菌肥和微生物杀虫剂方面，基因工程相关技术也被广泛应用。微生物杀虫剂与化学杀虫剂相比较，其目标特异性更强，更不易产生抗性物种，而且更不易导致环境破坏，因为大多数微生物在环境中很快被瓦解。在细菌、真菌杀虫剂中，代表性的生物杀虫剂苏云金芽孢杆菌（BT 菌），以苏云金芽孢杆菌为宿主，经过可调控表达载体的构建，将带有强启动序列和含有融合蛋白基因的鹅膏菌肽类毒素蛋白基因整合到 Bt 菌 DNA 上稳定遗传，构建产生鹅膏菌肽类毒素蛋白和 Bt 蛋白的基因工程菌，经发酵生产制备双效杀虫剂。对鳞翅目、双翅目与鞘翅目的幼虫杀虫率为 90%~96%，该菌剂为绿色农药，无残留，对人、畜安全，有利于保护生态环境。

四、基因治疗与遗传性疾病的基因诊断

（一）基因治疗

基因作为机体内的遗传单位，不仅可以决定人体的相貌、高矮等表观现象，而且基因的异常变化将会不可避免地导致各种疾病。可以说，人体的绝大多数重要疾病都是由外界环境因子与集体本身基因相互作用所致，比如遗传病、肿瘤、高血压、糖尿病等都与基因的改变相关；甚至由病原体引起的传染病，也因为机体基因的不同，存在着易感人群和耐受人群。目前，医学界对其中的许多疾病都不能根治。于是，人们将目光聚焦到了直接在基因水平上对机体进行治疗。

基因治疗是指通过基因水平的操纵，即在特定靶细胞中表达该细胞本来不表达的基因，或采用特定方式关闭、抑制异常表达基因，或重建正常的基因表达调控系统等方法，以达到治疗或预防疾病的目的的治疗方法。

按照操作对象不同，基因治疗可分为体细胞基因治疗（somatic cell gene therapy）和生殖细胞基因治疗（germ cell gene therapy）。

按照改变基因的目的，基因治疗可分为治疗性基因治疗（treatment gene therapy）和增强型基因治疗（enhancement gene therapy）。

按照诊疗范围是否有肿瘤，基因治疗又可分为肿瘤性基因治疗和非肿瘤性基因治疗。

基因治疗的主要步骤包括：①克隆治疗基因；②选择合适的靶细胞；③通过基因转移系统将治疗基因导入靶细胞；④目的基因在受体细胞内的有效表达。

（二）基因诊断

基因诊断又称为 DNA 诊断或分子诊断，通过分子生物学和分子遗传学的技术，直接检测出分子结构水平和表达水平是否异常，从而对疾病做出判断。

基因诊断可分为两类，如下所述。

一类是基因直接诊断：直接检查致病基因本身的异常。它通常使用基因本身或紧邻的 DNA 序列作为探针，或通过 PCR 扩增产物，以探查基因有无突变、缺失等异常及其性质，这称为直接基因诊断，它适用已知基因异常的疾病。

另一类是基因间接诊断：当致病基因虽然已知但其异常尚属未知时，或致病基因本身尚属未知时，也可以通过对受检者及其家系进行连锁分析，以推断前者是否获得了带有致病基因的染色体。连锁分析是基于紧密连锁的基因或遗传标记通常一起传给子代，因而考察相邻 DNA 是否传递给了子代，可以间接地判断致病基因是否传递给子代。连锁分析多使用基因组中广泛存在的各种 DNA 多态性位点，特别是基因突变部位或紧邻的多态性位点作为标记。RFLP、VNTR、SSCP、AMP-FLP 等技术均可用于连锁分析。

核酸分子杂交是基因诊断最基本的方法之一。基因诊断技术的基本原理是：互补的 DNA 单链能够在一定条件下结合成双链，即能够进行杂交。这种结合是特异的，即严格按照碱基互补的原则进行，它不仅能在 DNA 和 DNA 之间进行，也能在 DNA 和 RNA 之间进行。因此，当用一段已知基因的核酸序列做出探针，与变性后的单链基因组 DNA 接触时，如果两者的碱基完全配对，它们即互补地结合成双链，从而表明被测基因组 DNA 中含有已知的基因序列。由此可见，进行基因检测有两个必要条件：一是必需的特异的 DNA 探针；二是必需的基因组 DNA。当两者都变性呈单链状态时，就能进行分子杂交。

遗传病的基因诊断举例如下所示。

1. 基因缺失型遗传的诊断

（1）α 地中海贫血（简称"地贫"）的基因诊断　α 地贫主要是由于基因缺失引起的，缺失的基因可以有 1~4 个。正常基因组用 *Bam* H Ⅰ 切割，可以得到一个 14kb 的片段，而缺失一个 α 基因时切点向 5′端移位，得到一条 10kb 的片段。因此，当用 α 基因探针与基因组 DNA 进行 Southern 杂交时，在 α 地贫 2 可见一条 14kb 和一条 10kb 的带，在正常人可见一条双份的 14kb 的带，而在 α 地贫 1 则见一条单拷贝的 14kb 带，血红蛋白 H 病时只有一条 10kb 的带，而在 Barts 水肿胎时，则无任何杂交带。

一种较简便的方法是直接用 α 探针进行斑点杂交，自显影后根据斑点深浅的不同也可以对 α 地贫做出诊断。更为简单的方法是 PCR 诊断，即在 α 基因缺失范围内设计一对引物，然后 PCR 扩增胎儿的 DNA，如为 Barts 水肿胎，则无扩增产物，电泳后无任何带纹，从而可建议进行人工流产，但此法不能诊断其他类型的地贫（除非另设计引物用作 PCR）。

（2）DMD/BMD 的缺失型诊断　DMD/BMD 是一种 X 连锁隐性遗传的神经肌肉系统受累的致死性遗传病。DMD/BMD 有 70% 左右为缺失型。此基因很大，缺失可发生在不同部位，因此应尽可能采用多对引物做 PCR 扩增（多重 PCR）来检测。如扩增产物电泳后发现有带纹的缺失，即可做出诊断并对缺失定位，在进行产前诊断时，一般可先通过检测家系中有关成员，即确定先证者的缺失区，然后有针对性地做 PCR 扩增，包括缺失部分的两端，以判断胎儿或有关患儿是否也获得了相同的基因缺失，但非缺失型不能用此法查出。

2. 点突变型遗传病的基因诊断

镰状细胞性贫血的基因诊断：已知突变基因是编码 β 珠蛋白链的第 6 位密码子由 GAG 变为 GTG，从而使缬氨酸取代了甘氨酸，因此可用如下方法进行诊断。

（1）RFLP 诊断　已知限制酶 *Mst* Ⅱ切割的识别顺序是 CCTNAGG，它能切割正常 β 链中 CCTGAGG 序列，但不能切割突变了的 CCTGTGG（A→T）。这样，由于突变消除了一个切点，使内切酶长度片段发生了改变，通过电泳，就可以区别正常的 βA 和 βS（图 11-10）。

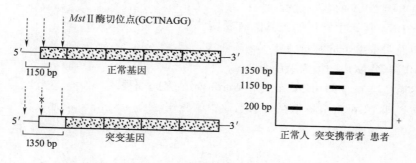

图 11-10　镰状红细胞贫血患者基因组的限制性酶切分析

（2）ASO 探针诊断　由于突变部位和性质已完全明了，也可以合成寡核苷酸探针，用^{32}P 标化来进行诊断。此时需要合成两种探针，一种与正常 βA 基因序列完全一致，能与之稳定地杂交；另一种与突变基因序列一致，能与 βS 基因稳定杂交，但不能与正常的 βA

基因杂交。根据杂交结果，就可以把发生了突变的 βS 基因检测出来。

PCR 技术问世以来，ASO 诊断又有新的改进，即先用 PCR 扩增长约 110bp 的基因片段，然后再与 ASO 探针杂交。这样可减少目的基因 DNA 用量，并降低与基因组 DNA 杂交时的非特异性信号。

3. 基因异常不明的遗传病的诊断

成年型多囊肾病（adult polycystic kidney disease，APKD）是一种常染色体显性遗传病，发病率高，约 1000 人中有 1 名致病基因的携带者，起病较晚，多在 30 岁以后，主要为肾和肝中出现多发性囊肿，临床表现为腰疼、蛋白尿、血尿、高血压、肾盂肾炎、肾结石等，最终可导致肾功能衰竭和尿毒症。本病基因定位在 16p13，与 α 珠蛋白基因 3′端相邻，但致病基因尚未克隆，基因产物的生化性质和疾病发病机理也尚未阐明。因此，只能用连锁分析来进行基因的发病前诊断和产前诊断。由于通过家系分析，已证实 APKD 的致病基因与 α 珠蛋白基因 3′端附近的一段小卫星 DNA 序列即 3′HVR（3′ hypervariable region）紧密连锁，而后者在人群中具有高度多态性，因此可以通过 RFLP 连锁分析进行诊断。

小　结

20 世纪 50 年代，DNA 双螺旋结构被阐明，揭开了生命科学的新篇章，开创了科学技术的新时代。随后，遗传的分子机理——DNA 复制、遗传密码、遗传信息传递的中心法则、作为遗传的基本单位和细胞工程蓝图的基因以及基因表达的调控相继被认识。DNA 重组技术得到了迅速的发展和广泛的应用。本章重点介绍了 DNA 重组技术的基本理论和技术原理，DNA 重组技术中的工具酶的特点，载体的种类及特性，目标基因获得的方法，DNA 体外重组的方法，转化子的筛选方法及常用的分子杂交的方法，简要介绍了 DNA 重组技术在食品发酵、生物材料、环境保护、医学诊断及基因治疗等方面的应用。

思考题

1. 简述重组 DNA 的基本过程。
2. 重组 DNA 技术中常用的工具酶有哪些？
3. 举例说明重组子的筛选方法。
4. 影响限制酶酶切的因素有哪些？
5. 简述原位杂交、Southern 杂交和 Northern 杂交的原理。
6. 举例说明 DNA 重组技术在食品工业中的应用。

附录　常见的生物化学基本概念

第一章　蛋白质

蛋白质：由 L 型 α-氨基酸（20 种编码氨基酸）通过肽键构成并具有稳定的构象和生物学功能的一类复杂高分子含氮化合物。

α-氨基酸：是在 α-碳原子上含有一个碱性氨基（—NH_2）和一个酸性羧基（—COOH）的有机化合物（脯氨酸为 α-亚氨基酸）。氨基酸是蛋白质的构件分子。

构型：一个有机分子中各个原子特有的固定的空间排列。在立体化学中，因分子中存在不对称中心而产生的异构体中的原子或取代基团的空间排列关系。有 D 型和 L 型两种。构型的改变要有共价键的断裂和重新组成，从而导致光学活性的变化。

构象：分子中由于共价单键的旋转所表现出的原子或基团的不同空间排列。指一组结构而不是指单个可分离的立体化学形式。构象的改变不涉及共价键的断裂和重新组成，也无光学活性的变化。

必需氨基酸：指人（或其他脊椎动物）生长发育所必需的，但自身不能合成或者合成的量不足，必须由食物中供给的氨基酸。人体必需氨基酸有苯丙氨酸、甲硫氨酸（蛋氨酸）、赖氨酸、苏氨酸、色氨酸、亮氨酸、异亮氨酸、缬氨酸 8 种。

非必需氨基酸：指人（或其他脊椎动物）生长发育所必需的，自身能合成，不需要依赖食物中供给的氨基酸。

半必需氨基酸：组氨酸，精氨酸（内源性合成不足，代谢障碍或婴幼儿生长期）。

非蛋白质氨基酸：除组成蛋白质的氨基酸外，迄今发现 150 余种非蛋白质氨基酸，例如鸟氨酸、瓜氨酸、γ-氨基丁酸，这些非蛋白质氨基酸有些是代谢中间产物，有些是结构成分等。

两性（酸碱性）离子：两性离子是指在同一分子中，既有能放出质子的基团，又有能接受质子的基团。

两性解离：氨基酸分子中的羧基、氨基及侧链基团均可解离，在一定的 pH 条件下，这些基团能解离为带电基团从而使氨基酸带电：在酸性环境中各碱性基团与质子结合，使氨基酸带正电荷；在碱性环境中酸性基团解离出质子，与环境中的 OH^- 结合成水，使氨基酸带负电荷。

氨基酸的等电点：当调节氨基酸溶液的 pH，使氨基酸分子中可放出质子基团与可接受质子基团的解离度完全相等，氨基酸处于兼性离子状态，所带静电荷为零，在电场中既不向阴极移动也不向阳极移动，此时氨基酸所处溶液的 pH 称为该氨基酸的等电点，用 pI 表示。不同氨基酸有不同等电点。

茚三酮反应：在弱酸性沸热溶液中，氨基酸发生复杂的氧化还原反应，氧化脱氨脱羧生成醛、氨和二氧化碳；同时茚三酮被还原为还原茚三酮，并与氨和水合茚三酮反应生成蓝紫色物质（与脯氨酸及羟脯氨酸反应生成黄色）的反应。

肽键：一个氨基酸的 α-羧基和另一个氨基酸分子的 α-氨基缩合失去水而形成的酰胺键，是稳定多肽及蛋白质一级结构的化学键。

肽：是一个氨基酸的 α-羧基和另一个氨基酸分子的 α-氨基之间脱去一分子水而通过肽键连接成的化合物。由两个氨基酸以肽键连接而成的化合物称为二肽，由三个氨基酸以肽键连接而成的肽称为三肽，其余类推；由多个氨基酸通过肽键相连而成的化合物称为多肽。

肽链：因多肽分子呈链状结构，故称为肽链。

蛋白质一级结构：一级结构又称初级结构或基本化学结构，它主要是指蛋白质分子中氨基酸的排列顺序，还包括末端氨基酸残基的种类、多肽链的连接方式、链内和链间二硫键的位置、蛋白质分子中多肽链的数目。

氨基酸残基：由于每形成一个肽键时都要脱去一分子水，因而多肽链中每一个氨基酸单位都不再是一个完整的氨基酸分子，称之为氨基酸残基。

蛋白质的 N-末端：蛋白质多肽链含有自由氨基的一端，书写用 H 表示。

蛋白质的 C-末端：蛋白质多肽链含有自由羧基的一端，书写用 OH 表示。

肽单位：肽键是构成蛋白质分子的基本化学键，肽键与相邻的两个 α 碳原子所组成的基团，称为肽单位或肽平面。多肽链是由许多重复的肽单位连接而成，它们构成肽链的主链骨架。

氢键：本质上是一种静电引力。多肽主链上的羰基是理想的受氢体，而亚氨基是理想的供氢体。

疏水作用：也称为疏水键，是非极性基团为了避开极性环境而聚集到一起的作用力（8 种疏水性氨基酸多在球状蛋白质内部）。

范德华力：偶极之间的静电相互作用。极-极（永久-永久）、极-非极（永久-诱导）、非极-非极（诱导-诱导）。

盐键：又称离子键，是正负离子之间的静电引力所形成的化学键。酸性氨基酸（+）、碱性氨基酸（−）。

二硫键：两个 Cys-SH 之间形成的共价键。二硫键于空间结构之后形成，不指导肽链的折叠，起稳定空间构象的作用。

配位键：特殊的共价键，由某个原子单方面提供共用电子对。结合蛋白的金属离子往往以配位键与蛋白质连接。

蛋白质二级结构：蛋白质的二级结构是指多肽链的主链骨架借助氢键而维持固定，有规律地卷曲折叠，形成沿一维方向具有周期性结构的空间构象。二级结构是以肽平面为基本结构单位，有规则盘曲而形成的。维持二级结构的作用力是氢键。二级结构仅限于共价主链原子空间排列，不涉及侧链 R 基团的空间排布。常见的二级结构有 α-螺旋、β-折叠片、β-转角和无规则卷曲。

超二级结构：蛋白质分子中，肽链主链形成的二级结构互相靠近，形成在空间结构上能辨认的二级结构组合体；超二级结构主要涉及 α-螺旋和 β-折叠在空间上的组合。

蛋白质三级结构：在一级结构、二级结构的基础上，球状蛋白多肽链由于侧链基团间的相互作用而进一步多向性弯曲、折叠形成具特定走向的紧密的近似球状的空间构象。它包括一级结构中相距较远的肽段之间的几何相互关系和侧链在三维空间中彼此间的相互关系。三级结构主要是靠氨基酸侧链之间的疏水作用力维持。三级结构涉及主链和侧链所有原子和原子团的空间排布。

同源蛋白：是指在不同有机体中实现同一功能的蛋白质。同源蛋白中的一级结构中有许多位置的氨基酸对所有种属来说都是相同的，称为不变残基；其他位置的氨基酸对于不同来源的蛋白质有所变化，称为可变残基。

结构域：由蛋白质分子中某些空间区域相邻的氨基酸残基（在二级结构和超二级结构的基础上）进一步组合成的具有某种功能的相对独立的、近似球形的结构实体。小的单体蛋白只有一个结构域（结构域＝三级结构），与生物活性直接相关；大的蛋白有数个结构域。

亚基：每条具有完整三级结构的多肽链，称为亚基（subunit）。

蛋白质的四级结构：蛋白质分子中各亚基独立形成三级结构后再通过次级键相互缔合，其空间排布及亚基接触部位的布局和相互作用，称为蛋白质的四级结构；四级结构指亚基间相互关系和结合方式，还包括亚基的数目和种类，但不涉及亚基本身的构象；维持蛋白质四级结构的主要作用力：疏水作用力；亚基单独存在时往往没有生物活性，缔合成四级结构后才表现出完整的生物学功能。

寡聚蛋白：由多条肽链构成的蛋白质分子称为寡聚蛋白。

蛋白质的变构：一些蛋白质由于受某些因素的影响，其一级结构不变而空间构象发生一定的变化，导致其生物学功能的改变，称为蛋白质的变构效应或别构作用。

蛋白质变性：天然蛋白质受物理或化学因素的影响，分子内部有序的空间结构被破坏，从原来有秩序的紧密卷曲结构变成无秩序的松散伸展状结构，致使生物活性丧失，并伴随发生一些理化性质的异常变化，这就是蛋白质的变性作用。

蛋白质复性：某些蛋白质变性后可以在一定的实验条件下重新形成原来的空间结构，并恢复原来部分理化特性和生物学活性，这个过程称为蛋白质的复性（renaturation）。

蛋白质沉淀作用：外加一些因素破坏蛋白质胶体溶液的稳定因素（水化膜/电荷）后，使蛋白质从溶液中析出的作用。分为非变性和变性沉淀法。

盐析：蛋白质溶液是一种胶体溶液，加入高浓度的中性盐后可以吸去胶体外层的水，降低蛋白质与水的亲和力而使蛋白质沉淀，此作用称为盐析。盐析为非变性沉淀法，制备蛋白质上甚为重要。

分段盐析：不同蛋白质盐析时所需的盐浓度不同，因此调节盐浓度，可使混合蛋白质溶液中的几种蛋白质分段析出，这种方法称为分段盐折。

超滤法：应用正压或离心力使蛋白质溶液透过有一定截留分子质量的超滤膜（人工合成的具有一定机械强度的半透性膜），达到浓缩蛋白质溶液的目的。

电泳法：蛋白质在高于或低于其 pI 的溶液中为带电的颗粒，在电场中能向正极或负极移动。这种通过蛋白质在电场中泳动而达到分离各种蛋白质的技术，称为电泳（electrophoresis）。

分子伴侣：是一些特殊蛋白质。它们在蛋白质由新生肽链形成特定空间结构和功能的成熟蛋白质的过程中发挥重要作用；分子伴侣帮助多肽进行正确的非共价组装，分子伴侣不是完成组装后的结构成分。

蛋白质工程：通过蛋白质化学、蛋白质晶体学和动力学的研究获得关于蛋白质物理、化学等各方面的信息，在此基础上通过化学法或基因工程手段对该蛋白质进行有目的地高度改造，最终将其投入实际应用。

第二章　核酸

核苷：是嘌呤或嘧啶碱通过共价键与戊糖连接组成的化合物。核糖与碱基一般都是由糖的异头碳与嘧啶的 $N-1$ 或嘌呤的 $N-9$ 之间形成的 $\beta-N$-糖苷键连接。

核苷酸：核苷中的戊糖羟基被磷酸化形成的化合物。核酸的基本结构单位是核苷酸。

核酸：核酸是含有磷酸基团的重要生物大分子，因最初从细胞核分离获得，又具有酸性，故称为核酸。核酸在细胞内通常以与蛋白质结合成核蛋白的形式存在。天然的核酸分为两大类，即核糖核酸（RNA）和脱氧核糖核酸（DNA）。

磷酸二酯键：一种化学基团，指一分子磷酸与两个醇（羟基）酯化形成的两个酯键。该酯键成了两个醇之间的桥梁。例如一个核苷的 3′ 羟基与另一个核苷的 5′ 羟基与同一分子磷酸酯化，就形成了一个 3′，5′-磷酸二酯键。

核酸的一级结构：一分子核苷酸的 3′-位羟基与另一分子核苷酸的 5′-位磷酸基通过脱水可形成 3′，5′-磷酸二酯键，从而将两分子核苷酸连接起来。核酸中核苷酸的排列顺序及连接方式就是核酸的一级结构。由于核苷酸间的差异主要是碱基不同，所以也称为碱基序列。

DNA 的双螺旋：一种核酸的构象，在该构象中，两条反向平行的多核苷酸链相互缠绕形成一个右手的双螺旋结构。碱基位于双螺旋内侧，磷酸与糖基在外侧，通过磷酸二酯键相连，形成核酸的骨架。碱基平面与假象的中心轴垂直，糖环平面则与轴平行，两条链皆为右手螺旋。双螺旋的直径为 2nm，碱基堆积距离为 0.34nm，两核苷酸之间的夹角是 36°，每对螺旋由 10 对碱基组成，碱基按 A—T，G—C 配对互补，彼此以氢键相联系。维持 DNA 双螺旋结构的稳定的力主要是碱基堆积力。双螺旋表面有两条宽窄深浅不一的一个大沟和一个小沟。

大沟和小沟：绕 B-DNA 双螺旋表面上出现的螺旋槽（沟），宽的沟称为大沟，窄的沟称为小沟。大沟、小沟都是由于碱基对堆积和糖-磷酸骨架扭转造成的。

DNA 超螺旋：DNA 双螺旋进一步盘绕称为超螺旋。超螺旋有正超螺旋和负超螺旋两种，负超螺旋的存在对于转录和复制都是必要的。

减色效应：核酸光吸收值比其各核苷酸的光吸收值之和少 30%～40%，这是核酸有规律的双螺旋结构中碱基紧密堆积在一起造成的。

核酸的变性：核酸分子具有一定的空间结构，维持这种空间结构的作用力主要是氢键和碱基堆积力。有些理化因素会破坏氢键和碱基堆积力，使核酸分子的空间结构改变，DNA 双螺旋的两条互补链松散而分开成为无规则线团状的单链 DNA，从而引起核酸理化性质和生物学功能改变，这种现象称为核酸的变性（denaturation）。

增色效应：当 DNA 由于变性从双螺旋结构变为单链的无规则卷曲状态时，它在 260nm 处的吸收便增加，这称为"增色效应"。

热变性：加热 DNA 的稀盐溶液，达到一定温度后，260nm 的吸光值骤然增加，表明两链开始分开，其吸光度增加约 40% 后，变化趋于平坦，说明两链已完全分开，表明 DNA 变性是个突变过程，类似结晶熔融。

解链曲线：在连续加热 DNA 的过程中以温度对 A_{260} 值作图，所得的曲线称为解链曲线。

T_m：DNA 热变性时引起紫外光吸收值增加的温度变化范围只不过几摄氏度，这个温度变化范围的中点称为 T_m。紫外光吸收值增加量达到最大增加量的 50% 时的温度称为 DNA 的解链温度，又称为融解温度（melting temperature，T_m）。

核酸的复性：变性核酸在适当条件下，可使两条彼此分开的链重新由氢键连接而形成双螺旋结构，这一过程称为复性。

核酸杂交：不同的 DNA 片段之间，DNA 片段与 RNA 片段之间，如果彼此间的核苷酸排列顺序在某些区域互补也可以复性，形成新的双螺旋结构。这种按照互补碱基配对而使不同来源的、不完全互补的两条多核苷酸相互结合的过程称为核酸杂交或分子杂交。

探针：被 ^{32}P、^{35}S 或生物素标记单链末端或全链的一小段多聚核苷酸。

基因：DNA 分子中具有特定生物学功能的片段称为基因（gene）。

基因组：基因组是指单倍体细胞中包括编码序列和非编码序列在内的全部 DNA 分子。核基因组是单倍体细胞核内的全部 DNA 分子；线粒体基因组则是一个线粒体所包含的全部 DNA 分子；叶绿体基因组则是一个叶绿体所包含的全部 DNA 分子。

转运 RNA（tRNA）：tRNA 是细胞中一类最小的 RNA，一般由 73～93 个核苷酸构成，相对分子质量 23000～28000，沉降系数为 4S。tRNA 约占细胞中 RNA 总量的 15%。在蛋白质生物合成中 tRNA 起携带氨基酸的作用。细胞内 tRNA 的种类很多，每一种氨基酸都有与其相对应的一种或几种 tRNA。

核不均 RNA（hnRNA）：hnRNA 为存在于真核生物细胞核中不稳定的、大小不均的一组高分子 RNA 的总称，在核内主要存在于核仁的外侧。hnRNA 多为信使 RNA 的前体，包括各种基因的转录产物及其成为 mRNA 前的各中间阶段的分子。

信使 RNA（mRNA）：mRNA 在细胞中含量很少，占 RNA 总量的 3%～5%。mRNA 在代谢上很不稳定，它是合成蛋白质的模板，每种多肽链都由一种特定的 mRNA 负责编码。mRNA 的分子质量极不均一，其沉降系数在 4～25S，mRNA 的平均相对分子质量约为 500000。

核蛋白体 RNA（rRNA）：核蛋白体 RNA 是细胞中主要的一类 RNA，rRNA 占细胞中全部 RNA 的 80% 左右，是一类代谢稳定、分子质量最大的 RNA，存在于核蛋白体内。核蛋白体又称为核糖体或核糖核蛋白体，它是细胞内蛋白质生物合成的场所。

外显子：外显子是指编码区的 DNA 顺序，既存在于最初的转录产物中，也存在于成熟的 RNA 分子中的核苷酸序列。

内含子：内含子是指非编码区的 DNA 顺序，是在转录后加工中，从最初的转录产物除去的内部的核苷酸序列。

剪接：hnRNA 含有从内含子转录来的部分和外显子转录来的部分，内含子不能指导翻译蛋白质，所以，hnRNA 必须经过编辑来除去由内含子转录来的部分，这个过程称为剪接。

第三章　酶化学

酶：由活细胞产生的，在细胞内、外一定条件下都能起催化作用，具有极高的催化效率和高度专一性的生物大分子。除少数 RNA 外几乎都是蛋白质。酶不改变反应的平衡，只是通过降低活化能加快反应的速度。它使错综复杂的生化反应变得顺利和迅速。

底物专一性：酶的专一性是指酶对底物及其催化反应的严格选择性。通常酶只能催化一种化学反应或一类相似的反应，不同的酶具有不同程度的专一性，酶的专一性可分为三种类型：绝对专一性、相对专一性、立体专一性。

单体酶：由一条肽链构成，如催化水解反应的酶。

寡聚酶：由几个至几十个亚基构成的酶，以四级结构作为完整生物功能分子结构形式，相对分子质量 3.5 万至几百万，如糖代谢酶。

多酶体系：由几种酶彼此嵌合形成复合体，相对分子质量一般在几百万以上。有利于一系列反应的进行，其中若 1 种酶失活或解体，则丧失整个活性，如脂肪酸合成酶系。

单成分酶：也称单纯酶，仅由蛋白质构成的酶，它的催化活性仅仅取决于蛋白质的结构，如脲酶等水解酶类。

双成分酶：也称结合酶、复合蛋白质，是由蛋白质和非蛋白质（辅助因子）两部分组成的，它的催化活性只有加入非蛋白质部分以后才能表现出来，如氧化酶等。

双成分酶的酶蛋白：双成分酶中不能单独表现催化活性的蛋白质部分，与底物结合，决定反应的特异性和高效率。

双成分酶的辅助因子：双成分酶中的非蛋白质部分（包括辅酶、辅基和金属离子），直接对电子、原子或某些化学基团起传递作用，决定反应的种类与性质。

辅酶：与酶蛋白疏松结合并与催化活性有关的耐热低分子有机化合物称为辅酶（coenzyme）。用透析方法可除去。

辅基：与酶蛋白牢固结合并与催化活性有关的耐热低分子有机化合物称为辅基（prosthetic group），用透析的方法不易除去。

金属酶：金属离子与酶结合紧密，提取过程中不易丢失，没有金属离子时酶不具有活力。

金属激活酶：金属离子可以增强酶的活性，与酶的结合不甚紧密，但激活剂不存在时，酶还具有低的活力。

活性中心：是指酶分子中直接与底物结合并完成酶催化反应的比较集中并构成一定空间构象的结构区域。酶活性中心由两部分组成：结合中心：与底物结合的部位称为结合中心，决定酶的专一性；催化中心：促进底物发生化学反应的部分称为催化中心，决定酶所催化反应的性质。

必需基团：指酶蛋白分子中与酶的催化活性直接相关的氨基酸残基侧链基团，若使其改变则催化活性丧失，如 Ser 的羟基、His 的咪唑基、Cys 的巯基、Asp、Glu 的侧链羧基等。能与底物结合的必需基团称为结合基团；能促进底物发生化学变化的必需基团称为催化基团。活性中心的基团都是必需基团，但必需基团也还包括那些在活性部位以外的，对维持酶空间构象必需的基团。

同工酶：指能催化相同的化学反应，但酶蛋白本身的分子结构组成、理化性质不同的一组酶。同工酶的结构主要表现为非活性中心部分的不同，或所含亚基组合情况不同，对整个分子而言，各同工酶与酶活性有关的部分结构相同。

活化能：活泼态与常态之间的能量差，即使反应物由常态变成活化态所需要的能量。

邻近效应：指酶与底物结合形成中间复合物以后，使底物和底物之间、酶的催化基团和底物之间结合于同一分子而使有效浓度得以极大的升高，从而加速反应的一种效应。

定向效应：由于活性中心的立体结构和相关基团的诱导和定向作用，使底物分子中参与反应的基团相互接近，并被严格正确定向定位，使酶促反应具有高效率和专一性特点。

酸碱催化：是通过瞬时地向反应物（作为碱）提供质子或从反应物（作为酸）接受质子，从而加速反应的一类催化机制。专一的酸碱催化（狭义酸碱催化）：在水溶液中通过高反应性的质子和氢氧离子进行的催化；总酸碱催化（广义酸碱催化）：通过质子供体及质子受体进行的催化。

共价催化：酶分子中的亲核基团能作为亲核催化剂对底物中的亲电子的碳原子进行攻击，从而形成反应活性很高的不稳定的共价中间络合物，使反应活化能降低而加速反应，称为共价催化。

米氏常数：对于一个给定的反应，酶促反应的速度达到最大反应速度一半时的底物浓度，单位是 mol/L（摩尔/升）。米氏常数是酶的特征常数，只与酶的性质有关，不受底物浓度和酶浓度的影响。

酶的激活剂或活化剂：凡能提高酶的活性，加速酶促反应进行的物质都称为激活剂或活化剂。酶的激活剂可以是一些简单的无机离子，无机阳离子如 Na^+、K^+、Ca^{2+}、Mg^{2+}、Cu^{2+}、Zn^{2+}、Co^{2+}、Cr^{3+}、Fe^{2+} 等，无机阴离子如 Cl^-、Br^-、I^-、CN^-、NO_3^-、PO_4^{3-} 等。一些小分子的有机物如抗坏血酸、半胱氨酸、还原型谷胱甘肽等，对某些含巯基的酶具有激活作用。激活剂的作用是相对的，一种酶的激活剂对另一种酶来说，也可能是一种抑制剂。不同浓度的激活剂对酶活性的影响也不相同。

抑制剂：能使酶的必需基团或酶活性部位中的基团的化学性质改变而降低酶的催化活性甚至使酶的催化活性完全丧失的物质。

抑制作用：使活性部位的结构和性质改变，从而酶活力下降或丧失，酶蛋白一般并未变性。

酶的抑制剂：凡是能降低酶促反应速度，但不引起酶分子变性失活的物质统称为酶的抑制剂（inhibitor）。按照抑制剂与酶作用的方式分为两类：不可逆抑制作用（irreversible inhibition）和可逆抑制作用（reversible inhibition）

不可逆抑制作用：指抑制剂与酶活性中心必需基团以共价键结合，引起酶活性丧失。不能用透析、超滤或凝胶过滤等物理方法解除抑制。

可逆抑制作用：抑制剂与酶往往通过非共价键结合，其结合是可逆的，可以用透析或超滤等物理方法解除抑制。

竞争性抑制：抑制剂与底物的结构相似，能与底物竞争酶的活性中心，从而阻碍酶底物复合物的形成，使酶的活性降低。竞争性抑制剂多是酶的底物类似物；抑制剂与底物竞争与酶结合（结合部位相同）；可以通过加大底物浓度的方法消除抑制作用。动力学参数：K_m 值增大，v_m 不变。

非竞争性抑制：抑制剂与酶活性中心外的基团结合，底物与抑制剂之间无竞争关系。非竞争性抑制剂的化学结构不一定与底物的分子结构类似；底物和抑制剂分别独立地与酶的不同部位相结合；抑制剂是与酶的活性中心以外的必需基团结合而起作用的；抑制剂对酶与底物的结合无影响，底物浓度的改变对抑制程度无影响，不能通过增加底物浓度来消除抑制作用；动力学参数：K_m 值不变，v_m 降低。

反竞争性抑制：抑制剂仅与酶和底物形成的中间产物结合，使 ES 的量下降。反竞争性抑制剂不与游离的酶结合。反竞争性抑制剂的化学结构不一定与底物的分子结构类似；抑制剂只与 ES 结合，必须有底物存在，抑制剂才能对酶产生抑制作用；抑制程度随底物浓度的增加而增加；动力学参数：v_m 降低，K_m 减小。

比活力：指在特定条件下，每毫克酶蛋白所具有的酶活力单位数。比活力（U/mg 酶蛋白）= 总活力/总酶蛋白毫克数。

氧化-还原酶：氧化-还原酶催化氧化-还原反应，主要包括脱氢酶（dehydrogenase）和氧化酶（oxidase）。

转移酶：转移酶催化基团转移反应，即将一个底物分子的基团或原子转移到另一个底物的分子上。

水解酶：水解酶催化底物的加水分解反应。

裂解酶：裂解酶催化从底物分子中移去一个基团或原子形成双键的反应及其逆反应。主要包括醛缩酶、水化酶及脱氨酶等。

异构酶：异构酶催化各种同分异构体的相互转化，即底物分子内基团或原子的重排过程。

连接酶：又称为合成酶，能够催化 C—C、C—O、C—N 以及 C—S 键的形成反应。这类反应必须与 ATP 水解反应相耦联。

第四章　维生素与辅酶

维生素：机体维持正常功能所必需，但异养生物在体内不能合成或合成量很少，必须由食物供给的一组有机小分子化合物，属外源性物质。

水溶性维生素：一类能溶于水的有机营养分子。其中包括在酶的催化中起着重要作用的 B 族维生素以及抗坏血酸（维生素 C）及硫辛酸。

脂溶性维生素：由长的碳氢链或稠环组成的聚戊二烯化合物。它们不溶于水，而溶于脂类及脂肪溶剂，在食物中与脂类共同存在，并随脂类一同吸收；脂溶性维生素包括 A、D、E 和 K。

维生素中毒症：所谓维生素中毒症，就是服用过量的维生素后所发生的中毒性病症。

脚气病：即维生素 B_1 或硫胺素缺乏病（thiamine deficiency）。硫胺素是参与体内糖及能量代谢的重要维生素，其缺乏可导致消化、神经和心血管诸系统的功能紊乱。脚气病临床有三种类型即"干型"神经脚气。后者多发生于成年长者，伴有消耗症状，以神经系统异常为主。"婴儿型"严重，表现为急性心血管症状，不及时救治可引起死亡。

第五章　物质的新陈代谢及生物氧化

新陈代谢：新陈代谢是机体与外界环境不断进行物质交换的过程。它是通过消化、吸收、中间代谢和排泄四个阶段来完成的。

中间代谢：中间代谢就是经过消化、吸收的外界营养物质和体内原有的物质，在全身一切组织和细胞中进行的多种多样化学变化的过程。

能量代谢：物质在机体内进行化学变化的过程，必然伴随有能量转移的过程，这种能量转移的过程就称为能量代谢。

同化作用：由外界环境摄取营养物质，通过消化、吸收在体内进行一系列复杂而有规律的化学变化，转化为机体自身物质，这就是代谢过程中的同化作用。同化作用是吸能过程，它保证了机体的生长、发育和组成物质的不断更新。

异化作用：机体自身原有的物质也不断地转化为废物而排出体外，这就是代谢过程中的异化作用。异化作用是放能过程，释放的能量可供生理需要。

分解代谢：分解代谢是将复杂的大分子物质分解为二氧化碳、水和氨的过程。

基础代谢：指人体在清醒而安静的状态中，同时又没有食物的消化与吸收作用的情况下，并处于适宜温度，所消耗的能量称为基础代谢。在这种状态下所需要的能量主要是用于维持体温及支持各种器官的基本运行，如呼吸、循环、分泌及排泄等。

生物氧化：生物体内有机物质氧化而产生大量能量的过程称为生物氧化。生物氧化在细胞内进行，氧化过程消耗氧放出二氧化碳和水，所以有时也称之为"细胞呼吸"或"细胞氧化"。生物氧化包括：有机碳氧化变成 CO_2；底物氧化脱氢、氢及电子通过呼吸链传递、分子氧与传递的氢结成水；在有机物被氧化成 CO_2 和 H_2O 的同时，释放的能量使 ADP 转变成 ATP。

呼吸链：有机物在生物体内氧化过程中所脱下的氢原子，经过一系列有严格排列顺序的传递体组成的传递体系进行传递，最终与氧结合生成水，这样的电子或氢原子的传递体系称为呼吸链或电子传递链。电子在逐步的传递过程中释放出能量被用于合成 ATP，以作为生物体的能量来源。

高能键：结构不稳定，很容易发生水解或者基团转移，同时能够释放出 21kJ/mol 以上自由能（$\Delta G^{0\prime} < -21\text{kJ/mol}$）的化学键，用符号"~"表示；生物体内重要的高能键有高能磷酸键和高能硫酯键。

高能化合物：分子中含有高能键的化合物称为高能化合物。一般是水解释放的能量能驱动 ADP 磷酸化合成 ATP。

氧化磷酸化：在底物脱氢被氧化时，电子或氢原子在呼吸链上的传递过程中伴随 ADP 磷酸化生成 ATP 的作用，称为氧化磷酸化。氧化磷酸化是生物体内的糖、脂肪、蛋白质氧化分解合成 ATP 的主要方式。

磷氧比：电子经过呼吸链的传递作用最终与氧结合生成水，在此过程中所释放的能量用于 ADP 磷酸化生成 ATP。经此过程消耗一个原子的氧所要消耗的无机磷酸的分子数（也是生成 ATP 的分子数）称为磷氧比值（P/O）。

解耦联剂：一种使电子传递与 ADP 磷酸化之间的紧密耦联关系解除的化合物，如 2,4-二硝基苯酚。

底物水平磷酸化：在底物被氧化的过程中，底物分子内部能量重新分布产生高能磷酸键（或高能硫酯键），由此高能键提供能量使 ADP（或 GDP）磷酸化生成 ATP（或 GTP）的过程称为底物水平磷酸化。此过程与呼吸链的作用无关，底物磷酸化和氧的存在与否无关；以底物水平磷酸化方式只产生少量 ATP。

能荷：能荷是细胞中高能磷酸状态的一种数量上的衡量，能荷大小可以说明生物体中 ATP-ADP-AMP 系统的能量状态。能荷＝[ATP]＋1/2[ADP][ATP]＋[ADP]＋[AMP]。

第六章　糖质及糖代谢

寡糖：由 $2\sim10$ 个单糖聚合而成的低聚糖，重要的有双糖、叁糖等。

多糖：由 10 个以上单糖聚合而成的多聚糖，根据单糖的组成又分为：均一多糖：由相同单糖聚合而成，如淀粉、糖原、纤维素；混合多糖：由不同单糖聚合而成，如果胶物质、半纤维素。

糖酵解：由 10 步酶促反应组成的糖分解代谢途径，不需要氧参与。也称糖酵解途径。通过该途径，一分子葡萄糖转化为两分子丙酮酸，同时净生成两分子 ATP 和两分子 NADH。

发酵：厌氧有机体把糖酵解生成 NADH 中的氢交给丙酮酸脱羧后的产物乙醛，使之生成乙醇的过程称之为酒精发酵；如果将氢交给丙酮酸生成乳酸则称为乳酸发酵。

糖的有氧氧化：糖的有氧氧化指葡萄糖或糖原在有氧条件下彻底氧化成水和二氧化碳的过程，是糖氧化的主要方式。

丙酮酸脱氢酶复合体：又称丙酮酸脱氢酶系，是一种催化丙酮酸脱羧反应的多酶复合体，由三种酶（丙酮酸脱氢酶、二氢硫辛酸转乙酰基酶、二氢硫辛酸脱氢酶）和六种辅助因子（焦磷酸硫胺素、硫辛酸、FAD、NAD、CoA 和 Mg^{2+}）组成，在它们的协同作用下，使丙酮酸转变为乙酰 CoA 和 CO_2。

三羧酸循环（TCA 循环）：又称柠檬酸循环（citric acid cycle）或 Krebs 循环（Krebs cycle）；从乙酰辅酶 A 与草酰乙酸缩合成六碳三羧酸即柠檬酸开始，经过一系列脱氢、脱羧代谢反应，乙酰基被彻底氧化，草酰乙酸得以再生的循环反应过程称为三羧酸循环；部位：线粒体基质。

回补反应：酶催化的，补充柠檬酸循环中间代谢物供给的反应，例如由丙酮酸羧化酶生成草酰乙酸的反应。

糖异生作用：由简单的非糖前体转变为糖的过程。糖异生不是糖酵解的简单逆转。虽然由丙酮酸开始的糖异生利用了糖酵解中的七步近似平衡反应的逆反应，但还必须利用另外四步酵解中不曾出现的酶促反应，绕过酵解过程中不可逆的三个反应。

丙酮酸羧化支路：在糖异生途径中，由丙酮酸羧化酶和磷酸烯醇式丙酮酸羧激酶催化丙酮酸经草酰乙酸转变成磷酸烯醇式丙酮酸的过程称为丙酮酸羧化支路。丙酮酸羧化支路消耗 ATP 是丙酮酸绕过"能障"生成磷酸烯醇式丙酮酸进入糖异生途径。

乳酸循环：当肌肉在缺氧或剧烈运动时，肌糖原经酵解产生大量乳酸，通过血液循环运到肝脏，在肝内异生为葡萄糖，葡萄糖可再经血液返回肌肉利用，这个循环称为乳酸循环，也称为 Cori 循环。

乙醛酸循环：是某些植物、细菌和酵母中柠檬酸循环的修改形式，在异柠檬酸裂解酶的催化下，异柠檬酸被直接分解为乙醛酸，乙醛酸又在乙酰辅酶 A 参与下，由苹果酸合成酶催化生成苹果酸，苹果酸再氧化脱氢生成草酰乙酸的过程。两个关键酶：异柠檬酸裂解酶和苹果酸合成酶。通过该循环可以使乙酰 CoA 经草酰乙酸净生成葡萄糖。乙醛酸循环绕过了柠檬酸循环中生成两个 CO_2 的步骤。

戊糖磷酸途径：又称为磷酸己糖支路。是一个 6-磷酸葡萄糖经代谢产生 NADPH 和 5-磷酸核糖的途径。该途径包括氧化和非氧化两个阶段，在氧化阶段，6-磷酸葡萄糖转化为

5-磷酸核酮糖和 CO_2，并生成两分子 NADPH；在非氧化阶段，5-磷酸核酮糖异构化生成 5-磷酸核糖或转化为酵解的两个中间代谢物 6-磷酸果糖和 3-磷酸甘油醛。

第七章　脂质及脂代谢

　　脂肪动员：脂库中贮存的脂肪，经常有一部分经脂肪酶的水解作用而释放出脂肪酸与甘油，这一作用称为脂肪的动员。脂肪动员过程中使脂肪水解的酶主要为脂肪酶。

　　脂蛋白：脂蛋白是脂类在血浆中的存在形式，也是脂类在血液中的运输形式。脂类物质与蛋白质结合，形成具有亲水性的脂蛋白。

　　脂肪酶：是一个酶系，包括甘油三酯脂肪酶、甘油二酯脂肪酶和甘油单酯脂肪酶，水解脂肪生成甘油和脂肪酸。

　　肉毒碱穿梭系统：脂酰 CoA 通过形成脂酰肉毒碱从细胞质转运到线粒体的一个穿梭循环途径。

　　脂肪酸的 α-氧化：α-氧化作用是以具有 3~18 碳原子的游离脂肪酸作为底物，有分子氧间接参与，经脂肪酸过氧化物酶催化作用，由 α 碳原子开始氧化，氧化产物是 D-α-羟脂肪酸或少一个碳原子的脂肪酸。

　　脂肪酸的 β-氧化：脂肪酸的 β-氧化作用是脂肪酸在一系列酶的作用下，在 α 碳原子和 β 碳原子之间断裂，β 碳原子氧化成羧基生成含 2 个碳原子的乙酰 CoA 和比原来少 2 个碳原子的脂肪酸。

　　脂肪酸的 ω-氧化：ω-氧化是 C5、C6、C10、C12 脂肪酸在远离羧基的烷基末端碳原子被氧化成羟基，再进一步氧化而成为羧基，生成 α，ω-二羧酸的过程。

　　酮体：包括 β-羟基丁酸、乙酰乙酸和丙酮。当血糖浓度降低时肝脏将脂肪酸氧化为酮体输出。在饥饿期间酮体是包括脑在内的许多组织的燃料，保障脑的能量供应，是优质的能源物质。酮体过多会导致酸中毒。

　　酸中毒：体内血液和组织中酸性物质的堆积，其本质是血液中氢离子浓度上升、pH 下降。

　　酮血症：当人体患有糖尿病，糖类物质利用受阻或长期不能进食，机体所需能量不能从糖的氧化取得，于是大量动用脂肪提供能量，脂肪酸大量氧化，生成的酮体超过了肝外组织所能利用的限度，导致血液中酮体堆积，含量升高，临床上称为酮血症。

　　酮尿症：发生酮血症的同时，在尿液中有大量的酮体出现，称为酮尿症。严重饥饿或未经治疗的糖尿病人血糖浓度低导致糖异生加强，脂肪酸氧化加速产生大量乙酰 CoA，而葡萄糖异生使草酰乙酸耗尽，而后者又是乙酰 CoA 进入柠檬酸循环所必需的，由此乙酰 CoA 转向酮体的方向，最终血液和尿液中出现了大量的酮体。

　　柠檬酸穿梭：线粒体内的乙酰 CoA 与草酰乙酸在柠檬酸合酶的催化下缩合成柠檬酸，然后经内膜上的柠檬酸载体运至胞液中，在胞液柠檬酸裂解酶催化下，需消耗 ATP 将柠檬酸裂解为草酰乙酸和乙酰辅酶 A，后者就可用于细胞质中脂肪酸的合成，而草酰乙酸经还原生成苹果酸或再氧化脱羧成丙酮酸，经内膜苹果酸载体或丙酮酸载体运回线粒体，在相应酶的作用下重新生成草酰乙酸，这样就可又一次参与转运乙酰 CoA 的循环。

　　乙酰 CoA 羧化酶系：催化乙酰 CoA 的羧化反应，生成丙二酸单酰-CoA。变构酶，以生物素为辅酶，柠檬酸对该酶有激活作用。

脂肪酸合酶系统：脂肪酸合酶系统包括酰基载体蛋白（ACP）和6种酶，以酰基载体蛋白（ACPSH）为中心嵌合而成，其中一个酶脱落则全无活性；还需要 ATP、CO_2、Mn^{2+}、NADPH 和生物素。

必需脂肪酸：哺乳动物需要，但自身不能合成，必须要靠食物提供的多不饱和脂肪酸。动物体具有在 C9 位及以下碳位引进双键的去饱和酶，但动物体缺乏在 C9 位以上位置引入双键的酶，因此动物体需要的某些不饱和脂肪酸只能由食物提供。人体不能合成的不饱和脂肪酸包括亚油酸、亚麻酸、花生四烯酸。

脂肪肝：是指由于各种原因引起的肝细胞内脂肪堆积过多的病变。

外周蛋白：这类蛋白分布于双层脂膜的外表层，占膜蛋白的 20%～30%；主要通过静电引力或范德华力与膜结合。外周蛋白与膜的结合比较疏松，容易从膜上分离出来，外周蛋白能溶解于水。

内在蛋白：蛋白的部分或全部嵌在双层脂膜的疏水层中，占膜蛋白的 70%～80%；跨膜蛋白的特征是不溶于水，主要靠疏水键与膜脂相结合，而且不容易从膜中分离出来；内在跨膜蛋白与双层脂膜疏水区接触部分，由于没有水分子的影响，多肽链内形成氢键趋向大大增加，因此，它们主要以 α-螺旋和 β-折叠形式存在，其中又以 α-螺旋更普遍。

极低密度脂蛋白（VLDL）：在肝细胞的内质网中合成；VLDL 的功能是从肝脏运载内源性（由肝、脂肪细胞以及其他组织合成后释放入血液）三酯酰甘油和胆固醇到各靶组织，VLDL 和乳糜微粒一样被那里的毛细血管内壁上的脂酶水解；剩下的颗粒称为残留 VLDL，残留 VLDL 然后转化成 LDL。

低密度脂蛋白（LDL）：由残留 VLDL 转化而成；由于其中脂肪已被水解掉一部分，低密度脂蛋白中脂肪含量较少，而胆固醇和磷脂的含量则相对地增高，因此是血液中胆固醇的主要载体，LDL 的功能是转运胆固醇到外围组织，并调节这些部位的胆固醇从头合成。

高密度脂蛋白（HDL）：在肝脏中合成的新生 HDL（被称为 HDL 前体），含磷脂和胆固醇，三酯酰甘油很少；新生 HDL 不断收集从死细胞、进行更新的膜、降解的乳糜微粒和 VLDL 释放到血浆中的胆固醇、磷脂、三酯酰甘油以及载脂蛋白，形状逐渐改变为球形（HDL：成熟的高密度脂蛋白）；成熟的 HDL 可能与肝细胞的 HDL 受体结合并被肝细胞摄取、降解，其中的胆固醇可用以合成胆汁酸或直接通过胆汁排出体外。

第八章　核酸代谢

核酸酶：生物体内普遍存在着作用于核酸分子中的磷酸二酯键使核酸水解的磷酸二酯酶，总称核酸酶。水解 RNA 的酶称为 RNA 酶（RNase），水解 DNA 的酶称为 DNA 酶（DNase）。依据切割位点又可分为核酸内切酶和核酸外切酶。

磷酸单酯酶（核苷酸酶）：作用于多核苷酸链两端的磷酸单酯键，水解产生磷酸。

核酸内切酶：能水解核酸分子内部的磷酸二酯键，故又称为核酸内切酶，包括位点特异性的限制性核酸内切酶和非特异性核酸内切酶。

核酸外切酶：能够切割末端单核苷酸的酶类称为核酸外切酶，包括 5′→3′ 或 3′→5′ 核酸外切酶。

尿酸：腺嘌呤与鸟嘌呤在人类及灵长类动物体内分解的最终产物为尿酸。尿酸仍具有嘌呤环，仅取代基发生氧化。若嘌呤分解代谢过盛，尿酸的生成太多或排泄受阻，以致血液中尿酸浓度增高，尿酸结晶堆积在软骨、软组织、肾脏以及关节处，而导致关节炎、尿路结石和肾疾病。在关节处的沉积会造成剧烈的疼痛。

　　别嘌呤醇：别嘌呤醇是一种治疗痛风的药物。化学结构与次黄嘌呤相似，是黄嘌呤氧化酶的竞争性抑制剂，可以抑制黄嘌呤的氧化，减少尿酸的生成。同时，别嘌呤醇在体内经代谢转变与 5-磷酸核糖-1-焦磷酸盐（PRPP）反应生成别嘌呤醇核苷酸，消耗 PRPP，使嘌呤核苷酸的合成减少。

　　一碳单位：仅含一个碳原子的基团如甲基（CH_3—）、亚甲基（CH_2 ＝）、次甲基（CH≡）、甲酰基（O ＝CH—）、亚氨甲基（HN ＝CH—）等，一碳单位可来源于甘氨酸、苏氨酸、丝氨酸、组氨酸等氨基酸，一碳单位的载体主要是四氢叶酸，功能是参与生物分子的修饰。

　　补救合成途径：利用游离的碱基或核苷，经过简单的反应过程，合成核苷酸，该途径称为补救合成途径（salvage synthesis pathway），虽然是次要合成途径，但脑、骨髓只能通过此途径合成核苷酸，因此也很重要。

　　中心法则：遗传信息的流向是 DNA→RNA→蛋白质。1970 年发现逆转录酶，证实在某些情况下，RNA 也可以是遗传信息的携带者，完善和补充了中心法则。

　　半保留复制：复制时 DNA 的两条链分开，然后用碱基配对方式按照单链 DNA 的核苷酸顺序合成新链，以组成新 DNA 分子，新形成的两个 DNA 分子与原来 DNA 分子的碱基顺序完全一样，每个子代分子的一条链来自亲代 DNA、另一条链是新合成的，这种复制方式称为半保留复制。

　　DNA 聚合酶：以 DNA 为模板，催化核苷酸残基加到已存在的聚核苷酸 3′末端反应的酶。某些 DNA 聚合酶具有外切核酸酶的活性，可用来校正新合成的核苷酸的序列。

　　复制叉：复制 DNA 分子的 Y 形区域。在复制叉处作为模板的双链 DNA 解旋，并合成新链。

　　前导链：DNA 复制时，以原 3′→5′链为模板，按 5′→3′方向（与复制叉移动的方向一致）连续合成的新链为前导链。

　　滞后链：DNA 复制时，有一条链的合成是不连续的，即先按 5′→3′方向（与复制叉移动的方向相反）合成若干短片段（冈崎片段），再通过酶的作用将这些短片段连在一起构成第二条子链，称为后随链，也称为滞后链。

　　冈崎片段：相对比较短的 DNA 链（大约 1000 个核苷酸残基），是在 DNA 的滞后链的不连续合成期间生成的片段，这是 Reiji Okazaki 在 DNA 合成实验中添加放射性的脱氧核苷酸前体观察到的。

　　复制起始点：DNA 在复制时，需在特定的位点起始，这是一些具有特定核苷酸排列顺序的片段，即复制起始点（origin）。在原核生物中，复制起始点通常为一个，而在真核生物中则为多个。

　　双向复制：DNA 复制时，以复制起始点为中心，向两个方向进行解链，形成两个延伸方向相反的复制叉，称为双向复制（bidirectional replication）。

　　反转录：又称为反向转录，是将 RNA 所携带的遗传信息传递给 DNA 的过程。

　　反转录酶：催化遗传信息从 RNA 流向 DNA，与转录作用正好相反，故称为反转录酶或逆转录酶；反转录酶催化的 DNA 合成需要模板和引物。

聚合酶链式反应：又称为无细胞分子克隆法，是以 DNA 模板、耐热的 DNA 多聚酶及四种 dNTP 和引物为原料，以待扩增的两条 DNA 链为模板，由一对人工合成的寡聚核苷酸引物介导，通过 DNA 聚合酶酶促反应，体外快速扩增特异的 DNA 序列。实质是通过引物延伸核酸（DNA）的某个区域而进行的 DNA 复制合成。

单核苷酸多态性：单核苷酸多态性是个体之间遗传信息差异的一种基本方式，它表现为基因组中特定位点上的单核苷酸差异，如 A 被 G 或 C 或 T 取代，G 被 A 或 C 或 T 取代，等。人类基因组研究已经发现至少 1200 万个单核苷酸多态性位点，对这些位点的检测能够在将来的基因医学中预测个体的健康水平。

点突变：点突变是 DNA 分子中的碱基置换，复制过程中的错配和化学诱变物质的攻击都有可能引起这种类型的突变。

缺失：是指一个核苷酸或一段核苷酸链从 DNA 分子上消失。

插入：是指一个核苷酸或一段核苷酸链插入 DNA 分子中间。

重排：是指 DNA 分子内发生大片段 DNA 的位移和交换。位移可以看成是一段核苷酸序列在一处的缺失和在另一处的插入，这种插入甚至可以在新位点上颠倒方向。交换则是两段核苷酸序列对应地发生缺失和插入。

错配：核苷酸碱基错误配对，这常常是由于 DNA 复制过程当中新合成的 DNA 单股置入错误的核苷酸所导致。

转录：在 RNA 聚合酶的催化下，以一段 DNA 链为模板合成 RNA，从而将 DNA 所携带的遗传信息传递给 RNA 的过程称为转录（transcription）。

模板链：能够转录 RNA 的那条 DNA 链，也称作有意义链或 Watson 链。

编码链：与模板链互补的另一条 DNA 链，也称为反义链或 Crick 链。

转录的不对称性：指以双链 DNA 中的一条链作为模板进行转录，从而将遗传信息由 DNA 传递给 RNA。对于不同的基因来说，其转录信息可以存在于两条不同的 DNA 链上。

转录的连续性：RNA 转录合成时，以 DNA 作为模板，在 RNA 聚合酶的催化下，连续合成一段 RNA 链，各条 RNA 链之间无需再进行连接。

转录的单向性：RNA 转录合成时，只能向一个方向进行聚合，RNA 链的合成方向为 $5' \rightarrow 3'$；所依赖的模板 DNA 链的方向为 $3' \rightarrow 5'$。

转录单位：RNA 转录合成时，只能以 DNA 分子中的某一段作为模板，故存在特定的起始位点和特定的终止位点。特定起始点和特定终止点之间的 DNA 链构成一个转录单位，通常由转录区和有关的调节顺序构成。

原核生物的 RNA 聚合酶：这是一种依赖 DNA 的 RNA 聚合酶（DDRP）。该酶在单链 DNA 模板以及四种核糖核苷酸存在的条件下，不需要引物，即可从 $5' \rightarrow 3'$ 聚合 RNA。

原核生物的 RNA 聚合酶全酶：由六个亚基构成，即 $\alpha 2 \beta \beta' \omega \sigma$。

原核生物的 RNA 聚合酶核心酶：σ亚基与转录起始点的识别有关，在转录合成开始后被释放，余下的部分（$\alpha 2 \beta \beta' \omega$）称为核心酶，与 RNA 链的聚合有关。核心酶只能使已开始合成的 RNA 链延长，但不具有起始合成 RNA 的能力，必须加入σ基才表现出全部聚合酶的活性。

启动子：在 DNA 分子中，位于结构基因 5′端上游的一段 DNA 调控序列，能够指导

RNA 聚合酶同模板正确结合，活化 RNA 聚合酶，启动基因转录。原核生物被 RNA 聚合酶辨认的区段就是位于启动子中-35 区的 TTGACA 序列，RNA 聚合酶与该区结合后，即滑动至-10 区的 TATAAT 序列（Pribnow 盒），并解开 DNA 双链，启动转录。

转录因子：在真核生物中，转录的起始过程较为复杂，现已发现数百种蛋白因子与 RNA 转录合成有关。直接或间接参与转录起始复合体的形成的蛋白因子称为转录因子（transcriptional factor，TF）。

终止子：是 DNA 模板上 RNA 聚合酶作用的终点，终止子碱基序列指导 RNA 形成的反向重复序列是 DNA 转录终止子的共同特征。

增强子：真核细胞中能增强启动子活性的核苷酸序列，称为增强子。增强子序列可以位于远离启动子数千 bp 处，或位于基因的上游或下游，或位于模板链或位于编码链上均能发挥效应，与方向性无关，但有组织特异性。

初级转录产物：基因转录的直接产物即初级转录产物，通常是没有功能的。

转录后加工：在转录中新合成的 RNA 往往是较大的前体分子，需要经过进一步的加工修饰，才转变为具有生物学活性的、成熟的 RNA 分子，这一过程称为转录后加工。加工有四种形式：①减少部分片段：如切除 5′端前导序列，3′端尾巴和中部的内含子；②增加部分片段：5′加帽，3′加 poly（A），通过归巢插入内含子；③修饰：对某些碱基进行甲基化等。④以指导 RNA（gRNA）为模板在 mRNA 上插入或删除一些碱基，其作用是增加信息量，校正遗传信息和调控表达。

第九章　蛋白质代谢

生物固氮作用：空气中的氮被还原为氨的过程。生物固氮只发生在少数的细菌和藻类中。

氮平衡：正常人摄入的氮与排出氮达到平衡时的状态，反映正常人的蛋白质代谢情况。

氨基酸降解：氨基酸可通过脱氨作用、转氨作用、联合脱氨或脱羧作用，分解成 α-酮酸、胺类及二氧化碳。氨基酸分解所生成的 α-酮酸可以转变成糖、脂类或再合成某些非必需氨基酸，也可以经过三羧酸循环氧化成二氧化碳和水，并放出能量。分解代谢过程中生成的氨，在不同动物体内可以氨、尿素或尿酸等形式排出体外。

转氨作用：一种氨基酸的 α-氨基与一种 α-酮酸的酮基，在转氨酶的作用下相互交换，生成相应的新的氨基酸和新的 α-酮酸，这个过程称为转氨作用或氨基移换作用。转氨基作用并不能将氨真正脱掉。

转氨酶：催化转氨作用的酶统称为转氨酶或氨基移换酶。大多数转氨酶需要 α-酮戊二酸作为氨基的受体。转氨酶有多种，在体内广泛分布，活性高，不同的氨基酸各有特异的转氨酶催化其转氨反应。其中较重要的有谷丙转氨酶（GPT）和谷草转氨酶（GOT）。

氧化脱氨基作用：α-氨基酸在酶的催化下被氧化生成相应的 α-酮酸并脱氨的过程。氧化脱氨实际上包括氧化和脱氨两个步骤（脱氨和水解）。由于催化氨基酸直接氧化脱氨基的酶的限制，氧化脱氨基不是体内主要的脱氨基方式。

氨基酸氧化酶：催化氧化脱氨基作用的酶为氨基酸氧化酶。只有谷氨酸脱氢酶分布广，活性高，但肌肉缺乏。其他的氨基酸氧化酶种类不多，活性不高，分布不广。

联合脱氨基作用：许多氨基酸不能直接进行氧化脱氨基作用，因此将转氨基作用与氧化脱氨基作用联合起来，以满足机体排泄含氮废物的需求。有两种联合脱氨基作用方式：转氨基与谷氨酸氧化脱氨联合作用，或是嘌呤核苷酸循环联合脱氨。联合脱氨基作用是谷氨酸以外的多种氨基酸脱氨基的主要方式。

鸟氨酸循环：尿素合成的途径称为鸟氨酸循环或尿素循环。发生在脊椎动物的肝脏中，可以将来自氨和天冬氨酸的氮转化为尿素的循环。该循环首先是氨与二氧化碳结合形成氨基甲酰磷酸，然后鸟氨酸接受由氨基甲酰磷酸提供的氨甲酰基形成瓜氨酸，瓜氨酸与天冬氨酸结合形成精氨酸代琥珀酸，并进而分解为精氨酸及延胡索酸。最后，精氨酸水解为尿素和鸟氨酸，鸟氨酸得以再生。

生糖氨基酸：某些氨基酸在分解过程中能转变成丙酮酸、α-酮戊二酸、琥珀酰辅酶 A、延胡索酸和草酰乙酸等物质，这些物质可能作为糖异生的前体分子而异生成糖，所以称为生糖氨基酸。

生酮氨基酸：某些氨基酸在分解过程中能转变成乙酰辅酶 A 和乙酰乙酰辅酶 A，这些物质能作为酮体的前体分子而生成酮体，所以称为生酮氨基酸。

生糖兼生酮氨基酸：某些氨基酸的分解代谢不只一种方式，既可能转变为糖异生的前体物，也可能转变为酮体的前体物质，所以称为生糖兼生酮氨基酸。

苯丙酮尿症：由于苯丙氨酸羟化酶缺乏引起苯丙酮酸堆积的代谢遗传病。由于缺乏苯丙氨酸羟化酶，苯丙氨酸只能靠转氨生成苯丙酮酸，病人尿中排出大量苯丙酮酸。苯丙酮酸堆积对神经有毒害，使智力发育出现障碍，又称为苯丙酮尿症（phenylketonuria；PKU）。

尿黑酸症：是酪氨酸代谢中缺乏尿黑酸氧化酶引起的代谢遗传病。由于缺乏尿黑酸氧化酶，酪氨酸代谢生成的尿黑酸只能积累，这种病人的尿中含有尿黑酸，在碱性条件下暴露于氧气中，氧化并聚合为类似于黑色素的物质，从而使尿成黑色。

白化病：是酪氨酸代谢中缺乏酪氨酸酶引起的代谢遗传病。由于缺乏酪氨酸酶，酪氨酸不能正常代谢生成黑色素，这种病人的毛发均为白色。

翻译：蛋白质的生物合成过程，就是将 DNA 传递给 mRNA 的遗传信息，再具体转译为蛋白质中氨基酸排列顺序的过程，这一过程称为翻译（translation）。

遗传密码：作为指导蛋白质生物合成的模板，mRNA 中每三个相邻的核苷酸组成三联体，代表一个氨基酸的信息，此三联体就称为密码（codon）。标准遗传密码共有 64 种，其中：起始密码（initiation codon）：AUG；终止密码（termination codon）：UAA，UAG，UGA。

起始密码：指蛋白质合成起始位点的密码子。最常见的起始密码子是：AUG。

终止密码：任何 tRNA 分子都不能正常识别的，但可被特殊的蛋白结合并引起新合成的肽链从翻译机器上释放的密码子。存在三个终止密码子：UAG，UAA 和 UGA。

开放阅读框：从 mRNA 5′端起始密码子 AUG 到 3′端终止密码子之间的核苷酸序列，各个三联体密码连续排列编码一个蛋白质多肽链。

移码：两个密码之间没有任何碱基加以隔开，要正确地阅读密码必须从一个正确的起点开始，连续不断地一个密码接一个密码往下读，直至终止密码。如果在 mRNA 开放阅读框内插入一个或缺失一个碱基，就会使这一碱基以后的密码发生全盘性错误，称为移码。

遗传密码的连续性：指编码蛋白质氨基酸序列的各个三联体密码连续阅读，密码间既无间断也无交叉。

遗传密码的简并性：遗传密码中，除色氨酸和甲硫氨酸仅有一个密码子外，其余氨基酸有 2、3、4 个或多至 6 个三联体为其编码。同一氨基酸存在多个不同的遗传密码的现象称为遗传密码的简并性。遗传密码的简并性在保持遗传稳定性上具有重要意义。

简并密码子：也称为同义密码子，是指编码相同的氨基酸的几个不同的密码子。

遗传密码的通用性：蛋白质生物合成的整套密码，从原核生物到人类几乎都通用，称为遗传密码的通用性，也已发现少数例外，如动物细胞的线粒体、植物细胞的叶绿体等。密码的通用性进一步证明各种生物进化自同一祖先。

遗传密码的方向性：指阅读 mRNA 模板上的三联体密码时，只能沿 5′→3′ 方向进行。

遗传密码的摆动性：转运氨基酸的 tRNA 的反密码需要通过碱基互补与 mRNA 上的遗传密码反平行配对结合，但密码子 3′ 端的碱基与反密码子 5′ 端的碱基常常不严格遵守碱基配对规律，使得一个 tRNA 反密码子可以和一个以上的 mRAN 密码子结合，称为遗传密码的摆动性。

反密码子：tRNA 分子的反密码子环上的三联体核苷酸残基序列。在翻译期间，反密码子与 mRNA 中的互补密码子结合。

氨基酸臂：称为接纳茎。tRNA 分子中靠近 3′ 端的核苷酸序列和 5′ 端的序列碱基配对，形成的可接收氨基酸的臂（茎）。

TψC 臂：RNA 中含有胸腺嘧啶核苷酸-假尿嘧啶核苷酸-胞嘧啶核苷酸残基序列的茎-环结构。

翻译起始复合物：由核糖体亚基，一个 mRNA 模板，一个起始的 tRNA 分子和起始因子组成并组装在蛋白质合成起始点的复合物。

起始因子：与多肽链合成起始有关的蛋白因子称为起始因子（initiation factor，IF）。IF 的作用主要是促进核蛋白体小亚基与起始 tRNA 及模板 mRNA 结合。

延长因子：与多肽链合成的延伸过程有关的蛋白因子称为延长因子（elongation factor，EF）。EF 的作用主要是促使氨基酰-tRNA 进入核蛋白的受体，并可促进移位过程。

进位：又称注册（registration），即与 mRNA 下一个密码相对应的氨基酰-tRNA 进入核蛋白体的 A 位。此步骤需 GTP、Mg^{2+} 和 EF-T 参与。

成肽：成肽是由转肽酶（transpeptidase）催化的肽键形成过程。在转肽酶的催化下，将 P 位上的 tRNA 所携带的甲酰蛋氨酰基或肽酰基转移到 A 位上的氨基酰-tRNA 上，与其 α-氨基缩合形成肽键。此步骤需 Mg^{2+}、K^+。

转位：延长因子 EF-G 有转位酶（translocase）活性，可促进核蛋白体向 mRNA 的 3′ 侧移动相当于一个密码的距离，同时使肽酰基-tRNA 从 A 位移到 P 位。此步骤需 GTP 和 Mg^{2+} 参与。

核蛋白体循环：活化氨基酸在核蛋白体上反复翻译 mRNA 上的密码并缩合生成多肽链的循环反应过程，称为核蛋白体循环（ribosomal cycle）。

释放因子：与多肽链合成终止并使之从核蛋白体上释放相关的蛋白因子称为释放因子（release factor，RF）。

信号肽：某种分泌蛋白质及细胞膜蛋白质，以前体物质多肽的形式合成，其 N 末端含有指导蛋白质跨膜转移的氨基酸序列（有时不一定在 N 端），这种氨基酸序列称为信号肽或信号序列。通常信号肽有 13~36 个氨基酸残基组成，可分三个区段。N 端碱性区含 1 个或多个带正电荷的碱性氨基酸残基，如赖氨酸、精氨酸；中间为疏水核心区，含 10~15 个氨基酸残基，主要由疏水中性氨基酸残基组成，如亮氨酸、异亮氨酸等；C 端称为加工区，多含极性小侧链的氨基酸残基，如甘氨酸、丙氨酸和丝氨酸等，紧接着就是可被信号肽酶识别和裂解的位点。

多核蛋白体：不合成蛋白质时细胞中核蛋白体大、小亚基单独存在，只有结合在 mRNA 链上时，大、小亚基才结合在一起，转变成能够合成蛋白质的活性形式。每一条 mRNA 链可同时连接 5~6 个乃至 50~60 个核蛋白体进行蛋白质合成，这种聚合物称为多核蛋白体。即生物可利用同一条 mRNA 进行多个蛋白质的合成。

第十章　代谢调节

基因表达：就是指在一定调节因素的作用下，DNA 分子上特定的基因被激活并转录生成特定的 RNA，或由此引起特异性蛋白质合成的过程。

组成性基因表达：是指在个体发育的任一阶段都能在大多数细胞中持续进行的基因表达。其基因表达产物通常对生命过程是必需的，且较少受环境因素的影响。这类基因通常称为管家基因（housekeeping gene）。

诱导表达：是指在特定环境因素刺激下，基因被激活，从而使基因的表达产物增加。这类基因称为可诱导基因。

阻遏表达：是指在特定环境因素刺激下，基因被抑制，从而使基因的表达产物减少。这类基因称为可阻遏基因。

结构基因：编码一个蛋白质或一个 RNA 的基因。

操纵子：存在于原核生物中的一种主要的调控模式是操纵子（operon）调控模式，包括启动子（P）、操纵基因（O）和在功能上相关的几个串联的结构基因。这种基因的组织形式称为操纵子（operon）。

诱导剂：凡能促使基因转录增强，从而使酶蛋白合成增加的物质就称为诱导剂。

阻遏剂：凡能促使基因转录减弱，从而使酶蛋白合成减少的物质就称为阻遏剂。

乳糖操纵子：乳糖操纵子由 Z、Y、A 三个结构基因及其调控区组成。乳糖操纵子的阻遏基因位于调控区的上游，表达产生的阻遏物为一种同型四聚体蛋白质，它可牢固地结合在操纵区。调控区由启动子和操纵区组成，启动子是结合 RNA 聚合酶的 DNA 序列，操纵区位于启动子和结构基因之间，可结合阻遏物，是 RNA 聚合酶能否通过的开关。此外，启动子上游还有一段短序列是分解代谢基因活化蛋白（CAP）的结合区。CAP 的结合，有利于推动 RNA 聚合酶前移的作用，是一种正调控方式。

分解代谢物基因活化蛋白：CAP 是一种碱性二聚体蛋白质，也称 cAMP 受体蛋白，属别构蛋白。这种蛋白可将葡萄糖缺乏信号传递给操纵子，使细菌在缺乏葡萄糖时可以利用其他碳源。当 cAMP 与 CAP 结合后，后者构象发生变化，对 DNA 的亲和力增强。葡萄糖能显著降低细菌细胞内 cAMP 含量，这样 cAMP-CAP 复合物减少，影响乳糖操纵子转录的启动。当葡萄糖消耗完，cAMP 上升时，乳糖操纵子的转录启动。

顺式作用元件：通过启动子、增强子等 DNA 元件来控制基因转录的调节方式称为顺式调节，这一类的存在于 DNA 上的特定序列，称为顺式作用元件。

反式作用因子：与顺式作用元件进行特异性结合的蛋白质因子称为反式作用因子。因为反式作用因子与顺式作用元件的结合是基因转录水平的调控方式，因而反式作用因子也称为转录因子。

变构酶：变构酶一般是多亚基构成的聚合体，一些亚基为催化亚基，另一些亚基为调节亚基。分子中除活性中心外（一般有一个或多个），还含有别构中心；当调节亚基或调节部位与变构剂结合后，就可导致酶的空间构象发生改变，从而导致酶的催化活性中心的构象改变而致酶活性的改变。

变构调节：当调节物与酶分子中的别构中心结合后，能诱导出或稳定住酶分子的某种构象，使酶活性中心与底物的结合与催化作用受到影响，从而调节酶的反应速度及代谢过程。

变构剂：能使酶分子变构并使酶的催化活性发生改变的代谢物，包括变构激活剂和变构抑制剂。

共价修饰调节：酶蛋白分子中的某些基团可以在两种不同的酶的催化下发生共价修饰或去修饰，从而引起酶分子在有活性形式与无活性形式之间进行相互转变，称为共价修饰调节。其特点是：①酶以两种不同修饰和不同活性的形式存在；②有共价键的变化；③受其他调节因素的影响（如激素）；④一般为耗能过程；⑤存在放大效应。最常见的共价修饰方式有：磷酸化-脱磷酸化，乙酰化-脱乙酰化，腺苷化-脱腺苷化等。

酶原：有些酶，特别是一些与消化作用有关的酶，在最初合成和分泌时，没有催化活性，这种没有催化活性的酶的前体称为酶原。

酶原激活：酶原在一定的条件下经过适当的物质作用而转变为有活性的酶的过程，称为酶原的激活；酶原的激活过程通常伴有酶蛋白一级结构的改变。酶原激活的机制为：酶原分子一级结构的改变导致了酶原分子空间结构的改变，使催化活性中心得以形成，故使其从无活性的酶原形式转变为有活性的酶。

反馈抑制：指在序列反应中终产物对反应序列前面的酶的抑制作用，从而使整个代谢反应速度降低，降低或抑制终产物的生成。受反馈抑制的酶一般为别构酶。

同工酶调节：在一个分支代谢途径中，如果在分支点以前的一个较早的反应是由几个同工酶催化时，则分支代谢的几个最终产物往往分别对这几个同工酶发生抑制作用，同时还抑制分支点中的酶——某一产物过量仅抑制相应酶活，对其他产物没影响。

顺序反馈抑制：一种终产物（F/H）的积累，导致前一中间产物（D）的积累，通过后者（D）反馈抑制合成途径关键酶的活性，使合成终止，又称逐步反馈抑制。

协同反馈抑制：分支代谢途径中几个末端产物同时过量时，才合作抑制共同途径中的第一个酶，若只有一个末端产物过量并不单独发生反馈抑制。它又称为多价反馈调节。

积累反馈抑制：分支代谢途径的几种末端产物各自都能对公共步骤的第一个酶进行反馈抑制，但只是部分抑制，甚至在高浓度时也如此；该酶对各末端产物有别构结合的位点，各产物的抑制作用互不影响；只有当最终产物都过多时，才能达到最大抑制效果。

营养缺陷型：是由于基因突变，造成某种营养物质不能自身合成，须由外界供给才能维持生长的微生物突变型。例如某种氨基酸的营养缺陷型的形成是由于其野生型菌株的结构基因突变，造成其合成途径中某一酶的缺失。因而这种氨基酸就不能合成了。要使这种突变株生存下来就必须供给它所不能合成的氨基酸。因此，这种氨基酸就成了其生长的限制因子。

第十一章　重组 DNA 技术

基因组学：基因组学是对生物所有基因进行基因组作图（包括遗传图谱、物理图谱、转录组图谱），核苷酸序列分析，基因定位和基因功能分析的一门科学，是研究生物基因组和如何利用基因的一门学科。该学科提供基因组信息以及相关数据系统利用，试图解决生物、医学和工业领域的重大问题。

蛋白质组学：蛋白质组学是独立于基因组学而发展起来的一门新兴的前沿学科，它在特定的时间和空间研究一个完整的生物体（或细胞）所表达的全体蛋白质的特征，包括蛋白质的表达水平，翻译后的修饰，蛋白质与蛋白质相互作用等，从而在蛋白质水平上获得对于有关生物体生理、病理等过程的全面认识。

基因工程：用酶学方法，把天然的或人工合成的、同源或异源的 DNA 片段与具有复制能力的载体分子（如质粒、噬菌体、病毒等）形成重组 DNA 分子，再导入不具有这种重组分子的宿主细胞内，进行持久而稳定的复制、表达，使宿主细胞产生外源 DNA 或其蛋白质分子。因此，基因工程又称为 DNA 重组（DNA recombinant）技术。接受重组 DNA 分子的宿主细胞经过筛选，获得了单一纯系克隆（clone），故基因工程又称为分子克隆（molecular cloning）技术。其操作过程主要包括：①目的基因的获取；②基因载体的选择与构建；③目的基因与载体的拼接；④重组 DNA 导入受体细胞；⑤筛选并无性繁殖含重组分子的受体细胞（转化子）；⑥工程菌（或细胞）的大量培养与目的蛋白的生产。

表达载体：能使插入基因进入宿主细胞表达的克隆载体，包括原核表达载体和真核表达载体，可以是质粒、噬菌体或病毒等。典型的表达载体带有能使基因表达的调控序列，并在适当位置有可插入外源基因的限制性内切酶位点。包括四部分：目的基因、启动子、终止子、标记基因。

限制性核酸内切酶：简称限制性内切酶，是一类能识别双链 DNA 分子中特定核苷酸序列并将其切断的核酸水解酶。根据限制性内切酶的识别切割特性、催化条件及是否具有修饰酶活性，分为 3 种类型，即 Ⅰ、Ⅱ 和 Ⅲ 型酶。

限制酶图谱：同一 DNA 用不同的限制酶进行切割，从而获得各种限制酶的切割位点，由此建立的位点图谱有助于对 DNA 的结构进行分析。

反向重复序列：在同一多核苷酸内的相反方向上存在的重复的核苷酸序列。在双链 DNA 中反向重复可能引起十字形结构的形成。

同裂酶：来源于不同物种但能识别相同 DNA 序列的限制性内切酶，切割位点可以相同也可以不同。

同尾酶：指一类识别 DNA 分子中不同核苷酸序列，但能酶切产生相同黏性末端的限制性内切酶。这一类的限制酶来源各异，识别的靶序列也不相同，但产生相同的黏性末端。由同尾酶产生的 DNA 片段，是能够通过其黏性末端之间的互补作用彼此连接起来的。当把同尾酶切割的 DNA 片段与原来的限制性内切酶切割的 DNA 片段连接后，原来的酶切位点将不存在，不能被原来的限制性内切酶所识别。

DNA 连接酶：它是一种封闭 DNA 链上缺口酶，借助 ATP 或 NAD 水解提供的能量催化 DNA 链的 5'-PO$_4$ 与另一 DNA 链的 3'-OH 生成磷酸二酯键。但这两条链必须是与同一条互补链配对结合的（T4 DNA 连接酶除外），而且必须是两条紧邻 DNA 链才能被 DNA 连接酶催化成磷酸二酯键。

遗传转化作用：重组体如果是大肠杆菌质粒，可在 0~4℃ 用 CaCl$_2$ 处理大肠杆菌，以增大其细胞膜的通透性，再将 CaCl$_2$ 处理过的受体细菌与重组质粒温育，使质粒透入菌体，将重组 DNA 导入宿主细胞以改变其某些特性，此过程称为转化作用。

转导：重组体如噬菌体 DNA，可进行体外包装，将其包入 λ 噬菌体的头部外壳蛋白，并使其含有尾部蛋白，成为有侵染力的噬菌体，以导入宿主细胞。也可用 CaCl$_2$ 处理宿主细胞，将重组 DNA 直接引入细胞。以供体 DNA 通过噬菌体导入细胞引起的转化作用称为转导。

原位杂交：涂布在琼脂平板上生长的菌落或噬菌斑，全都原位地转移到 NC 膜或尼龙膜上，经固定处理后，放射性或非放射性标记的杂交探针 DNA，与膜在一定条件下杂交，阳性菌落和噬菌斑从原有琼脂平板上挑出，扩增后重新杂交。几次重复后得到的阳性克隆为含有重组 DNA 的转化子。这一过程称为菌落或噬菌斑的原位杂交 [in situ colony (plaque) hybridization]。

Southern 印迹：检验的目的 DNA 通常用一种或一种以上的限制性内切酶酶切，得到各种特定长度的片段，在凝胶电泳中依其长度分开成条带。凝胶中的 DNA 片段原位地转移到 NC 膜或尼龙膜上。然后，膜上的 DNA 片段与标记的探针 DNA 进行杂交，已杂交的 DNA 片段可用标记的探针进行放射性或显色反应定位。阳性片段的存在表示在原先大片段 DNA 或 DNA 片段混合物中，存在与探针同源的序列。Southern 杂交的结果用于检测目的序列在 DNA 中的存在和定位。

Northern 杂交：又称 Northern blot，从真核生物的特定组织或发育阶段的细胞分离出全部 RNA 或 mRNA，用变性凝胶电泳分离后转移到 NC 膜上。用变性合适的 DNA 探针对 NC 膜上的 RNA（mRNA）进行杂交。从显影或显色反应判断阳性杂交的存在。阳性表明该 RNA（或 mRNA）能与探针进行杂交。Northern 杂交表明在特定细胞中与探针同源的 mRNA 序列是否存在或表达。因此 Northern 杂交可以判断特定细胞或组织内是否有某一特定基因的表达，它主要用于鉴定基因的表达及表达的量。

基因文库：是指一种载体中理想地包含着某种生物体全部遗传信息的随机 DNA 片段总和。利用 DNA 重组技术把某种生物细胞的所有基因分区组装到载体（质粒或噬菌体）上，并随载体导入宿主细胞中进行克隆培养和保存，这种克隆群体就像图书馆的书库一样，里面保存着该生物全部遗传信息的文本，称为 DNA 文库，包括基因组文库和 cDNA 文库。

基因组文库：是指含有某种生物全部基因随机片段的重组 DNA 克隆群体。构建文库时，先提纯染色体 DNA，通过机械剪切或酶切使之成为一定大小的片段，然后与适当的载体（如 λ 噬菌体）DNA 连接，经体外包装后转染或转化宿主菌，得到一组含有不同 DNA 片段的重组子，含有目的基因片段的重组子可经带标记的探针与基因组文库杂交而筛选出来，用于进一步的研究。

cDNA 文库：是以特定的组织或细胞 mRNA 为模板，逆转录形成的互补 DNA（cDNA）与适当的载体（常用噬菌体或质粒载体）连接后转化受体菌形成重组 DNA 克隆群，这样包含着细胞全部 mRNA 信息的 cDNA 克隆集合称为该组织或细胞的 cDNA 文库。cDNA 文库特异地反映某种组织或细胞中，在特定发育阶段表达的蛋白质的编码基因，因此 cDNA 文库具有组织或细胞特异性。

逆转录 PCR：或者称为反转录 PCR（reverse transcription-PCR，RT-PCR），是聚合酶链式反应（PCR）的一种广泛应用的变形。在 RT-PCR 中，一条 RNA 链被逆转录成为互补 DNA，再以此为模板通过 PCR 进行 DNA 扩增。

互补 DNA（cDNA）：与某 RNA 链互补的单链 DNA 即 cDNA，或此 DNA 链与具有与之互补的碱基序列的 DNA 链所形成的 DNA 双链。与 RNA 链互补的单链 DNA，以 RNA 为模板，在适当引物的存在下，由依赖 RNA 的 DNA 聚合酶催化而合成，并且在合成单链 cDNA 后，以单链 cDNA 为模板，由依赖 DNA 的 DNA 聚合酶或依赖 RNA 的 DNA 聚合酶的作用合成双链 cDNA。

质粒：质粒是染色体外能够进行自主复制的遗传单位，包括真核生物的细胞器和细菌细胞中染色体以外的 DNA 分子。现在习惯上用来专指细菌、酵母菌和放线菌等生物中染色体以外的 DNA 分子。在基因工程中质粒常被用作基因的载体。每个细胞中的质粒数主要决定于质粒本身的复制特性。按照复制性质，可以把质粒分为严紧型质粒和松弛型质粒。

严紧型质粒：当细胞染色体复制一次时，质粒也复制一次，每个细胞内只有 1~2 个质粒。

松弛型质粒：染色体复制停止后仍然能继续复制，每一个细胞内一般有 20 个左右质粒。一般分子质量较大的质粒属严紧型。分子质量较小的质粒属松弛型。

同源性重组：同源性重组是利用细胞内的染色体两两对应的特性，若其中一条染色体上的 DNA 发生双股断裂，则另一条染色体上对应的 DNA 序列即可当作修复的模板来回复断裂前的序列，因此在某些条件下，同源性重组又称作基因转换。

基因治疗：是指通过基因水平的操纵，即在特定靶细胞中表达该细胞本来不表达的基因，或采用特定方式关闭、抑制异常表达基因，或重建正常的基因表达调控系统等方法，以达到治疗或预防疾病的目的的治疗方法。

基因诊断：又称 DNA 诊断或分子诊断，通过分子生物学和分子遗传学的技术，直接检测出分子结构水平和表达水平是否异常，从而对疾病做出判断。可分为基因直接诊断和基因简介诊断。

参 考 文 献

［1］曹正明，曾青兰．生物化学［M］．武汉：湖北科学技术出版社，2008.

［2］陈思齐等．生物化学［M］．北京：中国商业出版社，1995.

［3］董晓燕．生物化学［M］．北京：高等教育出版社，2010.

［4］古练权．生物化学［M］．北京：高等教育出版社，2000.

［5］郭蔼光．基础生物化学［M］．北京：高等教育出版社，2001.

［6］蒋立科，高继国．普通生物化学教程［M］．北京：化学工业出版社，2008.

［7］金丽琴．生物化学［M］．杭州：浙江大学出版社，2007..

［8］李宪臻．生物化学［M］．武汉：华中科技大学出版社，2008.

［9］李煜．生物化学［M］．清华大学出版社/北京交通大学出版社，2007.

［10］童坦军．生物化学［M］．北京：北京大学医学出版社，2003.

［11］王金胜，王冬梅，吕淑霞．生物化学［M］．北京：科学出版社，2007.

［12］吴伟平．生物化学［M］．南昌：江西科学技术出版社，2005.

［13］修志龙．生物化学［M］．北京：化学工业出版社，2008.

［14］许激扬．生物化学［M］．南京：东南大学出版社，2010..

［15］杨志敏，蒋立科．生物化学［M］．北京：高等教育出版社，2005.

［16］周爱儒．生物化学［M］．北京：人民卫生出版社，2004.

［17］张洪渊，万海清．生物化学［M］．北京：化学工业出版社，2001.

［18］张曼夫．生物化学［M］．北京：中国农业大学出版社，2002..

［19］朱霖．生物化学［M］．合肥：安徽科学技术出版社，2009.

［20］Goodacre, R., Vaidyanathan, S., Dunn, W. B., Harrigan, G. G. and Kell, D. B. Metabolomics by Numbers: Acquiring and Understanding Global Metabolite Data［J］. Trends in Biotechnology, 2004 (5), 245-252.

［21］王镜岩，朱圣庚，徐长法．生物化学（第三版）［M］．北京：高等教育出版社，2008.

［22］郑集，陈均辉．普通生物化学（第四版）［M］．北京：科学出版社，2004.

［23］王镜岩，张新跃等．生物化学（第二版）［M］．北京：高等教育出版社，2002.

［24］聂剑初，吴国利，张翼伸等．生物化学简明教程（第三版）［M］．北京：高等教育出版社，1999.

［25］张洪渊，万海清．生物化学（第二版）［M］．北京：化学工业出版社，2007.

［26］陈均辉，陶力等．生物化学实验（第三版）［M］．北京：科学出版社，2004.

［27］David L. Nelson. Lehninger. 生物化学原理［M］．北京：高等教育出版社，2005.

［28］朱圣庚，徐长法．生物化学（第四版）［M］．北京：高等教育出版社，2017.

［29］王希成．生物化学［M］．北京：清华大学出版社，2005.

［30］张楚富．生物化学原理［M］．北京：高等教育出版社，2003.

［31］杨荣武．生物化学原理［M］．北京：高等教育出版社，2006.

［32］袁勤生，赵健．酶与酶工程［M］．上海：华东理工大学出版社，2005.

［33］金凤燮．生物化学［M］．北京：中国轻工业出版社，2006.

［34］殷奎德，张红梅．生物化学［M］．哈尔滨：东北林业大学出版社，2003.

［35］周国庆．生物化学［M］．杭州：浙江科学技术出版社，2004.

［36］童坦君，李刚．生物化学（第二版）［M］．北京：北京大学医学出版社，2009.

［37］吴梧桐．生物化学（第三版）［M］．北京：中国医药科技出版社，2015.

［38］Jeremy M. Berg，John L. Tymoczko，Lubert Stryer. Biochemistry：International edition［M］．W. H. Freeman & Co Ltd，2006.

［39］陈均辉，张冬梅．普通生物化学（第五版）［M］．北京：高等教育出版社，2015.

［40］张洪渊，万海清．生物化学（第二版）［M］．北京：化学工业出版社，2006.

［41］刘志国．新编生物化学［M］．北京：中国轻工业出版社，2003.

［42］Nelson D. L. and Cox M. M. Lehninger's Principles of Biochemistry（5th ed）［M］．New York：W. H. Freeman and Company，2008.

［43］Murray R. K，Granner D. K，Mayes P. A，et al. Harper's Illustrated Biochemistry.（26th ed）［M］．McGraw-Hill Medical，2003.

［44］张丽萍，杨建雄．生物化学简明教程［M］．北京：高等教育出版社，2009.

［45］黄诒森，张光毅．生物化学与分子生物学［M］．北京：科学出版社，2008.

［46］朱玉贤，李毅．现代分子生物学［M］．北京：高等教育出版社，2002.

［47］梁成伟，王金华．生物化学（第二版）［M］．武汉：华中科技大学出版社，2017.

［48］陈惠．基础生物化学［M］．北京：中国农业大学出版社，2014.

［49］黄熙泰，于自然，李翠凤．现代生物化学［M］．北京：化学工业出版社，2012.

［50］黄纯．生物化学［M］．北京：科学出版社，2009.

［51］李明元，关统伟．生物化学［M］．北京：科学出版社，2016.

［52］李晓华．生物化学［M］．北京：化学工业出版社，2015.

［53］李秀敏，张文钊．生物化学［M］．北京：科学出版社，2011.

［54］刘国琴，张曼夫．生物化学［M］．北京：中国农业大学出版社，2016.

［55］钱辉，侯筱宇．生物化学与分子生物学（第四版）［M］．北京：科学出版社，2017.

［56］王建军．神经科学探索脑［M］．北京：高等教育出版社，2001.

［57］王金昌，李燕萍．泛素-蛋白酶体途径的生物学功能［J］．江西科学，2006（02）：155-158+186.

［58］王克夷．蛋白质导论［M］．北京：科学出版社，2007.

［59］王玉明．生物化学与分子生物学［M］．北京：科学出版社，2016.

［60］吴慧娟，张志刚．泛素-蛋白酶体途径及意义［J］．国际病理科学与临床杂志，2006（01）：7-10．

［61］吴焱秋，柴家科．泛素-蛋白酶体途径的组成及其生物学作用［J］．生理科学进展，2001（04）：331-333．

［62］杨淑兰，张玉环．生物化学基础［M］．北京：科学出版社，2010．

［63］赵武玲．基础生物化学［M］．北京：中国农业大学出版社，2016．

［64］张翠玲．关于肠道中肽吸收的研究［D］．济南：山东农业大学，2014．

［65］周克元，罗德生．生物化学［M］．北京：科学出版社，2010．

［66］谢达平．生物化学［M］．北京：中国农业出版社，2004．

［67］赵文恩等．生物化学（第一版）［M］．北京：化学工业出版社，2004．

［68］周爱儒．生物化学（第五版）［M］．北京：人民卫生出版社，2001．

［69］王淑如．生物化学（第一版）［M］．北京：中国医药科技出版社，2003．

［70］李盛贤，刘松梅，赵丹丹．生物化学（第一版）［M］．哈尔滨：哈尔滨工业大学出版社，2005．

［71］黄卓烈，朱利泉．生物化学［M］．北京：中国农业出版社，2004．

［72］魏述众．生物化学［M］．北京：中国轻工业出版社，2009．

［73］王艳萍．生物化学（第一版）［M］．北京：中国轻工业出版社，2013．

［74］张维铭．现代分子生物学实验手册［M］．北京：科学出版社，2007．

［75］中国营养学会．中国居民膳食指南（2016）［M］．北京：人民卫生出版社，2016．